AF546302

Friedrich F. Ehn

Das neue

PUCH-Buch

Die Zweiräder von 1890–1987

Weishaupt Verlag

Gewidmet
in tiefer Dankbarkeit
meinem unvergessenen Vater

Coverfotos & Coverdesign: Gottfried Frais

ISBN 978-3-7059-0501-6
2. Auflage 2021

T +43 3151 8487, F +43 3151 84874
e-mail: verlag@weishaupt.at
e-bookshop: www.weishaupt.at

Druck und Bindung: Buch Theiss GmbH, A-9431 St. Stefan.
Printed in Austria.

Friedrich F. Ehn

Das neue PUCH-Buch

Die Zweiräder von 1890–1987

Weishaupt Verlag

Inhalt

Vorwort – 30 Jahre danach

Autor Friedrich F. Ehn

Nur sehr selten ist es einem Autor gegönnt, sein erstes Fachbuch nach einer „Laufzeit" von einer Generation, nämlich nach 30 Jahren, noch einmal „neu schreiben", das bedeutet aktualisieren und ergänzen zu können. Als die Puch-Zweiradfertigung eingestellt wurde, brach mir, ebenso wie Tausenden Puch-Liebhabern weltweit, nahezu das Herz. Mein Furor setzte sich im Manuskript des „Großen Puch-Buches" um, in Herrn Herbert Weishaupt fand ich einen engagierten und ambitionierten Verleger, der das Buch auf den Markt brachte.

Nach der mittlerweile achten Auflage sind die alten Drucktechniken endgültig ausgelaufen, auch die Sammlerszene ist erfreulicherweise nahezu unüberschaubar groß geworden und es finden sich für jede einzelne Modellreihe – von den Pioniermaschinen vor dem Ersten Weltkrieg über die Zwischenkriegs- bis zu den Nachkriegs-Schalenrahmenmodellen, den letzten Sportmaschinen und natürlich den Mopeds – Interessenten- und Sammlergruppen sowie Vereine, die ihre Sammelleidenschaft ausschließlich den jeweiligen Modellen widmen und über ihr Modell mehr wissen, als selbst das Werk jemals wusste. Beispiel gefällig? Die Firma RBO Stöckl hat heute einen Tuningsatz für den RL 125er-Roller, der mehr Dauerleistung aus dem Motor herausholt, als selbst die damaligen Werkstechniker sich hätten träumen lassen.

Durch die Akribie der Sammler und Restauratoren von Puch-Zweirädern tauchten über die Jahrzehnte unglaublich viele Varianten, Detailänderungen und Abarten (beispielsweise für die diversen – teilweise bisher unbekannten – Exportausführungen) der einzelnen Fahrzeuge auf, sodass es mir nahezu unmöglich erscheint, ein lückenloses Kompendium über die Puch-Mopeds zu verfassen. Dies insbesondere deshalb, weil die Konstrukteure von Puch eine unüberbietbare Meisterschaft im Kombinieren von Bauteilen, Rahmen und Motoren entwickelten. So sei als Beispiel das Mopedmodell Dakota (skandinavische Länder) genannt: VZ 50-Fahrwerk, dickere Bereifung, Einmannsitzbank – und schon war ein neues Modell geschaffen. Und ähnlich ging es mit unzähligen Mopedvarianten weltweit, aber alle „Made by Puch in Graz, Styria".

Es sind in all diesen Jahren auch jede Menge ehemalige Rennfahrzeuge und Prototypen aufgefunden worden und es werden dank Internet und den damit weltweiten Suchmöglichkeiten noch weitere bislang unbekannte Puchs auftauchen. Natürlich habe ich kontinuierlich eine Vielzahl von historischen Fotos und Dokumenten gesammelt, die die bisherigen Bilder und Erkenntnisse ergänzen bzw. ersetzen, ebenso gibt es jetzt Fotos von perfekt restaurierten bis zu absolut original erhaltenen Puchs, die in Form ausgewählter Exemplare in dieser Neuauflage ihren Platz finden. Meine Liebe zur Marke Puch ist ungebrochen und ich darf mich in die weltweite Riege der „Puchianer" einreihen.

Prof. Dipl. HTL-Ing. Friedrich F. Ehn
Im Frühjahr 2018

Vorwort zur 1. Auflage 1988

Der Markenname Puch ist untrennbar und weltweit mit dem Zweirad verbunden. Puch wurde mit dem Motorrad weltberühmt. Großartige Sporterfolge haben die Geschichte des Hauses geschrieben. Schon in der Frühzeit der Motorisierung siegten Puch-Maschinen bei den schwersten internationalen Konkurrenzen.

„Jugendfoto" des Autors auf der Puch 500 seines Vaters

Aber nicht nur die Sporterfolge machten diese große österreichische Marke so populär. In erster Linie konnten durch die Zuverlässigkeit und Qualität der Puch-Motorräder hunderttausende Menschen ihren Alltag leichter bewältigen und ihrer Freizeit eine neue Dimension der Mobilität verleihen. Denn es darf nicht vergessen werden, dass das Motorrad von Anbeginn bis Mitte der 1950er-Jahre in den Zulassungszahlen gegenüber denen des Automobils dominierte. Daraus ergibt sich ganz logisch, dass durch viele Jahrzehnte das Motorrad das Individualverkehrsmittel der Österreicher war.

Die Situation war in den europäischen Ländern ähnlich. Ein guter Grund für die Geschäftsleitung von Puch, die Motorräder vor allem in Europa zu exportieren, wobei sie für den jeweiligen Markt entsprechend adaptiert wurden. So auch nach dem Zweiten Weltkrieg: Im Chaos der zertrümmerten Lebenswelten waren Puch-Maschinen ein Symbol für den Wiederaufbau Österreichs.

Puch erzeugte, ebenso wie nach dem Ersten Weltkrieg, zuverlässige, gebrauchsharte und dennoch sportliche Maschinen. Auch in dieser Epoche blieben die Sporterfolge nicht aus. Sie waren mehr als bemerkenswert und reichten von Weltrekorden bis zum Weltmeisterschaftstitel. Auch beim Moped war Puch richtungsweisend. Schon das erste Modell, das legendäre MS 50, wies Motorradtechnologie auf. Und das Automatik-Moped Puch-Maxi wurde zum Synonym für eine ganze Fahrzeugkategorie.

Die Firma wurde von Johann Puch als Fahrradfabrik gegründet. Und so ist es nicht weiter verwunderlich, dass durch all die Jahrzehnte des Bestehens der Fabrik erstklassige Fahrräder gebaut wurden. So spannt sich der Bogen von den frühen Niederrädern über Sport- und Rennräder bis hin zu den richtungsweisenden Prototypenentwicklungen mit neuartigen Materialien vom Aluminium bis zum Carbon-Fiber. Die Techniker von Puch waren immer innovativ und bei vielen Entwicklungen die Ersten. So auch bei der letzten Entwicklung des Hauses, dem Katalysator-Maxi.

Dieses Werk soll aufzeigen, was Puch in Bezug auf die Zweirad-Entwicklung und -Fertigung war.

Wien, im April 1988
Ing. Friedrich F. Ehn

Danksagung

Dieses umfassende Werk über die Puch-Zweiradfertigung von Anbeginn bis zum Ende der Grazer Erzeugungsstätte wäre schwerlich ohne die Hilfe von einzelnen Persönlichkeiten und Institutionen zustande gekommen, denen ich an dieser Stelle meinen herzlichen Dank aussprechen möchte.

Meine erste Dankadresse gilt der Kuratorin meines Museums, Frau Yvonne Lang, der es in genauester Kleinarbeit gelungen ist, wesentliche Detailinformationen in diversen Archiven zu entdecken, die es erforderlich machten, bisherige scheinbar unverrückbare Erkenntnisse über Puch-Motorräder der Frühzeit neu zu bewerten.

Herrn Ing. Karl Eder, KFZ-Sachverständiger und Liebhaber alter Motorräder, verdanke ich viele Informationen und empirische Erkenntnisse zum Thema Puch-Statistiken: beginnend mit Fahrzeugnummernschlüsseln über Seriennummern bis hin zu tatsächlichen oder möglichen erzeugten Stückzahlen. Dieses ist ein heikles und wohl nie zur Gänze ausdiskutierbares Thema. Rein rechnerisch herrscht hier nur selten Übereinstimmung, vor allem weichen sogar die über die Jahrzehnte gesammelten Werksangaben teilweise erheblich voneinander ab.

Bei der Klärung etlicher wesentlicher Details in der Puch-Frühgeschichte hat mir Herr Dipl.-Ing. Peter Weinzettel als akribischer Rechercheur und versierter Restaurator vornehmlich früher Puch-Modelle auch für die Zwischenkriegsjahre vielfältige Erkenntnisse geliefert.

Herrn Walter Ulreich, einem langjährigen Weggefährten auf dem Gebiet der nicht motorisierten Puch-Zweiräder und Forscher auf dem Gebiet des Fahrradwesens, dem Motorräder allerdings nicht fremd sind, darf ich sehr herzlich danken für bislang unbekanntes historisches Bildmaterial.

Ein Enthusiast der Marke Puch-Motorräder, -Mopeds und -Roller ist Herr Hermann Stöckl, Inhaber der Firma RBO Stöckl, die dafür sorgt, dass die Puchs *on the road again* bleiben können; er stand mir dankenswerterweise jederzeit mit seinem großen Fachwissen und seinem reichhaltigen Archiv zur Seite.

Ebenfalls mit Archivmaterial hat mich Herr Wolfgang Verwüster, Inhaber der Firma Motorbooks, der das Hobby des Motorradfahrens mit mir teilt, unterstützt. Seine Firma sorgt mit Betriebsanleitungen und Ersatzteillisten sowie Archivmaterial aller Arten dafür, dass das Wissen um die alten Puchs – ebenso wie viele andere historische Fahrzeuge – nicht in Vergessenheit gerät.

Die Riege der ehemaligen Puch-Werksangehörigen trifft sich immer wieder im Puch-Museum in Graz, in den Räumlichkeiten des sogenannten *Einser Werkes*, das Herr Karlheinz Rathkolb mit Herzblut und Akribie leitet. Da darf ich mich nicht nur bei ihm, sondern auch bei den Herren Franz Tantscher und insbesondere beim Doyen der *alten* Werks- und Versuchsfahrer, Herrn Johann Krammer, sehr herzlich für die Beistellung von wesentlichen Informationen bedanken.

Auch meinem schreibenden und fotografierenden Kollegen Hannes Denzel, mit dem ich immer wieder die Ehre und das Vergnügen hatte und auch hoffentlich wieder haben werde, gemeinsam Bücher zu machen, danke ich für die Überlassung von Fotos aus seinem reichhaltigen Fundus.

Dass dieses *Neue PUCH-Buch* auch optisch dem Anspruch, die *PUCH-Bibel* zu sein, gerecht wird, dafür bin ich meinem langjährigen Freund, dem Fotografen, gelernten Grafiker und last but not least Motorradfahrer Gottfried Frais mit seinem *Atelier Lichtzeichen* zu tiefem Dank verpflichtet. Viele seiner Bilder sind ganz einfach zum Niederknien schön.
Und zu guter Letzt gilt mein Dank Herrn Herbert Weishaupt, der die neue *PUCH-Bibel* in dieser opulenten und umfangreichen Ausstattung wirtschaftlich überhaupt erst möglich machte.

Friedrich Ehn — Sigmundsherberg, im Frühjahr 2018

Weitere Danksagung für *Das neue PUCH-Buch*

In alphabetischer Reihenfolge bedanke ich mich bei den nachfolgenden Personen und Institutionen für ihre Unterstützung des vorliegenden Werkes:

Familie Almásy, Burg Bernstein: Bildmaterial und historische Informationen
Torben Andersen: Dänemark-Import, Bildmaterial
Dipl.-Ing. Christian Bauer: Bildmaterial
Ing. Alexander Buchner und Mathias Rauscher: Bildmaterial
Dipl.-Ing. Marcus Demetz: Bildmaterial
Dipl.-Ing. Christian Dichtl: Puch-Magazin
Fritz Plann: Bildmaterial
Stefan Holzer: Bildmaterial
Dr. Helmut Pfeffer: Bildmaterial
Mag. Christian Schamburek: Bildmaterial, Oldtimer-Guide
René Windsteig: Bildmaterial

Danksagung für die Erstausgabe *Das große PUCH-Buch*

Ing. Karl-Heinz Behrendt: Technikinformationen
Paul Czakoi: Puch-Motorradhändler. Technische Informationen, Prospektmaterial
Komm.-Rat Josef Faber: Retter des Fotoarchives von Artur Fenzlau und persönlicher väterlicher Freund des Autors
Heeresgeschichtliches Museum (HGM), Wien
Ing. Karl Hotter: Technikinformationen
Prof. Dr. Helmut Krackowizer: Rennfahrer, Motorradhistoriker, Fotoarchiv und persönlicher väterlicher Freund des Autors
Peter Kumpa: Bildmaterial
Ing. Walter Kuttler: Konstrukteur der wichtigsten Puch-Nachkriegsmodelle. Fotomaterial
Oberingenieur, Dipl.-Ing. Dr. techn. Franz Laimböck: Konstrukteur des Katalysator-Mopeds. Autor der Festschrift zur Eröffnung der damals größten Puch-Zweiradsammlung im Motorrad- und Technikmuseum des Autors im Jahr 1987
Hermine Musger: Witwe des Puch-Konstrukteurs Ing. Erwin Musger. Foto- und Archivmaterialien
ÖAMTC: Hilfe mit Archivmaterialien und besondere Unterstützung durch Frau Ilse Marton und die Herren Kurt Noé-Nordberg, Jürgen König und Walter Prskawetz
Dipl.-Ing. Alfred Oswald: Puch-Versuchsleiter, Foto- und Archivmaterialien
Dr.-Ing. Peter Resele: Puch-Zweirad-Chefkonstrukteur
Alois Rottensteiner: Bildmaterial
Fotostudio Bernd Schilling: Bildmaterial
Dipl.-Ing. Harald Sitter: Konstrukteur und Techniker
Prok. Hans Stadlinger, SDP: Leiter der Pressestelle Wien. Foto- und Archivmaterial
Steyr-Daimler-Puch AG (heute Magna Steyr): Prof. Dipl.-Ing. Jürgen Stockmar, Ing. Karl-Heinz Behrendt, Ing. Karl Hotter, Dr. Ernst Krasser, Dr. Peter Resele, Dipl.-Ing. Harald Sitter, Ing. Hans Wolf
Hans Tschandl: Puch-Sammler und Ersteller der Nummernschlüssel der Puch-Motorräder der Zwischenkriegsjahre
Johann Wagnegg: Leiter der Lichtbildstelle im Werk Thondorf, Bildmaterial

Der Firmengründer Johann Puch und sein Werk

Das ausgehende 19. Jahrhundert wurde in Europa von Industriellenpersönlichkeiten vom Schlage eines Johann Puch geprägt. Die Voraussetzungen für Industriegründungen waren durch die zweite Generation von Maschinen – nach den Leonardo'schen Kraftumsetzungsmaschinen war durch die Erfindung der Dampfmaschine die Epoche der Energieumwandler angebrochen – günstig und möglich. Trotz der starken sozialen Unterschiede und nahezu unüberwindbar scheinenden Abgrenzungen der sozialen Stufen in der Monarchie war gerade Johann Puch durch sein Lebenswerk der schlagende Beweis dafür, dass es auch für einen in den ärmsten Bevölkerungsschichten zur Welt gekommenen Österreicher möglich war, den Aufstieg zu einem der mächtigsten Industriemagnaten zu schaffen. Mit seinem Lebenswerk steht Johann Puch in einer Linie mit den Pionieren der Kraftfahrzeugindustrie Österreichs und der ganzen Welt. In der Geschichte der Kraftfahrt reiht sich sein Name würdig neben denen von Lohner, Daimler, Benz, Norton, Renault, Lancia oder Ford.

Johann Puch wurde am 27. Juni 1862 in Sakuschak bei St. Lorenzen im Landkreis Pettau in der Untersteiermark (heute Sakušak in Slowenien) geboren. Als einer der Spätgeborenen in der kinderreichen Familie seiner Eltern verließ er bereits im Kindesalter von acht Jahren das Elternhaus und trat im Jahre 1870 bei einem Müller bei Friedau an der Drau in den Dienst als Handlanger. Puch zeigte schon in diesem frühen Alter ein außergewöhnliches Interesse und eine gute Begabung für mechanische Dinge. So war es nicht weiter verwunderlich, dass sehr bald in ihm der Wunsch reifte, ein mechanisches Handwerk zu lernen. Sein Berufsziel war es, Schlosser zu werden.

Mit zwölf Jahren, damals durchaus kein ungewöhnliches Alter für den Lehrzeitbeginn, trat er beim Schlossermeister Johann Kraner in Pettau als Lehrling ein. Am 21. Februar 1877 erhielt er sein Lehrzeugnis über die absolvierte Lehrzeit (Grazer Stadtarchiv 29.419/1880, Fasz. 3) und begab sich dem damaligen Brauch gemäß auf Wanderschaft. Diese führte ihn bis zum Schlossermeister Anton Gerschak in Radkersburg, wo er sich bald heimisch fühlte. Die Johann-Puch-Gedenkstätte befindet sich übrigens heute im Hause der ehemaligen Schlosserei in Radkersburg.

Seine Militärdienstzeit absolvierte Johann Puch ab 1. Oktober 1882 als Unterkanonier im aktiven Dienst des schweren Feldartillerie-Regiments Nr. 6. Nach der Grundausbildung wurde er am 26. November 1882 zum Grazer Artillerie-Ergänzungsdepot versetzt und infolge seiner außerordentlichen mechanischen Fähigkeiten und Kenntnisse als Regimentsschlosser eingesetzt. Nach seiner Versetzung in den Reservestand im Jahre

Porträt von Johann Puch um 1910.

1885 arbeitete er kurzfristig in der Tischler- und Schlosserwarenfabrik der Brüder Lapp in Graz.

In jenen Jahren kam in Österreich sehr stark ein neues Sportgerät auf, das vor allem von den begüterten Bürgern gerne benutzt wurde: das Fahrrad, und zwar in der Form des Hochrades. Das Fahren mit diesem Vehikel war gefährlich und faszinierend zugleich.

Metall-Emaille-Anstecknadel des Grazer Radfahrer-Clubs.

Für Johann Puch lag also nichts näher, als möglichst rasch sich als Mechaniker mit diesen Geräten zu beschäftigen, und so trat er als Mitarbeiter bei der Fahrradreparaturwerkstätte Almer & Luchschneider ein. In Kürze hatte er sich in diese Materie derart eingearbeitet, dass er in Radfahrerkreisen einen guten Ruf besaß. Noch einmal wechselte Puch die Stellung als Unselbstständiger – und zwar ging er zur Näh- und Walkmaschinenfabrik Benedikt Albl, die damals mit der Erzeugung von Fahrrädern begann. Aus diesem Unternehmen gingen übrigens im Jahr 1895 die „Meteor-Fahrradwerke" und zwei Jahre später die „Graziosa-Fahrradwerke" hervor, beide spätere Konkurrenzfabrikate für Puchs eigene Fahrräder.

Längst war in dem jungen Mechaniker der Plan gereift, eine eigene Werkstätte aufzumachen und selbst nach unternehmerischen Richtlinien tätig zu werden. Im 27. Lebensjahr schaffte Johann Puch in der steiermärkischen Hauptstadt Graz den Sprung zum selbstständigen Unternehmer. Er mietete als Werkstattraum ein Glashaus in der Gärtnerei Maria und Karl Reinitzhuber in der Strauchergasse 18 a und adaptierte dieses für seine Zwecke. Am 6. Februar 1889 richtete er an den Stadtrat von Graz das Ansuchen um Bewilligung der Betriebsstelle. Einen Monat später erhielt er vom Stadtrat einen abschlägigen Bescheid. Und hier zeigte Puch erstmals seine Konsequenz und seinen Ideenreichtum zur Meisterung von Schwierigkeiten. Einerseits ließ er durch seinen Rechtsfreund Dr. Emil Ritter von Gabriel einen geharnischten Einspruch gegen die Entscheidung des Stadtrates verfassen, der der Stadt dezidiert Eigeninteressen am Grundstück seiner gemieteten Werkstätte vorwarf, andererseits mietete er sofort die Werkstätte des Schlossers Heinrich Sax in Graz, Arche Noe 12, als Fahrradreparaturwerkstätte an. Am 15. März 1889 meldete er den Beginn seines handwerksmäßigen Schlossergewerbes unter diesem Standort an. Dazu legte Puch sein Lehrzeugnis sowie vier Gesellenzeugnisse und sein Arbeitsbuch, das seine langjährige und einschlägige Beschäftigung als Geselle in diesem Gewerbe bestätigte, der Behörde vor. Diese musste ihm am 27. April 1889 die Eintragung seines Gewerbebetriebes mit Standort Arche Noe 12 (gegenüber dem Hotel Florian) in das Gewerberegister (Tom. IV, Fol. 183) bestätigen. Ebenso wurde Puchs Rekurs stattgegeben und per 4. November 1889 konnte Puch seine Tätigkeit in vollem Umfang in der Strauchergasse aufnehmen.

Johann Puch heiratete die Tochter der Gärtnerfamilie Reinitzhuber, auf deren Grundstück sich sein erster eigener Betrieb befand. Diese Ehe war – wie damals üblich – weitgehend dem Interesse der Öffentlichkeit entzogen, soll aber glücklich gewesen sein.

Erstes *Styria*-Plakat, 1892. Das Sujet zierte auch das Deckblatt des damals aktuellen Kataloges.

Zur zufriedenen Kundschaft Puchs zählten vor allem die Mitglieder des Akademisch-technischen Radfahrervereines in Graz. Puch hatte damit eine gewisse Stammkundschaft, sowie Zugang zu Kreisen mit einem doch weltoffenen Horizont. Und gerade diese Kunden ermutigten ihn in der bereits seit Langem gefassten Idee der fabriksmäßigen Herstellung von eigenen Fahrrädern. Und das trotz der Tatsache, dass die damals gebauten österreichischen Räder als minderwertig gegenüber den hochmodischen englischen Importfahrzeugen galten. *„Mir werd me schon machen“*, pflegte Puch mit dem leichten Akzent seiner slowenischen Muttersprache zu sagen, den er zeitlebens nicht ablegte.

Victor Kalmann

So suchte Johann Puch gemeinsam mit Victor Kalmann, einem Grazer Rentier und Geldgeber, am 6. Februar 1890 um den Gewerbeschein für das *„freie Gewerbe der fabrikmäßigen Erzeugung von Fahrrädern in dieser Hauptstadt mit dem Standort Strauchergasse 18 a“* an. Die Bewilligung erfolgte am 17. Juni 1890 und wurde unter Tom. III, Fol. 179 in das Gewerberegister eingetragen. Als Betriebskapital war ein Betrag von 28.000 Gulden vorgesehen, die gewerberechtliche Prüfung durch den k.k. Gewerbeinspektor Dr. Valentin Pogatschnigg ergab, *„daß der fragliche Gewerbebetrieb des Johann Puch zweifellos als fabriksmäßiger anzusehen ist, nachdem dort ein arbeitsteiliges Verfahren unter Anwendung von Werkzeugmaschinen praktiziert wird, ein Dampfmotor aufgestellt ist, mehr als zwanzig Arbeiter durchschnittlich zur Beschäftigung kommen und der Gewerbeinhaber lediglich die oberste technische Leitung führt, ohne selbst mitzuarbeiten“*.

Mit dem Jahr 1890 ist also aus technikgeschichtlicher Sicht eindeutig der Beginn der fabriksmäßigen Herstellung von Puch-Produkten festzusetzen. Eine Erweiterung der Fabrik Strauchergasse erfolgte am 16. Mai 1891 in eine Dependance in die Karlauerstraße Nr. 26, die aus einem Teil der dort befindlichen und Herrn V. Gerth gehörenden Fabrik bestand.
Juristisch wurde der fabriksmäßige Gewerbebetrieb am 1. Juli 1891 in eine Offene Handelsgesellschaft umgewandelt und am 17. Juli 1891 unter der Bezeichnung „Johann Puch & Comp., fabrikmäßige Erzeugung von Fahrrädern“ in das Grazer Handelsregister eingetragen (Ges. I/18). Im Juni 1892 wurden in der Karlauerstraße 34 Arbeiter beschäftigt.

Johann Puch erkannte schon früh den Wert der Werbung für seine Fahrräder durch Sportbewerbe, und er verstand es geschickt, einerseits durch entsprechende – wie wir heute sagen würden – „Sponsorentätigkeit“ gute Fahrer für seine Maschinen zu gewinnen, andererseits die dabei erzielten Sporterfolge in Verkaufszahlen umzumünzen.

Der Markenname seiner Räder, nämlich „Styria“, wurde weit über die Grenzen Österreichs hinaus bekannt und Exporterfolge nach Deutschland stellten sich ein. Diese Aufwärtsentwicklung erforderte eine permanente Erweiterung und Modernisierung der Fabriksanlagen und damit zwangsläufig die Zufuhr von Kapital. Aus diesem Grund wandelte Johann Puch am 12. Oktober 1894 die OHG in eine Kommanditgesellschaft um, wobei die „Steiermärkische Escomptebank Graz“ mit einer Kommanditeinlage von 150.000 Gulden eintrat. Die persönlich haftenden Komplementäre waren Johann Puch, Victor Kalmann und Victor Rumpf.

Infolge eines Herzleidens, das sich Johann Puch bei seinem zähen Kampf um den Aufbau seiner Firma unter Vernachlässigung seiner Gesundheit zugezogen hatte, musste er sich immer wieder aus der Geschäftstätigkeit zurückziehen. Auch gab es Kontakte zur „Bielefelder Maschinen-Fabrik, vormals Dürkopp & Co., Aktiengesellschaft“ in Westfalen, die mit einer Kommanditeinlage von 600.000 Gulden bei Puch eintrat. Die bisherige Kommanditistin „Escomptebank Graz“ und die beiden Komplementäre wurden im Handelsregister Graz gelöscht. Die reorganisierte Firma, die am 23. Februar 1897 unter dem Namen „Johann Puch & Comp., Styria-Fahrradwerke“ ins Handelsregister Graz eingetragen worden war, bezog auch eine neue Betriebsstätte in der Baumgasse in Graz, in der großzügig zur Fabrik umgebauten ehemaligen „Kastenbaum-Mühle“.

Victor Rumpf

Doch die neuen Firmenverhältnisse blieben nur vier Monate unverändert. Denn bereits am 13. Juli 1897 schied Johann Puch, zwar finanziell abgefertigt, aber infolge einer zweijährigen Konkurrenzklausel schwer gehandicapt, aus der von ihm gegründeten und aufgebauten Firma aus. Die Gründe für diesen schwerwiegenden Schritt lassen sich heute nicht mehr nachvollziehen. Doch eine wichtige Ursache dürfte wohl in der Tatsache der übermächtigen Kapitalbeteiligung von Dürkopp und der eingeschränkten Dispositionsfreiheit Johann Puchs bestanden haben.

Johann Puch stand also im 35. Lebensjahr vor der Entscheidung, sich ins Privatleben zurückzuziehen oder noch einmal seine Ideen in Form einer Firmenneugründung zu verwirklichen. Keine Frage für einen Mann seiner Dynamik und seines Ideenreichtums, weiterhin den steinigen Weg der Selbstständigkeit zu gehen. Diesem neuerlichen entscheidenden Schritt stand lediglich die Tatsache der hemmenden Konkurrenzklausel entgegen. Doch Johann Puch umging auch diese Hürde auf seine Weise. Er veranlasste seine langjährigen Mitarbeiter und Weggefährten Anton Werner und Martin Nöthig, die mit ihm aus der alten Firma ausgeschieden waren, mit dem Standort Graz, Laubgasse 8–10, die „Grazer Fahrradwerke Anton Werner & Comp.“ zu gründen. Die Eintragung dieser Firma erfolgte am 17. Dezember 1897 ins Grazer Handelsregister.

Werbeplakat „Styria Original“-Fahrräder von Anton Werner & Comp.

Die Bezeichnung der Fahrräder lautete „Styria Original“ und in der Werbung wurde darauf hingewiesen, dass die Fertigung auf den „Puch'schen Realitäten“ erfolgt. Diese Tatsache rief natürlich die Styria-Fahrradwerke auf den Plan. Trotzdem Johann Puch aus der Fahrradfabrik Styria ausgeschieden war, war im Firmenwortlaut „Styria – Fahrradwerke Johann Puch & Comp.“ unverändert sein Name enthalten. Aus dieser Tatsache begründete diese Firma auch ihr Feststellungsbegehren vom 27. April 1898 an den Stadtrat von Graz als oberste Gewerbeinstanz, dass *„unter einem Styria-Rad nur ein solches verstanden wird, welches aus unserem Etablissement hervorgegangen ist und nicht etwa in irgendeiner Fabrik in Graz oder Steiermark erzeugt wird“.*

Dies änderte jedoch nichts an der Tatsache, dass die Firma Werner unverändert ihre Fahrräder unter der Bezeichnung „Styria Original" verkaufte. Die Löschung der Firma „Fahrradwerke Anton Werner & Comp." erfolgte am 17. Mai 1899, da nämlich zu diesem Zeitpunkt Puchs Konkurrenzklausel ausgelaufen war. Er konnte nunmehr seine eigene neue Firma gründen.

Am 27. September 1899 berief Johann Puch die Generalversammlung der Aktionäre ein und ließ am nächsten Tag sein neues Unternehmen mit dem Namen „Johann Puch – Erste steiermärkische Fahrrad-Fabriks-Actien-Gesellschaft in Graz" per 28. September 1899 in das Grazer Handelsregister eintragen.

Als Betriebszweck wurde der Ankauf der Johann Puch-Fahrradwerke und ähnlicher Unternehmungen, sowie die Erzeugung und der Handel mit Fahrrädern und Fahrradbestandteilen jeder Art angegeben. Das Grundkapital betrug 800.000 Kronen, und zwar gestückelt in 2.000 Inhaberaktien zu je 400 Kronen. Der Verwaltungsrat setzte sich aus den Herren Emmerich Mayer, Banquier, Johann Puch, Dr. Emil Ritter von Gabriel, Advokat, Georg Eustacchio, Kaufmann, alle in Graz, und Hans Berkovics, Rentier aus Wien, zusammen. Trotzdem es damals keine gute Zeit für die Erzeugung von Fahrrädern war, da durch das Heraufdämmern der Epoche der Motorfahrzeuge die gesamte Fahrradbewegung im Rückgang war, konnte Johann Puch dank seines hervorragenden Namens gute Verkaufserfolge erzielen.

Interessant ist auch noch die Tatsache, dass bis zum 22. Juni 1909, dem Datum der Übernahme der „Styria-Fahrradwerke Johann Puch & Comp." durch die „Vereinigten Styria-Fahrrad- und Dürkopp-Werke AG." (Grazer Handelsregister, Reg. B.1/33) in Graz zwei Unternehmungen bestanden, die den Namen Johann Puchs in ihrem Firmenwortlaut führten.

Johann Puch beschäftigte sich schon frühzeitig mit der Konstruktion von Motorfahrzeugen, sein erster Motor soll bereits 1898 gebaut worden sein. 1900 gab es bereits das Tricycle nach der Bauart De Dion, 1903 wurde die serienmäßige Herstellung von Motorrädern aufgenommen. Und 1906 begann man bei Puch mit der fabriksmäßigen Herstellung von Automobilen, nachdem man mit seinem erstgebauten Wagen, einer leichten Voiturette, im Jahr 1900 erstmals den Grazer Schlossberg mit einem Motorfahrzeug befahren hatte.

Johann Puch und Wilhelm Lohner standen als Gründer-Industrielle der k.k. Monarchie, noch dazu in der Fahrzeugbranche (Lohner mit Kutschen, Automobilen und Flugzeugen, Puch mit Fahrrädern, Motorrädern und Automobilen), in engem Schriftverkehr miteinander. Beide wurden in ihrer Eigenschaft als bedeutende Pioniere des Fahrzeugwesens ins Kuratorium für die Beschaffung von Fahrzeugen für das neue „Technische Museum Wien", welches zum 60. Regierungsjubiläum von Kaiser Franz Joseph im Jahr 1908 beschlossen, 1913 fertiggestellt und 1918 eröffnet wurde, gewählt.

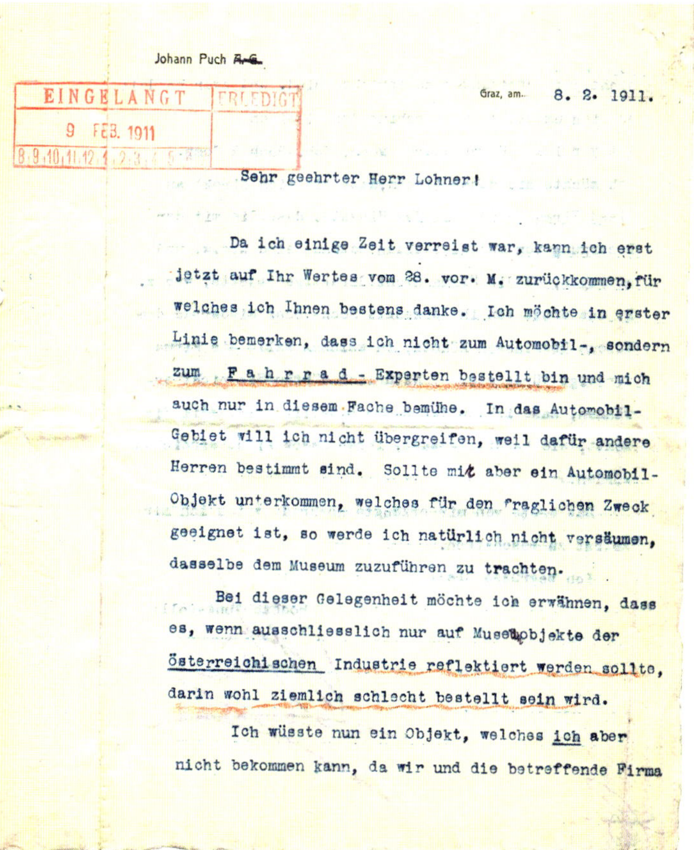

Johann Puch ~~A.-G.~~

EINGELANGT 9 FEB. 1911 ERLEDIGT

Graz, am 8. 2. 1911.

Sehr geehrter Herr Lohner!

Da ich einige Zeit verreist war, kann ich erst jetzt auf Ihr Wertes vom 28. vor. M. zurückkommen, für welches ich Ihnen bestens danke. Ich möchte in erster Linie bemerken, dass ich nicht zum Automobil-, sondern zum F a h r r a d - Experten bestellt bin und mich auch nur in diesem Fache bemühe. In das Automobil-Gebiet will ich nicht übergreifen, weil dafür andere Herren bestimmt sind. Sollte mir aber ein Automobil-Objekt unterkommen, welches für den fraglichen Zweck geeignet ist, so werde ich natürlich nicht versäumen, dasselbe dem Museum zuzuführen zu trachten.

Bei dieser Gelegenheit möchte ich erwähnen, dass es, wenn ausschliesslich nur auf Museobjekte der österreichischen Industrie reflektiert werden sollte, darin wohl ziemlich schlecht bestellt sein wird.

Ich wüsste nun ein Objekt, welches ich aber nicht bekommen kann, da wir und die betreffende Firma

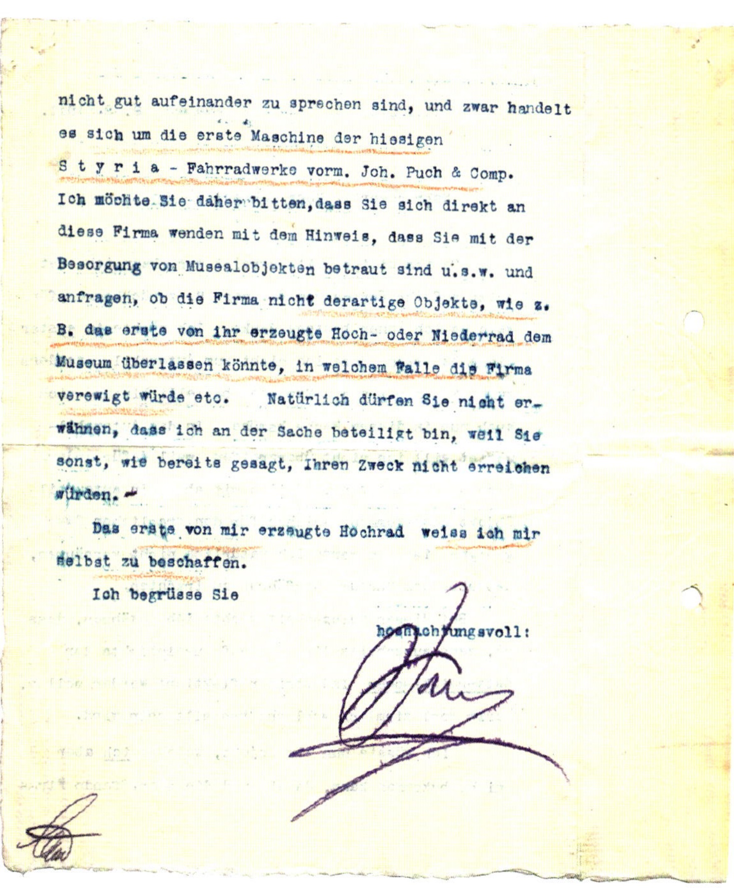

nicht gut aufeinander zu sprechen sind, und zwar handelt es sich um die erste Maschine der hiesigen S t y r i a - Fahrradwerke vorm. Joh. Puch & Comp. Ich möchte Sie daher bitten, dass Sie sich direkt an diese Firma wenden mit dem Hinweis, dass Sie mit der Besorgung von Musealobjekten betraut sind u.s.w. und anfragen, ob die Firma nicht derartige Objekte, wie z. B. das erste von ihr erzeugte Hoch- oder Niederrad dem Museum überlassen könnte, in welchem Falle die Firma verewigt würde etc. Natürlich dürfen Sie nicht erwähnen, dass ich an der Sache beteiligt bin, weil Sie sonst, wie bereits gesagt, Ihren Zweck nicht erreichen würden. -

Das erste von mir erzeugte Hochrad weiss ich mir selbst zu beschaffen.

Ich begrüsse Sie

hochachtungsvoll:

Dieses seltene Fundstück eines Briefes von Johann Puch an Wilhelm Lohner im Zuge ihrer Beschaffungstätigkeit bestätigt mit der Passage *„Das erste von mir erzeugte Hochrad weiß ich mir selbst zu beschaffen"*, dass Johann Puch mit der Erzeugung von Hochrädern den Grundstein seiner industriellen Tätigkeit gelegt hatte. Auch das Buch „Die Geschichte der Puch-Fahrräder" (Ulreich / Wehap, Weishaupt Verlag, 2016) zeigt, dass im Styria-Fahrradprogramm ein Hochradmodell geführt wird.

Johann Puch half sein angeborenes Gefühl für mechanische Vorgänge und sein langjährig bewiesenes kaufmännisches Talent sehr, um auf dem neuen Sektor des Kraftfahrzeugwesens zu greifbaren Ergebnissen zu kommen. Ein typisches Beispiel dafür war unter anderem das Engagement von Vaclav Přitel, einem der besten damaligen Motorradfachleute, der früher bei Laurin & Klement gearbeitet hatte. Oder die Perfektionierung einer neuen Art der Anfertigung von Kolbenringen, die das damals übliche zeitaufwendige Einschleifen im Zylinder ersparte und gleichzeitig den damit vorprogrammierten vorzeitigen Verschleiß. Denn bei der alten Methode blieben immer Schleifpastareste in den Gussporen hängen und zerstörten damit die mühsam geschaffene Oberfläche. Puch fand eine Methode des Feindrehens, die den Fertigungsablauf wesentlich verbilligte und gleichzeitig die Qualität anhob.

Mit der Gesundheit des Firmengründers ging es allerdings ständig bergab. 1911 hatte er bereits seinen ersten ernsthaften Herzanfall erlitten; er schrieb damals an Adolf Schmal-Filius, den Herausgeber der „Allgemeinen Automobil-Zeitung", scherzhaft: *„Der Motor in meiner Brust ist eben schon veralteter Konstruktion. Er lässt in der Tourenzahl nach."* Johann Puch nahm nach diesem Anfall kurze Zeit Urlaub, kehrte aber schon bald wieder in die Fabrik zurück, in der er wie gewöhnlich Tag und Nacht tätig war. Als im Frühjahr 1912 Oberleutnant Nittner, ein bekannter Aviatiker, seinen her-

Das Geburtshaus von Janez Puh – wie Johann Puch in seiner Muttersprache genannt wurde – in Jursinci bei Sakuschak wurde von den slowenischen Puch-Fans in der Nähe des ursprünglichen Standortes (auf dem sich heute ein privates Wohnhaus befindet) neu und originalgetreu rekonstruiert und beinhaltet ein sehenswertes Museum über Puch.

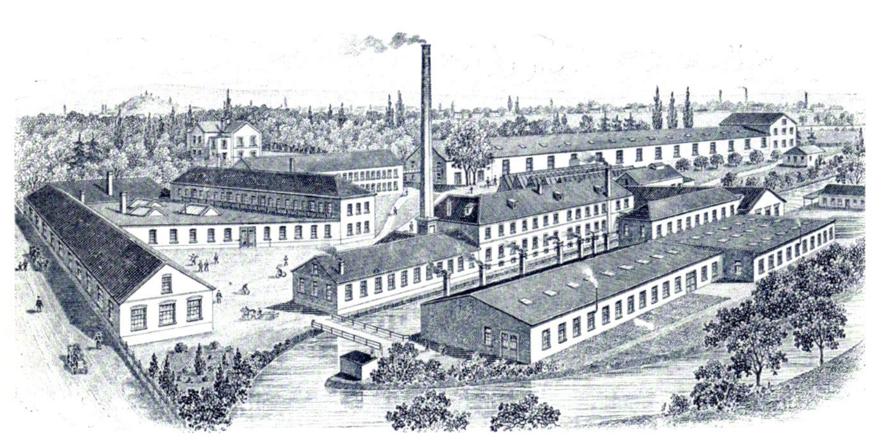

Fabriksansicht 1910. Das Stammwerk der *Johann Puch – Erste Steiermärkische Fahrrad-Fabriks AG* stand an der südlichen Stadtgrenze von Graz.

vorragenden Fernflug von Wien nach Graz unternahm, fuhr Puch mit seinem Auto dem Flieger entgegen. Nittner landete mit einem sehr steilen Gleitflug, dessen Ende Puch durch eine Bergkuppe verdeckt wurde. Puch glaubte an einen Absturz und regte sich darüber derart auf, dass er eine neuerliche Herzattacke erlitt. Er gab schließlich dem Drängen des Arztes und seiner Freunde nach und schied im Jahre 1912 aus der aktiven Leitung der Firma aus. Dennoch war er immer noch unermüdlich für sein Unternehmen tätig. So ereilte ihn der Tod im Gespräch mit Geschäftsfreunden in Agram im Hotel Royal in den Abendstunden des 19. Juli 1914, wenige Tage vor Ausbruch des Ersten Weltkrieges.

Oberleutnant Eduard Nittner überflog am 3. Mai 1912 mit seiner Etrich-Taube „Kondor“ als Erster den Semmering.

1914 beschloss die Generalversammlung der Aktionäre, die „Johann Puch – Erste Steiermärkische Fahrrad-Fabriks-Actien-Gesellschaft“ in die „Puch-Werke Aktiengesellschaft“ umzubenennen, die Eintragung des neuen Firmenwortlautes erfolgte am 19. Mai 1914 ins Grazer Handelsregister.

Während der Kriegsjahre kam es immer wieder zu Kapitalaufstockungen durch den Verkauf junger Aktien. Dennoch wollten die Gerüchte nicht verstummen, dass es zu einer Fusionierung mit den Austro-Daimler-Werken in Wiener Neustadt kommen sollte. Trotz gegenteiliger Mitteilungen der Puch-Werke in der Allgemeinen Automobil-Zeitung kam es infolge der geänderten wirtschaftlichen Verhältnisse nach dem Ersten Weltkrieg vor allem auch durch die Kapitalverflechtung, in der der Bankier Camillo Castiglioni eine entscheidende Rolle spielte, zu einer Interessengemeinschaft mit Austro-Daimler.

Der Tätigkeitsbericht der Generalversammlung der „Österreichischen Daimler-Motoren AG“ in Wiener Neustadt wies auf diese Tatsache am 29. Mai 1923 hin:
Die Interessengemeinschaft mit der „Österreichischen Automobil-Fabriks-AG“, vormals „Austro-Fiat“, und der „Puchwerke AG Graz“, von welchen beiden Unternehmungen wir die Majorität des Aktienkapitals besitzen, wurde weiter ausgebaut und verschiedene

wichtige Verwaltungszweige wurden zentralisiert, wodurch nebst anderen Vorteilen auch nicht unwesentliche Ersparnisse erzielt werden konnten.

Die logische Folge dieser losen Kooperation war – auch aufgrund der wirtschaftlichen Turbulenzen, in die Austro-Daimler geraten war – der Zusammenschluss beider Unternehmungen zur neuen Firma „Austro-Daimler-Puchwerke AG". Die Eintragung ins Wiener Handelsregister erfolgte am 28. Dezember 1928. Zu diesem Zeitpunkt waren bei Puch Motorräder und Fahrräder in Produktion, die Automobil-Produktion war 1923 eingestellt worden. Die Motorräder jener Epoche trugen alle das Firmenschild „Austro-Daimler-Puchwerke AG" und können daher leicht für die Bauepoche 1928 bis 1934 identifiziert werden. Denn mit Beschluss der Generalversammlung der Aktionäre kam es am 12. Oktober 1934 zur Fusion mit der „Steyr-Werke AG". Die neue Firma, die „Steyr-Daimler-Puch Aktiengesellschaft", hatte als erste Aufgabe die Transferierung des bereits 1933 stillgelegten Maschinenparks der Austro-Daimler-Werke von Wiener Neustadt nach Steyr durchzuführen.

Die Puch-Werke 1938.

In den Jahren 1942/43, also mitten im Zweiten Weltkrieg, entstand am südlichen Stadtrand von Graz auf einem Areal von 500.000 m² das heutige Werk Thondorf. Zunächst wurden drei Werkshallen zu je 22.000 m² errichtet. Mit drei kleineren Hallen entstand eine verbaute Fläche von 120.000 m² mit eigenem Bahnanschluss, und so waren die Puch-Werke bis weit in die 1950er-Jahre hinein zu den modernsten Zweirad-Produktionsstätten in Europa zu zählen.

Nach dem Zweiten Weltkrieg lag das Werk, baulich über die Hälfte von Bomben zerstört, in nahezu hoffnungslosem Zustand da. 3.000 wertvolle Werkzeugmaschinen waren verlorengegangen. Der Stand an Arbeitern betrug 300 Mann. Dennoch schaffte es diese Belegschaft, die Nachkriegsproduktion im Herbst 1945 mit Fahrrädern wieder in Gang zu setzen. Und schon 1946 verließen die ersten Nachkriegsmotorräder von Puch die Werkshallen. Die alten Exportmärkte wurden Land für Land zurückerobert, neue Werkzeugmaschinen konnten im Kompensationswege erworben werden, es nahmen die ersten Freilaufnaben, Lichtanlagen, Fahrradketten usw. ihren Weg in alle Welt.

Die starke Nachfrage nach den Erzeugnissen der Grazer Werke machte eine Ausweitung der Produktion notwendig, für deren Umfang sich die Anlagen im Werk Puchstraße als zu klein erwiesen. Ein Werk musste entstehen, in welchem alle modernen Erfahrungen der Einrichtung und Fertigung verwirklicht werden sollten. 1952 war das von den britischen Besatzungstruppen inzwischen freigegebene Werk Thondorf nach einer Aufbauarbeit ohnegleichen wieder bezugsbereit.

Im Jahr 1964 hatte sich die Produktion gegenüber dem letzten Vorkriegsjahr verachtfacht, die Zahl der Beschäftigten war von 1937 bis 1964 von 1.725 auf 5.000 angestiegen. Zu diesem Zeitpunkt exportierten die Puch-Werke in rund 80 Staaten der Welt, an erster Stelle standen die USA. Dieses Jahr 1964 war deshalb von konzernaler Bedeu-

Stammwerk in der Puchstraße im Jahr 1949.

tung, weil die Steyr-Werke das 100-Jahr-Jubiläum feierten. Bei Puch war bereits 1957 mit dem Modell Steyr-Puch 500 die Automobilproduktion wieder aufgenommen worden (siehe dazu Friedrich F. Ehn, „Puch-Automobile 1900–1990", Weishaupt Verlag).

Im Jahr 1986 erfolgte eine Umwandlung des Bereiches Graz der Steyr-Daimler-Puch AG in eine eigene Gesellschaft mit dem Titel „Steyr-Daimler-Puch-Fahrzeugtechnik Ges.m.b.H.". Schließlich wurde 1987 beschlossen, die Zweiradfertigung zur Gänze einzustellen. Die Fertigungsanlagen wurden an den Piaggio-Konzern verkauft. Heute ist die Marke Puch als Motorrad- und Mopederzeuger vom Markt verschwunden.

Modell des Werks Thondorf um 1970. Richtung Westen (Murfeld) schließen Siedlungsbauten sowie die Eigenheime der „Puch-Siedlung" an.

Mit dem Hochrad wurde Johann Puchs Interesse am Fahrrad geweckt.

Die Puch-Fahrräder von 1890–1987

Vom Knochenschüttler zum Carbon-Rad

Bereits am 17. Juni 1890 hatte Johann Puch die Berechtigung für die fabrikmäßige Fertigung von Fahrrädern erhalten. Die erste Produktionsstätte entstand in Graz in der Strauchergasse 18 a. Aber schon lange vorher war Puch der Faszination dieser Fahrmaschinen erlegen, die es zum ersten Mal in der Menschheitsgeschichte ermöglichten, die Fortbewegungsgeschwindigkeit des Menschen auf der Landoberfläche jener des Pferdes anzupassen, bzw. dieses zu übertreffen.

Johann Puch begann die fabriksmäßige Fertigung seiner Fahrräder im Jahre 1890 bereits mit dem Schwerpunkt auf Niederräder vom Typ des sogenannten „Kreuzrovers".

Begonnen hatte alles mit der Erfindung des lenkbaren Laufrades durch den Großherzoglich-Badischen Forstmeister Carl Friedrich Ludwig Christian Baron Drais von Sauerbronn (1785–1851). Diese Weiterentwicklung der nicht lenkbaren Laufräder aus Paris (Celeriferen) baute er 1816. Die Patenterteilung erfolgte 1818. Die Draisinen waren mit eisenbeschlagenen Rädern, Balancierbrett für die Unterarme, Lenkeinrichtung, Sitzbalken, Gepäckträger und Schleifsperre (Bremse) ausgerüstet.

Aus dem Drais'schen Laufrad entwickelten die Brüder Micheaux in Frankreich Treträder, die am Vorderrad mit einer Tretkurbel zum Antrieb versehen waren. Auch war der unkomfortable Sitzbalken durch eine Art von Längs-Trägerfeder mit einem Ledersattel ersetzt worden. Das Problem dieser Micheauxlinen lag in der geringen Übersetzung der ungefähr einen Meter hohen Räder. Diese Fahrzeuge um 1860 hatten auch bereits eine Klotzbremse.

Zur Verbesserung der Übersetzung wurde das Vorderrad immer größer, damit pro Tretkurbelumdrehung ein möglichst großer Weg zurückgelegt werden konnte. Die Hochräder waren geboren. Wegen ihres unkomfortablen Fahrverhaltens wurden sie „Bone-Shaker", Knochenschüttler, genannt. Die Räder nahmen immer gewaltigere Dimensionen an, das Hinterrad degenerierte zu einem reinen Stützrad. Doch auch die Fahrsicherheit litt unter diesem großen Rad. Denn die Schwerpunktlage von Fahrer und Rad rutschte derart hoch, dass schon geringe Fahrbahnhindernisse zu Kopfstürzen des Fahrers über Rad und Lenkstange führen konnten. Die schlimmsten Auswüchse des Hochrades waren bis zu drei Meter hohe Monstren, deren Besteigung und Lenkung regelrecht akrobatische Fähigkeiten voraussetzte. Darüber hinaus mussten bei diesen Ungetümen Hebelmechanismen zur Übersetzung der Fußkraft zur Achse des Rades angewendet werden, die ihrerseits auch wieder Kraft schluckten. In der Hochblüte des Hochrades kam Johann Puch mit diesen Vehikeln in Berührung. Trotz der großen Unbill bei der Benützung war das Radfahren vor allem ein Sport für die begüterten Kreise.

Mitte der 1880er-Jahre kam durch die Erzeugung von feingliedrigen Rollen- und Blockketten auch ein neuer Impuls fürs Fahrrad in der Form, dass die Räder wiederum gleich hoch bzw. niedrig wurden, der Fahrer auf seinem Sattel zwischen den Rädern saß und die Pedalkraft infolge der Übersetzung zwischen Kettenscheibe und Antriebszahnkranz in eine schnelle Drehbewegung des Hinterrades umgesetzt wurde. Das Nieder- oder Sicherheitsfahrrad war geboren worden. Die Rahmenbauformen waren in jenen Jahren äußerst vielfältig und reichten vom „Kreuzrover", wie der Name bereits sagt, einem Fahrrad, dessen Rahmen vom Steuerkopf zum Hinterrad mit dem Sattelrohr kreuzförmig kombiniert war, bis zu den heute noch üblichen Formen für Herren- oder Damenräder.

Nr. 2879. 1. September 1898.

Unter dem Markennamen „Styria" wurde Puchs Name weit über die Grenzen der Monarchie hinaus bekannt.

Am 26. Juli 1914 schrieb die „Allgemeine Automobil-Zeitung" anlässlich des Todes von Johann Puch über seinen Werdegang als Fahrradfabrikant Folgendes:
Sein weniges Geld reichte dazu aus, ein kleines Gartenhaus in der Strauchergasse in Graz zu mieten, und hier hing bald ein Schild mit der Aufschrift: „Johann Puch, Fahrradreparateur". Besonders die Mitglieder des Akademisch-technischen Radfahrervereines in Graz zählten zu den Kunden Puchs. Sie waren gewissermaßen die Stammkundschaft und es liegt vielleicht etwas Typisches darin, daß gerade die radfahrenden Studenten sich Puch gewissermaßen zum Clubreparateur wählten. Groß war das Personal, das Johann Puch beschäftigte, gerade nicht. Ein Arbeiter und zwei Lehrlinge, außerdem kam ein Bruder Puchs, Martin, dazu, dessen besondere Fähigkeit im Kleben von Pneumatikschläuchen ihn als einen wertvollen Mitarbeiter für das Unternehmen erscheinen ließ. Der nächste weitere Schritt in der Entwicklung des Unternehmens war der, daß Puch die Vertretung englischer Fahrräder zu gewinnen suchte. Auch das gelang, und nun war aus dem kleinen, bescheidenen Reparateur schon ein Händler geworden, freilich ein recht kleiner, dessen Jahresumsatz sich auf kaum zehn Fahrräder belief. Durch seine Bekanntschaft mit den Radfahrerkreisen lernte Puch zahlreiche Mitglieder der wohlhabenden Grazer Gesellschaft kennen, und so reifte in ihm der Gedanke, selbst Fahrräder zu erzeugen.

Puch war selbst begeisterter Radfahrer. Er führte den Kunden seine Räder persönlich vor, suchte Kunden auf, lehrte sie das Radfahren und überzeugte sie von den Vorteilen seiner Räder. Im Jahre 1891, als das große Rennen Triest – Wien stattfand, erwartete er die Wettfahrer und geleitete sie viele Kilometer in der Nacht. Dabei erkältete er sich, bekam eine Lungenentzündung und rang mit dem Tode. Doch er genas und führte seine junge Fabrik mit den „Styria"-Fahrrädern zu immer neuen Erfolgen. Johann Puch hatte schon sehr früh den hervorragenden Wert der Sporterfolge für die Vermarktung seiner Produkte erkannt. Mit großem Geschick verstand er es, die Radfahrer für seine Räder zu interessieren, und zwar zuerst durch kleine und dann später durch immer größere Erfolge auf seinen „Styria"-Rädern. Die „Allgemeine Automobil-Zeitung" berichtete darüber:
Der erste große Wurf, der den Namen Styria plötzlich populär machte, war das Radrennen Wien – Berlin. Im Herbst des Jahres zuvor waren die Distanzreiter über die Strecke Wien – Berlin geritten, und ihre fabelhaften Leistungen hatten in hohem Maße die Neu-

Puch-Werbepostkarte mit einem Damenrad-Motiv, ca. 1908–1910.

Franz Gerger, Sieger des Radrennens Bordeaux – Paris 1895.

gierde des Publikums rege gemacht. Man wollte wissen, wie sich die Zeiten der Radfahrer zu jenen der Reiter verhalten würden. Überall war man im höchsten Grade gespannt, wie sich das Rennen gestalten werde, und Johann Puch hatte die Freude, zu sehen, daß auf der einzigen Maschine, die in dieser Fahrt benützt wurde, Franz Gerger den dritten Preis errang. Bald reihte sich aber Rennerfolg an Rennerfolg und Hand in Hand damit gingen auch die geschäftlichen Erfolge. Seinen Grazer Konkurrenten und ehemaligen Chef Albl hatte Puch mit seiner Fabrik bei weitem überflügelt. Albl kannte man nur in Graz, von Styria sprach man schon in der ganzen radsportlichen Welt Europas. Immer bedeutendere Wettfahrer benutzten die Styria-Räder, es kam die Zeit des Professionalismus im Radfahren, und Puch, der ehemalige Bauernjunge, engagierte die teuersten und besten Wettfahrer, denen er für ein Rennen, das sie auf seiner Maschine fuhren, mehr Geld zahlte, als er früher in seinem Leben zu verdienen hoffte. Sein Ehrgeiz war, einmal ein großes internationales Straßenrennen zu gewinnen, und zu diesem Zweck sandte er seinen bewährtesten Kämpen, Franz Gerger, zweimal in das Rennen Bordeaux – Paris, das gewissermaßen das Derby der Radfahrer war, in welchem Engländer, Franzosen, Deutsche und Italiener aufeinander trafen. Das erste Mal war Gerger nicht vom Glück begünstigt, doch im zweiten Jahr schlug er die gesamte Konkurrenz, und damit hatte Styria eine Bedeutung erlangt, die selbst Puch verblüffte.

Dieser Rennsieg 1895 brachte förmlich eine Flut von Aufträgen für das Grazer Werk, vor allem für den Export nach Deutschland. In dieser Bekanntheit in unserem Nachbarland ist auch der Grund dafür zu suchen, dass Puch die Bielefelder Maschinenfabrik, vorm. Dürkopp & Co. für Kapitalverhandlungen zur Erweiterung seiner Fabrik gewinnen konnte. Puch hatte darüber hinaus mit seinem Werkmeister Werner einen hervorragenden Fahrradfachmann zur Seite.

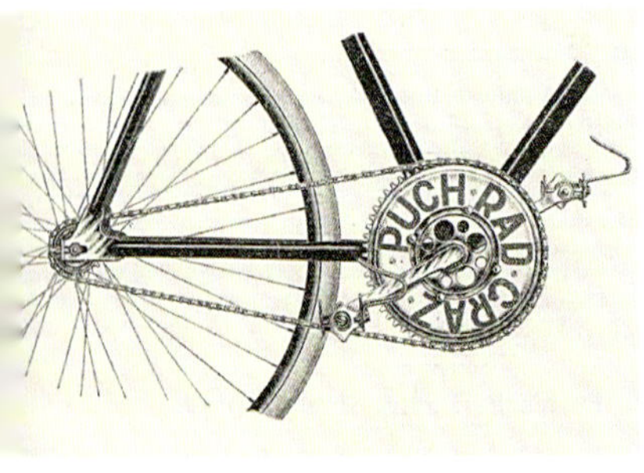

Das neue Puch'sche Patent-Stahl-Zahnrad in seiner ersten Ausführung. Dieses auffällige und werbewirksame Detail wurde in der Folge von fast allen Fahrradfirmen der Österreich-Ungarischen Monarchie kopiert.

Es war damals eine schwierige Zeit für den Neubeginn einer Fahrradfabrikation, da sich in der Begeisterung für den Radfahrsport ein Rückgang bemerkbar gemacht hatte. Dennoch machten die Puch-Räder ihren Weg. Sie wurden von der Gründung der „Johann Puch, Erste Steiermärkische Fahrrad-Fabriks-Actien-Gesellschaft Graz“ bis zum Ende der Zweiradfertigung 1987 in Graz gebaut.

1907 wurden sieben Fahrradmodelle – vom Straßenrennrad über die „Extra-Luxusmaschine“, sowie Damenräder, bis zum Transport-Dreirad – angeboten, jedes mit einem oder zwei (!) Jahren Garantie. Die allgemeine Ausstattung der Puch-Räder des Werkskataloges 1907 weist drei verschiedene Rahmenhöhen sowohl bei den Herren- als auch bei den Damenrädern auf. Die Emaillierung erfolgte in Schwarz, für die Felgen gab es auf Wunsch rote oder grüne Streifen. Für andersfärbige Emaillierung oder vernickelte Felgen waren Lieferfristen in Kauf zu nehmen. Als Ketten waren kurzgliedrige ½"-Doppelrollenketten „vorzüglichster Qualität“ vorgesehen. Bei sämtlichen Modellen gab es auswechselbare Zahnräder zwecks Veränderung der Übersetzung. Als Lenkstangenform konnte man unter sechs verschiedenen auswählen. Als Besonderheit ist die Tatsache zu werten, dass die Herrenmaschinen nur ohne Kotbleche ausgeliefert wurden, aber gegen Aufpreis solche geliefert werden konnten. Hingegen gab es als serienmäßiges Zubehör Werkzeugtaschen mit für sämtliche Muttern genau eingepassten Schüsseln, ferner Ölkännchen, Luftpumpe und Reparaturmaterial für Pneumatiks.

Ab 1908 gab es die Puch-Räder mit Gangschaltung, und zwar musste man dafür die Doppelübersetzungsnabe mit Freilauf und Rücktrittbremse wählen. Der Aufpreis dafür betrug 90 Kronen, die Fahrradpreise bewegten sich zwischen 240 und 450 Kronen. In die Vorderradgabel waren noch bei allen Modellen Verzierungsornamente geätzt, ab 1909 nur mehr beim Damen-Tourenrad, das auch einen Vollkettenschutz aus transparentem Zelluloid hatte.

Während der Jahre des Ersten Weltkrieges bewährten sich die Puch-Räder vor allem bei den Meldefahrern an allen Fronten, es wurden aber auch ganze Radfahrerkompanien damit ausgerüstet.

In der Zwischenkriegszeit wurden die Puch-Räder in der bewährten Qualität in zahlreichen Modellen und Namen wie beispielsweise JPAG (Johann Puch AG) weitergebaut. Ab 1928 mussten die Fahrrad-Ersatzteilbestellungen an die „Austro-Daimler-Puchwerke AG", Graz, Fuhrhofgasse 44, geleitet werden. Aus einer dieser Ertsatzteillisten geht hervor, dass es auch für ältere Modelle alle Ersatzteile gab. Diese Modellkonstanz war sicher mit ein weiterer Grund für die Beliebtheit der Puch-Räder.

Ab 1934 kamen in den Konzern die ehemaligen Konkurrenzprodukte von Steyr. Die Waffenfabrik Steyr, 1864 von Josef Werndl gegründet, baute zunächst Fahrräder unter dem Markennamen „Swift", später als „Waffenrad". Diese Bezeichnung leitet sich vom ursprünglichen Steyr-Namen „Österreichische Waffenfabriksgesellschaft ÖWG" ab.

Oben: Historistisches Plakat um 1900. Bei der Frauengestalt dürfte es sich um eine Darstellung der Minerva handeln.

Links: Puch-Damenrad am Montageständer fürs Prospektfoto, ca. 1938.

Oben: Fahrrad-Versandabteilung um 1938. Unten links: Radspannerei um 1938. Unten rechts: Fahrradmontage 1940.

Die Reihe der „Waffenräder“ wurde bereits 1897 eingeführt und bis 1987 gebaut. Die Fabrikation der Waffenräder befand sich ursprünglich in Steyr und wurde erst nach der Fusionierung langsam zu den Puch-Werken nach Graz verlagert. Der Begriff „Steyr-Waffenrad“ ist heute noch mit derartigen Qualitätsvorstellungen verbunden, dass man sagt, so ein Rad wird vom Vater auf den Sohn vererbt. Die Fahrradserie „Waffenrad“ ist somit als längstgebaute mit 90 Jahren reif fürs Buch der Rekorde.

Puch-Damenfahrrad aus den späten 1930er-Jahren.

Puch baute exzellente Touren- und Sporträder in Herren- und Damenausführung unter den Typenbezeichnungen „Silber-Rad“ (als Luxusmodelle mit verchromten Kotblechen), „Frontrad“ als Damen- und Herren-Gebirgsräder in gediegener, strapazierfähiger Ausführung, sowie das „Chrom-Rad“ als Nachfolgemodell des „Silber-Rades“. Ab 1938 gab es die „Panther-Rad“-Serie in Damen- und Herrenausführung mit Luxusausstattung.

Auch in den Jahren des Zweiten Weltkrieges waren Puch-Räder für die Mobilität der Zivilbevölkerung und für die Soldaten – vor allem bei den Radfahrer-Kompanien – von ausschlaggebender Bedeutung. Und nach dem Krieg war jeder geradezu ein König, der ein Rad – mit Bereifung – sein Eigen nannte, denn Pneumatiks waren in diesen Notzeiten noch schwerer zu bekommen als Fahrräder.

Die ersten Produkte, die im Herbst 1945 die Puch-Werkshallen verließen, waren Fahrräder. Und in den 1950er-Jahren, als sich das Leben wieder normalisiert hatte, kam es zu einer nahezu unüberschaubaren Menge von Fahrradmodellen. Für alle Zwecke wurden Fahrräder gefertigt. Es gab kaum ein Segment, für das kein geeignetes Puch-Rad zur Verfügung stand. Vom Kinder- und Jugendrad über Touren- und Sporträder bis zur handgefertigten Rennmaschine nach Maß kam bei Puch jeder Interessent auf seine Rechnung. Obgleich zu einem angemessenen Preis, denn die bei Puch gefertigten Fahrräder waren immer qualitativ hochstehende Produkte. Billigstlösungen wie Plastik-Lagerschalen oder unabgedeckte Tretlager suchte man bei Puch vergebens. Die Fahrradserien „Puch-Jungmeister“, „Puch-Bergmeister“, „Puch-Clubman“ und die Rennmaschinen der Serie „Puch-Mistral“ klingen heute noch im Ohr jedes Kenners.

Nach dem Zweiten Weltkrieg begann der Wiederaufbau bei Puch mit der Fahrradfertigung. Hier der Zusammenbau der „Styria“-Freilaufnabe.

Speziell für den USA-Export ließ man den Markennamen „Austro-Daimler“ wieder aufleben und fertigte für höchste Ansprüche Maß-Rennmaschinen mit teuersten Komponenten und exklusivem Material wie Reynolds-531-Rohren, die im Bereich der mit Silberlot gelöteten Muffen dicker ausgewalzt waren, als in der Mitte des Rohres. Die Austro-Daimler-Räder wurden an den Kunden in roten Samtkassetten ausgeliefert. Und für den Transport im Auto oder Flugzeug gab es eigene Transportsäcke.

Ab 1978 wurden größte Anstrengungen zur Perfektionierung der Fahrräder in Hinsicht auf Freizeit- und Sportgerät unternommen. Für die Serien-Rennräder wurden Doppel-Dickendspeichen und aerodynamisch geformte Komponenten angewendet, gleichzeitig alle Möglichkeiten zum Leichtbau ausgeschöpft. Auch erinnerte man sich vor allem in der Sparte Fahrrad immer an den Grundsatz des Firmengründers Johann Puch, den Rennsport für die Firmenwerbung heranzuziehen. Und so stellte Puch durch viele Jahre immer wieder hervorragenden jungen österreichischen Radrennfahrern Maschinen und Sponsorgeld zur Verfügung. Die Erfolge belohnten so wie in den Gründerjahren die Anstrengungen des Werkes. Rudolf Mitteregger, Hans Lienhart und Walter Eibegger waren erfolgreiche Fahrer, die bei Puch unter Vertrag standen. Aber auch sonstigen Aktivitäten mit und ums Fahrrad stand Puch immer aufgeschlossen gegenüber. Sei es nun die Aktion „Fahrrad am Bahnhof", die Errichtung und Förderung von Radwegen o.Ä.

Werbeplakat mit den Puch-Rennfahrern Lienhart und Mitteregger.

Das Puch-Fahrrad „Alutron", das 1979 nicht über eine Kleinstserie hinauskam, zeigte neue Wege bei der Klebung und Verarbeitung von Leichtmetall auf. Die Forschungsarbeiten basierten auf der Systematik von Leichtmetall-Lamellen in Klebebauweise bei Skiern oder Tennisrackets. Und die letzte Studie der Techniker befasste sich mit der Anwendung von Carbon-Fasern im

Aerodynamik und Leichtmetall bei der Radstudie anlässlich der IFMA 1980. Von links: Werbeleiter Fritz Gloggnitzer, Prok. Hans Stadlinger und der Autor, damals Mitarbeiter der Pressestelle Wien.

Links: Mit dem Carbon-Fiber-Rad leitete Puch die Kunststoff-Ära im Fahrrad-Rahmenbau ein.

Rechts: Fritz Spekner mit dem Concept 82.

Fahrrad-Rahmenbau. Über die Produktionszahlen bis 1945 gibt es keine verlässlichen Unterlagen. Ab Kriegsende bis zur Einstellung des Fahrradbaues in Graz wurden nach Werksangaben aber immerhin 7,827.364 Puch-Fahrräder erzeugt.

Hochinteressante Designstudien – vom utopischen Entwurf bis zum Fahrrad von morgen – wiesen für Puch in eine hoffnungsvolle Fahrradzukunft. Wie kreativ sich auch in der letzten Phase des Fahrradbaues die Entwicklungsabteilung unter Friedrich Spekner des Fahrrad-Designs annahm, zeigen die beiden Abbildungen oben.

Puch-Räder hatten durch alle Jahrzehnte einen ausgezeichneten Ruf durch ihre Qualität. Mit der Freizeit- und Fitnesswelle erlebte die Fahrrad-Produktion im Jahr 1978 einen Boom. Die Radfahrer vorne: links Handelsminister Josef Staribacher, der auch für Tourismus zuständig war, rechts der Autor Fritz Ehn.

Die Puch-Motorräder von 1900–1919

Mit der Eintragung der Firma „Johann Puch – Erste steiermärkische Fahrrad-Fabriks-Aktiengesellschaft“ ins steirische Handelsregister am 28. September 1899 begann der eigentliche „Lebensweg“ der Firma Puch. Dieser Gründung waren ja, wie in der Lebensgeschichte Johann Puchs angeführt, etliche andere unternehmerische Aktivitäten vorausgegangen. Diese waren von Anfang an nicht aufs Fahrrad allein beschränkt. So berichtete beispielsweise die „Allgemeine Automobil-Zeitung“ vom 4. Juni 1911 im Rahmen des Aufsatzes „Die ältesten Automobile in Österreich-Ungarn“:
Unsere nächste Abbildung in unserer Bilderserie stellt nur einen Motor dar. Dieser stammt aus dem Jahre 1898 und ist ein Puch-Motor aus den Grazer Werken der Johann-Puch-AG. Es ist dies der erste Motor, den das Haus Puch erzeugt hat.
Dieser Motor, so wird weiter berichtet, war als Kraftquelle für ein Automobil gedacht. Unklar ist, wo er erzeugt wurde, da zur angegebenen Jahreszahl die Aktiengesellschaft ja noch nicht bestand. Auch findet sich, außer in dem zitierten Bericht, keine weitere Quelle, die diesen Motor benennt.

Der erste Motor, den Johann Puch baute, datiert mit 1898. Es handelt sich dabei um einen Zweizylinder-Boxermotor mit automatischen Einlass- und über lange Balancier-Stangen gesteuerten Auslassventilen.

1900

Die „Agramer Zeitung“ vom 28. April 1900 berichtete:
Der Besitzer der Fahrrad- und Nähmaschinenhandlung Ferdinand Budicki hat das erste Motorbicycle nach Agram gebracht, welches in den letzten Tagen auf der Straße vor dem Geschäft gebührend angestaunt wurde. Das Vehikel ist ein Johann Puch'sches Motorrad mit Dion-Bouton-Motor von 1 ¾ Pferdekraft und fährt bis 40 Kilometer in der Stunde. Es ist zweisitzig, sehr elegant ausgestattet und fährt es sich auf demselben sehr angenehm. Wir verweisen übrigens die Leser auf das Inserat in unserem heutigen Blatte.
Diese Zeitungsmeldung beweist, dass die Firma „Johann Puch – Erste steiermärkische Fahrrad-Fabriks-Aktiengesellschaft“ ab ihrer Eintragung ins steirische Handelsregister am 28. September 1899 am Bau eines zweirädrigen Motorrades arbeitete.

Agramer Zeitung vom 28. April 1900.

Es ist ausdrücklich die Rede von Motorrad und Motorbicyle und nicht von dem oftmals zitierten Motordreirad (Tricycle) mit De Dion-Motor, das Puch als erstes Motorfahrzeug gebaut haben soll. Als gestandenem Radprofi waren Puch die fahrdynamischen Nachteile eines Dreirades (keine Möglichkeit der Kurvenneigung) gegenüber einem Solo-Motorrad sehr schnell klar. Ferdinand Budicki, der 1897 per Fahrrad eine Weltreise durchführte, war nicht nur geschäftlich mit Johann Puch verbunden; er unternahm gemeinsam mit Siegmund Eckerl im Sommer 1903 auf Puch-Motorrädern eine Europa-Rundfahrt, die sie in Tagesetappen von bis zu 400 km bis nach Russland führte!

Erstes offizielles Inserat im Grazer Tagblatt vom 8. Mai 1901 mit neuem Firmenwortlaut und Standort. Tags zuvor war die Firma von Johann Puch mit Standort Laubgasse 8 aus dem Handelsregister gelöscht worden.

1901

Das war ein Jahr der Entscheidung für die Konstruktion und Erzeugung eigener Motoren in Puch-Motorrädern. Es wurden alle Vorbereitungen für die – nach damaligen Gesichtspunkten – Großserienfertigung getroffen.

1902

Am 14. September 1902 schrieb die „Illustrirte Sport-Zeitung" über die Ergebnisse der „Bergfahrt am Semmering" vom 7. September:

Werksfahrer Fredi Müller wurde in der Kategorie Motorzweiräder bis 50 kg Zweiter nach Derny auf Clement (Frankreich) und verwies Karl Kollarz auf Laurin & Klement auf den 3. Platz. Der 4. Rang ging an Robert Lehmann auf Puch.

Die „Illustrirte Sport-Zeitung" berichtete ebenso wie das „Grazer Tagblatt" über das „Criterium der Motorzweiräder" über 50 Kilometer auf der Wiener Praterbahn vom 12. Oktober 1902:

Das „Criterium der Motorzweiräder" über 50 Kilometer auf der Praterbahn gewann Fredi Müller auf einem Puch-Motorrad der Grazer Aktiengesellschaft Johann Puch mit 2 ½ Kilometer Vorsprung in der großartigen Rekordzeit von 49 Minuten.

Am Start waren drei Puchs, zwei französische Griffons sowie fünf Laurin & Klement-Motorzweiräder gewesen. Alle diese Meldungen beweisen, dass sich Johann Puch von Anfang an mit dem Bau von Motor-Zweirädern beschäftigt hatte, dass er bereits vor dem Verkauf von Puch-Motorrädern an das allgemeine Publikum im Jahr 1903 etliche Vorserienmaschinen gebaut hat. Die Meldung über ein Motordreirad (Tricycle) im Jahr 1900 kann sich somit nur auf ein Versuchsmodell beziehen.

Das Puch-Motorrad Typ A mit dem bekannten Volksschauspieler Alexander Girardi im Sattel. Er schrieb an die Redaktion der „Allgemeinen Automobil-Zeitung" am 7. August 1903: *„Sehr geehrte Herren! Sie wünschen meine Ansicht über das Motorrad? Ich kenne kein größeres Vergnügen. Mit Hochachtung, Ihr ergebener Girardi."* Er blieb dem Sport auf zwei Rädern zeitlebens treu und fuhr mit gleicher Begeisterung Fahrrad. Ein Automobil hat er nie besessen.

1903

Ab 1903 konnten die Kunden serienmäßig gefertigte Puch-Maschinen erwerben. Das erste Modell trug die Typenbezeichnung „A" und war mit einem luftgekühlten Einzylindermotor von 254 cm³ ausgestattet. Das Bohrungs-/Hubverhältnis betrug 68 zu 70 mm. Diese Auslegung mutet durchaus modern an, da es sich dabei um ein nahezu quadratisches Bohrungs-/Hubverhältnis handelt. Die Maschine arbeitete im Viertaktverfahren und wies, dem damaligen Baustandard entsprechend, ein automatisches Saugventil auf.

Am 22. März 1903 berichtete die „Allgemeine Automobil-Zeitung" über das Puch-Motorrad wie folgt:

Johann Puch A. G. (Motorzweiräder). Die Grazer Fahrradfirma Johann Puch A. G. hat ihr jüngstes Produkt, ein Motorzweirad, zur Ausstellung gebracht; es sind sehr racinglike Fahrzeuge, diese Puch-Motorräder, lang gebaut, mit tief liegendem Motor und einer hübschen handlichen Anordnung. Der Motor hat 2 ¼ bis 2 ½ HP und wird von der Firma selbst hergestellt. Rippenkühlung ist nur für den Deckel und den oberen Teil des Zylinders vorgesehen, der untere Teil des Zylinders ist rippenlos. Die Zündung erfolgt auf magnetisch-elektrischem Wege, und zwar vermittels Zündspule und Zündkerze. Als Vergaser dient ein Spritzvergaser nach dem System Longuemare. Der Motor befindet sich zwischen Vorderrad und Kurbelgetriebe und ist mit Klauen aufgehängt, so daß er einen Teil des Rahmens bildet. Die Übertragung erfolgt mittels eines sehr breiten Flachriemens, der durch eine Riemenspannrolle entsprechend verlängert oder verkürzt werden kann. Um das Ölen der Maschine ohne Zeitverlust vornehmen zu können, ist eine Ölpumpe vorgesehen, die Pneumatiks sind sehr breit.

Auch im militärischen Einsatz und unter schwierigen Bedingungen bewährten sich die frühen Puch-Maschinen mit Bravour, wie das öffentliche Anerkennungsschreiben der k. u. k. technischen Militär-Comités vom 26. Oktober 1903 beweist.

Ein Urtheil

über

PUCH

-MOTORZWEIRAD

K. U. K. TECHNISCHES MILITÄR-COMITÉ.

Wien, am 26. October 1903.

Sect. I. — Nr. 3348.

An die Firma Johann Puch

Erste steierm. Fahrrad-Fabriks-Actien-Gesellschaft zu Graz.

Das k. u. k. Reichs-Kriegsministerium hat mit Erlass Abtheilung 5, Nr. 1409 l. J., das Militär-Comité beauftragt, der Firma für die Beistellung ihrer Motorfahrräder zum Zwecke der Erprobung und Verwendung bei den Manövern 1903, sowie für die ausserordentlich gründliche, sachmässige und opferwillige Ausbildung von Mannschaft den besten Dank und die Anerkennung auszusprechen.

Die Erzeugnisse Ihrer Fabrik haben in jeder Beziehung entsprochen, und es waren während der ganzen Dauer der Manövern, auch wenn sehr bedeutende Leistungen gefordert wurden, keinerlei nennenswerthe Betriebsstörungen zu verzeichnen.

Ihr Fabricat hat sich als ein äusserst widerstandsfähiges, vollkommen betriebssicheres, für militärische Zwecke sehr verwendbares Erzeugnis erwiesen. Das Militär-Comité kann nicht umhin, der Firma auch in dieser Beziehung die vollste Anerkennung auszusprechen.

Für den Präsidenten: LINHARD m. p.
Generalmajor.

217

Nach dieser Beschreibung in der AAZ wies dieses Modell eine Trembleur-Zündung mit Trockenbatterie auf. Im Laufe des Jahres 1903 vertrauten die Puch-Techniker jedoch der zuverlässigeren Abreißzündung, wie eine Beschreibung des zeitgenössischen Kataloges zeigt: *„Die von uns verwendete elektromagnetische Zündung neuesten und bestbewährtesten Systems erhält, am Motor selbst montiert, ihren direkten Antrieb, wodurch im Falle eines Sturzes die Zündung niemals in eine unrichtige Lage zum Motor gebracht werden kann. Besonders hervorgehoben zu werden verdient unsere neue durch Weltpatent in allen Staaten gesetzlich geschützte Abreißvorrichtung, welche sich durch unerreichte Einfachheit der Konstruktion und absolut sichere Funktion auszeichnet, wie solche kein anderes bis jetzt existierendes System auch nur annähernd besitzt. Durch unsere Abreißvorrichtung wird es ermöglicht, Vor- und Nachzündung in jedem vom Fahrer gewünschten oder durch das Terrain erforderten Grade zu regulieren und gleichzeitig den variablen Zünd-Zeitpunkt automatisch zu fixieren, sodass durch Erschütterungen während der Fahrt eine unbeabsichtigte Verstellung derselben nicht erfolgen kann."*

Diese Hochspannungs-Batteriezündung mit Zünd-

Ing. Longin-Hetzer, Fabrikant in Wien-Kaisermühlen, mit Puch-Einzylinder, Typ A, 1903.

spule ist oftmals bei Motorrädern, die um die Jahrhundertwende gebaut wurden, anzutreffen. Die Problematik im Alltagsbetrieb bestand jedoch im beschränkten Stromvorrat der Trockenbatterien. So wich man dann auf die Niederspannungs-Abreißzündung aus. Dabei erzeugte ein durch Drehung oder Schwingantrieb angeregter Magnetapparat einen Niederspannungsstromkreis von ca. 12 Volt. Dieser Stromkreis wird durch Hammer und Amboss, die auf dem Zündflansch montiert sind und sich im Verbrennungsraum des Motors befinden, im Zündzeitpunkt unterbrochen. Dabei entsteht ein Abreißfunke, der das Benzin-Luftgemisch entflammt. Das Abreißen kann entweder durch ein außenliegendes Gestänge mit Zündnocken erfolgen wie bei der Puch, oder der Kolben löst am oberen Totpunkt die Zündung durch Anschlagen auf dem Hammer aus. Ab 1904 waren die Puch-Maschinen mit diesem Zündsystem ausgerüstet.

Bemerkenswert ist auch, dass das erste Motorrad von Puch bereits mit einem Spritzvergaser (System Longuemare) ausgerüstet war, während die Konkurrenz – und da insbesondere der „Erzfeind“ Laurin & Klement in Jungbunzlau (heute Mladá Boleslav, CZ) – die Motorräder noch mit Oberflächenvergaser ausstattete.

Frühe Vergaser

Der Unterschied in der Betriebssicherheit und Zuverlässigkeit ist eklatant. Der **Spritzvergaser** arbeitet im Prinzip wie ein moderner Vergaser: durch den Unterdruck des nach unten gehenden Kolbens wird Luft angesaugt, die aus der Vergaserdüse feinste Benzintröpfchen herausreißt und damit ein Benzin-Luftgemisch erzeugt. Beim **Oberflächenvergaser** wird lediglich der im Benzinbehälter an der Oberfläche des Benzinniveaus befindliche Benzindunst abgesaugt und ist damit extrem witterungs- und temperaturempfindlich. Ein weiteres System war der Bürstenvergaser, bei dem eine rotierende Bürstenwalze für die Anreicherung der angesaugten Luft mit Bezinnebel sorgt.

Puch-Modell, Type A, 1904.

Puch-Motorrad mit Geschäftsbeiwagen.

Puch Type A mit automatischem Einlassventil. (Bild Bicyclearchiv Ulreich)

1904

Anlässlich der Wiener Automobil-Ausstellung in der Rotunde schrieb die „Allgemeine Automobil-Zeitung" am 1. und 8. Mai 1904:

Den größten Stand unter den Motorzweirad-Fabrikanten hat die Grazer Firma Johann Puch inne. Eine Anzahl exquisiter Motorzweiräder ist hier zu sehen, zum Teil mit dem jetzt so beliebten Beiwagen ausgestattet. Eine Novität bildet der Gepäcksbeiwagen, der sicher bald häufig in den Straßen der Stadt zu sehen sein wird.

Der Gepäcksbeiwagen Puch:

Eine praktische Neuheit ist der Gepäcksbeiwagen der Firma Johann Puch, A. G., Graz. Die Puch-Motorräder sind an und für sich wohlbekannt. Wir behalten uns vor, ihrer Konstruktion in einem besonderen Artikel gerecht zu werden. Konstatieren wir heute nur flüchtig, daß das Puch-Motorrad alle modernen Verbesserungen zeigt, wie langer Rahmenbau, tiefe stabile Lagerung des Motors, Magnetzündung, Flachriemen, Konzentration der Bedienung des Motors auf einen Hebel in Griffnähe der Lenkstange etc.

Puch war der Erste, der beim Fahrrad den Gepäckskasten nach vorne brachte und damit vorbildlich für alle Fabrikanten der Welt geworden ist. Vielleicht hat unser österreichischer Altmeister der Fahrradbranche mit seinem neuen Gepäcksbeiwagen für Motorräder den gleichen Erfolg.

Im Jahre 1904 waren auch die Auftragsbücher von Puch entsprechend gefüllt. Die Kunden schätzten bereits die gute Qualität und die solide Ausführung der Puch-Maschinen derart, dass dem Werk für Sporteinsätze relativ wenig Zeit blieb. Im Konstruktionsbüro arbeitete man laufend an der Verbesserung der Maschinen. So wurde zwar das Modell A noch immer angeboten, als bereits das Modell B am Markt war. Dieses wies einen auf 397 cm³ vergrößerten Hubraum auf und wurde mit einer Leistung von 2 ¼ bis 2 ½ HP angeboten. Der optisch augenfälligste Unterschied zum Modell A war, dass der Zylinder mitsamt dem Kopf durch vier, statt zwei Zuganker befestigt war. Die Puch-Konstrukteure legten jetzt bei ihren Motorrädern einen gewissen Wert auf Alltagstauglichkeit und damit neue Ausstattungsdetails. So gab es zwar Hupe und Beleuchtung nur gegen Aufpreis, ebenso den aufklappbaren Hinterradständer, der in aufgeklapptem Zustand als Gepäcksträger fungierte. Auf der Suche nach mehr Leistung führte auch kein Weg an einer weiteren Hubraumvergrößerung vorbei. So ist inzwischen in Sammlerkreisen ein Fundstück aufgetaucht, ausgestattet mit dem Unterbau des Modells B und einem Zylinder mit 502 cm³. Bemerkenswerterweise ist dieser mit einem automatischen Ventil ausgestattet, obwohl man in der Serie mit i. o. e. (Ventilsteuerung inlet over exhaust, d. h. wechselgesteuert) bereits wesentlich weiter war.

So stellte die „Allgemeine Automobil-Zeitung" zum Sieg von Werksfahrer Nikodem in der Klasse A (Motorräder bis 50 kg) beim Exelbergrennen am 8. Mai 1904 fest:

Das Haus Johann Puch AG hat seine geringe Beteiligung am Exelbergrennen mit Hinweis auf die große Zahl von Aufträgen erklärt, welche die Herstellung besonderer Rennmaschinen unmöglich macht. Nach diesem Erfolg wird man in den Grazer Werken vielleicht noch weniger Zeit für Rennmaschinen haben.

Puch-Motorrad Typ A, 1903.
(Bild Dr. Helmut Pfeffer)

Automatisches Einlassventil, Saugventil, Balancier, Balancierstange:

Automatisches Einlassventil, automatisches Saugventil: Darunter versteht man bei den frühen Viertaktmotoren ein Ventil im Ansaugkanal über dem Brennraum, das nur von einer leichtgängigen Feder auf den Ventilsitz gedrückt wird. Wenn der Kolben auf dem Weg vom Oberen zum Unteren Totpunkt (OT zu UT) beim Ansaugtakt ist, öffnet sich dieses Ventil durch den Saugtakt-Unterdruck von selbst (automatisch) und schließt sich, sobald der Ansaugtakt zu Ende ist.
Balancier, Balancierstange: Als Balancier wird in der Technik generell ein Hebel mit unterschiedlichem oder gleich langem Last- und Kraftarm bezeichnet. In der KFZ-Technik zur Umlenkung und Weiterleitung der Kraft und/oder der Bewegung eingesetzt.

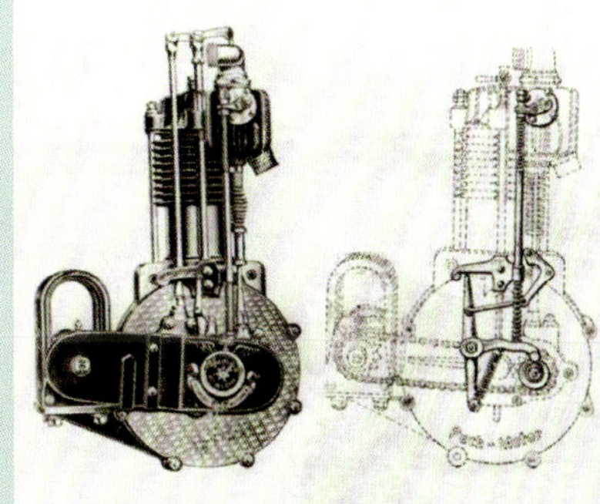

Der Puch-Motor der Type A, einmal mit gesteuertem (links) und einmal mit ungesteuertem (rechts) Einlassventil.

Die frühen Zündsysteme der Verbrennungsmotoren:

In der Frühzeit des Motorismus kamen folgende Zündsysteme zur Anwendung:
Glührohrzündung: Dabei handelte es sich um ein in den Verbrennungsraum ragendes, vorne geschlossenes Rohr, welches von außen durch eine externe Flamme erhitzt wird. Durch die Verbrennungsenergie der laufenden Zündungen des Motors wird dieses Glührohr am zündungsauslösenden Glühen gehalten.
Niederspannungszündung, Abreißzündung: Dabei wird durch einen Generator, der vom Motor angetrieben wird, ein permanenter Stromfluss bis zu 150 Volt erzeugt und in den Zündkreislauf eingeführt. Wenn der Stromkreis unterbrochen wird, nämlich vor dem Oberen Totpunkt des Kolbens, kommt es zu einem Abreißfunken, der das Benzin-Luftgemisch (Arbeitsgemisch) zündet.
Elektromagnetische Hochspannungszündung (Lichtbogenzündung Bosch): Dabei wird durch einen vom Motor angetriebenen Generator, der infolge einer Sekundärspule am Anker einen hochvoltigen Strom erzeugt, solcher in das Zündsystem eingeleitet. Der an die Motorumdrehung gekoppelte Unterbrecher unterbricht im richtigen Moment vor (Vorzündung) oder nach (Nachzündung) dem OT den Stromkreislauf und der damit entstehende hochvoltige Stromschlag wird zwischen den beiden Elektroden der Zündkerze ohne weitere mechanische Einwirkung zu einem Funkenüberschlag geführt und zündet so das Arbeitsgemisch.
Trembleur- oder Batteriezündung: Ist eine Hochspannungszündung, die Energie kommt jedoch von einem galvanischen Element (Batterie), welches extern geladen werden muss. Die Niederspannungsspule (mit wenigen Wicklungen) wird mittels einer Zündspule im Moment der Zündung unterbrochen und induziert in der Hochspannungsspule (mit vielen Wicklungen) einen Hochspannungs-Stromstoß, der zwischen den beiden Elektroden der Zündkerze ohne weitere mechanische Einwirkung zu einem Funkenüberschlag führt und das Arbeitsgemisch zündet.

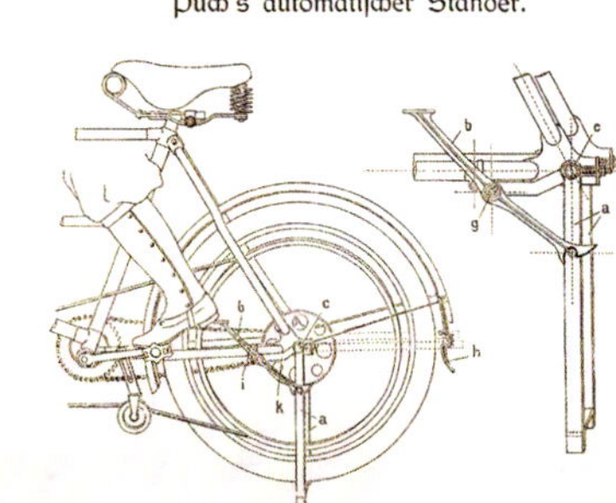

Puch's automatischer Ständer.

Nun, wie falsch diese Prognose war, beweist der großartige Sieg Nikodems zwei Jahre später bei der „Coupe Internationale". Ebenso betrachtete der Firmengründer Johann Puch zeitlebens die Rennfahrerei nicht als Einbahnstraße, sondern seine Maschinen profitierten aus der ständigen Wechselwirkung zwischen Serie und Rennmodell.

Leichte Puch-Zweizylindertype im Alltagseinsatz. (Bild Bicyclearchiv Ulreich)

1905

Nach knapp drei Produktionsjahren, Anfang 1905, hatte sich Puch gegenüber der heimischen und internationalen Konkurrenz am Motorradmarkt der Donaumonarchie einen Spitzenplatz erkämpft. Dies war vor allem der hervorragenden Qualität der steirischen Marke zu verdanken. Mechanisch und technologisch waren die Maschinen natürlich auf dem Stand der Technik ihrer Zeit.

Auch von der Optik, heute würde man sagen vom Design her, waren die Puchs genau dem Zeitgeschmack angeglichen. Und natürlich brachten die Sporterfolge die entsprechende Publicity für den Umsatz. Die Modefarbe des Modelljahrganges 1905 war Cremeweiß, dazu gab es dunkelrote Tank-Zierlinien. Man behielt bei allen Modellen die charakteristische Rahmenform bei, und auch die in diesem Jahr erstmals angebotenen Zweizylindermodelle hatten diese Rahmenform mit mittragendem Motor und einer schräg nach oben weisenden Hilfsstrebe zwischen Sattelrohr und senkrechter Motorstrebe. Die Modellpalette des Jahres 1905 stellte sich laut „Allgemeiner Automobil-Zeitung" wie folgt dar:

Nikodem auf Puch stellte 1905 den Exelberg-Rekord auf, der auch nach dem Ersten Weltkrieg nicht mehr erreicht wurde und somit als „ewiger" Rekord gilt.

Da ist vor allem die 2 ½ HP-Tourenmaschine, welche die schwächste und billigste Type der Firma Puch darstellt. Sie hat magnet-elektrische Zündung mit Abreißvorrichtung, einen sehr breiten (34 mm) Riemen, Bohrung 75 mm, Hub 80 mm, 353 cm³. Die Vorderradgabel ist versteift, und auf Verlangen wird der Maschine ein automatischer Ständer beigegeben.
Die nächststärkere Type ist eine 3 HP-Tourenmaschine. Sie ist für sehr gebirgiges Terrain und schwere Fahrer bestimmt. Auch diese Maschine hat magnet-elektrische Zündung mit Abreißvorrichtung und breiten Riemen. Bohrung 80 mm, Hub 90 mm, 587 cm³.
Mit besonderer Rücksicht auf die Beiwagenfahrer ist die Type 3 ½ HP gebaut. Der Motor hat 80 mm Bohrung und 90 mm Hub, entspricht also, wie man sieht, dem vorher beschriebenen Rade. Das Plus an Kraft entsteht hauptsächlich dadurch, daß die Schwungmassen des Motors schwerer sind. Die Zündung kann nach Belieben des Käufers entweder als magnet-elektrische Zündung mit Abreißvorrichtung oder als Lichtbogenzündung Bosch gewählt werden. Die Gabel dieses Rades ist besonders versteift, der Rahmen zeigt eine Vorrichtung, welche schon mit Rücksicht auf die Anbringung eines Beiwagens vorgesehen ist. Diese Vorrichtung gestattet es, den Beiwagen rasch zu montieren und zu demontieren.

Puch-Damenmodell 1905.

Abgesehen davon, dass wie so oft in den technischen Beschreibungen dieser Jahre die Hubraumberechnung nicht stimmt (Bohrung 80, Hub 90 ergibt 452,4 cm³ und nicht 587 cm³), ist hier eine interessante Aussage zu finden: bei der Type für Beiwagenfahrer mit 3 ½ HP handelt es sich um das neue, später als „Modell D" bezeichnete Modell, welches zum Unterschied zur C-Type, die noch auf dem Kurbelgehäuse des B-Modells

Die Puch-Zweizylindermaschine aus dem Jahr 1905 mit dem typischen vor dem Rahmen-Brustrohr geneigten Zylinder, bis Baujahr 1908. (Fotoarchiv: Gottfried Frais)

Das Puch-Einzylindermodell 3½ HP von der Antriebsseite aus gesehen, Modell 1905.

basiert, einen wesentlich stärkeren Unterbau aufweist. Auch ist diesem Artikel zu entnehmen, dass sich die elektromagnetische Hochspannungszündung von Bosch im Motorradbau einzubürgern beginnt und damit auf lange Sicht die Niederspannungs-Abreißzündung verdrängt.

Doch auch mit einer ganz neuen Konstruktion kam Puch auf den Markt, nämlich dem Zweizylindermodell. Dieses hatte (zum Unterschied vom im gleichen Jahr eingesetzten Renn-Zweizylinder) den hinteren Zylinder stehend und den vorderen vor dem Rahmenbrustrohr geneigt angebracht. Firmenaussage: Kühlungsvorteile. Diese konstruktive Eigenwilligkeit sollte das Erscheinungsbild der Puch-Zweizylindermodelle durch Jahre hindurch prägen.

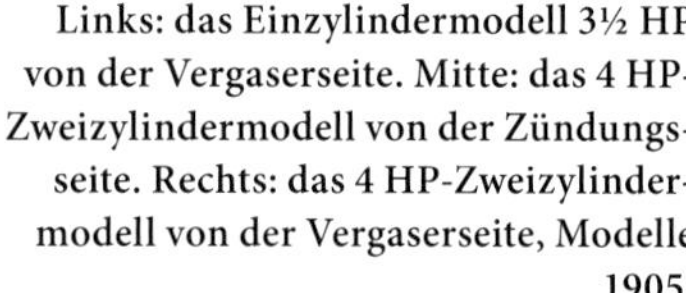
Links: das Einzylindermodell 3½ HP von der Vergaserseite. Mitte: das 4 HP-Zweizylindermodell von der Zündungsseite. Rechts: das 4 HP-Zweizylindermodell von der Vergaserseite, Modelle 1905.

1905 trugen die Styria-Fahrradwerke noch immer den Namen Johann Puchs im Firmenwortlaut.

Die neue Puch-Zweizylindermaschine wies eine Leistung von 4 HP auf und hatte ein Bohrungs-/Hubverhältnis von 72 zu 75 mm mit einem Hubraum von 610 cm^3. Das neue Zweizylindermodell wurde nur mit Abreißzündung und verstärktem Niederspannungs-Standmagneten geliefert. Die Modelle 1905 wiesen folgende weitere Merkmale auf:
Tretkurbel-Glockenlager mit verbessertem Schmutzschutz, Saugventildrücker zum Freilegen eines verklebten Saugventils, verbreiterte Bremstrommeln, verstärkte Pneumatiks der Dimension 650 x 65, stärkere Kurbelwellenlager, automatische Ständer zum Ankurbeln der Maschine am Stand, Leichtmetallvergaser, Hinterradkotbleche mit Scharnier.

Im Jahre 1905 gab es bei Puch auch einen großen sportlichen Erfolg zu feiern. Und zwar fand als Vorbereitung und Auswahlrennen für die „Coupe Internationale" in Patzau in Böhmen das bis dahin größte Rennereignis der Monarchie statt. Die „Allgemeine Automobil-Zeitung" berichtete darüber in Heft 23 von 1905:

Nikodem auf der Puch-Rennmaschine mit 990 cm^3 und V-Zweizylindermotor, mit der er beim internationalen Auswahlrennen für die „Coupe Internationale“ in Patzau/Böhmen siegte.

250 km in 3:45.31⅓. Sieger Nikodem auf Puch. Die Ehren des Tages heimste die Johann Puch AG ein. Der Altmeister der österreichischen Fahrradindustrie, der es im Radsport verstanden hat, den Sieg an seine Marke zu fesseln, versagte auch auf dem neuen Gebiete seiner Fabrikation nicht. Er gewann mit Nikodem das größte Motorzweiradrennen, das bisher in Österreich stattgefunden hat, und erwarb sich das Anrecht auf einen Platz im österreichischen Team.

1905 errang den Sieg in der „Coupe Internationale“ in Frankreich jedoch Wondrich auf Laurin & Klement.

Die neue Puch-Zweizylindermaschine 1905 mit dem bekannten Wiener Herrenfahrer Eckerl im Sattel.

1906

Das Jahr 1906 brachte für Puch nicht nur den Beginn des serienmäßigen Automobilbaues, sondern auch den internationalen Durchbruch als *die* Sportmaschinenmarke infolge des Sieges bei der „Coupe Internationale“ durch den Fahrer Eduard Nikodem. *Nikodem hatte die Gesamtstrecke von 250 km in 3 Stunden, 13 Minuten und 45 $^{2}/_{4}$ Sekunden zurückgelegt und hiemit seine vorjährige Leistung beim Auswahlrennen um 11 Min. 16 Sek. unterboten, ferner den vorjährigen Rundenrekord Wondrichs (Laurin & Kle-*

Puch-V-Zweizylinder, 5/6 HP, 1906.

ment) von 51 Minuten $52\,^{1}/_{5}$ Sekunden um 8 Minuten $41\,^{2}/_{5}$ Sekunden gedrückt, da er die schnellste Runde, es war dies die zweite, in 43 Minuten $11\,^{2}/_{5}$ Sekunden zurücklegte. Nikodem hatte während der Fahrt nicht den geringsten Defekt, weder an seiner Maschine noch an seinen Continental Pneumatics.

So berichtete die „Allgemeine Automobil-Zeitung“ in großer Aufmachung über diesen einmaligen Erfolg der Grazer Marke. Puch hatte damit nicht nur den „Erzfeind“ aus Böhmen, nämlich die Marke „Laurin & Klement“, entscheidend geschlagen, sondern auch das schwerste und wichtigste Rennereignis des Jahres gewonnen, was sich natürlich in entsprechende Verkaufserfolge ummünzen ließ. Denn so wie heute kaufte auch damals ein nicht unerheblicher Teil der Motorradfahrerschaft Motorräder nach deren motorsportlichen Erfolgen. Wie wichtig diese „Coupe Internationale“ war, beschreibt das Blatt wenige Seiten weiter so:
Die Coupe Internationale wurde im Jahr 1904 vom Motorcycle Club de France in Anlehnung an das Gordon-Bennet-Rennen (Ballonsport-Trophäe, Anm. d. Verf.) *gestiftet. Die im Besitz des Preises befindliche Nation kann von jeder anderen herausgefordert werden, wobei jede Nation das Recht hat, drei Maschinen zu nennen. Im Jahre 1904 gewann Demester auf Griffon die Coupe, im Jahr 1905 wanderte sie nach Österreich, da Wondrich auf einem Laurin & Klement-Rad die französische, englische und deutsche Konkur-*

Puch-Zweizylinder, 5/6 HP, Modell 1906 mit Korbbeiwagen und Motorradfahrer-Nachwuchs. Beachtlich der „Seitenventilator“ am V-Motor.

Obruba belegte im „Coupe Internationale"-Rennen hinter Nikodem Platz zwei. Er fuhr das Puch-Rennmodell mit 700 cm^3-Zweizylindermotor.

renz schlug. In diesem Jahr verblieb die Trophäe durch den Sieg Nikodems auf Puch in Österreich.

Die Rennstrecke lag bei Patzau in Böhmen. Das Rennen fand am 8. Juli 1906 statt. Schon im Vorjahr hatte sich die Puch-Mannschaft auf diesem Kurs in der „böhmischen Auvergne" vorbereitet. Ein interessantes Detail bei diesem großartigen Sieg (der zweite Platz ging ebenfalls an Puch mit Obruba im Sattel) ist die Tatsache, dass sich im geschlagenen Feld auch die Collier-Brüder aus England mit ihren Matchless-Maschinen befanden.

Weitere beachtliche Erfolge gab es für Puch in allen Klassen beim Semmering-Rennen sowie beim Motorrad-Bahnrennen in Graz. Hier trafen übrigens erstmals die beiden von Johann Puch gegründeten Marken rennmäßig aufeinander. Denn die Styria-Werke durften noch immer den Namen Johann Puchs im Firmenwortlaut führen. Zu diesem Motorrad-Rennen auf der Grazer Trabrennbahn am 7. Oktober 1906 schrieb die „Allgemeine Automobil-Zeitung" vom 21. Oktober:
In allen Klassen starteten Puch-Räder in überwiegender Anzahl… Zum ersten Mal waren Styria-Motorräder der bekannten Grazer Styria-Fahrradfabrik Johann Puch & Comp. zu einem Rennen genannt worden. Das Debüt war auf alle Fälle interessant, denn die große Fahrradfirma, die in der Zeit der Hochflut des Radfahrens auf so manchen glänzenden Triumph zurückblickt, hat sich seither von den Rennen gänzlich absentiert und es ist noch niemals ein Styria-Motorrad in einem Rennen genannt worden.

Das „Wheely" der frühen Jahre. Nikodem beim Semmering-Rennen 1906 am Hinterrad seiner neuen leichten Puch-Zweizylindertype, die es auch serienmäßig zu kaufen gab. Die Werksmaschine hatte als augenfälligsten Unterschied zum Serienmodell einen kleinen, trommelförmigen Tank.

Die Frage, welche Puch-Maschinen wohl die besseren seien, wurde eindeutig beantwortet. Es siegten die „originalen" Modelle der Johann Puch AG, die Styrias gingen unter.

Puch-Post-Tandem, gebaut für die Freiherrlich Friedrich Hornsche Gutsverwaltung St. Anna in Oberkrain, 1906. Das Modell Zweizylinder 5/6 HP hatte zwei Übersetzungen und Leerlauf sowie einen seitlichen Kühlluftventilator. Für den Passagier sind ein zweiter Sattel und eine Haltestange vorgesehen.

1906 wurde die Type „Leichter Einzylinder", 2 ½ HP, zum Preis von K 850,– eingeführt und ein ebensolcher „Leichter Zweizylinder", 3 ½ HP, um K 1.000,–. Dazu merkt der Puch-Werkskatalog Folgendes an:

Bei der Konstruktion unseres leichten Motorrades sind wir von dem Standpunkt ausgegangen, daß dieses kein Fahrrad mit angeschraubtem Hilfsmotor sein soll, bei welchem ein Nähmaschinenriemen die Übertragung besorgt und der Fahrer den Unannehmlichkeiten der Akkumulatorenzündung ausgesetzt ist, sondern ein wirkliches Motorrad, bei welchem der Rahmen mit dem Motor ein solides Ganzes bildet und durch Anwendung eines genügend starken Motors, Flachriemen als Übertragung und der Magnetabreißzündung die Stabilität, Leistungsfähigkeit und Betriebssicherheit des leichten Motorrades erzielt wird.

In diesem Jahr kam auch ein neues schweres Zweizylindermodell mit 6 HP dazu.

Puch-Rennmodell 700 cm³, 1906. Die Auspuffgase wurden nur in einem Drahtnetz „entschärft", Schalldämpfung war nicht vorhanden.

1907

Für 1907 weist der Werkskatalog der „Johann Puch – Erste Steiermärkische Fahrrad-Fabriks-Actien-Gesellschaft" u. a. folgende Modelle auf:

Leichter Einzylinder 2 ½ HP	Preis K 850,–
Einzylinder 2 ¾ HP	Preis K 800,–
Einzylinder 3 ¼ HP	Preis K 900,–
Einzylinder 3 ½ HP	Preis K 1.050,–
Leichter Zweizylinder 3 ½ HP	Preis K 1.000,–
Zweizylinder 4 HP	Preis K 1.200,–
Zweizylinder 5 HP	Preis K 1.300,–
Zweizylinder V-Form 5 HP	Preis K 1.500,–
Zweizylinder V-Form 6 HP	Preis K 1.600,–

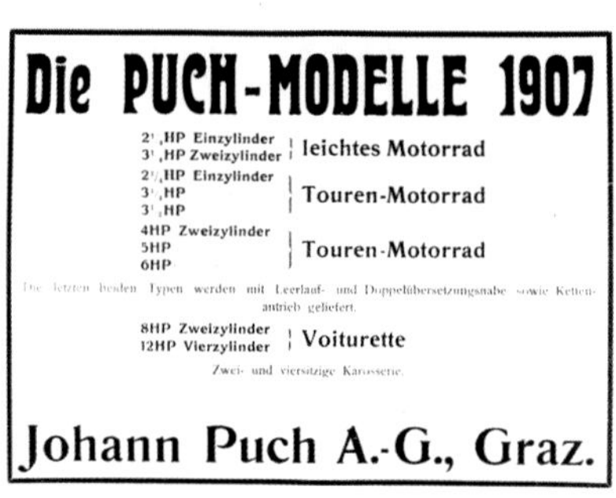

Für den 5/6 HP-Zweizylinder gab es gegen Aufpreis einen Korbbeiwagen, dafür Echtlederausstattung, für die Maschine eine Doppelübersetzungsnabe mit Friktionsbremse, einen Kühlungsventilator (Seitenventilator), eine Bergstütze, Ketten-, statt Riemenübertragung, sowie eine verstärkte, als „Voiturettenreifen" bezeichnete Bereifung.

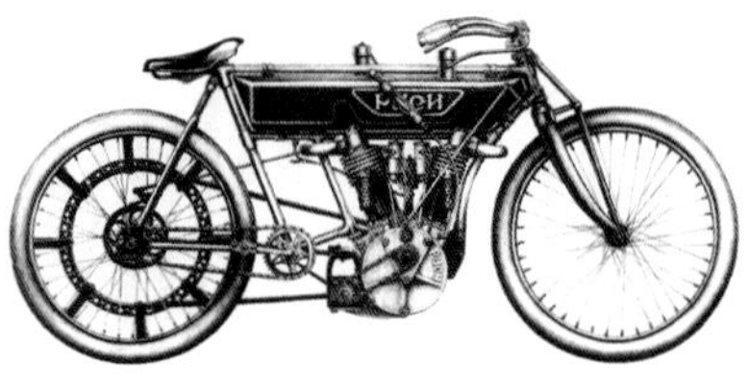

Rennmaschine 1906.

Um diese Typenvielfalt etwas aufzufächern, müssen die Baureihen näher definiert werden. Der leichte Einzylinder war die Neuentwicklung mit verstärktem Fahrradrahmen, steifer Gabel, flachem, unter dem Rahmen eingehängtem Benzintank und hinter dem Motor stehendem, mit Kette angetriebenem Niederspannungs-Abreißmagneten. Detto der leichte Zweizylinder, der als augenfälligstes Merkmal einen Tank aufwies, der hinten rund und vorne spitz ausgebildet war. Die Einzylindertypen stellten im Wesentlichen die Weiterentwicklung des Typs A dar, die Zweizylinder 4/5 HP waren die Fortführung des Modells 1905. Und die 5/6 HP-Typen bildeten die Top-Modelle des Puch-Programmes.

Puch 5/6 HP Zwei zylinder, Baujahr 1906–1908.

Puch 3 ½ HP V-Zweizylinder
Modell 1907.

1908

Der Sammelkatalog 1908 der „Johann Puch, Erste Steiermärkische Fahrrad-Fabriks-Aktien-Gesellschaft in Graz“ für Fahrräder und Motorräder zeigt sieben Motorradmodelle. Das Vorwort dieses Kataloges merkt Folgendes an:

Da Stillstand Rückschritt wäre, haben wir auch für das kommende Jahr die reichen, uns zur Verfügung stehenden Erfahrungen ausnützend, eine Reihe von Neuerungen geschaffen, die jeden Fachmann zur Überzeugung bringen werden, daß die 1908er-Modelle der Puch-Fahrräder und Motorfahrzeuge wie immer, so auch diesmal, unter allen in- und ausländischen Fabrikaten eine führende Rolle einnehmen.

Durch große Zubauten haben wir im verflossenen Jahre unsere Fabrik um beinahe das Doppelte vergrößert und mit einer großen Anzahl der neuesten und leistungsfähigsten Werkzeugmaschinen ausgestattet, wodurch nicht allein unsere Leistungsfähigkeit bedeutend gesteigert, sondern auch die Präzision der Arbeit den enormen Fortschritten der modernen Werkzeugmaschinentechnik entsprechend auf einen vor kurzer Zeit noch für unmöglich gehaltenen Grad der Genauigkeit gehoben wurde.

Als neues Modell des Jahrganges 1908 kam die Type Puch-„Kolibri“ auf den Markt und sollte bis zum Ersten Weltkrieg mit laufenden Modellverbesserungen auch als leichtes „Einsteigermodell“ im Programm bleiben. Die Typenbezeichnung lautete ab 1912 „Leichtes Puch-Motorrad, Einzylinder, 2 HP, Type M 1“, die Bezeichnung „Kolibri“ hielt sich aber auch in der Fachliteratur (siehe u. a. Schuricht „Das Motorrad und seine Behandlung“, Berlin W 62, Richard Carl Schmidt & Co., 1918).

Im Katalog wird die Type „Kolibri“ wie folgt beschrieben:

2 HP-Einzylindermotor, in einen Fahrradrahmen eingebaut. Bedeutende Vorteile gegenüber schief gelagerten Motoren. Einzig richtige Konstruktion, gleichmäßige und gute Ausbalanzierung, regelmäßige Ölung etc., mithin angenehmes und sicheres Fahren bei größter Betriebssicherheit. Die Maschine entspricht allen Anforderungen und eignet sich

Puch-„Kolibri", 1908.

Puch-„Kolibri", Modell ca. 1913.

für den Großstadtverkehr ebenso gut, wie für weite Touren. Magnet-Lichtbogenzündung, Spritzvergaser. Rahmen reguläre Höhe 57 cm, auf Wunsch auch 61 cm-Rahmen. Emaillierung schwarz. Räder 26", vernickelte Felgen gegen Aufschlag von K 7,50. Pneumatic 26 x 1 ¼", Übertragung mittels Rundriemens und Spannrolle, Hinterrad mit Band- oder Felgenbremse, absolut sicher und intensiv wirkend, Reservoir mit einem Fassungsgehalt von 4 ½ Liter Benzin und 1 Liter Öl, ausreichend für über 100 km Fahrt. Emaillierung schwarz mit grünem, blauem oder rotem Behälter. Für vernickeltes Reservoir mehr K 15,–. Gewicht ca. 33 kg, Maximalgeschwindigkeit über 45 km per Stunde. Steigungsvermögen bis zu 15 % ohne zu pedalieren. Preis der Maschine komplett mit Werkzeugtasche, jedoch ohne sonstige Ausrüstung K 720.–, für federnde Vorderradgabel Aufzahlungspreis K 20.–.

Die Puch-Bremsstation (Motorenprüfstand) von 1908 für Automobil- und Motorradmotoren.

Die Puch „Kolibri“ löste in der Modellpalette die im Jahre 1906 eingeführte „leichte Einzylindertype“ ab. Die „Kolibri“ war vom Rahmenbau her kompakter, der Rahmen war zum Unterschied vom Vorgängermodell her geschlossen. Allerdings saß der Motor über dem Tretlager in einer relativ hohen Position. Im weitesten Sinne kann man die Puch „Kolibri“ als Urahn der Volksmotorisierung sehen. Auch drängen sich beim Betrachten dieses Modelles unwillkürlich Vergleiche zum „Moped“ auf.

Als besondere technische Neuerung des Modelljahres 1908 wurde die überarbeitete Doppelübersetzungsnabe für die starken Modelle im Hinterrad beschrieben, die den Maschinen eine besondere Tauglichkeit im gebirgigen Terrain verlieh. Diese Doppelübersetzungsnabe bewährte sich vor allem in Verbindung mit dem Kettenantrieb, den man wahlweise ordern konnte.

Die Modellpalette 1908 zeigte neben der leichten „Kolibri“ noch den im Vorjahr eingeführten leichten Einzylinder in einem einfachen offenen Rahmen mit 2 ½ HP, sowie den 3 ½ HP-Einzylinder, noch immer mit automatischem Einlassventil und Niederspannungs-Abreißzündung. Zu diesen drei Einzylindermodellen kamen vier Zweizylindermodelle. Der leichte Zweizylinder mit 3 ½ HP wies ebenso Abreißzündung und automatische Saugventile auf, wie die seit 1905 im Programm befindliche Zweizylindertype mit dem senkrechten hinteren Zylinder. Neu war die Modellvariante der schwereren Zweizylindertype mit 6/7 HP und 700 cm^3, die in der Soloversion „als Einzelmaschine vorwiegend für Rennen geeignet“ beschrieben wird.

Das schwere Zweizylindermodell hatte den Motor symmetrisch im Rahmen angeordnet. Dieser Rahmen war als offener Rahmen mit mittragendem Motor konzipiert. Beide Zylinder befanden sich innerhalb der Rahmenrohre, zum Unterschied vom Modell 1905, wo der vordere Zylinder vor dem Rahmen-Brustrohr lag. Dieser Zweizylinder

6/7 HP wurde – vor allem für Solo- und Rennbetrieb – mit einfachem Riemenantrieb geliefert, für den Beiwagenbetrieb gab es Kettenantrieb und die Puch-Doppelübersetzungsnabe. Diese Doppelübersetzung war gegen Aufpreis lieferbar. In den beiden folgenden Modelljahrgängen war die 6/7 HP-Zweizylindertype nur mit ungefedertem Vorderrad erhältlich, ab 1911 gab es eine Vorderradfederung. Aber schon im Jahre 1908 galten das automatische Saugventil und die Abreißzündung, wie sie bei Puch noch immer verwendet wurden, als erwähnenswerte Details, da ja der letzte Schrei der Technik bereits gesteuerte Ventile und Magnetzündung waren.

Im „Automobiltechnischen Kalender 1908 – Handbuch der Automobil-Industrie“ (Verlag M. Krayn, Berlin) wird bei einer Zusammenschau der damals üblichen Motorradmotoren der Puch-Motor wie folgt kommentiert:
Der Puch-Motor wird einzylindrig und zweizylindrig ausgeführt und arbeitet derselbe mit Abreißzündung im Gegensatz zu anderen Motoren, welche meist mit Lichtbogenapparaten ausgerüstet sind. Das Saugventil ist hierbei ungesteuert.

Dass diese Eigenheit von Puch jedoch keinesfalls zu Leistungs- oder gar zu Qualitätseinbußen führte, wurde ja hinlänglich durch die ungezählten nationalen und internationalen Rennsiege auf den nach denselben Konstruktionsmerkmalen arbeitenden Rennmaschinen bewiesen. Ebenso stellte ja beispielsweise der leichte Zweizylinder „das schnellste Leichtgewichts-Motorrad“ (Katalogtext 1909) für den Privatfahrer dar.

1909
Der Modelljahrgang 1909 zeigte sich gestrafft gegenüber dem Vorjahr, die Zweizylindertype mit dem vor dem Brustrohr stehenden Zylinder war aufgelassen worden. Trotz des seit zwei Jahren rückläufigen Motorradumsatzes verweist das Vorwort des Kataloges 1909 auf die Tatsache,
… daß wir, mit dem Gründer und Firmaträger Herrn Johann Puch an der Spitze, auf dem Gebiete der Fahrrad- und Motorradtechnik stets rastlos weiterarbeiten und nicht hinter dem Fortschritt zurückbleiben. Dies beweist das stete Zunehmen unseres Unternehmens und die volle Beschäftigung aller Abteilungen.

Puch hielt erstaunlich lange an den technischen Features des automatischen Einlassventiles und der Niederspannungs-Abreißzündung fest. Erst im Jahre 1912 waren alle Modelle auf Hochspannungszündung und Zündkerze umgestellt, das automatische Saugventil findet sich noch beim Modell Einzylinder, 2 HP, Type „M 1“.

Die Modelle 1909 waren:

Modelle 1909
Leichtes Motorrad, 2 HP, Puch-„Kolibri“
Puch-Motorrad, Einzylinder, 3½ HP
Puch-Motorrad, leichter Zweizylinder, 3½ HP
Puch-Motorrad, Zweizylinder, 6/7 HP, auch mit Beiwagen, Doppelübersetzung und Kettenantrieb

Robert Medinger, der erfolgreiche Amateur auf Puch-Einzylinder, vor dem Puch-Rekordwagen, der 1909 auf der Landscha-Allee mit 130,434 km/h über den fliegenden Kilometer österreichischen Rekord fuhr.

Semmering-Rennen 1909. Links mit Schirmmütze Johann Puch im Kreise von Konstrukteur Slevogt, Fahrern und Funktionären in besorgter Haltung, da gegen die im Vordergrund stehende Puch-Maschine Wiencziers protestiert wurde. Der Protest wurde abgewiesen.

1910

Die Motorradpalette des Jahres 1910 blieb gegenüber dem Vorjahr weitgehend unverändert. Das Motorradgeschäft lief ausgezeichnet, wie ein Bericht der „Allgemeinen Automobil-Zeitung" vom 6. März 1910 beweist, wo über einen Besuch in den Puch-Werken berichtet wird:

Der erste Stock ist für die Aufbewahrung der fertigen Motorräder und Fahrräder bestimmt. In langen Reihen stehen hier die Motorräder nebeneinander und in noch längeren Reihen die Fahrräder.

Puch 3 ½ HP leichter Zweizylinder, Baujahr 1910, im originalen Auffindungszustand.

Diese Maschine wurde als „schnellstes Leichtgewichtmotorrad“ beworben. Bohrung 68 mm, Hub 80 mm, Hubraum 581 cm^3. (Foto. Dipl.-Ing. Marcus Demetz)

Motorrad-Montage der Puch-Werke im Jahre 1910.

Mehnert auf Puch-Zweizylinder siegte beim letzten Exelberg-Rennen vor dem Ersten Weltkrieg im Jahre 1910 in der Kategorie IV.

Ternezka auf Puch mit Beiwagen beim Riederberg-Rennen 1910. Er gewann auf der Maschine Medingers den Severin-Schreiber-Preis des Rennens.

Und über die Motorradpalette berichtet das Blatt:
Motorräder: Puch-Kolibri, 68 x 70, Einzylinder, zirka 35 kg. Leichter Puch-Einzylinder, 76 x 100, Ein- und Auslaßventile gesteuert, untersetzte Riemenscheibe, Keilriemen, zirka 40 kg. Leichter Puch-Zweizylinder, 68 x 70, Keilriemen. Schwerer 6 HP Puch-Zweizylinder, 80 x 90, Flachriemen. Schwerer 6 HP Puch-Zweizylinder, 80 x 90, Flachriemen, doppelte Übersetzung.

Die Hubräume betrugen bei der „Kolibri" 254 cm³, beim leichten Einzylinder 453,6 cm³, beim leichten Zweizylinder 508 cm³, bei den schweren Zweizylindern 904 cm³.

1910 wurde auch das Exelberg-Rennen „wiederbelebt", Veranstalter war der Österreichische Motorfahrer-Club. Mehnert auf Puch-Zweizylinder siegte in der Klasse IV. Beim Riederberg-Rennen desselben Jahres stellte Wolf auf Puch mit einer Zeit für die Strecke Ried – Riederberg von 3:09 $^{3}/_{5}$ einen neuen Rekord auf, der über vier Jahre hielt. Siege gab es auch für Puch in allen Kategorien. Der neue Star unter den Puch-Rennfahrern war der Amateur Robert Medinger. Er wurde in wenigen Jahren zum besten Puch-Fahrer und siegte in den bedeutendsten Rennen der damaligen Zeit. Unter anderem erhielt er den „Severin-Schreiber-Preis" für die beste Gesamtleistung eines Motorradrennfahrers im Jahre 1911 zugesprochen. Der Siegespokal selbst trug die Bezeichnung „Coup von Österreich". Und den Beiwagen-Sieg holte sich Ternezka auf der Puch von Medinger.

1911

Auch während des Jahres 1911 wurden die Puch-Modelle ohne wesentliche Änderungen weitergebaut. Aber der in der „Allgemeinen Automobil-Zeitung" vom 16. April 1911 angekündigte Werkskatalog zeigte alle Typen, von der „Kolibri" mit 2 HP bis zum schweren Beiwagenmodell 6/7 HP, und bot dann noch etliche technische „Schmankerln", wie beispielsweise „Puchs-Disco-Kupplung", sowie gegen Aufpreis eine Vorder-

Robert Medinger auf seiner Puch-Rennmaschine nach seinem Erfolg beim Riederberg-Rennen 1911, wo er den Riederberg-Wanderpreis und den Spezialpreis des K.u.k.Ö.A.C. (Österreichischer Automobil-Club, Vorläufer des heutigen ÖAMTC) gewann. Bei der Maschine handelt es sich um eine Weiterentwicklung der „Coupe Internationale"-Maschine.

radfederung für das schwere Beiwagenmodell. Diese Disco-Kupplung war eine ganz eigenwillige Idee Johann Puchs zur Lösung des Transportproblems von mehreren Personen mit einem Motorrad. Dazu sagt der Katalogtext:

Diese stellt eine längst erprobte Vorrichtung dar, wie eine solche schon im Jahr 1893 unserem Herrn Johann Puch patentiert wurde; letztere kam allerdings infolge Mangels an Motorrädern nur zur Verbindung zweier Fahrräder in Verwendung, während erstere zur seitlichen Ankuppelung eines Fahrrades an ein Motorrad dient. Der dadurch erreichte Hauptvorteil besteht darin, daß mit einem Einzelmotorrad von verhältnismäßig geringer motorischer Stärke zwei Personen befördert werden können.

Otto Wolf fuhr beim Riederberg-Rennen 1911 Riederbergrekord auf der Strecke Allhang – Riederberghöhe auf Puch-Zweizylinder-Rennmaschine.

Es wurden also mit einem Gestänge, das zum Ausgleich von Terrainunterschieden mit einer scheibenartigen Reibkupplung versehen war, ein Fahrrad und ein Leichtmotorrad zusammengespannt und gemeinsam betrieben und gelenkt. In der Mitte zwischen den beiden Fahrzeugen befand sich ein Kindersitz.

Im Jahre 1911 konnten die Puch-Maschinen beim traditionellen Riederberg-Rennen in allen Klassen Erfolge erzielen. Robert Medinger gewann den Riederberg-Wanderpreis und den Spezialpreis des k.u.k. Österreichischen Automobil-Clubs auf seiner Puch-Zweizylinder-Rennmaschine. Und das trotz des Pechs im ersten Teil des Rennens von Ried auf die Riederberghöhe. Dazu die „Allgemeine Automobil-Zeitung“ im Originalton:

Die eigentliche Sensation bildeten aber die Fahrer Otto Wolf und Robert Medinger. Wolf kam in schneidiger Fahrt den Berg herauf. Kaum war er verschwunden, so folgte ihm auch schon Medinger, dem jetzt seine Methode des Kurvennehmens zum Verhängnis wird. Er kam wieder ins Gras, und als er wieder in die Gerade einbiegen wollte, erstarb sein Motor, und seine verzweifelten Versuche, das Fahrzeug wieder in Gang zu bringen, erwiesen sich als erfolglos. Aber auch Otto Wolf war nicht bis ans Ziel gelangt. Seine Maschine geriet kurz vor dem Zielband in Brand und Wolf mußte aufgeben.

Doch am Nachmittag, als die Strecke Allhang – Riederberghöhe befahren wurde, wendete sich das Blatt:
Wolf schlägt den bestehenden Rekord der Strecke Allhang – Riederberghöhe (1:55 $^1/_5$) um 5 $^1/_5$ Sekunden, denn er legt die Strecke in der Zeit von 1:50 zurück. So ist denn die erwartete Sensation des Tages doch nicht ganz ausgeblieben.

Otto Wolf demonstriert die Leichtigkeit des Puch-„Kolibri"-Motorrades, Modell 1911.

Einen geradezu sensationellen Erfolg gab es für Medinger und seine immerhin aus dem Jahre 1906 stammende „Coupe Internationale"-Rennpuch auch beim Grazer Ries-Rennen 1911. So berichtete eine Grazer Tageszeitung über dieses denkwürdige Rennen:
Bergrennen auf der Ries: Das herrliche Ries-Wetter kann nun schon sprichwörtlich werden. Das Wetter vom letzten Pfingstsonntag war wieder für ein solches Unternehmen wie geschaffen, und dank dieser Witterung gelang es auch, die in den Vorjahren erzielten Zeiten in manchen Kategorien um ein Bedeutendes zu drücken. Die Tausende und Abertausende, die am Sonntag die Ries hinauf pilgerten, oder in Motoren, Automobilen und Fiakern hinauffuhren, kamen reichlich auf ihre Rechnung ... Am dichtesten besetzt waren die teilweise sehr gefährdeten Kurven, an denen die Ries nicht arm ist ... Bei den Rennmaschinen gelang es Medinger (Wien), die beste Leistung der schweren Rennwagen um 6 $^2/_5$ Sekunden zu drücken.

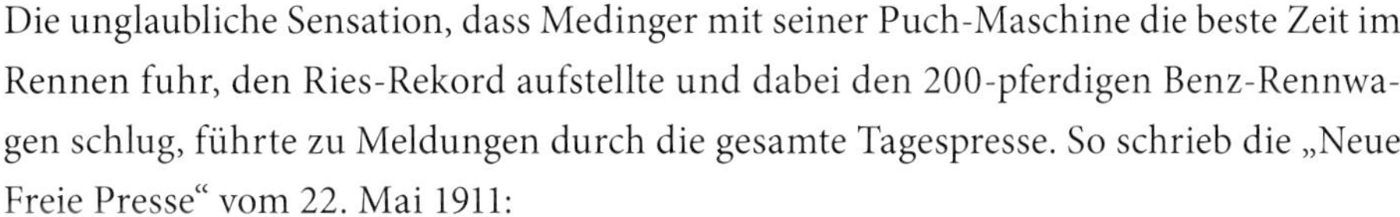

Die unglaubliche Sensation, dass Medinger mit seiner Puch-Maschine die beste Zeit im Rennen fuhr, den Ries-Rekord aufstellte und dabei den 200-pferdigen Benz-Rennwagen schlug, führte zu Meldungen durch die gesamte Tagespresse. So schrieb die „Neue Freie Presse" vom 22. Mai 1911:
Der Rekord für die sechs Kilometer lange Rennstrecke ist abermals verbessert worden, und zwar um 15 Sekunden. Auffallenderweise ist es ein Motorrad, das jetzt den Rekord hält. Altmeister Johann Puch hat diese wundervolle kleine Maschine konstruiert, die die Bergstrecke mit einer Geschwindigkeit von 86,5 Kilometern per Stunde, schneller als alle Automobile, hinaufzurasen vermochte, und Herr Robert Medinger, der passionierte Wiener Amateur, hat seinen zahllosen Siegen auf dem Motorrade damit die Krone aufgesetzt.
Und das Grazer Volksblatt schrieb:
Und dann kommt die Sensation: Helm auf der Benz-Kanone. Er hatte anscheinend von Bettaques Mißgeschick gehört und biegt langsamer in die Kurve, wie er es im Training getan hatte. Aber auf dem Berg legte er los – höllisch. Er schlug seinen Rekord vom Vorjahr, errang für Dreher endlich den Wanderpreis. Aber er war doch ein geschlagener Sieger, denn Medinger auf seiner Puch-Rennmaschine fuhr eine bessere Zeit als der mächtige Benz – und das ist die Sensation des Tages: Puchs Motorradsieg über das Rekordhaus Benz!

Ausstellung der „Society of Cycles and Motor Cycles Manufacturers and Traders" in London 1911.

Puch versuchte im Jahre 1911 auch auf dem lukrativen Markt Großbritannien (mit Kolonien) Fuß zu fassen und stellte daher, wie die „Allgemeine Automobil-Zeitung" vom 3. Dezember 1911 berichtete, auf der Londoner Ausstellung der „Society of Cycles and Motor Cycles Manufacturers and Traders" aus.

Das 1912 neu auf den Markt gekommene Modell R 1 hatte die erste echte Teleskopgabel in der Motorradgeschichte.

Auch 1912 noch nicht aus dem Verkehr gezogen war die 1911 präsentierte „Disco-Kupplung“, bei der ein Motorrad und ein Fahrrad gelenkig miteinander verbunden waren und in der Mitte zwischen den beiden Fahrzeugen einen Kindersitz trug. Fahrsicherheit und -stabilität sanken durch diese waghalsige Anordnung vor allem bei den damaligen schlechten Straßen auf ein Minimum.

1912

Für das Modelljahr 1912 wird im Vorwort des Werkskataloges die optimistische Aussage getroffen:

Die von Jahr zu Jahr größer werdende Nachfrage läßt erkennen, daß das Motorrad heute nicht mehr sportlichen Zwecken allein dient, sondern daß dasselbe auch bereits zu einem sehr beliebten Verkehrsmittel für den Geschäftsmann geworden ist, und so haben wir, diesem Umstande Rechnung tragend, bei Konstruktion unserer neuen Modelle nichts unversucht gelassen, um neben größtmöglichster Leistungsfähigkeit, Funktionssicherheit und Bequemlichkeit speziell die Betriebskosten auf das geringste Maß zu reduzieren.

Und noch eine interessante Feststellung wird in diesem Katalog bei der Auflistung der Sporterfolge vorangestellt:

Wie alljährlich haben wir uns auch in der vergangenen Saison an diversen motorradsportlichen Veranstaltungen beteiligt, und obwohl es uns infolge Überbeschäftigung in unseren normalen Fabrikationsartikeln schon seit geraumer Zeit nicht möglich war, an den Bau neuer Rennmaschinen zu schreiten, ist es doch mit unseren ehrwürdigen, noch von den Jahren 1906/7 stammenden Rennmaschinen und teilweise sogar mit normalen Tourenmaschinen gelungen, der Konkurrenz erfolgreich die Spitze zu bieten.

Dieser erfolgreiche Geschäftsgang schlägt sich auch bei der Aufstockung des Stammkapitals am 30. März von zwei auf vier Millionen Kronen nieder. Das Jahr 1912 brachte aber auch die Niederlegung des Postens als Generaldirektor von Johann Puch mit sich. Von der Modellpalette her kann man das Jahr 1912 als außerordentlich innovativ bezeichnen. Neben der Typenstraffung (Ablösung des Modelles „Kolibri“ durch das Modell „M 1“) wurden die Einzylindermodelle mit einem neuen, geschlossenen Einfachrohrrahmen ausgestattet.

Das Lieferprogramm 1912 umfasste folgende Maschinen:
Das leichte Puch-Einzylinder-Motorrad von 2 HP (Type M 1); senkrecht stehender Einzylinder-Viertaktmotor mit automatischem Saugventil, Bohrung/Hub 68/70 mm, Hubvolumen 254 cm^3. Magnetzündung mit Ruthardt-Magnet, Spritzvergaser, Direktantrieb des Hinterrades mittels Keilriemen (aus Leder, doppelt genäht). Schmierung: Handölpumpe. Vorderradfederung mit geschobener Schwinge und Zugfedern (wie bei „Kolibri"). Bandbremse aufs Hinterrad wirkend, Bereifung 26 x 1 ¾". Gesamtlänge der Maschine: 1.960 mm, Sattelhöhe 870 mm, Radstand 1.300 mm, Gewicht ca. 45 kg, Höchstgeschwindigkeit 45 km/h, Steigvermögen bis 15 %.

Völlig neue Modelle waren die Einzylindertypen R 1 und R 2. Beide Maschinen hatten den gleichen neuen Rahmen wie die M 1. Die R 1 hatte jedoch die erste echte Teleskopgabel in der Motorradgeschichte. Diese technikgeschichtliche Sensation machte die Puch R 1 zu einem echten Meilenstein in der Motorradgeschichte. Die technischen Daten sind bis auf folgende Unterschiede identisch mit dem Modell M 1: Gleiche Motordaten mit 254 cm^3 Hubraum, jedoch beide Ventile von unten gesteuert. Neuer Zweidüsenvergaser. Maximalgeschwindigkeit 50 km/h, Steigvermögen 16 %, Gewicht 52 kg.

Puch-Plakat um 1912.

Modell R 2: Bauart gleich wie M 1 und R 1. Bohrung/Hub 68/85 mm, Hubvolumen 309 cm^3, Antrieb des Ruthardt-Magneten mit der Nockenwelle, Riemenscheibe mit Untersetzung, Hinterradabfederung gegen Aufpreis möglich. Maximalschnelligkeit ca. 65 km/h, Gewicht 58 kg, Steigvermögen bis zu 18 %.

Eine weitere Neuerung war die Geradeweg-Hinterradfederung, deren besonderes Merkmal „das vollständige Fehlen von Scharnieren jeder Art" ist. Auch der großvolumige Einzylindermotor mit Bohrung/Hub 76/100, Hubvolumen 453 cm^3 wurde in den neuen Rahmen eingebaut, jedoch betrug der Radstand 1340 mm, die Gesamtlänge 2.040 mm; Typenbezeichnung „N". Das Zweizylindermodell 6/7 HP hieß ab sofort Type „P" und war mit einem Bosch Magneten ausgestattet.

Die optische Gestaltung der Modelle 1912 wird im Katalog wie folgt angegeben:
Die Typen M 1, R 1 und N liefern wir nur schwarz emailliert mit grünem oder rotem Reservoir. Die Typen R 2 und P liefern wir ohne Aufschlag auch in farbiger Emaillierung, und zwar in Grau oder Rot als auch den gangbarsten Farben.
Einer individuellen „Sonderlackierung" der beiden teuersten Typen des Modelljahrganges stand also werksseitig nichts im Wege.

1912 promovierte Robert Medinger zum Dr. techn. und hatte als großes Ziel die Teilnahme an der Tourist Trophy auf der Isle of Man ins Auge gefasst. Er hatte zwar genannt, startete jedoch nicht. Erst 1913 nahm er mit einem G. Hermann, ebenfalls auf Puch, am Rennen teil, kam jedoch nicht ans Ziel.

Puch 1912
Motorräder

JOHANN PUCH
Erste steiermärkische Fahrrad-Fabriks-Aktien-Gesellschaft in Graz

Werke und Direktion:
Graz V., Fuhrhofgasse Nr. 44

Fabriks-Niederlagen:
Graz I., Joanneumring Nr. 20
Wien I., Stubenring Nr. 16
Budapest VII., Elisabethring Nr. 48
Triest, Via S. Catarina Nr. 11
Prag I., Ferdinandstraße Nr. 13.

Telegramm-Adresse: **Johann Puch, Graz**
Fernsprecher Nr. 357 (Interurban)
Kurze Briefadresse: **Johann Puch A.-G., Graz.**

VERTRETUNGEN AN ALLEN GRÖSSEREN PLÄTZEN DES IN- UND AUSLANDES!

Auszüge aus dem Puch-Motorräder-Katalog 1912.

Besprechung technischer Details des PUCH-Motorrades.

Im folgenden wollen wir die am meisten in Betracht kommenden Teile des PUCH-Motorrades einer kurzen Erläuterung unterziehen.

DER RAHMEN ist aus kalt nahtlos gezogenen Stahlrohren aus Ia. schwedischem Material hergestellt, die durch geeignete Verbindungsstücke miteinander zu einem Ganzen verbunden sind. Die Konstruktion des Rahmens wurde derart gewählt, daß der Motor möglichst tief gelagert und eine rationelle Gewichtsverteilung gewährleistet erscheint, wodurch einem seitlichen Gleiten der Maschine vorgebeugt ist. Der langgestreckte Bau wird von uns von jeher mit bestem Erfolge favorisiert. Ruhiger, elastischer Lauf, größtmögliche Stabilität und sichere Lenkung sind durch vorgenannte Eigenschaften gewährleistet.

DIE HINTERRADABFEDERUNG ist analog der Federgabel konstruiert und weist demnach die gleichen Vorteile auf wie jene. Im Vergleich zu den bestehenden Konkurrenzfabrikaten zeichnet sich die von uns verwendete Abfederung vorteilhaft durch vollständiges Fehlen von Scharnieren jeder Art aus. Das Fehlen derselben garantiert eine besondere Stabilität des Rahmens, die noch durch die eigenartige Konstruktion der Abfederungsvorrichtung erhöht wird.

12

DER KURBELANTRIEB stellt eine starke und verläßliche Glockenlagerkonstruktion dar, und zwar haben die Typen „M1", „R1" und „R2" doppelseitiges Glockenlager, die anderen Typen einseitiges Glockenlager mit festem Kettenrad.

DER VORDERGABEL wird besondere Sorgfalt bei der Fabrikation und Auswahl des Materials zugewandt, um die Gewähr zu haben, daß selbe allen berechtigt gestellten Anforderungen standhält. Die Gabeln aller Maschinen mit Ausnahme der Typen „M1" und „R1" sind zur Sicherheit noch mit Versteifungen versehen.

DIE FEDERGABEL dient nicht nur zur Bequemlichkeit des Fahrers, den sie vor frühzeitiger Ermüdung schützt, sondern auch zur Schonung der Maschine, da sie die unvermeidlichen Erschütterungen auf ein Minimum reduziert, und wird ohne Aufschlag bei jeder Type geliefert. Mit Federgabel alter Art statten wir nur unsere Motorräder Type „M1" aus, während alle anderen Motorrädertypen mit der neuen Art Federgabel ausgerüstet werden, die dem sogenannten seitlichen Wanken, wodurch die Sicherheit des Lenkens stark beeinträchtigt wird, nicht unterworfen ist; diese Federgabel entspricht demnach nicht nur allen Anforderungen, die man an eine derartige Vorrichtung zu stellen berechtigt ist, sondern kann auch in punkto eleganten Aussehens als vollendet bezeichnet werden.

Seitenansicht — Vorderansicht
der bei den Typen „R 2", „N" und „P" zur Verwendung kommenden Federgabeln.

13

Wie alljährlich, haben wir uns auch in der vergangenen Saison an diversen motorradsportlichen Veranstaltungen beteiligt, und obwohl es uns infolge Überbeschäftigung in unseren normalen Fabrikationsartikeln schon seit geraumer Zeit nicht möglich war, an den Bau neuer Rennmaschinen zu schreiten, ist es uns doch mit unseren ehrwürdigen, noch von den Jahren 1906/7 stammenden Rennmaschinen und teilweise sogar mit normalen Tourenmaschinen gelungen, der Konkurrenz erfolgreich die Spitze zu bieten. Nachstehend führen wir einige der bedeutendsten Rennerfolge auf:

17. April. Bergrennen Königsaal-Jilowischt (Strecke 5½ Kilometer, Steigung fast 200 Meter):
Kategorie 4, Erster in 4 Minuten, 9⅗ Sekunden,
„ 11, Erster in 3 „ 57⅕ „ **(neuer Rekord).**

Kurve beim Feldherrnhügel:
Ingenieur ROBERT MEDINGER im Bergrennen Königsaal-Jilowischt.

21. Mai. Riesrennen (Steigungen bis zu 17%, 6 Kilometer):
Kategorie 2, Erster in 4 Minuten, 9⅗ Sekunden (beste Zeit des Tages, trotzdem an der Veranstaltung auch schwere Rennwagen bis zu 200 HP teilnahmen!)
Kategorie 2, Zweiter.

25. Mai. Rennen auf der Milleniumsbahn, Budapest (10 Kilometer, bei Regen):
Erster in 10 Minuten, 30 Sekunden.

7

DER COUP VON ÖSTERREICH,

ein von dem Herrn SEVERIN SCHREIBER, Wien, zu Beginn des Jahres 1911 unter diesem Namen gestifteter Ehrenpreis, der dem erfolgreichsten Motorradfahrer in der vergangenen Saison zufallen sollte, wurde von

Herrn Ingenieur ROBERT MEDINGER,
einem treuen Anhänger unserer Marke, gewonnen.

11

Fabriksmarke.

Jedes von unserer Firma erzeugte Motorrad trägt eine der untenstehenden gesetzlich geschützten Bild-, beziehungsweise Wortmarken und sind ausschließlich nur wir berechtigt, hier die bildlich vorgeführten Bezeichnungen, wie überhaupt das Wort „PUCH" in beliebiger Zusammensetzung für die in unserer Fabrik unter der persönlichen Leitung des Herrn JOHANN PUCH erzeugten Fahrzeuge zu führen. Man achte daher beim Einkauf auf das Vorhandensein der „PUCH"-Marke.

23

1913

Im Jahre 1913 blieb die Puch-Modellpalette weitgehend unverändert. Die R-Modelle erhielten einen neuen Tank, der eine Rahmenänderung erforderlich machte. Und zwar wurde der Rahmen zum Sattel hin abgesenkt, was einerseits zu einer keilförmigen Tankfasson, andererseits zu einer tieferen Sattellage und einer tieferen Sitzposition führte. Neu im Programm war eine Armstrong-Nabe für drei Geschwindigkeiten, die für die R-Modelle lieferbar war. Die Schaltung in der Nabe erfolgte durch einen am Tank angebrachten Hebel zum Hinterrad.

1913 brachten die Puch-Werke eine hochinteressante Einzylinder-Werksmaschine zum Einsatz. Diese hatte gekreuzte Stößelstangen zu den oben hängenden Ventilen, um einen sphärischen Brennraum zu ermöglichen. Motor und Maschine wurden in den 1980er-Jahren von dem berühmten österreichischen Motorenkonstrukteur Ludwig Apfelbeck originalgetreu nachgebaut. Im Bild die Werksfahrer Kellner und Karner.

Die Puch 3 ½ HP-Sportmaschine mit einem Zylinder und Wechselsteuerung von 1913.

Als interessantes Angebot für sportliche Einsätze galt die Sportversion mit dem 3 ½ HP-Motor. Dieser war ein wechselgesteuerter Motor mit untenliegendem Auslass- und obenliegendem Einlassventil. Die Vorderradgabel war ungefedert, der Antrieb des Hinterrades erfolgte über einen Kettenantrieb.

Ein bemerkenswertes Rennmodell wurde ebenfalls 1913 zum Einsatz gebracht. Dabei handelte es sich um ein obengesteuertes Einzylinder-Viertakt-Modell, dessen Stößelstangen gekreuzt waren. Hubraum dieses Motors: 250 cm^3.

Dieser längst verschollene Versuch eines modernen und weit über den technischen Stand seiner Zeit hinausragenden Rennmotors mit radialer Ventilanordnung (deshalb die gekreuzten Stößelstangen) lebt in Form einer Replica weiter, gebaut vom unvergessenen Meister des Hochleistungs-Vierventilmotors, Ludwig Apfelbeck. Und zwar, so erzählte dieser große österreichische Ingenieur dem Autor, habe er schon als Schuljunge die Maschinen der Puch-Einfahrer bewundert. Diese seien mit ihren Maschinen immer hinter dem Elternhaus Apfelbecks auf die Ries zur Maschinenerprobung gefahren. Besonders bewundert habe er dabei dieses Rennmodell, das durch seine Rasanz und den harten, kernigen „Spruch“ aufgefallen sei. Nach vielen Jahren, es muss Anfang der 1930er-Jahre gewesen sein, als Apfelbeck in seiner Grazer Werkstatt am Vierventiler mit Diagonaleinlass arbeitete, habe er auf einem Schrotthaufen die Überreste dieser Maschine entdeckt. Es war mit den jämmerlichen Überbleibseln dieses Fahrzeuges jedoch nichts mehr anzufangen gewesen, worauf Apfelbeck die Maschine auf dem Zeichenbrett wiedererstehen ließ. Diese Zeichnungen überdauerten die Zeitläufe und auch den Zweiten Weltkrieg. Anfang der 1980er-Jahre baute Ing. Apfelbeck nach diesen Zeichnungen die Maschine nach.

R 1-Motor (2 HP), 1913.

Beim Riederberg-Jubiläumsrennen 1913 – der Veranstalter, der Allgemeine Motorfahrer-Verband, feierte sein zehnjähriges Bestandsjubiläum – gab es wiederum Siege für Puch. Kellner fuhr die beste Zeit aller Fahrzeuge und siegte in der Kategorie V, Karner gewann die Kategorie I und Hradetzky siegte in der Kategorie VIII. Und am 16. April 1913 berichtete das „Prager Tagblatt“ über den überlegenen Sieg Medingers beim Bergrennen Königssaal – Jilowischt bei Prag:
Dr. Medinger auf Puch-Motorrad erzielte die beste Zeit aller Kategorien. Dr. Medinger fuhr zwei Rennen. Er mußte, um zum Start nach Königssaal zurückzukommen, den größten Teil der Strecke zurück auf ungebahnten Wegen und querfeldein über Äcker und Wiesen zurücklegen. Es war ein drolliger Anblick, Herrn Dr. Medinger zu sehen, wie er im Renndreß mit dem Sturzhelm laufend und springend gewaltige Erdschollen und andere Hindernisse nahm. Dr. Medinger konnte eine Motorradkategorie gewinnen und brachte der Marke Puch, die – wie man weiß – gegenwartig die einzige ist, die in Österreich noch Motorräder erzeugt, auf diesem Gebiete einen wohlverdienten Erfolg. Auch am 12. Mai fuhr Medinger beim Motorradrennen in Brünn neuen Bahnrekord.

Dankschreiben von Puch an Robert Medinger anlässlich seines Sieges beim Rennen Königssaal – Jilowischt.

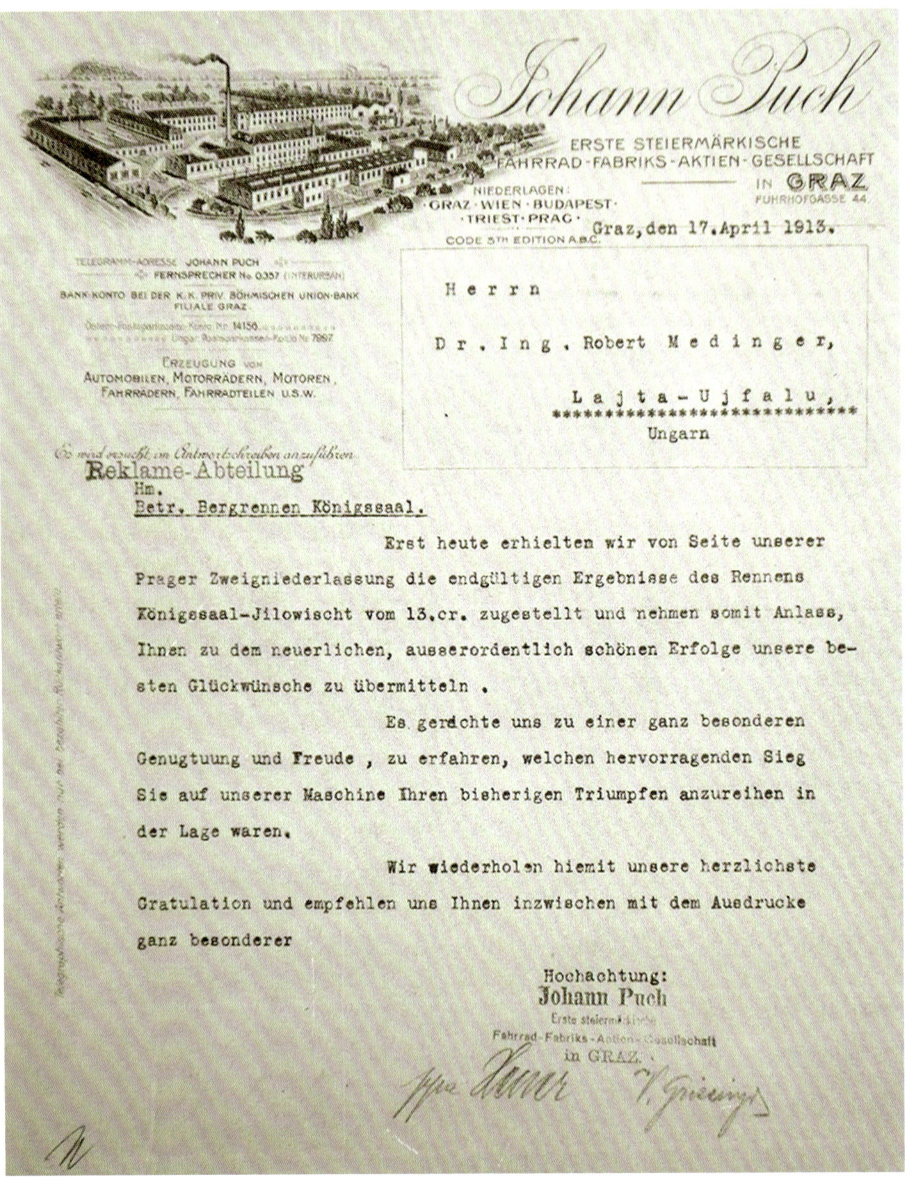

Johann Puch

ERSTE STEIERMÄRKISCHE FAHRRAD-FABRIKS-AKTIEN-GESELLSCHAFT IN GRAZ
FUHRHOFGASSE 44.

NIEDERLAGEN: GRAZ · WIEN · BUDAPEST · TRIEST · PRAG ·

CODE 5TH EDITION A.B.C.

TELEGRAMM-ADRESSE JOHANN PUCH
FERNSPRECHER No 0357 (INTERURBAN)

BANK-KONTO BEI DER K. K. PRIV. BÖHMISCHEN UNION-BANK FILIALE GRAZ.

ERZEUGUNG VON AUTOMOBILEN, MOTORRÄDERN, MOTOREN, FAHRRÄDERN, FAHRRADTEILEN U.S.W.

Graz, den 17. April 1913.

Herrn

Dr. Ing. Robert Medinger,

Lajta-Ujfalu,

Ungarn

Es wird ersucht, im Antwortschreiben anzuführen

Reklame-Abteilung
Hm.

Betr. Bergrennen Königssaal.

Erst heute erhielten wir von Seite unserer Prager Zweigniederlassung die endgültigen Ergebnisse des Rennens Königssaal-Jilowischt vom 13. cr. zugestellt und nehmen somit Anlass, Ihnen zu dem neuerlichen, ausserordentlich schönen Erfolge unsere besten Glückwünsche zu übermitteln.

Es gerächte uns zu einer ganz besonderen Genugtuung und Freude, zu erfahren, welchen hervorragenden Sieg Sie auf unserer Maschine Ihren bisherigen Triumpfen anzureihen in der Lage waren.

Wir wiederholen hiemit unsere herzlichste Gratulation und empfehlen uns Ihnen inzwischen mit dem Ausdrucke ganz besonderer

Hochachtung:
Johann Puch
Erste steiermärkische
Fahrrad-Fabriks-Actien-Gesellschaft
in GRAZ.

Puch R 2, 68 mm Bohrung, 85 mm Hub, Modell 1913.

Oben links: Jubiläums-Riederberg-Rennen 1913. Das Puch-Team (v.l.n.r.): Kellner (Sieger Kat. V, beste Zeit aller Fahrzeuge), Karner (Sieger Kat. I), Hradetzky (Sieger Kat. VIII).

Oben rechts: Der Motor der Puch R 2, Baujahr 1914, wirkt wie eine technische Skulptur.

Mitte links: Puch R 2, Modell 1914.

1914

Das Jahr 1914 brachte in der Modellpalette der Puch-Motorräder keinerlei Änderungen. Das Hauptaugenmerk lag produktionstechnisch auf der Fertigung der Automobile. Dennoch beteiligten sich die Puch-Werke mit ihren Motorrädern bei der 1. Internationalen Automobil-Ausstellung, die in Prag vom 12. – 19. April 1914 stattfand. Es wurden drei verschiedene Ausführungen des Modelles R 2 mit 2,5 HP sowie einer Bohrung von 68 mm und einem Hub von 85 mm, 309 cm^3, ausgestellt.

Leichtes „Puch"-Motorrad, Type R 2 ($2^1/_2$ HP)
mit Dreigeschwindigkeitsnabe mit Leerlauf, für Riemenantrieb.

1915

Auch das Jahr 1915, das erste volle Kriegsjahr, brachte bei der Motorradproduktion von Puch keine wesentlichen Änderungen. Das Hauptmodell war unverändert die Type R 2, zweifellos das bis dahin fortschrittlichste Modell von Puch. Bereits zu Jahresbeginn 1915 wurde ein Wandkalender von Puch herausgegeben, der eine Szene vom russischen Kriegsschauplatz zeigte. Das vom bekannten Wiener Maler Karpellus gestaltete Kalenderbild zeigt ein im bergigen Gelände haltendes, mit Offizieren besetztes Puch-Automobil. Ein anderer Offizier, der auf einem Puch-Motorrad eingetroffen ist, hält vor dem Wagen. Im Hintergrund naht das Mitglied eines Freiwilligen-Militär-Radfahrerkorps auf einem Puch-Fahrrad.

Über die Verwendungsfähigkeit des Motorrades im Militärdienst berichtete die „Allgemeine Automobil-Zeitung" vom 26. September 1915:
Nicht nur das Automobil hat seine Verwendungsfähigkeit im Weltkrieg in überzeugender Weise bewiesen, sondern auch das Motorrad. Dieses Lob gilt freilich nicht uneingeschränkt, denn die Eigenart des Motorrades bringt es mit sich, daß es auf sehr schlechten Straßen unverwendbar ist. Bei der deutschen Armee, die besonders in Belgien und Frankreich auf ausgezeichneten Straßen operiert, ist die Verwendung eine ausgedehnte und es gibt Fälle, in welchen die Kommandanten lieber einen oder mehrere Motorradfahrer ausschicken, statt eines Automobiles. Die Einspurigkeit des Motorrades, die auf schlechten Straßen arge Nachteile zeitigt, bietet in gewissen Fällen Vorteile für das rasche Weiterkommen.

Nun, die Puch-Werke waren zu diesem Zeitpunkt längst die einzigen Motorrad-Hersteller in der Monarchie. Somit kann diese Aussage sehr wohl für die Produkte von Puch verstanden werden. Dies umso mehr, als ja ein starkes Kontingent des k.u.k. Freiwilligen-Motorfahrerkorps eingerückt war.

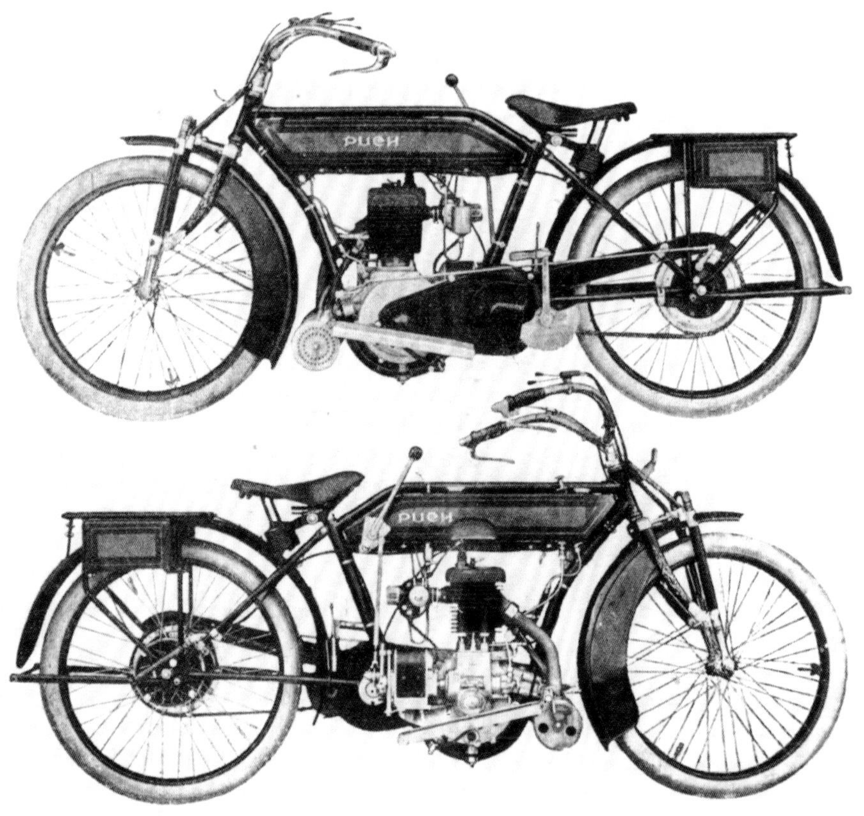

Puch TR, 3½ PS, 1916.

1916

Im Jahr 1916 wurde ein neues Puch-Motorrad der Öffentlichkeit vorgestellt. Es war dies die Type TR mit 3 ½ PS. Die neue Maschine wies wohl im Prinzip den Motor der R 2 mit der rechtwinkelig zur Kurbelwelle liegenden Nockenwelle, die auch den Magnet antrieb, auf, ansonsten waren aber etliche Neuerungen festzustellen, über die die „Allgemeine Automobil-Zeitung" vom 26. März 1916 festhielt:

Von den Fabriken, die sich in Österreich mit der Herstellung von Motorrädern befassen, sind nur die Puch-Werke AG in Graz diesem Fabrikationszweige treu geblieben. Graz galt zu Zeiten des Radsports als „Hochburg des Radfahrens". Und man nannte es später auch die „Hochburg des Motorradsports". Vielleicht ist dies mit ein Grund, daß sich die Puch-Werke nach wie vor eifrig mit der Herstellung von Motorrädern befassen. Sehen wir uns eines der modernen Motorräder, wie sie von den Puch-Werken erzeugt werden, an; wir werden aus der Beschreibung bald erkennen, mit welch durchgearbeiteter Konstruktion wir es zu tun haben. Wir wählen die Type TR, ein 3 ½ PS-Einzylinder, der voll von kleinen technischen Verbesserungen ist. Beginnen wir mit der Vorderradgabel. Sie war das Schmerzenskind der ersten Motorradfabrikanten, denn sie brach leicht und war, sofern man von den Pneumatiks absieht, ohne jede Federung. Das Puch-Motorrad zeigt eine Art Brückenkonstruktion der Vorderradgabel, die außerdem gefedert ist, und zwar durch je zwei Spiralfedern von oben und unten, die die Stöße gegenseitig aufheben … Die Stabilität wird durch die tiefe Lagerung des Motors gefördert. Er ist solid in den Rahmen ein-

gebaut und zeigt ebenfalls eine Reihe von Besonderheiten. Die Abmessungen sind 84 x 90 mm, 499 cm³, seine maximale Tourenzahl beträgt 2.000 Umdrehungen. Ansaug- und Auspuffventil werden mechanisch gesteuert, beide sind gleich groß, so daß sie gegeneinander ausgewechselt werden können.

Der Motor der Puch 3 ½ PS-Type TR hatte aber noch eine ganz außerordentliche Besonderheit, nämlich ein drittes „Vorauslassventil":
Im Zylinder befindet sich, ungefähr in der Höhe, bis zu der der Kolben bei seinem Niedergang heruntergeht, ein zweites Auspuffventil, das automatisch arbeitet und den Zweck hat, einem Teil der Auspuffgase das Entweichen zu ermöglichen, bevor sich noch das eigentliche Ventil öffnet. Dieses dritte Ventil ist hauptsächlich deshalb angebracht, um jede Überhitzung des Motors, die bei langdauernden Bergfahrten eintreten könnte, zu verhindern.
Der Bosch-Magnet ist direkt mit der Motorwelle gekuppelt. Die Schmierung arbeitet automatisch mittels einer Vakuum-Saugpumpe. Diese saugt das Öl aus dem Ölbehälter, und zwar entsprechend der Drehzahl des Motors. Es ist überdies noch eine Handpumpe vorgesehen, damit der Motorradfahrer auf lang andauernden Steigungen die Ölzufuhr beliebig vergrößern kann. Das Ölreservoir enthält ungefähr sieben Liter, also reichlichen Vorrat. Das Benzinreservoir ist für 200 km Fahrt berechnet.
Der Vergaser ist ein Spritzvergaser. An ihm ist durch einen Handgriff sowohl die Öffnung der Düse, als auch die Menge der einströmenden Luft veränderlich.
Der Wechsel der Schnelligkeiten geschieht durch eine Klauenkupplung. Zwei Ketten übertragen die Kraft des Motors auf eine Vorgelegewelle und hier ebenfalls durch eine Kette auf das Hinterrad. Die Ketten, die vom Motor zum Vorgelege gehen, sind vollkommen eingekapselt, laufen in Öl und ihr Gang ist nahezu geräuschlos.
Bemerkenswert ist die Federung des Antriebes im Hinterrad; dadurch wird ein zu brüskes Anfahren vermieden, wenn der Fahrer mit zu hoher Tourenzahl startet.
Das Puch-Motorrad wird durch eine besondere Kurbelvorrichtung, die mit dem Fuß betätigt wird, angedreht. Der Auspuff ist groß, es ist ein Auspufföffner vorhanden. Neben dem Motor befinden sich besondere Fußrasten, die gefedert sind; da auch der Sattel groß und gut gefedert ist, desgleichen das Vorderrad, gestaltet sich das Fahren sehr angenehm. Auf der Lenkstange sehen wir an der rechten Seite drei Hebel, einer dient der Vorzündung, einer der Drosselung und einer der Luftzufuhr zu dem Vergaser. An derselben Seite ist der Bremshebel angeordnet, wogegen sich an der anderen Seite ein Kontaktknopf zum Abstellen der Zündung sowie ein Hebel zur Aufhebung der Kompression befindet.
Neben der Handbremse ist eine Fußbremse vorgesehen, die als Innenbremse ausgebildet ist und auf das Hinterrad wirkt. Dreieinhalb Pferdekräfte ist für ein Motorrad reichlich viel. Als äußerste Schnelligkeit nennt die Firma 90 km in der Stunde.

Puch-Modell TR, 3 ½ PS, 1916, Schaltungsseite. S = Schalthebel, R = Benzinhahn (Drehverschluss), E = Tankeinfüllöffnung, H = Kupplungshebel, L = Benzintank, Z = Zündkerze, N = Zischhahn (zum Einspritzen von Äther bei Kaltstart), A, P = Ein- und Auslassventil, M = Zündmagnet, F = Fußbrett, O = Auspuffrohr.

Die Puch-Type TR war also ein hochmodernes Motorrad, das mit seitengesteuertem (Dreiventil-)Motor, gekapseltem, im Ölbad laufendem Primärantrieb und klauengeschaltetem Dreiganggetriebe sowie Kickstarter und Antriebsstoßdämpfer im Hinterrad einen Standard aufwies, der weit in die 1920er-Jahre hinein das Maß eines modernen

Puch-Modell TR, 3 ½ PS, 1916, Antriebsseite. R, Z = Kickstarterhebel mit Zahnsegment. Dieses greift in das Kettenrad ein, welches mit der vorderen Kette auf das Ritzel an der Kurbelwelle zum Motorstart wirkt (K). Die hintere Primärkette (K) treibt die Getriebe-Hauptwelle an. P = Schalldämpfer, F = Hauptölleitung, M = Motor mit Zylinder und V = Vergaser.

Motorrades darstellte. In Anbetracht der Tatsache, dass Puch ja für die Kriegsproduktion auf Hochdruck Lastautos, Krankentransportwagen und PKW erzeugte, stellt dieses neue Motorrad eine umso bemerkenswertere Entwicklung dar.

Etwas zeitgenössische Farbe bringt der folgende Artikel aber auch noch ins Geschehen: *In letzter Zeit haben sich übrigens manche Motorradfahrer aus früherer Zeit ihrer alten Liebe erinnert und sind zum Motorrad zurückgekehrt. Es ist jetzt das einzige automobile Fahrzeug, das Ausflüge ermöglicht, denn sowohl die Maschine, als auch die verhältnismäßig schwachen Reifen unterliegen nicht der behördlichen Beschlagnahme. Sogar nobel ist das Motorrad wieder geworden, selbst hoffähig, denn unter den Wiener Motorradfahrern befindet sich ein Sohn des Erzherzogs Leopold Salvator, den man mit seinem Puch-Motorrade oft die steile Bergstraße zum Schloß auf dem Wilhelminenberg hinauffahren sehen kann.*

Obwohl also die Kriegsbewirtschaftung überall Mangelerscheinungen mit sich brachte, war das Motorradfahren von diesem Umstand noch nicht erfasst worden. Und dies eingedenk der Tatsache, dass sich 1916 das Kriegsglück von den Achsenmächten abwandte, Kaiser Franz Joseph starb und die Monarchie ihrem unaufhaltsamen Ende zuging.

1917

Das dritte Kriegsjahr brachte auf dem Motorradsektor keinerlei Neuerungen. Hingegen wurden die mit den Erfahrungen des Motorradbaues entwickelten Motoren für Feldbahnen in größerer Stückzahl aufgelegt. Nach Kriegsende wurden die Feldbahnen und die Feldbahnmotoren zum wichtigsten Produktionszweig von Puch neben dem neuen kleinen Alpenwagen und dem Motorpflug.

Im Sommer 1917 baute Puch die ersten Motor-Feldbahnen, im März 1918 war bereits die Fabrikation in vollem Umfang im Gange. Es wurden monatlich etwa 175 Einheiten gebaut. Die Produktion wurde nach den damals modernsten Gesichtspunkten der Fließfertigung eingerichtet, und zwar in der Weise, dass auch *„minderbegabte Arbeiter tadellose Arbeit leisten können“*. Die Feldbahnaggregate wurden auch nach dem Krieg von verschiedenen Staatsbahnen gekauft und in Normalspur-Draisinen und Lorries eingebaut. Als Feldbahnaggregat ersetzte jedes unter Berücksichtigung der Zugfähigkeit, Ladekapazität und Geschwindigkeit ungefähr sieben Zugtiere und blieb dabei noch billiger im Betrieb. Das vollständige Puch-Feldbahnaggregat bestand aus Motor, Kupplung, Schnelligkeitsgetriebe, Benzinbehälter und den Armaturen und wurde auf der Platte eines Feldwagens, wie er für den Zugviehbetrieb üblich war, aufmontiert. Der luftgekühlte Zweizylindermotor entwickelte über 4 PS, in der Ebene konnten 4.000 kg Nutzlast, bei Steigungen bis 10 % bis zu 2.500 kg transportiert werden. Der Ölvorrat im Ölsumpf des Motors musste nach je 100 km Betrieb ergänzt werden. Ein Regulator am Vergaser verhinderte *„Schnelligkeitsexzesse des Führers“*, wie in einer Militärbeschreibung der Puch-Feldbahn geschrieben stand. Die zur Verfügung stehenden zwei Geschwindigkeiten konnten für Vorwärts- und Rückwärtsfahrt gleichermaßen durch einen Umkehrhebel eingesetzt werden. Die Schaltung konnte erst bei Ausrücken der Kupplung betätigt werden.

Notfahrzeug für Notzeiten: Die Puch-Feldbahn mit luftgekühltem Zweizylindermotor, 1919.

1918

Mit Ende des Ersten Weltkrieges hatte Puch dieselben Schwierigkeiten wie alle anderen Industriebetriebe Österreichs zu meistern. Einerseits waren die Betriebe von den traditionellen Rohstoffquellen abgeschnitten, denn die ehemaligen Kronländer waren ja nunmehr Ausland. Andererseits gab es durch das stark geschrumpfte Staatsgebiet kaum mehr Absatzmöglichkeiten. Allen Nöten des letzten Kriegsjahres zum Trotz kam es am 6. Oktober 1918 auf der vier Kilometer langen Exelbergstraße in Wien zum ersten Motorradrennen seit vielen Jahren. Das Exelbergrennen an sich war bereits 1910 zum letzten Mal ausgetragen worden. Als Veranstalter fungierte der K.u.k. Radfahrer-Ersatzkörper Wien, prominenteste Teilnehmer waren die Erzherzöge Leopold und Anton. In den Ergebnislisten scheint keine Puch-Maschine auf, der Exelbergrekord von Nikodem auf seiner Puch-Maschine (Klasse bis 50 kg) aus dem Jahre 1905 blieb mit 4:57 $^{1}/_{5}$ unangetastet, obwohl inzwischen Indian-Maschinen mit 7,8 PS zum Einsatz gelangten.

1919

Im ersten Friedensjahr gab die „Allgemeine Automobil-Zeitung“ wieder einen Bericht über die Puch-Werke heraus. Hier wird auch das letzte Motorradmodell beschrieben, das noch während der Kriegsjahre entstand. Es handelt sich um das Modell MM, das einen längsliegenden Zweizylinder-Boxermotor sowie ein Vierganggetriebe aufwies. Ebenso hatte die MM Vorder- und Hinterradfederung. Auch hier wiederum eine weit über den technischen Standard der damals üblichen Maschinen hinausragende Konstruktion.

1913 wurde diese Puch-Maschine bei der TT auf der Isle of Man eingesetzt. Der Motor war auf Basis der R 2 konstruiert, hatte jedoch das Entlüftungsventil der Type TR.

Die „Allgemeine Automobil-Zeitung“ berichtete am 6. April 1919 über das neue Modell:
Von dem neuen Puch-Motorrad, das wir in Graz zu sehen Gelegenheit hatten, war in den Kreisen der Wiener Motorradfahrer schon seit einiger Zeit die Rede. Es sollte sich um ganz etwas Besonderes handeln. In der Tat: Das Puch-Motorrad könnte man als Idealmaschine bezeichnen, wenn es nicht einen Fehler hätte: sein durch die heute außerordentlich hohen Arbeitslöhne und teuren Materialien hervorgerufener hoher Preis. Sonst wird das Herz des Motorradfahrers an dieser Maschine kaum etwas auszusetzen haben, denn es ist das automobilisierte Motorrad, das sozusagen alle Stückeln spielt. Ein liegender Zweizylindermotor mit einander gegenüberliegenden Kolben läuft leise tickend, fast wie ein Vierzylinder. In einem kleinen Gehäuse sind vier Geschwindigkeiten untergebracht, die genau dem Getriebe unserer Automobile mit verschiebbaren Zahnrädern gleichen. Das Motorrad hat vorne und hinten eine Federung, breite Fußrasten und breite Kotflügel, die verhin-

dern, daß man schmutzig wird, Umlaufschmierung wie ein Automobil und Kulissenschaltung mit einer sehr sinnreich eingerichteten Aushebevorrichtung. Um dieses Motorrad auszuprobieren, fuhr sein Konstrukteur in der Urlaubszeit fast täglich von Breitenstein durch die Prein über das Preiner Gscheid nach Mürzsteg, Niederalpl, Seeberg, Aflenz, Kapfenberg, Mürzzuschlag, Semmering, Breitenstein, das sind zirka 200 Kilometer.

Leider wurden von dieser interessanten Maschine nur zehn Exemplare gebaut. Hingegen wurden die langjährig gefertigten und noch immer gefragten Puch-Motorräder auch in den „schrecklichen Friedensjahren“ , die von bitterster Not gekennzeichnet waren, unverändert ausgeliefert. So wurde beispielsweise am 21. Juli 1918 den „Herren Brüder Spiegeln“ in Brünn ein Modell 6/7 HP geliefert, das mit der am 5. Februar 1906 geprüften Type identisch war.

Im Präsidium des Verwaltungsrates der Puch-Werke war neben den Herren Hardegg und Goldstein der Bankmann Camillo Castiglioni vertreten. Am 15. November 1919 beschloss die außerordentliche Generalversammlung eine abermalige Kapitalaufstockung von 8,1 auf 15 Millionen Kronen. Dies war unter anderem ein Zeichen für die beginnende Krise der österreichischen Nachkriegswährung, die in der galoppierenden Inflation der frühen 1920er-Jahre mit der endgültigen Bereinigung und Umstellung auf die Schilling-Währung im Jahre 1924 ihren Ausdruck fand. Obwohl die Puch-Werke moderne Maschinen hatten und die räumliche Ausgestaltung gut war, ja sogar durch die Feldbahnen und den damals ebenso erzeugten Excelsior-Motorpflug nicht nur Entlassungen verhindert wurden, sondern sogar Personal aufgenommen wurde, konnte die wirtschaftliche Schwäche im Jahre 1922 seitens des Hauptgläubigers Castiglioni und seines Bankenimperiums nicht mehr negiert werden. Zur Liquidation der Puch-Werke entsandte er ja Ing. Giovanni Marcellino nach Graz, der aber statt der Liquidation dem Namen Puch mit seiner legendären Doppelkolbenkonstruktion neuen Glanz am Motorradsektor verlieh.
Aus historischer Sicht ist vielleicht auch noch die Bemerkung interessant, dass die Jahre 1919–1922 nur mäßige Erfolge für die grün-weiße Marke bei motorsportlichen Events brachten. Am 4. Juli 1920 wurde erstmals nach sechsjähriger Pause wiederum das Riederberg-Rennen gefahren. Doch dieses einst von Puch dominierte Rennen sah keinen einzigen Fahrer dieser Marke unter den Platzierten.

Beim Riederberg-Rennen 1921 schien Leopold Dirtl, der Vater des nachmaligen österreichischen Sandbahn-Meisterfahrers Fritz Dirtl, mit einer Puch-Einzylindermaschine sowie bei der Qualitätsfahrt Wien – Graz – Wien im Mittelfeld auf. Und beim Bahnrennen des deutsch-österreichischen Motorfahrer-Verbandes auf der Badener Trabrennbahn im Oktober 1921 belegten die Fahrer Uher und Suchanek in der 350er-Klasse auf Puch-Einzylinder die Plätze 2 und 3, in der Halbliterklasse kam Wrabetz auf der Einzylinder-Puch auf Platz 3. An die wahrhaft großen Rennerfolge sollte Puch erst wieder durch die sensationellen Ergebnisse beim „Großen Preis von Europa“ in Monza im Jahre 1924 anschließen.

Das letzte Modell der ersten Motorradära bei Puch, das Modell MM, von dem infolge der Wirtschaftskrise der ersten Nachkriegsjahre nur mehr zehn Exemplare produziert wurden.

Die Produktion von Motorrädern von 1903–1919

Type	PS	Bauzeit	Stückzahl
A und 2 ¾ HP Einzylinder	2¼ – 2 ¾	1903–1907	750
3 ½ HP Einzylinder	3 ½	1905–1909	1100
3 ½ – 4 HP V-Zweizylinder	3 ½ – 4	1905–1907	800
P: V-Zweizylinder	6/7	1906–1919	750
Leichter Zweizylinder	3 ½	1906–1909	320
„Kolibri" und M 1-Einzylinder	1 ¾ – 2	1908–1912	460
N: Einzylinder	3 ½	1910–1912	80
R 1: Einzylinder	2	1911–1913	200
R 2: Einzylinder	2 ½	1911–1915	700
TR: Einzylinder	3 ½	ab 1916	105
H: Motoren für Heer	4	ab 1914	50
MM: Zweizylinder-Boxer	6	1916–1919	10

„Der englische Patient“ und die Motorräder:

Der mit neun Oscars im Jahr 1997 ausgezeichnete Film „Der englische Patient“ beruht auf der Biografie des Grafen Ladislaus László Almásy. Das Drehbuch basierte auf dem gleichnamigen Roman des kanadischen Autors Michael Ondaatje.

Abgesehen von dieser aufwühlenden und hochdramatischen Liebesgeschichte ist bekannt, dass Almásy ein abenteuerlustiger und draufgängerischer Pilot und Autofahrer war. Vor dem Zweiten Weltkrieg war er für die Royal Geographical Society in Ägypten tätig. Zusammen mit seinem Freund Madox leitete er eine Expedition und entdeckte in der Nähe von Gilf el-Kebir die „Höhle der Schwimmer“, eine inmitten der Wüste gelegene Felsbildhöhle, die Zeichnungen von Menschen zeigt, die zu schwimmen scheinen.

Bislang unbekannt war, dass Almásy auch ambitionierter Motorradfahrer war, wie Bilder aus der Familie Almásy beweisen. Er fuhr nicht nur privat Puch-Modelle der Type R, sondern ist auch mit einer Maschine, ähnlich der Medinger TT-Type aus 1913, zu sehen. Obendrein fuhr er im Ersten Weltkrieg auch militärisch eine Puch R 1. Da Almásy nicht nur Testfahrer bei den Steyr-Werken war, sondern darüber hinaus wie Medinger aus Westungarn, ab 1921 Burgenland, stammt, liegt der Schluss nahe, dass er enge Verbindungen zu den Puch-Werken in Graz hatte.

Vor dem Ersten Weltkrieg hatte sich ab 1906 das k. k. Freiwillige Kraftfahrkorps gebildet. Ab 1908 wurde Leutnant d.R. Gustav Gurschner damit beauftragt, auch den bürgerlichen Mittelstand zu animieren, sich freiwillig zu melden. Im selben Jahr wurde schließlich das k. k. Freiwillige Motorcyclistenkorps gegründet, welches 1909 in k. k. Freiwilliges Motorfahrerkorps umbenannt wurde. Dessen Mitglieder mussten Staatsbürger der Monarchie, im Besitz eines Automobils oder Motorrades sein, sich in Friedenszeiten innerhalb von vier Jahren zu zwei freiwilligen Dienstleistungen sowie im Kriegsfall zu uneingeschränkter Dienstleistung verpflichten. Auch in Ungarn wurde im Jahre 1907 ein königlich-ungarisches Freiwilligen Automobilkorps gegründet, welches die Aufgaben in der Ungarischen Reichshälfte übernahm. Zu Kriegsbeginn hatte das Motorfahrerkorps 2.400 Mitglieder mit 1.600 Automobilen und 800 Motorrädern. Somit liegt der Schluss nahe, dass Almásy mitsamt seiner Puch-Maschine im Ersten Weltkrieg Dienst tat.

László Almásy mit einer Puch R 2.

László Almásy mit einer Puch R 1.

Typenbezeichnungen, Leistungsangaben und Stückzahlen:

Die Puch-Typen der frühen Jahre: Aufgrund der überaus rührigen Sammlerszene der letzten Jahrzehnte konnten einige wesentliche „Verunklarungen“ zu den einzelnen Puch-Typen der frühen Jahre bis zum Ende des Ersten Weltkrieges festgestellt werden: So waren die Puch-Techniker dieser Jahre Getriebene ihres eigenen konstruktiven Ehrgeizes. Im Serienbau (ohnehin nach heutigen Maßstäben nur als Manufaktur anzusehen) kam es zu laufenden Änderungen in den technischen Details der Maschinen. So wurden bei den Einzylindern der A- bis D-Serie Bauteile von früheren und späteren Modellen wild gemixt. Diese fanden nur spärlich in die darauf folgenden Modellkataloge ihren Eingang. Ebenso kam es zu keiner wirklich nachvollziehbaren Kontinuität bei der Bezeichnung der einzelnen Typen. Als Beispiel sei hier der „Zweizylindertyp“ ab Baujahr 1906 mit einem Bohrungs-/Hubverhältnis von 80 x 90 mm genannt. Dieses Motorrad wies einen Hubraum von 905 cm³ auf, ein wahres „Superbike“ jener Tage. Es wurde etwa ab 1910 jedoch nur simpel Modell P benannt. Die heute üblichen Hubraumangaben wurden in den Katalogen und technischen Beschreibungen nicht gemacht.

Leistungsangaben: Diese wurden in HP (Abkürzung für Horsepower) gemacht – und entsprachen in keiner Weise der tatsächlichen Motorleistung. Es handelt sich nämlich um eine von der Finanzbehörde vorgeschriebene Steuerformel mit einem komplizierten Berechnungsmodus. Die deutsche Steuerformel lautete beispielsweise: $L = 0{,}3i \times d^2 \times S$.

L = Steuer-PS (HP),
i = Anzahl der Zylinder,
d = Kolbendurchmesser in Zentimetern,
S = Kolbenhub in Metern,
0,3 ist eine Konstante.

Stückzahlen: Die Zweifel der Sammlerszene, dass viele der in der nachfolgenden Statistik angegebenen Stückzahlen nicht stimmen dürften, haben durchaus ihre Berechtigung. Insbesondere extrapolieren diese Kenner der Szene aufgrund der bislang aufgefundenen Exemplare der einzelnen Typen, dass es z.B. bei der Puch P Zweizylinder sogar bis zu 2.000 Exemplare (anstatt der 750 in der Tabelle) gegeben haben könnte. Dies wird beispielsweise im Werk „Puch-Motorräder 1900–1940. Aufbewahrt und wiederbelebt“ von Hannes Denzel eindrucksvoll beschrieben.

Die Meinung der Sammlerszene in allen Ehren: Ich halte mich als Historiker an die Fakten und daher an die wenigen erhaltenen originalen Werksunterlagen.

Dieser großvolumige Einzylinder 3 HP von ca. 1905 hatte ein Bohrungs-/Hubverhältnis von 80 x 90 mm und somit 452,4 cm³ (und nicht wie fälschlich im Bericht der Allgemeinen Automobilzeitung von 1905 angegeben 587 cm³). Dieses Exemplar mit Nummer 442 hat bereits elektomagnetische Hochspannungszündung (System Bosch) und es ist deutlich die Abstammung vom ersten Modell Typ A (Bohrung 68 Hub 70 mm, Hubraum 254,2 cm³) zu erkennen. In die Ansaugkammer des ursprünglichen automatischen Einlassventils greift jetzt der Balancier (= Kipphebel) des nunmehr gesteuerten Einlassventils ein.

Die Puch-Motorräder von 1923–1939

Marcellinos Geniestreich: Das Puch-Doppelkolbenprinzip

Nach dem Ersten Weltkrieg herrschte in Österreich bitterste Not und eigentlich dachte niemand an den Bau neuer Motorradtypen. Die österreich-ungarische Monarchie existierte nicht mehr, der Friedensvertrag von Saint-Germain hatte das Reich in Nachfolgestaaten aufgeteilt. Graz lag in Österreich oder – wie man es damals benannte – „Deutschösterreich". Die materielle Not jener Zeit wurde noch durch die von den Siegermächten auferlegten Reparationszahlungen zusätzlich verschärft. Keine guten Voraussetzungen also für den Aufbau bzw. Weiterbestand von Industriebetrieben. So kam es, dass die Hauptgläubigerbank von Puch bei Durchsicht ihrer Bücher beschloss, das Puch-Werk in Graz zu liquidieren. Für diesen heiklen Job wählte der Bankenchef Camillo Castiglioni den Italiener Ing. Giovanni Marcellino aus, der schon jahrelang in Österreich als Techniker und Kaufmann bei Austro-Fiat tätig gewesen war.

Aus der Dienstreise Marcellinos nach Graz wurde jedoch ein Daueraufenthalt und seine ganz große Lebensaufgabe. Marcellino fand es nämlich für besser, die Firma wieder lebensfähig zu machen und damit in Zukunft wieder in die Gewinnzone zu gelangen, anstatt einen kurzfristigen Versilberungserlös zu tätigen. Dazu hatte er bereits

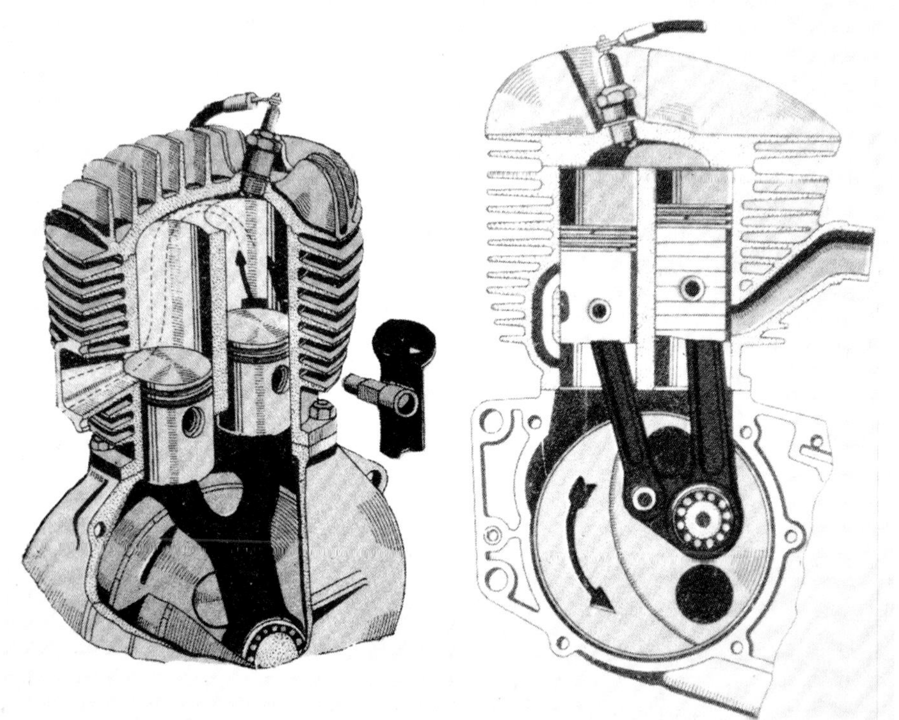

Das starre Gabelpleuel erforderte einen angeflachten, im Pleuelauge verschiebbaren Kolbenbolzen. Das Problem lag in der Schmierung der Gleitflächen. Rechts sieht man die Anordnung des Doppelpleuels in Form eines Anlenkpleuels, wie es ab dem Modell Puch 125 in den Nachkriegsjahren verwendet wurde. Die Arbeitsweise des Doppelkolben-Zweitakters, System Puch: Es ist deutlich die Vor- und Nacheilung der Kolben erkennbar.

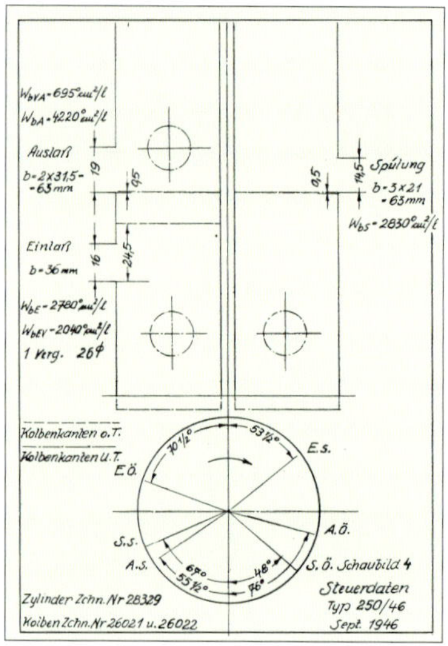

Diese Werkszeichnung aus dem Versuch zeigt das typische asymmetrische Steuerdiagramm der Puch-Doppelkolbenmotoren.

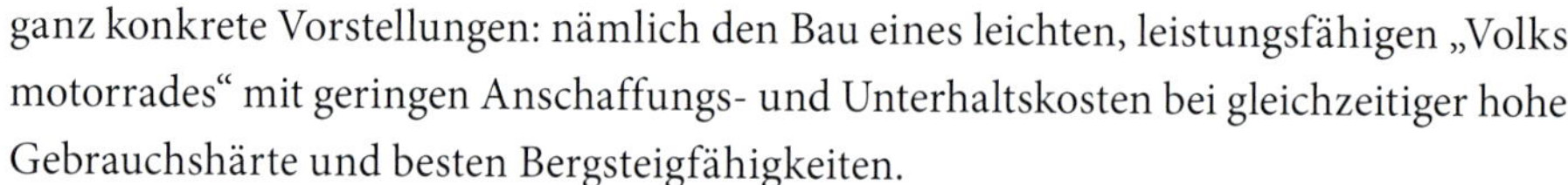
ganz konkrete Vorstellungen: nämlich den Bau eines leichten, leistungsfähigen „Volksmotorrades" mit geringen Anschaffungs- und Unterhaltskosten bei gleichzeitiger hoher Gebrauchshärte und besten Bergsteigfähigkeiten.

Die Zweitaktmotoren der frühen 1920er-Jahre zum Antrieb von kleinvolumigen Zweirädern waren durchwegs Einzylinder-Einkolbentriebwerke mit Nasenkolben zur Trennung der verbrannten Gase von den Frischgasen. Dementsprechend schlecht war auch die Spülung, die in hohen Spülverlusten, geringem Füllungsgrad und damit hohem spezifischen Verbrauch resultierte. Es wurden vielfältige Versuche von den Firmen unternommen, um diesem Übel abzuhelfen. In diesem Zusammenhang sei an den Stufenkolbenmotor von Dunelt oder den Doppelkolbenmotor von Garelli erinnert. Dieser hatte jedoch, zum Unterschied vom Puch-Motor, beide Kolben an einem durchgehenden Kolbenbolzen auf einem einfachen Pleuel aufgehängt. Auch sollen die Versuche der österreichischen Firma Gazda erwähnt werden, die einen Sackzylinder-Zweitakter mit außenliegenden Pleueln zur Vermeidung des schädlichen Raumes im Kurbelgehäuse baute. Der Prototyp dieses Motors ist im „Ersten Österreichischen Motorrad-Museum" in Sigmundsherberg erhalten. Bei Puch ging man einen anderen Weg, nämlich den des Doppelkolben-Zweitakters mit Gabelpleuel und vor- und nacheilendem Kolben. Das Ergebnis war ein asymmetrisches Steuerdiagramm mit ausgezeichnetem Füllungsgrad.

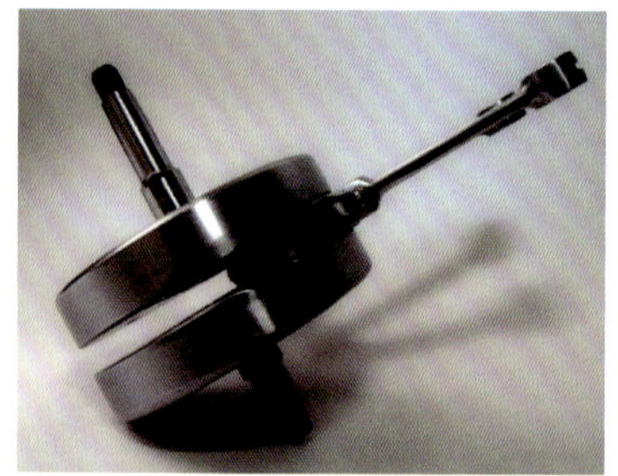

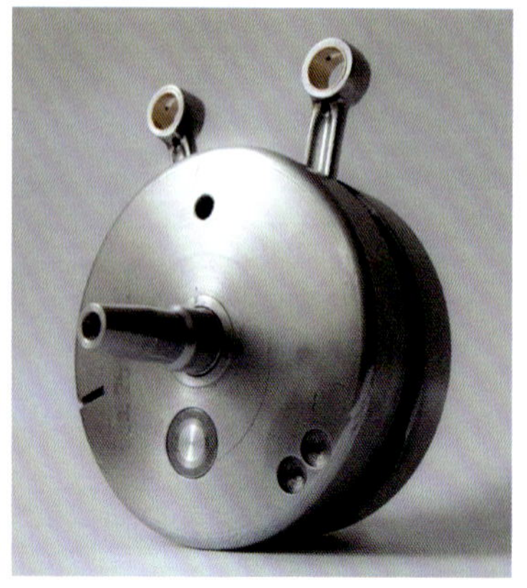

Kurbelwelle mit beweglichem Gabelpleuel der Nachkriegsmodelle.

Im Handbuch des Puch-Motorrades der Type 250 vom Februar 1929 wird dazu Folgendes erklärt:
Die heute noch allgemein gebräuchlichen Zweitaktmotoren sind nach dem sogenannten Dreikanalsystem gebaut. Sie arbeiten mit Wechselstromspülung, bei der schädliche Wirbelbildungen auftreten, die verschiedene Nachteile mit sich bringen. Diese Nachteile sind im Zweitaktmotor mit gegenläufigen Kolben beseitigt, da er die Abgase im Gleichstrom ausspült. Er bedingt aber ein äußerst kompliziertes Triebwerk, weshalb diese Motortype für Motorräder nicht in Betracht kommt. Stellen wir uns nun die lange Zylinderröhre dieses Motors in der Mitte um 180° umgebogen vor, so erhalten wir den sogenannten U-Zylinder mit Doppelkolben, wie ihn Puch verwendet. Der Überströmkanal befindet sich am Ende des einen Zylinders, der Auspuffkanal am Ende des benachbarten Zylinders. Wie beim Zweitakt mit gegenläufigen Kolben findet auch hier eine Gleichstromspülung statt, die eine freie und verlustfreie Reinigung des Zylinders ergibt. Die Kolben bewegen sich aber hier nicht gegenläufig, sondern gehen nahezu gleichzeitig auf und ab, so daß sie von einer einzigen Kurbelwelle betätigt werden können.

Aus dieser Passage geht eindeutig hervor, dass für Marcellino der Ausgangspunkt seiner Überlegungen der damals bereits bei Schwermotoren bekannte Gegenkolbenmotor war und dass er keinesfalls den italienischen Garelli-Doppelkolben-Zweitakter dabei im Auge hatte. Weiter im Handbuch:
Diese Konstruktion bringt noch einen weiteren Vorteil mit sich. Bei der zuerst erwähnten Dreikanaltype muß nämlich der Auspuffschlitz höher gehalten werden als der Über-

stromschlitz, damit ein großer Teil der verbrannten Gase noch rechtzeitig den Zylinder verlassen kann, bevor noch die Frischgase eintreten, da sonst die Frischladung vorzeitig zur Entzündung gebracht werden würde. So kommt es, daß der Kolben beim Aufwärtsgehen den Überströmkanal zu einer Zeit abschließt, zu der der Auspuffkanal noch offen steht. Mithin hat ein Teil der Frischgase die Möglichkeit, ungenutzt ins Freie zu entweichen. Die dem Puch-Motor eigentümliche Konstruktion mit zwei Kolben auf gemeinsamer Pleuelstange ergibt nun eine Relativbewegung der beiden Kolben gegeneinander, die bewirkt, daß der Auspuffkolben dem Überströmkolben mit Ausnahme der beiden Totpunktlagen immer etwas voreilt. Auf diese Art wird der Auspuffschlitz freigegeben, solange noch der Überströmschlitz geschlossen ist. Erst zur richtigen Zeit wird dann auch der Überströmschlitz geöffnet. Im unteren Totpunkt angelangt, „wartet" der Auspuffkolben gewissermaßen so lange, bis ihn der Überströmkolben eingeholt hat und beide gleich tief stehen. Beim Wiederaufwärtsgehen der beiden Kolben eilt der Auspuffkolben abermals vor und sperrt die Auslaßöffnung noch vor dem Überströmende ab. Auf diese Weise wird ein ungewolltes Entweichen der Frischgase wirksam verhindert. Wir sehen also, daß der Puch-Motor tatsächlich die Vorzüge des Zweitaktmotors mit gegenläufigen Kolben, nämlich die idealen Spülverhältnisse, mit jenen der einkolbigen Dreikanalbauart, d. i. der einfachen Konstruktion, in glücklicher Weise miteinander vereint.

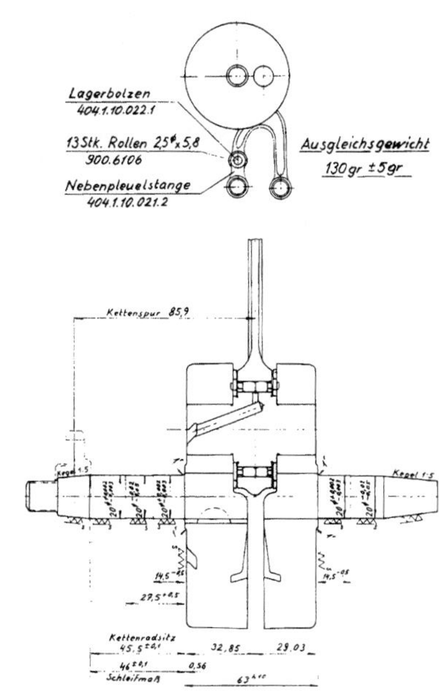

Die „heißeste" Version des Puch-Pleuels bei der Type 404, 175 Supersport: Die Werkszeichnung zeigt die Kombination eines Gabelpleuels mit einer kurzen Nebenpleuelstange. Wichtig war genaueste Fertigung und exakte Auswuchtung für den extremen Sportbetrieb. Für die Serie war diese Ausführung zu kostspielig.

Die Praxistauglichkeit dieser Bauart war durch Jahrzehnte unbestritten. Erst in den 1960er-Jahren waren die Einzylinder-Einkolben-Zweitakter infolge der neuesten Erkenntnisse der Strömungslehre dem Doppelkolbenmotor überlegen. Aus diesem Grund baute Puch dann auch sein letztes Serien-Straßenmotorrad, die M 125, als Einkolbenmodell.

So sehr also die Überlegenheit des Doppelkolbenprinzips von der Gasströmungsseite aus gegeben war, so sehr gab es mechanische Grenzen durch das Gabelpleuel. Durch das Voreilen des einen gegenüber dem anderen Kolben ergibt sich auf dem Weg zwischen den beiden Totpunkten eine ständige Veränderung des Abstandes zwischen den beiden Kolbenbolzen-Mittelpunkten. Daher musste für diese Längenänderung ein Ausgleich vorgesehen werden. Alle Doppelkolben-Serienmodelle der Zwischenkriegszeit, mit Ausnahme der 350 GS, arbeiteten mit fixem Pleuel und verschiebbaren Kolbenbolzen. Dieser konnte sich im rechteckig ausgeführten Pleuelauge seitlich verschieben.

Nach dem Zweiten Weltkrieg wendete man bei Puch das System des Gabelpleuels an, wie es auch bei den DKW- und Zoller-Zweitaktmotoren angewendet wurde. Man umging damit das schmiertechnisch heikle Problem der Längsverschiebung des angeflachten Kolbenbolzens im Pleuelauge. Doch auch beim Anlenkpleuel war das Pleuel an sich eine Schwachstelle des Kurbeltriebes bei extrem hohen Drehzahlen. Es gab daher im Laufe der Entwicklung immer wieder geänderte Ausführungen mit dem Ziel der besseren mechanischen Standfestigkeit. Es spricht für die exakte Fertigung und hohe Qualität der Puch-Maschinen, dass es im Alltagsbetrieb der Maschinen zu keinerlei signifikanten Problemen mit diesem konstruktiv doch heiklen Bauelement kam.

Puch LM-Leichtmotorräder: Touren-, Damen- und Sporttype

Oben: Puch LM-Annonce 1923.

Unten: Werksfahrer Höbel auf der Puch LM im alten Werk Puchstraße. (Bicyclearchiv Ulreich)

Die Puch LM war das erste Motorrad der Puch-Werke nach dem Ersten Weltkrieg. Es wurde in drei Ausführungen geliefert: Als Tourenmodell mit geschlossenem Rahmen, als Tourenmodell mit offenem Rahmen, besser bekannt als „Damen LM“, und als Sportmodell. Die Maschine wurde in einen typischen Nachkriegsmarkt hineinkonzipiert. Die k.u.k. Monarchie existierte nicht mehr, die ehemaligen Kronländer und damit die Rohstoffmärkte bzw. Industriegebiete waren zu selbstständigen Nachfolgestaaten geworden. Geblieben war – trotz aller Mangel- und Noterscheinungen – der Optimismus, dass es zu einer „Volksmotorisierung“ kommen musste. Und genau in diese Phase des Wunsches nach Individualverkehr und gleichzeitig geringer Kaufkraft hinein wurde die LM konzipiert. Die Typenbezeichnung LM dürfte für „Leichtmotorrad“ stehen, eine Deutung für Linninger-Marcellino (KR Linninger förderte die Motorradproduktion bei Puch) ist aber auch möglich.

Puch LM-Tourenmodell, Erstversion mit Pendelfedergabel, Ausführung 1923. (unretuschiertes Werksfoto)

LM-Modell mit „Schwanenhals-Ansaugleitung".

Puch Damen-LM, 1924.

Die Broschüre „Puch-Motorrad Type LM, Beschreibung, Betriebsvorschrift, Fahrvorschrift", herausgegeben von der Österr. Daimler-Motoren-Aktiengesellschaft Puch-Werke AG Graz, beschreibt die Marktlage und die allgemeinen Lebensvoraussetzungen jener Jahre geradezu mit philosophischer Gründlichkeit:
Die fortschreitende Intensivierung des gesamten Kultur- und Erwerbslebens unserer Zeit hat das Bedürfnis nach einem raschen und wirtschaftlichen Verkehrsmittel in den letzten Jahren zur bedingten Notwendigkeit gesteigert. Der Kraftwagen und das große Motorrad, welche bestimmt schienen, diese Frage zu lösen, sind sowohl infolge der relativ hohen Anschaffungs- und Betriebskosten auf lange Zeit aus dem finanziellen Möglichkeitsbereich der Allgemeinheit gerückt.

Wie wahr. Dauerte es doch in Österreich bis in die Mitte der 1950er-Jahre, also bis in die hektischen Jahre des sogenannten Wirtschaftswunders, bis das Automobil das Motorrad von der Spitze der Zulassungszahlen verdrängte. Aber auch Fahrrad und Hilfsmotor werden völlig richtig und objektiv eingestuft:
Es bleibt also nur das Fahrrad, seit langen Jahren der treue Diener des Menschen, um das Verkehrsbedürfnis der Allgemeinheit zu befriedigen. Die geringe Leistungsfähigkeit, welcher außerdem bei bergigem Terrain durch die physische Kraft des Fahrers enge Grenzen gesetzt werden, führte in den letzten Jahren zu dem Hilfsmotor … Dem Fachmann war es im vorhinein klar, daß der nach anderen Grundsätzen aufgebaute Fahrradrahmen auf die Dauer den Beanspruchungen des motorischen Antriebes nicht gewachsen sein konnte und auch sonst in keiner Weise für längere Fahrten, was Bequemlichkeit und Fahrsicherheit anbelangt, entspricht.

Puch LM-Damenmodell 1924. Von den 2.500 erzeugten LM-Modellen waren ca. 500 Stück Damenmodelle.

OESTERREICHISCHE DAIMLER MOTOREN AKTIE… …SCHAFT
PUCH-WERKE A.-G., GRA…
ZENTRAL-VERKAUFSDIREKTION: WIEN, I., SCHWARZENBERGPLATZ 18

PUCH-LEICHTMOTORRAD.

BESCHREIBUNG DES PUCH-LEICHTMOTORRADES TYPE LM.

RAHMEN: Rahmen aus nahtlos gezogenen Stahlrohren, Außenlötung und Innenverstärkungen, sämtliche Muffen aus Blech gepreßt. Hintergabelpartie abmontierbar. Emaillierung schwarz, blanke Teile vernickelt, Radstand 1225 mm, äußerste Raummaße zirka 1990 mm Länge, 680 mm Breite, 1150 mm Höhe.

VORDERGABEL: Pendelfedergabel, äußerst solide, einfache Konstruktion, welche ein absolut stoßfreies Fahren verbürgt. Unterer Lagerschuh geschlitzt, wegen leichtem Herausnehmen des Vorderrades.

LAUFRÄDER: Vorder- und Hinterrad laufen auf einstellbaren Konuslagern mit Kugelkäfigen. Vorder- und Hinterrad sind leicht und rasch auszubauen.

BEREIFUNG: 26 × 2".

SCHUTZBLECHE: Breit und lang mit starken Streben und Nummerntafel am vorderen Kotflügel.

FUSSRASTEN: In bequemer Lage angeordnet mit Gummibelag.

BREMSEN: Außenbandbremse leicht nachstellbar, mit Kupferasbestbelag, auf die Bremsscheibe des Hinterrades wirkend. Betätigung durch den Fußhebel neben der linken Fußrast. Handbremse auf das Vorderrad wirkend. Außerdem wirkt der Motor durch Anziehen des Dekompressorhebels als pneumatische Bremse.

MOTOR: Luftgekühlter Einzylinder, im Zweitakt arbeitend, mit Doppelkolben auf gemeinsamer Pleuelstange. Nach besonderer Konstruktion, welche die Vorteile des Zwei- und Viertaktes vereinigt. Bohrung 36 mm, Hub 60 mm, Zylinderinhalt 122·2 cm^3, Leistung zirka 2 PS bei 2500 Umdrehungen in der Minute, 0·69 Steuer-PS nach der neuen deutschen Steuerformel für Zweitaktmotoren $N = 0·45 . i . d^2 . s$.

ZÜNDUNG: Wasserdicht gekapselter Hochspannungs-Magnet (Kerzenzündung).

VERGASER: Schwimmervergaser, mit sehr leicht auswechselbaren Düsen. Der Vergaser wird durch einen einzigen Hebel- und Bowdenzug betätigt. Er arbeitet vollkommen automatisch, d. h. er stellt in jedem Drehzahlbereich ein vollkommen wirtschaftliches Gemisch her und ist gegen Witterungs- und Temperaturveränderungen unempfindlich.

GASHEBEL: Bowdenhebel auf der linken Seite des Lenkers.

DEKOMPRESSORHEBEL: Handhebel auf der linken Seite des Lenkers.

BOWDENZÜGE: Sämtliche Drahtseile mit Klemmkonus leicht nachstellbar.

BRENNSTOFFBEHÄLTER: Inhalt 3·5 Liter. Gefällige zweckmäßige Torpedoform, die eine sehr gute Falzung und Lötung gewährleistet. Behälter schwarz emailliert, mit Silber beschnitten. Absperrhahn und Einfüllsieb ist vorgesehen.

KRAFTÜBERTRAGUNG: Zahnraduntersetzung im Motor von hier aus durch Rollenkette (12·7 mm Teilung, Breite 6·4/12·5, Rollendurchmesser 8·5 mm) zur Hinterradnabe. Die Kette ist mit Schnellverschluß versehen und durch einen Kettenschutzkasten verschalt.

HINTERRADNABE: Die Nabe des Hinterrades ist als Doppelübersetzungsnabe ausgebildet, sehr einfach und robust in der Konstruktion, leicht demontier- und nachstellbar. Alle rotierenden Teile laufen in Kugel- und Rollenlagern. Übersetzungsverhältnis bei der kleinen Geschwindigkeit 18 : 1, bei der großen Geschwindigkeit 9 : 1.

PUCH-LEICHTMOTORRAD.

SCHALTUNG: Durch einen einzigen Handhebel mit Kugelgriff, welcher in der Mitte des oberen Rahmenrohres befestigt ist. Drei Stellungen: Mittelstellung — Leerlauf, nach vorne gerückt — große Geschwindigkeit, nach hinten gerückt — kleine Geschwindigkeit. — Bei Einrücken einer jeden Geschwindigkeit bleiben die Zahnräder ständig im Eingriff und erfolgt die Mitnahme durch sanft wirkende Reibungskupplungen total stoßfrei, wodurch eine Beschädigung der Übertragungsorgane ausgeschlossen ist.

SCHMIERUNG: Das Schmieröl wird dem Benzin im Verhältnis 1 : 10 beigemischt.

LENKSTANGE: Gefällige Form, schwarz emailliert mit Gummigriffen.

SATTEL: Extra breit und groß, weich gefedert.

STÄNDER: Hinterradständer mit selbsttätiger Einhängung am Hinterradschutzblech.

GEPÄCKSTRÄGER: Über dem Hinterrad.

TASCHEN: Ledertaschen rechts und links am Gepäcksträger befestigt.

GEWICHT des kompletten fahrbereiten Rades ca. 42 kg

GESCHWINDIGKEIT: ca. 30 km bei der kleinen und ca. 60 km bei der großen Geschwindigkeit.

BETRIEBSSTOFFVERBRAUCH: Bei normalen Straßenverhältnissen ca. 1 Liter für 40 km.

STEIGUNGSFÄHIGKEIT: Alle praktisch vorkommenden Straßensteigungen.

Konstruktions- und Ausführungsänderungen vorbehalten.

Beschreibung der Puch LM.

Unten: Ersatzteilliste 1924.

ÖSTERREICHISCHE DAIMLER MOTOREN AKTIENGESELLSCHAFT
PUCH WERKE A. G. GRAZ

PUCH LEICHTMOTORRAD

ERSATZTEILLISTE

ZENTRALVERKAUFSDIREKTION: WIEN, I., SCHWARZENBERGPLATZ 18

I. Motor.

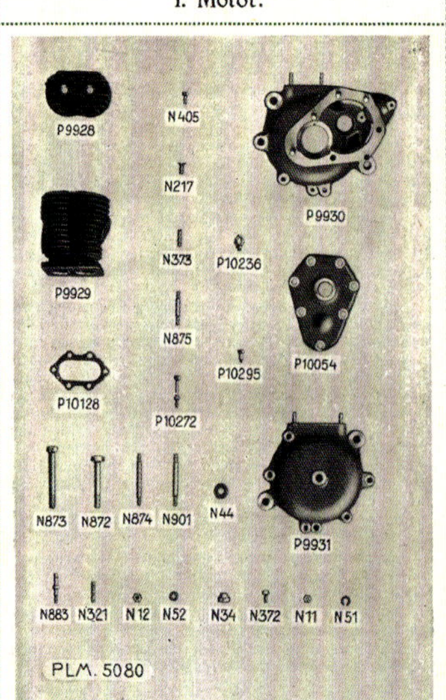

– 4 –

I. Motor.

9928	Zylinderkopf
9929	Zylinder
9930	Kurbelgehäuse, linke Hälfte
9931	Kurbelgehäuse, rechte Hälfte
10054	Steuerraddeckel
10128	Dichtung
10236	Helmöler zum Steuerraddeckel
10272	Schraube zum Auspufflansch
10295	Nippel zum Helmöler
N 11	Niedere Mutter zu N 372
N 12	Niedere Mutter zu N 874
N 34	Mihagmutter zu N 873
N 44	Unterlagscheibe zu N 873
N 51	Sprengring zu N 11, 405
N 52	Sprengring zu N 874, 12
N 217	Versenkte Schraube zum Steuerraddeckel
N 321	Stiftschrauben zur Zylinderbefestigung
N 372	Kopfschraube zum Gehäuse für Auspufftopf
N 373	Stiftschrauben zum Steuerraddeckel
N 405	Schraube zum Auspuff- und Vergaserflansch
N 872	Kopfschrauben zum Einhängen des Motors, vorne
N 873	Kopfschrauben zum Einhängen des Motors, hinten
N 874	Stiftschraube zum Gehäuse
N 875	Stiftschraube im Gehäuse
N 883	Vierkantkopfschraube zum Zylinderdeckel
N 901	Stiftschraube zum Gehäuse und Fußraster

– 5 –

PUCH-LEICHTMOTORRAD.

SCHALTUNG: Durch einen Handhebel mit Kugelgriff, der am oberen Rahmenrohr befestigt ist. Drei Stellungen: Mittelstellung – Leerlauf, nach vorne gerückt – große Geschwindigkeit, nach hinten gerückt – kleine Geschwindigkeit.

SCHMIERUNG: Das Schmieröl wird dem Benzin im Verhältnis 1 : 10 beigemischt.

LENKSTANGE: Gefällige Form, vernickelt mit Gummigriffen.

SATTEL: Extra breit und groß, weich gefedert.

STÄNDER: Hinterradständer mit selbsttätiger Einhängung am Hinterradschutzblech.

GEPÄCKSTRÄGER: Über dem Hinterrad.

TASCHEN: Ledertaschen rechts und links am Gepäcksträger befestigt.

GEWICHT des kompletten fahrbereiten Rades ca. 50 kg

GESCHWINDIGKEIT: ca. 30 km bei der kleinen und ca. 60 km bei der großen Geschwindigkeit.

BETRIEBSSTOFFVERBRAUCH: Bei normalen Straßenverhältnissen ca. 1 Liter für 40 km.

STEIGUNGSFÄHIGKEIT: Alle praktisch vorkommenden Straßensteigungen.

Konstruktions- und Ausführungsänderungen vorbehalten.

P.L. 580 – E. – XI. 24. – W. & Co., A.-G (17,860)

PUCH-LEICHTMOTORRAD.

BESCHREIBUNG DES
PUCH
LEICHTMOTORRADES TYPE LM.

RAHMEN: Rahmen aus nahtlos gezogenen Stahlrohren, Außenlötung und Innenverstärkungen, sämtliche Muffen aus Blech gepreßt. Hintergabelpartie abmontierbar. Emaillierung schwarz, blanke Teile vernickelt. Der Rahmen ist in eleganten Linien seinem Zweck entsprechend gehalten, das obere Rahmenrohr ist zwecks bequemen Besteigens der Maschine ähnlich wie beim Damenfahrrad gekröpft ausgeführt. Auch ist die Höhe der Satteloberkante vom Boden besonders niedrig gehalten.

VORDERGABEL: Pendelfedergabel, die ein absolut stoßfreies Fahren verbürgt.

LAUFRÄDER: Vorder- und Hinterrad laufen auf einstellbaren Konuslagern mit Kugelkäfigen. Vorder- und Hinterrad sind leicht und rasch auszubauen.

BEREIFUNG: 26 × 2".

SCHUTZBLECHE: Breit und lang mit starken Streben und Nummerntafel am vorderen Kotflügel.

FUSSRASTEN: In bequemer Lage angeordnet mit Gummibelag.

BREMSEN: Außenbandbremse leicht nachstellbar, mit Kupferasbestbelag, auf die Bremsscheibe des Hinterrades wirkend. Betätigung durch den Fußhebel neben der linken Fußrast. Handbremse auf das Vorderrad wirkend. Außerdem wirkt der Motor durch Anziehen des Dekompressorhebels als pneumatische Bremse.

MOTOR: Luftgekühlter Einzylinder, im Zweitakt arbeitend, mit Doppelkolben auf gemeinsamer Pleuelstange. Nach besonderer Konstruktion, welche die Vorteile des Zwei- und Viertaktes vereinigt. Bohrung 36 mm, Hub 60 mm, Zylinderinhalt 122·2 cm³, Leistung zirka 2 PS bei 2500 Umdrehungen in der Minute, 0·69 Steuer-PS nach der neuen deutschen Steuerformel für Zweitaktmotoren $N = 0{\cdot}45 \cdot i \cdot d^2 \cdot s$.

ZÜNDUNG: Wasserdicht gekapselter Hochspannungs-Magnet (Kerzenzündung).

VERGASER: Schwimmervergaser, mit sehr leicht auswechselbaren Düsen. Der Vergaser wird durch einen einzigen Hebel- und Bowdenzug betätigt. Er arbeitet vollkommen automatisch, d. h. er stellt in jedem Drehzahlbereich ein vollkommen wirtschaftliches Gemisch her und ist gegen Witterungs- und Temperaturveränderungen unempfindlich.

GASHEBEL: Bowdenhebel auf der linken Seite des Lenkers.

DEKOMPRESSORHEBEL: Handhebel auf der linken Seite des Lenkers.

BOWDENZÜGE: Sämtliche Drahtseile mit Klemmkonus leicht nachstellbar.

BRENNSTOFFBEHÄLTER im vorderen Teile des Rahmens eingebaut und der Rahmenform zweckmäßig angepaßt. Derselbe faßt 4 Liter Betriebsstoff für ca. 160 km Fahrt. Schwarz emailliert. Absperrhahn und Einfüllsieb ist vorgesehen.

KRAFTÜBERTRAGUNG: Zahnraduntersetzung im Motor von hier aus durch Rollenkette (12·7 mm Teilung, Breite 6·4/12·5, Rollendurchmesser 8·5 mm) zur Hinterradnabe. Die Kette ist mit Schnellverschluß versehen und durch einen Kettenschutzkasten verschalt.

HINTERRADNABE: Die Nabe des Hinterrades ist als Doppelübersetzungsnabe ausgebildet, sehr einfach und robust in der Konstruktion, leicht demontier- und nachstellbar. Alle rotierenden Teile laufen in Kugel- und Rollenlagern. Übersetzungsverhältnis bei der kleinen Geschwindigkeit 18 : 1, bei der großen Geschwindigkeit 9 : 1.

Ganz oben: Beschreibung der Puch Damen LM.

Oben: Puch LM-Antriebsnabe mit Planetengetriebe.

Links: Puch LM-Antriebssystem.

Links: Zweites Seiberer-Bergrennen des Niederösterr. A.-C. Das Puch-Team Cichowitz, Zwicker und Frl. Kertil im Jahr 1924.

Unten links: Elly Wollner auf Puch LM II, ca. 1926; unten rechts: Maria Wachter-Markl auf Puch 250 Sport, 1932.

Links: Sophie Richter-Skorpil; rechts: Ina von Albach, trotz britischer Fahne auf einer Puch 250.

Die PUCH-Damenfahrerinnen

Frankreich war in der Frühzeit der Motorradentwicklung führend. Und die Damenwelt machte begeistert mit! So überraschten bereits 1897 acht rasante Französinnen die internationale Sportwelt, als sie auf ihren dreirädrigen Motorfahrrädern im Hippodrom von Longchamp bei Paris am weltweit ersten Damen-Motorradrennen, dem „Championnat des Chauffeuses" teilnahmen; erste dokumentierte Siegerin der Rennsportgeschichte wurde Léa Lemoine auf einem De Dion-Bouton-Tricycle mit Clément-Rahmen, dem mit 15.000 Exemplaren meistverkauften Motorfahrzeug bis 1900. Es ist also nicht weiter verwunderlich, dass auch Johann Puch für sein erstes Typ D Tricycle-Motorrad auf diesen De Dion-Motor setzte.

Bald erfasste das Rennfieber Frauen in Belgien, Italien, Großbritannien, Amerika und Deutschland, wo 1899 im Damen-Sportblatt „Draisena" mit einer explizit als „Die Motorfahrerin" titulierten Beilage für die nun modernen zweirädrigen Motor-Fahrzeuge geworben wurde. Schon 1903 berichtete in der Allgemeinen Automobil-Zeitung die Altösterreicherin Mimi Winger vom Hochgefühl des Motorradfahrens auf einer Laurin & Klement-Maschine. 1904 siegte die Berlinerin Marie Reuschel gegen stärkste männliche Konkurrenz im anspruchsvollen Stuttgarter Solitude-Straßenrennen. Marie Reuschel war auch die erste publizistisch aktive Frau, die mit Artikeln in der Fachzeitschrift „Das Motorrad" *„bei den deutschen Frauen die Lust am Motorradfahren wecken"* wollte und die sich als erklärte Feministin bereits 1905 für das Tragen praktischer Beinkleider anstelle der damals üblichen langen Röcke einsetzte. Im selben Jahr wurde im Puch-Katalog ein Damen-Modell mit niedrigem Durchstieg und eigenem Puch-Motor präsentiert; produzierte Stückzahlen und erhaltene Exemplare sind allerdings nicht bekannt. Die bislang erste namentlich dokumentierte österreichische Vereins-Motorradfahrerin, Marie Prihoda-Ebert aus Wien, findet sich 1913 unter den Neuaufnahmen im „Österreichischen Motorfahrer-Club".

In den frühen 1920er-Jahren war das Motorradfahren bei den Österreicherinnen schon so populär, dass die Puch-Werke 1924 das Modell Damen LM (Tourenmodell mit offenem Rahmen) ins Verkaufsprogramm nahmen; es wurde sogar eine eigene Puch-Werksfahrerin engagiert, die als Mitglied der Puch-Rennmannschaft an zahlreichen offiziellen Sportveranstaltungen teilnahm. Von diesem Fräulein Kertil ist zwar ein historisches Zeitungsfoto überliefert, ihr Vorname aber leider nicht. Erfolgreiche und bekannte Puch-Damenfahrerinnen waren Sophie Richter-Skorpil und Elly Wollner, die eine Puch LM II mit Leichtbeiwagen fuhr, sowie Louise Wendeler aus Hirtenberg, die 1927 auf einer Puch 175 den Wertungs- und Bergprüfungspreis des Motorfahrer-Vereins Wiener Neustadt gewann. Ein Fräulein Poldy Salaba, auf Puch Siegerin ihrer Klasse beim Riederberg- und Gießhübel-Rennen, war das erste Damenmitglied der im Frühsommer 1927 in Wien gegründeten Puch-Motorfahrer-Vereinigung.

Angeführt von der u.a. auf ihrer Puch 500 erfolgreichen Tourenfahrerin Maria Heißig konkurrierten in der Zwischenkriegszeit zahlreiche namhafte Motorradfahrerinnen mit der deutschen Sport-Ikone Ilse Thouret, die 1933 als offizielle Puch-Werksfahrerin auf einer Puch 200 S in der ADAC-Reichsfahrt den 1. Platz errang. 1935 bestritt die Vorarlbergerin Maria Wachter-Markl aus Bludenz auf Puch 250 Sport erfolgreich nicht nur die Bundesländer Wertungsfahrt, sondern auch als Eröffnungs-Vorausfahrerin das am 25. August 1935 zum ersten Mal durchgeführte Großglockner-Hochalpen Straßenrennen. Ina von Albach, aus der prominenten Schauspieler-Dynastie, absolvierte noch 1937 unter medialem Blitzlichtgewitter Werbefahrten auf ihrer Puch 250.

Die Dachorganisation „Österreichischer Motorfahr-Verband" wollte sogar eine Damensektion etablieren – so viele aktive Motorradfahrerinnen gab es 1937. Dazu kam es nicht mehr, denn mit dem Anschluss Österreichs an Nazi-Deutschland im März 1938 wurden sämtliche Motorsportvereine entweder zwangsaufgelöst oder ins Nationalsozialistische Kraftfahr-Korps übergeführt; den rennsportlich ambitionierten Frauen aber wurde das Motorradfahren „naturgemäß", wie NSKK-Führer Oberst Hühnlein wörtlich in einer Grundsatzrede erklärte, untersagt.

Rennsport-Ausführung der Puch LM mit außenliegender Schwungmasse. Im Sattel Rennfahrer Zick aus Freiburg, 1925.

Daher: *Als langjährige Spezialisten im Bau luftgekühlter Motoren haben wir jede derartige Kompromißkonstruktion, welche nie einen vollen Erfolg haben konnte, abgelehnt, und nach gründlichem Studium und Versuchen eine organisch bis zum letzten Teil durchgebildete Maschine, „das leichte Puch-Motorrad" geschaffen, welches im Betriebsstoffverbrauch in den Grenzen des Hilfsmotors liegt und in Leistungsfähigkeit an das große Motorrad heranreicht.*

Die Puch LM, die 1923 in den Verkauf kam, erfüllte die in sie gesetzten Erwartungen von Seiten des Verkaufes sowie von Kundenseite voll. Es war genau das richtige Fahrzeug für eine Zeit, die voller wirtschaftlicher Hoffnungen war, aber die Bevölkerung dennoch im Durchschnitt nur eine sehr geringe Kaufkraft hatte. Dieses Motorrad war kein Fahrrad mit Hilfsmotor mehr wie beispielsweise die gleichzeitig am Markt befindliche Austro-Motorette. Dass die Maschine keinen Kickstarter hatte und entweder angeschoben oder im Sattel sitzend und mittels Schrittbewegungen in Gang gesetzt werden musste, wurde von den damaligen Kunden nicht als Manko gesehen.

Das Prospektfoto, das die Puch LM in der Erstausführung 1923 zeigt und nachfolgend auch in den Ersatzteil- und Betriebshandbüchern des Jahres 1924 zu sehen ist, weist folgende Besonderheiten auf: Pendelfedergabel, weißes Schriftfeld am Tank, „Schwanenhals"-Ansaugrohr und Schalldämpfer ausgebildet als Doppelkonus. Interessanterweise wird in der Puch-Leichtmotorrad-Ersatzteilliste II.24 diese Gabel unter Kapitel V noch gelistet, jedoch bereits unter Va. die Parallelogrammgabel mit Rohrscheiden (nach heutiger Begriffsbestimmung fälschlich als „Pendelfedergabel“ bezeichnet) angeführt. Das bedeutet, dass die Konstrukteure sehr schnell die Unbrauchbarkeit der ursprünglichen, nur vor- und zurückwippenden Fahrradgabel erkannt hatten. Kurze Zeit später verschwand auch das Schwanenhals-Ansaugrohr, der Vergaser wurde direkt am Zylinder montiert. Es wurden auch drei verschiedene Vergasertypen für das Leichtmotorrad verwendet: Graetzin, Pallas und Zenith.

Von diesen 2.500 Stück erzeugten Leichtmotorrädern wurden, beginnend mit 1924, rund 500 Exemplare „mit offenem Rahmen“, also Damenmodelle, geliefert. Dies mutet erstaunlich an, hat aber den Hintergrund, dass zu Beginn der „wilden Zwanzigerjahre“ eine Welle der Emanzipation einsetzte, die sich im geänderten Frauenbild manifestierte. Sei es das Rauchen mit langen Zigarettenspitzen, in der Frisur des „Bubikopfes“, des Charleston-Tanzes sowie der immer kürzer werdenden Röcke. Und selbstverständlich fuhren Frauen nicht nur Automobile, sondern auch Motorräder. Puch reagierte auf diesen Trend mit dem Damen-LM. Dieses hatte in Anlehnung an die Damenfahrräder ein weit heruntergezogenes oberes Rahmenrohr und bot damit einen leichteren Aufstieg sowie Platz für den Rock der Fahrerin. Doch bereits in wesentlich früheren Jahren, nachweislich ab 1903, gab es fortschritts- und technikbegeisterte Österreicherinnen am Gubernal, inmitten der von Männern dominierten Motorradszene.

Das dritte Puch LM-Modell neben der Standardversion in Herren- und Damenausführung war das Sportmodell. Dieses differierte in einigen Details entscheidend von den beiden anderen Modellen. So hatte der Motor nunmehr eine eigene Ölpumpe und einen erleichterten Kurbeltrieb. Dies bedingte einen eigenen Kurbelgehäuse- und Steuerraddeckel, der sich optisch vom Standardtriebwerk unterschied. Der Tank hatte ebenfalls ein eigenes Ölabteil und somit zwei Einfüllstutzen. Als zwei weitere optisch erkennbare Merkmale kamen noch das glatte vernickelte Auspuffrohr ohne Schalldämpfer und der flache Sportlenker dazu. Auch die bereits vorhandene Rennabteilung, die wie in allen späteren Jahrzehnten eng mit dem Werksversuch und der Abteilung für die Einfahrer verknüpft war, wurde mit Sonderkonstruktionen der LM versorgt. So gab es beispielsweise ein Modell mit geändertem Zylinder und Zylinderkopf sowie rechtsseitiger, außen liegender Schwungmasse.

Der Aufmerksamkeitswert, dessen sich das kleine Maschinchen erfreute, dokumentiert sich in dem von der Bevölkerung gegebenen Spitznamen „Zeppelin-Puch“ wegen eines eigenwillig unter dem Rahmenrohr hängenden zeppelinförmigen Benzintanks.

In den damaligen Notzeiten verwöhnte man das kleine Motorrad mit Kosenamen. Das Fahrzeug dankte es durch außergewöhnliche Gebrauchshärte und Robustheit. Dass keine Starteinrichtung vorhanden war und man die Maschine „anrennen“ musste, störte wenig. Der erste Schritt zur Volksmotorisierung in Österreich war erfolgt.

Puch-Getriebenabe:

Eine Besonderheit des Puch LM-Leichtmotorrades war die Doppelübersetzung im Hinterrad, genannt „Getriebenabe", welche ähnlich wie ein Planetengetriebe arbeitet. Diese Getriebenabe wurde – in leicht abgeänderter Form – auch bei den Modellen Puch 175 und Puch 220 angewendet.

Vom Aufbau her besteht die LM-Getriebenabe aus dem Nabenkörper, an dem sich zwei Flansche (genannt Bremsscheibe und Kupplungsscheibe) befinden, über denen jeweils eine Bandbremse läuft. Im Nabeninneren befinden sich zwei Kegelräder in axialer Richtung, das Antriebskegelrad und das Bremskegelrad, der jeweiligen Scheibe zugeordnet. Verbunden waren diese beiden Kegelräder durch zwei in radialer Richtung umlaufende Kegelräder (Umlaufräder), ähnlich einem heutigen Differenzialgetriebe oder Ausgleichsgetriebe bei Automobilen.

Die Bandbremse an der Bremsscheibe beim Antriebszahnrad (bei der Puch LM auf der linken Seite) wirkt direkt auf das drehende Rad und ist somit die vom Fußbremshebel aus betätigte Betriebsbremse aufs Hinterrad.

Die zweite Bandbremse auf die Kupplungsscheibe ist direkt mit dem Handschalthebel über eine fixe Stange verbunden. In gelöstem Zustand (= Handschalthebel Mittelstellung) ergibt sich bei der vom Motor permanent angetriebenen und damit umlaufenden Kette kein Kraftschluss, Umlaufrad, linkes und rechtes Kegelrad drehen ohne Kraftschluss durch, das Motorrad steht still.

Wird die Bandbremse angezogen (= Handschalthebel nach hinten), so wird die Kupplungsscheibe samt Kegelrad auf der rechten Seite festgehalten, das mit dem Kettenrad fest verbundene Kegelrad versetzt die Umlaufkegelräder in Drehung, die sich auf dem festgehaltenen rechten Kegelrad abwälzen und die Drehzahl des Kettenrades im Verhältnis 1:2 auf das Hinterrad übertragen.

Wird auf die große Geschwindigkeit durch das Nach-vorne-Schieben des Schalthebels umgeschaltet, so wird einerseits die Kupplungs-Bandbremse gelöst und gleichzeitig über den mit der Schaltstange fix verbundenen Hebelmechanismus eine Kupplungsklaue (Fächerklaue) unter Federdruck zwischen Mitnehmer des linken Kegelrades und Nabengehäuse eingerückt. Damit entsteht eine starre Verbindung zwischen Kegelrad und Nabengehäuse, das Hinterrad läuft mit der Drehzahl des Antriebskettenrades um.

Diese Art des Puch-Zweiganggetriebes in Form der Hinterrad-Getriebenabe wurde – in leicht abgeänderter Form – bis zum Modell Puch 220 beibehalten.

Puch LM, Modelle „Touren", „Damen", „Sport", Baujahre 1923–1927
Motor: Motor-Nummern 14.001–16.500, Produktion 2.500 Stück
Typ: Puch-Doppelkolben-Zweitaktmotor, luftgekühlt, in Fahrtrichtung geneigt (45°), Längsläufer, d. h. Kurbelwellenachse liegt quer zur Fahrtrichtung
Zylinderzahl: 1
Arbeitsweise: Doppelkolben (Grauguss) auf Gabelpleuel, asymmetrisches Steuerdiagramm, Gleichstromspülung
Bohrung/Hub: zweimal 36 mm/60 mm
Hubraum: 122,2 cm^3
Verdichtung: 4,6:1
Leistung: 2 PS bei 2500 U/min
Zündanlage: stehender Bosch-Hochspannungsmagnet, wasserdicht gekapselt, Type FB 1a, Unterbrecher-Kontaktabstand 0,4 mm
Zündkerze: M 45/1 Bosch
Motorschmierung: Zweitaktgemisch Öl:Benzin 1:10 für die Modelle „Touren" und „Damen", Gemisch 1:20 für die Sporttype. Die Sporttype hat darüber hinaus eine mechanisch angetriebene, mit der Kurbelwelle gekoppelte Frischölpumpe

Puch LM-Sportmodell mit Getrenntschmierung (eigener Öltank und Ölpumpe). Unretuschiertes Werksfoto.

Puch LM-Touren 1924 mit Benzin-Öl-Gemischschmierung. Unretuschiertes Werksfoto.

Vergaser: Graetzin oder Pallas Typ ML 20 oder Zenith 15 HKG (beim Modell „Damen“ Schwimmer links)

Sonstige Motormerkmale: gebaute Kurbelwelle mit innenlaufendem Schwungrad. Schmiertopf zum Schwungradlager auf der rechten Kurbelgehäusehälfte, Dekompressorventil am Zylinderkopf. Die Kurbelwelle der Sporttype ist gegenüber dem Tourenmodell erleichtert

Kraftübertragung: Zahnraduntersetzung im Motor zum Antriebsritzel, Rollenkette ½" x ¼" zum Hinterrad. Zweiganggetriebe im Hinterrad, Übersetzung 1:18 und 1:19. Die Schaltung erfolgt mittels Handhebel. Stellung nach vorne gerückt: 2. Gang 1:9, nach hinten: 1. Gang 1:18 bzw. 1:19, Mittelstellung: Leerlauf. Übersetzung 1:19 bei verstärkter Ausführung mit Kupplung, Vorläufer System 175

Fahrgestell: offener, einfacher Rohrrahmen, tauchgelötet; nahtlos gezogene Stahlrohre, Motor mittragend

Gabel: 1. Pendelgabel mit Federn, Feder-Drehpunkt unter dem Steuerkopf; 2. Parallelogrammgabel mit nahtlos gezogenen Stahlrohren, gelötet, zwei Zugfedern

Räder: Drahtspeichenräder, auf einstellbaren Konuslagern mit Kugelkäfigen laufend, Wulstbereifung 26 x 2"

Bremsen: vorne: Felgenbremse, Hoch-Zugsystem; hinten: Außenbandbremse mit Fußbremshebel links

Maße und Gewichte: Länge 2.000 mm, Breite 680 mm, Höhe 1.150 mm, Radstand 1.280 bzw. 1.265 mm, je nach Ausführung, Gewicht 42 kg, zulässiges Gesamtgewicht 130 kg

Geschwindigkeit: 60 km/h

Verbrauch: ca. 2 l/100 km

Tankinhalt: 3,5 l

Bau- und Erkennungsmerkmale:

Tourenmodell:

- Fahrzeug schwarz emailliert, blanke Teile vernickelt
- torpedoförmiger, unter dem oberen Rahmenrohr hängender Tank, schwarz emailliert mit silberner Beschneidung und silbernem Puch-Schriftzug, Schreibschrift, Jugendstil
- Ledersattel mit zwei Zugfedern
- Gepäckträger aus Rohren zusammengelötet
- Werkzeugtaschen aus Leder in den Stützstreben links und rechts am Gepäckträger montiert
- Hinterradständer, Rundmaterial
- Kettenschutzblech
- zylindrischer Schalldämpfer unter dem Sattelrohr
- kein Kickstarter; die LM-Typen müssen zum Start angeschoben werden
- Handgashebel links
- Innenzughandhebel rechts zur Betätigung der Felgenbremse
- Innenzughandhebel links zur Betätigung des Dekompressors (auch Bremswirkung)
- hoher Tourenlenker

Damenmodell (Abweichungen gegenüber dem Tourenmodell): Das Damenmodell wird im Originalhandbuch als „Tourenmodell – offener Rahmen“ bezeichnet:

- Rahmen mit freiem Durchstieg
- Tank im oberen Rahmeneck angebracht, Schriftzug und Beschneidung silber, Jugendstil
- geänderter Handschalthebel

Sportmodell (Abweichungen gegenüber dem Tourenmodell):

- Ölpumpe am Motor und erleichterter Kurbeltrieb
- Tank mit Öl und Benzinabteil, zwei Einfüllstutzen
- glattes Auspuffrohr ohne Schalldämpfer
- flacher Sportlenker, schwarz emailliert
- eigener Kurbelgehäuse- und Steuerraddeckel

Puch LM-Sport im zeitgenössischen Alltagseinsatz.

Puch LM II-Monza, die Magie eines Namens

Trotz aller wirtschaftlichen Schwierigkeiten und der prekären Rohstofflage machten sich die Mannen um Direktor Marcellino ernsthafte Gedanken über die Schaffung eines wettbewerbsfähigen Rennmodells. Mehr oder weniger parallel zur Entwicklung der Serien-LM wurde durch Verdoppelung des LM-Motors eine Rennausführung für die 250 cm³-Klasse geschaffen. Naturgemäß wurde viel experimentiert, es gab von der „Doppel-LM“ etliche Versuchsausführungen. Es ging dabei vor allem darum, möglichst viele Serienteile zu verwenden, um Kosten zu sparen. Der erste große internationale Einsatz der Maschine brachte 1924 einen beachtlichen Erfolg. Nachdem Rupert Karner in der 250 cm³-Klasse beim „Großen Preis von Europa“ in Monza lange Zeit geführt hatte, kam er nach einem Sturz dennoch auf Platz drei. Zweiter wurde der hervorragend fahrende Hugo Höbel, ebenfalls auf Puch 250. Den Europameistertitel holte sich der Belgier Maurice van Geert auf Rush/Blackburne.

Den beiden Puch-Fahrern wurde im Werk ein triumphaler Empfang bereitet. Auch wurde im Werk der Entschluss gefasst, dieses erfolgreiche Modell „Monza“ in Serie zu bauen. Es erschienen auch Prospekte mit der technischen Beschreibung des Monza-Modelles unter der Typenbezeichnung „Puch LM II“. Durch das Zweiganggetriebe, welches am Motor angeflanscht war, und die Zweigang-Hinterradnabe standen dem Fahrer vier Gänge zur Verfügung. Wie viele Exemplare der Monza(LM II)-Serienversion in Kundenhände gelangten, wird nie mehr zu klären sein.

Diese Abbildung beweist, dass die „Monza“ oder Puch „LM II“ in den regulären Handel gelangte. Am Foto ein Wiener Motorradfahrer im Jahre 1924. Die Kennzeichentafeln waren weiß mit schwarzer Beschriftung. A bedeutete Wien, dann folgte der Bezirk in römischen Ziffern, dann die fortlaufende Nummer.

Direktor Giovanni Marcellino (Mitte), der Schöpfer und Initiator der Puch-Doppelkolben-Zweitakter, mit dem Werks- und Einfahrer Hugo Höbel (links) und KR Linninger vor den 1924 gebauten Zweizylinder-Doppelkolben 250 cm³-Maschinen. Links die Rennausführung, rechts ein nie in Serie gegangener Prototyp.

Der hohe technische Aufwand der Monza-Typen mit Doppel-Doppelkolbenmotor sowie die Serienreife des Modelles 175 führten im Jahre 1925 zur Entwicklung einer Werks-175er, die nur bei oberflächlicher Betrachtung mit der Serien-Sport-175er (siehe nächstes Kapitel) ident war. Wohl hatte sie so wie die Serien-Sport-175 Doppelauspuffrohre und Bronzekopf. Doch der wesentliche Unterschied lag in der Ladepumpe, die rechtsseitig vom Motor angeordnet war.

Rupert Karner gewann mit so einer Maschine im Jahre 1925 die Österreichische Tourist-Trophy, die damals zum dritten Mal ausgetragen wurde. Dabei wurde erstmals die Strecke Hinterbrühl – Gießhübel gefahren. Über diesen Erfolg schrieb die österreichische Fachzeitschrift „Das Motorrad", die in jenem Jahr gegründet worden war, wie folgt:

Karner, nach seinem Sieg von tosendem Beifall empfangen, war der Gegenstand zahlreicher Ehrungen und Gratulationen, ebenso wie der Konstrukteur der siegreichen Maschine, Direktor Ing. Marcellino der Puch-Werke. Über seine Eindrücke während der Fahrt in bezug auf die neue Puch-Type befragt, äußerte sich Karner, daß er eigentlich wenig zu sagen habe, denn seine Maschine lief von Anfang an „wie ein Glockerl", er hatte keinerlei Defekte oder unvorhergesehene Aufenthalte und konnte, trotzdem er spät gestartet, bald die Führung an sich reißen. Von da an blieb er ständig an der Spitze. Er lobte besonders die hohe Stabilität und den ungemein elastischen Gang des famosen Zweitakt-Zweikolbenmotors.

9
10

Puch-Monza-Triumph 1924:
2. und 3. Platz für Höbel und Karner bei der Europameisterschaft. Der Motor der Maschine „LM II“ war eine Weiterentwicklung der erst im Jahr zuvor neu auf den Markt gekommenen Doppelkolben-Zweitaktmaschine Puch LM.

Höbel auf der Werks-175er mit Ladepumpe auf seiner Siegesfahrt bei der österreichischen TT 1926. Beachtlich ist der eigenwillige Fahrstil auf der geschotterten Strecke, bemerkenswert die Feldflasche mit „Kühlflüssigkeit" für den Fahrer.

Puch hatte sehr früh erkannt, dass Rennerfolge mit möglichst seriennahen Modellen ein gutes Verkaufsargument darstellen. Dieser Vermarktung blieb man in Graz, allen wirtschaftlichen Höhen und Tiefen zum Trotz, treu bis zur Einstellung des Motorradbaues im Jahre 1985.

Puch LM II („Monza")-Serienmodell, Baujahr 1924
Motor: zwei gekoppelte Puch-Doppelkolbenmotoren, Zweitakt, luftgekühlt, senkrecht stehend, Längsläufer, d. h. Kurbelwellenachse liegt quer zur Fahrtrichtung
Zylinderanzahl: 2
Bohrung/Hub: zweimal 40 mm/70 mm (Doppelmotor)
Hubraum: 350 cm^3
Leistung: 5 PS bei 2.500 U/min
Verdichtung: 5,2:1
Zündanlage: Magnet
Kraftübertragung: Zweiganggetriebe am Motor und Zweigangnabe im Hinterrad. Übersetzung Motor: 1:3,05; Übersetzung Getriebe: 1:2,24; Übersetzung 1. Gang: 1:14,1; Übersetzung 2. Gang: 1:10,2; Übersetzung 3. Gang: 1:7; Übersetzung 4. Gang: 1:5,1; Nabe 1:1 und 1:2; Übersetzung Kettenräder: 14:32 Zähne = 1:2,28; Kette $^5/_8$ x $^1/_4$"
Höchstgeschwindigkeit: 85 km/h
Bereifung: 26 x 3"
Maße und Gewichte: Eigengewicht 100 kg, Radstand 1.400 mm; Länge/Breite/Höhe: 2.120 mm/800 mm/1.000 mm

Puch 175 – Touren, Sport und Harlette

Mit dem im Jahre 1925 präsentierten Modell 175 ging Puch den Weg der Volksmotorisierung konsequent weiter. Die 175er wies gegenüber der LM folgende wesentliche äußeren Unterschiede auf: Satteltank, bestehend aus zwei Hälften. Dies war besonders bei Reparaturen nach Stürzen vorteilhaft, da man lediglich die eine beschädigte Hälfte auswechseln musste. Dazu gab es einen Kickstarter und infolge der robusteren Rahmenbauart war die Maschine soziustauglich. „Das Motorrad" beschreibt in Heft 3 des Jahres 1925 die Grazer Neuentwicklung wie folgt:

Nun ist Puch wieder mit einer neuen Type herausgekommen. Diese ist ein Mittelding zwischen schwerer und leichter Maschine und ist bestimmt das, wonach viele heimische Motorradfahrer schon lange suchen. Ein Motorrad, stark genug, um auf dem Soziussitz den männlichen oder weiblichen Gefährten mitzuführen, stark genug, um alle Berge zu nehmen und um auch Straßen zweiter Güte auszuhalten. Dabei hinreichend schnell und – was die Hauptsache ist – billig genug, um auch von weniger bemittelten Motorradfahrern gekauft werden zu können. Das Äußere der Maschine ist entzückend schön. Bei einem äußerst harmonischen Aufbau sind dennoch alle Teile stark genug ausgebildet, um unseren schlechten Straßenverhältnissen Rechnung zu tragen.

Und die Fachzeitschrift „Der Motorfahrer" berichtete ein Jahr später anlässlich der Wiener Herbstmesse in der Rotunde in Heft 17, 4. Jahrgang, vom 8. September 1926, wie folgt:

Die Type 175 hat sich außerordentlich rasch eingeführt. Die schöne Form, der außerordentlich billige Preis und die Leistungsfähigkeit des früheren kleinen Modells, nicht zum letzten aber die vielen Siege im In- und Auslande machen sie zum gefährlichen Konkurrenten.

Der Preis der Puch 175 betrug im Jahre 1926 1.250,– Schilling. Mit der Puch 175 versuchte Puch auch wiederum an die Exporttätigkeit vor dem Krieg anzuknüpfen. Dies gelang besonders gut in Italien, wo Puch bereits vor 1914 ein gutes Image aufgebaut

Oben: Geschickte Vermarktung der Rennerfolge und ein ausgeklügeltes Händler- und Servicenetz sorgten für gute Verkaufserfolge.

Links: Werksprospekt der neuen Puch 175, 1925.

hatte. In leicht abgeänderter Form wurde die 175er unter der Typenbezeichnung „Harlette“ verkauft. Diese Bezeichnung leitete sich von den damals gebauten Harley-Davidson-JD-Modellen ab, die in Bezug auf Leistung und Design das Maß der Dinge im Motorradbau darstellten. Die Puch 175 wies durch den bereits erwähnten zweiteiligen Benzintank zumindest in diesem Punkt große Ähnlichkeit mit der „Harley“ auf. Diese „Ähnlichkeit“ ging soweit, dass sogar die Tankverschlüsse der Puch 175 bzw. deren Nachfolgemodell 220 identisch mit der „Harley“ waren.

Puch 175, Motor 1926.

Puch 175 Sport

Für einen kleinen und speziell sportlich interessierten Kundenkreis legte Puch auch eine Kleinserie der 175er unter der Bezeichnung „Sport“ auf. Diese wies unter anderem einen Doppelauspuff sowie einen Bronzezylinderkopf auf. Die Leistung war durch höhere Kompression gegenüber der Serienmaschine leicht angehoben worden. Über die gebauten Stückzahlen (die Motornummern sind in der laufenden Seriennummerierung enthalten) gibt es keine verlässlichen Unterlagen mehr.
Die Zeitschrift „Motorfahrer“ beschreibt im Frühjahr 1926 die Puch 175 Sport wie folgt: *Dem allgemeinen Aufbau nach entspricht dieselbe der Tourenmaschine, im Besonderen weicht sie jedoch in nachstehenden Einzelheiten von dieser ab: der Motor besitzt eine wesentlich höhere Kompression und ist, um dabei eine vorteilhaftere Kühlung zu erzielen, mit einem Zylinderkopf aus Bronze ausgestattet. Die hin- und hergehenden Massen sind durch Anwendung von Aluminiumkolben aufs Äußerste reduziert. Die Einstellung dieser Motoren ist besonders minutiös durchgeführt und beträgt die Maximum Geschwindigkeit 80 Kilometer per Stunde.*

Interessant ist ein Blick in die Ersatzteilliste IV für das „Puch-Motorrad, Type 175“: Inhaltlich zeigt sie außer dem Bronzekopf und den höher verdichtenden Alukolben folgende weitere Abweichungen des Sportmodells vom Tourenmodell: ein kleines Kettenrad mit 16 Zähnen (gegenüber dem Kettenrad mit 15 Zähnen des Tourenmodells), einen eigenen Zylinder mit Auspuffverschraubung und doppeltem Auspuffrohr samt seitlicher Auspuffklappe, sowie einen geraden Vergaserstutzen. Diese Ersatzteilliste wurde herausgegeben von der Austro-Daimler-Puchwerke AG Graz – Wien, Verkaufsabteilung Wien I., Schwarzenbergplatz 18. Dieser Firmentitel besagt, dass die Liste nach der Fusionierung der Puch-Werke mit Austro-Daimler im Jahr 1928 erstellt worden sein muss.
Wie gut die 175er-Werks-Puchs mit Ladepumpe waren, erhellt die Tatsache, dass man trotz der Entwicklung der Serien-220er bis 1927 der 175er treu blieb – und siegte. 1926 gab es bei der österreichischen TT einen 1-2-3-Erfolg durch die Fahrer Höbel, Sandler und Toricelli. Im selben Jahr gewann Umberto Faraglia in Italien die Targa Florio für Motorräder. Auch sicherte er sich durch neun Laufsiege von zehn Rennen den italienischen Meistertitel auf der 175er-Puch. Puch nahm die Ersatzteillieferungen immer sehr ernst und lieferte auch noch lange nach dem Auslaufen der Serie jedes Teil. So legten die Grazer beispielsweise für das Modell 175 noch im Jahre 1934 (!) eine neue Ersatzteilliste auf.

Auch die käufliche Puch 175-Sportmaschine wies höchste Leistungsfähigkeit auf. Am 21. April 1926 siegte Umberto Faraglia auf seiner Sport-Puch in der 175 cm³-Klasse bei der Targa Florio und sicherte sich auch mit neun Siegen von insgesamt zehn Meisterschaftsläufen den italienischen Meistertitel.

Puch und die Harlette:

Erwin Tragatsch beschreibt in seinem Werk „Alle Motorräder 1894 bis heute" (Motorbuch Verlag Stuttgart, 1976) die Harlette als *„normale, bei Puch für Harley-Davidson-Importeure in Frankreich, Italien und Belgien gebaute 123 und 175 cm³ Doppelkolben-Zweitaktmaschinen, die unter dem Namen ‚Harlette' verkauft wurden. Hießen in Frankreich auch ‚Harlette-Géco', da sie bei Gérkinet & Co. in Jeumont fertigmontiert wurden"*.
Die „Story behind the Story" war folgende: Der französische Harley-Davidson-Importeur **Goode & C.-Werke** aus Neuilly-sur-Seine beauftragte zu Beginn der 1920er-Jahre das ehemalige metallurgische Unternehmen J. & H. Gerkinet in Jeumont, das durch eine Partnerschaft mit der belgischen Fabrique Nationale aus Herstal eben erst zu J. & H. Gérkinet & Co. geworden war, ein leichtes und schnelles Motorrad zu entwickeln, welches zwar die Optik der Harley-Maschinen jener Tage haben sollte, jedoch auch preislich erschwinglich sein sollte. Trotz der engen Verbindung zur belgischen Firma Gillet in Herstal baute Gérkinet unabhängig davon eigene 173 und 346 cm³ Einzylindermodelle, auch der 175 cm³ OHV-Zürcher-Motor wurde verwendet. Der italienische Harley-Davidson-Importeur „Orlandi, Landucci & Lupori" aus Lucca bot einige dieser Harlette-Géco-Maschinen an, jedoch ohne nennenswerten Erfolg. Da auch in Italien die Nachfrage nach leichten, sportlichen und leistbaren Motorrädern groß war, entschloss man sich, ein eigenes Motorrad zu bauen.
In den ersten Monaten des Jahres 1925 wurde die Harlette-Puch 175 vorgestellt. Diese elegante Maschine, welche sich mit ihrem geteilten lang gezogenen Satteltank und der niederen Silhouette optisch an die Harley-Davidson-Modelle anpasste, beeindruckte durch das moderne Fahrgestell mit geschlossenem Rohrrahmen, Rohr-Trapezgabel und vorderer Trommelbremse. Doch vor allem beeindruckte der Doppelkolben-Zweitaktmotor des Ing. Giovanni Marcellino.
In der Person des italienischstämmigen Ingenieurs Giovanni Marcellino dürfte auch der eigentliche Grund für diese Italien-Connection für die Harlette mit dem französischen Taufnamen gelegen sein. Mit ein Beitrag zum Erfolg der Harlette-Puch waren natürlich auch die Siege des römischen Rennfahrers Umberto Faraglia in der neu etablierten 175er-Klasse in der Italienischen Motorradmeisterschaft des Jahres 1926. 1927 endete das Joint Venture mit den Luccheser Importeuren.

Die Gemischaufbereitung erfolgt mit einem Zenith 15 HK Vergaser.

Oben: Der Tank gleicht dem großen Vorbild, der Gabelkopf ist mit Knotenblechen verstärkt. Links: Frischölleitung in das Kurbelgehäuse. Unten: Der „Arbeitsplatz“ des Harlette-Piloten mit Innenzug-Handhebel für Kupplung (links) und Handbremse (rechts), Zündverstellhebel (links) und Gashebel (rechts) am tief nach unten gezogenen Sportlenker. In der Mitte die Drehverstellung für den Lenkungsdämpfer (Flatterbremse).

Am Gabelkopf erkennbar das Harley-Davidson-Logo. Davor die beiden Federn der Puch-Rohrgabel mit Differentialzugfederung.

„Harlette" in authentischem Originalzustand. Interessantes Detail ist der Scheren-Reibungsstoßdämpfer der Vordergabel sowie ein eigenes Zweiganggetriebe mit Kupplung und Handschaltung. (Fotos: Ing. Alexander Buchner und Mathias Rauscher)

Diese „Harlette" im Look der damaligen Harley-Davidson-Motorräder mit den Fahrwerkskomponenten und dem 175er-Motor von Puch befindet sich heute (2017) in einer privaten Puch-Sammlung.

Modell 175er-Sport mit Lichtanlage.

Modell 175er-Touren mit Lichtanlage.

Modell 175er-Touren 1927 ohne Lichtanlage. (alle vier Bilder sind originale Puch-Werksfotos)

Puch 175er-Motor. (zwei originale Puch-Werksfotos)
Rechts: Puch 175 mit steirischem Kennzeichen im Alltagseinsatz.

Puch 175 in authentischem, unrestauriertem Zustand.

Puch LM II und 175er sowie Rennfahrer Hugo Höbel vorne auf einer Ladepumpen-Versuchsmaschine. (originales Puch-Werksfoto)

Oben: Trömmel auf Puch 175 Sport bei der 24-Stunden-Fahrt des AMC im Jahr 1927 bei einer Reifenreparatur.

Links: Hugo Höbel auf Puch 175 Werksmaschine in voller Fahrt bei der österreichischen Tourist Trophy 1926.

Unten: Szene von der ungarischen TT 1927. Laszlo Kiss auf Werksmaschine Puch 175 mit dem Kennzeichen H-38.

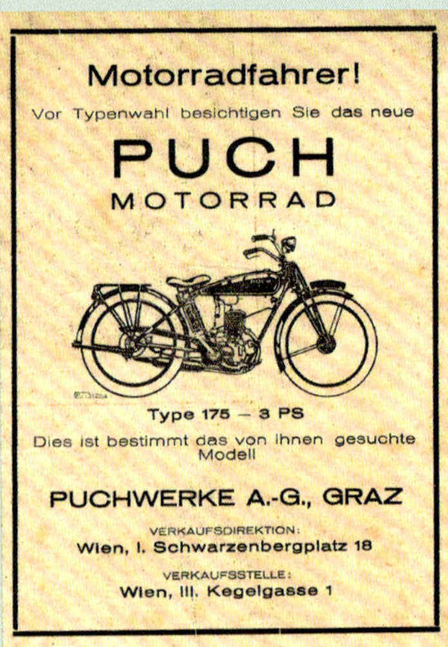

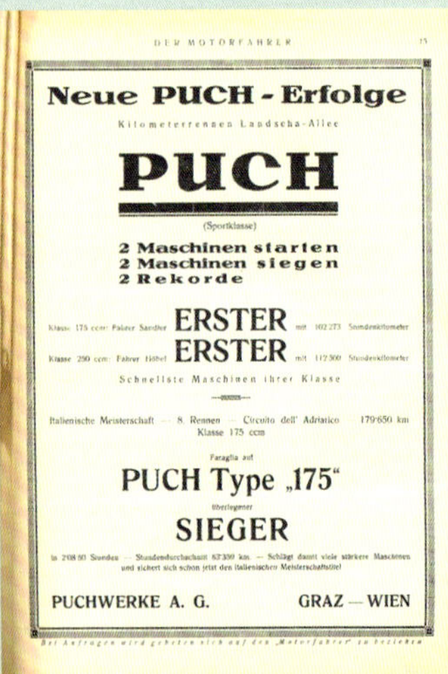

PUCH.

Puchwerke A.-G., Graz. Verkaufslokal: Wien III., Kegelgasse 1.

Die Firma hat sich dahin entschieden, auf der Herbstmesse nicht auszustellen, jedoch sind die Maschinen im obigen Lokale zu besichtigen.

Die Type 175 hat sich außerordentlich rasch eingeführt. Die schöne Form, der außerordentlich billige Preis und die Leistungsfähigkeit des früheren kleinen Modelles, nicht zum letzten aber die vielen Siege im In- und Auslande machen sie zum gefährlichsten Konkurrenten. Im Folgenden geben wir eine detaillierte Beschreibung aller Teile. Vordergabel: Kräftige Pendelfedergabel mit gehärteten und geschliffenen Gelenkbolzen, Laufräder mit Kugelkäfigen. Fußrasten: In bequemer Lage angeordnet, mit Gummiklötzen. Bremsen: Auf das Vorderrad wirkt eine Innenbackenbremse mit Kupferasbestbelag. Auf das Hinterrad wirkt eine Außenbandbremse mit Kupferasbestbelag, beordert durch einen Fußhebel. Motor: Luftgekühlter Einzylinder im Zweitakt arbeitend mit Doppelkolben, auf gemeinsamer Pleuelstange, nach besonderer Konstruktion, welche die Vorteile des Zwei- und Viertaktes vereinigt. Bohrung 40 mm, Hub 70 mm, Zylinderinhalt **175 ccm,** Effektive Leistung zirka 3 PS bei 3000 Umdrehungen in der Minute 1·01 Steuer-PS. Sämtliche Triebwerksteile laufen auf Kugel- bezw. Rollenlagern. Kickstarter. Zündung: Fix eingestellter Bosch-Hochspannungsmagnet. Vergaser: Zenith-Horizontalvergaser, Betätigung desselben erfolgt durch einen einzigen Bowdenzug. Betriebsstoffbehälter: Tropfenförmiger Doppelbehälter zirka 7 Liter Benzin und 1 Liter Oel fassend. Jede Kammer des Behälters besitzt getrennt für sich eine große Einfüllschraube und einen Absperrhahn. Emaillierung in der gleichen Art wie der Rahmen. Kraftübertragung: Zahnraduntersetzung im Motor 1:2·5, von hier aus durch eine Rollenkette (1$^1/_2$" Teilung, $^1/_4$" Weite) zur Hinterradnabe. Hinterradnabe: Die Doppelübersetzungsnabe läuft auf Kugel- bezw. Rollenlagern. Uebersetzung normal 1·14·6 = 1. Gang, 1:7·3 = 2. Gang. Schmierung: Selbsttätig durch eine im Motor eingebaute zwangsläufig angetriebene Oelpumpe, in deren Saugleitung ein Oelregulierventil eingebaut ist. Dieses Ventil wird gleichzeitig mit der Gasdrossel durch ein und denselben Bowdenzug betätigt. Lenkstange: Emaillierter Tourenlenker mit Gummigriffen. Sattel: Großer, gut gefederter Ledersattel. Ständer: Hinterradständer mit selbsttätiger Einhängung am Hinterrad-Schutzblech. Beleuchtung: Auf besonderen Wunsch wird die Maschine mit elektrischer Beleuchtung geliefert Gewicht: Das komplette fahrbereite Rad wiegt zirka 70 Kilogramm. Betriebsstoffverbrauch: Bei normalen Straßenverhältnissen ca. 1 Liter für 30 bis 40 Kilometer. Dieses Modell kann auch als Sportsmaschine geliefert werden. Dem allgemeinen Aufbau nach entspricht dieselbe der Tourenmaschine, im Besonderen weicht sie jedoch in nachstehenden Einzelheiten von derselben ab: Der Motor besitzt eine wesentlich höhere Kompression und ist, um dabei eine vorteilhaftere Kühlung zu erzielen, mit einem Zylinderkopf aus Bronze ausge-

Puch Type 175 ccm. Antriebsseite.

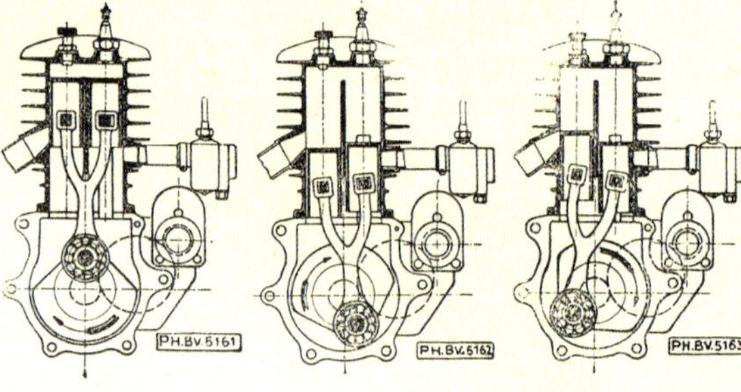

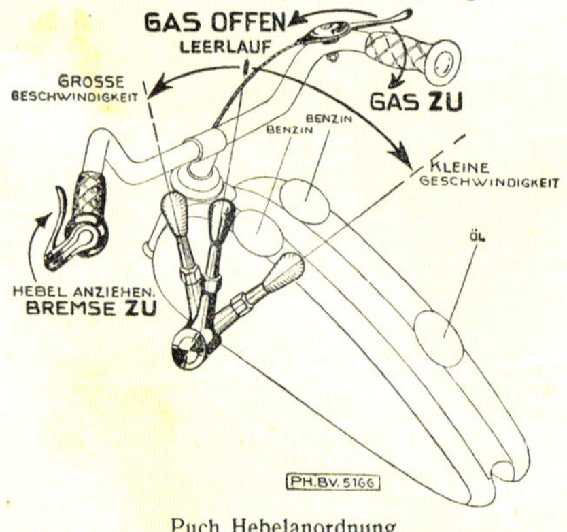

Puch Hebelanordnung.

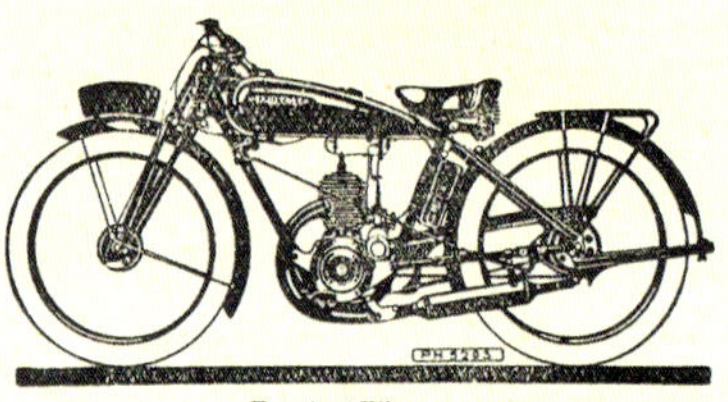
Puch 175 ccm.

Links: Puch 175, 1925. (originales Puch-Werksfoto)

Unten: Einsatz der Puch 175er-Werksmaschinen mit Ladepumpe in der Wiener Krieau. Höbel und Sandler kurz vor dem Start. Im Hintergrund die Rotunde. Aufnahme ca. 1926.

Puch 175 Tourenmaschine, Baujahre 1925–1927
Motor: Motor-Nummern 22.001 – 25.500, Produktion 3.500 Stück
Typ: Puch-Doppelkolben-Zweitaktmotor, luftgekühlt. Längsläufer, d. h. Kurbelwellenachse liegt quer zur Fahrtrichtung, Gleichstromspülung
Zylinderzahl: 1, **Arbeitsweise:** Doppelkolben auf Gabelpleuel, asymmetrisches Steuerdiagramm
Bohrung/Hub: zweimal 40 mm/70 mm
Hubraum: 175 cm^3
Verdichtung: 4,7:1
Leistung: 3,0 PS bei 3.000 U/min (3,5 PS Maximalleistung bei 3.200 U/min)
Zündung: fix eingestellter Bosch-Magnet FB 1C, 10 mm Vorzündung bei vergaserseitigem Kolben
Zündkerze: Bosch M 95/1
Motorschmierung: Frischöl über Ölpumpe mit Ventilsteuerung, gekoppelt mit Gasgestänge, SAE 50 Einbereichsöl
Vergaser: Zenith 15 HK Einhebelvergaser
Startvorrichtung: Kickstarter mit gekapseltem Eingriff
Sonstige Motormerkmale: außenliegende Schwungscheibe
Kraftübertragung: Zahnraduntersetzung im Motor 1:2,5; Kettenübersetzung 15:45 Zähne; Rollenkette ½" Teilung, ¼" Weite, Zweigangnabe im Hinterrad: 1. Gang 14,6:1; 2. Gang 7,3:1
Getriebekastenschmierung: ca. 2 cl Ambroleum
Getriebekastenabdeckung: aus Alu
Fahrgestell, Rahmen: einfacher Rohrrahmen aus nahtlos gezogenem Stahlrohr gemufft, hartgelötet
Gabel: Parallelogrammgabel mit zwei Zugfedern, untere Gabelenden geschlitzt zur Achsaufnahme
Räder: Wulstfelgen-Bereifung 26 x 2½", laufen auf einstellbaren Konuslagern mit Kugelkäfigen
Bremsen: vorne Innenbackenbremse, hinten Außenbandbremse
Maße und Gewichte:
Abmessungen: Radstand 1.320 mm, Länge ca. 2.050 mm, Breite ca. 750 mm, Höhe ca. 1.050 mm, Bodenabstand 135 mm
Gewicht fahrbereit: 75 kg
Geschwindigkeit: ca. 65 km/h
Verbrauch: ca. 1 l für 30 – 40 km
Benzintank: 7 l Benzin, **Öltank** 1 l Öl, zwei Hälften, rechte Hälfte mit Öltank
Bau- und Erkennungsmerkmale: • Fahrzeug schwarz lackiert • runder Auspufftopf, Aufhängung angeschweißt • Lenkstange schwarz emailliert • Hakengriffe, Innenzughebel • Vorderrad-Innenbackenbremse links • Kupplungshandhebel für 2-Gang rechts • Gashebel links • Außenbandbremse • Gepäckträger aus Rundmaterial • zwei Gänge über eine Doppelübersetzungsnabe im Hinterrad mit Reibungskupplung, Kupplungshandhebel nur für den 2. Gang • Licht und Terrysattel gegen Aufpreis • keine Lenkungs- und Stoßdämpfer • Auspuffklappe wahlweise • erste Ausführung mit Schalthebel links und kleinerem Vorderkotflügel • zwei Ausführungen von Tankzierlinien, Puch-Schrift in Jugendstil und Gold • Tank und die Abdeckleiste zwischen den Tankhälften rot mit dünnen Goldlinien • Kotflügel und Werkzeugtasche rot liniert • Schwungrad auf der Außenseite (Mulde) rot lackiert • Graugusskolben • vernickelt sind Benzin-Öltankdeckel, Kupplungs-, Brems-, Gas-Schalthebel, Auspuffkrümmer, Sattelfedern und Schwungrad • Hinterradständer aus U-Blechprofil • durch laufende technische Änderungen gab es mindestens fünf Serien
Das **Modell 175 Sport** ist gleich bis auf folgende Abweichungen: • höhere Kompression, Bronze-Zylinderkopf, Leichtmetallkolben, zwei Auspuffrohre, die in einen Auspufftopf münden, Geschwindigkeit ca. 80 km/h, Sportlenker, kleines Kettenrad, 16 Zähne, Vergaser 20 Zenith HK

Puch 175 Sport mit Bronzekopf und doppelten Auspuffrohren, Baujahr 1927. (originale Puch-Werksfotos)

Puch 175: Studiofoto von 1926 im Soziusbetrieb.

Puch 220 – das Tourenmotorrad

Mit der 220er fand die erste Baureihe der Puch-Doppelkolbenmaschinen ihren Höhepunkt und gleichzeitigen Abschluss. Denn die Nachfolgetypen der Zwischenkriegszeit waren, sofern es sich um Doppelkolben-Zweitakter handelte, ausschließlich Querläufer. Das heißt, die Kurbelwellenachse lag in Fahrzeuglängsrichtung, die Pleuel rotierten im rechten Winkel dazu. Erst die im Jahre 1940 entwickelte Puch 125 und deren Nachfolgemodelle waren wieder als Längsläufer ausgebildet. Die 220 kultivierte alle guten Eigenschaften der 175er in Bezug auf Alltagstauglichkeit, Gebrauchshärte und Bergsteigfähigkeit. Der Erfolg gab diesem Modell recht. Als die Maschine 1929 aus der Produktion genommen wurde, waren 8.700 Stück produziert worden. Davon allein 3.300 Stück für den Export nach Deutschland mit 200 cm³, um den dortigen gesetzlichen Anforderungen als Kleinkraftrad zu genügen.

Puch 220 mit Fahrer in elegantem, zeitgenössischem Motorradoverall, Aufnahme vor 1930. (Bicyclearchiv Ulreich)

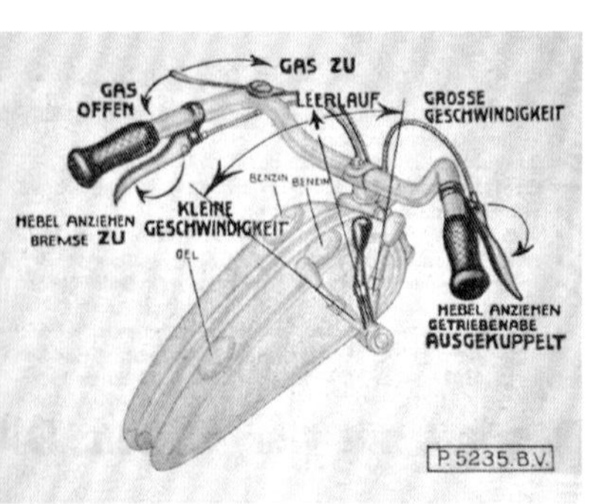

Trotz geänderter Hebelanordnung war auch die Puch 220 leicht zu bedienen. Die Zweigang-Handschaltung im Hinterrad erforderte etwas Gewöhnung, dann war das Fahren so einfach wie mit dem ebenfalls mit zwei Gängen ausgerüsteten Ford-Automobil-Modell T „Tin Lizzie“.

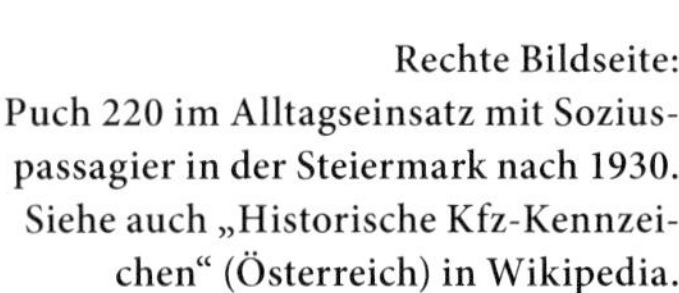

Rechte Bildseite:
Puch 220 im Alltagseinsatz mit Soziuspassagier in der Steiermark nach 1930. Siehe auch „Historische Kfz-Kennzeichen“ (Österreich) in Wikipedia.

H 9808

Oben: Puch rüstet sich für die Fahrsaison. Winterlager im Grazer Werk, 1927.

Rechts: Prüfstandfoto zur Puch 220 (unretuschierte Puch-Werksaufnahme).

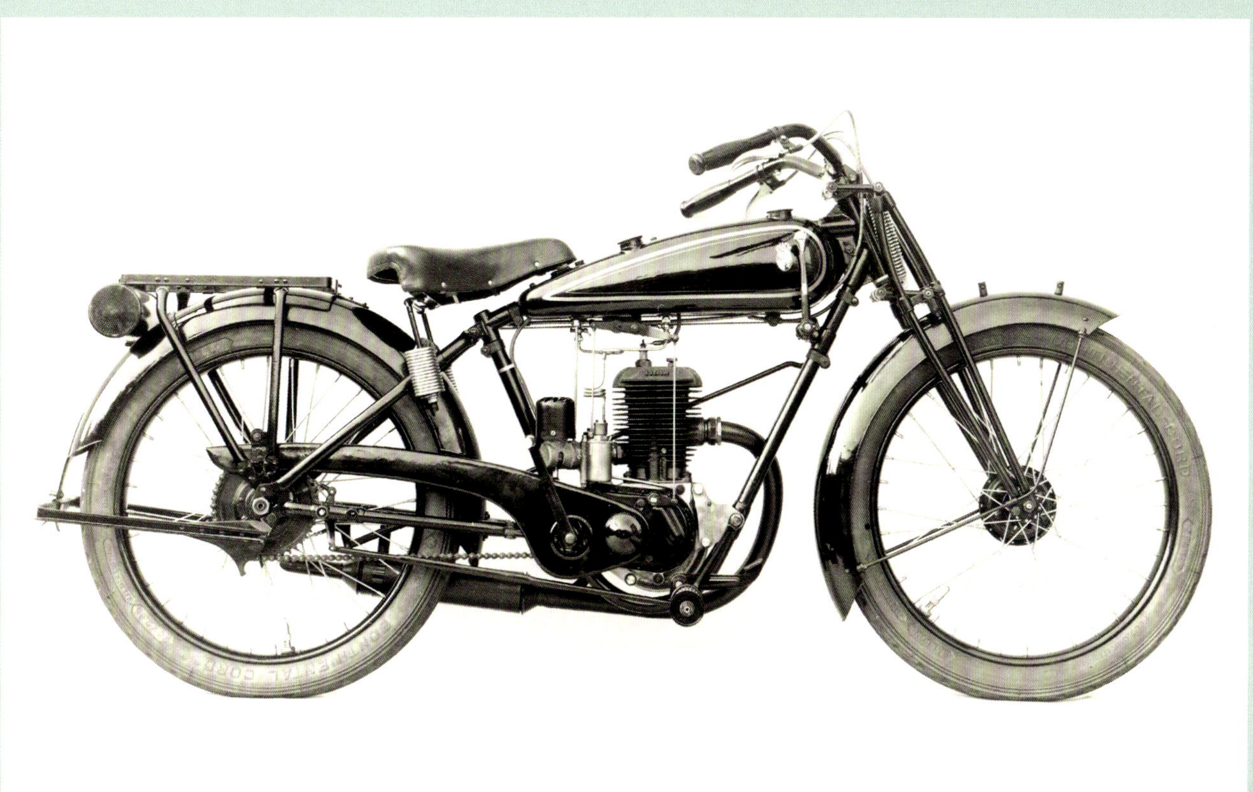

Puch 220 Tourenmotorrad. (unretuschierte Puch-Werksfotos)

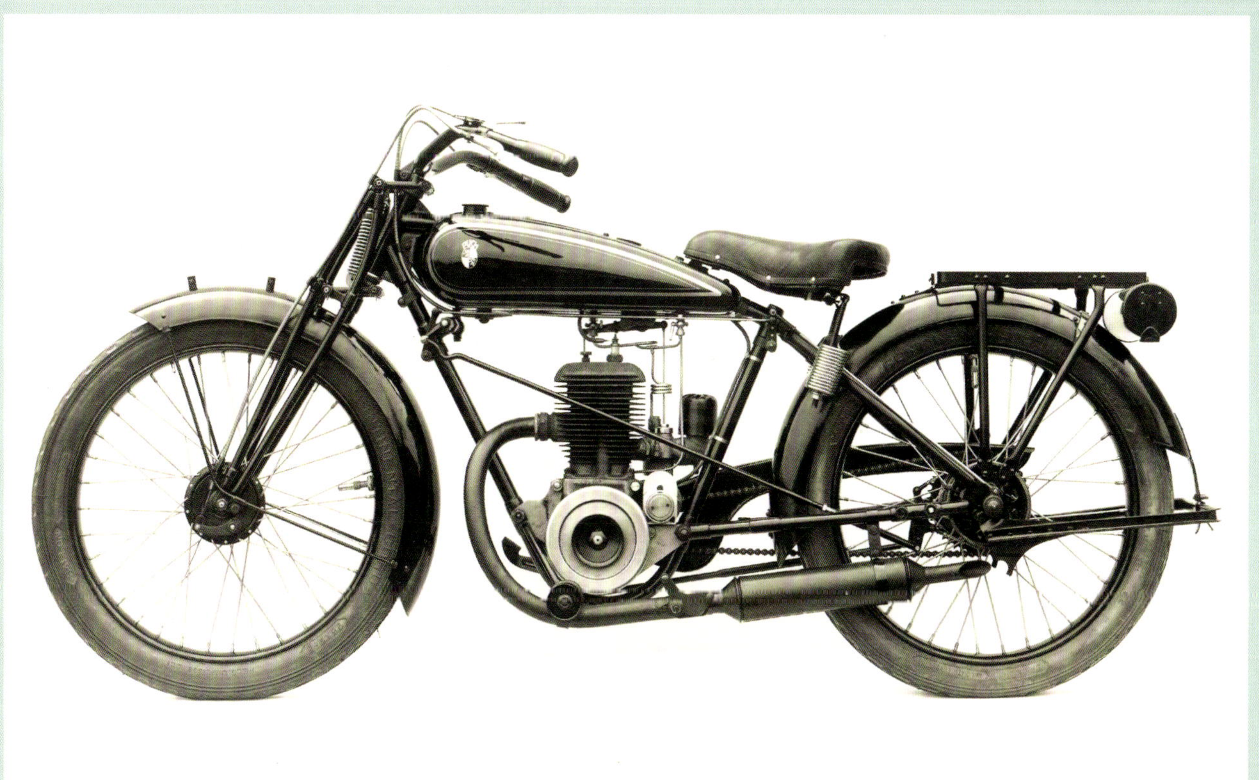

Puch-Preisermäßigung 1927.

Beide Abbildungen: Für die Beleuchtungshersteller waren Motorräder in 1920er-Jahren ein lukratives Geschäft, da sie ohne Lichtanlage angeboten wurden.

Das erste Auftreten der neuen 220er in der Fachpresse wurde von den Puchwerken geschickt lanciert: In „Der Motorfahrer“, Heft 3 vom 8. Februar 1927, erschien auf Seite 5 im Annoncenteil ein Inserat, das die *„ab März lieferbare Type 220 4 PS als neue Type um S 1.500,– anpreist.“* Ohne Foto, gar nix.

Dem aufmerksamen Leser wird dann im redaktionellen Teil auf Seite 22 von einem H. Beck, der als *„alter Puchfahrer gelegentlich eines Aufenthaltes in Graz der freundlichen Einladung der Puch-Werke AG, die Fabrik zu besichtigen, gerne Folge leistet“,* berichtet: *Am Schlusse der Führung kamen wir auch in das Allerheiligste einer jeden Fabrik, in den Versuchsraum, wo die Neukonstruktionen erprobt, verbessert und auch die Rennmaschinen montiert und kontrolliert werden. Hier hatte ich auch Gelegenheit, als einer der ersten Außenstehenden die erste Maschine der Type 220 cm³ zu besichtigen. Diese neue Maschine ähnelt in ihrem äußeren Aufbau der Type 175 und unterscheidet sich von dieser hauptsächlich durch größere Motordimensionen, durch die Ballonbereifung, breitere Kotbleche und durch eine breitere, nachstellbare Vordergabel. Der Rahmen ist äußerst robust. Der Motor, der einen bombierten abnehmbaren Zylinderkopf aufweist, ist mit einer automatischen Ölpumpe neuesten Systems ausgestattet, deren Hub variabel ist und deren Leistung sich automatisch durch die Gasdrossel den Bedürfnissen des Motors in idealer Weise anpasst, überdies ist es durch einen sinnreichen Reguliermechanismus möglich, die Pumpe jedem Öl und den verschiedensten äußeren Verhältnissen durch einen einfachen Handgriff anzupassen. Als bisher einziges Motorrad ist diese Type mit einem Turbo-Luftreiniger versehen, der in wirksamster Weise ein Eindringen von Staub und Fremdkörpern in den Motor verhindert.*

Der Autor erhielt dann für seine geplante Winterreise durch die Schweiz eine Maschine, *„die schon 3.000 km gefahren worden war, und legte die Strecke Graz – Wien und die nachfolgende Winterreise ohne Probleme zurück“.*
Besonders gelobt werden die Annehmlichkeiten der Ballonreifen, die gute Federung, die Elastizität des Motors, das Steigvermögen sowie die hervorragende Stabilität der Maschine. Alles Eigenschaften, die diese neue Maschine tatsächlich aufwies.
In der Messe-Nummer, Heft 5, vom 12. März 1927, weist das ganzseitige Puch-Inserat mit einer Abbildung der Maschine auf die prompte Lieferbarkeit der Maschine hin, der redaktionelle Text besagt: *„Mit der allgemeinen Tendenz hat auch Puch einen stärkeren Motor in die Fabrikation aufnehmen müssen (Übrigens werden auch die 122 cm³-Modelle wieder gebaut).“*
Der weitere Text ist wortwörtlich identisch mit dem Bericht des Herrn H. Beck.
„Das Motorrad“ schrieb in Heft 48 aus dem Jahre 1927 anlässlich der Modellpräsentation der 220er:
In logischer Folge der Weiterentwicklung dieses handlichen Modells (gemeint war damit offenbar das Modell 175, Anm. d. Verf.) *wurde nun die neue 220 cm³-Type geschaffen, eine Maschine, die auch den etwas anspruchsvolleren Solofahrer befriedigen muß, da ihre erhöhte Leistungsfähigkeit gegenüber dem motorisch schwächeren Modell bereits die Erzielung namhafter Geschwindigkeiten in der Ebene wie im Gebirge ermöglicht.*

Mit der Puch 220 landeten die Puch-Werke den ersten großen Verkaufserfolg nach dem Ersten Weltkrieg.

Der Preis der 220er betrug 1926 noch 1.500,– S, ständige Rationalisierung erlaubte 1929 einen Preis von 1.150,– S. Mit der Puch 220 hatte man alle Kinderkrankheiten und Schwächen der bisherigen Modelle in den Griff bekommen. Der Kunde honorierte diese Bemühungen in der Form, dass die Puch 220 zum bis dahin bestverkauften Motorradmodell nach dem Ersten Weltkrieg geworden war. Die Popularität der Puch 220 brachte es mit sich, dass beispielsweise die Fachzeitschrift „Das Motorrad" sich in etlichen Folgen mit einer genauen Reparaturanleitung der Puch 220 beschäftigte. Seitens des Werkes wurden die Verkaufsbemühungen in der Form gefördert, dass zum Ankauf ein genauer Ratenplan erstellt wurde, so dass auch Beziehern kleinerer Einkommen der Ankauf einer 220 möglich gemacht wurde.

Die technischen Neuerungen gegenüber der Type 175 waren für die Praxistauglichkeit des Motorrades echte Quantensprüge in Richtung Gebrauchshärte und Alltagstauglichkeit: die Ballonbereifung; der Zyklonfilter, der einen Großteil des angesaugten Staubes wegfilterte; die Getrenntschmierung mit einem eigenen Ölbehälter im rechten Benzintank und einer regulierbaren Ölpumpe; weicher greifende und schaltbare Getriebenabe mit echter Lamellenkupplung im Hinterrad.

Die Haupttugenden der Type 220 lagen vor allem in den tourenmäßigen Eigenschaften wie beispielsweise ruhiger Lauf, guter Durchzug von unten und guter Bedienungskomfort. Für sportliche „Frisuren" erwies sie sich eher als nicht so sehr geeignet wie etwa die 175er und dann die 250er. Dennoch wurde auch die 220er auf der Sandbahn und der Straße sportlich eingesetzt und Privatfahrer schienen in den Ergebnislisten jener Jahre immer wieder mit guten Platzierungen auf. Die 220er wurde noch bis 1931 als Basismodell der Puch-Palette zu günstigen Preisen ausgeliefert. Mit der 220er hatte sich Puch endgültig die Marktanteile erobert, die das Überleben der Marke auf dem Motorradmarkt sicherten. Die Puch 220 war schließlich zu jenem „Volkswagen auf zwei Rädern" geworden, den sich Marcellino erträumt hatte.

GROSSE PREISERMÄSSIGUNG

der

Puch 220 ccm., Modell 1929, 4 PS.

Rahmen aus nahtlos gezogenen Stahlrohren mit Innenversteifungen; Vordergabel: Kräftige Pendelfedergabel mit gehärteten und geschliffenen Gelenkbolzen und Stoßdämpfer; Bremsen: Vorderrad-Innenbackenbremse, Hinterrad-Außenbackenbremse; Motor: Luftgekühlter Einzylinder im Zweitakt arbeitend, mit Doppelkolben auf gemeinsamer Pleuelstange nach besonderer Konstruktion, welche die Vorteile des Zwei- und Viertaktes vereinigt. Kickstarter, Zenith-Vergaser, Geschwindigkeit ca. 70–80 Kilometer pro Stunde.

Kassapreis S 1150·— zuzüglich S 31·91 WUST oder

Kreditfall	Anzahlung	Monatsraten	Gesamtpreis (einschl. WUST)
A	S 230·—	18 à S 57·80	S 1270·40
B		12 à S 84·30	S 1241·60
C		6 à S 164·—	S 1214·—
D	S 385·—	18 à S 48·30	S 1254·40
E		12 à S 70·60	S 1232·20
F		6 à S 137·30	S 1208·80
G	S 575·—	18 à S 36·80	S 1237·40
H		12 à S 53·70	S 1219·40
J		6 à S 104·60	S 1202·60
Spesenpauschale S 9·—			

Für pensionsberechtigte Fixangestellte ohne Anzahlung!!

K Ohne Gehaltsvormerk:
24 Monatsraten à S 56·30 = Gesamtpreis S 1351·20

L Mit Gehaltsvormerk:
30 Monatsraten à S 44·80 = Gesamtpreis S 1344·—

Im Kreditfall „K" und „L" ist die erste Rate bei Übernahme der Maschine zu erlegen.

KREDITORGANISATION DER PUCHWERKE A. G.
Eduard Bellak & Cie.
Wien I., Börsegasse 14 — Telephon U 25-5-70 Serie

Durch Preisermäßigung und Ratenplan sollte es jedem Interessenten ermöglicht werden, eine Puch 220 zu erwerben.

Puch 220, Baujahre 1926–1929

Motor: Motor-Nummern 26.001–32.000, 34.001–35.811, 38.301–39.189, Produktion 8.700 Stück

Typ: Puch-Doppelkolben-Zweitaktmotor, luftgekühlt. Längsläufer, d. h. Kurbelwellenachse quer zur Fahrzeuglängsachse, Gleichstromspülung

Zylinderzahl: 1, **Arbeitsweise:** Doppelkolben auf Gabelpleuel, asymmetrisches Steuerdiagramm

Bohrung/Hub: zweimal 45 mm/70 mm

Hubraum: 223 cm^3

Verdichtung: 4,8:1

Leistung: 4,5 PS bei 3.500 U/min

Zündung: fix eingestellter Bosch-Magnet FB 1C, 10 mm Vorzündung bei vergaserseitigem Kolben

Zündkerze: Bosch M 95/1

Motorschmierung: Frischöl über Ölpumpe gekoppelt mit Ölgaswiege (verstellbar), SAE 50 Einbereichsöl

Vergaser: Einhebel-Zenith 20 HK (Starterklappe drei Stellungen), Zentrifugalschleuderfilter

Starteinrichtung: Kickstarter, gekapselt, Außenverzahnung

Sonstige Motormerkmale: außenliegende Schwungscheibe

Kraftübertragung: Zahnraduntersetzung im Motor 1:2,5; Getriebekastenschmierung Ambroleum (Fett-Ölgemisch), Getriebekastenabdeckung aus Blech, Kettenübersetzung 17:44 Zähne, Rollenkette 12,7 mm Teilung, 7,7 mm Weite, Zweiganggetriebe im Hinterrad, Handschaltung-Handkupplung für 2. Gang, 1. Gang 1:13, 2. Gang 1:6,5

Fahrgestell: einfacher, geschlossener Rohrrahmen, gemufft, tauchgelötet

Gabel: Parallelogrammgabel mit zwei Zugfedern, untere Gabelenden geschlitzt zur Aufnahme der Achse.

Räder: Drahtspeichen, Wulstfelgen-Bereifung 26 x 2,85"

Bremsen: vorne: Innenbackenbremse, hinten: Außenbandbremse, Fußbremshebel rechts

Maße und Gewichte: Länge ca. 2.080 mm, Breite ca. 850 mm, Höhe ca. 1.000 mm, Bodenabstand ca. 125 mm, Radstand 1.325 mm

Benzintank: 7 l Benzin/Öltank 1 l Öl, zwei Hälften, rechte Hälfte mit Öltank

Gewicht: 83 kg

Geschwindigkeit: ca. 75 km/h

Verbrauch: 1 l Benzin für 30–40 km

Bau- und Erkennungsmerkmale:

- Fahrzeug schwarz lackiert
- vernickelt sind: Auspuffrohr, alle Handhebel (Brems-, Kupplung-, Gas-, Schalthebel), Tankdeckel, Sattelfedern, Schwungrad
- Tanks und Abdeckleiste Gold-liniert (Doppellinie)
- Puchzeichen am Tank oval
- Vorderrad-Innenbackenhandbremse links
- Kupplungshandhebel für zweiten Gang rechts
- Gashebel links
- Außenbandbremse
- zwei Gänge über eine Doppelübersetzungsnabe mit Reibungslamellenkupplung
- Licht gegen Aufpreis
- die ersten 220er wurden ohne Stoßdämpfer (Gabel) ausgeliefert
- Handschalthebel rechts
- Auspuffrohr mit Auspuffklappe
- Gepäckträger aus Flacheisen, vernietet, mit angeschraubter Werkzeugtrommel und Schloss
- Hinterradständer aus U-Blechprofil
- Handbrems- und Kupplungshebel aus Blech, offen, kleine Schelle
- runde Gummifußrasten mit Abstützung
- runder Auspufftopf bis auf Aufhängung (Schelle) gleich dem der 175er
- es gab auch Ausführungen mit Sportlenker
- durch laufende technische Änderungen gab es ca. 17 Serien

Von der 220er gab es auch 200er-Ausführungen, vor allem für den Export: 198,61 cm^3, 2 x 42,5/70, V 5:1, 4,2/3.200, 3.300 Stück 1928–1929, Nummern 32.001–34.000, 37.001–38.300

Puch 500 JAP – Rarität mit vier Takten

Zeitig im Jahr 1928 gab es nur eine kleine Notiz in den beiden Fachzeitschriften „Der Motorfahrer“ und „Motorrad“.
In Heft 4 des „Motorfahrers“ wird unter der Rubrik „Neues vom Motorradmarkte“ und dem Titel „Gänzlich neue Modelle bei Puch“ u.a. Folgendes berichtet:
Nach dem Krieg begann die Firma, abgesehen von Intermezzi, mit dem 122 cm³-Rad und kommt nun mit einem 250 cm³-Zweitaktmodell und zur größten Überraschung auch mit einem 500 cm³-JAP-Viertakter, beide mit Dreiganggetriebe. Das Modell mit 220 cm³ wird unverändert weiter gebaut.
Die Firma JAP (John Alfred Prestwich) war einer der renommiertesten Motorenhersteller in England und firmierte zu dieser Zeit in London.

Dazu wäre anzumerken, dass es (siehe nächstes Kapitel) wohl ein Prospekt der neuen 250er mit „halbhohem“ Rahmen, aber keine käuflichen Modelle gab. Gänzlich anders lag die Situation bei der 500er, die es tatsächlich zu kaufen gab, hier lautete der Zeitungsbericht:
Modell 500: Sechs PS (Anm.: gemeint waren Steuer-PS), *vertikal angeordneter Einzylinder-Viertaktmotor, Marke JAP, Zylinderinhalt mit maximal 4.300 Touren und 11,3 Brems-PS* (Anm.: tatsächlich hatte der JAP-Motortyp KY mit 11 PS bei 3.500/min, der bauartgleiche JAP-K-Motor leistete 13,8 PS bei 3.800/min). *Erreichbares Höchsttempo 100 km/Std., Luftkühlung, seitlich angeordnete Ventile mit verstellbaren Stößeln, Kurbelwelle auf Kugeln auf der Antriebsseite und Gleitlager auf der Seite des Steuerungsgehäuses gelagert, Pleuelstange im I-Profil auf Rollen gelagert, flache Aluminiumkolben, Ölpumpe Best & Loyd, Magnetapparat mit Zündmomentverstellung, horizontaler Zenithvergaser, Betriebsstoffverbrauch 3,3 l Benzin und 0,20 l Öl für 100 km, Dekompressor vorhanden, der Motor hängt im Doppelschleifenrahmen, Mehrscheibenkupplung, Dreiganggetriebe, System Puch.*

Das Puch-Motorrad Type 500 war vor allem für Beiwagenbetrieb gedacht und hatte als Antriebsquelle einen 500 cm³-JAP-Motor mit seitlich stehenden Ventilen.

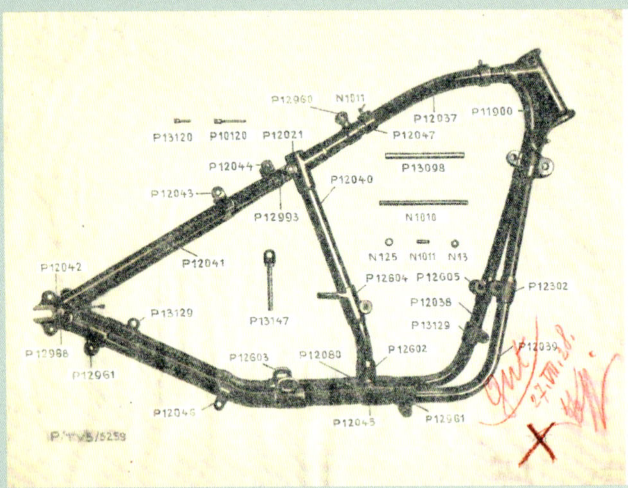

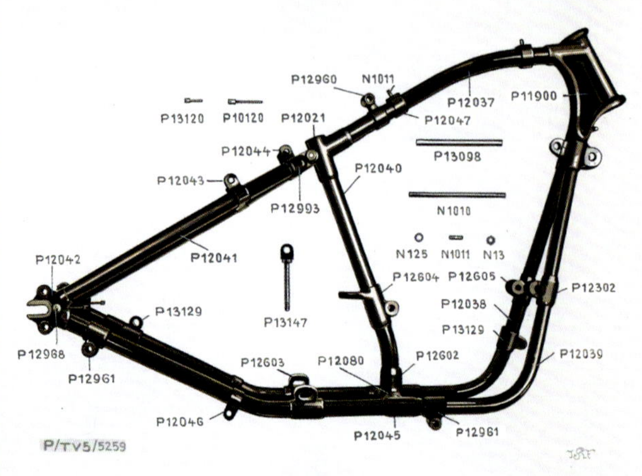

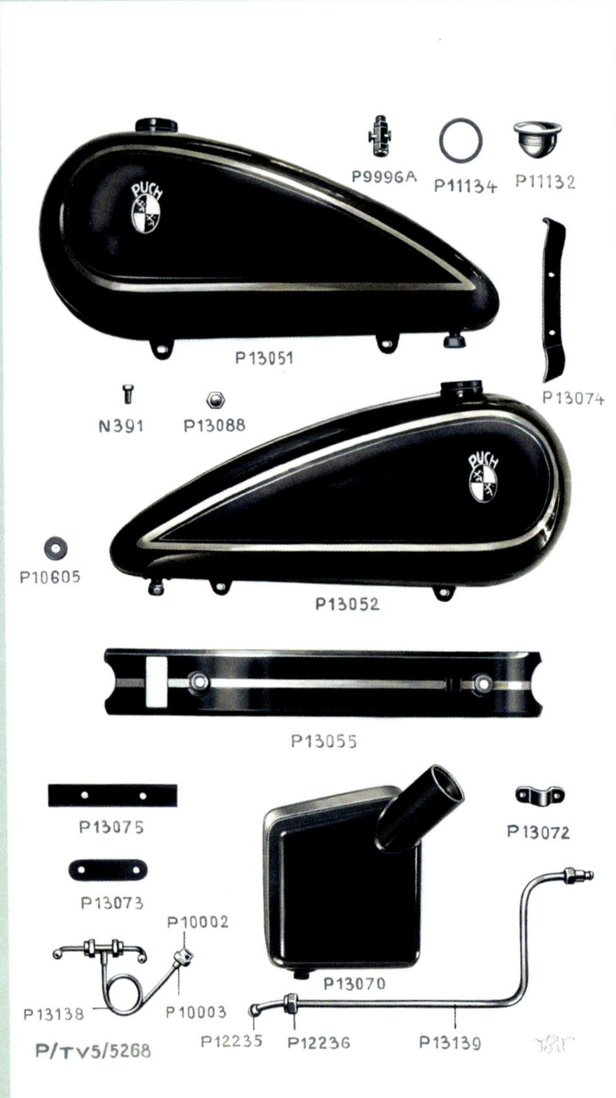

Die Herstellung von Prospekten, Betriebsanleitungen und Ersatzteillisten war eine mühevolle Arbeit, bei der sich die Puchwerke bis Ende der 1920er-Jahre der Retuschieranstalt Josef Karl Fliegel (oben) bedienten. Dabei wurde das bereits freigestellte und retuschierte Foto des Fahrzeuges oder Teiles (hier der Rahmen) mit Transparentpapier überklebt, ein Techniker des Werkes überprüfte die technische Richtigkeit, brachte allfällige Änderungswünsche darauf an und gab dann in roter Farbe seine Freigabe (oben links). Danach fertigte die Retuschieranstalt das druckfertige Foto an (links der Tank, oben rechts der Rahmen). Diese Unikatunterlagen befinden sich heute im Archiv des Autors.

In der Messenummer 5 und 6 vom 8. März 1928 werden diese spärlichen Angaben noch ergänzt:
An der Gabel montierte Stoßfänger, gekapselter Kickstarter, Federgabel System Tiger (Parallelogramm-Abfederung), verstellbare Fußrasten, Innenbackenbremse auf beide Räder, Semperit-Pneus 27 Zoll.

Diese Maschine, die wegen ihres (Fremd-)Triebwerkes bald als „JAP-Puch" bekannt wurde, war das bislang stärkste und schwerste Puch-Motorrad nach dem Ersten Weltkrieg. Die Maschine wurde auch im Hinblick auf Beiwagenbetrieb besonders robust mit einem Doppelschleifenrahmen ausgerüstet. Beachtlich war auch die Höchst- und Dauergeschwindigkeit von 100 km/h. Die Puch 500 war eine atypische Maschine, denn Puch hatte ja vor allem einen guten Ruf als Motorenerzeuger gewonnen. Es kam auch bis auf eine einzige weitere Ausnahme, nämlich den Einbau von Rotax-Motoren in die Geländesport- und Motocross-Modelle der späten 1970er- und 1980er-Jahre, nie mehr vor, dass Puch kein eigenes Triebwerk verwendete. Warum es nun zu dieser „JAP-Puch" kam, lässt sich heute rückblickend leicht erklären. Einerseits waren die Produktionskapazitäten mit der 220er weitgehend ausgelastet, andererseits arbeitete die Entwicklungsabteilung mit Volldampf am neuen 250er-Modell.

Durch die zunehmende Konsolidierung der Wirtschaft in den Nachkriegsjahren wurde auch der Bedarf an starken und beiwagenfesten Motorrädern immer lauter. Einem Ruf, dem sich Puch als größte österreichische Motorradfabrik nicht entziehen konnte. Der Entwicklungsaufwand trotz Verwendung des JAP-Motors war dennoch beachtlich. So konstruierte man beispielsweise ein eigenes Dreigang-Getriebe, das so ausgelegt war, dass Kupplungs- und Antriebsseite gegenüberliegend waren. Damit musste auch die Laufrichtung des Motors umgedreht werden, d. h. der Motor lief gegen die Fahrtrichtung.

In der Modellpräsentation des „Motorfahrers" vom 22. Februar 1928 wird die 500er mit dem JAP-Motor in der Puch-Spezifikation nämlich mit 11,3 PS bei 4.300 Touren beschrieben. Diese Werte unterscheiden sich – wie bereits angemerkt – vom JAP-K-Modell. In späteren Beschreibungen werden ebenfalls abgeänderte Daten zitiert, ebenso wird von einem „Lizenz-JAP"-Motor gesprochen.

Die Maschine ist eine der seltensten Serien-Puchs der Zwischenkriegszeit, die Stückzahl hat dreihundert Einheiten knapp erreicht. Der Verkaufserfolg dieser durchaus guten und gebrauchstüchtigen Maschine blieb trotz aller werblichen Anstrengungen bescheiden, vor allem wegen des relativ hohen Kaufpreises von 2.500,– S. Da war man weitgehend schon mit einer der hoch angesehenen englischen Maschinen mit dabei.

Puch 500, Baujahre 1928–1929

Motor: Motor-Nummern lückenhaft, ca. 300 Stück

Typ: (Lizenz)-JAP entsprechend Typ „K“, jedoch mit geänderten Daten

Zylinderzahl: 1

Arbeitsweise: Viertakt

Bohrung/Hub: 85,5 mm/85 mm

Hubraum: 489,3 cm^3

Verdichtung: 4,7:1

Leistung: 11,3 PS bei 3.300 U/min (10 PS/3.200 U/min, 12 PS/3.800 U/min)

Ventilanordnung: seitlich stehend (sv)

Zündanlage: Bosch-Magnetzündung FC 1, Vorzündung 11 mm

Zündkerze: M 95/1, Bosch

Motorschmierung: Frischöl, Total-Loss-System

Ölpumpe: Best und Lloyd

Vergaser: Zenith-Horizontalvergaser Typ 25 HK

Sonstige Motormerkmale: Gesenkgeschmiedete Pleuelstange, rollengelagert. Leichtmetallkolben. Kurbelwelle an der Antriebsseite kugelgelagert, steuerseitig gleitgelagert

Betriebsstoffverbrauch: 3,7 l Benzin auf 100 km, 0,2 l Öl auf 100 km

Kraftübertragung: Primär-Simplexkette, $^5/_8$ x $^1/_4$, Mehrscheiben-Trockenkupplung mit Kupfer-Asbestbelag, Dreiganggetriebe System Puch, Handschaltung am Tank

Gesamtübersetzung	Soloübersetzung	Beiwagenübersetzung
1. Gang	15,02:1	18,4:1
2. Gang	7,36:1	9,2:1
3. Gang	4,94:1	6,13:1
Sekundärkette	$^5/_8$ x $^1/_4$"	

Fahrgestell, Rahmen: Doppelschleifenrahmen, nahtlos gezogene Stahlrohre, gemufft, hart gelötet. Das Brustrohr gabelt sich unter dem Steuerkopf und führt in doppelter Führung bis zur Hinterachsaufnahme

Gabel: Parallelogramm-Rohrfedergabel System Tiger, Konus-Reibungsfederdämpfer

Räder: Wulst- bzw. Drahtspeichenräder mit Innenbackenbremsen vorne und hinten; Bremstrommeldurchmesser 177,8 mm, Backenbreite 1 Zoll

Bereifung: Drahtreifen, 19 x 3,5", frühe Modelle Wulstbereifung 27 x 3,85", Felge CC1

Maße und Gewichte: Radstand 1.410 mm, Eigengewicht 140 kg, Gesamtgewicht 320 kg

Bau- und Erkennungsmerkmale:
- zweigeteilter Benzintank mit zwei Schraub-Einfüllöffnungen
- Fahrer-Federsattel mit Schrauben-Zugfedern unter der auf Filz aufgearbeiteten Kunstlederdecke (schwarz)
- separater Öltank im Rahmendreieck unter dem Sattel. Einfache, halbrunde Kotflügel vorne und hinten
- aus Blechprofilen hergestellter, genieteter Gepäckträger mit runder Werkzeugtrommel am hinteren Ende
- Auspufftopf: oval mit konischen Enden, Lackierung: schwarz
- Tankbeschneidung: der Tankkontur folgend, Golddoppellinie, Breite ca. 8 mm außen, 4 mm Zwischenraum, ca. 3 mm innen, Puchwappen am Tank, blanke Teile vernickelt
- Preis 1929: 2.500,– S

Rechts: Ein Soldat des österreichischen Bundesheeres, Angehöriger der Jägertruppe zu Rad, im Rang eines Zugsführers. Er trägt auch die Ausbildungsauszeichnung (Kordel über der linken Brust), die an Soldaten verliehen wurde, die in mehreren Bereichen eine ausgezeichnete Leistung aufweisen konnten. Auf der Kappe ist das Jägerhorn zu sehen. Diese Informationen stammen vom Heeresgeschichtlichen Museum Wien.
Motorrad: eine frühe „JAP-Puch“ (Wulstreifen). Beachtlich sind das „Tarnlicht“ und das NÖ-Kennzeichen. Datierung 1930–1933.

B 8694

Puch 250-Tourenmodelle 1929–1933: Mit dem Querläufer auf Erfolgskurs

Es ist erstaunlich, wie unglaublich stümperhaft die Puch-Werke in Graz im Jahr 1928 das komplett neue Modell Puch 250 in Szene setzten. Jenes Modell, das durch viele Jahre die Basis der Motorrad-Verkaufserfolge des Hauses sein sollte.

1928, eines der wichtigsten Jahre in der Puch-Geschichte, ein Jahr, welches einen neuen Abschnitt der gesamten Puch-Ära einleitete, wurde von der Werbung und der PR-Abteilung total versemmelt, denn in den Jahren 1928–1931 waren totale PR-Laien am Werk, wie wir schon im Kapitel der Puch 500 JAP gesehen haben. Die Fusionierung der Puch-Werke in Graz mit den Wiener Neustädter Austro-Daimler-Werken war ein gewaltiger Schritt in die Zukunft, der das Überleben der Puch-Werke sichern sollte. Ab sofort hießen die Puch-Maschinen „ADP – Austro-Daimler-Puch-Motorräder (und auch Fahrräder). In den damaligen Medien findet man dazu kaum eine Erwähnung.

Von der Puch 250 gab es lediglich einen kleinen Teaser im Motorfahrer Nr. 4 vom 22. Februar 1928, ohne Bilder, in dem das komplett neue Modell, das eine ganze Ära prägen sollte, äußerst bescheiden annonciert wurde:

Modell 250: 5 PS bei 3.000 Touren pro Minute, vertikal angeordneter Einzylinder mit Doppelkolben-Zweitaktmotor Marke Puch mit 45 mm Bohrung und 78 mm Hub, das sind 248 cm³ Zylinderinhalt, mit maximal 3.800 Touren pro Minute und 5 Brems-PS. Erreichbares Höchsttempo 90 km, Luftkühlung, Kurbelwelle auf Rollen auf der Antriebsseite und Kugeln auf Seite des Steuerungsgehäuses gelagert, Pleuelstange im I-Profil auf Rollen gelagert, flacher Spezial-Graugusskolben, automatische Ölpumpe System Friedemann, Magnetapparat ohne Zündmomentverstellung, horizontaler Zenithvergaser mit Luftfil-

Das Prospekt 1930 zeigt das Puch-Touren- und Sportmodell.

PUCHWERKE A. G., GRAZ-WIEN

BESCHREIBUNG DES PUCH MOTORRADES TYPE „250"

RAHMEN: Doppelschleifenrahmen aus nahtlos gezogenen Stahlrohren bester Qualität mit Außenlötung und Innenversteifungen. Muffen aus Blech gepreßt. Schwarz emailliert. Radstand 1350 mm, äußere Raummaße: Länge ca. 2080 mm, Breite ca. 850 mm, Höhe ca. 1000 mm, Bodenabstand ca. 125 mm.

VORDERGABEL: Kräftige Pendelfedergabel mit eingebautem Stoßdämpfer. Die Gelenkbolzen sind gehärtet und geschliffen, die unteren Kabelenden sind geschlitzt, um das Vorderrad leicht und rasch herausnehmen zu können.

LAUFRÄDER: Kräftige Wulstfelgen (CC1) für Ballonbereifung 26×2·85". Beide Räder sind leicht abnehmbar und laufen auf einstellbaren Konuslagern mit Kugelkäfigen.

FUSSRASTEN: Mit Gummiklötzen, verstellbar.

BREMSEN: Auf das Vorderrad wirkt eine Innenbackenbremse mit Kupferasbestbelag, die vom rechten Lenkstangenhebel aus betätigt wird. Auf das Hinterrad wirkt eine Außenbandbremse mit Kupferasbestbelag, beordert durch einen Fußhebel neben der rechten Fußraste.

MOTOR: Der Motor bildet mit dem Getriebe einen Block und ist quer zur Fahrtrichtung eingebaut. Derselbe ist ein luftgekühlter Einzylinder im Zweitakt arbeitend, mit Doppelkolben auf gemeinsamer Pleuelstange, nach besonderer Konstruktion, welche die Vorteile des Zwei- und Viertaktes vereinigt. Bohrung 2×45 mm, Hub 78 mm, Zylinderinhalt 248 ccm. Effektive Leistung ca. 6 PS bei 3000 Umdrehungen in der Minute. 0·95 Steuer-PS nach der Steuerformel N = 0·3 . 1 . d² . s. Sämtliche Triebwerksteile laufen auf Kugel- bzw. Rollenlagern.

KICKSTARTER: Rechtsseitig, leicht zu betätigen.

ZÜNDUNG: Fix eingestellter, wasserdicht gekapselter Hochspannungsmagnet.

VERGASER: Horizontalvergaser, leicht zugänglich, äußerst sparsam und unempfindlich gegen Witterungseinflüsse. Die Bedienung desselben erfolgt mittels Bowdenhebels von der Lenkstange aus durch einen einzigen Bowdenzug.

STARTERKLAPPE: Zum leichteren Anwerfen des Motors ist eine Starterklappe vorgesehen.

LUFTFILTER: Am Vergaser ist an Stelle der gewöhnlichen Saugmuschel ein Luftfilter angebracht. Derselbe scheidet alle Unreinigkeiten, die in der angesaugten Luft enthalten sind, selbsttätig aus.

GETRIEBE: Das Getriebe ist ein Dreiganggetriebe und erfolgt die Einschaltung durchwegs mittels Klauen. Die Zahnräder selbst laufen im Ölbad, sind aus bestem Chromnickelstahl hergestellt und im Einsatz gehärtet und geschliffen. Das Zahnprofil ist durch die Verwendung einer speziellen Zahnform außerordentlich kräftig gehalten. Die Gesamtübersetzung verhält sich wie 15, 7.5, 5 : 1.

KUPPLUNG: Im Hinterrad ist unsere bewährte Lamellenkupplung eingebaut und erfolgt deren Betätigung durch den linken Handhebel auf der Lenkstange.

KRAFTÜBERTRAGUNG: Vom Getriebe aus durch eine Rollenkette ($^5/_8$" × $^1/_4$") zur Hinterradnabe. Kettenverbindung mit Schnellverschluß. Mit Schutzkasten verschalt. Kettenübersetzung normal 13 : 36 Zähne.

SCHALTUNG: Durch einen Handhebel, welcher am vorderen Rahmenrohr rechtsseitig befestigt ist. Die Stellungen sind: Nach hinten gerückt: = 1. Gang, Mittelstellung = 2. Gang, nach vorne gerückt = 3. Gang (2 Leerlaufstellungen).

SCHMIERUNG: Eine Ölpumpe mit verstellbarer Fördermenge ist im Motor eingebaut und wird von demselben zwangläufig angetrieben. Das Regulierorgan der Ölpumpe ist mit dem Vergasergestänge derart verbunden, daß bei Verstellung der Gasdrossel die geförderte Ölmenge im gleichen Verhältnis wie die Gasmenge zu- oder abnimmt.

LENKSTANGE: Emaillierter Tourenlenker mit schwarzen Zelluloidgriffen und außenverlegten Bowdenzügen. Rechts befindet sich der Handhebel für die Vorderradbremse und der Bowdenhebel für Gas- und gleichzeitig Ölregulierung, der linke Handhebel beordert die Kupplung.

BOWDENZÜGE: Sämtliche Zugdrähte der Bowdenzüge sind leicht nachstellbar.

BETRIEBSSTOFFBEHÄLTER: Tropfenförmiger Doppelbehälter, ca. 7 Liter Benzin und 1 Liter Öl fassend. Jede Kammer des Behälters besitzt getrennt für sich eine große Einfüllschraube und einen Absperrhahn. Schwarz emailliert, mit goldenen Zierlinien.

SATTEL: Großer, gut gefederter Ledersattel. Bodenabstand ca. 70 cm.

STÄNDER: Hinterradständer mit selbsttätiger Einhängung am Hinterradschutzblech.

GEPÄCKTRÄGER: Über dem Hinterrad angeordnet und stark genug, um einen Mitfahrer zu tragen.

WERKZEUGKASTEN: Der Werkzeugkasten aus starkem Eisenblech ist äußerst praktisch für den Gebrauch im Rahmen befestigt.

BELEUCHTUNG: Wir liefern alle Maschinen der Type „250" mit kompletter, elektrischer Beleuchtung. Der Verkaufspreis versteht sich für das Motorrad inklusive Beleuchtungsanlage.

GEWICHT: Das komplette Rad wiegt ca. 90 kg.

GESCHWINDIGKEIT: Maximal ca. 90 km in der Stunde.

BETRIEBSSTOFFVERBRAUCH: Bei normalen Straßenverhältnissen 1 Liter Benzin für ca. 30–40 km.

STEIGUNGSFÄHIGKEIT: Alle praktisch vorkommenden Straßensteigungen.

KONSTRUKTIONS- UND AUSFÜHRUNGSÄNDERUNGEN VORBEHALTEN

P.875/250 — 15 — III. 28.

Oben links: Beschreibung des Puch 250 Tourenmodells, Baujahr 1928.

Oben rechts: Auch die neue Puch 250 wurde von der Kreditorganisation der Puch-Werke zu günstigen Teilzahlungskonditionen angeboten.

Links: Dieses Prospektblatt der neuen Puch 250 mit halbhohem Rahmen zeigt einen Prototyp und wurde anlässlich der Wiener Frühjahrsmesse 1928 verteilt. Die lang ersehnte Serie kam jedoch erst 1929 in den Handel und unterschied sich in wesentlichen Merkmalen vom Prototyp.

ter. Betriebsstoffverbrauch: drei Liter Benzin, 0,17 l Öl für 100 km. Der Motor hängt im Doppelschleifen-Rahmen, Mehrscheiben-Kupplung, Dreiganggetriebe System Puch. Übersetzungen: 15,2:7,5 und 5:17, Kraftübertragung $^3/_8$ x $^1/_4$ Zoll-Kette, an der Federgabel montierter Stoßfänger, gekapselter Kickstarter, Federgabel System Puch (Parallelogramm Abfederung) verstellbare Fußrasten, Innenbackenbremse aufs Vorderrad, Außenbackenbremse auf das Hinterrad, Bremstrommeldurchmesser 110 mm vorne, 160 mm hinten, Breite des Bremsbackens oder des Bremsbandes 20 mm, Semperit-Pneus 26 x 2 ½ Zoll mit Wulst, Puch-Sattel, Gewicht ca. 98 kg.

Und das war es dann auch schon 1928. Die Puch 250 wurde aufwendigst umkonstruiert, da sie in dieser Form zu Beginn der Wirtschaftskrise viel zu teuer gebaut worden

Ausflug einer Wiener Motorradgruppe mit Puch 220 hinten und Puch 250 Touren vorne auf Burg Kreuzenstein. Aufnahme vor 1930. (Bicyclearchiv Ulreich)

Aus der Serie der Puch 250 mit Luftkühlung entwickelte der Versuch wassergekühlte Hochleistungs-Rennzylinder, die bei der legendären Ladepumpen-Puch eingesetzt wurden. Das Bild zeigt ein Stillleben auf der Werkbank aus dem Jahre 1931.

war. Dazu die Abbildung der Puch 250, Seite 123: Hier sehen wir als augenfälligstes Merkmal einen total fortschrittlichen und seiner Zeit um mindestens 10 Jahre vorauseilenden Motor-Getriebeblock mit integriertem Getriebe sowie integrierter Zündlichtmaschine ohne offene Übertragungselemente. Und dazu kommt ein „halbhoher" Doppelschleifenrahmen, der den gesamten Motor-Getriebeblock umfasst.

Die Puch 250 wies in der Serie ab 1929 folgende weitere Baumerkmale auf: quer zur Fahrtrichtung laufender Doppelkolben-Zweitaktmotor, Kegelradübersetzung als Primärantrieb, direkt angeflanschtes Dreiganggetriebe, Kettenantrieb des Hinterrades, Mehrscheiben-Trockenkupplung mit Servounterstützung im Hinterrad, Außenbandbremse hinten.

Der neu entwickelte Puch 250er-Motor wurde auf der Versuchsbremse durchgemessen. Dieser Prüfstand war bis zur Übersiedelung nach Thondorf in Betrieb. Im Bild von links nach rechts Wölfl, Höbel und Cmyral.

Zeitgenössiches Einsatzbild einer Puch 250 T in der Steiermark, Aufnahme vor 1930.

Zwei Puch 250er-Tourenmodelle auf Ausflugsfahrt. Hinten Modell 1929, vorne Modell 1931. Aufnahme nach 1930.

Im Rückblick offenbart die Markteinführung der Puch 250 ein spannendes „Duell" zwischen Marketingstrategen des Hauses und den Technikern, denn die Neue wurde – wie bereits erwähnt – bei der Internationalen Motorradmesse im Rahmen der 14. Wiener Messe im März 1928 in der Wiener Rotunde präsentiert. Welche Probleme es bei der Einführung des neuen Modelles gegeben hat, kann heute nicht mehr festgestellt werden. Dass seitens des Verkaufes sehr wohl an eine sofortige Markteinführung gedacht war, beweist das Verkaufsprospekt vom März 1928. In der Beschreibung ist auf der Rückseite des Blattes zu diesem Thema zu lesen:
Beleuchtung: Wir liefern alle Maschinen der Type 250 mit kompletter elektrischer Beleuchtung. Der Verkaufspreis versteht sich für das Motorrad inklusive Beleuchtungsanlage.

Verkaufspreis war allerdings noch keiner konkret festgelegt worden. Tatsache ist, dass das spätere Serienmodell einen einfacheren Motorblock aufwies, der keinerlei Aufnahme für eine Lichtmaschine vorsah. Wer seine Puch mit Licht ausrüsten wollte, musste

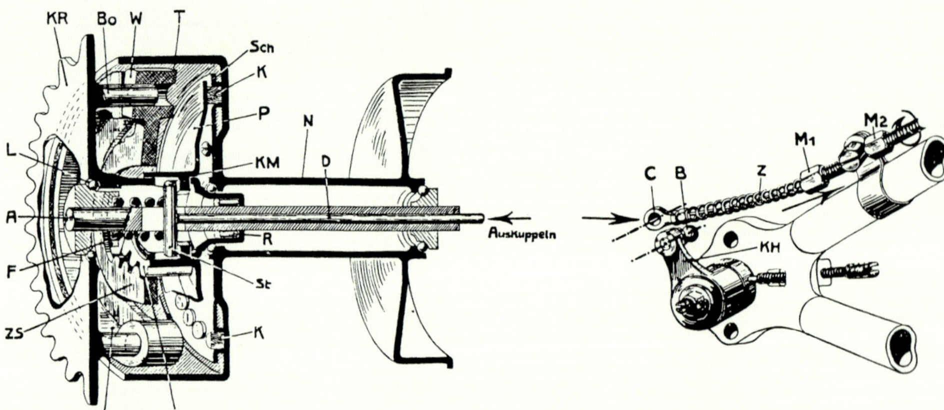

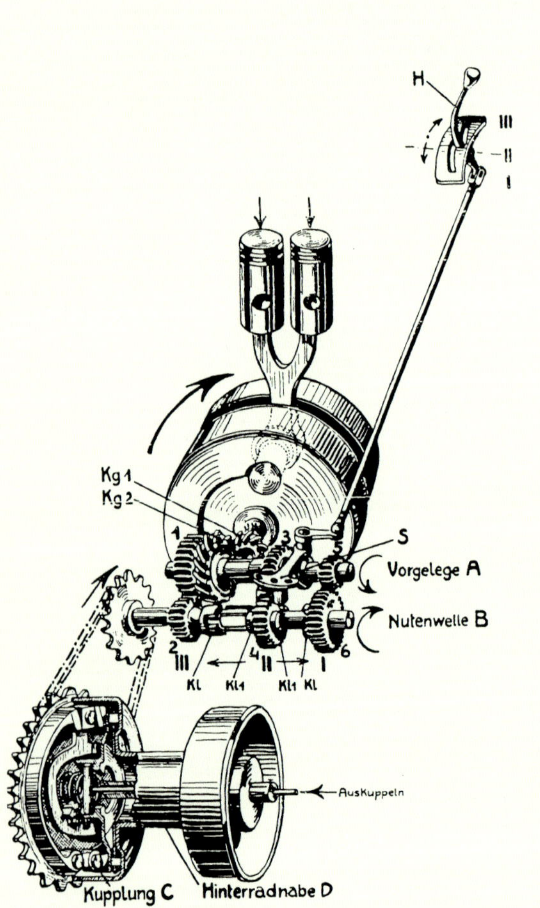

Oben: Wirkungsweise der Puch-Servokupplung: Mittels Handkraft wird über den Kupplungshebel, den Bowdenzug und den oben gezeigten Ausrückmechanismus (Schnecke) die Ausrückstange D gedrückt, die die Platte P von den Korkstoppeln K wegdrückt. Beim Einkuppeln wird durch die Feder F Reibungsschluss zwischen Platte und Korkstoppeln hergestellt. Dabei wird das Zahnsegment ZS von dem Gegenstück Z verdreht. ZS ist mit dem Nocken W zu einem Stück verschweißt und gibt die Drehbewegung an den Nocken W weiter. Der Nocken W presst dadurch die beiden Hauptkupplungsbacken Br, die wie Bremsbacken wirken, auseinander. Diese liegen damit an der Kupplungstrommel T an und ergeben den Kraftschluss über Nabe und Speichen des Hinterrades. Die eigentliche Anpresskraft des Nockens wird durch die Platte und das Zahnsegment erzeugt. Zur Betätigung dieses Mechanismus ist lediglich von der Handkraft des Fahrers die Federkraft F zu überwinden, daher leitet sich der Begriff „Servokupplung" ab. Im praktischen Fahrbetrieb bedeutet diese Art der Kupplung im Hinterrad, dass bei gezogener Kupplung beim Wegfahren und eingelegtem ersten Gang die Kette sich dreht, das Hinterrad jedoch steht. Erst beim Einkuppeln beginnt sich das Hinterrad mitzudrehen.
Oben rechts: Ausrückmechanismus der Puch-Kupplung im Hinterrad (alle Modelle bis 1936, danach Vollnabe mit Innenbacken- statt Außenbandbremse).
Links: Antriebsschema der Puch 250.

sich an den Zubehörhandel wenden. Erst die Puch 500 im Jahr 1931 hatte eine serienmäßige Lichtanlage.

Die Leistungsdaten der Vorserienmaschine waren mit dem späteren Serienmodell identisch. Wesentliche Abweichungen waren jedoch folgende: kein Doppelschleifenrahmen, sondern Einfachrahmen mit doppeltem Unterzug, Motor konventionell in den Rahmen gesetzt, Gesamtlänge der Serienmaschine 2.000 mm, Vorserie 2.080 mm, kürzerer, gedrungener Tank bei der Serienausführung und Drahtreifen.

Als die 250er im Frühjahr 1929 endgültig am Markt war, merkte das Handbuch zum neuen Modell Folgendes an:
Unser Motorrad Type 250 stellt eine Weiterentwicklung unserer vielbewährten Type 220 dar. Doch ist diesmal der Puch-Doppelkolbenmotor im Rahmen quergestellt und mit einem Dreiganggetriebe sowie dem Magnetapparat zu einer Blockkonstruktion vereinigt. Diese Anordnung, die den Wegen des modernen Autobaues folgt, bringt wesentliche Vorteile mit sich. So kommt vor allem die vordere Kette in Wegfall und mit ihr eine ganze Reihe von Störungsmöglichkeiten … Große Aufmerksamkeit wurde der richtigen Schmierung des Motors zugewendet. Sie erfolgt völlig automatisch und bedarf außer der Sorge um die rechtzeitige Zufuhr von Frischöl keiner besonderen Wartung.
Auch über das *„praktisch völlig vibrationsfreie Arbeiten"* des Motors infolge der *„genauen Auswuchtung der Schwungmassen"* spricht das Handbuch. Doch der Hauptgrund für die neue Anordnung des Motors, nämlich die verbesserte Kühlung, wird nicht erwähnt.

Puch 250er-Kupplung, Erstversion mit Außenbandbremse. (Puch-Werksfoto)

Die ersten Versionen der Puch 250 hatten noch die gesamte Vorderhand von der 220 mit dünner Rohrgabel und der kleinen Trommelbremse. Das Brustrohr des geschlossenen Rahmens war ein simples Rohrstück, das sich den Beanspruchungen jedoch nicht gewachsen zeigte und ehebaldigst durch ein geschmiedetes Profilstück ausgetauscht wurde. Ebenso wurde eine eigene stabile Rohrgabel mit kräftiger dimensionierter Trommelbremse, nunmehr auf der rechten Seite, konstruiert. Ab 1931 wurde die Tankbemalung in kräftigem und unübersehbarem Blau-Gelb gehalten.

Marcellino, sein Chefkonstrukteur Mikina und Konstrukteur Genser, der nach dem Krieg zu HMW ging, hatten mit der Puch 250 die erfolgreichste Modellreihe der Zwischenkriegszeit geschaffen. In Österreich prägten die 250er-Puchs die Straßenszene nicht nur in den Jahren zwischen den beiden Weltkriegen, sondern auch in den frühen Nachkriegsjahren. Aus der Grundkonstruktion, wie sie die 250er im Jahre 1929 zeigte, entwickelten sich die anderen Modelle, wie sie auch im Nachfolgenden beschrieben sind.

Wie richtungsweisend diese Konstruktion war und welche Entwicklungsmöglichkeiten in ihr schlummerten, zeigte sich in der Modellvielfalt, die sich grundsätzlich in einer Touren- und in einer Sportreihe dokumentierte. Die Puch-Tourenmodelle mit dem querlaufenden Doppelkolbentriebwerk zeichneten sich durch hohe Standfestigkeit und Zähigkeit aus. Laufleistungen bis zu 120.000 Kilometern mit einem Minimum an Reparaturen bis weit in die Nachkriegsjahre hinein waren keine Seltenheit. Ein Großteil der Touren-Puchs, die auch den Wiederaufbau Österreichs miterlebten, gingen nicht an Altersschwäche zugrunde, sondern wurden schlicht und einfach in funktionsfähigem Zustand weggeworfen oder verschrottet. Die Qualität der Puch 250 hat die Zeitläufe überdauert. Das bemerkenswerteste optische Detail an der neuen Puch 250 war zweifellos das gewaltige Auspuffrohr. Dies entsprach der Konstruktionsphilosophie Marcellinos. Er, der gebürtige Italiener, der zeit seines Lebens mit der deutschen Sprache ein wenig auf Kriegsfuß stand, drückte das so aus: „*Die Gas kann nicht aus die Zylinder.*" Daher waren in dieser Schaffensepoche extrem große Auspuffquerschnitte typisch für Puch.

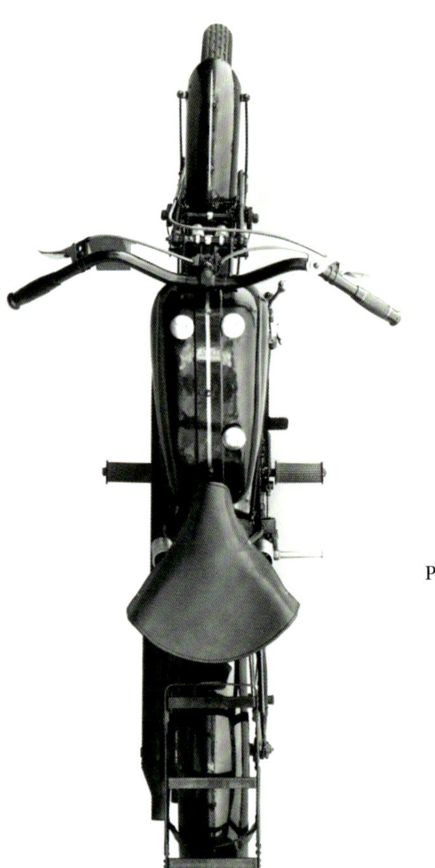

Puch 250 Touren. Die Draufsicht zeigt, wie elegant und schmal die Maschine gebaut war. (Werksfoto)

Puch 250er-Tourenmodell 1929 mit rundem Brustrohr, …

… rundem Werkzeugbehälter und Gabel sowie Vorderbremse vom Modell 220. (originale Werksfotos)

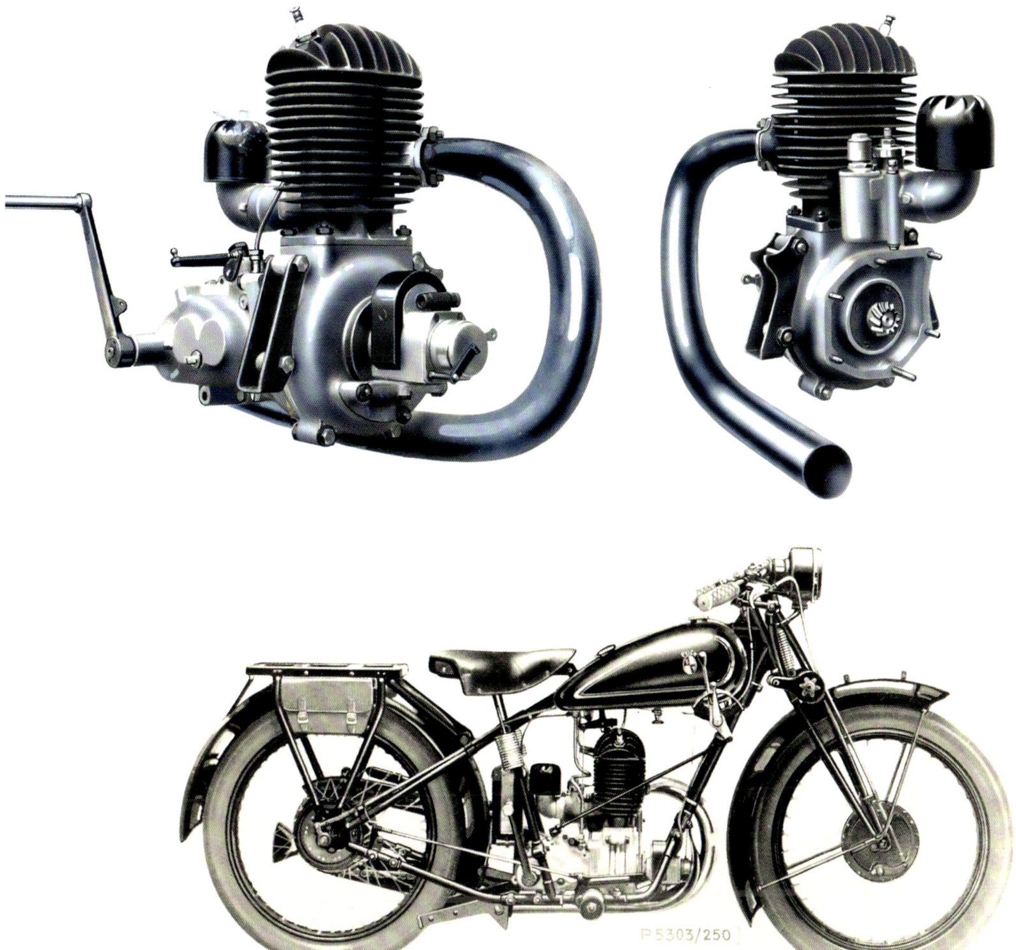

Oben links: Motor des Modells Puch 250 Touren mit Magnetzündung und Zyklonfilter für den Vergaser. (originale Werksfotos)
Oben rechts: Der neue komfortable Fahrersattel der Puch 250 mit zwei Zugfedern und gefederter Satteldecke, ähnlich dem englischen Terrysattel. (Werksfoto)

Puch 250er-Tourenmodell 1930 mit elektrischem Licht. (Werksfoto)

Doppelkolbenbauweise mit fixem Gabelpleuel auch bei der Puch 250. (Werksfoto)

Puch 250er-Tourenmodell 1931, „blau-gelber“ Tank, mit elektrischem Licht. (Werksfoto)

Puch 250 T 1929, Erstversion mit Beinschutz für mehr Fahrerkomfort: Die neue Puch 250 hatte noch Gabel und Bremse von der Type 220, der Vergaser Ansaugstutzen (Vergaserknie) war eckig ausgeführt, am Gepäckträger war ein runder Werkzeugbehälter vorgesehen. Diese Aufnahme wurde im Spätsommer 1928 vor den Werkshallen in der Puchstraße gemacht.

Wie oben, jedoch ohne Beinschutz. (Werksfotos)

Puch 250 T, Zweitversion 1929, rechte Seite: Bremsankerplatte rechts und vergrößert, verstärkte Rad- und Reifendimension, rundes Vergaserknie, Werkzeugtaschen Blech / Leder an beiden Seiten des Gepäckträgers, Auspuffkrümmer verchromt. Aufnahme Winter 1928 / 1929. Die Fotos zeigen im Hintergrund die alten Werksgebäude der Puchstraße.

Wie oben, linke Seite. (Werksfotos)

Rechts: Als „treuer Diener seines Herrn“ fuhr diese „blau-gelbe“ Puch 250, Modell 1931, noch bis in die 1950er-Jahre in Niederösterreich im Alltagsbetrieb.

Unten: Alois Drager auf DKW 500 mit Wasserkühlung und Mizzi Heissig auf Puch 250 beim Start zur 4. Bergfahrt des Motorclubs Süd-Wien im Jahr 1930.

Puch 250 „Tourenmodell“, Baujahre 1929–1933
Motor: Motor-Nummern 40.001–54.000, Produktion 13.200 Stück, nach anderen Werksangaben 9.929 Stück
Typ: Puch-Doppelkolben-Zweitaktmotor, luftgekühlt, Kurbelwelle läuft in Fahrzeuglängsrichtung (Querläufer)
Zylinderzahl: 1
Arbeitsweise: Doppelkolben auf Gabelpleuel, asymmetrisches Steuerdiagramm, Gleichstromspülung. Kolbenmaterial Leichtmetall
Bohrung/Hub: zweimal 45 mm/78 mm
Hubraum: 248,1 cm^3
Verdichtung: 5,8:1
Leistung: 6 PS bei 3.000 U/min
Zündanlage: wasserdicht gekapselter Bosch-Hochspannungsmagnet mit Handverstellung des Zündzeitpunktes. Unterbrecher-Kontaktabstand 0,4 mm, Zündverstellhebel neben Handschalthebel, Magnettyp FO 1, Vorzündung 10 mm
Zündkerze: M 95/1, Bosch
Motorschmierung: Frischöl mittels ventilloser, lastabhängiger Ölpumpe; Zweitaktöl, Viskosität SAE 50
Vergaser: Einhebel-Horizontalvergaser, Zenith 25 HKG
Luftfilter: auf einem 90°-Knie senkrecht stehender Puch-Zyklonfilter
Abweichende Daten für Exportmodell 200 ADP (Deutschland) 1929–1932:
Motor: Nummern innerhalb der Serie wie oben, 2.310 Stück
Bohrung/Hub: zweimal 40 mm/78 mm
Hubraum: 195,9 cm^3
Verdichtung: 6:1
Leistung: 6,4 PS bei 3.500 U/min
Kraftübertragung: Motor-Getriebe durch Kegelräder mit Spiralverzahnung, Untersetzung 1:2,36, Getriebe-Hinterrad mittels Kette $^5/_8$" x $^1/_4$", Zähnezahl 14:40 (2,857:1)
Getriebe: handgeschaltetes Dreiganggetriebe 1. Gang: 15,73:1 2. Gang: 7,69:1 3. Gang: 5,16:1
Kupplung: im Hinterrad eingebaute Innenexpansionskupplung mit progressiver Wirkung und Auslösung durch Servokupplung
Auspufftopf: zylindrisch mit oder ohne Versteifungsrippen am Umfang und Fischschwanz-Endstück
Verbrauch: 2,8 l Benzin/100 km, 0,25 l Öl/100 km
Geschwindigkeit: ca. 90 km/h
Fahrgestell, Rahmen: Rohrrahmen, teilweise doppelt ausgebildet, vor dem Motor und unter dem Sattel geschraubt. Nahtlos gezogene Stahlrohre, mit Außenlötung, Innenversteifung und gepressten Muffen
Gabel: Parallelogrammgabel aus Rohren mit nachstellbaren Gelenkbolzen und Reibungsstoßdämpfern
Räder: Drahtspeichenräder mit Tiefbettfelgen 19 x 2,5", vorne 36 Loch, hinten 54 Speichen (verstärkte Ausführung), vorne Innenbackenbremse, hinten Außenbandbremse. Bereifung vorne 3,00–19, hinten 3,25–19, max. 3,50–19
Maße und Gewichte: Sattelhöhe 700 mm, Radstand 1.350 mm, Bodenfreiheit 150 mm, Länge 2.000 mm, Breite 820 mm, Höhe 1.000 mm, Gewicht 100 kg
Bau- und Erkennungsmerkmale: • zweigeteilter Benzintank. Linke Hälfte mit einer Einfüllöffnung für Benzin, rechte Hälfte mit zwei Einfüllöffnungen für Benzin und Öl. Inhalt ca. 9 l Benzin und 1,25 l Öl • Handgashebel • Preis 1929 ohne Lichtanlage S 1.450,– • Fahrersattel mit Schrauben-Zugfedern, schwarze Kunstlederdecke • halbrunde Kotflügel vorne und hinten, ab Motor-Nummer 45.001–55.000 neuer Kotflügel für geänderten Gepäckträger • genieteter Gepäckträger, für die Aufnahme eines Soziussitzes geeignet. Bis Motor-Nummer 45.000 mit runder Werkzeugtrommel mit Schnappverschluss am hinteren Ende, bis 1933 mit zwei Werkzeugtaschen Blech/Leder zwischen den Stützstreben. Tragplatte des Gepäckträgers ab Motor-Nummer 45.001 aus einem gestanzten Blechprofil • Rahmenbrustrohr ursprünglich als Rohr, ab Motor-Nummer 50.301 als Schmiedestück mit I-Profil ausgebildet • Anbau einer 4 Volt-Lichtanlage (später 6 Volt); mit einer vor dem Motor liegenden Keilriemenscheibe möglich • bis Motor-Nummer 45.000 Verwendung der alten 220er-Gabel, danach verstärkte Ausführung, ebenso verstärkte Vorderradbremse ab 1930 mit größerem Durchmesser • 1929 Vorderradbremse linksseitig, ab 1930 rechtsseitig • durch alle Baujahre schwarze Lackierung inklusive Lenkstange, Auspuffrohre und Handgabel verchromt • 1929 und 1930 Tank schwarz mit goldener Beschneidung, der Tankkontur folgend, doppelt, außen ca. 6 mm breit, Zwischenraum 3 mm, innen Goldlinie ca. 3 mm breit, Puchwappen am Tank, Deckleiste liniert • 1931–1933 Tankbemalung dunkelblau/beige mit Puch-Schriftzug in Blockbuchstaben, wahlweise auch schwarzer Tank • Linksgewinde auf rechter Hinterachsseite (ab Motor-Nummer 50.001) 1931–1933 • Handhebel aus Blech, mit geschlossenem Profil, großes Widerlager

Puch 250-Tourenmodelle: Typen L, E und R

Die Puch-Typen E, L und R stellten die konsequente Weiterentwicklung der 250er-„Touren-Puch“ dar, wobei die Kürzel „E“ für „einfache Ausführung“, „L“ für „Luxusmodell“ und „R“ für „Reisch“ stehen. Max Reisch fuhr gemeinsam mit Herbert Tichy 1933/34 auf einer „Touren-Puch“ nach Indien. Die Verbesserungsvorschläge aus dieser Reise flossen in das neue Modell „R“ ein.

Die Motornummer ist ein wesentliches Indiz für die Restaurierung: hier Puch 250 R, spätes Baujahr 1936. Die Motornummer ist bei klassischen und historischen Motorrädern wichtigstes Baumerkmal, da die Fahrgestellnummern infolge Rahmentausches (Bruch durch schlechte Straßen, Kriegsereignisse, Unfälle usw.) repariert und ausgetauscht wurden. Bei den motorisierten Puch-Zweirädern, die serienmäßig hergestellt wurden, waren Motor- und Fahrgestellnummer identisch.

Im Jahre 1933 wurden die Einzylindermodelle mit 250 cm^3 mit folgenden Erkennungsmerkmalen bei der Wiener Messe präsentiert:

- Batteriezündung,
- gedrungener 13 Liter Tank mit verchromten Seitenteilen und weißer Beschneidung sowie der Wortaufschrift „Puch“ in weißen Blockbuchstaben,
- neu konstruierte und verstärkte Rohrgabel,
- angebauter Tachometer in der Gabel mit Antrieb durch die Vorderradnabe,
- Sattel mit Kunstlederdecke und Wulst am Sattelrand,
- Fischschwanzauspuff mit Puch-Aufschrift,
- schwarze Lackierung mit doppelten weißen Zierlinien, außen breit, innen schmal auf Kotflügeln, Felgen, Öltank und Kettenblechabdeckung.

Die Messenummer 5 vom 9. März 1933 der Zeitschrift „Der Motorfahrer“ merkt dazu Folgendes an:
Puch zeigt heuer die neuen Modelle 250 L und 250 SL, die eine Weiterentwicklung und Verfeinerung der vieltausendfach bewährten Typen 250 Touren und 250 Sport darstellen. Den allgemeinen Tendenzen im Motorradbau folgend ging Puch bei den Typen L und SL zur Batteriezündung über. Die großen verchromten Tanks, die einen Fassungsraum von 13 Liter haben, verleihen den Maschinen ein sehr wuchtiges Aussehen. Bemerkenswert ist auch, dass bei den neuen Modellen so wie bei der Type 500 N für das Öl ein separater Behälter unter dem Sattel vorgesehen ist. Die neu konstruierte Gabel gewährt auch auf schlechten Straßen bei hohem Tempo eine gute Abfederung. Die neuen Typen 250 L und 250 SL werden serienmäßig mit Licht und Horn geliefert.

Die bisherigen 250er-Typen „Touren“ und „Sport“ wurden parallel zu den neuen Modellen weiter erzeugt und im Preis kräftig herabgesetzt.
Das Modell L, das 1933 auf den Markt kam, wurde im folgenden Jahr durch das Modell E ergänzt und 1935 vom Modell R, das bis 1937 gebaut wurde, abgelöst. Dennoch wurden bis 1937 einzelne L-Typen neu zugelassen, was aufgrund der geringen Stückzahl von 100 Exemplaren nicht weiter verwundert.

„Der Motorfahrer“, Heft 5 vom 8. März 1934, berichtet: Austro-Daimler-Puch-Verkaufsprogramm 1934:
Die Type 250 E kam in diesem Jahr neu auf den Markt. Dieses Modell entspricht in tech-

Puch 250 L, Modell 1935. Das Öl für die Zweitaktschmierung mit drehzahlabhängiger Ölpumpe befindet sich im runden Tank unter dem Fahrersattel. (Werksbild)

Zwei ungarische Motorradfahrer auf Puch. Vorne eine Puch 250 L mit dem bulligen Satteltank ab 1933, dahinter eine Touren-Puch vor 1933.

Puch 250 E, Modell 1934, Antriebsseite (Werksfoto).

Puch 250 E, Modell 1934, Schaltseite. (unretuschiertes Werksfoto)

nischer Beziehung der Type 250 L, ist aber in der äußeren Aufmachung einfacher gehalten. Die Lackierung der Maschine ist schwarz, nur der Tank hat weiße Zierlinien und der Name Puch in großen Blockbuchstaben ist ebenfalls weiß; dies verleiht der Maschine ein sehr elegantes Aussehen. Die 250 E wird serienmäßig mit elektrischer 30 Watt-Lichtanlage mit Bosch-Scheinwerfer geliefert. Horn ist nicht vorgesehen, anstelle des Gas-Drehgriffes wird ein Gas-Hebel verwendet. Preis der Type 250 E, katalogmäßig ausgestattet, 1.580,– S.

Die 1936er-Modelle wurden in der Zeitschrift „Das Motorrad" anlässlich der Vorstellung der nächstjährigen Modelle bei der Wiener Herbstmesse 1935 wie folgt beschrieben:

Type 250 R. Das bewährte Volksmotorrad. Robust und einfach. Die Kraftquelle ist hier der 250 cm³-Doppelkolbenmotor auf gemeinsamer Pleuelstange, Leistung 7,5 PS, Druckschmierung durch ventillose Ölpumpe, verchromter Tank mit dem neuen Puch-Abzeichen (stilisierter Adler in schwarzer Farbe), original Puch-Vergaser sowie Nass-Luftfilter, Drehgriff, Hochspannungs-Batteriezündung 6/30 Watt, Scheinwerfer mit Fernbedienung und Standlicht. Ferner hat die Maschine ein Dreiganggetriebe im Block und die Puch-Servo-Kupplung mit dem kurzen Kupplungsweg. Nur eine langsam laufende Rollenkette zum Hinterrad, großer, weich gefederter Sattel, Höhe 68 cm, Mittelständer, Gepäckträger mit Werkzeugtasche, komplettem Werkzeug, Pumpe, Ballonreifen 25 x 3, Gewicht 120 kg, Geschwindigkeit 90 km per Stunde. Kassapreis 1.380,– S.

Über den Modelljahrgang 1937 berichtete die „Österreichische Motorwoche – Das Motorrad" in Heft 289 vom 18. September 1936 anlässlich der Wiener Herbstmesse:

Modell 250 R ist mit dem üblichen Zweitakt-Doppelkolbenmotor 7,5 PS ausgestattet und mit dem Dreiganggetriebe, 6/30 Watt-Zündlichtanlage. Die Maschine ist gegenüber dem bisherigen Modell, das mit der gewöhnlichen Rohrgabel ausgestattet war, mit der neuen Pressstahlgabel mit Differentialfederung ausgestattet. Ein großer, weicher Gummisattel, der früher nur an dem Sportmodell angebracht war, wird jetzt auch an dieser Tourentype mitgeliefert. Ebenso der Luftfilter des Modells S 4. Im übrigen ist die Maschine mit dem bisherigen Modell gleich geblieben.

Die Zeitschrift „Der Motorfahrer" merkt im Heft 5, der Messenummer vom 5. März 1937, zu den Puch-Tourentypen an:

Die Type 250 E, eine solide Tourenmaschine, wurde im Preis herabgesetzt. Ausstattung und Ausrüstung, Scheinwerfer, Rahmen und Pressstahlgabel entsprechen der Type Sport 34. Das zeigt deutlich, wie lange – und immer wieder – Puch-Grundmodelle gebaut und in den Handel gebracht wurden.

Und zur 250 R steht Folgendes im selben Artikel:

Der Motor der 250 R besitzt nicht die hohe Leistung der S 4, ist aber natürlich bedeutend elastischer und daher muss diese Maschine nicht so oft geschaltet werden.

Frontansicht der Puch 250, Modelle ab 1937.

Pressstahlgabel und Leichtmetall Bremsankerplatte aller 250er-Modelle ab 1937.

Hintere Vollnabe mit Kupplung und Innenbackenbremse ab 1937.

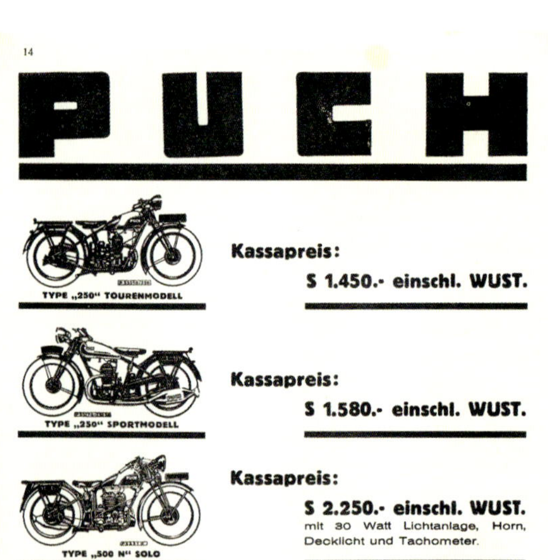

Puch-Modelle 1932

SOLIDES ZUBEHÖR PUCH-Spezial-ausrüftungen

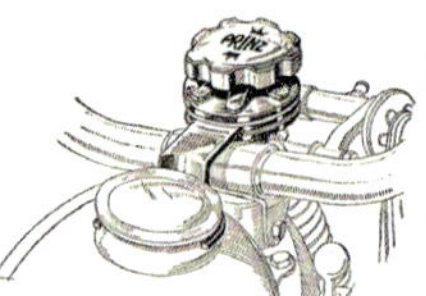

DER NEUE STEUERUNGS-DÄMPFER „PRINZ"
für die PUCH 200 . . . . . S 18·—

„NATIONAL"-SCHWINGSATTEL
auf das Gewicht des Mitfahrers einstellbar! Sattelnase gefedert, daher die ganze Satteldecke nachgiebig . . . . S 54·—

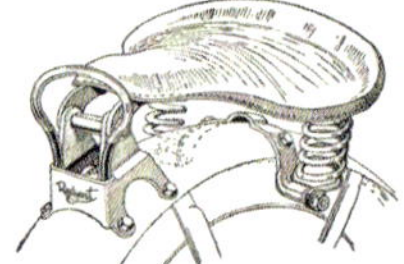

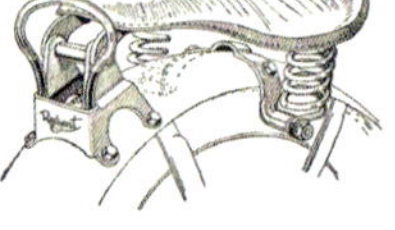

„REGENT"-SOZIUSSATTEL
für Kotflügelbefestigung mit schalenförmiger Sitzfläche . . . . S 35·—

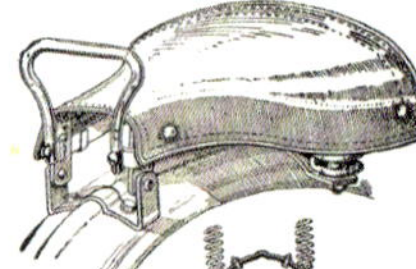

„SPEZIAL"-SOZIUS
auch für PUCH 200 . . . . S 28·—

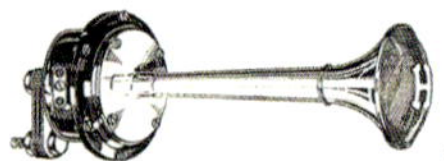

„H"-ÜBERLANDHORN
klangvoll und angenehm lautstark . S 70·—

„H"-HÖRNER Die elektrischen Qualitätshörner
1 jähr. Garantie, normal S 28·—
Luxus S 38·—

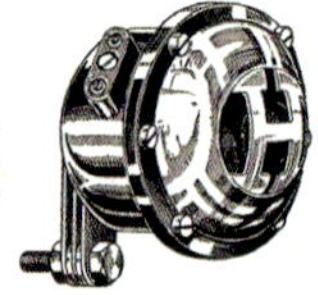

„OLYMPOR" SPEZIALTACHOMETER
für PUCH 200 mit Präzisionszählwerk, komplett mit Antrieb

GENERAL VERTRETUNG A. u. R. HINTEREGGER WIEN XIV, JOHNSTR. 31. U 35-5-50

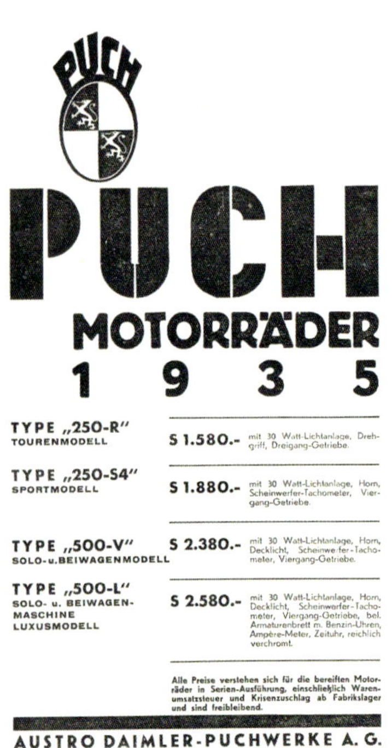

HINTEREGGER PUCH-PROGRAMM

Die Firma A. Hinteregger bringt wie in den vergangenen Jahren die serienmäßige Puch-Maschine mit zweckmäßigen Verschönerungen. Im heurigen Jahr sind es auch technische Vorteile, die sich insbesonders der Kettenpflege widmen.

Puch 250 mit Spezialkettenkasten.

Das Puch-Modell „R" wird im Gegensatz zur serienmäßigen Ausführung mit schwarz-rot ausgeführtem Tank einen schwarz-chrom-roten Tank aufweisen und dürfte dadurch den Wünschen eines Teiles des Publikums Rechnung getragen sein. Insbesonders jener Käuferklasse, die nicht allein auf den Preis der Maschine achtet, sondern auch den Wert derselben in Betracht zieht. Die Maschine ist wie serienmäßig mit der 30-Watt-Lichtanlage und Scheinwerfer ausgestattet und wird auf Wunsch mit oder ohne Horn geliefert. An Stelle des Gashebels ist ein Gas-Drehgriff an der linken Lenkstangenseite vorgesehen. Die Maschinen

Der Hinteregger-Spezialkettenkasten

sind mit Batteriezündung ausgestattet. Die Kette ist in vollkommen verschlossenem Gehäuse untergebracht, der hintere Zahnkranz in einer Kappe aus Alluminiumguß als Abschluß des Kettenkastens. Im Hinterrad ist wie serienmäßig die große Nabe eingebaut, die mit Stahllamellen, Kupplung und Innenbackenbremse ausgestattet ist.

Die Type S 4 bringt Hinteregger in der normalen Serienausführung, das ist mit dem bewährten Sport-Motor. 10,5-PS-Bremsleistung, Frischöldruckschmierung, Puch-Sport-Einhebelvergaser, Batteriezünd-Lichtanlage, 30 Watt, mit Milles-Lichtmaschine.

Puch-Modelle 1935 und Hinteregger Puch-Programm. Diese Firma war der größte Puch-Motorradhändler in Österreich und lieferte auch eigene „Hinteregger"-Luxusmodelle der einzelnen Typen. Rechts oben: Puch-Zubehör der Firma Hinteregger im Jahr 1935.

stung 18 PS. Geschwindigkeit 125 km. Magnetzündung, 30 Watt Lucas-Maglita-Lichtanlage. Vierganggetriebe. 26 × 3,25 Firestone-Reifen. 7zöllige Hinterradbremse. Amal-Vergaser. Kräftiger Rahmen aus englischem Material. Mittelständer. Vorderkette vollkommen verkapselt in Aluminiumgehäuse in Oelbad laufend. Dunlop-Vollgummisattel. Gummiraster. Webb-Gabel mit Stoßdämpfer, während der Fahrt leicht nachstellbar. Ausstattung serienmäßig mit Horn, Fußschaltung, beide Auspuffrohre hochgezogen, mit rundem Schalldämpfer, großen Kniegriffen, Smith-Tachometer-Antrieb im Vorderrad eingebaut usw.

Panther Modell 600 Redwing: Der bewährte Rahmenmotor mit eigener Panther-Aufhängung. Vollkommen neu konstruierte Oelung mit selbständiger Regulierung; erhöhter Oelzufluß am Kolben und Zylinderkopf; alle Antriebszahnräder sind aus Chromnickelstahl. 50 Watt Lichtmaschine; Magnetzündung. Spezial-Webb-Gabel. Burman-Vierganggetriebe mit Fußschaltung. Gekuppelte Vorder- und Hinterradbremse. Geschwindigkeit 140 km-Std. bei 3—3,2 Liter Benzinverbrauch.

Puchmodelle 1936.

Generalvertretung: A. und R. Hinteregger, Wien, XIV., Johnstraße 31; Telephon U 35-5-50 Serie.

Type 250 R: Das bewährte Volksmotorrad. Robust und einfach. Die Kraftquelle ist hier der 250 ccm Doppelkolbenmotor auf gemeinsamer Pleuelstange, Leistung 7.5 PS, Druckschmierung durch ventillose Oelpumpe, verchromter Tank mit dem neuen Puchabzeichen (stilisierter Adler in schwarzer Farbe), Original-Puchvergaser sowie Naß-Luftfilter, Drehgriff, Hochspan-

Puch 250 R.

nungsbatterie-Zündung 6/30 Watt, Scheinwerfer mit Fernabblendung und Standlicht. Ferner hat die Maschiene ein Dreiganggetriebe im Block und die Puch-Servo-Kupplung mit dem kurzen Kupplungsweg. Nur eine langsam laufende Rollenkette zum Hinterrad, großer, weichgefederter Sattel, Höhe 68 cm, Mittelständer, Gepäckträger mit Werkzeugtasche, kompletten Werkzeug, Pumpe, Ballonreifen 25×3, Gewicht 120 kg, Benzinverbrauch 2.8 l, Oelverbrauch 0.25 l auf 100 km, Geschwindigkeit 90 km per Stunde. Kassapreis S 1380.—.

Modell 250 S4: Diese Sportmaschine hat Doppelkolben-Zweitaktmotor, eine erhöhte Kompression und gibt 10.5 PS Leistung ab. Die Wärmeableitung ist mit den wuchtigen Kühlrippen und dem Leichtmetall-Zylin-

Puch 250 S 4

derkopf besonders gesichert. Der Puch-Spezialvergaser mit Startventil hat Naß-Luftfilterung. Benzintank mit dem neuen Puchabzeichen in roter Farbe. Preßstahl-Vorderradgabel mit synchronisierter Differential-Federung, die Stoßdämpfung mit einem Handrad bequem einstellbar. Hochspannungsbatterie-Zündung 6/30 Watt, Horn, Sportbügel mit Werkzeugtaschen, komplettes Werkzeug, Mittelständer, angeflanschtes Vierganggetriebe, Vorderrad-Steckachse, Gummi-Sattel. Ferner ist der Tachometerantrieb an der rechten Gabelscheide in die Bremstrommel, also staubsicher, geführt. Innenbackenbremsen auf beiden Rädern. Benzinverbrauch 2.8 l und Oel 0.25 l auf 100 km. 110 km Stundengeschwindigkeit. Kassapreis mit der neuen Preßstahlgabel S 1680.—.

Modell 500 L: Zweizylinder-Doppelkolben-Motor auf 2 Pleuelstangen mit einer Leistung von 15 PS. Leichtmetallkolben und Leichtmetallköpfe. Puch-Vergaser, Hochspannungsbatterie-Zündung 6/30 Watt. Bei dieser Maschine ist die neue Preßstahl-Vorderradgabel besonders verstärkt, synchronisierte Differential-Federung, gekapselter Tachoantrieb, Steckachse im Vorderrad. Innenexpansions-Servokupplung und Innenbekanbremsen auf beiden Rädern. Großer verchromter Siemens-Scheinwerfer mit beleuchtbarem eingebauten Tachometer, verchromter Tank mit dem neuen Puchabzeichen in roter Farbe, Liniierung weiß, indirekt be-

59

Puch-Modelle 1936. Faksimile des Berichtes im Motorrad. Beachtenswert ist auch das Inserat der österreichischen Firma Seklehner, welche außer Lichtanlagen auch Wasserkühlungen für Puch-Motorräder erzeugte.

Puch 250er-Endmontage 1936. (Werksfoto)

Als letzte Erwähnung der Puch R findet sich 1938 im Heft 313 derselben Zeitschrift, dass das Äußere der 250 R gegenüber dem Vorjahr mitsamt seiner hochwertigen Ausrüstung (Pressstahlgabel, Gummisattel usw.) gleich geblieben ist, der Preis jedoch von 1.430,– auf 1.380,– gesenkt worden ist.

„Das Motorrad“ schrieb in Heft 237 vom 1. März 1935 anlässlich der Internationalen Motorrad-Ausstellung auf der Wiener Frühjahrsmesse wie folgt:
Die zur Schau gestellten Modelle unserer größten heimischen Motorradfabrik zeigen, daß Puch seinen bisherigen bewährten Konstruktionen treu geblieben ist. Es wurde vermieden, um jeden Preis etwas Neues zu bringen, dagegen ist festzustellen, daß die bisherigen Typen in der Ausführung verfeinert und so dem erhöhten Komfort für den Fahrer Rechnung getragen wurde.
Das neue Modell 250 R präsentiert sich durch den farbigen Tank ungemein gefällig. Die Seitenflächen des Tanks sind rot emailliert, die Oberseite ist schwarz, ebenso der Rahmen und die Kotbleche, die rote Zierlinien haben. Die Type 250 R ist der Ersatz für das vorjährige Modell 250 E und hat im Hinterrad die verbesserte Kupplung der Type 250 S 4. Für die Gasregulierung ist ein Drehgriff vorgesehen.

Puch 250 R Typenschild. Dieses ist hilfreich bei der „Spurensuche“ für die Restaurierung.

Die S. S. automatische Fußschaltung.

Dem Wiener Engelbert Schotzko ist es gelungen, eine Fußschaltung herauszubringen, die vorerst nur für die Puch-Maschinen bestimmt ist. Man kann von jeder Gangstellung aus durch einen Griff auf den normalen Leerlauf schalten, so daß das bisherige Herumtasten und Herumschalten nicht mehr notwendig sind. Der Automat ist mit einem eigenen Leerlaufhebel ausgestattet, der in einer Klinke nach oben hin schwenkbar ausgebildet und

mittelbar mit der Klinkenradachse starr verbunden ist und außen am Schaltgehäuse einen einstellbaren Anschlag auf Leerlauf besitzt. Diese neueste Einrichtung ist in der Stellung des 1. Ganges nach oben abgebogen und wird durch die Fußbelastung zum Leerlauf durch den Anschlag in die Gerade gezogen. In der Stellung des 2., 3. und 4. Ganges ist der Leerlaufhebel nach oben hin in einer Winkeldrehung je nach der Stellung der Gänge eingestellt, und es wird auf Leerlauf bis zum Anschlag getreten.

Oben links und Mitte: Das neue Tourenmodell R mit roten Tank-Seitenfeldern, Baujahr 1935.
Oben rechts: Zu Beginn der 1930er-Jahre waren Fußschaltungen ein Thema für sportliche Fahrer. Hier eine Beschreibung einer „S. S. Schotzko"-Fußschaltung für Puch-Maschinen.
Unten: Die Puch 250 R in der letzten Ausführung im Jänner 1937. Dieses Tourenmotorrad fiel 1939 der Typenbereinigung zum Opfer. (unretuschiertes Werksfoto)

A-141 745

Puch 250 E, Puch 250 L, Baujahre 1933–1935 (1937)

Motor: E-Motor-Nummern 56.296–56.600, 56.701–57.450, Produktion 1.055 Stück
L (ADP)-Motor-Nummern 56.601–56.700, Produktion 100 Stück (1934–1937)

Typ: Puch-Doppelkolben-Zweitaktmotor, luftgekühlt, senkrecht stehend, Kurbelwellenachse in Fahrzeuglängsrichtung (Querläufer)

Zylinderzahl: 1

Arbeitsweise: Doppelkolben auf Gabelpleuel, asymmetrisches Steuerdiagramm

Bohrung/Hub: zweimal 45 mm/78 mm

Hubraum: 248 cm^3

Verdichtung: 5,8:1

Leistung: 7,5 PS bei 4.100 U/min

Zündanlage: Batteriezündlichtanlage mit spannungsregelnder Lichtmaschine, Milles DZ 30 S, Vorzündung 10 mm vor OT

Lichtanlage: 30 – 50 Watt, Batterie 12 AH

Zündkerze: Bosch M 145/1, 18 mm Gewinde

Motorschmierung: Frischöl, mittels einer vom Motor angetriebenen, im Getriebegehäuse eingebauten Ölpumpe. Die Fördermenge wird mit dem Gasgestänge reguliert; Zweitaktöl, Viskosität SAE 50

Vergaser: Puch-Einhebel-Vergaser

Luftfilter: auf einem 90°-Knie senkrecht stehender Puch-Zyklonfilter

Sonstige Motormerkmale: kleine Kühlrippen, Leichtmetallkolben

Kraftübertragung: Motor – Getriebe durch Kegelräder mit Spiralverzahnung, Untersetzung 1:2,4; Getriebe-Hinterrad mittels Rollenkette $^5/_8$ x $^1/_4$"

Getriebe: handgeschaltetes Dreigang-Getriebe, Gesamtübersetzung am Hinterrad:
1. Gang: 1:15,99; 2. Gang: 1:7,82; 3. Gang: 1:5,24; Getriebeöl SAE 50

Kupplung: im Hinterrad eingebaute Innen-Expansionskupplung mit progressiver Wirkung und Auslösung durch Servokupplung

Fahrgestell, Rahmen: Rohrrahmen, teilweise doppelt ausgebildet, vor dem Motor und unter dem Sattel geschraubt. Steuerkopf und Brustteil gesenkgeschmiedet mit I-förmigem Querschnitt

Gabel: Rohrgabel oder Blechpressprofil, je nach Modell, Parallelogrammgabel mit zwei Zugfedern und Stoßdämpfern

Räder: Drahtspeichenräder mit Tiefbettfelgen für Drahtbereifung 3,25–19", kugelgelagert; vorne 36 Speichen, hinten 54; Reifenübergröße 3,50–19" zulässig

Bremsen: vorne Innenbacken, hinten Außenband bzw. Innenbacken

Maße und Gewichte: Länge: 2.000 mm, Breite: 800 mm, Höhe: 1.000 mm, Radstand: 1.315 mm, Sattelhöhe: 680 mm, Bodenfreiheit: 115 mm, Höchstgeschwindigkeit ca. 90 km/h, Gewicht ca. 120 kg

Verbrauch: 2,8 l Benzin und 0,3 l Öl/100 km, Tankinhalt 13 l, zulässiges Gesamtgewicht: 300 kg

Bau- und Erkennungsmerkmale, Puch 250 L („Luxus"), Baujahr 1933:

- schwarz emailliert mit doppelten weißen Zierlinien an den Kotflügeln, Öltank und Kettenschutzblech; Außenkante ca. 8 mm breit, 3 mm Abstand, innen ca. 3 mm, Kettenkasten und Felgen liniert
- Tank verchromt, weiße Beschneidung, Puch-Aufschrift in weißen Blockbuchstaben. Zweiteilig, mit Kugel-Druck-Schnellverschlüssen, Deckleiste über den beiden Tankhälften mit weißer Zierlinie, zylindrischer Öltank unter dem Sattel, Kugel-Druck-Schnellverschluss
- Rohrgabel, neu konstruiert, verstärkte Ausführung, angebauter Tachometer mit Antrieb von Vorderradnabe
- Bosch-Scheinwerfer, Lichtaustritt 150 mm, stromlinienförmig mit zylindrischem Endstück und mittigem, randriertem Schalter
- Handhebel geschmiedet, alle blanken Teile verchromt, flacher Auspufftopf mit Puch-Prägung, blank verchromt
- kleine Hinterradnabe mit Außenbandbremse, jede zweite Zylinderrippe nach vorne vergrößert, ganz gefederter Sattel mit Wulst am Sattelrand
- Magura-Gasdrehgriff mit Abblendschalter und Horntaster, flaches Bosch-Horn auf Gabel montiert
- Abwälzständer, Gepäckträger und Blech-/Leder-Werkzeugtaschen

Puch 250 E, Abweichungen vom Modell L:

- schwarz lackiert, Tank schwarz, ohne Chromseitenteile, einfach weiß beschnitten, weiße Puch-Aufschrift in Blockbuchstaben
- Rohrgabel ohne Tachometerantrieb, aber mit Einbaumöglichkeit, Handgashebel (kein Drehgriff), kein Horn
- Blechprofil-Gepäckträger in genieteter Ausführung, Blech-Werkzeugtaschen mit Puch-Prägung

Links: Puch 250 R, gefahren von zwei Soldaten in Wehrmachtsuniform nach dem März 1938.

Puch 250 R, Baujahre 1935–1938
Motor: Motor-Nummern 57.451–61.450, Produktion 3.751 Stück, nach anderen Werksangaben 4.000 Stück
Type: Puch-Doppelkolben-Zweitaktmotor, luftgekühlt, senkrecht stehend. Kurbelwellenachse in Fahrzeuglängsrichtung (Querläufer)
Zylinder: 1 Graugusszylinder mit Doppelbohrung, Zylinderkopf Grauguss
Arbeitsweise: Doppelkolben auf Gabelpleuel, asymmetrisches Steuerdiagramm, Gleichstromspülung, Kolben Leichtmetall, gegossen
Bohrung/Hub: zweimal 45 mm/78 mm
Hubraum: 248 cm^3
Verdichtung: 5,8:1
Leistung: 7,5 PS bei 4.100 U/min
Zündanlage: Batteriezündlichtanlage mit spannungsregelnder Lichtmaschine Milles DZ 30 S, Vorzündung 8,5–9,5 mm vor OT
Batterie: 12 AH
Zündkerze: Bosch M 145/1, 18 mm Gewinde
Schmierung: Frischöl, mittels einer vom Motor angetriebenen, im Getriebegehäuse eingebauten Ölpumpe. Die Fördermenge wird mit dem Gashebel über ein einstellbares Gestänge reguliert. Zweitaktöl, SAE 50, Einbereich
Vergaser: Puch-Einhebelvergaser, Drahtgewebefilter (Nassluftfilter); nur 1935: Zenith-Vergaser 26 MC mit Lufttrichter
Kraftübertragung: Motor – Getriebe durch Kegelräder mit Spiralverzahnung, Untersetzung 1:2,4; Getriebe-Hinterrad mittels Rollenkette $^5/_8$ x $^1/_4$"
Getriebe: handgeschaltetes Dreiganggetriebe, Gesamtübersetzung am Hinterrad: 1. Gang: 1:15,99; 2. Gang: 1:7,82; 3. Gang: 1:5,24; Getriebeöl SAE 50
Kupplung: im Hinterrad eingebaute Innenexpansionskupplung mit progressiver Wirkung und Auslösung durch Servokupplung
Fahrgestell, Rahmen: Rohrrahmen, teilweise doppelt ausgebildet, vor dem Motor und unter dem Sattel geschraubt, Steuerkopf und Brustteil gesenkgeschmiedet mit I-förmigem Querschnitt
Gabel: Parallelogrammgabel mit zwei Zugfedern und Stoßdämpfern, Ausführung als Rohrgabel oder Blechpressprofilgabel, je nach Baujahr; Steuerungsdämpfer
Räder: Drahtspeichenräder mit Tiefbettfelgen für Drahtreifen 3,25–19", kugelgelagert; vorne 36 Loch, hinten 54; Reifenübergröße 3,50–19" zulässig
Bremsen: vorne Innenbacken, hinten Außenband bzw. Innenbacken, je nach Baujahr
Maße und Gewichte: Länge: 2.000 mm, Breite: 800 mm, Höhe: 1.000 mm, Radstand: 1.315 mm, Sattelhöhe: 680 mm, Bodenfreiheit: 115 mm, Höchstgeschwindigkeit: ca. 90 km/h, Gewicht: ca. 120 kg. Tankinhalt: 13 l.
Bau- und Erkennungsmerkmale: • Lackierung: schwarz emailliert • Tank verchromt, weiß beschnitten mit stilisiertem, schwarzem Puch-Adler; Deckleiste zwischen den Tankhälften weiß beschnitten • nur 1935: schwarzer Tank, rote Seitenteile, mit weißer Puch-Blockschrift, dazu Kotflügel rot beschnitten • Kotflügel weiß beschnitten • Rohrgabel, ab 1936 Blechpressgabel • Felgen liniert • ab Motor-Nummer 57.701 großer Siemens-Scheinwerfer mit Lichtaustritt 180 mm • ab 57.701 bis 58.200 kleiner Walzentachometer (Veigel) mit eigenem Gehäuse im Scheinwerfer • von 58.201 bis 59.950 kleiner Walzentachometer von Veigel, teilweise mit Flachglasausführung • 59.951 bis 61.450 großer Veigel-Rundtachometer S 80 • ab 1936 Vollnabenbremse hinten

Rechts: Nur das Modell 1935 der Puch 250 R hatte die attraktive rote Tankbemalung. Gut zu erkennen die Dreigang-Handschaltkulisse mit dem seitlichen Zündungsverstellungshebel.

PUCH

Puch 250 T3: Der Super Tourer

Mit der Puch T 3 stellte Puch den Abschluss und die Krönung der Puch-Touren-Motorräder zwischen den beiden Weltkriegen vor. Diese Maschine löste die R-Type ab. Augenfälligstes Merkmal war die optische Angleichung an die S 4, vor allem auch vom Zylinder her. Die neue Puch 250 T 3 wurde – als Modell 1938 – erstmals in der „Österreichischen Motorwoche – Das Motorrad" vom 3. Dezember 1937 der Öffentlichkeit präsentiert. Dazu stellte das Blatt fest:
Durch Sportzylinder, Sportbügel und verchromte Schalldämpfer erhält die neue 8,5 PS T 3 ein sehr vorteilhaftes Aussehen. Die T 3 besitzt den leistungsfähigen Sportzylinder, der in Steigungen hervorragende Kühlergebnisse gibt. Ein neuer, verchromter Schalldämpfer entspricht auch hohen Ansprüchen an Geräuschdämpfung ohne Kraftverlust. Interessant ist die neue Flanschbefestigung mit drei Schrauben, die absolut dicht hält.

Und am 7. Jänner 1938 merkte dasselbe Blatt an:
Die neue Tourenmaschine Type T 3 ist als erstes 38er-Modell schon prompt lieferbar. Ein Teil der ersten Serie soll bereits an das Bundesheer zur Auslieferung gelangt sein. Die Leistung dieses Modells liegt zwischen der der aufgelassenen Type 250 R und der der S 4 (8 ½ PS). Mit dem großen Sportzylinder ist die T 3 sehr ausdauernd zu zweit in langen Steigungen, wenn sie auch die Spitzengeschwindigkeit der S 4 in der Ebene nicht erreicht. Selbstverständlich besitzt der T 3-Motor auch die verstärkte Pleuelstange der S 4.

Die Messenummer der Zeitschrift „Der Motorfahrer" berichtet am 9. März 1938 über die neue Puch 250 T/3. So wurde sie damals korrekt „mit Schrägstrich" bezeichnet.
Sehr großen Anklang findet das Modell 250 T/3, das schon seit Ende des Jahres 1937 als erstes der 38er-Modelle lieferbar ist. Der neue große Sportzylinder verbessert die Leistung in Steigungen in weitgehendem Maße, sodass sich eine Dauerleistung von 8,5 PS ergibt.

Die Puch T3, das letzte Tourenmodell mit 250 cm³, vor dem Zweiten Weltkrieg, wies bereits den großflächig verrippten Zylinder der S 4 auf (Modell 1938).

Neu ist weiter der Schalldämpfer, der nun leicht zerlegbar ist und sehr gut dämpft. Die T3 ist also das 250 Spezial-Tourenmodell. Die Maschine hat Dreiganggetriebe und Handschaltung, ist sehr elastisch und kann mit dem dritten Gang auch ganz langsam gefahren werden. Der Verbrauch ist 2,8 l für 100 km, die Höchstgeschwindigkeit 95 km/h.

In der Vorankündigungs- sowie der Messenummer berichtete die „Österreichische Motorwoche – Das Motorrad" in den Heften 365 und 366 vom 11. März 1938:
T/3: die zweite neue Type (Anm.: nach der 60 cm^3-Styriette) *ist eine Sonder-Tourenmaschine der 250 cm^3-Klasse mit einem neuen vergrößerten Zylinder. Diese Maschine ist für lange Steigungen besonders konstruiert worden.*

Am 24. Februar 1939 schrieb „Die Motorwoche" – ohne „österreichisch" und ohne „Motorrad" – über die T 3:
Wohl die Erkenntnis, daß zwischen der Type 200 und dem Tourenmodell 250 (T 3) bloß ein äußerst geringer Leistungsunterschied besteht, dürfte Puch veranlaßt haben, die letztgenannte Type aufzulassen.

Ganz oben: Puch 250 T3, Modell 1938. Kleiner Scheinwerfer, langer zylindrischer Auspufftopf und Sportbügel am hinteren Kotflügel.
Darunter: Puch-Servokupplung 1933–1936, danach Vollnabenausführung mit Innenbacken-Bremstrommel.

Puchs perfekteste Tourenmaschine der Zwischenkriegszeit war also das Opfer der Typenbereinigung geworden. Obwohl nicht ausgesprochen, dürfte diese Rationalisierungsmaßnahme auf Anordnung des Reichswirtschaftsministeriums erfolgt sein, dem ja auch für Hitlers planwirtschaftliche Maßnahmen die Koordinierung der kraftfahrtechnischen Belange des „Dritten Reiches“ oblag.

Aus dieser Tatsache der vorzeitigen Produktionseinstellung resultiert auch die geringe Stückzahl von nur 1.399 erzeugten Einheiten. Dennoch hat sich im Gedächtnis von Zeitzeugen, die nicht unbedingt Motorradliebhaber sein müssen, der Name „Puch T 3“ als Synonym für Puchs populärste Tourenmaschine der Zwischenkriegszeit eingeprägt.

Puch 250 T 3, Baujahr 1938

Motor: Motor-Nummern 61.451–62.950, Produktion 1.399 Stück, nach anderen Werksangaben 1.500 Stück

Typ: Puch-Doppelkolben-Zweitaktmotor, luftgekühlt, senkrecht stehend, Kurbelwellenachse in Fahrzeuglängsrichtung (Querläufer)

Zylinderzahl: 1

Arbeitsweise: Doppelkolben auf Gabelpleuel, asymmetrisches Steuerdiagramm

Bohrung/Hub: zweimal 45 mm/78 mm

Hubraum: 248 cm^3

Verdichtung: 5,6:1

Leistung: 8,5 PS bei 4.100 U/min

Zündanlage: 6/30 Watt Hochspannungsbatteriezündung, Akkumulator 6 Volt, 7 AH

Zündkerze: Bosch DM 175 T1 bis DM 225 T1

Vorzündung: 8,5 – 9,5 mm vor OT, Zündverstellhebel rechts am Tank

Motorschmierung: Frischöl, mittels einer vom Motor angetriebenen, im Getriebegehäuse eingebauten Ölpumpe. Die Fördermenge wird mit dem Gasgestänge reguliert. Zweitaktöl, Viskosität SAE 50

Vergaser: Puch-Einhebel mit Knecht-Luftfilter, verchromt

Sonstige Motormerkmale: stark verrippter Zylinder, Leichtmetallzylinderkopf

Geschwindigkeit: ca. 95 km/h

Kraftübertragung: Motor – Getriebe durch Kegelräder mit Spiralverzahnung, Übersetzungsverhältnis 1:2,4. Getriebe-Hinterrad mittels Rollenkette $^5/_8$ x $^1/_4$"

Getriebe: Dreiganggetriebe mit Handschaltung. Gesamtübersetzung am Hinterrad bei Zähnezahl 14:40 der Sekundärübersetzung (= Kette):
1. Gang: 1:15,99; 2. Gang: 1:7,82; 3. Gang: 1:5,24

Kupplung, Fahrgestell, Maße und Gewichte identisch mit S 4, Baujahr 1938.

Bau- und Erkennungsmerkmale:
Die Puch T 3 war optisch weitgehend identisch mit der Puch S 4 des Baujahres 1938. Abweichend davon waren:

- Tank mit blauem Adler, weiß liniert
- Motorrad schwarz lackiert, weiße Beschneidung folgender Teile: beide Kotflügel, Gabel
- zylindrischer Schalldämpfer mit Puch-Prägung, Fischschwanzende, verchromt
- vereinfachte Griffe gegenüber S 4; diese konnten gegen Aufpreis bestellt werden
- serienmäßig kleiner Siemens-Scheinwerfer ohne Tachometer. Gegen Aufpreis konnte der große S 4-Scheinwerfer mit Tachometer bestellt werden
- Preis der Maschine S 1.380,–.
- Aufzahlung für großen Scheinwerfer, Einbaumöglichkeit für Zeigertachometer und Griffe S 4: S 50,–
- Zeigertachometer samt Montage: S 63,–
- Boschhorn samt Montage: S 40,–

Die Puch-Motorräder der Type 250 „Sport" von 1930 – 1933: Ideal für Alltag und Sport

Im Jahre 1930 war, wie bereits bei den Tourenmodellen ausgeführt, das neue 250 cm^3-Puch-Motorrad rahmenmäßig verbessert worden. Und zwar wurde das runde Rahmen-Brustrohr gegen ein Doppel-T-Profil in Schmiedetechnik mit mitgeschmiedetem Gabelkopf ersetzt. Gleichzeitig brachte Puch mit diesem Modelljahrgang ein Sportmodell auf den Markt. Dieses unterschied sich leistungsmäßig nicht vom Tourenmodell, wies hingegen folgende optische Änderungen auf: verchromte Tankhälften, Bronze-Zylinderkopf, glattes Auspuffrohr ohne Schalldämpfer, aber mit Fischschwanz-Endstück.

Die erste Serie der 250 Sport wurde jedoch noch mit dem runden Brustrohr ausgeliefert. Das Handbuch „Puch-Motorrad-Modell 250 – Beschreibung, Instandhaltung, Betriebs- und Fahrvorschrift" vom Oktober 1930 weist nur sehr spärlich auf die Abweichungen gegenüber dem Tourenmodell hin:

Der Tank des Sportmodells, das Auspuffrohr sowie die notwendigen blanken Handgriffe und Hebel sind verchromt, da sich die Verchromung widerstandsfähiger als die Vernickelung erwiesen hat.

Dazu kam noch ein Bild des Sportmodells.

Der Wiener Kunstfahrer Georg Panek auf Puch 250 bei einer Vorführung im Jahre 1933.

In der Verkaufspraxis erwies sich die Puch 250 „Sport“ als Fahrzeug für den „Sportsman“, der damit unter der Woche seinen Geschäften und am Wochenende seinem Hobby nachging. Möglichkeiten für ambitioniert-amateurhaften Breitensport gab es zu Beginn der 1930er-Jahre jede Menge. So wurde von den zahlreichen Motorradclubs vom Gymkhana über Langstreckenfahrten bis zu Wertungsfahrten jede Art des Motorradsportes in einem Umfang betrieben, der den reinen Amateuren, für die diese Maschine ja in erster Linie gedacht war, jede Chance ließ. Dennoch: Der Boden war von der Versuchsabteilung für die sportliche Verwendung der Puch 250 gut vorbereitet worden. So fuhren ja unter anderen die Werksfahrer Höbel und Cmyral mit dem Leiter des Fahrversuches und Teamchef Oswald erfolgreich bei der Sechstagefahrt 1929 mit. Die Erfahrungen dieses und anderer Sporteinsätze wurden in die neue Puch 250 „Sport“ eingebracht.

Im bereits zitierten Handbuch wird die Leistung der Maschine mit *„ca. 6 PS bei n = 3.000“* angegeben. In anderen zeitgenössischen Publikationen wird hingegen auf eine *„erhöhte Kompression und eine Leistung von ca. 7 PS bei 3.200 U/min“* verwiesen. Es steht wohl außer Zweifel, dass das Puch-Werk mit gleicher Leistung des Sportmodelles wie beim Tourenmodell kaum einen Käufer für die Sportmaschine gefunden hätte. Was lag also näher, als im Zuge der Modellpflege auch eine Leistungssteigerung durchzuführen.

Die wesentlichsten Modellpflege-Maßnahmen am Puch-Sportmodell 250 wurden im Jahr 1932 durchgeführt. Die auffälligste optische Änderung war der Ersatz des bei den Modellen 1930 und 1931 verwendeten Motors mit Bronze-Zylinderkopf durch einen großflächig verrippten Zylinder mit Aluminium-Zylinderkopf. Die Zeitschrift „Das Motorrad“, Nr. 166 vom 15. März 1932, berichtete über das Modell Puch 250 S Folgendes:

Zur Erzielung größerer Leistungsfähigkeit des Sportmodells Puch 250 wurde unter Berücksichtigung der Erfahrungen des letzen Jahres der Motor einer weitgehenden Umkonstruktion unterzogen und das gesamte Triebwerk im Motor durchgreifend geändert. Auch die Kolbenbolzen und die Pleuelstange wurde neu entworfen und das Pleuellager vergrößert. Äußerlich unterscheidet sich der Sportmotor durch seinen Silumin-Zylinderkopf und die besonders ausgebildeten Kühlrippen. Obwohl die Abmessungen dieselben sind wie die beim Tourenmodell, wird durch die Überkompression und die besondere Einregulierung eine effektive Leistung von ca. 9 PS bei 3.000 Touren erzielt. Ansonsten unterscheidet sich das Sportmodell vom Tourenmodell durch seinen Dreidüsen-Zenith-Vergaser, durch das Gesamtübersetzungsverhältnis, das hier 14,67, 7,17 und 4,81 : 1 beträgt. Weiters sind nicht nur Auspuffrohr, Griffe und Handhebel verchromt, sondern auch der Benzinbehälter. Es ist verständlich, dass das Sportmodell nicht nur eine höhere absolute Geschwindigkeit gegenüber dem Tourenmodell erreicht, sondern dass es auch einen höheren Reisedurchschnitt infolge des größeren Beschleunigungsvermögens gestattet.

In Heft 189 vom 1. März 1933 merkte „Das Motorrad“ nach der Rezension der neuen Puch 250 L- und SL-Typen an:

Die Typen 250 Touren und 250 Sport werden parallel mit den neuen Modellen erzeugt und verkauft. Die Preise für die genannten Typen wurden kräftig herabgesetzt.

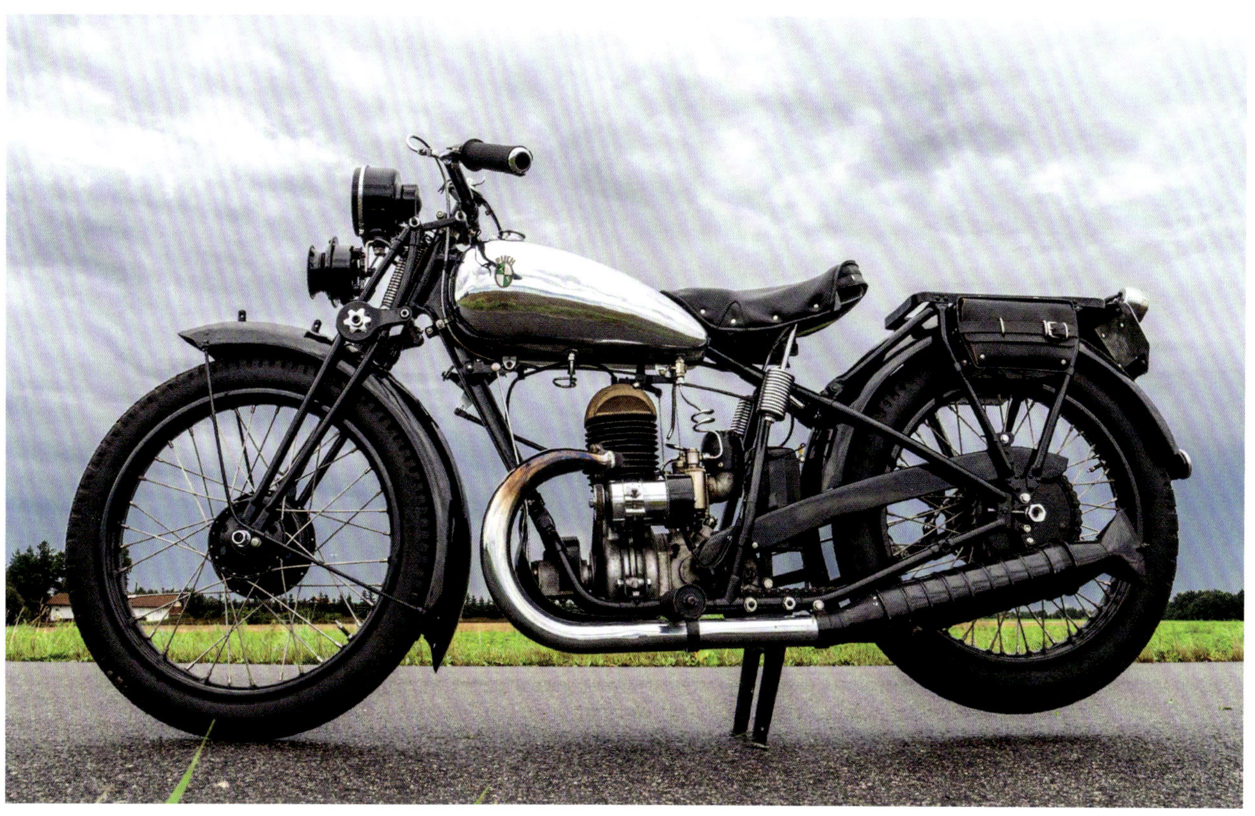

Puch 250 Sport, spätes Baujahr 1930, mit Bronze-Zylinderkopf und verchromtem Tank sowie verstärkter Vorderradbremse.

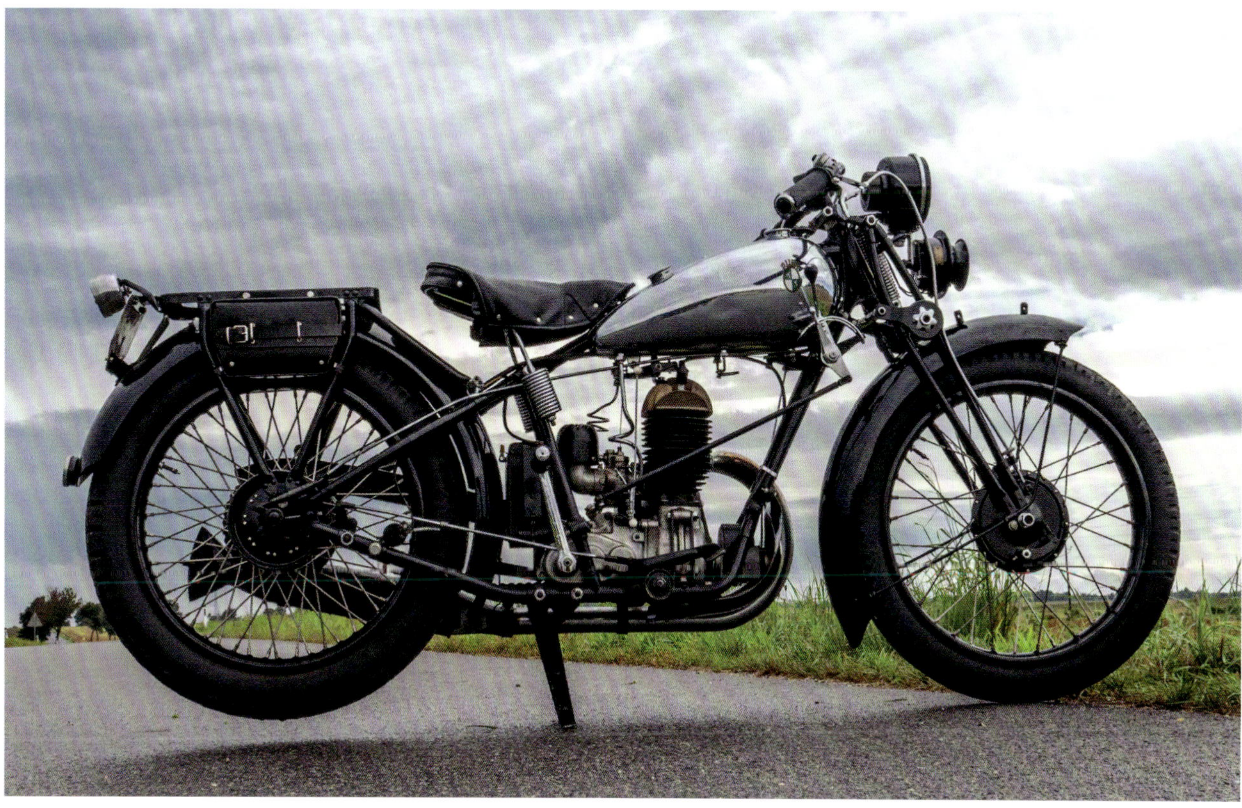

Puch 250 S, Modell 1930, Antriebsseite (oben), Schaltseite (unten). Unretuschierte Werksfotos aus dem Werk Puchstraße.

Rechts: Puch 250 S, Modell 1930, mit einem Wiener Paar auf Ausflugsfahrt. Beachtlich sind die Tachometeranlage mit Zahnscheibe und Ritzel am Vorderrad sowie die elektrische Bosch-Lichtanlage. Beides musste, ebenso wie die „Pupperlhutsche“ (= Soziussattel), als Extra gekauft werden. Und: kleines „Hoppala“ beim Auspufftopf.

AXXIX 694

Johann Puch …

starb leider kinderlos. Es gab jedoch enge Verwandte: Auf der Titelseite des Heftes „Das Motorrad", Nr. 66 vom 15. Jänner 1928, findet sich unter einem (leider unscharfen) Winterfoto einer Puch 220 folgender Text: *Bei der kürzlich vom Königlich-Ungarischen Automobil-Klub veranstalteten Winterwertungsfahrt über ca. 54 Kilometer konnten nur fünf Fahrer die vorgeschriebene Minimaldurchschnittsgeschwindigkeit von 35 km/h einhalten, darunter ein einziger Fahrer einer Solomaschine, nämlich Johann Puch jun. auf seiner bewährten Puch 220, der somit für die österreichische Marke die beste Wertung aller beteiligten Maschinen (56 waren es) erzielte. Unser Bild zeigt „Puch Janos" in einer Waldkurve der schönen Ofner Berge* (Anm. heute Sopron).

Es war also bereits in den späten 1920er-Jahren bekannt, dass es eine ungarische Puch-Linie, offenbar Nachkommen eines Bruders von Johann Puch gab. Während meiner Jahre als Mitarbeiter und Konsulent bei Puch, als ich für die Pressearbeit in den Jahren 1976 bis 1982 für die Puch-Produkte vom Mofa über den – noch immer rudimentär betriebenen – Motorradsport bis zum Pinzgauer und Puch G – samt Geländetrials – zuständig war, durfte ich Herrn Ing. Janos „Janczy" Puch kennen lernen, der für die Puch Zweiradabteilung – und da insbesondere für den Sport – als stellvertretender Spartenleiter zuständig war. „Janczy" bleibt mir als hoch engagierter, total begeisterter Puch-Enthusiast und liebenswürdiger Vorgesetzter in Erinnerung. Er hatte tolle Ideen, wo andere noch „in der Pendeluhr schliefen". Beispielsweise brachte er von einer USA-Reise zig BMX-Fahrräder mit, die damals in Europa weitgehend unbekannt waren. Diese standen dann lange Zeit in der alten Verwaltungsbaracke herum, ehe sie aufgrund des hinhaltenden Widerstandes der Fahrradsparte vernichtet wurden, statt als Pionierleistung am Fahrradsektor gutes Geld zu lukrieren.

Johann Puch auf Puch 250 cm³, der in Ungarn so oft siegreiche Rennfahrer, erzielte im Kilometerrennen des K.M.A.C. eine Geschwindigkeit von 92,87 km/h.

Oben: Puch 250 S, Modell 1930 mit Licht.

Links: Puch 250 S, Modell 1932. Wesentlichste Unterschiede sind der neue großflächig verrippte Zylinder mit Leichtmetall-Kopf (Silumin), der Dreidüsen-Zenith-Vergaser und der neue, flache Auspufftopf. (originale unretuschierte Puch-Werksfotos)

Puch 250 „Sport“, Baujahre 1930–1932 (werksintern auch als Puch 250 „Sp“ bezeichnet)
Motor: Motor-Nummern eingegliedert in die Tourenmodelle, Produktion 800 Stück, nach anderen Werksangaben 1.761 Stück
Typ: Puch-Doppelkolben-Zweitaktmotor, luftgekühlt. Kurbelwellenachse in Fahrzeuglängsrichtung (Querläufer)
Zylinderzahl: 1
Arbeitsweise: Doppelkolben (Leichtmetall) auf Gabelpleuel, asymmetrisches Steuerdiagramm, Gleichstromspülung
Bohrung/Hub: zweimal 45 mm/78 mm
Hubraum: 248,1 cm^3
Verdichtung: 6:1
Leistung: Modell S 30, 1930 mit Bronzekopf ca. 7 PS bei 3.200 U/min, Modell S 31–32, ab 1931 mit vergrößerten Zylinderrippen und Silumin-Zylinderkopf ca. 9 PS bei 3.000 U/min
Zündanlage: wasserdicht gekapselter Bosch-Hochspannungsmagnet Typ FC 1 mit Handverstellung des Zündzeitpunktes, Unterbrecher-Kontaktabstand 0,4 mm, Zündverstellhebel neben Handschalthebel
Zündkerze: Gewinde 18 mm, Wärmewert 175, Bosch M 175/1 oder Lodge H 1
Motorschmierung: Frischöl, mittels ventilloser, lastabhängiger Ölpumpe, Zweitaktöl, Viskosität SAE 50
Vergaser: Modell S 30, 1930 Einhebel-Zenith-Horizontalvergaser HGK 25, Hauptdüse 105/60. Modell S 31–32 ab 1931 Dreidüsen-Zenithvergaser Typ 26 M.C. mit Lufttrichter
Luftfilter: 1930 auf einem 90°-Kniestück senkrecht montierter Zyklonfilter, ab 1931 offener Ansaugtrichter
Sonstige Motormerkmale: 1930: schmale, gleichgroße Zylinderverrippung wie Tourenmodell, Bronze-Zylinderkopf; 1931: neuer Zylinder mit Vergrößerung jeder zweiten Zylinderrippe im vorderen Bereich; ab 1932: Vergrößerung des Kolbenbolzens und des Pleuellagers, neues, verstärktes Gabelpleuel
Kraftübertragung: Motor-Getriebe durch Kegelräder mit Spiralverzahnung, Getriebe-Hinterrad mittels Kette
Getriebe: handgeschaltetes Dreiganggetriebe. Gesamtübersetzung: 1. Gang: 1:14,67; 2. Gang: 1:7,17; 3. Gang: 1:4,81; Getriebeöl SAE 50
Kupplung: im Hinterrad eingebaute Innenexpansionskupplung mit progressiver Wirkung und Auslösung durch Servokupplung
Auspufftopf: Modell S 30, 1930: durchgehend glattes Rohr mit Fischschwanzende, *„für gewöhnliche Straßenfahrten wird der normale Auspufftopf mitgeliefert“* – Originaltext des Prospektes; Modell S 31–32, ab 1932: flacher Puch-Auspufftopf mit eingeprägter Puch-Aufschrift und Fischschwanzende
Verbrauch: 3,0 l Benzin/100 km, 0,28 kg Öl/100 km
Geschwindigkeit: ca. 100 km/h
Fahrgestell-Ausführung, Maße und Gewichte: identisch mit Modell Puch 250 „Touren“ des gleichen Jahrganges
Bau- und Erkennungsmerkmale: • Benzintank identisch mit Modell Puch 250 „Touren“, jedoch durch alle Baujahre verchromt • 1930 Puch-Wappen am Tank, ab 1931 Puch-Blockschrift • alle Modelle mit Steuerungsdämpfer versehen • Gepäckträger ohne hinteren runden Werkzeugbehälter • Werkzeugtasche Blech/Leder, beidseits zwischen den Stützstreben des Gepäckträgers montiert; 1930 mit zwei Schnallen, ab 1931 mit einem quer durchlaufenden Lederriemen • ab 1931 eigene Ölleitung zur Zylinderlauffläche (außenliegend) • Drehgriffe: 1930 Geradezug, ab 1932 Magura mit Kegelradgetriebe • Lichtanlage gegen Aufpreis • Rahmenbrustrohr als Schmiedestück im I-Profil ausgebildet • Handhebel aus Blech, geschlossen, großes Widerlager • Bereifung vorne 3,00–19, hinten 3,25–19, max. 3,50–19 • Bremsen: vorne Innenbackenbremse, hinten Außenbandbremse

Puch 250 S 4, Baujahre 1934–1942
Motor: Motor-Nummern 80.001–90.000, 120.001–135.250, 136.001–140.000, Produktion (bis 1938) 7.600 Stück; Produktion 1939–1942 18.416 Stück, Summe 26.016, nach anderen Werksangaben 25.200 Stück
Typ: Puch-Doppelkolben-Zweitaktmotor, luftgekühlt, senkrecht stehend, Kurbelwellenachse in Fahrzeuglängsrichtung (Querläufer)
Zylinderanzahl: 1
Arbeitsweise: Doppelkolben auf Gabelpleuel, asymmetrisches Steuerdiagramm
Bohrung/Hub: zweimal 45 mm/78 mm
Hubraum: 248 cm^3
Verdichtung: 6,2:1
Leistung: 10,5 PS bei 4.100 U/min
Zündanlage: 30/50 Watt, Milles DZ 30 S, Akkumulator 12 Ah, später 7 Ah
Vorzündung: 9,5 bis 10,5 mm, Zündverstellhebel rechts beim Handschalthebel bis Motor-Nummer 122.100, danach Zündzeitpunkt fix eingestellt
Zündkerze: Bosch DM 225 Tl bis Motor-Nummer 122.100, danach Bosch W 225 T1 (14 mm Gewinde)
Motorschmierung: Frischöl, mittels einer vom Motor angetriebenen, im Getriebegehäuse eingebauten Ölpumpe. Die Fördermenge wird mit dem Gasgestänge reguliert, Zweitaktöl, Viskosität SAE 50
Vergaser: Puch-Einhebel mit Trichter bis Motor-Nummer 81.050, nachher mit Knecht-Luftfilter (verchromt) bis Motor-Nummer 122.100 mit randrierter Startschraube, danach mit Starterhebelchen
Sonstige Motormerkmale: stark verrippter Zylinder, Leichtmetallzylinderkopf, ab 1940 geänderter Zylinderkopf mit asymmetrischen Rippen (vorne erhöht)
Geschwindigkeit: bis zu 110 km/h
Kraftübertragung: Motor – Getriebe durch Kegelräder mit Spiralverzahnung, Übersetzungsverhältnis 1:1,92. Getriebe – Hinterrad mittels Rollenkette $^5/_8$ x $^1/_4$
Getriebe: Viergang-Getriebe mit Handschaltung bis 1936, ab 1936 Original-Fußschaltung (mit Verwendung eines Teils des Handschaltgestänges) gegen Aufpreis erhältlich. Gesamtübersetzung am Hinterrad bei Zähnezahl 13:40 (i = 3,075), der Sekundärübersetzung bis Motor-Nummer 122.100: 1. Gang: 1:13,79; 2. Gang: 1:8,88; 3. Gang: 1:6,27; 4. Gang: 1:4,53; ab Motor-Nummer 122.101 Sekundärantrieb 13:42 Zähne (i = 3,23), Gesamtübersetzung: 1. Gang: 1:17; 2. Gang: 1:9,3; 3. Gang: 1:6,67; 4. Gang: 1:4,72; Getriebeöl SAE 50
Kupplung: im Hinterrad eingebaute Innenexpansionskupplung mit progressiver Wirkung und Auslösung durch Servokupplung
Fahrgestell, Rahmen: Rohrrahmen, teilweise doppelt ausgebildet, vor dem Motor und unter dem Rahmen geschraubt. Steuerkopf und Brustteil gesenkgeschmiedet mit I-förmigem Querschnitt. Rechte Rahmenhälfte beim Getriebe mit gekröpfter Muffe
Gabel: bis 1935 Rohrgabel wie Typen L, SL, E und R, ab 1935 mit geschlossener Pressstahlgabel mit Differenzialfederung mit zwei Zugfedern ausgestattet; Stoß- und Steuerungsdämpfer mit Handnachstellung
Räder: Drahtspeichenräder mit Tiefbettfelgen für Drahtbereifung 3,25 (3,50) x 19", kugelgelagert, 36 Loch, Reifenübergröße 3,50 x 19" zulässig
Bremsen: vorne und hinten Innenbacken
Maße und Gewichte: Länge/Breite/Höhe: 2.000/800/1.000 mm; Radstand: 1.315 mm; Bodenfreiheit: 115 mm; Sattelhöhe: 680 mm; Gewicht: 128 kg; Verbrauch: 3,1 l / 100 km Benzin, 0,25 l Öl / 100 km; Tankinhalt: ca. 13 l (zwei Tankhälften)

Bau- und Erkennungsmerkmale:

- Motorrad schwarz lackiert
- Tank (zwei Hälften) mit verchromten Seitenteilen, 1934 weiße Puch-Schrift in Blockbuchstaben, ab 1935 roter Puch-Adler
- Beschneidung der Maschine 1934 weiß
- Beschneidung der Teile ab 1935: vorderer und hinterer Kotflügel, Öltank, Kettenschutzblech, Gabel (Mitte) und Felgen (an beiden Rädern) mit dicken, etwa 10 mm breiten roten Zierlinien, die weiß (ca. 2 mm) eingefasst sind
- Sattel 1934 Kunstlederdecke mit erhöhtem Sitzrandwulst, ab 1935 Gummidecke mit Puch-Prägung an den Seitenteilen
- Abwälz-Mittelständer
- Werkzeugtaschen aus Blech mit Puch-Prägung beiderseits am hinteren Kotflügel montiert
- Sportbügel, verchromt, am hinteren Kotflügel serienmäßig
- Gepäckträger (wie bei L, E, R und T 3) gegen Aufpreis
- bis 1937 flacher Fischschwanz-Auspufftopf mit Puch-Prägung
- ab Modell 1938 runder Schalldämpfer mit geprägter Puch-Schrift und stilisierten Adlerflügeln, Fischschwanzende
- geschmiedete Puch-Handhebel, verchromt
- verchromt sind außerdem: Auspuffkrümmer, Auspufftopf inkl. 1937, Scheinwerferring, Handschalthebel
- hinterer Kotflügel ab Motor-Nummer 80.301 aufklappbar
- Ausstattung mit Scheinwerfer und Tacho:
  Motor-Nummer 80.001–81.600 Bosch-Scheinwerfer mit eingebautem Veigel-Tacho, auf Wunsch Walzentacho rund
  ab Motor-Nummer 81.601 Siemens-Scheinwerfer mit Tachogehäuse als Höcker und Veigel-Tacho (Walzenausführung)
  ab Motor-Nummer 82.101 Siemens-Scheinwerfer mit kleinem rundem Walzentacho von Veigel
  ab Motor-Nummer 82.851 Siemens-Scheinwerfer mit großem Zeigertacho von Veigel
- ab 1938 neue, verstärkte Gabel wie bei 350 GS
- ab 1938 nur mehr eine Werkzeugtasche des Modells 350 GS

Wassergekühlter Zylinder für die Puch S 4 1940 von Lajos Harmos-Hihalom.

Die Puch-Motorräder für den Deutschland-Export

Wie bereits beim Modell 220 erwähnt, lieferte Puch für den aufnahmekräftigen deutschen Motorradmarkt speziell adaptierte Modelle, und zwar mit einer Hubraumbeschränkung auf 200 cm³. Dies deshalb, weil der Gesetzgeber in Deutschland dafür Steuerfreiheit gewährte.

Auch die Nachfolgetype Puch 250 „Touren" wurde mit 200 cm³ nach Deutschland geliefert. Und in der Ausstellungsnummer von „Motor" anlässlich der „Internationalen Automobil- und Motorradausstellung" in Berlin vom 11.–23. Februar 1933 findet sich folgende Anmerkung:

Austro-Daimler-Puchwerke A.G., Wien – Graz bzw. deren deutsches Zweigwerk in Passau, zeigen auf Stand 73, Halle 1, neben ihrem bisherigen steuerfreien Modell 200 Luxus, das als Spezialmaschine für leichten Seitenwagenbetrieb ausgebildet wurde, die Typen der neuen Produktion 1933. Es ist dies die Type 200 ADP, eine Maschine von 194 cm³ Inhalt, etwa 6 PS, die eine Geschwindigkeit von etwa 85 km/Std. erreicht. Dieselbe Maschine wird auch mit einem Zylinder von 250 cm³ Inhalt geliefert und leistet dann etwa 7 PS bei einer Geschwindigkeit von etwa 90 km/Std. Ferner wird die Type 250 SS ausgestellt, die die Fortentwicklung der 250 Sport darstellt. Die zu erreichende Geschwindigkeit wird mit 125 km/Std. angegeben. Ferner sehen wir noch als Solomaschine und mit Beiwagen die Type 500 ADP.

Die Puch ADP 200-Modelle für Deutschland entsprachen mit einigen kleinen Adaptierungen wie den Gummi-Kniekissen jeweils den österreichischen Puch 250 Touren-Modellen. Mit einem Hubraum von 195,9 cm³ entsprachen sie jedoch den Bestimmungen als Kleinkraftrad. Im Bild eine Puch 200 ADP, Modell 1934. (Foto Hannes Denzel)

Die Puch 250 der Jahre 1929 bis 1932 wurde unter der Bezeichnung 200 ADP (Austro-Daimler-Puch) gebaut. Die genauen technischen Daten waren: 196 cm^3 Hubraum, bei einem Bohrungs-/Hubverhältnis von zweimal 40 mm/78 mm. Die Verdichtung betrug 6:1, die Leistung 6,4 PS bei 3.500 U/min. Es wurden 650 Stück dieser Tourenmodelle gebaut. Hingegen war die Puch 250 SS weitgehend identisch mit der Puch SL des Jahrganges 1933. Beim Sportmodell passte man also den Zylinderinhalt nicht den deutschen Kleinmotorrad-Bestimmungen an. Erst bei der Puch S 4 ging man wiederum den Weg der Hubraumreduzierung und schuf das Modell 200 S. Von diesem 9 PS starken Modell wurden allerdings nur 150 Stück in den Jahren 1934/35 produziert.

Beim Modell 200, das 1937 folgte, gab es keinerlei weitere Adaptierungen für den deutschen Markt, hier war ja die Hubraumkonformität bereits gegeben. Über den Exportanteil dieser Maschine sowie über die Stückzahlen der hubraumstärkeren Modelle Puch 500 (in allen Varianten) sowie der Typen 800 und GS 350 liegen keine Angaben vor. Sicher ist lediglich die Tatsache, dass es zum Export kam.

Puch 500, Typen Z, N, N$_2$, V und VL: Laufkultur mit vier Bohrungen

Im Jahre 1931 präsentierte Puch abermals ein beiwagentaugliches Motorrad mit einem Hubraum von 500 cm^3. Doch zum Unterschied vom kommerziell erfolglosen Modell des Jahres 1928 handelte es sich um eine komplett eigenständige Konstruktion auf Basis der bisherigen Doppelkolbenmotoren. Bei der neuen 500er wurden, einfach gesagt, zwei 250er-Doppelkolbenmotoren hintereinander gekoppelt. Diese technische Maßnahme führte zu einer der ungewöhnlichsten Motorenkonstruktionen bei Motorrad-Zweitaktern. Der Vierkolbenmotor wies zwar die Laufruhe eines großvolumigen Automobilmotors auf, hatte allerdings beim rückwärtigen Kolbenpaar mit thermischen Problemen zu kämpfen.

Am 6. März 1931 schrieb „Der Motorfahrer" über das neue Puch-Modell:
Die Besucher der Wiener Frühjahrsmesse werden Gelegenheit haben, in der Motorradausstellung das neueste Erzeugnis unserer ältesten heimischen Motorradfabrik zu besichtigen. Es ist dies eine 500 cm^3-Zweizylinder-Zweitaktmaschine nach dem unübertroffenen Puch-Doppelkolbensystem des Chefingenieurs Marcellino. Durch die vier Kolben wird ein gleichmäßiger, erschütterungsfreier und geräuschloser Lauf wie bei einem Vierzylindermotor, speziell bei Puch aber durch die „Überzahl" von zwei Kolben eine besonders gute Spülung des Zylinders erzielt. Die neue Maschine, Type 500 Z, hat ein außergewöhnliches Anzugsvermögen, verfügt über eine große Kraftreserve, hat eine sehr gute Federung, eine besonders tiefe Sattellage und vorzügliche Fahreigenschaften.

Die neue Puch 500 Z im Firmenprospekt der Austro-Daimler-Puchwerke AG, 1931.

Schon am 13. Februar 1931 hatte der Nachrichtendienst derselben Zeitschrift zum neuen Modell angemerkt:

Authentisches über die Puch 500: Ende April kommen nun die ersten neuen 500 cm³-Modelle von den Puch-Werken in den Handel. Genau gesprochen haben sie 496 cm³ Hubvolumen, natürlich zwei Zylinder von je 78 mm Hub und 45 mm Bohrung, die nach dem Zweitaktsystem arbeiten. Der Motor leistet an der Bremse 14 PS bei 3.700 Touren, hat automatische Schmierung durch eine Puchpumpe, Boschmagnet, Puchvergaser, Drehgriffe, angeblocktes Puchgetriebe mit drei Übersetzungen, Niederdruckreifen 26 x 3,50" und wird mit Luftkühlung 2.100 Schilling kosten. Wasserkühlung wird nicht geliefert.

Die letzte Anmerkung ist insoferne von Bedeutung, als man daraus erkennen kann, dass sich die Fachredakteure, die ja die Maschine offenbar bereits gesehen hatten, sofort Sorgen um die Kühlung des hinteren Zylinders machten. Und Anfang der 1930er-Jahre tauchten ja sehr bald im Zubehörhandel wassergekühlte Zylinder für die 250er- und 500er-Modelle auf, um die thermische Belastung der Motoren zu mildern.

Die bekanntesten Hersteller von Wasserkühlungen für die Puch-Maschinen waren die Firmen Seklehner und Lajos Harmos-Hihalom in Graz. Hihalom hatte seine Erfahrungen vor allem im Sport gesammelt und lieferte ausgezeichnete Wasserkühlungen, die nach dem Thermosiphonsystem arbeiteten. Alle Teile konnten ohne größere Umbauarbeiten im serienmäßigen Fahrwerk untergebracht werden.

Auch die Fachzeitschrift „Das Motorrad" widmete dem neuen Puch-Modell breiten Raum und merkte dazu am 1. März 1931 wie folgt an:

Wie schon im letzten Heft dieser Zeitschrift mitgeteilt werden konnte, bringt das berühmte Grazer Werk nun auch eine von der Motorradfahrerschaft Österreichs schon seit langer Zeit heißersehnte Maschine, ein Halblitermodell, auf den Markt, das ganz dazu geeignet

So fuhren sie noch in der Zeit des Wirtschaftswunders: Puch 500 Type N, zugelassen für die Straßenaufsicht in Pottenstein, Niederösterreich. Modifiziert sind Handgriffe und Tankbemalung nach einer Kilometerleistung von rund 200.000 km und 30 Jahren auf Österreichs Straßen.

erscheint, die schon ziemlich hoch gespannten Erwartungen noch zu übertreffen. Dieses neue Modell, Puch 500 Z, vereinigt die modernsten Konstruktionstendenzen in sich, ohne aber in irgendeiner Weise unverläßlich oder unerprobt zu erscheinen. Die Maschine macht im Gegenteil schon auf den ersten Blick einen äußerst vertrauenserweckenden Eindruck. Details, die sich an der weitestverbreiteten Maschine Österreichs, der leichten 250er in den Händen von Tausenden von Motorradfahrern bewährt haben, sind auch beim Entwurf des neuen Modells übernommen worden … Die Zylinder sind einzeln gegossen und haben besonders ausgebildete Kühlrippen von abwechselnd kleinerer und größerer Flächenausdehnung, wodurch eine unter allen Umständen hinreichende Kühlung gewährleistet erscheint.

Erstmals brachten die Puch-Werke bei der 500er einen eigens für dieses Modell entwickelten Vergaser zum Einsatz. Dieser wurde im „Motorrad" wie folgt beschrieben:
Sehr interessant ist der zum Patent angemeldete Vergaser, der in den Puch-Werken eigens für diesen Motor entworfen wurde und zwecks vollkommen gleichmäßiger Belieferung beider Zylinder eine speziell ausgebildete Mischkammer hat. Er ist zwischen den beiden Zylindern angeordnet und stellt ein Brennstoff-Luft-Gemisch her, das sich auf beide Zylinder in gleichmäßigem Mischverhältnis und in gleicher Menge verteilt. Dadurch wird regelmäßiger Lauf in allen Drehzahlbereichen erzielt. Zur Bedienung des Vergasers ist nur ein Drehgriff ohne Luftregulierung vorhanden, da die Herstellung des richtigen Gemisches automatisch erfolgt.

Die Tatsache, dass die Puch 500 im Jahr 1931 das erste Modell des Hauses mit serienmäßiger Lichtanlage war, würdigte „Das Motorrad" wie folgt:

Die Zweizylinder-Puch-Type 500 N_2, 1934.

Ein sehr erfreulicher Fortschritt ist der serienmäßige Einbau einer kompletten elektrischen Lichtanlage von 30 Watt Leistung. Die 6 Volt Milles-Lichtmaschine ist vor dem Karter (Anm. d. Verf.: Kurbelgehäuse) *hinter einem Schutzblech untergebracht und direkt mit der Kurbelwelle gekuppelt, wodurch unverläßliche Kraftübertragungsorgane an dieser Stelle wegfallen. An der Gabel ist ein Bosch-Scheinwerfer von 150 mm Spiegeldurchmesser angebracht, der mit Bilux-Lampe für Fern- und Abblendlicht, sowie mit einer zweiten Birne für Stadtlicht ausgestattet ist. Der Abblendschalter befindet sich auf der Lenkstange. Der Akkumulator hat eine Kapazität von sieben Amperestunden und ist an der linken Seite der Maschine unter dem Sattel untergebracht. Am Gepäckträger ist eine Schlußlampe montiert, die abnehmbar ist und sich als Reparaturlampe verwenden läßt.*

Gerade dieses letzte Detail zeigt, dass man sich bei Puch auch bei scheinbaren Nebensächlichkeiten außergewöhnliche Lösungen einfallen ließ.

Bereits 1932 wurde die Puch 500 Z gründlich überarbeitet, die Zeitschrift „Der Motorfahrer" berichtete in Heft 11 vom 11. März 1932 anlässlich der Wiener Frühjahrsmesse darüber wie folgt:
Das Hauptinteresse wird sich wohl auf die neue Type 500 N konzentrieren. Dieses Modell wurde aus der Type 500 Z des Vorjahres entwickelt. Hat schon die Type 500 Z die hochgespannten Erwartungen der Motorfahrer voll befriedigt, so wird dies bei dem neuen Modell 500 N umso mehr zutreffen, als hier verschiedene wertvolle Verbesserungen vorgenommen wurden. Die Type 500 N wird sowohl als Solofahrzeug als auch als Beiwagenmaschine gezeigt. Diese Verbesserungen werden jedoch in der Folge nicht aufgelistet, jedoch bezogen sie sich auf die Ausstattung mit 30 Watt Lichtanlage, Horn, Decklicht, und Tachometer, sowie etliche Änderungen am Motor, insbesondere das verstärkte Motorgehäuse. Die „blau/gelbe" Lackierung mit dem schlanken Tank wurde beibehalten. Der Preis betrug für das Solomodell 2.250,– Schilling inkl. Warenumsatzsteuer.

Herr Emil Petters auf Puch 500 VL, Modelljahr 1938. Gespann mit Gattin und Urlaubsgepäck am 17. Juli 1948 am Pass Gschütt.

Die nächste Modellpflege erfolgte mit der Type N_2, die Messenummer der Zeitschrift „Der Motorfahrer“ berichtete in Nr. 5 am 9. März 1933 über die verbesserte Version der Puch 500 wie folgt:

Auch die Type 500 N präsentiert sich in einer neuen Ausführung: der Tank ist verchromt, die Lackierung so wie bei den Modellen 250 L und 250 SL schwarz mit weißen Zierlinien. Konstruktiv hat sich an dem Modell N_2 gegenüber der Type 500 N nichts geändert.

1934 kam die neue Viergangtype Puch 500 V auf den Markt, die Zeitschrift „Der Motorfahrer“ berichtete darüber in Heft 5 (Messenummer) vom 8. März 1934:

Einem vielseitig geäußerten Wunsch nachkommend, bringt Puch heuer ein 500er-Modell mit Vierganggetriebe heraus. Die Type 500 V hat den bestbewährten Motor der bisherigen Type 500 N_2 jedoch mit Vierganggetriebe. Das neue Modell hat im Hinterrad eine vergrößerte Kupplung und Innenbackenbremse. Ausstattung und Ausrüstung wie bei der Type 500 N_2. Dieses Modell wird speziell dem Beiwagenfahrer willkommen sein. Zu bemerken ist weiters, dass die Type 500 V mit Batteriezündung ausgestattet ist. Die Type 500 V hat zusammengefasst folgende Neuerungen: Vierganggetriebe, Innenbackenbremse, vergrößerte Kupplung, Batteriezündung, aufklappbares rückwärtiges Kotblech. Die Type 500 V wird serienmäßig geliefert mit 30 Watt Lichtanlage, Horn, Scheinwerfer-Tachometer, elektr. Decklicht. Preis der Type 500 V, katalogmäßig ausgestattet: 2.480,– S.

1935 berichtet „Das Motorrad“ in Heft 237:

Die Type 500 V als Solo- oder Beiwagenmaschine bringt Puch auch heuer in unveränderter Ausführung. Eine Überraschung ist die neue Type 500 L. Dies ist die Type 500 V in Luxusausführung. Schon beim flüchtigen Anblick fällt die reiche Verchromung auf. Nicht

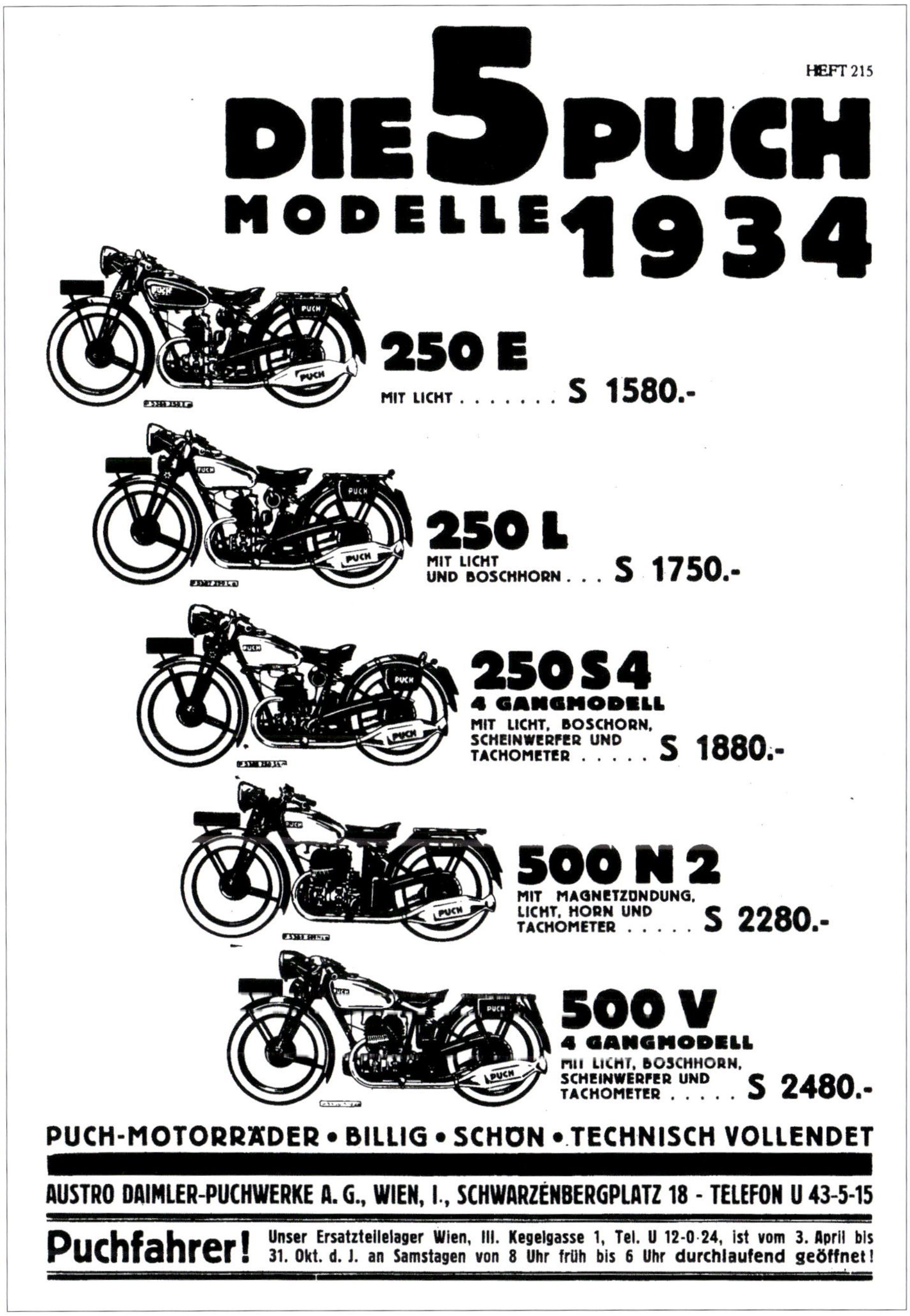
HEFT 215
DIE 5 PUCH
MODELLE 1934
250 E
MIT LICHT . . . . S 1580.-
250 L
MIT LICHT
UND BOSCHHORN . . . S 1750.-
250 S 4
4 GANGMODELL
MIT LICHT, BOSCHORN,
SCHEINWERFER UND
TACHOMETER . . . . . S 1880.-
500 N 2
MIT MAGNETZÜNDUNG,
LICHT, HORN UND
TACHOMETER . . . . . S 2280.-
500 V
4 GANGMODELL
MIT LICHT, BOSCHHORN,
SCHEINWERFER UND
TACHOMETER . . . . . S 2480.-
PUCH-MOTORRÄDER • BILLIG • SCHÖN • TECHNISCH VOLLENDET
AUSTRO DAIMLER-PUCHWERKE A. G., WIEN, I., SCHWARZENBERGPLATZ 18 - TELEFON U 43-5-15
Puchfahrer!
Unser Ersatzteilelager Wien, III. Kegelgasse 1, Tel. U 12-0-24, ist vom 3. April bis 31. Okt. d. J. an Samstagen von 8 Uhr früh bis 6 Uhr durchlaufend geöffnet!

Die reichhaltige Modellpalette der Puch-Werke zeigt dieses Inserat aus dem Jahre 1934: Drei 250 cm³- und zwei 500 cm³-Modelle standen zur Auswahl.

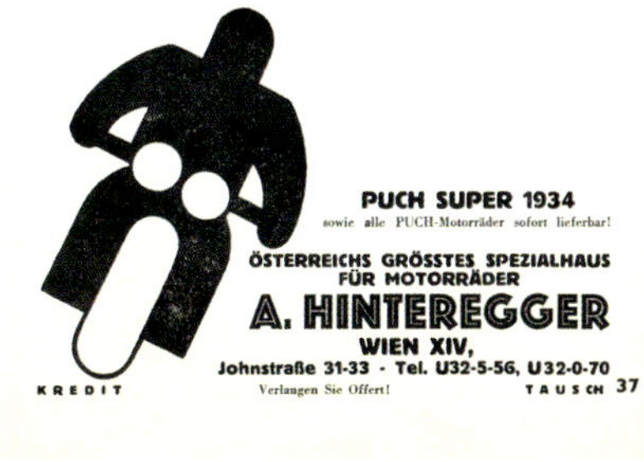
PUCH SUPER 1934
sowie alle PUCH-Motorräder sofort lieferbar!
ÖSTERREICHS GRÖSSTES SPEZIALHAUS
FÜR MOTORRÄDER
A. HINTEREGGER
WIEN XIV,
Johnstraße 31-33 - Tel. U32-5-56, U32-0-70
KREDIT
Verlangen Sie Offert!
TAUSCH
37

Werbung für die Puch 500 bei Hinteregger 1934.

500 V
SOLO- UND BEIWAGENMODELL

500 L
SOLO- UND BEIWAGENMASCHINE, LUXUSMODELL

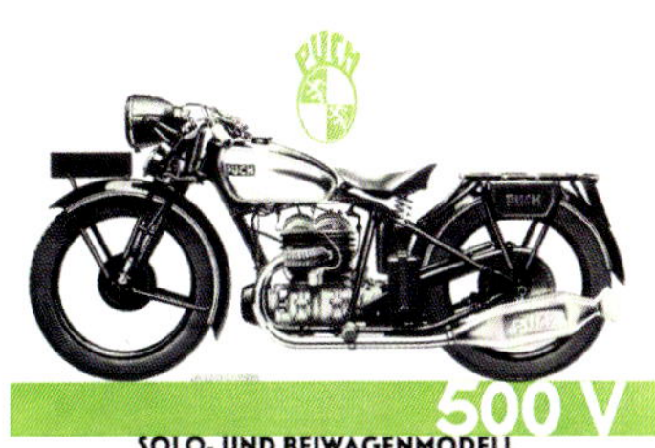

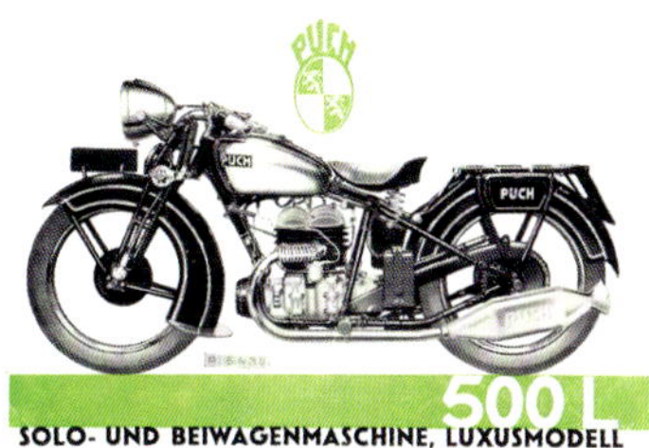

Werbung 1935 für die neue Viergang-Puch 500 L in Luxusausführung.

nur die Felgen sind verchromt, sondern auch die Stoßdämpfer, das Bremspedal, der Luftreiniger, der Scheinwerfer usw. Auf den verchromten Tanks ist ein Armaturenbrett montiert, das zwei Benzinuhren, Amperemeter und Zeituhr enthält. Das Instrumentenbrett ist bei Nachtfahrt beleuchtet. Der Tachometer ist im Scheinwerfer eingebaut. Die Kotbleche sind seitlich weit herabgezogen.

Ab 1936 gab es lt. Wiener Messebericht der Zeitschrift „Österreichische Motorwoche – Das Motorrad“ für die Puch 500 die neue Pressstahlgabel mit Differentialfederung.

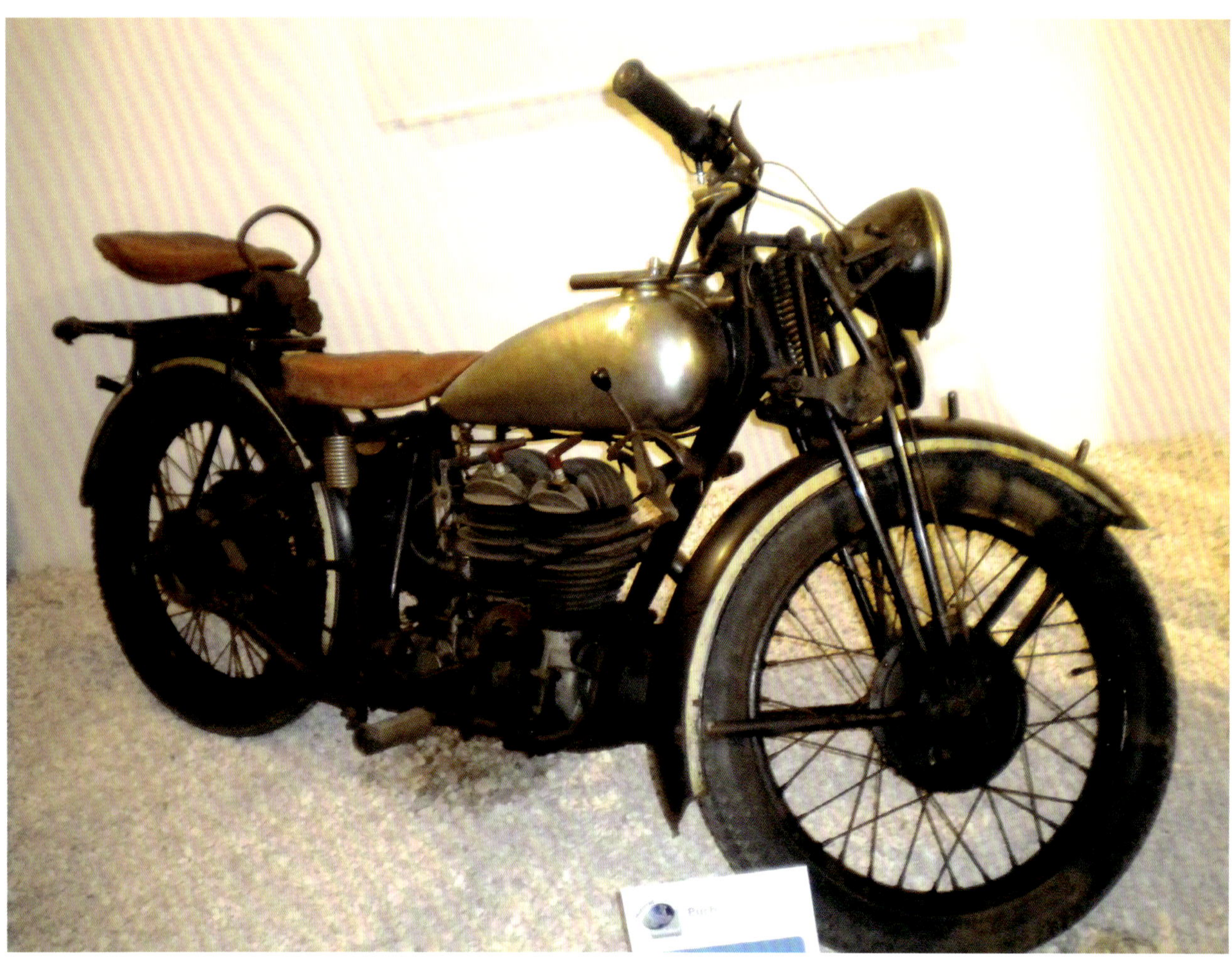

Puch Typ 500 N mit der Patina von Jahrzehnten, immer fahrbereit „am Leben" erhalten.

Obendrein haben die Puch-Beiwagenmaschinen die allergrößte Preisherabsetzung mitgemacht. Es hat im Vorjahr keine Puch mit Beiwagen unter 3.000,– S gegeben und der durchschnittliche Preis der 500er war 3.200,– bis 3.500,– S. Wir sind heute in der Lage, sowohl in der Maschine wie auch im Beiwagen wesentlich billiger zu sein und bringen um 2.500,– S die 500 V mit einem erstklassigen langgefederten Rundbogenchassis-Beiwagen auf den Markt.

Weiters wird angemerkt:

Leistung 15 PS, Leichtmetallkolben und Leichtmetallköpfe. Die neue Pressstahl-Vordergabel ist bei diesem Modell besonders verstärkt, gekapselter Tachoantrieb, Steckachse im Vorderrad. Innenexpansions-Servokupplung und Innenbackenbremse auf beide Räder. Großer verchromter Siemens-Scheinwerfer mit beleuchtbarem, eingebautem Tachometer, verchromter Tank mit dem neuen Puch-Abzeichen (stilisierter Adler) in roter Farbe und weißer Linierung.

Der Modelljahrgang 1937 wird in der Zeitschrift „Österreichische Motorwoche – Das Motorrad" in Heft 289 vom 18. September 1936 anlässlich der Wiener Herbstmesse wie folgt vorgestellt:

Puch 500 VL 1938 mit Seklehner-Wasserkühlung und SS-Fußschaltung.

Unten: Puch 500 Z, Erstausführung 1931 in der originalen „blau/gelben“ Lackierung.

Die bisherigen Typen 500 V und 500 L wurden verschmolzen, sowohl im Preis als auch in der Ausstattung. Der Preis ist fast dem des früheren einfachen Modells V gleich, während die Ausstattung mit Ausnahme des Armaturenbrettes vom Modell L kaum abweicht. Die verbreiterten Haubenkotschützer, der große Gummisattel und vor allem die schwere Pressstahlgabel mit der Differentialfederung sind die wesentlichen Neuerungen dieses Modells. Die Leistung der Maschine ist 14 PS und sie entwickelt 110 km/Std.

Die Messenummer der Zeitschrift „Der Motorfahrer" berichtete am 9. März 1938 über die letzte Version der Puch 500, das Modell 500 VL:
Die 500 VL erscheint im Wesentlichen unverändert. Ein beliebtes Beiwagenmodell, das infolge der Elastizität des Zweizylinder-Motors nur selten geschaltet werden muss und sich bestens für Beiwagenbetrieb eignet. Der Benzinverbrauch beträgt mit Beiwagen 5,5 bis etwa 6 Liter auf 100 km. Infolge der geringen Zahl beweglicher Teile ist die VL eine der betriebssparsamsten Maschinen.

1939 scheint die Puch 500 nicht mehr im Erzeugungsprogramm der Puchwerke auf. Es gab nur mehr vier Modelle: Puch 200, Puch 250 S 4, Puch 350 GS und das Puch-Motorfahrrad Styriette mit 60 cm^3.

Das neue Puch-Zweizylindermodell erfreute sich infolge seines ruhigen Laufes bald großer Beliebtheit – und einer entsprechend großen, treuen Anhängerschar. In den frühen Nachkriegsjahren, als alles, was den Zweiten Weltkrieg überdauert hatte, für den Wiederaufbau eingesetzt wurde und laufen musste – „bis zum Gehtnichtmehr", war die Puch 500 ein gefragtes Modell. Dr. Ing. Gerhard Seidel schrieb 1951 über die Maschine in der „Internationalen Motorrad-Typenschau" Folgendes:
Die Puch 500 stellt als Zweizylinder-Zweitakter mit gemäßigter Leistung den Typ einer sehr langlebigen, überaus weich und angenehm zu fahrenden Beiwagenmaschine dar. Wenn sie auch im Sportbetrieb weniger am Platz ist, so läuft sie daher in vielen tausenden Exemplaren zur Freude von Touren- und Berufsfahrern.

Besondere Aufmerksamkeit musste man dem Vergaser der Puch 500-Typen widmen. Die Vergaserdetails unterscheiden sich daher auch bei den einzelnen Typen. Die „Z" mit Vergaser-Hauptdüse besitzt noch keine Ausgleichsvorrichtung. Es kann nur durch Anfeilen des Schiebers reguliert werden. Hauptdüse 90 ist für die Vergaser der „N" und „N_2" vorgesehen (frühe Serie sogar 95). Der Vergaseraufbau der N-Typen unterscheidet sich mechanisch und im Aufbau von der „Z". Er besitzt eine Regulierungsmöglichkeit für die Luft für den vorderen und hinteren Zylinder. Die letzte Entwicklung findet sich bei den V-Typen, Hauptdüse ist 114.

Die Typenkürzel bezeichnen die Modelle wie folgt:
Z – Zweizylinder, N – Neue Ausführung, N_2 – Neue Ausführung 2, V – Viergang,
L – Luxus, VL – Viergang-Luxus.

Dieses Inserat der Fa. Hinteregger wies 1937 auf die Verbilligung der Puch-Motorräder hin. Darüber hinaus bot Hinteregger für jedes Modell einen günstigen Ratenplan an.

PUCHMOTORRÄDER

TYPENTAFEL

PUCH	TYPE 250 E	TYPE 250 L	TYPE 250 S4	TYPE 500 N2	TYPE 500 V
MOTOR:					
Arbeitsverfahren	Schlitzgesteuerte Doppelkolben-Zweitaktmaschine mit Gleichstrom-Spülung				
Zylinderzahl	1 Doppelzylinder	1 Doppelzylinder	1 Doppelzylinder	2 Doppelzylinder	2 Doppelzylinder
Bohrung: mm	2×45	2×45	2×45	2×45	2×45
Hub: mm	78	78	78	78	78
Hubvolumen: ccm	248	248	248	496	496
Steuer-PS (nach Formel 0.3 id²s)	0·95	0·95	0·95	1·9	1·9
Maximale Brems-PS ca.	7.5	7·5	10·5	14	14
Schmierung	Frischöl-Druckschmierung mit motorgetriebener Pumpe, durch Gasdrossel reguliert				
VERGASER:	Einhebel PUCH	Einhebel PUCH	Einhebel PUCH-Sport	Einhebel PUCH (patentiert)	Einhebel PUCH (patentiert)
Vergaserbetätigung	Handhebel	Drehgriff	Drehgriff	Drehgriff	Drehgriff
Luftfilter	Zentrifugalfilter	Zentrifugalfilter	kein Filter	Zentrifugalfilter	Zentrifugalfilter
ZÜNDUNG:	Batterie-Zündlichtanlage m. Lichtmaschine u. Akkumulator			Zündungsmagnet	Batterie-Zündlichtanlage mit Lichtmaschine und Akkumulator 30-Watt Milles Steyr 12 Ampèrestunden
Lichtmaschine	30-Watt Milles				
Akkumulator	Steyr 12 Ampèrestunden				
GETRIEBE:	PUCH 3-Gang	PUCH 3-Gang	PUCH 4-Gang	PUCH 3-Gang	PUCH 4-Gang
Schaltung	Handhebel am Benzintank				
Kraftübertragung	Eine langsamlaufende Kette ⁵/₈×¹/₄"				
Gesamtübersetzung:				Solo / Bwg.	Solo / Bwg.
Erster Gang 1:	16	16	13·8	12·4 / 14·6	11·9 / 14·4
zweiter „ 1:	7·8	7·8	8·9	6·1 / 7·1	7·6 / 9.3
dritter „ 1:	5·2	5·2	6·3	4·1 / 4·8	5·4 / 6·5
vierter „ 1:	—	—	4·5	— / —	3·9 / 4·7
Kupplung	PUCH Innen-Expansions-Servokupplung (patentiert)				
Rahmen	Preß-Stahl und Stahlrohr kombiniert				
Gabel	Parallelogrammgabel mit 2 Zugfedern und Stoßdämpfern				
Steuerungsdämpfer	serienmäßig eingebaut				
Beleuchtung	Scheinwerfer mit Duo-Luxlampe, Standlicht, Abblendung am Lenker				
Bereifung	Drahtseil-Niederdruck 25×3"			26×3·5"	26×3·5"
Tachometer	—	—	serienmäßig eingebaut		
Horn	—	elektrisch	elektrisch	elektrisch	elektrisch
Ausrüstung	Luftpumpe, komplettes Werkzeug (Typen 500 mit Fettpresse)				
Gewicht: kg ca	120·—	120·—	120·—	150·—	150·—
Radstand: mm	1315	1315	1315	1350	1350
Länge: mm ca.	2000	2000	2000	2070	2070
Breite: mm ca.	800	800	800	800	800
Höhe: mm ca.	1000	1000	1000	1000	1000
Sattelhöhe: mm	680	680	680	680	680
Tankinhalt: Liter ca.	13	13	13	13	13
Benzinverbrauch: L/100 km ca.	2·8	2·8	2·8	4·5	4·5
Ölverbrauch: L/100 km ca.	—·25	—·25	—·25	—·3	—·3
Geschwindigkeit: km/St. ca.	90	90	110	110	110

Diese Puch-Typentafel 1935 wies auf die Merkmale der Puch-Modelle hin.

ÖSTERREICHS GRÖSSTES
SPEZIALHAUS
FÜR MOTORRÄDER
A. HINTEREGGER
WIEN XV. ST. PÖLTEN

Am 17. März 1934 wurde im Rahmen der Wiener Kraftfahrzeugmesse in der Rotunde im Prater eine eindrucksvolle Sonderschau unter dem Titel „30 Jahre österreichisches Motorrad" eröffnet, die vom Motorradhaus Hinteregger, dem damals größten Motorradhändler in der Republik, ausgerichtet und vom Technischen Museum Wien sowie vom Ö.A.C. (Österr. Automobil-Club) gefördert wurde. Anlässlich dieser Sonderschau, die auf breitestes Publikumsinteresse stieß und über die nicht nur in den einschlägigen Fachzeitschriften, sondern in allen Tageszeitungen querbeet ausführlich berichtet wurde, hat Hinteregger für die Ehrengäste einige handgefertigte und -geschriebene Fotobände mit Kollagen anfertigen lassen. Aus einem dieser extrem raren Exemplare aus dem Archiv des Autors zeigen wir die Abbildungen auf dieser Doppelseite.

Puch 500, Modelle Z, N, N_2, V, L, VL, Baujahre 1931–1938

Z, 1931, Motor-Nummern 70.001–70.600, Produktion 600 Stück
N, 1932–1933, Motor-Nummern 70.601–71.600, Produktion 1000 Stück
N_2, 1933, Motor-Nummern 71.601–72.100, Produktion 500 Stück
V, 1934–1935, Motor-Nummern 72.101–72.700, 72.951–73.200, Produktion 850 Stück
L, 1935–1936, Motor-Nummern 72.701–72.950, 73.201–73.329, Produktion 379 Stück
VL, 1936–1938, Motor-Nummern 73.330–74.850, Produktion 900 Stück, nach anderen Werksangaben nur 152 Stück

Typ: Puch-Doppelkolben-Zweitaktmotor, luftgekühlt, Kurbelwelle läuft in Fahrzeuglängsrichtung

Zylinderanzahl: zwei Doppelkolbenzylinder

Arbeitsweise: Koppelung von zwei Doppelkolbenzylindern hintereinander in Fahrzeuglängsrichtung (Doppel-Doppelkolbenmotor)

Bohrung/Hub: zweimal 2 x 45 mm/78 mm

Hubraum: 496 cm^3

Verdichtung: 4,7:1

Leistung: 14 PS bei 3.000 U/min (Modell Z), 14 PS bei 3.600 U/min (Modell VL)

Zündanlage: Modelle Z (1931), N, N_2 (1932–1933) Bosch-Zündmagnet, liegend über dem Getriebe angebracht, Antrieb von der ersten Getriebewelle mittels Kegelrädern, Handverstellung des Zündzeitpunktes mittels eines Hebels neben der Handschaltung, Bosch-Type FC 2R, max. Vorzündung 9 mm, Unterbrecherabstand 0,4 mm auf Zündkerzenseite; ab Modell V (1934) Hochspannungsbatteriezündung 6/30 Watt, Handverstellung wie oben; Milles DZ 30, Modell VL (1936–38, mit Fußschaltung gegen Aufpreis) hatte Handhebel mit Bowdenseil zur Zündverstellung

Zündkerze: Gewinde 18 mm, Bosch M 175/T 1, Elektrodenabstand Magnetzündung: 0,4–0,5 mm, Batteriezündung: 0,6–0,8 mm

Motorschmierung: Frischöl, mittels einer vom Motor angetriebenen, im Getriebegehäuse eingebauten Ölpumpe.
Die Fördermenge wird mit dem Gasgestänge reguliert. Zweitaktöl, Viskosität SAE 50, Einbereich

Vergaser: Puch-Einhebel-Vergaser ohne Düsennadel; Hauptdüse 114, Leerlaufdüse 0,65

Luftfilter: Zentrifugalfilter auf der rechten Motorseite zwischen den Zylindern, Schwimmerkammer linksseitig angeordnet.
Die Luftfilter des Modelles VL ähnlich den 250er-Modellen

Sonstige Motormerkmale: kurzer Kolben Überstrom-, langer Kolben Auspuffseite, einzeln stehende Zylinder mit Vergrößerung jeder zweiten Zylinderrippe. Die Verrippung des hinteren Zylinders ist insgesamt größer als die des vorderen. Leichtmetallzylinderköpfe, Leichtmetallkolben. Haupt- und Pleuellager sind wälzgelagert

Kraftübertragung: Motor-Getriebe durch Kegelräder mit Spiralverzahnung, Übersetzungsverhältnis 1:2,36, Drei- bzw. Viergang-Getriebe. Getriebe-Hinterrad mittels Kette $^5/_8$ x $^1/_4$". Solomodelle 1:1,9, 20:45 Zähne, Beiwagen 17:45 Zähne. Nur VL: Solo 17:45 Zähne, Beiwagen 14:45 Zähne (bis Motor-Nummer 70.250 hinten 40 Zähne, ab 70.251 45 Zähne)

Getriebe: handgeschaltetes Dreigang- bzw. Modell V, L und VL Viergang-Getriebe, Modell VL Fußschaltung gegen Aufpreis

Dreigang-Modelle (Gesamtübersetzung):

	Solo	Beiwagen
1. Gang:	1:12,25	1:14,6
2. Gang:	1:6,08	1:7,1
3. Gang:	1:4,06	1:4,8

Viergang-Modelle: V, L, VL:

	Solo	Beiwagen
1. Gang:	1:11,9	1:14,42
2. Gang:	1:7,6	1:9,27
3. Gang:	1:5,4	1:6,55
4. Gang:	1:3,9	1:4,73

Kupplung: im Hinterrad eingebaute Innen-Expansionskupplung mit progressiver Wirkung und Auslösung durch Servokupplung.
Ab Modell V große Kupplungsnabe mit eingebauter Innenbackenbremse

Auspufftopf: alle Modelle mit flachem Puch-Auspufftopf mit eingeprägter Puch-Aufschrift und Fischschwanzende

Verbrauch: 3 (Solo) bis 6,5 l/100 km (Beiwagenbetrieb), 0,25 l Öl/100 km

Geschwindigkeit: bis 95 km/h (Solo), 85 km/h (Beiwagen)

Lichtanlage: alle Puch 500-Modelle sind serienmäßig mit Lichtanlage ausgestattet. Die Lichtmaschine befindet sich am vorderen Ende des Motorblocks und wird direkt von der Kurbelwelle angetrieben. Batterie 6 V/7 Ah

Fahrgestell, Rahmen: Rohrrahmen, teilweise doppelt ausgebildet, vor dem Motor und unter dem Sattel geschraubt.
Nahtlos gezogene Stahlrohre mit Innenversteifung und Außenlötung. Brustrohr und Steuerkopf als Gesenkschmiedestück mit I-Querschnitt ausgebildet

Gabel: Parallelogrammgabel aus Rohren bzw. Blechpressprofilen mit gehärteten, nachstellbaren Gelenkbolzen, Gabel-Reibungsstoßdämpfer mit zwei Zug-Schraubenfedern. Modell VL: Gabel der Puch 800

Räder: Drahtspeichenräder mit Bereifung 3,50–19. Vorne Tiefbettfelge 36 Loch, hinten Tiefbettfelge 54 Loch (ab Modell V 36 Loch)

Bremsen: vorne Innenbackenbremse, hinten Außenbandbremse, ab Modell V Innenbackenbremse

Maße und Gewichte: Länge: 2.007 mm, Breite: 800 mm, Höhe: 980 mm, Sattelhöhe: 680 mm, Bodenfreiheit: 150 mm, Radstand: 1.350 mm, **Gewicht:** 150 kg, zulässiges Gesamtgewicht: 320 kg Solo, 400 kg Beiwagen. Tank in zwei Hälften geteilt. Inhalte: Z, N 12,5 l, N_2 – VL 13,5 l; Ölinhalt (alle Modelle) ca. 2,75 l

Bau- und Erkennungsmerkmale:

Modell Z:

- handgeschaltetes Dreigang-Getriebe
- einfache, halbrunde Kotflügel
- kleine Vorderradnabe bis Modell-Nummer 70.250
- Rohrgabel mit zylindrischen Gabelzugfedern
- Gepäckträger genietet, Blechpressprofile
- Lichtmaschine Milles 30 Watt
- Werkzeugtaschen links und rechts zwischen den Streben des Gepäckträgers, Metall/Leder. Eine Lederschlaufe als Verschluss quer über die Werkzeugtasche
- rundes Kurbelgehäuse mit eingegossenem Saugkanal
- Handhebel aus Blech, verchromt, wie Modelle 250
- Geradezug-Drehgriff
- Bosch-Scheinwerfer, Lichtaustritt 150 mm, stromlinienförmig, mit zylindrischem Endstück und mittigem, randriertem Knopf als Schalter
- Vergaser ohne Starterklappe
- Rücklicht abnehmbar, als Handlampe zu verwenden
- Kunstledersattel schwarz, mit zwei Zugfedern
- Lackierung schwarz emailliert, inklusive Felgen
- beige-creme Zierlinie am Kettenschutzblech, ab Motor-Nummer 70.251 geändertes Kettenblech
- lange Tankform, Bemalung blau/beige-creme, Puch-Aufschrift in Blockbuchstaben
- Schalldämpfer matt verchromt, Auspuffrohr hochglanzverchromt
- Speichen und Bowdenkabel parkerisiert
- Dreigang-Getriebe, handgeschaltet
- Ölbehälter schwarz emailliert
- Originalzubehör: Beinschützer und Beiwagenanschlüsse sowie Antriebskettenrad mit 18 Zähnen gegen Aufpreis
- gerade Fußrasten, nicht verstellbar

Modell N: (Abweichungen gegenüber Modell Z)

- zwischen den Zylindern eingezogenes Kurbelgehäuse
- Hitzeschutzgitter über dem Auspuffkrümmer
- Vergaser mit Starterklappe und großem Luftfilter
- Magura-Gasdrehgriff mit Abblendschalter und Hupenknopf
- links auf der Gabel montierter Tachometer mit Kilometerzähler, Antrieb durch das Vorderrad, verstärkte Gabel, unten breiter zwecks Tachoantrieb
- neue Vorderradnabe mit Tachometerantrieb
- tonnenförmige Gabelzugfeder
- neues Getriebegehäuse
- flaches Bosch-Horn auf Gabel montiert
- Abwälzständer
- verbesserter Kickstartermechanismus
- Ölmessstab
- Handhebel aus Vollmaterial, geschmiedet, verchromt
- Ölbehälter, Felgen und Kotflügel beschnitten, ebenso Deckleiste zwischen den Tankhälften, Beschneidung blau/creme
- verstellbare Fußrasten

Modell N_2: (Abweichungen gegenüber Modell N)

- neuer, gedrungenerer, zweiteiliger, verchromter Benzintank. Puch-Aufschrift in Blockbuchstaben; weiße Zierlinien zwischen Chrom-Seitenflächen und schwarzer Oberseite
- Sattel mit schwarzer Kunstlederdecke und erhöhtem hinterem Rand, zwei Druckfedern anstelle der bisherigen Zugfedern
- zweifach-weiße Zierlinien an den Kotflügelrändern und dem Kettenschutzblech, außen 5 mm breit, 3 mm Abstand, innen 1 mm, Felgen ebenfalls weiß beschnitten
- blank verchromter Auspufftopf
- neuer Ölbehälter

Modell V: (Abweichungen gegenüber Modell N_2)

- handgeschaltetes Vierganggetriebe
- Blech-Werkzeugtaschen mit Puch-Prägung links und rechts am hinteren Kotflügel
- Batteriezündung
- neuer Ölbehälter
- Rohrgabel
- neue große Kupplungsnabe
- schwarze Felgen ohne Zierlinien, 36 Loch hinten, 4 mm Speichen
- jeder Zylinder wird direkt von der Ölpumpe versorgt
- als Tankemblem stilisierter Puch-Adler, rot
- Bosch-Scheinwerfer mit Veigel-Walzentachometer
- Armaturenbrett am Tank mit Benzinuhr, Zeituhr, Amperemeter
- bei späteren Modellen neuer, aufklappbarer Hinterkotflügel und neuer Gepäckträger

Modell L: (Abweichungen gegenüber Modell V)

- handgeschaltetes Vierganggetriebe
- Haubenkotflügel
- Pressstahlgabelscheiden in geschlossener Kastenbauweise
- Tachometerantrieb innerhalb der neu gestalteten, vergrößerten Vorderradbremstrommel, staubdicht gekapselt
- Steckachse vorne
- verchromte Felgen
- Siemens-Scheinwerfer mit integriertem Walzentachometer
- Armaturenbrett am Tank mit Benzinuhr, Zeituhr, Amperemeter
- Blech-Werkzeugkästen mit Puch-Prägung, montiert zwischen den Gepäckträger-Streben
- Gummisattel mit Druckfedern
- Große Kupplungsnabe

Modell VL: (Abweichungen gegenüber Modell L)

- Lichtmaschine 40/50 Watt
- handgeschaltetes Viergang-Getriebe, Fußschaltung gegen Aufpreis
- Siemens-Scheinwerfer mit rundem Tachometer, Fabrikat Veigel
- Zündschloss im Scheinwerferende
- Haubenkotflügel mit dicker roter Zierlinie und weißer Einfassung
- als Tankemblem stilisierter Puch-Adler, rot
- 26 x 3,5"-Semperit-Niederdruckreifen, montierbare Übergröße 27 x 4"

Puch-Motor 500 VL.

Oben: Puch 500 N_2, Modell 1933.

Links: Die Puch 500 VL war die letzte Version dieses Modells im Jahr 1938 mit dem Haubenkotflügel und der Gabel der Puch 800.

Eine Puch 500 VL im Dienste der Reichspost ab 1939.

Die neue Puch-Hinterradnabe mit Servo-Kupplung ab 1936:

Diese wurde für alle Modelle mit Ausnahme der Puch 200 angewendet, das heißt also für die Modellreihen 250, 500, 800 und 350.

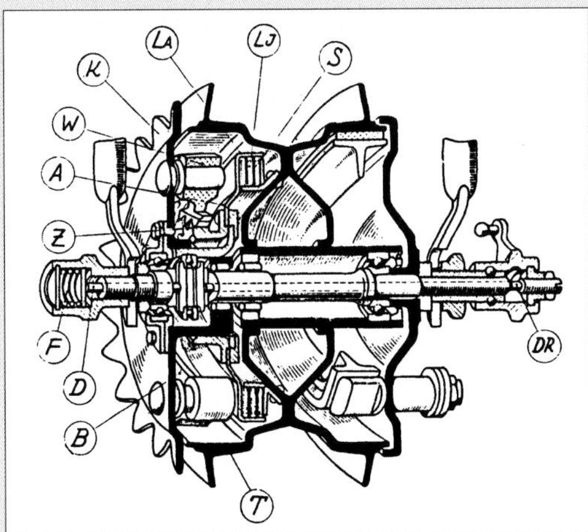

Beschreibung und Wirkungsweise der Kupplung: Die Kupplung ist ähnlich wie eine Innenbackenbremse konstruiert. Das Kettenrad K trägt die beiden Kupplungsbacken B, die mit einem Reibbelag versehen sind. Werden diese Backen gespreizt, so legen sie sich an die Kupplungstrommel T an, so dass diese, wenn sich das Kettenrad K dreht, durch Reibung allmählich mitgenommen wird. Bei Erhöhung des Anpressungsdruckes der Backen wird schließlich eine feste Verbindung derselben mit der Trommel erzielt. Die Kupplungsbacken B werden durch eine Hilfs- oder Servo-Kupplung S gespreizt und angepresst. Die Servo-Kupplung besteht aus einem Satz Kupplungslamellen, die unter Vermittlung der Druckstange D von der Kupplungsfeder F zusammengepresst werden. Dieser Druck kann vom Fahrer mittels des Kupplungshandhebels aufgehoben werden, wobei die zweite Druckstange DR benützt wird. Die Kupplungslamellen können dann lose aufeinander gleiten. Im ausgekuppelten Zustand dreht sich das vom Motor angetriebene Kettenrad K samt den darauf montierten Kupplungsbacken B, der Anpressplatte A und den in der Anpressplatte sitzenden äußeren Kupplungslamellen LA. Beim Einkuppeln werden die Kupplungslamellen durch die Kupplungsfeder F unter Vermittlung der Anpressplatte A aufeinander gepresst. Die äußeren Lamellen LA werden an den inneren LJ, in der Kupplungstrommel sitzenden Lamellen abgebremst, sodass auch die Anpressplatte gegenüber dem sich weiter drehenden Kettenrad zurückbleibt. Diese relative Verdrehung zwischen Kettenrad und Anpressplatte wird mittels Verzahnung Z auf den Kupplungswirbel W übertragen, sodass dieser verdreht wird und die Kupplungsbacken B spreizt. Sobald diese mit der Kupplungstrommel T in Kontakt kommen, wird diese, und damit das Hinterrad, durch Reibung mitgenommen.

Puch 800: Dinosaurier mit vier Zylindern

Im Jahre 1936 präsentierten die Puch-Werke nach der Puch 500 (JAP) von 1928 und der weiterhin in Produktion befindlichen Puch 500 das dritte schwere Beiwagenmodell. Es war dies auch die hubraumstärkste Puch-Maschine, die nach dem Ersten Weltkrieg gebaut wurde. Diese Maschine, P 800 genannt, war sensationell. Denn sie hatte erstmals seit dem Ersten Weltkrieg wiederum einen eigenen Viertaktmotor. Und noch dazu einen mit vier Zylindern in Boxeranordnung. Das Besondere – außer dem großen Hubraum von 800 cm³ und dem Vierzylinder-Viertakter – bestand darin, dass der Boxer nicht 180° Öffnungswinkel, sondern nur 170° aufwies. Der Grund für diese Tatsache ist heute nicht mehr schlüssig zu beweisen, doch liegt er möglicherweise in den besseren Solofahreigenschaften begründet. Auch patentrechtliche Ursachen in Abgrenzung zur Zündapp K 800 könnten, wie zeitgenössische Darstellungen besagen, der Grund für diese außergewöhnliche konstruktive Lösung gewesen sein. Ein weiteres technisches Detail war seiner Zeit weit voraus: Motor und Getriebe hatten einen gemeinsamen Ölkreislauf.

Dieses Foto aus der Versuchsabteilung zeigt mit Datum 1. Februar 1935 ein Prototypmodell mit zwei Zylindern und 750 cm³ Hubraum. Diese Ausführung wurde jedoch wegen Vibrationsproblemen zugunsten der Vierzylinderanordnung aufgegeben.

Die 1936 in Zusammenlegung mit dem „Motorrad“ neu erschienene „Österreichische Motorwoche“ schrieb dazu:

Für die 800er war schon lange unbezahlte Propaganda gemacht worden, durch Militär und Gendarmerie, die in den entlegensten Orten Österreichs die Maschinen mit Beiwagen, mit Maschinengewehren beladen, wirklich geschunden haben, außerdem wurde, wie bei jeder Neuerscheinung, die der Steyr-Daimler-Puch-Konzern bringt, viel geredet und die einzelnen Erprobungen, die von verschiedenen Wiener Zeitungsfahrern mit der Maschine gemacht wurden, sind schon vor der Messe soweit durchgesickert, daß die Neugierde hochgespannt war.

Die 800er wird um S 3.200,– mit Beiwagen geliefert, einem Preis, um den man vor vier Monaten noch nicht einmal die Maschine ohne Beiwagen bekommen hat. Die wirtschaftliche Bedeutung dieser Maschine wird sich außer in öffentlichen Diensten in der Privatwirtschaft immer mehr und mehr durchsetzen. Für wirklich hohe Beanspruchung, Fahren mit Lasten, Fahren im Gebirge, auf großen Touren usw., überall werden die Leistungen der 800er-Puch ihren Besitzer nicht nur befriedigen, sondern in Staunen versetzen.

Schon wenige Monate später, anlässlich der Wiener Herbstmesse, in Heft 289 vom 18. September 1936, merkte dasselbe Blatt zu den Modellen 1937 an:

Die, man kann schon sagen, berühmt gewordene 800er war in zwei Modellen ausgestellt: Die normale Serienmaschine und eine P 800 komplett mit Beiwagen in Heeresausführung. Wie bekannt, haben das österreichische Bundesheer und die Gendarmerie eine große Anzahl dieser Maschinen angeschafft; diese wurden in die gebirgigsten Teile unseres Landes zur Verwendung gegeben, wo sie sich, wie nicht anders zu erwarten war, bestens bewähren. Haben doch jahrelange Erprobungen vorher die P 800 zu dem gemacht, was sie heute ist. Besonders zu erwähnen ist die weiche Federung, die kaum überboten werden kann. Die schwere Preßstahlgabel mit handverstellbaren Stoßdämpfern und die

Diese Werbeaufnahme zeigt eine Puch 800 mit Dame und Felber-Beiwagen vor dem Maria-Theresien-Denkmal in Wien. Diese Aufnahme zierte auch die Titelseite der Zeitschrift „Der Motorfahrer", Heft 6, vom 20. März 1936.

besonders weiche Differentialfederung in der Gabel gewährleisten ein schonungsvolles und gleichmäßiges Dahingleiten der Maschine auch auf schlechtesten Straßen. Verschiedene Veränderungen an der ersten Vergasertype haben es ermöglicht, den Benzinverbrauch dieses Modelles so weit herunterzudrücken, daß die Maschine solo 5,5 Liter, mit Beiwagen 6 Liter Benzin maximal verbraucht. Es sind uns einzelne Fälle bekannt, wo die Maschine samt Beiwagen mit 4,8 Liter eine Geschwindigkeit von 110 km/Std. erreicht hat, obwohl die Fabrik die Geschwindigkeit mit besetztem Beiwagen mit 95 km/Std. angibt (Militärerprobung mit kompletter bewaffneter Ausrüstung).

Aus diesen zeitgenössischen Berichten geht eindeutig hervor, dass man bei Puch schon bald nach der Markteinführung der Type 500 an der Konstruktion eines schwereren Beiwagenmodells arbeitete. Da der Doppelkolben-Zweitakter mit dem Gesamthubvolumen sicher seine thermischen und mechanischen Grenzen erreicht hatte, war die Lösung des Antriebes nur mit einem Viertakter möglich. Und da nur mit einer Mehrzylinderkonstruktion.

Bereits im Jahre 1935 hatte man in der Versuchsabteilung einen Prototyp der künftigen schweren Beiwagenmaschine fertiggestellt, die ein zweizylindriges Boxertriebwerk mit 750 cm^3 und seitlichen Ventilen zeigt. Viele Komponenten dieses Modells wie Räder,

Puch 800-Modell 1937 im Einsatz in den 1950er-Jahren mit Felber-Beiwagen.

Tank, Kotflügel, Sattel, Lichtanlage, ja sogar das Kettenschutzblech, weisen absolute Seriennähe auf. Leistungs- und sonstige Daten dieses Versuchsträgers sind nicht bekannt. Nach Aussage von Versuchsleiter Dipl.-Ing. Oswald litt die Zweizylinder-Boxerkonstruktion unter starken Vibrationen. Für den technischen Direktor Ing. Marcellino ein Grund, die Weiterentwicklung des Zweizylinders zugunsten der laufruhigeren Vierzylinderkonstruktion sofort einzustellen.

Ein Problem der Puch 800 lag im hohen Benzinverbrauch bei den Modellen 1936, der zumeist aus der Fehlbedienung des hauseigenen Vergasers sowie dessen ungünstiger Grundabstimmung resultierte. Daher auch die kritische Anmerkung in dem vorhin zitierten Artikel. Die Modelle ab 1938 hatten einen Solex-Wagenvergaser.

Über den Hauptabnehmerkreis der Puch P 800 war man sich von vornherein im Klaren: Es sollten die Behörden, also in erster Linie Gendarmerie und Bundesheer sein. Und erst über diese „Werbeträger“ sollte der private Verkauf angekurbelt werden. Ein an und für sich schwieriges Unterfangen. Denn der im gleichen Jahr auf den Markt gekommene Kleinwagen von Steyr, das „Steyr-Baby“ Typ 50, kostete nur etwa das Eineinhalbfache der Beiwagenmaschine. Doch die Betriebskosten eines Wagens waren damals wesentlich höher als die einer Maschine. Insgesamt muss natürlich beachtet werden, dass die Weltwirtschaftskrise einem Höhepunkt zusteuerte und die Zahl der Arbeitslosen in Österreich Rekordhöhen erreichte.

Technisch wurde an der Puch 800 penible Modellpflege betrieben. Heft 320 der Zeitschrift „Österreichische Motorwoche – Das Motorrad “ vom 23. April 1937 listet dazu auf:
Zunächst wird der Handschaltautomat wie folgt gelobt: Auch die Handschaltung ohne

Puch 800-Gendarmeriemodell im Einsatz.

Puch 800-Modelle bei der Endmontage, dahinter 250 E-Modelle (siehe Gabel und Motor). Originales Puch-Werksfoto.

Kulisse ist sehr bequem, der Schalthebel steht hier immer an der gleichen Stelle und wird beim Schalten einfach nach vorne oder nach rückwärts bis zum Anschlag gedrückt.

Gegenüber dem Vorjahresmodell ist die 1937er-Puch 800 in einigen Details verbessert worden:

Das Getriebe wurde mit einer Ölablassschraube versehen, so dass nun der Ölwechsel erleichtert wird. Die Lichtmaschine wurde durch Vergrößerung des Ankers verstärkt und leistet nunmehr 50 bis 70 Watt. Einige Details des Vergasers wurden verbessert, alle Maschinen besitzen nunmehr den großen Tachometer im Scheinwerfer und serienmäßige Benzinfilter sowie den Antrieb der Nockenwelle mit Doppelrollenkette, die nachstellbar ist. Erfahrungsgemäß braucht die 800er, wenn sie einmal eingefahren ist, nur mehr alle 5.000 km entrußt zu werden. Bei dieser Gelegenheit werden auch die Ventile nachgesehen und eingestellt.

Mehrere Verbesserungen, die teils im Jahre 1936, teils 1937 durchgeführt wurden, haben sich inzwischen ausgezeichnet bewährt, so z. B. der neue Antrieb der Nockenwelle mit Spezialkette und die Verbesserungen an der Lichtmaschine. Das Modell 1938 bringt wieder eine wesentliche Verbesserung, und zwar einen ganz neuen Vergaser. Man hat sich entschlossen, den bisherigen selbstgebauten Motorradvergaser gegen einen Automobil-Fallstromvergaser auszutauschen. Der neue Vergaser ist ein Mehrdüsen-Autovergaser

Links: Motor der Puch 800, Gendarmeriemodell mit Batteriezündung.

Die Kraftquelle der Puch 800 Vierzylinder. (Schaltseite.)

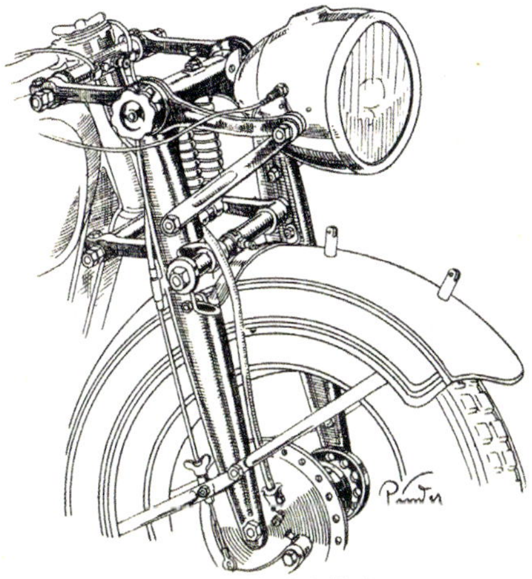

Die neue Puch-Preßstahlgabel. Tachometer-Antrieb von der Bremstrommel aus.

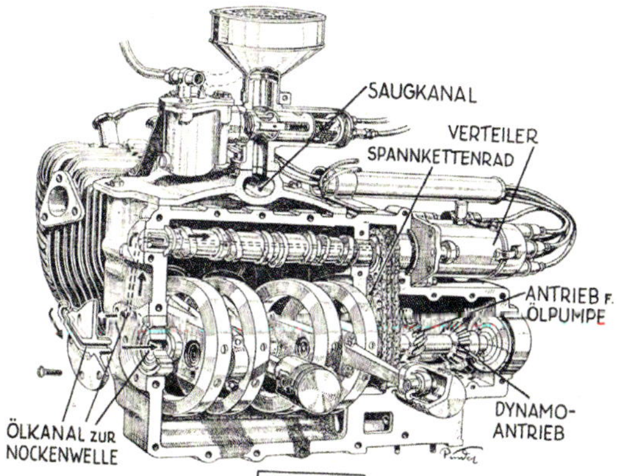

SAUGKANAL
VERTEILER
SPANNKETTENRAD
ANTRIEB F. ÖLPUMPE
DYNAMO-ANTRIEB
ÖLKANAL ZUR NOCKENWELLE
PUCH 800

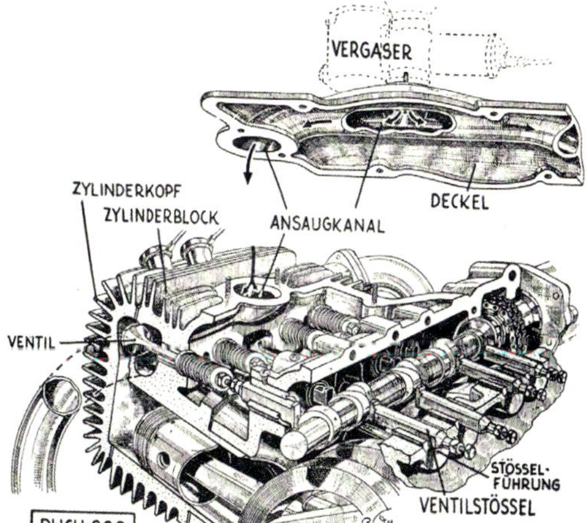

VERGASER
DECKEL
ZYLINDERKOPF
ZYLINDERBLOCK
ANSAUGKANAL
VENTIL
STÖSSEL-FÜHRUNG
VENTILSTÖSSEL
PUCH 800

modernster Konstruktion, der einen Benzinverbrauch von 6,0 Litern im Beiwagenbetrieb ermöglicht. Während der alte Vergaser eine verstellbare Düsennadel hatte, also einen Bestandteil, der einer eventuellen Abnutzung unterworfen ist, ist ein solcher Teil bei dem 38er-Solex-Vergaser nicht vorhanden.

Wie bereits angemerkt, war die Platzierung des schweren und teuren Modells auf dem österreichischen Markt infolge der geringen Kaufkraft äußerst schwierig. Und der Export nach Deutschland, der bei den 250er-Modellen immerhin noch möglich war, wenngleich aufgrund der geänderten politischen Landschaft in unserem Nachbarland nur mehr in eingeschränktem Maße, war für die Puch 800 gegen BMW und Zündapp nahezu unmöglich. Darauf spielte das deutsche „Motorrad" vom 28. März 1936 an:
Das ist die neue 800 cm³-Vierzylinder-Puch, ein Boxer-Motor genau wie ihn Zündapp baut! 60 mm Bohrung, 70 mm Hub. Die Puch-Leute hoffen, mit einem Vergaser auszukommen. Merkwürdig die Führung des Schaltgestänges durch das Sattelrohr hindurch.
Ein technisch sehr modern anmutendes Detail ist erwähnenswert: Motor und Getriebe hatten einen gemeinsamen Ölkreislauf.
Nach dem Anschluss Österreichs an Deutschland im Jahr 1938 wurde die Puch 800 für den Modelljahrgang 1939 zugunsten der deutschen Boxermodelle von BMW und Zündapp eingestellt. So ist es nicht weiter verwunderlich, dass die Puch 800 mit lediglich 550 gebauten Exemplaren eine der seltensten Puch-Serienmaschinen geblieben ist.

Der Autor auf seiner Puch 800 mit Felber-Beiwagen in voller Aktion. (Foto: Peter Kumpa, Aufnahme ca. 1986)

Puch P 800, Baujahre 1936–1938

Motor: Motor-Nummern 75.001–75.550, Produktion 550 Stück

Typ: Puch-Weitwinkel-Boxermotor mit 170°-Öffnungswinkel, Viertakt, Seitenventile (sv), luftgekühlt. Kurbelwellenachse in Fahrzeuglängsrichtung, Querläufer

Zylinderanzahl: 4

Arbeitsweise: Viertakt, Einstellwerte der Ventile: E.ö. 10° v. OT (0,65 mm), E.s. 45° n. UT (7,9 mm), A.ö. 55° v. UT (12 mm), A.s. 10° n. OT (0,65 mm), Ventilspiel kalt E = 0,1 mm, A = 0,2 mm

Bohrung/Hub: 60 mm / 70 mm

Hubraum: 792 cm^3

Verdichtung: 5:1

Leistung: 20 PS bei 4.000 U/min

Zündanlage: Milles DG 50 S spannungsregelnd, 6 Volt, 50–70 Watt, Akkumulator 12 Ah

Vorzündung: Einstellung auf größte Spätzündung, dann Funken 2 mm vor OT, automatische Verstellung bis 9 mm vor OT

Zündkerze: Bosch W 175 T1

Motorschmierung: Trockensumpf-Umlaufschmierung, Inhalt 3 l

Vergaser: eigener Puch-Fallstromvergaser mit Starterklappe, später Solex-Wagenvergaser, Nassluftfilter

Sonstige Motormerkmale: Zylinder paarweise gegossen, Grauguss, Leichtmetallzylinderköpfe. Sämtliche Triebwerksteile auf Rollen- und Kugellagern laufend, Pleuel auf Nadellager

Kraftübertragung: Motor – Getriebe durch Kegelräder mit Spiralverzahnung, Übersetzungsverhältnis 1:1,9;
Getriebe – Hinterrad-Kette $^{5}/_{8}$x$^{3}/_{8}$"; Getriebe: Gesamtübersetzung am Hinterrad: Solo 17:45 Zähne, Beiwagen 13:45 Zähne

	Solo	Beiwagen
1. Gang:	1:14	1:18,3
2. Gang:	1:7,6	1:10,0
3. Gang:	1:5,4	1:7,0
4. Gang:	1:3,9	1:5,1

Handschaltautomat, Handhebel springt nach jedem Schaltvorgang in die Neutralstellung zurück, Ganganzeige am Schaltgestänge, Ölversorgung gemeinsam mit Motor

Kupplung: im Hinterrad eingebaute Innenexpansionskupplung mit progressiver Wirkung und Auslösung durch Servokupplung

Fahrgestell, Rahmen: extrem robust ausgebildeter Doppelschleifenrahmen, hart gelötet und verschraubt, Steuerkopf- und Brustteil gesenkgeschmiedet mit I-förmigem Querschnitt

Gabel: Pressstahlgabel mit synchronisierter Differenzialfederung, bequem zu bedienende Stoß- und Steuerungsdämpfer mit Handnachstellung, Schmierung mit Hochdruck-Fettpresse

Räder: Drahtspeichenräder mit Tiefbettfelgen für Bereifung 4,00–19", 36 Loch

Bremsen: großdimensionierte Innenbackenbremsen; Vorderradbremse von Hand, Hinterrad- und Beiwagenbremse durch Fuß betätigt, Handnachstellung

Maße und Gewichte: Länge/Breite/Höhe: 2.180/830/1.050 mm, Radstand: 1.427 mm, Bodenfreiheit: 170 mm, Sattelhöhe: 680 mm, Gewicht: 195 kg, Verbrauch: 4,5 bis 6,5 l/100 km, Ölverbrauch: 1 l/800–1.000 km, Tankinhalt: 17 l, Öltankinhalt: 3 l

Bau- und Erkennungsmerkmale:
- Maschine schwarz lackiert (für Behördeneinsatz graue Lackierung mit Zierlinien)
- breite, verstellbare Lenkstange
- Tank, zwei Hälften, mit verchromten Seitenteilen, Abgrenzung mit weißer Zierlinie, roter Puch-Adler
- Beschneidung der Teile: vorderer und hinterer Kotflügel (Haubenkotflügel), Kettenschutzblech, Gabel (Mitte und Felgen, an beiden Rändern) mit dicken, etwa 10 mm breiten roten Zierlinien, die weiß (ca. 2 mm) eingefasst sind
- Gummisattel, weich gefedert mit Druckfedern
- Blechprofil-Gepäckträger, genietet
- Werkzeugtaschen aus Blech mit Puch-Prägung
- runder Schalldämpfer mit geprägter Puch-Schrift und stilisierten Adlerflügeln, Fischschwanzende
- geschmiedete Puch-Handhebel, verchromt
- verchromt sind außerdem: Auspuffkrümmer, Krümmergitter, Scheinwerferring
- Hinterradkotblech klappbar, Modelländerung ab Motor-Nummer 75.050
- Siemens-Scheinwerfer mit Veigel-Tachometer in runder, beleuchteter Ausführung, bis Motor-Nummer 75.250, danach Änderung auf neuen Veigel-Zeigertachometer
- Tachometerantrieb in Vorderradnabe
- Beinschutzbleche als Sonderzubehör erhältlich

Diese original erhaltene Puch 800 befindet sich heute im „Ersten Österreichischen Motorradmuseum“ des Autors in Sigmundsherberg. Vorbesitzer war der armamputierte Sprengmeister des Steinbruches in Kaltenleutgeben bei Wien, Herr Georg Grünberger, der als Zweitbesitzer die Maschine bis 13. Mai 1971 regelmäßig gefahren hatte. Der Stollenreifen am Hinterrad für die Schotterwege im Steinbruch ist noch heute montiert. Beim Kauf hatte die Maschine eine Fußkupplung.

Die neue Puch 800 wirkte trotz des wuchtigen Vierzylinder-Boxer-Triebwerkes harmonisch und elegant.

Dieses Foto wurde im Frühjahr 1936 auf dem Gelände der Reparaturwerkstätte der Steyr-Daimler-Puch AG, Wien II, Dr. Natterer Gasse 2, anlässlich der Auslieferung der neuen Puch 800-Motorräder an die Landes-Gendarmerie-Kommanden in Österreich aufgenommen. Die westlichen Bundesländer holten ihre Maschinen in Graz im Werk direkt ab. „Der Motorfahrer“, Nr. 15 vom 24. Juli 1936, merkte dazu an: *„Die unter besonderer Kontrolle vorgenommenen Probefahrten haben bei den Übernahmsorganen wegen des raschen Startens, des starken Anzugsvermögens der Motoren und der besonders weichen Gabelfederung Anerkennung gefunden.“* Diese Dienstmaschinen waren neben etlichem Zubehör u.a. mit einer rot-weiß-roten Scheinwerferabdeckung aus Wachsleinwand sowie mit einem MP (Max Porges)-Beiwagen mit Schwingachse ausgestattet.

Puch 200: Das Volksmotorrad

Die in Österreich zugelassenen Motorräder bis 250 cm^3 Hubraum galten bis 1937 als Kleinkrafträder mit Erleichterungen bezüglich Haftpflichtversicherung und Ausstattung. 1937 trat eine diesbezügliche Gesetzesänderung in Kraft:

Als Kleinkrafträder sieht das neue Gesetz nur mehr solche einspurigen Krafträder an, die ein Gesamthubvolumen von höchstens 200 cm^3 (bisher 250 cm^3) haben. Sie unterliegen nicht der Haftpflichtversicherung, die Fahrprüfung erstreckt sich nur auf den Nachweis der für den Führer eines Kraftfahrzeuges maßgebenden Vorschriften und die ärztliche Untersuchung hat nur bei begründeten Bedenken stattzufinden. Die frühere Bestimmung, daß die Beleuchtung der rückwärtigen Kennzeichentafel bei Kleinkrafträdern entfallen kann, ist nicht mehr aufgenommen worden, was nur im Interesse der Kleinkraftradbesitzer gelegen ist.

Die genannten Erleichterungen gelten laut Übergangsbestimmungen auch für alle vor dem 1. Mai 1937 als Kleinkrafträder zugelassenen Krafträder, ferner für jene 250 cm^3 starken einspurigen Krafträder, die am 1. Mai 1937 bereits erzeugt sind oder zu deren Bau in Österreich zu dieser Zeit bereits Veranstaltungen getroffen wurden und um deren Zulassung zum Verkehr bis längstens 1. Mai 1939 angesucht wird. Zugleich mit dem neuen Kraftfahrgesetz und der neuen Kraftfahrordnung tritt auch das neue Wiener Straßenpolizeigesetz in Kraft.

Nun muss dazu aus historischer Sicht angemerkt werden, dass man trotz dieser gesetzlichen Änderungen in Österreich noch immer keine einheitliche Rechtsfahrordnung hatte (nur die westlichen Bundesländer fuhren rechts, in Wien und Niederösterreich herrschte Linksverkehr). Auch sollte die Übergangsfrist nicht mehr zum Tragen kommen, da 1939 Österreich bereits ein Teil des Deutschen Reiches war. Den Deutschen blieb es auch vorbehalten, bereits kurze Zeit nach dem Einmarsch die Rechtsfahrordnung einheitlich durchzuführen.

Das neue „Volksmotorrad" Puch 200 wurde mit sechs besonderen Vorzügen im Hinteregger-Prospekt vom Februar 1937 angepriesen: 1. Pressstahlgabel mit Differenzialfederung, 2. Doppelschleifen-Pressstahlrahmen, 3. Lichtmaschine 30/40 Watt, 4. Motor, Getriebe in einem Block, 5. Kupplung im Motorblock eingebaut, 6. (hinterer) Kotflügel besonders versteift für Soziussattel. Langer Schalldämpfer 1937.

Puch 200, Modell 1937, Version mit kurzem Schalldämpfer und geänderter Auspuffführung innerhalb des Rahmens. (unretuschiertes Werksfoto)

Für die Puch-Werke, die von der oben zitierten Gesetzesänderung natürlich längst informiert waren, war damit der Anlass gegeben, ein neues Kleinkraftrad auf den Markt zu bringen, das genau nach den neuen Bestimmungen maßgeschneidert war. Die ersten Konstruktionsarbeiten waren bereits im Herbst 1935 in Angriff genommen worden. Die neue Puch 200 hatte zwar das bewährte Doppelkolben-Zweitaktprinzip beibehalten, wich aber in wesentlichen Baumerkmalen von der bisherigen Puch-Linie ab. Augenfälligstes Element der neuen Maschine war der Pressstahlrahmen. Diese Rahmenbauweise war in Deutschland sehr beliebt und wurde u.a. bei BMW und Zündapp angewendet. Bei kleinvolumigen Maschinen war Jawa mit dieser Bauweise auf den Markt gekommen. Übrigens wird als „Erfinder" des Pressstahlrahmens Ing. Ernst Neumann-Neander aus Deutschland angesehen, der für die Neander-Maschinen sowie Elite-Opel- und Opel-Modelle verantwortlich zeichnete.

Die Puch 200 war ein echtes Volksmotorrad. Dank ihres günstigen Preises von S 980,– und ihrer Anspruchslosigkeit erfreute sie sich bald allgemeiner Beliebtheit.

Das ungeheure Interesse, das dem neuen Modell entgegengebracht wurde, schlug sich in enthusiastischer Berichterstattung der Medien nieder. Die „Österreichische Motorwoche – Das Motorrad" widmete der neuen Puch am 8. Jänner 1937 eine ausführliche Beschreibung und merkte darin unter anderem an:

Der von Hinteregger gebaute Puch-Lieferwagen hatte die Puch 200 als Basis für Fahrgestell und Mechanik.

Lange Zeit schon konnte man immer wieder Gerüchte über die versuchsweise laufenden Maschinen der Puchtype 200 hören, aber niemand wußte Genaueres zu sagen und nur wenige hatten eine der Versuchsmaschinen selbst gesehen. Und dabei wird gerade diese Type vom Publikum sehnsüchtigst erwartet. Nun ist endlich der Schleier gelüftet worden und wir sind jetzt in der Lage, genaue Angaben über dieses neue Erzeugnis der Grazer Werke zu machen … Die Kupplung hat eine Neuerung erfahren, sie befindet sich im Gegensatz zu allen anderen Puchtypen nicht mehr im Hinterrad, sondern ist in das Schwungrad eingebaut und als Einscheiben-Trockenkupplung ausgebildet … Nun zum Fahrgestell: Der Rahmen ist aus Stahlblech gepreßt und ist außerordentlich steif gegen Verwindungen.

Puch 200, Modell 1937, lackierter Tank. (unretuschiertes Werksfoto)

Links: Puch 200 des Werksversuches 1938 am Katschberg. Das Kennzeichen K 8626 war eine der dem Werksversuch zugeteilten Nummerntafeln und findet sich auch beim Puch 750 cm³-Prototyp (Foto Seite 190).

Unten: Der prominente Adelige und Motorradliebhaber (Brough Superior Fahrer) Rudolf zu Windisch-Graetz, fotografiert anlässlich des 1. Wiener Höhenstraßenrennens am 18. Oktober 1936. Er posierte als „Reklamefahrer" (heute würden wir sagen „Testimonial") zur Bekanntmachung der neuen Puch 200, die 1937 in den Verkauf kam.

Über das neue Volksmotorrad berichtete die „Österreichische Motorwoche – Das Motorrad“ in Heft 313 vom 5. März 1937 anlässlich der Erstvorstellung bei der Wiener Frühjahrsmesse:

Das allgemeine Interesse konzentriert sich auf das „Volksmotorrad“ der Steyr-Daimler-Puch AG, das auf dem Motorradsstand in einigen Exemplaren zu sehen war. Schon ein flüchtiger Anblick befriedigt das Auge des Kenners. Der Pressstahlrahmen und die Pressstahlgabel verleihen der Maschine ein massives Aussehen, so dass schon rein optisch der Eindruck eines „wirklichen“ Motorrades erweckt wird. Die Kraftquelle des Volksmotorrades nach dem bestbewährten und weltberühmten System als Puch-Zweitakt-Doppelkolben-Motor gebaut, trägt mit dem Hubvolumen von 198 cm³ bereits dem neuen Kraftfahrgesetz Rechnung. Der kräfige Motor, der 6 PS leistet, in Verbindung mit einem sehr sorgsam abgestuften Dreiganggetriebe, macht die neue Type 200 zu einem idealen Fahrzeug, geschaffen für die Straßen Österreichs. Der solide Bau dieses Modells – es wurde nicht an Material gespart, denn das Fahrzeug wiegt über 100 kg – ermöglicht dessen Benützung mit einem Sozius-Passagier.

In der Messenummer des Motorfahrers vom 9. März 1938 wird über die Modellpflege der Puch 200 berichtet:

Das weitaus erfolgreichste Modell des Jahres 1937, die 200er, weist zwei bemerkenswerte Änderungen auf. Die eine, das Äußere betreffend, ist der neue verchromte Tank mit schwarzer Beschneidung und weißen Linien, der die Maschine eleganter macht. Die zweite ist das neue Startventil, das das Starten ganz wesentlich erleichtert. Die Höchstgeschwindigkeit der 200er liegt etwas über der offiziell angegebenen von 75 km/h. Der Benzinverbrauch ist mit 2,5 l/100 km recht niedrig, ebenso der Ölverbrauch, der bei 1:20 Gemischschmierung nur 1 l für 750 km beträgt. Es zeigt sich, dass die Maschine Steigungen von 26 % (Niederalpl) mit zwei Personen glatt ohne Kühlpause nimmt.

Nicht extra erwähnt wird der neue, lange Schalldämpfer, der für einen leiseren Lauf der Maschine sorgte.

Anlässlich der Straffung des Modellprogramms und der Typenbereinigung 1939 berichtete die „Motorwoche in Heft 415 vom 24. Februar 1939 wie folgt:

Der geringe Brennstoffverbrauch sowie die selbst für den Laien leichte Bedienung und Wartung dürften der 200er auch weiterhin den Ruf als Volksmotorrad erhalten. Der Doppelzylindermotor von 198 cm³ Hubvolumen, der durch seine Bremsleistung von 6 PS die Verwendung des Fahrzeuges im Gebirge verständlich macht, hat innerhalb von zwei Jahren bewiesen, dass er in der Dauerleistung der allerdings schnelleren 250er-Puch kaum nachsteht.

Der österreichische Haupthändler Hinteregger in Wien brachte ein eigenes Lieferdreirad auf Basis der Puch 200 auf den Markt. Dennoch darf eines nicht übersehen werden: Die neue Puch 200 war für sportlichen Einsatz ziemlich ungeeignet und konnte – zum Unterschied von der Puch S 4 – infolge ihres fliegend gelagerten Kurbeltriebes nur mäßig „frisiert“ werden. Die Puch 200 wurde während des Zweiten Weltkriegs noch bis 1940 erzeugt.

Puch 200, Werksversuch 1938 mit Sozia.

Oben: Zeitgenössisches Werbefoto für die Puch 200.
Rechts: Puch 200, 1938.
Unten: Motor der Puch 200 als Schnittmodell.
Originale Werksfotos.

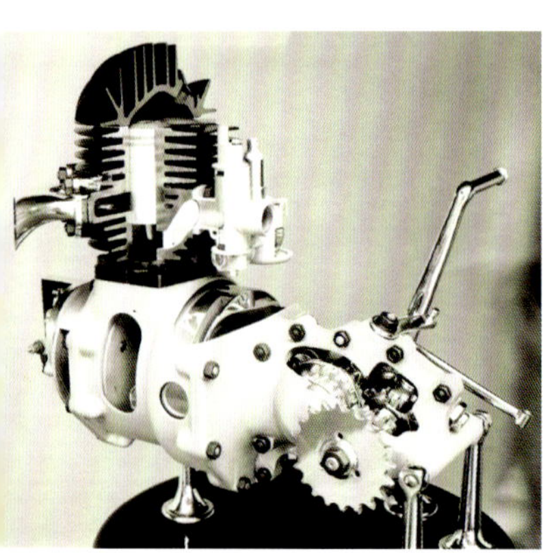

Die Puch 200 in lindgrüner Zivillackierung mit weiß-schwarzer Beschneidung (Zierlinien), Baujahr 1939.

Puch-Werbung 1937.

Puch 200, Baujahre 1937–1940

Motor: Motor-Nummern 90.001–107.200, Produktion 9.585 Stück, nach anderen Werksangaben 17.200 Stück

Typ: Puch-Doppelkolben-Zweitaktmotor, luftgekühlt, senkrecht stehend, Kurbelwellenachse in Fahrzeuglängsrichtung, Querläufer

Zylinderzahl: 1

Arbeitsweise: Doppelkolben auf Gabelpleuel, asymmetrisches Steuerdiagramm

Bohrung/Hub: zweimal 45 mm/62,8 mm

Hubraum: 198 cm^3

Verdichtung: 5:1

Leistung: 6 PS bei 4.000 U/min

Zündanlage: Puch-Lichtmaschine, spannungsregelnd, 30/40 Watt, Akkumulator, 12 Ah

Vorzündung: fix eingestellt, 6–7 mm

Zündkerze: W 225 T1

Motorschmierung: Gemischschmierung, Benzin/Öl 1:20

Vergaser: Puch-Einhebel-Vergaser, Hauptdüse Nr. 77, Übergangsdüse 0,5 mm Ø, Leerlaufdüse 0,4 mm Ø, Nassluftfilter, Drehschieber-Abblendöffnungen am Luftfilter für Kaltstart

Sonstige Motormerkmale: der Zylinder besitzt zwei Auspuffkanäle, die in ein gegabeltes Auspuffrohr münden

Kraftübertragung: Motor-Getriebe durch Kegelräder mit Spiralverzahnung, Übersetzungsverhältnis 1:2,89. Getriebe – Hinterrad mittels Rollenkette $^1/_2 \times ^5/_{16}$"

Getriebe: Dreigang-Getriebe mit Handschaltung, Schalthebel an der rechten Tankseite. Gesamtübersetzung am Hinterrad bei Zähnezahl 19:40 der Sekundärübersetzung (= Kette): 1. Gang: 1:20,3; 2. Gang: 1:10,1; 3. Gang: 1:6,1

Kupplung: Einscheiben-Trockenkupplung zwischen Motor und angeflanschtem Getriebe

Fahrgestell, Rahmen: Doppelschleifenrahmen aus Stahlblech gepresst

Gabel: Pressstahlgabel, offen, Differenzialfederung mit zwei Zugfedern ausgestattet; serienmäßig kein Stoß- und Steuerungsdämpfer

Räder: Drahtspeichenräder mit Tiefbettfelgen für Bereifung 3,00–19", kugelgelagert, nachstellbar

Bremsen: vorne und hinten Innenbacken

Maße und Gewichte: Länge/Breite/Höhe: 1.980/700/960 mm, Radstand: 1.270 mm, Bodenfreiheit: 150 mm, Sattelhöhe: 680 mm, Gewicht: 102 kg, Verbrauch: 3,2 l / 100 km Benzin-Ölgemisch 1:20, Tankvolumen: ca. 8,5 l (einteiliger Tank)

Bau- und Erkennungsmerkmale:

- Motorrad schwarz lackiert
- Tank schwarz-silber mit roten Zierlinien. Bis 1938 Bemalung über dem Tankoberteil um die Einfüllöffnung und Aufschrift „Puch 200“, schwarz-silber mit roter Zierlinie, bzw. ab 1938 Tank verchromt mit schwarzem Oberteil
- Beschneidung der Felgen und Kotbleche Silberlinierung, ab 1938 weiß, ab 1938 auch weiße Zierlinie entlang der Gabel
- weicher Gummisattel mit zwei Druckfedern
- Puch 200-Aufschrift am hinteren Kotflügel
- geräumiger Werkzeugbehälter unter dem Sattel im Rahmen angebracht mit einem Satz Werkzeug
- Abwälzständer
- Pumpe an der linken Rahmenseite unter dem Sattel
- extrem langer, zylindrischer Schalldämpfer mit Puch- und Flügel-Prägung mit Fischschwanzende
- geschmiedete Puch-Handhebel, verchromt
- verchromt sind außerdem: Auspuffkrümmer, Scheinwerfer-Umfassungsband, Handschalthebel

Puch 350 GS: Geländesport mit Federungskomfort

Die neue Puch 350 GS (für Geländesport) 1938 zierte das Prospekt-Titelblatt des Hinteregger-Verkaufsprogrammes, und zwar verschönt durch ein Pärchen, das idyllisch im Grünen lagert. Also durchaus im Gegensatz zum martialischen Einsatzzweck, für den die neue und hubraumstärkste einzylindrige Doppelkolbenmaschine der Puch-Werke konzipiert worden war. Die neue GS sollte nämlich in erster Linie ein Verkaufserfolg im Geländesport und beim Militär werden.

Die „Österreichische Motorwoche – Das Motorrad", Heft 362 vom 11. Februar 1938, widmete der Maschine einen Leitartikel unter dem Titel: *„Sensationelles Puch-Debut in Amsterdam – Eine Geländesport-Maschine mit Hinterradfederung"*.
Die interessantesten Passagen dieses Artikels lauteten:
Die 350er hat, als erstes Puch-Modell, eine Hinterradfederung, die von den Ingenieuren des Grazer Werkes in zweijähriger Forschungsarbeit entwickelt wurde. Vier kurze und daher steife Schwingarme bilden je zwei Parallelogramme, je eines links und eines rechts des Hinterrades. Der untere dieser Schwingarme ist ein zweiarmiger Hebel, der obige ein einarmiger. Zwischen den beiden kurzen Hebelarmen befindet sich die Zugfeder. Diese Hinterradfederung bietet den Vorteil, daß sie verhältnismäßig nur sehr wenig Platz einnimmt. Jedes Lager ist sorgfältig ausgebildet, Seitenluft ist wie bei einer Vorderradgabel einstellbar. Alle Lager besitzen Nippel für die Fettpresse.
Fast zwei Jahre lang dauerten die Versuche und Entwicklungsarbeiten an der Puch-Hinterradfederung. Schon die erste Versuchsmaschine aber überzeugte durch ihre glänzende Straßenlage. Selbst bei außerordentlich scharf gefahrenen Kurven, bei starker Schräglage der Maschine und auf gleichzeitig schlechter Straße behält das Hinterrad ausgezeichnete Führung.

Hinteregger-Annonce zur Propagierung der Puch 350 GS.

Puch 350 GS in der Zivilversion mit Batteriezündung, Fächer-Zylinderkopf und Hinterradfederung. Die für die Deutsche Wehrmacht gebauten Modelle hatten einen geänderten Zylinderkopf, die „Hirafe", wie die Hinterradfederung militärisch abgekürzt wurde, entfiel. Originales Werksfoto.

Durch die hervorragende Leistung der 250er war es schwer, eine noch schnellere 350er zu bauen, doch diese Aufgabe wurde gelöst: Die neue Type 350 GS läuft 120 km/Std. und das ist für eine 350er sehr viel. Um dieses Tempo zu erreichen, sind nicht weniger als 14 PS nötig, und dem mächtigen Zylinderblock der 350er traut man diese Leistung auch ohne weiteres als Dauerleistung zu.
Erleichterter Einbau des Hinterrades: Vor etwa 1 ½ Jahren hatte Puch bei den Sechstage-Maschinen eine nette Kleinigkeit erprobt. Die Enden des Rahmens wurden so ausgebildet, daß das untere Ende wesentlich länger ist als das obere war. Beim Einbau des Hinterrades braucht man also die Enden der Achse nur aufzulegen und das Rad dann einfach nach vorne zu schieben, man muß also das schwere Rad nicht so lange halten, bis man es endlich auf beiden Seiten gleichzeitig eingeschoben hat.

Tatsache ist, dass man mit 350 cm³ Hubraum an die obere Grenze der Doppelkolben-Zweitaktkonstruktion gestoßen war. In dem genannten Artikel wird auf diese Tatsache wie folgt eingegangen:
Der 350er-Motor ist nicht eine einfache Vergrößerung des S 4-Motors! Er ist eine Neukonstruktion und weist wesentliche Verbesserungen auf. Neu ist die Anordnung der Pleuelstangen, der Kanäle und Auspuffleitungen.

Das Finish der Maschine wird wie folgt beschrieben:
Schwarze Lackierung aller Motorräder war bisher bei Puch Tradition. Aber es gibt keine Tradition, die nicht einmal durch Besseres ersetzbar wäre, und die neue Farbe der 350er, ein sympathisches Graugrün, steht der Maschine ausgezeichnet. Mit Chrom ist diesmal wahrlich nicht gespart worden. Der Benzintank, beide Schalldämpfer und beide Auspuffleitungen und außerdem die beiden zugehörigen Schutzkörbe sind verchromt. Beide hochgezogenen Auspuffleitungen sind sehr sorgfältig geschützt, um jede Berührung der Kleider sowohl des Fahrers als auch des Mitfahrers mit den heißen Rohren zu vermeiden.

Auch die Messenummer der Zeitschrift „Der Motorfahrer" berichtet am 9. März 1938 über die neue Puch 350 GS:
Die 350 GS ist die bedeutendste Neuschöpfung der letzten Jahre. Ein gänzlich neuer Doppelkolben-Zweitaktmotor leistet 14 PS, und damit erreicht die Maschine 120 km/Std. Der mächtige Block beweist, dass die Kühlwirkung auch für dauernd außerordentlich scharfes Tempo unbedingt ausreicht. Die unerhört massive Ausbildung der vier Hauptlager der Hinterradfederung beweist die Rücksichtnahme des Werkes auf lange Lebensdauer. Der Motor ist mit seinen zwei Kolben, die auf getrennten Pleuelstangen geführt werden, und mit der neuartigen Führung des Saugkanals und der Auspuffkanäle der interessanteste Motor der Doppelkolbenbauart. Der sorgfältig verrippte Leichtmetallkopf steht etwas schräg und zeigt dadurch die Versetzung der beiden Zylinderbohrungen auch äußerlich an. Der Vergaser besitzt das neue Startventil mit einem kleinen Hebel statt dem Rädchen der S 4. Der Verbrauch ist niedrig, beträgt er doch nur 3,5 Liter für 100 km.

Puch 350 GS in ziviler schwarzer Lackierung im Geländeeinsatz.

Dieselbe Puch 350 GS bei einer Wasserdurchquerung. Die beiden Fotos des Werkes zeigen die Maschine mit damaligem Wiener Kennzeichen.

Nun war es tatsächlich eine unumgängliche Notwendigkeit für diesen Hubraum geworden, vom bisher bekannten Gabelpleuel abzurücken und den Kurbeltrieb komplett neu auszulegen. Dabei verwendete man eine zweifach gelagerte Scheiben-Kurbelwelle mit Mittelschwungscheibe, ähnlich der bekannten Auslegung von Kurbelwellen von Viertakt-Paralleltwins. Lediglich die Hubzapfen waren etwas gegeneinander versetzt, um die gewünschte Voreilung des auslassseitigen Kolbens zu erreichen.

Mit dieser Konstruktion umging man alle Probleme des Gabelpleuels mit verschiebbarem Kolbenbolzen. Wobei angemerkt werden muss, dass es von der LM bis zur 125er-TT niemals echte Probleme damit im Alltagsbetrieb gab. Natürlich traten aber immer wieder Betriebszustände auf, wo die Schmierung des Schiebebolzens unterbrochen wurde, aber mehr als ein kurzes, unmerkliches „Anreiben" war nicht die Folge. Lediglich bei allfälligen Motorzerlegungen konnte man diese Reibespuren feststellen. Anders lag das Problem bei Rennbetrieb der Motoren und eben hier beim „Hubraumriesen" 350 GS. Hier traute man der konventionellen Konstruktion keine Reserven mehr zu. Aber auch sonst hatte die GS etliche technische Neuheiten aufzuweisen. So hatten beispielsweise die bis 1939 ausgeführten Motoren mit 14 PS zwei ungleiche Bohrungsdurchmesser aufzuweisen. Auch war die 350 GS die „bestentlüftete" Puch aller Zeiten, denn die Auspuffgase konnten durch insgesamt vier Öffnungen ins Auspuffsystem entweichen. Dieses bestand aus zwei Rohren, die in je einen hochgezogenen Schalldämpfer mündeten. Auch hatte die 350 GS eine kombinierte Hand-Fußschaltung, welche damals vor allem von Geländesportlern geschätzt wurde.

Die so hoch gerühmte Hinterradfederung erwies sich jedoch als wenig praxistauglich. So sehr die theoretische Radführung ausgeklügelt war, es folgte hier ja infolge des Trapezes die Radachse beim Federweg einer Kreisbahn, so sehr wurde die Federung zum Wartungsproblem. Acht (!) Schmiernippel mussten dauernd gewartet werden. So kam es dann auch, dass die nach dem Anschluss an Deutschland im Jahr 1938 fälligen Lieferungen an die Wehrmacht ab 1939 oftmals Modelle mit steifem, ungefedertem Rahmen waren. Natürlich wurde damit auch die Lackierung den geltenden Heeresvorschriften angeglichen.

Der Motor selbst zeigte aber auch die thermischen Grenzen des Doppelkolbenprinzips auf. Der ursprüngliche fächerförmige Zylinderkopf wurde für den Wehrmachtseinsatz durch einen großflächig konventionell verrippten Kopf ersetzt. Der Preis der 350 GS mit Hinterradfederung betrug im Jahre 1938 S 1.880,–. 1.300 Modelle der Puch 350 GS wurden noch 1944 erzeugt, nach der Bombardierung im Herbst 1944 konnten nur noch 5 Exemplare für 1945 zusammengestellt werden.

Die Puch 350 GS war die letzte Konstruktion Ing. Giovanni Marcellinos. Nachdem Österreich Teil des „Dritten Reiches" geworden war, trat Marcellino aus der Firma aus und zog in Kärnten die Gebietsvertretung für Puch-Motorräder auf. Nach Kriegsende trat er nicht wieder bei den Puch-Werken ein.

Puch 350 GS, Baujahre 1938–1945

Motor: Motor-Nummern 1938–1939, Produktion 6.060 Stück, Motor-Nummern 1940–1945, Produktion 3.945 Stück, gesamt 10.005 Stück. Nach anderen offiziellen Werksangaben wurden nur die Nummernbereiche 110.001–118.420 der Jahre 1938–1942 mit 8.420 erzeugten Stück gezählt

Typ: Puch-Doppelkolben-Zweitaktmotor, luftgekühlt, nach vorne geneigt, stehend, Kurbelwellenachse in Fahrzeuglängsrichtung, Querläufer

Zylinderzahl: 1

Arbeitsweise: Doppelkolben auf je einer Pleuelstange, asymmetrisches Steuerdiagramm

Bohrung/Hub:	1938–1939 ungleiche Bohrung 48/55 x 83,4 mm	1939–1940 gleiche Bohrung zweimal 51,5 x 83,4 mm
Hubraum:	349 cm^3	347,3 cm^3
Verdichtung:	6:1	6:1
Leistung:	14 PS bei 4.500 U/min	12 PS bei 4.500 U/min

Zündanlage: Batterie-Zünd-Lichtanlage Puch 40–60 Watt, 6 Volt; Militärausführung: Bosch-Magnetzünder, Akkumulator Steyr 3MA2

Vorzündung: 7,5 mm am Überströmkolben, Unterbrecherabstand 0,4 mm

Zündkerze: Bosch W 225 T1, Elektrodenabstand 0,6 mm

Motorschmierung: Frischölschmierung mit motorgetriebener Ölpumpe, deren Fördermenge vom Gasgriff geregelt wird

Vergaser: Puch-Einhebelvergaser, Hauptdüse gestempelt 182 (später 125), Nadel in der 2. bis 3. Kerbe von oben, Leerlaufdüse 0,50 (0,65), Leerlaufluftschraube eine Umdrehung offen; Nassluftfilter, Starterklappe

Sonstige Motormerkmale: Der Zylinder besitzt vier Auspufföffnungen, die in zwei Auspuffanlagen münden. Fächerförmig verrippter Zylinderkopf aus Leichtmetall bis Motor-Nummer 111.500, danach mit konventioneller Verrippung

Kraftübertragung: Motor – Getriebe durch Kegelräder mit Spiralverzahnung, Übersetzungsverhältnis 1:1,92; Getriebe – Hinterrad mittels Rollenkette $^5/_8$ x $^1/_4$"

Getriebe: Viergang-Getriebe mit kombinierter Hand-Fußschaltung, Handschalthebel rechts am Tank, Fußschalthebel links. Gesamtübersetzung am Hinterrad bei Zähnezahl 15:44 der Sekundärübersetzung (= Kette):

	Sekundärübersetzung (= Kette)	Getriebeübersetzung
1. Gang:	1:13,2	1:2,33
2. Gang:	1:8,46	1:1,5
3. Gang:	1:5,98	1:1,06
4. Gang:	1:4,32	1:0,76

Kupplung: Puch-Servokupplung im Hinterrad

Fahrgestell, Rahmen: geschlossener Rohrrahmen mit geschmiedetem Hauptteil, Unterzug unter dem Motor doppelt, Hinterteil des Rahmens geschraubt. Ausführung mit oder ohne Hinterradfederung

Gabel: Pressstahlgabel, geschlossene Profile, Differenzialfederung mit zwei Zugfedern ausgestattet, Stoß- und Steuerungsdämpfer serienmäßig

Räder: Drahtspeichenräder mit Tiefbettfelgen für Bereifung 3,50–19", kugelgelagert

Bremsen: vorne und hinten Innenbacken

Maße und Gewichte: Länge/Breite/Höhe: 2.155/800/1.040 mm, Radstand: 1.340 mm, Bodenfreiheit: 190 mm, Sattelhöhe: 700 mm, Gewicht: 170 kg, Verbrauch: 3,5 l/100 km, Tankvolumen: 12,5 l, zweigeteilter Tank, Öltank unter dem Sattel

Bau- und Erkennungsmerkmale:
- graugrüne Lackierung
- Tank weiß beschnitten, schwarzer Puch-Adler
- Felgen, Kotflügel, Kettenblech und Werkzeugkasten weiß beschnitten
- Gabel mit dunklem, weiß eingefasstem Mittelstreifen
- Werkzeugkasten (links) mit rotem Puch-Adler versehen
- Militärversion ohne Hinterradfederung
- zwei hochgezogene Auspuffanlagen

Puch 350 GS, Modell 1938, Zivilversion, schwarz, Fächerkopf, Batteriezündung (oben), Puch 350 GS, Modell 1939, Zivilverison, grün (unten). Beide Bilder sind unretuschierte Werksfotos.

Links: Früher Puch 350 GS-Motor, Zivilversion (ungleiche Bohrungen, Fächerkopf).

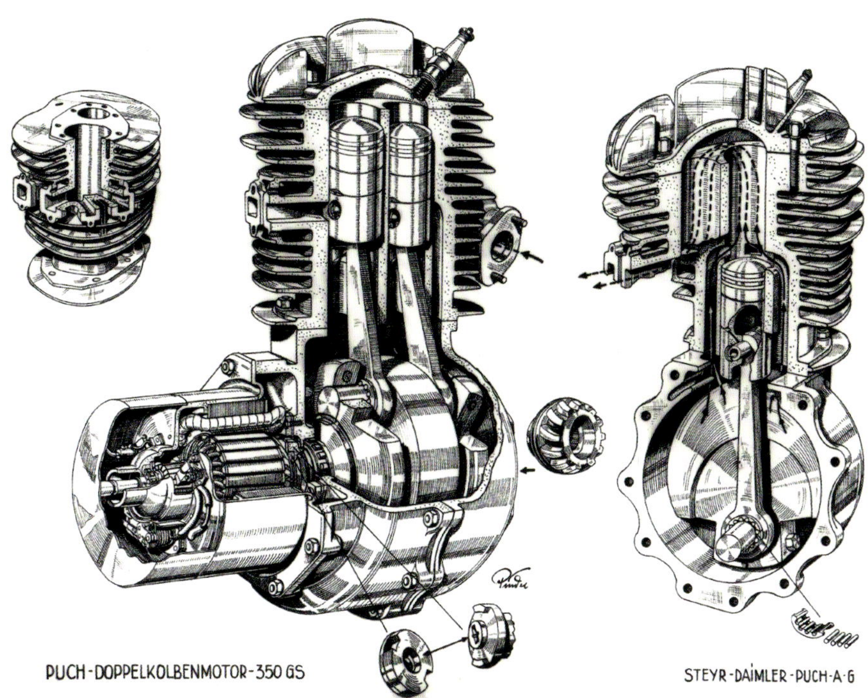

Unten: Puch 350 GS, Baujahr 1939, allerdings mit militärischem Zylinderkopf.

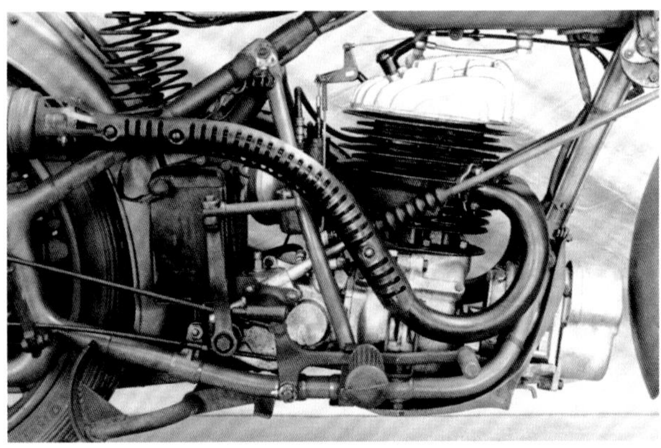

Puch 350 GS in Militärausführung ohne Chrom für die Königlich-Ungarische Landwehr, mit parallelen Zylinderkopfrippen und Magnetzünder. Werksfoto vom 9. März 1942. Dazu die Rechnung der Lieferung von 20 Krädern über 21.460,– Reichsmark.

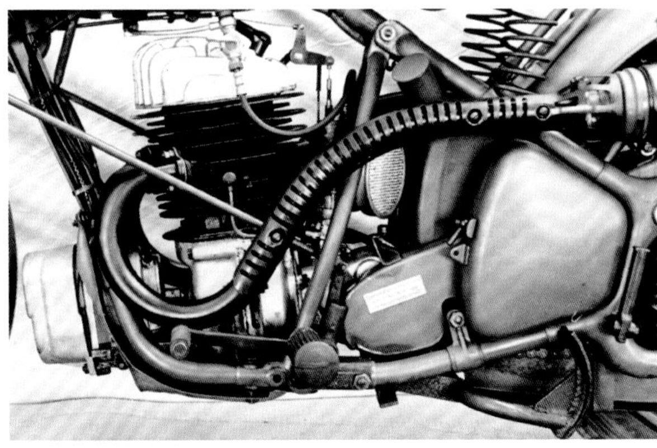

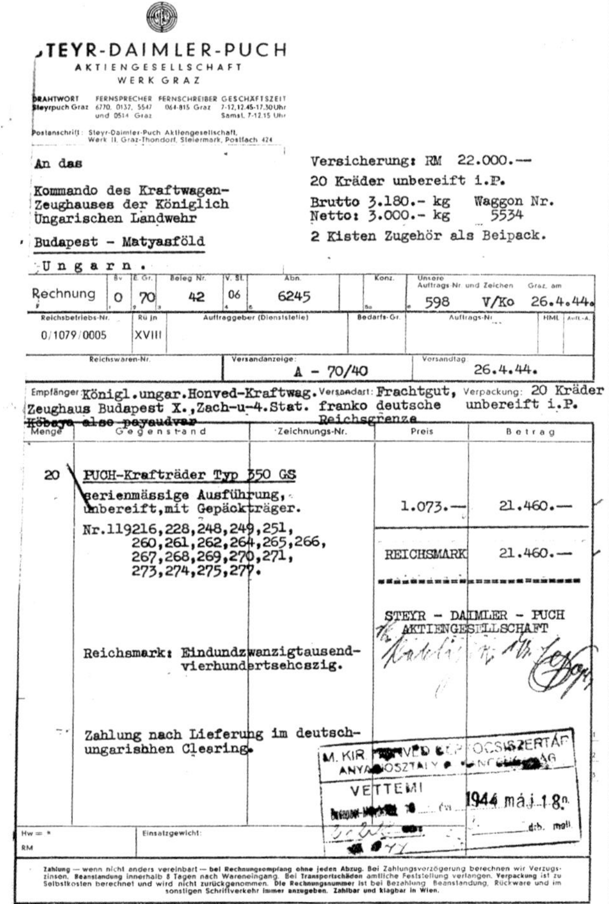

STEYR-DAIMLER-PUCH
AKTIENGESELLSCHAFT
WERK GRAZ

DRAHTWORT Steyrpuch Graz — FERNSPRECHER 6770, 0137, 5547 und 0514 Graz — FERNSCHREIBER 064-815 Graz — GESCHÄFTSZEIT 7-12, 12.45-17.30 Uhr, Samst. 7-12.15 Uhr

Postanschrift: Steyr-Daimler-Puch Aktiengesellschaft, Werk II, Graz-Thondorf, Steiermark, Postfach 424

An das
Kommando des Kraftwagen-
Zeughauses der Königlich
Ungarischen Landwehr
Budapest – Matyasföld
Ungarn.

Versicherung: RM 22.000.—
20 Kräder unbereift i.P.
Brutto 3.180.- kg Waggon Nr.
Netto: 3.000.- kg 5534
2 Kisten Zugehör als Beipack.

Rechnung	Bv	E. Gr.	Beleg Nr.	V. St.	Abn.	Konz.	Unsere Auftrags-Nr. und Zeichen	Graz, am
	0	70	42	06	6245		598 V/Ko	26.4.44.

Reichsbetriebs-Nr.	Rü jn	Auftraggeber (Dienststelle)	Bedarfs-Gr.	Auftrags-Nr.	HML	Aufl.-A.
0/1079/0005	XVIII					

Reichswaren-Nr.	Versandanzeige:	Versandtag:
	A – 70/40	26.4.44.

Empfänger: Königl.ungar.Honved-Kraftwag. Zeughaus Budapest X., Zach-u-4.Stat. ~~Köbaya alse payaudvar~~
Versandart: Frachtgut, franko deutsche Reichsgrenze
Verpackung: 20 Kräder unbereift i.P.

Menge	Gegenstand	Zeichnungs-Nr.	Preis	Betrag
20	PUCH-Krafträder Typ 350 GS serienmässige Ausführung, unbereift, mit Gepäckträger. Nr. 119216, 228, 248, 249, 251, 260, 261, 262, 264, 265, 266, 267, 268, 269, 270, 271, 273, 274, 275, 277.		1.073.—	21.460.—
			REICHSMARK	21.460.—

Reichsmark: Eindundzwanzigtausend-vierhundertsehcszig.

STEYR – DAIMLER – PUCH
AKTIENGESELLSCHAFT

Zahlung nach Lieferung im deutsch-ungarishhen Clearing.

M. KIR. HONVÉD ... ANYAGOSZTÁLY ...
VETTEM!
1944 máj. 18.

Hw = RM — Einsatzgewicht:

Zahlung — wenn nicht anders vereinbart — bei Rechnungsempfang ohne jeden Abzug. Bei Zahlungsverzögerung berechnen wir Verzugszinsen. Beanstandung innerhalb 8 Tagen nach Wareneingang. Bei Transportschäden amtliche Feststellung verlangen. Verpackung ist zu Selbstkosten berechnet und wird nicht zurückgenommen. Die Rechnungsnummer ist bei Bezahlung, Beanstandung, Rückware und im sonstigen Schriftverkehr immer anzugeben. Zahlbar und klagbar in Wien.

Puch 350 GS mit Magnetzünder, Baujahr 1939.

Puch „Styriette“: ein Kolben und 60 cm³

8 Groschen Sonntag 10 Groschen

Das Kleine Volksblatt

Wie gewinnt man ein Volksmotorrad?

Die „Styriette“, das neue Motorfahrzeug ist da! Zur Popularisierung des neuen „Mofas“ wurde sogar über dieses bekannte Boulevardblatt anlässlich der Frühjahrsmesse 1938 eine „Styriette“ ausgespielt.

Zu Beginn des Jahres 1938 beschäftigte das neue, für die Jahresmitte erwartete Volksmotorrad, Type „Styriette“, die Zweiradinteressenten aufs Äußerste. Handelte es sich dabei doch um ein billiges, ab dem 16. Lebensjahr zu fahrendes Kleinfahrzeug, man kann sagen um einen echten Vorläufer des Mopeds bzw. Mofas.

Die „Österreichische Motorwoche – Das Motorrad“ kündigte das neue Modell im Jänner 1938 wie folgt an:

Die kleinste Puch, das Motorfahrrad, das schon von vielen Radfahrern mit größtem Interesse erwartet wird, ist derzeit in Vorbereitung. Wie man hört, wird in Graz eine größere Anzahl dieser Maschinen Probe gefahren. Genauere technische Details dieses Motorfahrrades sind derzeit noch nicht erhältlich. Dagegen ist bereits ein Preis genannt worden, und zwar soll das Motorfahrrad weniger als 400,– Schilling kosten.

Und am 25. Februar 1938 meldete dasselbe Blatt:

Größtes Interesse, nicht nur unter den Radfahrern, sondern auch unter solchen Personen, die sofort Motorradfahrer werden wollen, ruft das kommende Volksmotorrad hervor. Da aber die wenigen derzeit laufenden Versuchsmaschinen nur selten zu sehen sind, wird von allen Seiten gewünscht, daß dieses Volksfahrzeug ausgestellt werde. Nun wird dieses Volksfahrzeug, das nur 380,– Schilling kostet und im Betrieb so billig ist, daß eine Fahrt Wien – Semmering kaum einen Schilling kostet, auf der Messe zu sehen sein.

Die Puch-Werbestrategen ließen sich anlässlich der Messe am 8. März 1938 auch etwas einfallen und verlosten gemeinsam mit der Wiener Tageszeitung „Das kleine Volksblatt“ eine „Styriette“. In der Preisliste Nr. 54 von Josef Niesner wird das Maschinchen angepriesen: *Styriette, das österreichische Volksmotorrad in höchster Vollendung! Geringster Betriebsstoffverbrauch! Große Steigfähigkeit! Kassapreis der fahrbereiten Maschine S 390,–! Günstigste Teilzahlungen bis 20 Monatsraten!*

Puch „Styriette“, Herrenausführung. Originales Werksfoto.

Puch „Styriette“.

Mitte: Puch „Styriette“, Motor und Gabel 1938.

Links: Puch „Styriette“, Damenmodell.

Originale Werksfotos.

Der offizielle Verkaufskatalog der Steyr-Daimler-Puch AG wirbt unter anderem mit *„Keine Steuern, kein Versicherungszwang, Prüfung nur über Verkehrsvorschriften, Mindestalter 16 Jahre“*. Alles in allem also eine echte Vorwegnahme des Mopeds unserer Tage. Aber die gesetzlichen Voraussetzungen wurden noch im selben Jahr durch den Anschluss an Deutschland geändert. Ab März 1938, also kurz nach Erscheinen des neuen Modells, galten die Reichsgesetze, die eine Hubraumgrenze für Kleinmotorräder mit 98 cm³ vorsahen. Damit war die „Styriette“ nicht mehr aktuell, 1939 scheint sie zum letzten Mal im Puch-Programm auf.

Puch „Styriette“, Baujahre 1938–1939
Motor: Motor-Nummern-Bereich 200.001–204.000, Produktion 2.300 Stück
Typ: Puch-Zweitaktmotor mit Luftkühlung, ein Nasenkolben, senkrecht stehend, Kurbelwellenachse in Fahrzeuglängsrichtung, Querläufer
Zylinderzahl: 1
Arbeitsweise: ein Zweitakt-Nasenkolben, symmetrisches Steuerdiagramm
Bohrung/Hub: 40 mm/48 mm
Hubraum: 60,3 cm³
Verdichtung: 6:1
Leistung: 1,3 PS bei 4.050 U/min
Zündanlage: Bosch-Schwungradmagnet mit Lichtspulen für Beleuchtung, Leistung der Lichtspule 6 Watt
Vorzündung: fix eingestellt, Vorzündung 1,5 mm
Zündkerze: Bosch W 145, 14 mm
Motorschmierung: Öl-Benzingemisch 1:25
Vergaser: Puch-Zweidüsenvergaser, Nassluftfilter mit angebautem Abblendschieber für Kaltstart, Benzindüse 60, Korrekturluftdüse 1,4
Sonstige Motormerkmale: Tretlager und Fahrradpedale im Motorblock integriert
Kraftübertragung: getriebelose Eingang-Übersetzung zum Hinterrad, 1:5,14; Übersetzung der Kettenräder 1:3,23; Spreizkupplung mit zwei federbelasteten Spreizkegeln
Startmechanismus: Zweikettensystem mit Fahrradpedalen. Nach dem Auskuppeln ist die „Styriette“ wie jedes normale Fahrrad zu fahren. Motorkette $^1/_2$ x $^3/_{16}$", Tretkette $^1/_2$ x $^1/_8$"
Fahrgestell, Rahmen: geschlossener Einrohrrahmen mit doppeltem Unterzug über den Motor
Gabel: Pressstahlgabel mit geschlossenen Profilen
Räder: verstärkte Fahrradfelgen 26 x 2"
Bremsen: vorne Trommelbremse, hinten Rücktritt-betätigte Trommelbremse
Maße und Gewichte: Länge/Breite/Höhe: 1.870/600/1.050, Radstand: 1.171 mm, Sattelhöhe: 850 mm; Gewicht: 39 kg; Tankinhalt: ca. 2,6 l; Fahrleistungen: Höchstgeschwindigkeit 30 km/h; Steigung ohne Mittreten: ca. 12%; Kraftstoffverbrauch: 1,5 l/100 km
Bau- und Erkennungsmerkmale: • Fahrzeug schwarz lackiert • Styria-Scheinwerfer mit Fern- und Abblendlicht • Benzintank unter dem Sattel, Inhalt 2 ¾ Liter. Beschneidung mit weißer und blauer Zierlinie, roter Puch-Adler mit Aufschrift „Styriette“ • Styria-Lastiksattel • verchromt waren Tretkurbeln mit Zahnkranz, Lenker, Kupplungs- und Bremshebel, Sattelgestell • es wurde ein Modell mit geschlossenem Rahmen (Herrenmodell) um 390,– Schilling geliefert und ein Modell mit offenem Rahmen (Damenmodell) um 410,– Schilling • Beschneidung der Gabelscheiden mit blauem, weiß eingefasstem Mittelstrich • Beschneidung der Kotbleche mit blauer und weißer Zierlinie beidseitig

Vom Sport- bis zum Expeditionseinsatz in den 1920er- und 1930er-Jahren

Nach den sieggewohnten „Monza"- und 175er-Modellen trat das 250er-Modell erstmals beim „Großen Preis von Österreich" im Herbst 1927 auf. Dabei handelte es sich um ein kräfteraubendes Sechsstundenrennen auf dem vom Bruder des österreichischen Meisterfahrers Rupert Karner und Sunbeam sowie Castrol-Importeur Anton Karner „entdeckten" Biedermannsdorfer-Rundkurs südlich von Wien.

Hugo Höbel auf Puch-JAP-Werksmaschine (Motortyp JOR mit 26 PS) in der 500er-Klasse beim Großen Preis von Österreich. Er schied in der fünften Stunde dieses Sechsstundenrennens mit über 400 gefahrenen Kilometern aus.

Die beiden Fahrer Höbel und Toricelli traten mit luftgekühlten Typen an, die optisch weitgehend mit dem Vorserienmodell auf der Wiener Messe 1928 ident waren. Dies ist der schlüssige Beweis dafür, dass Puch bereits eine langjährige Entwicklung und dazugehörige Rennerprobung in das 250er-Modell investiert hatte, bevor es in der endgültigen Form auf den Markt kam. Nach drei Stunden schied Höbel aus, nach fünf Stunden traf Toricelli, in seiner Klasse in Führung liegend, ein Motordefekt und zwang auch ihn zum Ausscheiden.

Doch die Querläufer-Konstruktion, die durch fast 15 Jahre die Baulinie der Doppelkolben-Puchs bestimmen sollte, hatte ihre Bewährungsprobe bestanden. Ein Jahr später, beim „Großen Preis von Österreich", 1929, konnte Sandler auf einem weitgehend mit dem Vorjahrsmodell identen Motorrad den zweiten Platz in der 250 cm³-Klasse belegen.

Bei der „Österreichischen Tourist-Trophy", die 1929 zum siebenten Mal auf dem Breitenfurter-Dreieckskurs ausgetragen worden war, sah man in der 250 cm³-Klasse den neu zum Werksteam hinzugestoßenen Fahrer Siegfried Cmyral als Sieger. Der 18,1 km lange Rundkurs präsentierte sich infolge Regens in sehr gefährlichem Zustand. Dazu merkte „Das Motorrad" vom 15. Mai 1929 an:
„Bezüglich der Maschinen wäre zu bemerken, daß sich für ein Rennen bei so schwierigen Boden- und Witterungsverhältnissen die hochgezüchteten Serienmaschinen als geeigneter und ausdauernder erwiesen als die Spezial-Rennmaschinen. Und tatsächlich wurden sowohl der Gesamtsieg als auch der 1. Preis der 500 cm³- und der 250 cm³-Klasse von solchen gewonnen (Anm. d. Verf.: 500 cm³-Sieger wurde Martin Schneeweiß auf Rudge Withworth, 250 cm³-Sieger Cmyral auf Puch). *Besonders zeichneten sich diesmal die heimischen Erzeugnisse aus, welche in der Leichtgewichtsklasse durch die Puch-Maschinen Cmyrals und Höbels den 1. und 5. Platz und durch die M.T. Boos-Waldecks den 4. Platz belegen konnten."*

Siegfried Cmyral siegt bei der Österreichischen Tourist-Trophy 1929 auf der seriennahen luftgekühlten Puch 250.

Bei diesem denkwürdigen Rennen, bei dem leider auch der bekannte Meisterfahrer Edi Linser in Wolfsgraben tödlich verunglückte, wurde auch eine Viertakt-Versuchsmaschine von Puch eingesetzt. Toricelli brachte diesen einmaligen Werksmotor zum Einsatz (siehe Konstruktionszeichnung, Seite 224). Diese hochinteressante Kombination von Zweitakt- und Viertaktelementen wurde leider nicht mehr weiter verfolgt.

Das Puch-Werksteam bei der Internationalen Sechstagefahrt 1929. Diese fand vom 26. bis 31. August statt. Die einzelnen Tagesetappen umfassten folgende Strecken: 1. Tag: München – Garmisch-Partenkirchen, 310 km. 2. Tag: Garmisch-Partenkirchen – Zirl – Telfs – Reutte – Lech – Feldkirch – Vaduz, 398 km. 3. Tag: Vaduz – Chur – Pallanza, 300 km. 4. Tag: Pallanza – Kleiner St. Bernhard – Moutier, 308 km. 5. Tag: Moutier – Chamonix, 285 km. 6. Tag: Chamonix – Genf, 300 km. Anschließend 1-Stunden-Rennen auf dem 6,55 km langen Circuit von Meyrin bei Genf. Gefahren wurde mit den im gleichen Jahr neu auf den Markt gekommenen Serienmaschinen der Type Puch 250. Die Mannschaft der Puch-Werke wurde von Ing. Alfred Oswald geleitet (Mitte) und umfasste außer ihm noch die Fahrer Siegfried Cmyral (links) und Hugo Höbel (rechts). Die Puch-Mannschaft erzielte dabei den ersten Fabriksteam-Preis.

„Dieser 250 cm³-Puch-Spezialmotor hatte V-förmig angeordnete Zylinder und arbeitete als Viertakter mit Kurbelgehäuse-Ansaugung und Vorkompression, wodurch selbst bei hohen Tourenzahlen eine volle Füllung des Zylinders erreicht wird."

So kommentierte damals „Das Motorrad" diese sensationelle Entwicklung. Leider schied Toricelli bereits in der ersten Runde aus. Die Weiterentwicklung an diesem interessanten Projekt unterblieb, da Ing. Marcellino sich sofort wiederum den Zeitaktmodellen zuwandte.

Beim „Großen Preis von Österreich", der am 11. August 1929 wieder sechs Stunden über den Biedermannsdorfer-Rundkurs ging, waren alle vier Werks-Puchs im Ziel. Höbel, Toricelli, Novak und Cmyral beendeten das Rennen auf den Plätzen 2, 3, 4 und 7. „Das Motorrad" merkte dazu am 15. August 1929 an:

Die Puchfahrer verwendeten „frisierte" 250 cm³-Puch-Tourenmodelle, wie sie jedermann zu kaufen bekommt und durch entsprechendes „Tuning" in denselben rennmäßigen Zustand versetzen kann.

Bei der „Internationalen Sechstagefahrt", die vom 26. bis 31. August 1929 von München nach Genf führte, holte sich das Puch-Team mit Höbel, Cmyral und Oswald den Fabrikspreis. Gefahren wurde auf getunten Serien-250ern.

Die Erfolge der neuen Querläufer-Doppelkolben-Baureihe veranlassten die Rennabteilung des Werkes, auf Basis dieser Konstruktion eine Spezial-Rennmaschine zu entwickeln. So entstanden die wassergekühlten Ladepumpen-Puch-Rennmaschinen, die schlussendlich mit der Serie lediglich die Motoranordnung und das handgeschaltete Dreigang-Getriebe gemeinsam hatten. Der Magnet war vorne am Motorgehäuse angebracht, und eine mittels Exzenter betätigte Kolbenladepumpe sorgte für gute Füllung und damit hohe Leistung. Die Drehzahlgrenze lag – infolge des im Pleuelauge gleitenden Kolbenbolzens – bei rund 4.800 U/min. Bei 4.400 Touren gab die Ladepumpen-Puch 15 PS Leistung ab.

Der erste Werkseinsatz bei der „Österreichischen Touren-Trophäe“ 1930 brachte einen überlegenen Sieg der Neukonstruktion in der Viertelliterklasse unter dem Schweizer Puch-Werksfahrer Elvetio Toricelli. Das Blatt „Der Motorfahrer“ berichtete darüber in seiner Ausgabe vom 22. Mai 1930 wie folgt:
Wenn von einer Sensation in dieser Kategorie gesprochen werden kann, dann war dies die große Schnelligkeit der beiden wassergekühlten Puch-Maschinen, eine Neuschöpfung des Herrn Ing. Marcellino der Grazer Puch-Werke AG. Die gefahrene Zeit des Siegers in dieser Leichtgewichtsklassse mit 3:46:33,2 ist eine glänzende, denn es wurde die bestehende Rekordzeit um zirka 32 Minuten verbessert.
Und der Drittplatzierte Cmyral auf der zweiten Ladepumpen-Puch stellte in der ersten Runde einen neuen Rundenrekord mit 86,5 km/h auf. Auch beim „Großen Preis von Österreich“ 1930 gab es Sieg und Platz für Cmyral und Toricelli auf der Ladepumpen-Puch mit einer schnellsten Runde von 101,837 km/h bzw. 100,937 km/h.

Ein Foto von der erfolgreichen Sechstagefahrt 1929 in Garmisch: Hugo Höbel auf seiner Puch 250, einer werksgetunten Serienmaschine.

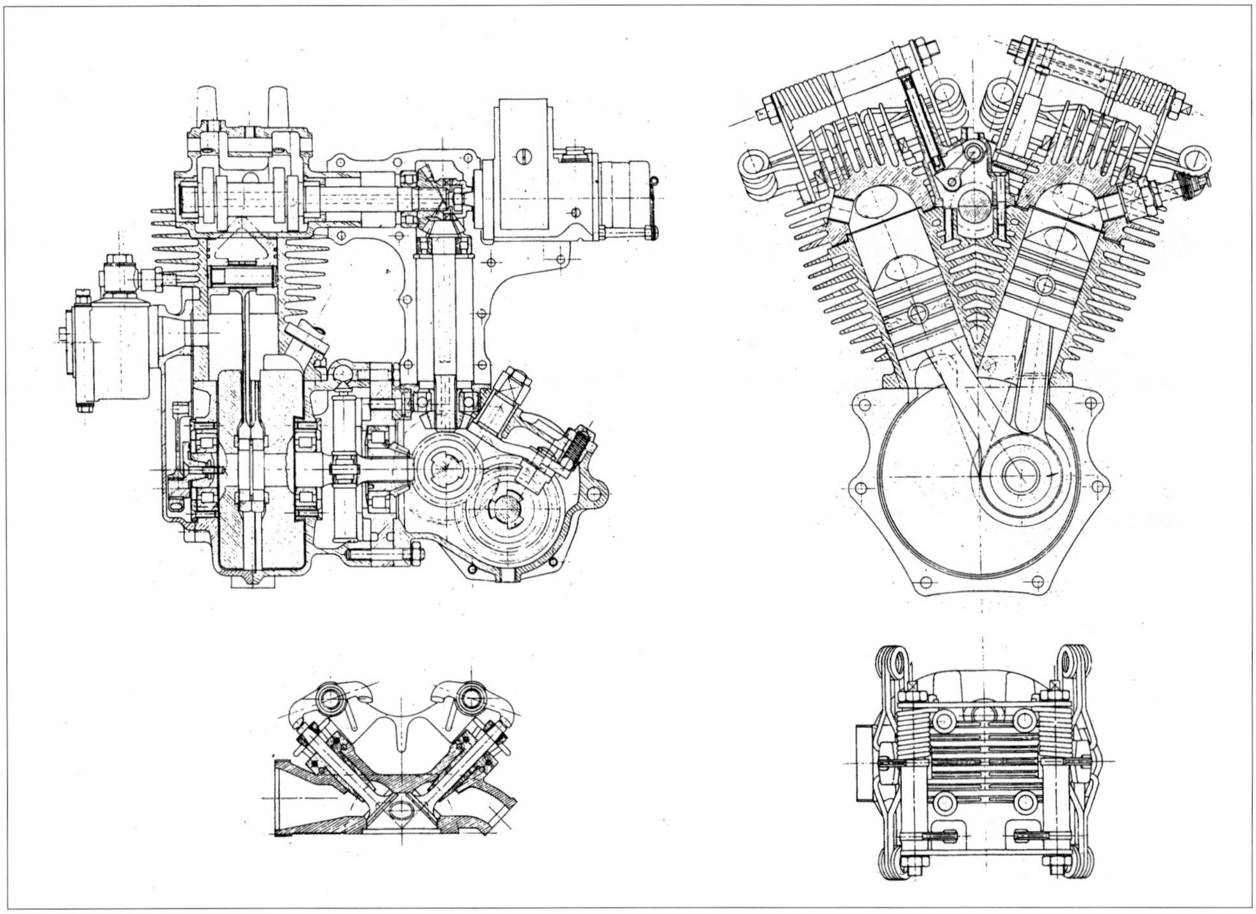

Die Werkszeichnung des bisher verschollenen V-Zweizylinder-Viertakt-Rennmotors von 1929 arbeitete mit Kurbelgehäuse-Vorverdichtung wie ein Zweitakter. Leider schied Toricelli beim ersten Einsatz nach einer Runde mit einem geringfügigen Schaden aus. Der Motor kam nie wieder zum Einsatz. Technische Daten: Bohrung/Hub 51/60 mm, Hubraum 250 cm^3.

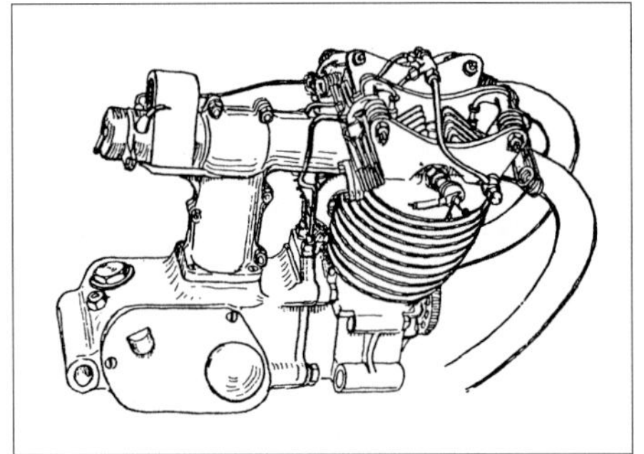

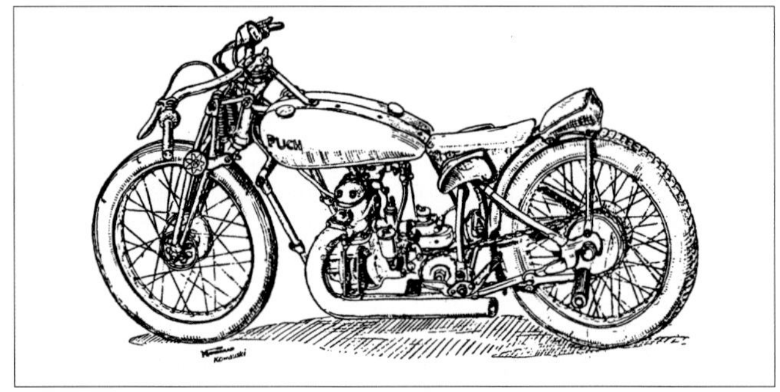

Links: Erstmaliger und einziger, leider erfolgloser Einsatz des interessanten Puch-V-Zweizylinder-Renn-Viertakters bei der österreichischen TT 1929. Der 250 cm^3-Motor arbeitete mit Kurbelgehäuse-Vorverdichtung wie ein Zweitakter. Ziel der Konstruktion war ein hoher Füllungsgrad bei Spitzendrehzahlen.
Rechts: Kilometer-Lancé in der Neunkirchner Allee 1931. Auf dieser längsten geraden Strecke Österreichs wurden durch zwei Jahre österreichische Rekorde und Weltrekorde gefahren. Die Abbildung zeigt die Rekordmaschine Cmyrals. Die mit Doppelkolben-Zweitakter ausgestattete wassergekühlte Ladepumpen-Maschine weist keinen Wasserkühler auf. Zur Vermeidung von Gewicht und Luftwiderstand wurde das Kühlwasser im Tank untergebracht. Aus der hohen Übersetzung kann man auf die hohe Leistung der Maschine schließen. Die Ladepumpe ist vor dem Kurbelgehäuse untergebracht. Interessant ist die Tatsache der zeitgenössischen Darstellung der Maschine in gezeichneter Form. Fotografen waren schon damals in den Werksboxen bei Rennen nicht unbedingt gern gesehene Gäste. Insbesondere wenn es um Spezialmodelle ging, die vor allem vor der Konkurrenz in Details geheim gehalten werden mussten.

Im folgenden Jahr, 1931, erhielten die Ladepumpen-Puchs ein fußgeschaltetes Viergang-Getriebe. Durch Modellpflege kamen die Werksrenner bereits auf rund 18 PS. Elvetio Toricelli siegte damit in seiner Klasse beim „Großen Preis von Ungarn."

Ein weiterer eindrucksvoller Beweis der Leistungsfähigkeit dieser Maschinen wurde auch beim Kilometer-Lancé in der Neunkirchner Allee am 19. April 1931 geliefert. Cmyral erreichte mit einer Spezialmaschine ohne Wasserkühler (eine Tankhälfte war mit Eiswasser für Kühlzwecke gefüllt worden) über den fliegenden Kilometer 140,570 km/h, was in dieser Klasse österreichischen Rekord bedeutete. Toricelli auf der Ladepumpen-Maschine mit Kühler brachte es immerhin auf 133,804 km/h.

Cmyral auf der 250-Ladepumpen-Puch beim Kilometer-Lancé 1931 auf der Neunkirchner Allee.

Bei der „Österreichischen TT", die erstmals auf dem Wolkersdorfer-Rundkurs ausgetragen wurde, belegten die Puch-Fahrer Toricelli, Cmyral und Hunger die Plätze 1, 2 und 3 in der Klasse bis 250 cm^3. Schließlich siegte Toricelli auf der Ladepumpen-Puch noch beim „Großen Preis von Deutschland" 1931 am Nürburgring gegen schwerste internationale Konkurrenz. Es war dies der international beachtlichste Sieg der legendären „Ladepumpen-Puch".

1932, bei der zum zehnten Mal ausgetragenen „Österreichischen Touren-Trophäe" auf dem Wolkersdorfer-Rundkurs, der seit dem Jahr davor wohl etliche Verbesserungen erfahren hatte, aber dennoch eine große Staubbelästigung für Fahrer und Zuschauer ergab, sah in der 250er-Klasse die ersten vier Plätze von Puch-Fahrern belegt. Es siegte Cmyral auf der Ladepumpen-Puch mit einem Schnitt von 87,2 km/h vor Hunger und Morawetz. Cmyral siegte im selben Jahr noch beim Präbichl-Rennen, Toricelli stellte

Toricelli, der Sieger, und Cmyral, der Drittplazierte und Fahrer der schnellsten Runde, bei der österreichischen TT 1930 auf ihren neuen Ladepumpen-Puchs mit Wasserkühlung.

Der Puch-Ladepumpen-Rennmotor von 1931 in einer Nachzeichnung des Institutes für Verbrennungskraftmaschinen und Thermodynamik der Technischen Universität Graz.

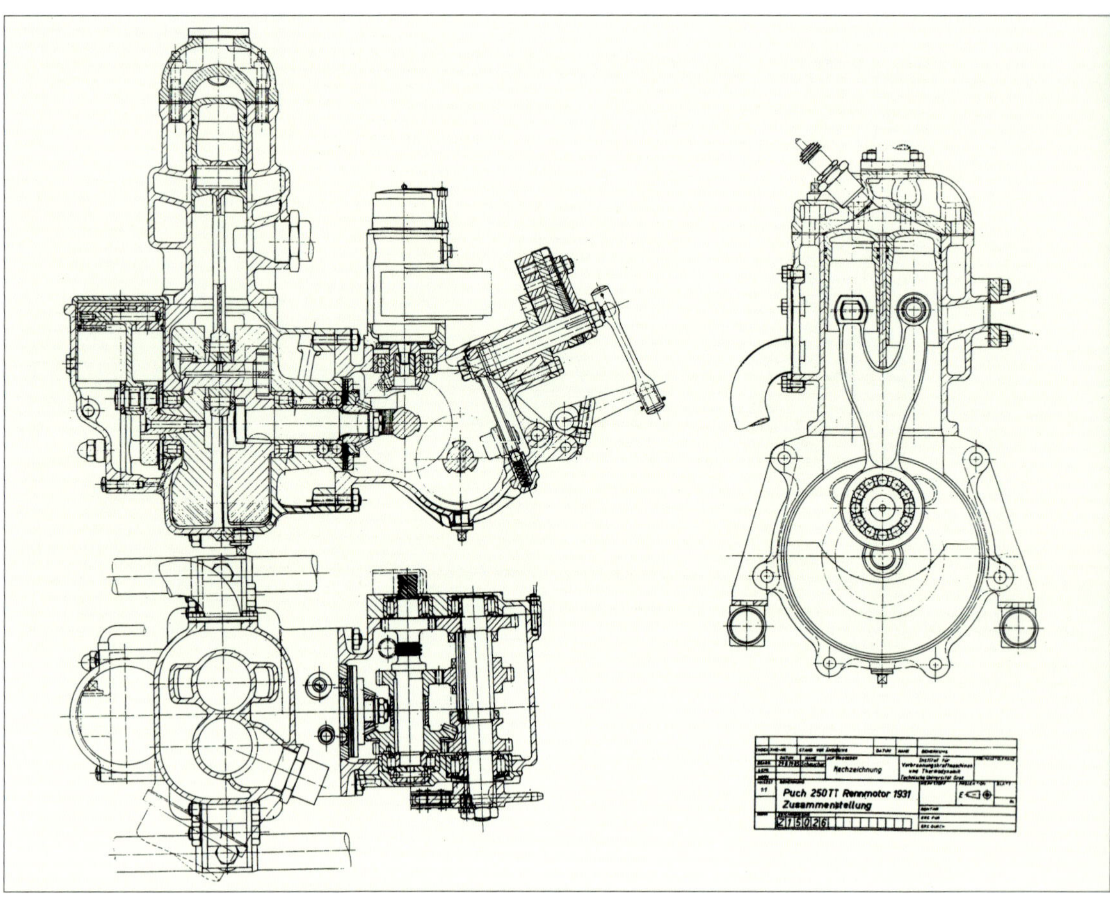

Werksbezeichnung Nummer Z 14330 zeigt einen V-Zweizylinder-Zweitakt-Rennmotor aus 1930 mit ungleichen Bohrungen. Auslass 39 mm, Überströmer 35 mm. Bei einem Hub von 58 mm ergibt sich ein Gesamthubraum von 250 cm^3.

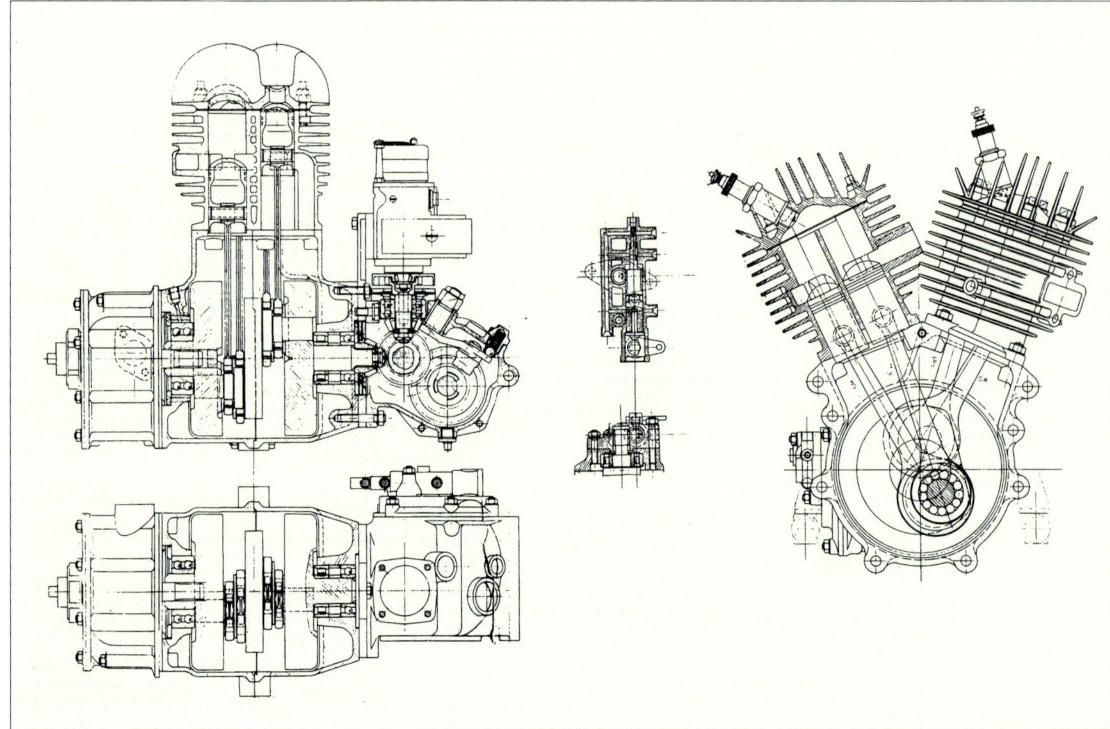

Siegfried Cmyral (mit Hut in der Mitte) beim größten Puch-Erfolg der Zwischenkriegszeit, als sein Teamgefährte Elvetio Toricelli (mit Kranz) auf Puch 250 den „Großen Preis von Deutschland 1931" am Nürburgring gewann. Ganz rechts: Puch-Rennleiter Franz Gall, Bruder des unvergessenen Wiener BMW-Fahrers Karl Gall.

beim internationalen Klausen-Rennen in der Schweiz mit einer Zeit von 18:29,8 – entsprechend einem Schnitt von 69,74 km/h – einen neuen Rekord auf.

Technisch waren die Puch 250-Ladepumpen-Motoren bis 1931 im Aufbau gleich geblieben, d. h., dass die beiden Kolben auf ein gemeinsames Gabelpleuel arbeiteten und der Motor als Querläufer, ähnlich den Serien-250ern, ausgelegt war. Die Ladepumpe befand sich vorne am Motor, der Zündmagnet war über dem Primärantrieb im Getriebe angeordnet.

Für die Saison 1932 wurde eine neue Motorkonstruktion auf die Rennstrecke gebracht. Und zwar setzte man nun beide Kolben hintereinander in Kurbelwellenlängsachse derart an, dass jeder Kolben ein eigenes Pleuel besaß. Diese Überlegung zur Vermeidung der bekannten Probleme mit dem Gabelpleuel floss später in die Konstruktion der Puch 350 GS ein.

1932 war auch das letzte Jahr im Auftreten der Werks-Ladepumpen-Puchs. Ende 1932 kann auch als das Ende der eigentlichen Puch-Rennabteilung angenommen werden. Zeitlich fällt diese Einstellung der Werks-Renntätigkeit bei Geschwindigkeitsrennen (also Straßen-, Berg- und Bahnrennen) mit dem Höhepunkt der Weltwirtschaftskrise zusammen, die mit dem Börsenkrach am „Schwarzen Freitag" des Jahres 1929 ihren Ausgang genommen hatte.

Dennoch und trotz aller wirtschaftlichen Probleme blieb Puch dem Motorsport treu. Nur verlagerten sich die Aktivitäten mehr auf den – wie wir heute sagen würden –

„Offroad"-Sport, das bedeutete in jenen Jahren zwischen den beiden Weltkriegen in erster Linie Wertungs- und Zuverlässigkeitsfahrten sowie militärische Erprobungen. Für all diese Einsätze präparierte die Versuchsabteilung Modelle aus der Serie. Diese Liebe zum Motorsport war wohl eine der stärksten Motivationen durch alle Jahrzehnte, die die „Puchianer" beseelte. Die Auffassung, neue Modelle vor Serienanlauf sportlich zu erproben bzw. Siege auf Maschinen zu erringen, die auch der Kunde kaufen konnte, war eine ausgezeichnete Geschäftspolitik.

Josef Spiller bei der Steilhangfahrt des AMC (Akademischen Motorsport-Clubs) 1936 auf Puch S 4. Diese Veranstaltung erfreute sich vor allem bei Amateuren größter Beliebtheit. Ein weiterer Teilnehmer auf Puch 500 N_2.

Links: Tourist-Trophy 1931 auf dem erstmals befahrenen Wolkersdorfer Rundkurs: Elvetio Toricelli auf der Werks-Ladepumpen-Puch bei der Einmündung in die Bundesstraße. Er siegte über 22 Runden = 290,4 km in der Leichtgewichtsklasse bis 250 cm³ vor Cmyral und Hunger (beide auf Puch) in einer Zeit von 3:29:40,2 mit einem Durchschnitt von 83,10 km/h.
Rechts: Österreichische Touren-Trophäe, Hunger auf 250er-Puch (38) und Falk auf 350er-Velocette (19), 8. Mai 1932.

Links: Österreichische Touren-Trophäe, Hunger auf 250er-Puch (38), Völkl auf Guzzi (39), Cmyral (40) und Kremer (42), 8. Mai 1932.
Rechts: Siegfried Cmyral auf Ladepumpen-Puch bei der österreichischen Touren-Trophäe am 8. Mai 1932, Sieger der Klasse A, Leichtgewicht bis 250 cm³ mit einer Durchschnittsgeschwindigkeit von 87,2 km/h vor Hunger und Morawetz (beide ebenfalls auf Puch). Beim Sprung auf der geschotterten Strecke hoben die Maschinen bis zu 20 cm hoch ab.

Durch die Öffnung der Archive anlässlich der Einstellung des Zweiradbaues bei Puch in Graz konnten durch den Autor wertvolle Motorenzeichnungen entdeckt werden. Die bemerkenswertesten Konstruktionen der Ära Marcellino beziehen sich dabei auf Mehrkolben-Zweitakter. So entstand beispielsweise unter Zeichnungsnummer Z 14059 ein luftgekühlter Dreikolben-Zweitakter mit einem Überströmkolben mit 45 mm Bohrung und zwei Auslasskolben mit je 40 mm Bohrung, Hub 78 mm, Hubraum 320 cm³. Nach demselben Prinzip entstand auch ein Renn-Zweitakt-Prototyp mit 40 und zweimal 38 mm Bohrung, Hub 70 mm, Hubraum 250 cm³.

Der bekannte Ungar Laszlo Kiss auf der 250er-Puch.

Bahnrennen in der Wiener Krieau, Herbst 1934. Sieger der Klasse bis 250 cm³ (Junioren) Gerstinger, Wien, auf Puch 250 „Sport", Modell 1930.

Bahnrennen in Graz am 24. April 1932. Novotny auf der wassergekühlten 250er-Sport-Puch siegte in der Klasse bis 500 cm³ (Neulinge).

Österreichisch-ungarischer Motorrad-Auswahl-Länderkampf am 4. Juni 1933 in Ödenburg. Veranstalter waren der Königlich-ungarische Automobilklub und der ÖAC (Österreichischer Automobil-Club). Gefahren wurde auf dem Ödenburger Rundkurs von ca. 5 km Länge. Startnummer 26 Georg Heeberger auf Puch 250 „Sport", Modell 1932.

Alpenfahrt 1939: Siegfried Cmyral auf Puch 250 auf der Großglockner Hochalpenstraße.

Links: Einer der ganz großen Fahrer auf Puch S 4: Siegfried Cmyral. Er führt hier bei der Alpenfahrt 1938 seine Werks-S 4 zum Sieg. Beachtenswert ist der Benzintank im Rucksack, der infolge des während der Fahrt defekt gewordenen Tanks der Maschine blitzartig angefertigt wurde. Cmyral erlitt durch den beim Nachtanken verschütteten Brennstoff Verätzungen am Rücken und am Gesäß.

Unten: Gedränge an der Zeitkontrolle in Paternion bei der Alpenfahrt 1939. Die Puch 250 S 4 von Beranek zeigt beim Knie des Fahrers das Gestänge der kombinierten Hand-Fußschaltung und die nach oben gerichtete neue Auspuffanlage.

Oben: Der Wiener Kunstfahrer Georg Panek auf Puch 250 bei einer Vorführung im Jahr 1933. Unten: Die Stafette mit dem olympischen Feuer durchquerte 1936 auch Österreich. Der Stafettenläufer wird von Puch-Motorrädern geleitet.

Eine Vorwegnahme der späteren Serien-Puch 500 war der Zweizylinder-Zweitakt-Rennmotor-Typ 400 aus 1930, Zeichnungsnummer Z 14550. Der Doppel-Doppelkolbenmotor hatte vier Bohrungen à 40 mm und einen Hub von 78 mm, Hubraum 400 cm^3. Doch als besonderes Schmankerl war eine Drehschiebereinlasssteuerung zwischen den beiden Zylindern vorgesehen. Und der dritte im Prototypenstadium steckengebliebene Rennmotor war ein V-Zweizylinder-Zweitakt-Rennmotor (Zeichnungsnummer Z 14330 aus 1930) mit 39 mm Auslass- und 35 mm Überströmbohrung, einem Hub von 58 mm und einem Gesamthubraum von 250 cm^3 (siehe Seite 226).

Wie sehr sich die Männer unter Marcellino mit ihm und seinen Ideen identifizierten, zeigt ein Schreiben des greisen Siegfried Cmyral an den Autor, worin Cmyral seine Erinnerungen an eine militärische Prüfungsfahrt mit der Puch 500, Modell V im Jahre 1934 nach Ungarn festhielt. Sein größter Wunsch war es, dieses Modell noch einmal zu fahren. Doch leider kam es infolge des Ablebens von Cmyral nicht mehr zur Verwirklichung dieses Projektes.

Eine weitere Gruppe von Enthusiasten trug in jenen Jahren, als die Landkarte noch wenige weiße Flecken hatte, das Ihre zum Ruhme der Marke Puch bei. Und zwar waren das die Fernreisenden und Forscher, die sich aufmachten, um als Verkehrsgeografen, Geologen, Alpinisten oder ganz einfach als Abenteurer die Welt auf einem Motorrad zu erkunden. Sie waren zu einem Großteil im Österreichischen Fernfahrer-Club organisiert und trafen sich zum Austausch von Erfahrungen.

Unten links: Alois Wagner auf Puch S 4, Kategoriesieger bei der Höhenstraßen-Fahrt 1936.

Unten rechts: Auch bei Straßenrennen hatten die S 4-Fahrer kaum Gegner in ihrer Klasse zu fürchten. Stanislaus „Stanzi" Suchanek war immer einer der Schnellsten.

Oben: Die Puch S 4 war ein dankbares „Frisierobjekt“. Hermann Binder auf einer für Sandbahnrennen adaptierten Maschine.

Rechts: Hans Walz auf Puch 250 S 4 bei der Sechstagefahrt 1934. Das österreichische Silbervasenteam errang den dritten Gesamtrang. Gold für Siegfried Cmyral, Silber für Otto Steinfellner (Mitte) und Hans Walz.

Balaton – Bodensee, 1937: Wolf von Millenkovich auf Puch 250 S 4.

Die treue Puch 250 von Herbert Tichy bei seiner Fahrt durch Nordafghanistan.

Die berühmtesten Puch-Fahrer waren dabei wohl Max Reisch und Herbert Tichy. Die beiden damaligen Studenten machten sich im Jahre 1933 mit einer völlig serienmäßigen Puch 250 auf dem Landweg nach Indien auf. Die Maschine war nur mit einigen Spezialadaptierungen wie größerem Tank mit Gepäcksaufbau, diversen Packtaschen und Ölkannenhalterungen ausgestattet. Die beiden schafften das bis dahin für unmöglich gehaltene Bravourstück und kamen im Frühjahr 1934 in Indien an. Die Verbesserungen, die Reisch aufgrund dieser Extremerprobung dem Werk vorschlug – so hatte es eigentlich nur mit den ständig reißenden Hinterradspeichen ernsthafte Probleme gegeben –, flossen noch 1935 im Modell R (nach Max Reisch) in die Serie ein. Herbert Tichy ging dann als Einzelreisender im Jahre 1935 mit einer ähnlich ausgestatteten Maschine auf Fernreise und durchquerte als erster Mensch mit einem Motorrad Afghanistan.

Der Asienreisende Herbert Tichy bei seiner Ankunft in Wien 1936.

Herbert Tichy (1912–1987), der große Asienforscher und Erstbesteiger des Cho Oyu, im Jahr 1987 noch einmal im Sattel einer Puch 250, mit der er 1935 als erster Mensch auf einem Motorrad Afghanistan durchquert hatte. Dieses Bild wurde knapp vor seinem Ableben anlässlich einer Dokumentation über seine Expeditionen aufgenommen.

Sahara-Expedition 1935/36 von Dr. Ludwig Zöhrer. Ölgemälde von Hans Fürst über die Sahara-Expedition.

Dr. Ludwig Zöhrer, Abfahrt aus Wien 1935.

Ein weiterer Fernfahrer war Dr. Ludwig Zöhrer, der sich Ende März 1935 im Auftrag des Institutes für Afrikanistik und Ägyptologie sowie des Ersten Zoologischen Institutes nach dem französischen Sudan und der Sahara mit einer Puch 250 S, Modell 1931, auf den Weg in die Sahara machte, um ethnologische und etymologische Untersuchungen, Forschungen und Sammlungen für wissenschaftliche Zwecke durchzuführen. Die Fahrt ging nach Aufnahme eines Mitfahrers und einer zweiten Begleitmaschine zunächst nach Paris, wo es mit etlichen Verzögerungen endlich die Einreisepapiere nach Französisch-Nordafrika gab. Der Expeditionsauftrag war nach einem halben Jahr erfüllt, der Forscher und seine Beifahrer kamen wohlbehalten zu Hause an.

Für Hugo Taubennestler war die Fahrt nach Marokko „In die Schluchten des Hohen Atlas“ (Bericht in „Der Motorfahrer“ im Heft 9 vom 30. April 1937) eher als Abenteuerurlaub angelegt. Dabei vertraute er voll auf eine serienmäßige Puch S 4, die ihm vom

Betriebsleiter der Puch-Werke, Ing. Winkelhöfer, mit folgendem Hinweis übergeben wurde: *„Geben Sie mir gut auf die Maschine acht, jede freie Minute zur Pflege benutzen. Sie wird Ihr einziger Freund sein in der unendlichen Wüste"*. Er fuhr die gesamte Strecke ohne weitere Probleme, trotz der rund 115 kg Gepäck, mit dem er unterwegs war.

Aber nicht nur das Modell 250 musste sich auf Fernreisen bewähren, sondern auch das Modell 500. So brach im Herbst 1935 eine Expedition unter der Leitung von Josef Böhmer mit drei Puch 500-Beiwagenmaschinen zur Süd-Nord-Durchquerung Afrikas, von Kapstadt nach Kairo, auf und hatte dieses Unterfangen auch bis zum Frühjahr 1936 geschafft. Bei den Maschinen handelte es sich um völlig serienmäßige Modelle, die lediglich mit Nassluftfilter und hohem Lenker ausgestattet worden waren.

Die Fahrzeugbesatzungen waren: Josef und Hilde Böhmer, Prof. Dr. Hans Slanar und Eugen Schott sowie Kurt Klemm und Ludwig Krenek. In dem Buch „Mit 14 PS durch Afrika" beschreibt Böhmer die Fahrt. *„Unser Ziel war die Durchquerung Afrikas von Süd nach Nord … Es war nicht Abenteuerlust, die uns zu dieser Fahrt Anlass gab; es war die Sehnsucht, Neues zu erschauen, Neues zu erleben – es war die Sehnsucht, die Welt kennen zu lernen."*

Böhmer-Expedition.

Die Puch-Motorräder von 1940–1971

Puch 125: Modelle 125, 125 T, 125 S, 125 TT und 125 TS

In den frühen Nachkriegsjahren fertigte Puch alles selbst. Sogar die Lichtmaschinen für die 125 T wurden im Werk hergestellt.

1940 brachte Puch ein kleines Modell mit 125 cm³ auf den Markt. Die neue Puch war in bewährter Art als Doppelkolben-Zweitakter mit Gabelpleuel ausgelegt und leistete 5,2 PS bei 4.500 U/min. Aber hier stand, wie bei den seinerzeitigen Typen von der LM bis zur 220er, der Motor wiederum als Längsläufer im Rahmen. Eine Kraftumlenkung mittels Kegelrädern war nicht mehr erforderlich. Auch sonst hatte man sich den üblichen Baumerkmalen im Motorradbau angeschlossen. So wirkte der Primärantrieb mittels Kette auf eine im Ölbad laufende Mehrscheibenkupplung, das Dreigang-Getriebe war handgeschaltet. Alles in allem war diese Konstruktion von der neuen Linie des Motors bestimmt. Diese neue Baulinie – gefälliger Motorblock, Längsläufer-Doppelkolbenmotor und glattflächiges Äußeres – zog sich von nun an bei allen Puch-Doppelkolbenmotoren bis zur SGS durch. Die Ära der Hinterradkupplung war endgültig vorbei.

Der erste Bericht über die neue Puch 125 erschien in der Zeitschrift „Motor und Sport", Pössneck, Heft 24 vom 16. Juni 1940:
Puch 125 Prüfungsbericht Nr. M 234: Mitten im Krieg erscheint ein neues Modell und das ist ein Zeichen dafür, dass die Entwicklung in Deutschland auch in dieser Zeit weitergeht. Außerdem liegt selbst im Krieg ein Bedarf für besonders wirtschaftliche und doch leistungsfähige Fahrzeuge vor. Immerhin war es eine Überraschung, als eines Tages die Puch 125 mit roter Nummer und rotem Winkel (das bedeutet die Freigabe für militärisch nicht notwendige Fahrten) vor der Wohnung des Testers stand. In den nächsten Tagen freute er sich auch immer wieder gerade auf längeren Überlandstrecken über das ausgeglichene Temperament dieses neuesten Erzeugnisses der österreichischen (außergewöhnlich, dass nicht „ostmärkisch" geschrieben wurde; Anm. des Autors) *Fabrik.*
Eine echte Puch: Im Gegensatz zu dem kleinsten Puch-Erzeugnis, der Styriette, ist die Puch 125 wieder eine echte Konstruktion der Grazer Fabrik mit Doppelkolben und der sich daraus ergebenden Gleichstromspülung. Die beiden Kolben sind hintereinander angeordnet, dadurch wirkt der Zylinder von der Seite viel größer als bei anderen 125 cm³-Modellen.
Bei einem Hub von 55 mm haben die beiden Kolben nur einen Durchmesser von 38 mm. Die Leistung dieser neuen längslaufenden Puch-Maschine wird mit über 5,2 PS bei 4.500 Umdrehungen angegeben. Schade ist eigentlich nur, dass man sich bei diesem wirklich sportlichen und in mancher Beziehung vorbildlichen Modell mit der einfachen Handschaltung begnügt hat.
Eins ist sicher, die Versuche über ein paar 100 km haben gezeigt, dass dieser Motor wirklich leistungsfähig und standfest ist. Die Maschine ist stark belastbar und hat einen be-

Unretuschierte Werksfotos der Puch 125.
Oben links: Die neue Puch 125 hatte 1940 eine Pressstahlgabel, Handschaltung und einen Fahrer-Schwingsattel. Ab 1941 gab es auch eine Fußschaltung. Die auf dieser Seite abgebildete 125er war graugrün lackiert und hatte schwarz/weiße Beschneidung (Zierlinien).
Unten links: Puch 125, 1941, Schaltseite, Tachometerantrieb vom Vorderrad, externer Tachometer.
Draufsicht Puch 125, 1941 (oben rechts) und Frontansicht (unten rechts).

Endmontage der Puch 125 im Jahr 1940.

Die Puch 125 leistete jedoch auch durch Exporte einen wesentlichen Beitrag zur Einnahme von Devisen in Österreich. So finden sich im Archiv des Autors ein englisches Betriebshandbuch vom Dezember 1947, ein spanisches vom Oktober 1949, je ein französisches vom März 1949 und vom Jänner 1952.

Auslieferungsbereit und mit Kontrollzettel versehen stehen die Puch 125 in Reih und Glied. Das Modell 1940 war noch mit Handschaltung versehen.

sonders ausgeglichenen und ruhigen Lauf bei weichen Übergängen. Das muss hervorgehoben werden, denn normalerweise lassen sich 5,2 PS aus 125 cm³ nur herausholen, wenn man die Maschine übermäßig schnell drehen lässt oder z. B. durch eine hohe Verdichtung einen harten Lauf in Kauf nimmt. Beides ist hier wirklich nicht der Fall.
Ein robustes Fahrgestell. Durch den starken Rahmen wiegt die fahrfertige Maschine mit vollem Tank 84 kg. Das ist auch unter Berücksichtigung der guten Ausstattung etwas viel und wahrscheinlich auch der Grund, weshalb die Beschleunigung im Gegensatz zur Höchstgeschwindigkeit des Rades trotz hoher Motorleistung etwas enttäuscht. Die Vordergabel mit geschlossenen Stahlblechgabelscheiden ist weich gefedert. Räder, Bremsen, Scheinwerfer usw. sind heute bei den deutschen Kleinstkrafträdern einheitlich, so dass hierzu weiter nichts zu sagen ist. Zu der kompletten Ausstattung gehört bei der Puch 125 auch der Tachometer.
Die Fahreigenschaften: Die Puch 125 gehört zu den drei besten deutschen Kleinstkrafträdern, vor allem im Bezug auf Straßenlage, Leistung und Ausstattung. Das ist das neueste deutsche Motorrad der 125 cm³-Klasse, die im Frieden als wirtschaftlichste Motorradklasse einen ganz großen Erfolg haben wird.
Der Puch-Werksprospekt von April 1941 zeigt das neue Modell mit Fußschaltung und weist unter anderem geradezu prophetisch auf die Bedeutung der Maschine für kommende Friedenszeiten hin: Die neue Ausführung lässt aber auch ersehen, dass sich die deutsche Technik mitten im Kriege mit großem Erfolg an der Weiterentwicklung dieser für die spätere Zeit so außerordentlich wichtigen Kraftradklasse beschäftigt hat.

Einbaufertige Motoren der Puch 125 T.

Bedingt durch die Kriegsereignisse kam es erst nach 1945 zu einer Serienfertigung für zivile Zwecke. Die beachtliche Produktion während der Kriegsjahre (Ausführung mit Handschaltung und unter Verwendung der deutschen Normteile für Lichtanlage, Bremsen etc.) kam ausschließlich dem Militär zugute. Als 125 T kam die Maschine als erstes österreichisches Nachkriegsmotorrad im Jahre 1946 auf den Markt. Und ähnlich wie die LM bestimmte auch sie die Volksmotorisierung in diesen bitteren Nachkriegsjahren. Sie war so etwas wie ein Symbol für den Wiederaufbau Österreichs.
Die Puch 125 leistete jedoch auch durch Exporte einen wesentlichen Beitrag zur Einnahme von Devisen in Österreich. So finden sich im Archiv des Autors ein englisches Betriebshandbuch vom Dezember 1947, ein spanisches vom Oktober 1949, je ein französisches vom März 1949 und vom Jänner 1952.

Die 125 T (Touren) zog natürlich eine Sportvariante, das Modell 125 S (Sport) mit zwei Vergasern nach sich. Als sich die T zur TT (Teleskopgabel-Touren) mauserte und als augenfälligstes Merkmal eine Teleskopgabel aufwies, kam auch hiervon eine Sportversion mit zwei Vergasern auf den Markt, Markenkürzel 125 TS (Teleskopgabel-Sport). Es erübrigt sich beinahe darauf hinzuweisen, dass die Sportmodelle jeweils unter Werksfahrern wie Sepp Hofer und Hans Weingartmann erfolgreiche Einsätze bei Wertungsfahrten und Rennen hinter sich hatten. So schrieb beispielsweise die neu gegründete österreichische Fachzeitschrift „Motorrad“ in Heft 1 vom 4. Juni 1948 anlässlich der Wiener Automobilausstellung:

Links: 1946 stand die Puch 125-Typenbezeichnung „T“ für „Touren“. Sie hatte nunmehr gegenüber der Kriegsausführung eine schwarze Lackierung, eine geänderte Tankbeschneidung sowie ein fußgeschaltetes Dreigang-Getriebe. Auch erfreuten verchromte Auspuffkrümmer das Auge.
Rechts: Die Rahmen der 125 T wurden händisch geschweißt.

Links: Präzision und Qualität waren immer die Tragpfeiler für den hervorragenden Ruf der Puch-Maschinen.
Hier die Bearbeitung der Zylinder der 125 T auf einem Revolver-Drehautomaten.
Rechts: Tankfertigung aus glatten Metallplatinen im Presswerk.

St 04983

Oben: Auch mit Sozia musste die 125er ihre Leistungsfähigkeit auf Österreichs höchster Bergstraße unter Beweis stellen.
Links: Erprobung der 125er während des Krieges im Großglocknergebiet. Beachtlich sind die Handschaltung und das Kennzeichen mit dem „roten Winkel", d. h. der nichtmilitärische Betrieb der Maschine war gestattet.

Der kriegsversehrte Grazer Fahrer Baumkirchner beim Ries-Rennen 1946 auf einer serienmäßigen Puch 125 T. Zur Gewichtseinsparung wurden der Scheinwerfer sowie die Kotflügel entfernt.

Puch 125 TS, das Sportmodell, das aus der 125 TT entwickelt wurde.

Puch trat gleich mit zwei neuen Modellen auf den Plan. Neben der bestbewährten 125 Touren stellen sich die 125 Sport und die 250 TF vor. Im Grunde genommen handelt es sich dabei aber nur um die Neuaufnahme der Serienerzeugung, denn beide Typen stehen schon lange in härtester Erprobung und sind den Fachleuten und Sportlern längst bekannt. Der Motor der 125 Sport ist gegenüber der Tourenausführung höher komprimiert und besitzt zwei Vergaser, die, über ein besonderes Gestänge verbunden, nicht gleichzeitig, sondern hintereinander zur Wirkung kommen. Diese überaus leistungsfähige Maschine feierte ihr Debüt in der vorjährigen „Internationalen Sechstagefahrt" mit außerordentlichem Erfolg und brachte seither schon viele Siege in Bahn-, Berg- und Straßenrennen nach Hause.

Die neue Puch 125 S im November 1948 unter dem Privatfahrer Alfred Neuwirth bei der Steilhangfahrt am Kögerl.

Ob auf Bahn oder Straße, die Puchs machten sich die 125er-Klasse zumeist ungestört untereinander aus (Breitenfurt 1948).

Und am 27. August 1948 nahm sich dasselbe Blatt der Puch 125 Sport an:
Während der Motor der Tourenmaschine mit der Gabelpleuelstange im Prinzip vollständig der Urform gleicht (gemeint war das Gabelpleuel der LM, Anm. d. Verf.), *wobei natürlich infolge konstruktiver Weiterentwicklung die Leistung heute mehr als das Zweieinhalbfache der ersten Modelle beträgt, besitzt der Sportmotor zwei getrennte Pleuelstangen, von denen die eine beweglich an die andere angelenkt ist. Dadurch wird der angeflachte Kolbenbolzen und das eine Langschlitzauge vermieden und überdies ist der Spannungsverlauf bei den zur Übertragung gelangenden größeren Kräften in getrennten Pleuelstangen günstiger als im Gabelpleuel.*

Oben: Ein Bild, das vor Lebensfreude strotzt. Die Maschinen sind Puch 125 TT-Modelle. Unbeschwert benützen alle drei Motorräder die gesamte Straßenbreite, der Soziusfahrer steht in den Fußrasten und lugt nach hinten in die Gegend. Sturzhelm? Unbekannt oder bestenfalls auf der Rennstrecke. Unten: Otto Punzet, der glückliche Besitzer seiner Puch 125 T, posiert um 1951 für das Foto, das sein Kollege, dem offenbar die zweite 125er gehört, soeben geknipst hat.

Puch-Werksprospekt 1948 über die neue 125 S.

Insgesamt galt die Puch 125 S als eine der leistungsfähigsten Sportmaschinen ihrer Klasse.

Am 13. Mai 1949 kündigte „Das Motorrad“ die neue 125 Sport-Puch mit Teleskopgabel, die TS 125, wie folgt an:
Am Genfer Salon konnte die neue TS 125, welche gerade noch rechtzeitig fertig wurde, der Öffentlichkeit vorgestellt werden. Und jetzt können wir sie auch auf der „Wiener Internationalen Automobil-Ausstellung“ bewundern. Die TS steht brüderlich neben der alten S 125, es ist zu hoffen, daß sie ihre Vorgängerin im Spätsommer ablösen kann.

Puch 125 mit Handschaltung aus der Kriegsproduktion.

Und im Testbericht vom Mai 1949 schrieb Dr. Ing. Gerhard Seidel, der damals bekannteste Motorrad-Fachjournalist Österreichs:

Die TS 125 stellt eine Weiterentwicklung der bewährten und in aller Welt beliebten S 125 dar. Außer der sofort ins Auge fallenden Teleskopgabel finden wir hier größere Bremstrommeln, Steckachsen und einen etwas anders geformten Lenker. Zwar ist die Leistung nicht gewachsen, aber das Fahrgestell hat es in sich. Nicht nur, daß Rasten und Hebel bestens angeordnet sind und man sich sofort zu Hause fühlt, die Gabel und die Bremsen machen es aus. Die Straßenlage ist unwahrscheinlich gut, mit der hervorragenden Verzögerung geht man bis knapp an die Kurven, eine kleine Verbeugung der Telegabel und schon hat man eine Schräglage, wie man sie sonst nur auf Bildern der Norton Manx oder ähnlichen sieht. Mit den weichen aber sehr kräftig greifenden Bremsen und der elastischen Gabel fährt man wesentlich schneller als mit der alten S 125. Dabei hat man, wie gesagt, gar nicht mehr Leistung zur Verfügung. Und dieser Weg der Entwicklung war richtig.

Diesen Weg der Modellpflege ging man auch beim Tourenmodell, welches ebenfalls ab Sommer 1949 mit der neuen Teleskopgabel erhältlich war.

Bemerkenswert ist die Aussage des Handbuches „Puch-Motorrad Typ 125 – Touren-Beschreibung, Betrieb, Instandhaltung, II. Auflage“ zur Einordnung der Maschine:

Dieses Motorrad ist wieder eine Puch-Hochleistungsmaschine mit sportlichem Charakter. In unermüdlicher, stetiger Weiterentwicklung unserer Doppelkolben-Zweitakt-Motoren mit Gleichstromspülung haben wir ein Fahrzeug geschaffen, das mit seiner hohen Leistungsfähigkeit gewiß allen vernünftigen Anforderungen vollkommen entspricht. Eines müssen wir jedoch betonen: Der Typ 125 ist eine ideale Gebrauchsmaschine für alle Zwecke, betriebssicher und sparsam im Betrieb – eine Rennmaschine ist sie jedoch nicht.

Interessant ist dazu der letzte Testbericht über die 125 TT im österreichischen „Motorrad“ vom 7. September 1951:

Extrem seltene Puch 125 T mit Illichmann-Fahrwerk: Teleskopgabel-Upside-Down-Bauweise und Geradeweg-Teleskopfederung hinten. Das Fahrzeug befindet sich in originalem Fundzustand vor der Restaurierung.

125er-Ganna-Puch, ca. 1949. Luigi Ganna in Varese/Italien baute ab 1923 sportliche Maschinen mit verschiedenen Motoren. In den Nachkriegsjahren verwendete er auch Puch-Motoren mit 125 und 175 cm³.

Die TT 125 ist das wohlgelungene Schlußglied einer mehrstufigen Entwicklung, wobei hier besonders klar der Einfluß des „Umweges über den Sport" in Erscheinung tritt. Gerade knapp vor dem Kriege kamen die Grazer mit ihrem neuen Leichtgewicht heraus, das mit der Tradition des querlaufenden Motors und der Hinterradkupplung brach. Die beiden Kolben arbeiteten also in einer Ebene hintereinander und die Kupplung saß artig auf der Hauptwelle des im Block befindlichen handgeschalteten Dreigang-Getriebes. Ansonsten besaß das Ding noch „Normbremsen" und eine graugrüne Lackierung. Der Übergang auf Fußschaltung vollzog sich verhältnismäßig bald, kam aber erst nach dem Kriege, als es schon die „Schwarze" war, richtig zum Tragen… Von den Schlitzzeiten ganz abgesehen, hatte der Sportmotor auch insofern ein geändertes Triebwerk, als das Gabelpleuel durch getrennte Pleuel (eines am anderen angelenkt) abgelöst worden war. Daneben gab es noch Tachometerantrieb vom Getrieberitzel weg und Steckachsen an beiden Rädern. Naturgemäß hatte die Sportmaschine auch eine etwas höhere Erste. Und mit Ausnahme besagter Erster und des Zylinders wurden alle diese technischen Nettigkeiten auf das Tourenmodell übertragen und die TT 125 war geboren. Der Motor ist trotz seiner Kleinheit erstaunlich elastisch… Das Getriebe ist in der Ersten für ganz große Steigungen ausgelegt und hat einen sehr großen Sprung zum zweiten Gang, der ja nicht allzuweit von der Direkten liegen darf. Wenn man in Schotterkurven einmal die Erste braucht, ist auch auf mittleren Steigungen ein Hinaufschalten nicht mehr möglich. Das Fahrgestell ist als sehr gut zu bezeichnen, nur besteht wie bei allen leichten Maschinen ohne Hinterradfederung eine merkliche Springneigung. Die Telegabel arbeitet bei richtiger Viskosität des Stoßdämpferöls ausgesprochen weich und schlägt auch bei starken Stößen nicht durch. Die Bremsen müssen ganz besonders lobend hervorgehoben werden … An einer 125er sind sie schlechtweg unerreicht!

1

2

3

4

Details der Puch 125: 1) Hinterradaufhängung, 2) Vorderradbremse mit Tachometerantrieb in der Bremsankerplatte, 3) Primärantrieb des Motors zum Getriebe mit Kette im Ölbad, 4) Zündlichtmaschine. (unretuschierte Puch-Werksfotos der Puch 125, 1940–1945)

Fahrvergnügen für Spezialisten: Das Fahren mit den Puch-Zweivergasermodellen

Die Puch-Zweivergasermodelle wurden aus dem Sportbetrieb heraus entwickelt. Ihre Serienanwendung erlebte diese Vergaseranordnung in weitgehend unveränderter Form bei den Typen 125 S, TS und SL. Hier wurden effektiv zwei komplette Vergaser mit vollständiger Schwimmeranordnung und getrennter Benzinzufuhr angewendet, bei den späteren Typen ab der 175 SVS hingegen hatte der rechte Vergaser keine Schwimmerkammer mehr, die Benzinversorgung ging über den linken Hauptvergaser. Die Fahreigenschaften und die damit verbundenen Eigenheiten der Bedienung blieben jedoch bei allen Zweivergaser-Doppelkolben-Puchs gleich.
Das Prinzip des Einsatzes des zweiten Vergasers beruhte nämlich darauf, dass er erst bei höheren Drehzahlen zugeschaltet werden durfte. Riss der Fahrer hingegen schon im unteren Drehzahlbereich unkontrolliert den Gasgriff auf und schaltete damit den zweiten Vergaser zu, waren Leistungsabfall und hoher Verbrauch die Folge. Die Zweivergaser-Puchs erforderten vom Fahrer also gutes Gehör, da ja kein Drehzahlmesser vorhanden war und er somit die „höheren Drehzahlen erlauschen“ musste, sowie ein gutes Gefühl und Verständnis für die Wirkungsweise dieses Systems. Alles in allem also doch Modelle für einen etwas selektierten Kundenkreis.
Die „Betriebsanleitung Puch-Motorrad Typ 125 Sport“ des Werkes gibt dazu folgende Hinweise:
Vor allem ist zu erwähnen, wie die Vergaser des Motors vom Fahrer einzusetzen sind. Grundsätzlich wichtig ist, daß der zweite Vergaser erst bei einer Drehzahl von 3.500 bis 4.000 U/min. des Motors aufgezogen werden darf, das ist bei etwa 20 km/Std. im ersten Gang, bei rund 40 km/Std. im zweiten Gang und über 60 km/Std. im dritten Gang. Das Einsetzen des zweiten Vergasers ist an dem erhöhten Widerstand des Drehgriffes deutlich zu bemerken. Sinkt bei Bergfahrt oder bei Gegenwind die Geschwindigkeit bei Fahrt mit zwei Vergasern unter die oben angegebenen Werte, so ist der zweite Vergaser abzuschalten, das heißt, der Drehgriff ist so weit zurückzudrehen, bis man merkt, daß nur noch ein Vergaser geöffnet ist. Wird der zweite Vergaser in zu niederen Drehzahlen eingesetzt, oder bei absinkender Geschwindigkeit nicht rechtzeitig abgeschaltet, so ist ein Abfallen der Motorleistung zu bemerken.

Puch 125, Baujahre 1940–1953 (alle Modelle lt. Bau- und Erkennungsmerkmalen)

Motor, Typ: Puch-Doppelkolben-Zweitaktmotor, luftgekühlt, senkrecht stehend, leicht nach vorne geneigt, Kurbelwellenachse quer zur Fahrtrichtung, Längsläufer

Zylinderzahl: 1

Arbeitsweise: Doppelkolben auf Gabelpleuel, ab 1949 mit angelenktem Pleuel, asymmetrisches Steuerdiagramm

Bohrung/Hub/Hubraum: zweimal 38 mm / 55 mm / 124,75 cm^3

Verdichtung: 6,5:1 (Touren), 7,1:1 (Sport)

Leistung: 5,2 PS bei 4.500 U/min (Touren), 7,5 PS bei 5.500 U/min (Sport)

Zündanlage: spannungsregelnde Batterie-Zündlichtmaschine, 6 Volt, 25/35 Watt, Akkumulator 7 Ah

Vorzündung: fix eingestellt, 4,5 bis 5,5 mm am Überströmkolben gemessen; Sport: max. 4,5 mm

Zündkerze: Bosch W 225 T1 (Touren und Sport)

Motorschmierung: Gemischschmierung, Öl-Benzingemisch 1:25

Vergaser, Touren (T, TT): Frühe Modelle Graetzin-Vergaser, selbe Bedüsung.
1 Puch-Einkolbenvergaser, 16 mm Ø (später 18 mm Ø) mit Nadeldüse; Hauptdüse 80, Nadeldüse 1072, Klemmfeder 2. Raste von oben, Nassluftfilter mit Starterscheibe. Ab Mitte 1948: Vergaser P 18/2 18 mm Ø. Hauptdüse 85, Nadeldüse 1072, Klemmfeder 3. Raste von oben, Rastenstellung der Klemmfeder von oben gezählt! Nassluftfilter.
Sport (S, TS): 2 Puch-Einkolbenvergaser P 18/2. Bis Motor-Nummer 253.259: Hauptdüse beide Vergaser Nummer 90, Nadeldüse 1072, Nadelstellung: linker Vergaser Klemmfeder 3. Raste, rechter Vergaser Klemmfeder 1. Raste; ab Motor-Nummer 253.260: Hauptdüse Nr. 90, Nadeldüse Nr. 2 mit zwei Luftlöchern. Nadelstellung: linker Vergaser Klemmfeder 2. Raste, rechter Vergaser Klemmfeder 1. Raste; Drosselkolbenausschnitt 4,4 x 3 mm auf Eintrittsseite, früher 9 x 3 mm.

Sonstige Motormerkmale: Graugusszylinder, Leichtmetallzylinderkopf

Kraftübertragung: Primärübersetzung, Motor – Getriebe mittels Zahnrädern und Kette 17:42 Zähne, i = 2,47. Motor-Getriebekette $^{3}/_{8}$ x $^{3}/_{8}$", 52 Rollen, 6 mm Ø. Getriebe – Hinterrad (Sekundärübersetzung) 12:42 Zähne, Kette $^{1}/_{2}$ x $^{5}/_{16}$"

Getriebe: Gesamtübersetzung Modell T und TT (Dreigang-Fußschaltung): 1. Gang: 1:26; 2. Gang: 1:11,7; 3. Gang: 1:7,1
Getriebeübersetzung Modell Sund TS: 1. Gang: 1:1,56; 2. Gang: 1:1,35; 3. Gang: 1:0,82
Gesamtübersetzung Modell S und TS bei Ritzel 13 (Serie): 1. Gang: 1:21,9; 2. Gang: 1:11,5: 3. Gang: 1:7,0

Kupplung: Mehrscheibenkupplung, im Ölbad laufend

Fahrgestell, Rahmen: geschlossener Rohrrahmen mit einfachem Motorunterzug

Gabel: Modell S und T: Parallelogrammgabel mit einfacher Druckfeder, geschlossene Pressblechscheiden, Reibungsdämpfer rechts; Modell TS und TT: hydraulisch gedämpfte Teleskopgabel

Räder: Drahtspeichenräder 36 Loch für Bereifung 3.00 x 19"

Bremsen: vorne und hinten Innenbackenbremsen

Maße und Gewichte: Länge/Breite/Höhe: 1.940/650/900 mm, Radstand: 1.255 mm (T), 1.260 mm (S, TS, TT), Bodenfreiheit: 140 mm, Sattelhöhe: 690 mm, **Gewicht:** 84 kg (T, S), 88 kg (TT, TS), **Verbrauch:** 2,4 – 2,7 l/100 km, Tankinhalt: 8,5 l

Bau- und Erkennungsmerkmale, Typ 125 und 125 T, Baujahre 1940–1949:
Motor-Nummern-Bereiche 210.001–245.000, 245.001–250.000, Produktion gesamt ca. 35.000 Stück; ab 1945 23.000 Stück
- Lackierung schwarz (bis 1945 bei Truppenverwendung in der jeweils geltenden Heeresfarbe)
- grün, mit schwarz/weißen Zierlinien eingefasste Beschneidung der Felgen, der Kotflügel, des Kettenschutzbleches und der Gabelkontur der Pressblechgabel; Tankbeschneidung weiß-grüne Zierlinie, der Tankkontur folgend, mit unterschiedlicher Breite. Puch-Wappen und Schrift im Kreis
- ab Motor-Nummer 214.000 neues geändertes Kurbelgehäuse (Getriebekastenunterteil flach mit zwei Bolzenösen) sowie neuer Zylinder und Zylinderkopf
- Handschaltung bis Motor-Nummer 214.000, danach alle Modelle Dreigang-Fußschaltung
- Kraftstoffbehälter bis Motor-Nummer 214.000 mit Aufnahme für Handschaltkulisse; Auspuffkrümmer ab 1946 verchromt, vorher schwarz
- Tachometer im Scheinwerfergehäuse ab Motor-Nummer 213.001; Abblendschalter mit Bowdenzug (Kriegsproduktion) Noris SSL 832/1z
- Zündschlüssel (Kerbnagel) im Abdeckblech der Lichtmaschine
- Tachometer als Anbauteil bis Motor-Nummer 213.000, OK nach Wigru-Norm T 104a Schlenker-Grusen, Schwenningen/Neckar
- Werkzeugbehälter aus Blech, grün-weiß beschnitten im linken Rahmendreieck
- Gepäckträger aus Blechprofil am hinteren Kotflügel
- Schwingsattel für den Fahrersitz mit elastischer Gummidecke und zwei Zugfedern (einstellbar) unter dem Sattel

Bau- und Erkennungsmerkmale, Typ 125 S (Abweichungen gegenüber Modell 125 T), Baujahre 1947–1949:
Motor-Nummern-Bereiche 250.001–251.000, Produktion 975 Stück
- Pleuel mit angelenktem Hilfspleuel; zwei Vergaser
- rote Lackierung mit weißen Zierlinien (Gabel, Kettenschutzblech, Kotflügel)
- verchromte Felgen; verchromt sind weiters Auspuffkrümmer und Auspufftöpfe, sowie die Lenkstange
- Tank mit umlaufenden weißen Zierlinien, rot, weiße Puch-Aufschrift; kein Gepäckträger am hinteren Kotflügel vorgesehen

Bau- und Erkennungsmerkmale, Typ 125 TT (Abweichungen gegenüber Typ 125 T),
Baujahre 1950–1953: Motor-Nummern-Bereiche 245.001–247.026, 260.001–274.192, Produktion 19.192 Stück, nach anderen Werksangaben 16.218 Stück. Die Stückzahlabweichung von 19.192 Motorrädern, die Puch als offiziell produzierte Stückzahl des Modells 125 TT angibt, lässt sich heute – nach so vielen Jahren – gegenüber der nach den Motornummer-Bereichen möglichen Stückzahl von 16.218 nicht mehr aufklären.
- hydraulisch gedämpfte Teleskopgabel; Zündschloss im Scheinwerfergehäuse

Bau- und Erkennungsmerkmale, Typ 125 TS (Abweichungen gegenüber Typ 125 S), Baujahre 1949–1953:
Motor-Nummern-Bereiche 251.001–251.824, 250.001–253.308, Produktion 2.334 Stück. Die Stückzahlabweichung von 2.334 Motorrädern, die Puch als offiziell produzierte Stückzahl des Modells 125 TS angibt, lässt sich heute – nach so vielen Jahren – gegenüber der nach den Motornummer-Bereichen möglichen Stückzahl von 4.132 nicht mehr aufklären.
- hydraulisch gedämpfte Teleskopgabel; Tank mit verchromten Seitenteilen
- verstärkte Bremsen; Steckachsen; vergrößerter Blech-Werkzeugbehälter im linken Rahmendreieck

Puch 250 TF: Alleskönner für Solobetrieb und Beiwagen

Die 250 TF, die in mehreren Stücken schon während des Krieges solo und mit Seitenwagen gefahren wurde, stellt eine völlige Abkehr von der Vortype S 4 dar. Die Entstehungsgeschichte der Maschine begann Anfang der 1940er-Jahre, als eine neue 250er mit Längsläufermotor, Bezeichnung „Puch 250 N" (N stand für neu), entwickelt wurde. Die Maschine lief ab 1943 im Versuch und war zu Kriegsende serienreif. Als Direktor Rösche und Ing. Kuttler bei der IFMA allerdings die Konkurrenzfabrikate sahen und nur geringe Wettbewerbsvorteile der N feststellten, beschloss Rösche kurzerhand, den Serienanlauf der N zu stoppen und beauftragte Kuttler zur sofortigen Neukonstruktion einer Maschine mit Teleskopfederung beider Räder, glattflächigem Äußeren und absoluter Gebrauchshärte sowie extremer Servicefreundlichkeit. Die neue TF (für Teleskopfederung) musste bis März 1948 zum Genfer Salon fertig sein und der Prototyp wurde buchstäblich in letzter Minute fertig. Und sie sollte eine elfenbeinfarbene Lackierung haben.

So hätte die Puch 250 N auf den Markt kommen sollen; Stand 1945.

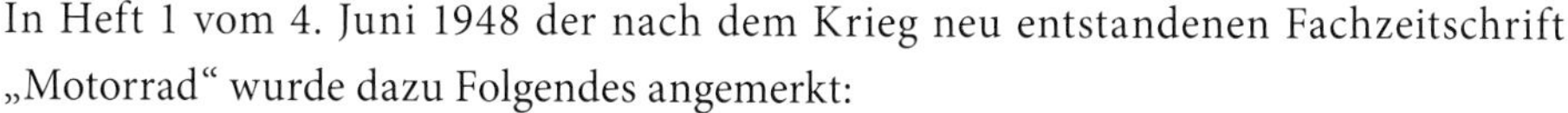

In Heft 1 vom 4. Juni 1948 der nach dem Krieg neu entstandenen Fachzeitschrift „Motorrad" wurde dazu Folgendes angemerkt:
Der Motor läuft nicht mehr quer zur Fahrtrichtung, sondern ist ganz wie bei der 125er gebaut. Das Gabelpleuel wurde durch zwei getrennte Pleuelstangen ersetzt. Die Kupplung ist aus dem Hinterrad nach vorne in den Viergang-Getriebeblock gewandert. Das Fahrwerk ist eine Schweißkonstruktion aus Vierkantprofilen und Rohren und besitzt Teleskopgabel und Teleskophinterradfederung, die je nach Belastung durch einen exzentrischen Sechskant verstellt werden kann.

Nun, diese markanten Baumerkmale behielt die TF bis zur Einstellung der Produktion im Jahre 1954 unverändert bei. Doch es sollte noch einige Zeit dauern, bis die neue „gelbe" TF ihren Weg zu den österreichischen Motorradfahrern fand. Denn im „Motorrad" vom 11. Februar 1949 zierte sie wiederum das Titelbild mit dem beziehungsvollen Hinweis *„Sie wirft ihre Schatten voraus…"*

Puch 250 N, Katschberg 1947.

Und im Juli 1949 erschien in diesem Blatt auch der erste Testbericht von Dr. Ing. Gerhard Seidel:
Der erste Eindruck: Die älteren Fahrer werden sich noch an die großen Verkaufserfolge der Ivory (Elfenbein) Calthorpe erinnern. In der cremegelben Farbe spricht die Puch mit ihren sehr geschickt gelegten Zierlinien noch mehr an. In der Form wirkt die TF überaus modern und glattflächig, die besonders gut entworfenen Kotflügel – das muß vorweggenommen werden – bieten den besten Schutz in Schlamm und Regen, den ich jemals an einer Serienmaschine festgestellt habe.
Im Zuge der ersten Kilometer spürt man es schon, daß die besonders flache Drehmomentkurve kein Propagandaschlager ist, sondern daß in dem Motor wirklich eine enorme Leistung bei niedrigen Drehzahlen steckt. Die TF liegt hervorragend auf der Straße, wofür zweifellos die erstklassige, ölgedämpfte Telegabel stark verantwortlich zeichnet.

Oben: Cmyral auf Puch 250 N bei einer Erprobungsfahrt in Pettau/Untersteiermark im Jahr 1943.

Rechts: Puch 250 N am Gaberl, 1946, hier bereits mit Teleskopgabel.

PUCH-Motorrad Modelle 1950

Mit allen Verbesserungen zum gleichen Preis, wie die bisherige Ausführung ohne Tachometer **S 4428.—**

125 TT

Tourenmodell

Teleskop-Vordergabel, vergrößerte Bremsen, verbesserte Naben Chromfelgen

Preis einschließlich Tachometer **S 5050.—**

125 TS

Sportmodell

Die schnelle Maschine mit zwei Vergasern Teleskop-Vordergabel

Preis einschließlich Tachometer **S 7250.—**

250 TF

Die begehrte, leistungsfähige Tourenmaschine

Teleskopfederung für Vorder- und Hinterrad

TECHNISCHE EINZELHEITEN UMSEITIG

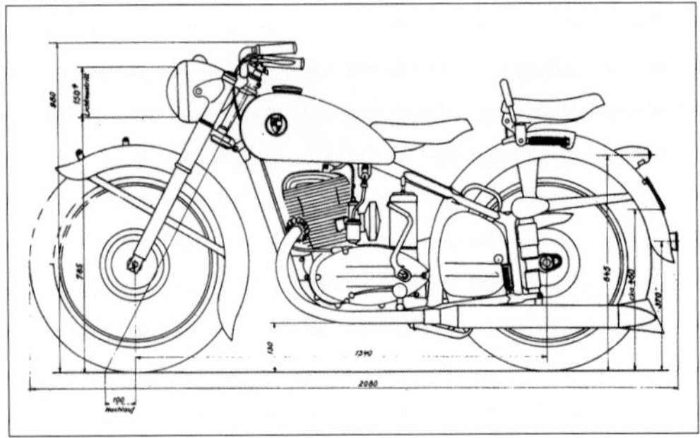

Werkszeichnung der Puch 250 TF.

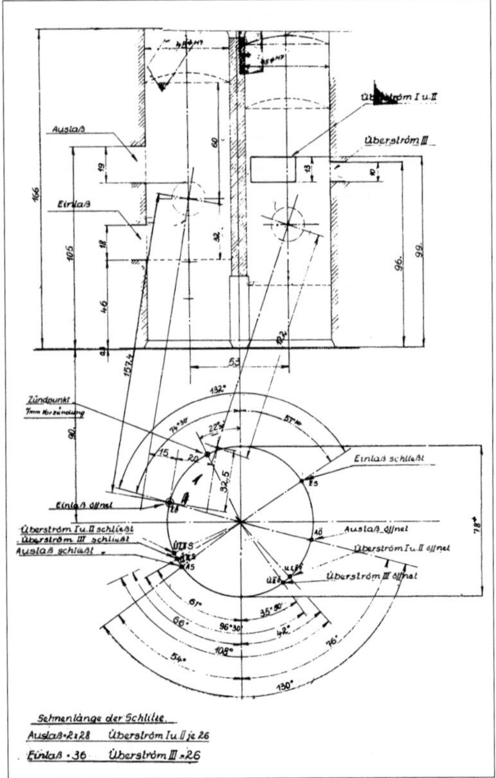

Steuerdiagramm des TF-Motors in der Serienausführung ab 1949.

Erstes Prospektbild der neuen Puch 250 TF, gezeichnet von einer Künstlerin, die Wein-Etiketten entwarf. Dies war aus Zeitnot erforderlich geworden, da es noch keine fertig montierte Maschine zum Fotografieren gab.

Puch 250 TF, Motormontage 1949.

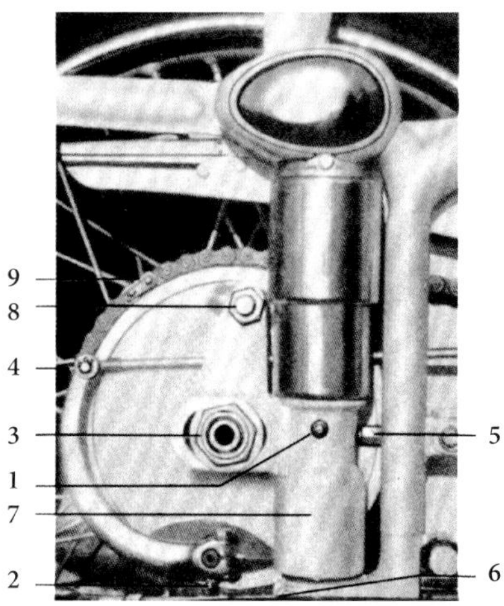

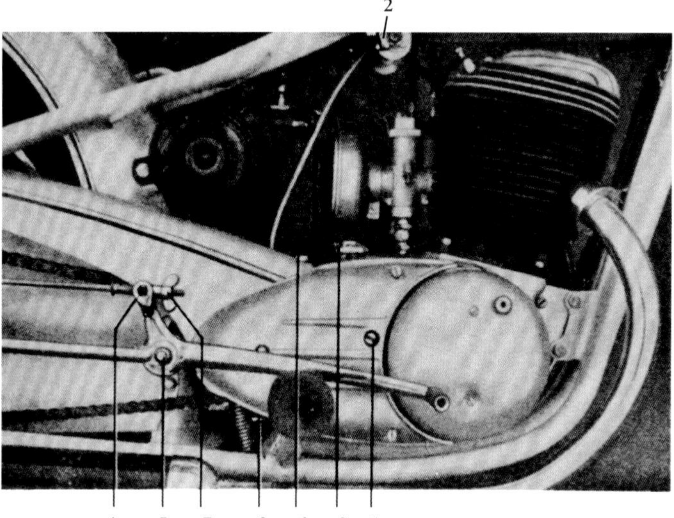

Links: Hinterradfederung der Puch 250 TF: 1. Schmiernippel für die Federung, 2. Schmiernippel für die Betätigungswelle des Bremsnockens der Hinterradbremse, 3. große Achsmutter, 4. Sicherung für Bremsgestänge, 5. Spannschraube für Achsverstellung, 6. Klemmschraube, 7. Tragkörper, 8. Mutter für Bremstragplatte, 9. Kettenschloss.

Rechts: Puch 250 TF, rechte Motorseite (Lichtmaschinenseite): 1. Einstellschraube für Kupplungsspiel, 2. Schmiernippel für Schwingsattel, 3. Ölablassschraube für Getriebeöl, 4. Widerlager für Fußbremsgestänge, 5. Schmiernippel für Fußbremshebel, 6. Batterie, 7. Flügelmutter zur Spieleinstellung der Hinterradbremse, 8. Ganganzeige.

Wenn auch die Hinterradfederung nur einen beschränkten Federweg aufweist, so machen sich auch diese wenigen Zentimeter im Bremsweg und auf welligen Straßen überaus günstig bemerkbar. Die Bremsen selbst sind hervorragend und über jede Kritik erhaben.

Doch es wurde auch Kritik an der Position der Hebel sowie an dem langen Weg des Gasgriffes geäußert. Auch der laute Motor (nicht das Auspuffgeräusch) wurde kritisiert.

Eine Kurzcharakteristik der Fachzeitschrift „Austro-Motor“ bescheinigte der TF:
Als Tourensportmaschine ausgezeichnete Beschleunigungswerte. Über den Kilometer mit stehendem Start ergeben sich 79 km/h. Auch bei sehr ansehnlichen Steigungen hat man niemals das Gefühl, auf einer lahmen Maschine zu sitzen oder den Motor unzulässig zu quälen. Das gut abgestufte Getriebe läßt sich leicht schalten und gibt eine gute Weichheit in der Übertragung. Die Maschine läßt sich wunderbar kurven, ohne ein seitliches Schaukeln hervorzurufen. Auch auf schlechten Straßen und bei schnellen Wechselkurven überragende Straßenhaftung und famose Führungseigenschaften.

Die Zeitschrift „Motorrad“ veranstaltete auch erstmals einen Langstreckentest über ein Jahr mit einer Gesamtlänge von 25.000 km. Fazit:
Die TF wird – und das möchte ich an die Spitze stellen – wie ein rassiges Pferd geritten – man sitzt hoch und drückt in die Kurven. Sie wirkt mit ihrer D-Zug-Spurhaltung auf guten Straßen fast englisch. Das zweite große Plus der TF ist erst zu haben, wenn man sie aufs Letzte reguliert hat, wenn man auch bei 30 km/h in der Dritten und 15% Steigung den Gashahn voll aufreißen kann: die Bergleistung, die auf Hubraumeinheit bezogene Bergleistung, welche von keiner Maschine der Welt erreicht wird. Zäh und ausdauernd schraubt sich die TF, auch ohne sie auf Drehzahl zu jagen, hinauf, und wenn sie gesund ist, dann verträgt sie die höchsten Pässe Europas (sogar in der Parforcejagd) mit zwei Personen und Gepäck ohne jede Kühlpause.

Puch 250 TF am Gerlospass, 1949.
(Bild Kuttler)

Wiener Frühjahrsmesse 1949. Dir. Gerstner (Mitte) von Steyr-Daimler-Puch erklärt Bundeskanzler Leopold Figl das neueste Puch-Modell 250 TF. Diese Maschine zog damals alle Wünsche der schwer am Wiederaufbau Österreichs arbeitenden Menschen auf sich und wurde oftmals als das „Auto des kleinen Mannes“ apostrophiert.

Puch 250 TF,
Wörgl 1950.
(Bild Kuttler)

Puch TF 1950 mit Musyl-Baby-Beiwagen.

Diese Eigenschaft der unerreichten Zähigkeit und des enormen Durchzuges machten die TF zu dem Universalmotorrad des frühen Nachkriegsösterreich. Denn die TF konnte auch Beiwagen schleppen und sportlich solo gefahren werden. Und das alles zu äußerst günstigen Kosten, denn der Benzinverbrauch überstieg selbst bei voller Belastung am Beiwagen kaum die Vier-Liter-Marke.

Nachdem 1949 die ersten TF zu den Kunden gelangt waren, erreichte die Maschine in den Nachfolgejahren schon bald einen sehr großen Beliebtheitsgrad. Die angesehene österreichische Fachzeitschrift „KFZ-Technik" kommentierte das Mitte 1951 wie folgt: *Aus den Erfahrungen, die das Grazer Werk aus der S 4 zog, wurde von Grund auf eine neue Maschine entwickelt, die heute bereits zum österreichischen Straßenbild gehört und – das ist der große Vorteil dieser Konstruktion – nicht nur als Gebrauchsfahrzeug, sondern auch als Sportmaschine das österreichische Motorrad darstellt. In diesem Zusammenhang sei das „Six Days"-Rennen, das dieses Jahr in Schottland ausgetragen wurde, erwähnt, in dem hervorragende österreichische Wertungsfahrer den zweiten Platz in der Gesamtwertung erringen konnten. Äußere Eleganz, gepaart mit jahrzehntelangen Erfahrungen und einem sehr gefälligen Finish, zeichnen dieses, den österreichischen Bedürfnissen voll Rechnung tragende Fahrzeug, das nunmehr auch mit Beiwagen gefahren werden kann, aus.*

Selbstverständlich stürzten sich die österreichischen Beiwagenhersteller nach Freigabe der Maschine für Beiwagenbetrieb mit Vehemenz auf dieses beliebte Motorrad. So boten die Firmen Felber, Castek, Wiener Leichtbeiwagen und Musyl entsprechende Beiwagen für die TF an.

ADAC-Deutschlandfahrt 1950: Fahrer V.l.n.r.: Cmyral, Weingartmann, Krammer. In Bildmitte mit dunklem Anzug Dir. Ing. Rösche. Die Maschinen: „Gelbe" TF mit serienmäßigem Fahrwerk, hochgezogener Auspuffanlage und zwei Vergasern. Daraus entstand später das Modell TFS.

Das Technikerteam, das in den Nachkriegsjahren unter anderem die so erfolgreiche TF entwickelt hatte, stand seit 1945 unter neuer Führung von Direktor Rösche. Ing. Marcellino hatte sich zu Kriegsbeginn aus der Firmenleitung zurückgezogen und verbrachte sein weiteres Leben als Puch-Gebietsvertreter für Kärnten am Wörthersee. Der gute Ruf der TF wurde natürlich von den Puch-Werken in Exporterfolge umgemünzt. So schrieb die renommierte deutsche Fachzeitschrift „Das Motorrad", damals noch in Karlsruhe zu Hause, im Juni 1951 unter anderem über die TF:

Die TF ist wiederum eine Maschine, die einen ganz besonderen Charakter besitzt. Man kann nur von wenigen Motorrädern sagen, daß sie einen solchen speziellen Stil verkörpern … Dieser Motor stellt so ziemlich das Optimum dessen dar, was heute im Bau von strapazierfähigen Zweitaktmaschinen geleistet werden kann. Er vermittelt eine wirklich nicht alltägliche Beschleunigungs- und Bergleistung (was man ja auch der S 4 nachsagte) und die 12 PS des Kataloges glaube ich ihm. Ich habe die Gewichtsangabe erst gelesen und den Hirsch gewogen, als ich mit der Testerei so gut wie fertig war, und diese Zahlen haben mir nun noch größeren Respekt eingejagt vor dem Motor, der eine so luxuriös und bequem gebaute Maschine so unerhört wegzieht. Da ist vor allem die Beschleunigung zu nennen, die durch die ausgezeichnete Getriebe-Abstufung (wirklich, ich wünsche mir keine andere Übersetzung für die TF) voll zur Geltung kommt.

Dieser Test stammte übrigens aus der Feder von Richard von Frankenberg. Dieser war, bevor er als Porsche-Star berühmt wurde, Motorrad-Rennfahrer und Motorsport-Journalist.

Zweimal Puch 250 TF, Frühlingsausfahrt des steirischen Puch-Clubs, 1951.

Trotz der großen Nachfrage der neuen TF im Inland belieferte Puch in erster Linie die Exportmärkte. Erst nach und nach wurde auch die vollständige Belieferung des Heimmarktes gewährleistet. Die Kunden schätzten an der TF außer den bereits ausführlich gewürdigten Eigenschaften vor allem die praxistauglichen und gut durchdachten Detaillösungen auch scheinbar nebensächlicher Dinge, wie den gummigelagerten Lenker, die Batteriehalterung oder den großvolumigen Werkzeugkasten. So wies die österreichische Zeitung für Motorsport und Technik, „Motor", anlässlich der Wiener Automobil-Ausstellung 1949 schon auf diese Tatsache, die sich später ja zu einem wichtigen Verkaufsargument entwickelte, wie folgt hin:
Der in Gummi gelagerte Lenker besitzt eine Breite von 690 mm. Besonders erwähnenswert ist noch die Regelbarkeit der Hinterrad-Teleskopfeder. Eine dreistufige Einstellung ermöglicht die Anpassung der Federspannung an die Belastung der Maschine und an die Straßenverhältnisse, ohne daß dabei der Federweg verkürzt wird ... Die Batterie wird z. B. nicht durch die sonst üblichen Spannbänder in ihrer Lage gehalten, sondern mit einem einfachen Deckel nach oben gegen den Rahmen abgestützt. Ein großer versperrbarer Behälter an der linken Seite der Maschine ermöglicht die ausreichende Mitnahme von Werkzeug.

Im „Motorrad", Heft 10 vom 8. März 1952, dem Sonderheft über alle in Österreich erhältlichen Motorradmarken und -modelle (immerhin 138 Modelle aus aller Welt), wird zur Puch 250 TF Folgendes angemerkt:
Die TF ist heute wohl die populärste Maschine in Österreich. Nun in der neuen schwarzen Ausführung und mit vollgekapselter Sekundärkette. Dass die TF auch am Beiwagen hervorragend abschneidet, zeigen die drei „Goldenen" (Anm.: gemeint sind drei Goldmedaillen) *bei der Wintertourenfahrt.*

Oben: Ausflug von vier sportlichen Herren und einem Puch 250 TF-Motorrad, 1951.

Links: Zweimal Puch 250 TF, Gasthaus Bodenbauer bei St. Ilgen am Hochschwab, Pfingsten 1952.

In den damaligen Nachkriegsjahren regte sich bei vielen, die sich die TF kauften, der verständliche Wunsch, diese robuste Maschine, die sich aufgrund ihrer Leistung schon bald den Ehrentitel „die steirische Norton“ erworben hatte, mit Beiwagen betreiben zu dürfen. Dies umso mehr, da ja der Rahmen als Brustrohr und Tankrohr ein großzügig dimensioniertes Vierkantrohr aufwies und damit extrem verwindungssteif ausgelegt war. In den Exportländern gelang die Beiwagenzulassung schneller als in Österreich. So beschrieb das österreichische „Motorrad“ 1950 die Fahrt zweier dänischer Sportler anlässlich der Rallye Monte Carlo, wo die beiden außer der Wertung mit den Wagenfahrern mithielten. Diese Maschine wurde dann zum Testen nach Wien gebracht und von einem Journalisten gefahren. Der Fahrer wurde an einem Nachmittag 29-mal aufgehalten bzw. befragt: Dreimal von Polizisten, die gegen das Beiwagengespann amtshandelten, etwa zehn privaten Interessenten, die wissen wollten, wie sich die „Gelbe“

SDP-Produkte auf der Wiener Messe 1952.

Zeitgenössische Privatfotos: Puch 250 TF. Hier merkt man den Besitzerstolz des jungen Paares auf ihre Maschine.

Eine fröhliche Ausflugsgruppe auf Puch 125 SV und 250 TF.

Puch 250 TF, 1951.
(Puch-Prospektfoto)

am Beiwagen bewährt, und dem Rest, zumeist der vielzitierte „kleine Mann auf der Straße“, der wissen wollte, wie er auch zu so einem schmucken Gespann kommen könnte. Doch die Behörden ließen sich Zeit. Wie bereits erwähnt, wurde die Puch TF mit etlichen Auflagen für den Seitenwagenbetrieb und drei Personen erst 1951 freigegeben. Und noch eine Tatsache verdient aus heutiger Sicht besondere Erwähnung: die Ära des heute so modernen „Rechteck-Profil-Rahmens“ bei den Superbikes hatte bei Puch bereits in den 1940er-Jahren begonnen, denn die TF wies ein rechteckiges Brust- und Tankrohr auf.

Unten: Puch 250 TF mit Felber-Beiwagen.

Oben: Der Tank der Puch 250 TF hat links ein eigenes Abteil für Motoröl.

Links: Die gelbe Puch 250 TF von 1951 in Aktion.

Unten: Die 250er TF mit Felber-Beiwagen.

Letzte Prospekt-Auflage der Puch 250 TF vom Februar 1953.
Unten: Unterwegs auf der Wiener Höhenstraße, 1. März 1953. Zeitgenössische Sonderausstattungsdetails sind die vordere Kotflügelfigur, das Absperrschloss des Vorderrades, das Überlandhorn und die KW(Karl Wagner)-Sitzbank.

Puch 250 TF, Urzustand 1953, in voller Aktion 2017 im 65. Betriebsjahr!

Links: Schwarze Puch 250 TF mit Felber-Beiwagen ab 1952. Rechts: Gelbe Puch 250 TF. Beide Maschinen mit Wiener Leichtbeiwagen. (Foto Christian Schamburek, Oldtimer-Guide)

Puch 250 TF, Baujahre 1948–1954

Motor: Motor-Nummern-Bereiche 300.001–307.000, 307.051–352.710, 1,052.373–1,059.600, Produktion 59.601 Stück, nach anderen Werksangaben 59.887 Stück

Typ: Puch-Doppelkolben-Zweitaktmotor, luftgekühlt, senkrecht stehend, leicht nach vorne geneigt, Kurbelwellenachse quer zur Fahrtrichtung, Längsläufer

Zylinderzahl: 1

Arbeitsweise: Doppelkolben auf Anlenkpleuel, asymmetrisches Steuerdiagramm

Bohrung/Hub: zweimal 45 mm / 78 mm

Hubraum: 248 cm^3

Verdichtung: 6,2:1

Leistung: 12 PS bei 4.500 U/min

Zündanlage: Batterie-Zünd-Lichtanlage, Puch-Gleichstrom-Lichtmaschine, spannungsregelnd, Lichtmaschinenleistung 6 Volt, 35/50 Watt, Akkumulator 6 Volt, 7 Ah

Vorzündung: fix eingestellt, 6 bis 7 mm, gemessen am Überströmkolben (rückwärtiger Kolben)

Zündkerze: Bosch W 225 TI, ÖFZ F 70, 14 mm, Elektrodenabstand 0,6 – 0,7 mm

Motorschmierung: motorgetriebene Frischölpumpe, Regelorgan der Pumpe mit Gasdrehgriff gekuppelt, Ölförderung abhängig von der Motordrehzahl und Belastung

Vergaser: Einkolben-Vergaser mit Nadeldüse: 30 mm Durchmesser, Vergaser Amal 289 P/2A, Hauptdüse: 200, Nadeldüse: 29, Düsennadel: 29, Nadelstellung: in 3. Raste von oben. Drosselschieber: 29/3, Leerlaufdüse: 0,5 mm, Leerlauf-Stellschraube etwa zwei Umdrehungen offen, Luftfilter: Nassluftfilter mit Startscheibe. Puch-Einkolben-Vergaser mit Nadeldüse, 30 mm Durchmesser, Typ P 3012. Ab Motor-Nummer 304.040 Hauptdüse 130, Leerlaufdüse 0,35 mm, Düsennadel-Konuslänge 26 mm, Nadelstellung 3. Raste von oben, nach Einfahren 2. Raste. Leerlaufluft-Stellschraube etwa eine Umdrehung offen. Drosselschieberschnitt 10 mm (frühere Einstellung: Hauptdüse 125, Nadelstellung 2. Raste, Drosselschieberschnitt 7 mm, alles andere wie oben)

Sonstige Motormerkmale: Graugusszylinder, Leichtmetallzylinderkopf

Kraftübertragung: Primärübersetzung: Motor – Getriebe mittels Einfachkette $^{3}/_{8}$ x $^{3}/_{8}$" (9,52 x 9,52 mm), 64 Hülsen; Primärübersetzung i = 2,32; Sekundärübersetzung Getriebe – Hinterrad: Rollenkette 112 Rollen, $^{1}/_{2}$ x $^{5}/_{16}$" (12,7 x 7,75 mm) Kettenräder, 17:50 Zähne, Übersetzung i = 2,95

Getriebe: Gesamtübersetzung: 1. Gang: 1:18,71; 2. Gang: 1:10,20; 3. Gang: 1:6,82; 4. Gang: 1:5,20

Kupplung: Mehrscheibenkupplung, im Ölbad laufend

Fahrgestell, Rahmen: geschlossener Rohrrahmen mit doppeltem Motorunterzug, geschweißte Ausführung unter Verwendung von Vierkantrohren

Gabel: Teleskopgabel mit Öldämpfung

Hinterradfederung: Geradeweg-Teleskopfederung mit dreifacher Verstellung

Räder: Ausführung mit Steckachsen, Drahtspeichenräder, Felgengröße 2½ x 19, Bereifung 3,25–19"

Bremsen: Vorder- und Hinterradbremse, Bremstrommeldurchmesser 180 mm, 25 mm breit; Übersetzung: Handbremse 1:20,4, Fußbremse 1:38,9

Maße und Gewichte: Länge/Breite/Höhe: 2.080/750/980 mm, Radstand: 1.340 mm, Bodenfreiheit: 140 mm, Sattelhöhe: 750 mm, **Gewicht:** 126 kg (trocken), zulässiges Gesamtgewicht: 300 kg, Tankinhalt: 11 l Benzin, davon 3 l Reserve, Ölabteil im Tank 1,5 l Zweitaktöl; **Verbrauch:** 3 l Benzin und 0,21 Öl auf 100 km bei konstanter Fahrgeschwindigkeit von 67 km/h

Seitenwagenbetrieb: Gewicht des Seitenwagens samt Bereifung und Anschlussteilen höchstens 75 kg! Kettenritzel am Getriebe: 14 Zähne, für ebenes Gelände: 15 Zähne. *„Die behördliche Zulassung setzt den Anschluss nach unseren Zeichn. Pos. 256.8100.5 und SK 10079 voraus, weshalb diese Anschlussart unbedingt einzuhalten ist."* (Text des Original-Handbuches)

Bau- und Erkennungsmerkmale:

- Lackierung elfenbein-beige, ab Modelljahrgang 1952 schwarz
- Beschneidung bei elfenbein-beige mit zwei roten Zierlinien, bei schwarz mit weißer und roter Zierlinie von folgenden Teilen: Kotflügel vorne und hinten, Kettenschutzblech, Abdeckkappen der Hinterradfederung sowie der Felgen
- Tank mit Chromseitenteilen, Ober- und Unterseite in der Motorradfarbe lackiert, dicke Zierlinie als Abgrenzung Chromseitenteil/Lack, dünne Zierlinie ca. 5 mm daneben im Lack. Bis 1952 Puchwappen-Abziehbild, danach Prägung im Metall. Bei linkem Tankverschluss Aufschrift Abziehbild „Oil"
- verchromt waren: Tankdeckel, Auspuffkrümmer, Einlaufstück in den Auspufftopf sowie Fischschwanz-Endstück; Auspuffüberwurfmuttern, Kickstarter, Schalthebel, Bremshebel und Gestänge, Sattelfedern, Abdeckkappen für Hinterradfederung, Speichen, Nippel, Scheinwerferring, Hinterraddistanz, Steckachsenenden, Radmuttern, Radbremshebel
- ab 1952 geschlossener Kettenkasten
- Zündschlüssel bis Maschine Nr. 2.500 im Lichtmaschinendeckel, danach im Scheinwerfergehäuse
- Scheinwerfer mit elektrischem Abblendschalter ab Maschine Nr. 9.001, vorher mechanischer Abblender mit Umschalter im Scheinwerfergehäuse
- Tachometer mit Rechtslauf
- Fahrer-Schwingsattel mit zwei Zugfedern. Wahlweise Soziussattel oder Gepäckträger
- neues, verstärktes Motorgehäuse ab Motor-Nummer 329.353
- neue, verstärkte Kupplung ab Motor-Nummer 307.161
- ab Motor-Nummer 312.901 neue Puch-Superelastik-Sättel
- Handhebelkloben am Lenker verschweißt ab Motor-Nummer 320.001
- Lenkungsschloss bei den späteren Modellen, serienmäßig, Lenkeinschlag nach links

Puch 250 TFS: Das Sportmodell

Die technischen Anlagen des neuen Puch 250-Doppelkolben-Zweitaktmotors der Type TF waren von allem Anfang an ausgezeichnet. Was lag also näher, als die sportlichen Möglichkeiten dieses Doppelkolben-Zweitakters auszuloten.
Erst nach dem Ende der Zweiradfertigung bei Puch in Graz wurden auch die Archive zugänglich gemacht, und dabei stellte sich heraus, dass man von Anfang an mit dem TF-Motor Versuche mit zwei Vergasern gefahren hatte. Dipl.-Ing. A. Oswald legte 1946 bereits einen Versuchsbericht mit dem Titel „Motor ‚250/46' Entwicklungsarbeiten – 1. Bericht" vor.

Die interessantesten Passagen daraus lauten:
Stand der Entwicklung im Jahre 1939: In der Zeit vor dem Kriege war der Typ 250 S 4 eine Höchstleistung im Baue gemischgespülter Zweitaktmotoren. Kennzeichnend für diesen Sportmotor, bei dem vor allem hohe Spitzenleistungen angestrebt waren, ist der Anstieg des Mitteldruckes in hohen Drehzahlbereichen und eine gewisse Schwäche in mittleren Drehzahlen. Bemerkenswert ist der scharfe Anstieg des Volllast-Verbrauches in mittleren Drehzahlen.
Stand der Entwicklung im September 1946: Das Steuerdiagramm ist von der Type 250 S 4 übernommen worden, die Querschnitte für den Gasdurchgang sind günstiger gestaltet. Das Ansaugrohr ist verlängert, an Stelle von zwei Spülkanälen werden drei verwendet, weiters zwei Auspuffschlitze mit je einem Auspuffrohr und Schalldämpfer.

Die entsprechenden Schaubilder über Leistung und Drehmomentverlauf zeigten dann die Werte jeweils mit zwei Vergasern. Dabei wurden bei Verwendung von zwei 24er-

Puch 250 TFS in der käuflichen Ausführung.

Werksfahrer Johann Krammer im Sattel einer Werks-Puch 250 TFS mit Felber-Spezialbeiwagen, 1952.

Dieselbe Puch 250 TFS aus einer anderen Perspektive: Bequeme Doppelsitzbank, ähnlich den damaligen AJS/Matchless-Modellen, und große Kniepolster am Tank sorgten für hohen Fahrkomfort.

Vergasern 13,5 PS bei 4.500 U/min gemessen. Und das weitgehend identisch mit und ohne Auspuffanlage. Woraus klar ersichtlich ist, dass der Doppelkolben-Zweitakter weitestgehend vom Auspuff-Rückstau unabhängig lief. Eine weitere Zylinder-Abänderung brachte dann noch einmal zusätzliche zwei PS, Gesamtleistung 15,2 PS bei 4.700 U/min.

Puch 250 TFS im „Motorrad“, 9. Februar 1952.

Was lag also näher, als mit den Zweivergasermodellen in den Sport zu gehen. Das Modell hieß Puch 250 TFS und war zunächst ausschließlich als Werksmaschine gedacht. Weingartmann, Krammer und Cmyral fuhren damit etliche erfolgreiche Einsätze. Der größte Sporterfolg im Rennbetrieb war dieser Maschine beim 24 Stunden-Rennen um den Bol d'Or beschieden, wo 1951 der Sieg an Puch ging. Und den absoluten Triumph feierte dieses Modell in der Weltrekordversion im Jahre 1951, wo es gelang, zehn Weltrekorde zu erringen.

Ab 1951 gelangte die TFS auch in die Hände von Privatfahrern. Das österreichische „Motorrad“ berichtete 1952 über diese Maschine:

Auf den ersten Blick unterscheidet sich die TFS von der TF vor allem durch die rote Farbe, die hochgezogenen Auspuffrohre und durch die mit großen Kühlrippen versehenen, massig wirkenden Zylinder sowie durch die zwei Vergaser ... Die TFS ist eine rassige Sportmaschine für den Sportler, der gewohnt ist, aus einer Maschine mehr herauszuholen als üblich, der auf gute Beschleunigung Wert legt und sich bei sportlichen Wettbewerben auf das ausgezeichnete Stehvermögen dieses einmaligen Motors verlassen kann.

Schalenrahmen-Spekulation „TFSL“ im „Motorrad“, 22. März 1952.

„Motorrad“, Heft 10 vom 8. März 1952 (Sonderheft über alle in Österreich erhältlichen Motorradmarken und -modelle), merkt zur Puch 250 TFS an:

Wenn man es ganz genau nimmt, dann gehört die TFS nicht hierher, da sie nicht in Kleinserie erzeugt und nicht allgemein verkauft wird. Da die einzelnen Serien untereinander gewisse Abweichungen aufweisen, wird sie auch nicht in unserem Tabellenteil angeführt.

In Heft 23 vom 7. Juni 1952 gab es in dieser Zeitschrift unter dem Titel „Puch TFS mit Beiwagen“ einen ausführlichen Artikel, der offensichtlich von Hans Patleich (einem bekannten Journalisten und Wertungsfahrer) verfasst worden war. Er bezeichnet sich als „Beiwagennarren“, der zumeist auf schweren Maschinen unterwegs ist. Die Kurzbeschreibung der TFS-Werksmaschine lautete:

Fahrgestell normal TF, übergroße Bol d'Or-Bremsen, schmaler Sololenker, aufgeschnallter Tank (Dabei handelte es sich um einen auf Filzpolster gelagerten, mit Riemen befestigten Tank. Dieser hatte sich im Wertungssport bewährt und wurde beim Puch MC 50-Moped in Serie ausgeführt, Anm.).

Motor: Zweivergaser-Werks-TF, Vergaser links Puch, 30 mm Durchlass, rechts Amal, 24 mm Durchlass. Leichtmetallzylinder, innen porös hart verchromt, Doppelzündung, Motorleistung ca. 16–17 PS bei 5.400 U/min. ... Der erste Gang reicht fast bis an die 40 km/h, und in der zweiten kommt man bis auf 60 km/h.

Die zweite Besonderheit war der Beiwagen:
Es ist der Felber-Wertungsbeiwagen, der speziell für diese Maschine angefertigt wurde. Als Chassis findet das normale geschlossene Rohrchassis in verkleinerter, verschmälerter Ausführung Verwendung. Das Boot wurde von dem neuen Rollerboot abgeleitet und ist natürlich sehr leicht und schmal ... der Einstieg rechts ist offen ausgebildet, um dem Beifahrer die Möglichkeit zu geben, sich in Kurven akrobatisch zu betätigen. Ausgezeichnet dabei ist die Federung mittels der normalen serienmäßigen Langfedern. Die Anschlussbreite ist mit knapp 100 cm wettbewerbsmäßig abgestimmt. Das Gewicht des kompletten Beiwagens ist 53 kg. Fazit des Artikels:
Für ein 250er-Gespann ganz außergewöhnliche Leistungsstärke. Die Beschleunigungs- und Fahrleistungsdaten könnten von einer 500 cm³-Maschine stammen. Unbedingt drehzahlunempfindlich und vollgasfest bei einer Höchstgeschwindigkeit von 100 km/h.

Dass offensichtlich keine zwei Puch TFS völlig identisch waren, zeigt „Ein Fahrbericht" über die Puch 250 TFS in Heft 31 vom 2. August 1952 auf, verfasst von Friedrich Rodt, einem Fahrer aus dem Dunstkreis des Werkes:
Abweichungen von der TF:
- *rote Lackierung*
- *hochgezogene Auspuffrohre mit Absorptions-Schalldämpfer (Burgess-Töpfe)*
- *massig wirkender Zylinder mit großen Kühlrippen*
- *zwei SUM-K13/24-Vergaser (Dreidüsenvergaser in Registeranordnung)*
- *Wassersack unter dem Kraftstoffhahn*
- *deutscher VDO-Tachometer mit Tageszähler*
- *eigener Drehgriff, bei dem der Innenzugdrehgriff mit dem Wickelgriff gekoppelt ist; damit entfällt die TF-übliche „Ölschaukel" unter dem Tank*
- *gegenüber der TF veränderte Steuerzeiten, die Innenmaße sind jedoch gegenüber dem normalen TF-Zylinder unverändert*
- *Doppelzündung mit zwei Bosch-3V-Zündspulen*
- *abgeänderter Mittelständer mit Federstiftarretierung*
- *Tankverschlüsse mit Flügelbetätigung*
- *Boschhorn nur funktionstüchtig bei eingeschalteter Zündung*
- *rückwärtiges Kotflügelende nicht aufklappbar*

Kritik wurde lediglich an der von der Serien-TF übernommenen Trommelbremse geübt. Es wurde auf die bei den Versuchsexemplaren der SGS und später auch in die Serie aufgenommenen Vollnabenbremsen verwiesen. Die Werks-TFS hatten ebenfalls eine extrem große Vorderrad-Leichtmetallbremse aufzuweisen. Obendrein waren bei den Werksmaschinen kaum zwei Exemplare gleich ausgeführt. Und auch die Serien-TFS wiesen je nach Ausfertigung kleine Abweichungen untereinander auf (Tachometerausführung, Scheinwerfereinsätze usw.). Alles in allem war die TFS ein äußerst rares und begehrtes Sportmodell, mit dem bei den damaligen Veranstaltungen jederzeit Spitzenplätze möglich waren.

Puch 250 TFS 1953, käufliche Ausführung.

Links: Puch 250 TFS. Das Fahrgestell der TF war bis auf Details nahezu identisch mit dem der TFS. Rechts: Hochgezogene Auspuffanlage und kräftigere Zylinderrippen waren das optische Merkmal der TFS, ebenso der zweite Vergaser.

Puch 250 TFS, Baujahre 1951–1954
Die nachstehenden Angaben beziehen sich ausschließlich auf die käufliche TFS, nicht jedoch auf die reinen Werksmaschinen! Die TFS war identisch mit dem Modell TF, mit Ausnahme der folgenden, von der TF abweichenden Details:
Motor: Motor-Nummern-Bereiche 307.001–307.050, 1,100.335–1,100.400, Produktion 400 Stück. Die Stückzahlabweichung von 400 Motorrädern, die Puch als offiziell produzierte Stückzahl des Modells 250 TFS angibt, lässt sich heute – nach so vielen Jahren – gegenüber der nach den Motornummer-Bereichen möglichen Stückzahl von lediglich 115 Stück nicht mehr aufklären. Nach der Seltenheit der Puch 250 TFS dürfte es nicht viel mehr als die 115 Exemplare gegeben haben.
Leistung: 15 PS bei 5.000 U/min
Verdichtung: 6,2:1
Zündanlage: Batterie-Zünd-Lichtanlage, Puch-Gleichstrom-Nebenschlussmaschine mit Bosch SSM 91/6C-Regelschalter, 6 Volt, 35/50 Watt, zwei Bosch 3 Volt-Zündspulen, Elektrodenabstand des Unterbrechers 0,4 mm
Zündkerze: zwei Bosch W 240 T1, 14 mm
Vergaser: zwei SUM K 13/24 mit 24 mm Durchgang; linker Fahrvergaser Leerlaufdüse 35, Übergangsdüse 55, Hauptdüse 65; rechter Zusatzvergaser Leerlaufdüse 35, Übergangsdüse 65, Hauptdüse 75
Sonstige Motormerkmale: Graugusszylinder mit stärkerer Verrippung, annähernd wie SGS. Ebenso stärker verrippter Zylinderkopf mit zwei Kerzenöffnungen
Kraftübertragung und Getriebe: identisch mit TF, jedoch Einsatz von Getrieberitzel mit 16, 17 (wie TF) und 18 Zähnen
Bau- und Erkennungsmerkmale: • rote Lackierung mit goldenen Zierlinien, an allen Teilen wie TF • serienmäßiger Seitenständer mit federgespanntem Verriegelungsstift im Rahmen • kombinierter Innen- und Außenzug-Drehgriff zur Betätigung der zwei Vergaser • verchromte Lenkstange • verchromter Stahldeckel über der Lichtmaschine (TF Leichtmetall) • hochgezogene Auspuffanlage mit Burgess-Töpfen

Das neue Puch-Markenzeichen: Der Puch-Schalenrahmen

Das signifikante neue Markenzeichen der Puch-Motorräder ab der 125 SL und 150 TL war der aus zwei tiefgezogenen Blechhälften geformte und automatisch geschweißte Schalenrahmen. Dieser wird auch als Pressstahl- oder Pressblechrahmen bezeichnet. Nach der offiziellen Präsentation im Sommer 1950 erfolgte bei der Alpenfahrt 1951 unter Johann Krammer und Edi Beranek der erfolgreiche Sportauftritt der Puch 125 SL.

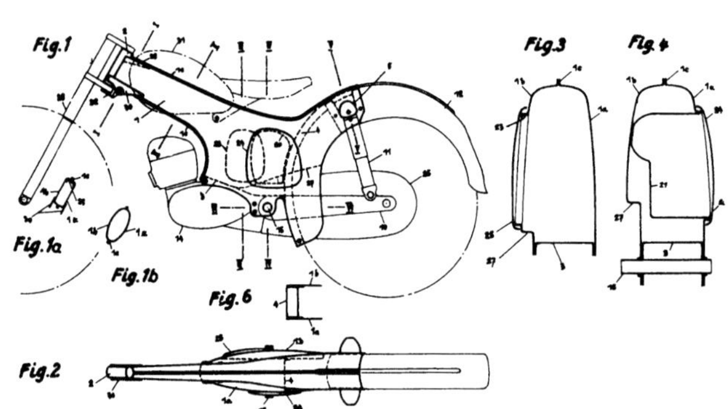

Der Schalenrahmen in der österreichischen Patentschrift Nr. 173.621, ausgegeben am 10. Jänner 1953.

Ähnlich wie das Doppelkolben-Zweitaktprinzip von Ing. Marcellino wurde der Schalenrahmen zum typischen Markenmerkmal der Puch-Maschinen in den Jahren 1951 bis 1970, dem letzten Produktionsjahr der SGS. Doch zum Unterschied vom Doppelkolbenprinzip, auf das niemals ein Patent erteilt wurde, bekamen die Puch-Werke auf ihren „Kraftradrahmen aus Blechpressformteilen" in Österreich und Deutschland Patentschutz. Als Erfinder wurden Ing. Erwin Musger und Dipl.-Ing. Alfred Oswald genannt. Dipl.-Ing. Oswald, der im Jahre 1928 bei Puch eintrat und bis zum Jahre 1963 – mit Ausnahme der Kriegsjahre, wo er bei verschiedenen deutschen Firmen, unter anderem auch bei DKW arbeitete – die Versuchsabteilung leitete, war von der Ausbildung her, ebenso wie Ing. Musger, Strömungstechniker. Ing. Musger, der nach dem Krieg bei Puch eintrat, verband mit Dipl.-Ing. Oswald eine tiefe Freundschaft, die sich auch auf die gemeinsame Ausübung ihres Hobbys, des Flugsportes bei der AKAFLIEG Graz, erstreckte. Ing. Musger gilt heute neben Igo Etrich und Wilhelm Kress als einer der großen Flugtechniker Österreichs.

Der Schalenrahmen entstand unter ähnlichen Voraussetzungen wie eine Flugzeugzelle. Es galt u.a. mit geringstem Materialaufwand, und damit unter Einsparung von Gewicht, eine hochfeste Konstruktion zu verwirklichen. Das Österreichische Patentamt erteilte mit Patentschrift Nr. 173.621 vom 10. Jänner 1953 Patentschutz aufgrund der Patentanmeldung vom 25. Februar 1950. Die Bundesrepublik Deutschland schloss sich dem Patentschutz mit Patentschrift Nr. 952.058 per 21. Februar 1951 an.

Es wurden acht Patentansprüche des Rahmens angemeldet. Die wesentlichste Aussage zu dem neuen Rahmen war jedoch folgende:
Der erfindungsgemäße Kraftradrahmen aus Blechpreßformteilen vereinigt mehrere, bisher gesondert erzeugte Bauteile wie Werkzeugbehälter, Hinterradkotblech mit Abstützstreben, Rahmenteile usw. in einem einzigen Bauelement bei geringstem Baustoffaufwand, glatter äußerer Formgebung und größtmöglicher Festigkeit durch zweckmäßige Formgebung unter Vermeidung von Kerbstellen.
Der Mitfahrersitz oder der Gepäckträger am Kraftrad kann vorteilhafterweise unmittelbar am rückwärtigen Ende des Längsträgers befestigt werden und gehört damit nicht zu den ungefederten Massen des Hinterrades. Die sattelförmige Ausbildung der Oberseite des Längsträgers gestattet auch die Anordnung eines sitzbankartigen Längssattels.

Die Patentzeichnung sieht keine Strebe zwischen Steuerkopf und Motor vor, wie sie aber in der Serie bei den Typen 125 SL und TL, 125 SV und SVS, 150 TL, 175 SV und SVS angewendet wurde. Aus festigkeitstechnischen Überlegungen bestand dazu bei diesen Kubaturen, zum Unterschied von den Rahmen der 250er-Typen SG (A) und SGS (A), keine Notwendigkeit. Die Redaktionsmannschaft des österreichischen Blattes „Motorrad" war darüber natürlich genau informiert und stellte anlässlich der Modellpräsentation der Type 125 SL am 16. Juni 1950 Folgendes fest:
Die Motoraufhängung erfolgt unmittelbar am Schalenrahmen hinter dem Zylinder und am Ende des Blockes. Eine rohrförmige Strebe, die vom Steuerkopf nach abwärts führt, hält den Antriebsblock an seinem vorderen Ende. Vom Standpunkt des Technikers könnte dieser „Blinddarm" ruhig verschwinden, da die Aufhängung am Kasten garantiert allen Anforderungen standhält. Es ist nur bedauerlich, daß gewisse kaufmännische Überlegungen immer wieder zu solchen Konzessionen an laienhafte Publikumsmeinungen zwingen.

Diese eingeschraubte Rahmenstütze hatte keinerlei nachteilige Wirkung auf das Bruchverhalten des Rahmens. Andersherum: Es sind mir in meiner ganzen „Oldtimerlaufbahn" noch keine eingerissenen Gabelköpfe bei den kleinen Schalenrahmenmodellen untergekommen. Ganz zum Unterschied zu den SG- und SGS-Typen, bei denen Einrisse am Gabelkopf geradezu an der Tagesordnung sind. Nur bestanden eben die 250er-Rahmen aus einer geschweißten Schalen-Rohrkonstruktion, in der es keinerlei Schraubverbindungen gab. Selbst als man bei der M 125 und den nachfolgenden Sportmaschinen für den Geländeeinsatz schon längst wieder vom Schalenrahmen weg war, gab es nie wieder ganz geschweißte Rahmen. Ein typisches Puch-Merkmal waren immer die eingeschraubten Brustrohrstreben am Gabelkopf. Mit dieser konstruktiven Lösung hat man wahrscheinlich die ideale Kombination zwischen Steifigkeit und Eigenelastizität des Rahmenbaues gefunden.

Doch zurück zum Schalenrahmen. Mit dieser eleganten Lösung gelang es, nicht nur allfällige Fahrwerksprobleme in den Griff zu bekommen. Einerseits konnte man für die Serie wesentlich billiger arbeiten als bei einer herkömmlichen Rohrkonstruktion, andererseits hatte man von der Aufhängung und den Motorvibrationen her die Optimallösung gefunden. Denn der große Hohlkörper des Rahmens schluckte alle Vibrationen der Doppelkolbenmotoren. Dass die neue Rahmenart für den Fahrer eine wesentliche Entlastung bei der Maschinenpflege mit sich brachte, war ein weiterer Vorteil der Puch-Maschinen gegenüber der Konkurrenz.

Nachdem sich die „kleinen" Modelle mit dem neuen Schalenrahmen so außerordentlich bewährt und etabliert hatten, war es nur mehr eine Frage der Zeit, bis auch die neue 250er als Nachfolgerin der TF einen Schalenrahmen bekam. Dazu brachte das „Motorrad" eine gezeichnete Version der erwarteten Maschine in Heft 12 vom 22. März 1952 und merkte u.a. dazu an:
Februar 1952: … ein Kollege will wieder eine TL mit Sitzbank gesehen haben, ebenso behauptet er, schon eine TFS mit Pressstahlrahmen gesehen zu haben … März 1952: Neben mehreren Rollern stand eine TFSL, hoffentlich wird die Typenbezeichnung in Wirklichkeit anders lauten. Das Fahrgestell gleicht im Wesentlichen dem der L-Baureihe. Allerdings wird nicht ein einfaches Brustrohr verwendet, sondern der Vierkant mit den doppelten Rohrunterzügen (wie bei der TF), so dass der Rahmen geschlossen ist.

Wie stark das Verlangen der damaligen Motorradenthusiasten nach einem komfortablen und dennoch sportlichen Motorrad war, zeigt diese Maschine, die der Vater des bekannten Oldtimerspezialisten Dipl.-Ing. Christian Bauer auf Basis der 250 TF konstruierte. Und zwar innerhalb einer Woche in der Waschküche des Wohnhauses in Ermangelung einer eigenen Werkstätte. Ein Meisterstück!

Viel Freude mit der neuen Puch 125 SL hat diese Motorrad-Fahrerin. Dass diese Maschine ein zuverlässiges Reisemotorrad ist, darauf weisen die vielen Zielplaketten hin, die es damals auf nahezu jeder Passstraße gab. Sonderausstattung: Windschild, Tankdecke mit seitlichen Kniepolstern, Denfeld-Sitzbank.

Puch SL- und TL-Baureihe: Motorräder der Typen 125 SL, 125 TL und 150 TL

Die gemeinsamen Merkmale dieser als L-Typenreihe (L steht dabei für „Luxus") bekannt gewordenen Maschinen waren der Schalenrahmen und die 19 Zoll-Räder mit einfachen Innenbackenbremsen.

Das erste offizielle Auftreten erlebte der Schalenrahmen beim Modell 125 SL („Sport-Luxus") bereits im Jahre 1949 im Sporteinsatz. Natürlich erregte die Schalenrahmenkonstruktion größtes Augenmerk bei den Motorradfahrern, und so ist es nicht weiter verwunderlich, dass am 19. Mai 1950 das österreichische „Motorrad" das neue Modell unter dem Titel „Ein Blick in die Zukunft – Puch 125 SL" wie folgt ankündigte:
Doppelkolbenmotor mit Leichtmetallzylinder und zwei Vergasern. Vierganggetriebe, geschlossener Kettenkasten, Schalenrahmen, Teleskopgabel und Hinterradschwinggabelfederung. Lieferbar 1951.

Die neue Puch 125 SL am „Motorrad"-Titelblatt vom 16. Juni 1950.

In allen Punkten sollten die Motorrad-Redakteure recht behalten, bis auf die Tatsache, dass Leichtmetallzylinder nicht an die Kunden ausgeliefert wurden, sondern nur den Werksmaschinen – wie übrigens bei allen folgenden Doppelkolbentypen – vorbehalten blieben. Und das Titelbild vom 16. Juni desselben Jahres zeigte die bei der Wiener Automobil-Ausstellung vorgestellte Vorserientype mit Sitzbank und etlichen anderen Abweichungen von der späteren Serie unter dem Titel: „Die neue Puch 125 SL zeigt richtungweisende Linien". Und im Blattinneren stand Folgendes zu lesen:
Sie ist zwar noch gar nicht da und ist trotzdem schon fast zu einer legendären Figur geworden. Tatsächlich zelebrieren die Grazer ja seit 1945 einen ganz sonderbaren Überraschungsritus. Ängstlich von den Eingeweihten behütet, entsteht etwas auf dem Papier,

Oben: Johann Krammer bei der ADAC-Deutschlandfahrt 1950 auf der Vorserien-125 SL.

Links: Die Puch 125 SL aus dem Jahr 1950 als Prototyp. Die Serie hatte an Stelle der Sitzbank Gummisättel sowie einen anderen Lichtmaschinendeckel und geänderte Luftfilter. Der Zylinder war aus Grauguss.

nimmt dann allmählich in den geheiligten Räumen der Versuchsabteilung Gestalt an – nur ganz wenig Außenstehende wissen etwas davon und die mussten auf den ganz großen Hufnagel schwören, nichts – oder doch zumindest so wenig wie möglich zu verraten. Wenn aber die ersten Versuchsballons über die Mauern des Werkes hinauszusteigen beginnen und sich der Volksmund der geschauten Dinge bemächtigt, dann sind der Legendenbildung keine Schranken mehr gesetzt. So war es bei der „Roten", der S 125, und bei der „Gelben", der TF 250. Bei der jüngsten Neuschöpfung war es allerdings wieder ganz anders. Da wussten wirklich nur ganz wenige, was daraus werden sollte, aber da platzte die Bombe von außen. Das neue Modell, die SL 125, war auf dem Genfer Salon gezeigt worden, die gesamte ausländische Fachpresse hatte den Leckerbissen aufgeschnappt und so war die Geburt einer „Neuen" auch in Österreich breiteren Kreisen bekannt geworden. Und als die SL dann gar einen Sockel auf der Wiener Automobil-Ausstellung zierte, da war kein Halten mehr … Noch stehen nicht alle Einzelheiten fest – und bis die SL für 1951 in Serie geht, wird sie sich wahrscheinlich noch einige Änderungen gefallen lassen müssen – aber die eingeschlagene Entwicklungsrichtung wird beibehalten und die ist es auch wert.

Puch 125 SL auf Extremtour im Wilden Kaiser.

Im „Motorrad", Heft 1 vom 5. Jänner 1951, machte ein Artikel über eine außergewöhnliche Bergbesteigung der Puch 125 SL Furore:

Die Fahrt zum Stripsenjoch im Wilden Kaiser auf Puch 125 SL.

Der Höhenunterschied von der Griesneralm zum 1.580 m hoch gelegenen Stripsenjoch beträgt 556 m. Initiator der Fahrt war Herr Anton Reibmayer aus Kufstein, einen in weiten Kreisen bekannten und als unbefahrbar gegoltenen Steig mit der neuen Puch 125 SL zu befahren.

Start war am 13. September 1950 um 7 Uhr, das Vorhaben galt als undurchführbar, die Sennerin meinte, „… in längstens 10 Minuten sind sie wieder da, da kimmt niemand mit an Motorradl auffi, die vielen Stufen, die Felsblöck, ganz unmöglich".

Der erste Teil der Fahrt war mit Hindernissen aller Art von mit Lehm überzogenen glitschigen Felsbrocken über nasse Wurzeln und Grasstücke gespickt. Der zweite und gefährlichste Teil konnte beginnen.

Über einer kleinen Almwiese und einer Geröllhalde türmte sich nun eine Felswand zum Joch auf, gekrönt vom Stripsenhaus. Dort standen Menschen am Geländer und beobachteten das Unternehmen. Warnungen und spöttische Zurufe wurden laut. In steiler Anfahrt ging's in einigen Kehren durch das Geröllfeld, über steile Felsstufen, die nur mit Schwung genommen werden konnten, über Steinplatten und Felstrümmer, durch ganz enge Spalten geborstener Felsblöcke zum gefährlichsten Stück, der Durchquerung der Wand. Die Kehren sind so scharf, dass die Maschine herumgehoben werden muss. Immer wieder heißt es neu anfahren, auf dem schmalen mit lockerem Geröll bedeckten Pfad keine ganz einfache Sache. Die letzte Kehre, das letzte steile Stück, noch ein Felsbuckel, so steil, dass sich das Vorderrad Sekunden vom Boden abhebt, einige Kurven, dann bin ich oben.

Auffahrt zum Stripsenjoch.

Nachmittags geht's nach unten. Gefährlich sind die ausgesetzten Stellen in der Wand, links geht's hinunter, rechts überhängend hinauf. Der Weg hängt nach außen, im Geröll und auf den glatten Steinplatten haben die Räder beim Bremsen keinen Halt. Oft fährt

Werbefoto der Puch 125 TL im Jahr 1951, aufgenommen von Ing. Walter Kuttler.

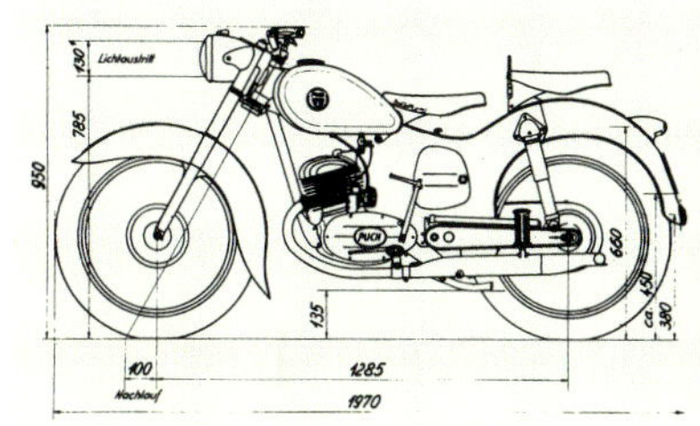

Werkszeichnung der Puch 125 TL.

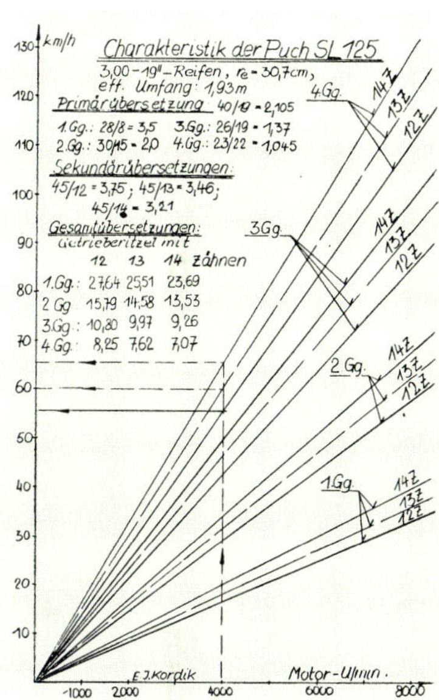

Gangdiagramm Puch 125 SL.

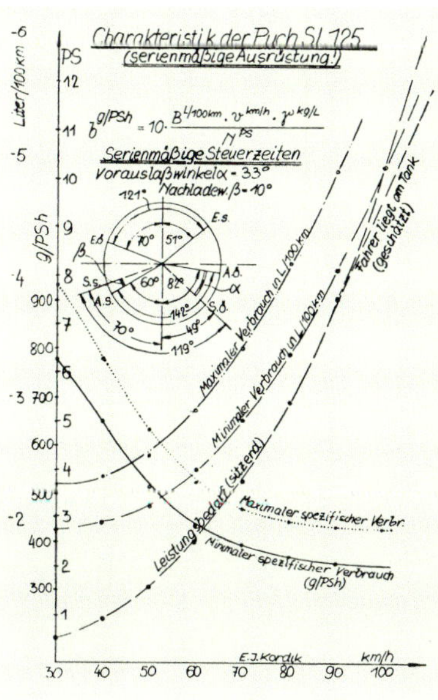

Steuerdiagramm und Verbrauchskurve der Puch 125 SL.

Die neue Puch 150 TL 1951 zeigt ihre schönste Seite in der Tiroler Bergwelt.

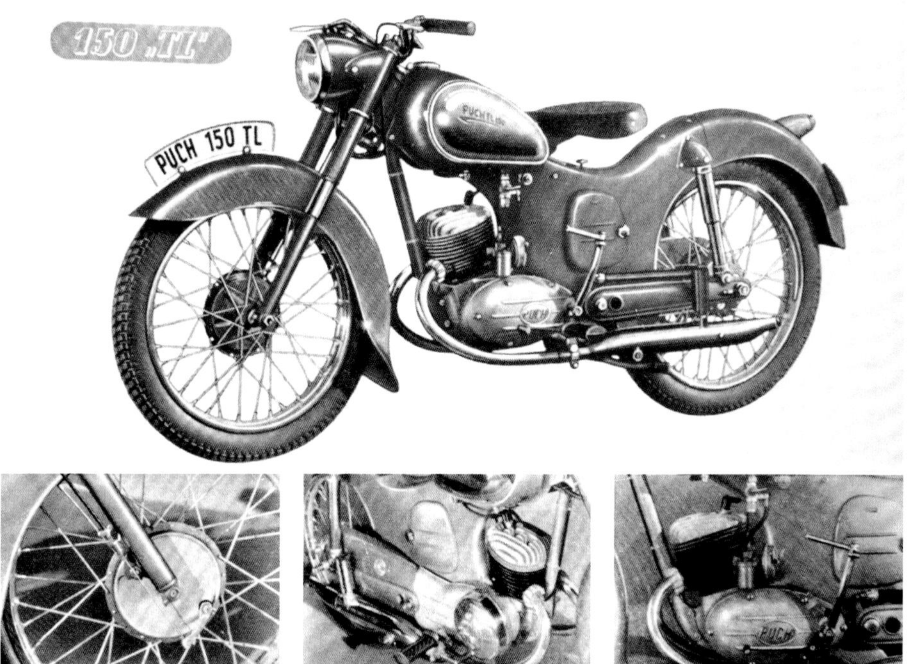

Die Puch 150 TL in der Serienausführung. Dazu die Detailfotos: Vorderradbremse, Motoraufhängung Lichtmaschinenseite, Motor von der Kickstarterseite.

Ein zeitgenössisches Foto der Puch 150 TL auf Urlaubsfahrt 1958. Die kleine Maschine musste beachtlich viel Gepäck und zwei Personen schleppen.

die Maschine mit stehenden Rädern meterweit zu Tal, bis wieder eine griffige Stelle kommt. Bei jeder Kehre tönt es von oben: „No bischt nit untn!“ Bei den Kehren ist ein Stoppen nur durch das Anfahren an einen Felsen oder den Hang möglich.

Nach Überwindung der nassen und schlammigen Passagen traf er wieder wohlbehalten auf der Griesneralm ein.

Das Titelblatt des Motorrades vom 2. November 1951 wird von der „Hinterhand“ der Puch 150 TL mit geschlossenem Kettenkasten und verchromten Auspufftöpfen geziert.

Doch bis zum Serienanlauf sollte noch einige Zeit vergehen, inzwischen hatte man auch einen „zivilen“ Motor mit 150 cm³ und einem Vergaser serienreif gemacht. Und so schrieb das österreichische „Motorrad“ am 2. November 1951 unter dem Titel „Puch 125 SL und 150 TL“:

Die beiden jüngsten Erzeugnisse des Grazer Hauses stehen nun tatsächlich unmittelbar vor dem Anlauf der Großserie und das „Motorrad“ nimmt gerne die Gelegenheit wahr, die neuen Modelle, die sich im nationalen und internationalen Sport mit aufsehenerregenden Erfolgen bereits bestens eingeführt haben, einer eingehenden Beschreibung zu unterziehen. In der SL (Sport-Luxus) scheint der bekannte Zweivergasermotor wieder auf. Der Motor der TL (Touren-Luxus) mit seinem Hubraum von 150 cm³ ist keineswegs bloß eine aufgebohrte 125er, sondern erfuhr in Bohrung und Hub eine entsprechende Vergrößerung. Der fahrtechnische Hauptvorteil der neuen L-Serie ist in dem neuentwickelten Vierganggetriebe begründet, das bereits seit zwei Jahren in den Werksmaschinen in Verwendung steht und sich in härtesten Wertungsfahrten das Prädikat „geeignet“ erworben hat. Der dazugekommene vierte Gang hat jedoch keineswegs die Bedeutung eines Schnellganges, da er in der Gesamtübersetzung dem bisherigen dritten entspricht.

Die Abgrenzung der neuen Modelle wird in dem Artikel wie folgt vorgenommen:

Es sei an dieser Stelle ganz besonders darauf hingewiesen, daß die 150 TL als ausgesprochene Tourenmaschine entwickelt wurde, was schon allein in der Wahl des Hubraumes von ausgerechnet 150 cm³ und der gemäßigten Spitzengeschwindigkeit von etwas über 80 km/h zum Ausdruck kommt, während die 125 SL über 90 km/h läuft. Wenn nun zwar nur die reine Sportmaschine wegen der im Motorsport üblichen Begrenzung des Hubraumes einen solchen von 125 cm³ aufweist, der zugleich mit dem gesetzlichen Begriff des Kleinkraftrades zusammenfällt, so ist seitens des Werkes die Möglichkeit vorgesehen, auch das Tourenmodell mit einem 125 cm³-Motor liefern zu können, damit auch jene Interessenten in den Genuß der Vorzüge einer TL kommen können, die nur im Besitz eines Führerscheines für Kleinkrafträder sind.

Ein eleganter Linzer im Anzug auf seiner Puch 150 TL (zeitgenössisches Foto).

Sosehr die Vorzüge der neuen 125 SL gepriesen wurden, als Zweivergaser-Sportmaschine hatte sie jedoch keinesfalls jene Alltagstauglichkeit und Unverwüstlichkeit, die das Publikum von den 125 T- und TT-Modellen gewohnt war. Daher dauerte es nahezu von Jänner bis November 1951, bis der „Tourenmotor“ der 150 TL mit Vierganggetriebe serienreif fertig entwickelt worden war.

Und dazu folgte die 125 TL – ebenfalls mit einem Einvergasermotor mit 125 cm³ ausgestattet. Diesen Kleinkraftradführerschein – abgeleitet aus dem „alten“ Wehrmachtsführerschein bis 125 cm³ – gab es ja noch zu Tausenden, daher kann die 125 TL als die legitime Nachfolgerin der 125 T und TT bezeichnet werden. Bohrung 2 x 38 mm, Hub 55 mm (wie 125 SL), Leistung 6 PS bei 5.000/min. Allerdings war im Jahr 1953 der Preis von 7.970,– S exakt gleich mit dem der 150 TL. Zu Recht, wie ein weiterer Artikel von „Motorrad“ (Heft 29 vom 18. Juli 1953) beschreibt:

Über die TL 125 viele Worte zu verlieren, hieße Eulen nach Athen tragen … sie hat nicht nur dieselben Getriebeabstufungen und Gesamtübersetzungen, das gleiche Fahrwerk und

Die oberösterreichische Hauptstadt war offensichtlich ein gutes Pflaster für die Puch 150 TL. Hier ein weiteres zeitgenössisches Foto aus den 1950er-Jahren aus Linz.

die gleichen Bremsen, sondern auch die gleiche Ausstattung … Nach Frankreich wird sie fleißig exportiert, dort hat sie zum Unterschied von der TL 150 ein gelbes Gewand, so dass man sie sofort erkennt.

Doch bei den „Hochbeinigen mit der glatten Fassade" war nunmehr die 150 TL der unbestrittene Favorit und auch der Testbericht vom 7. Dezember 1951 geht noch einmal auf die meistverkaufte L-Serienmaschine, die 150 TL, ein. „Das Motorrad" schrieb: *Warum ausgerechnet 150 cm^3? Die TL soll doch wirklich ein Tourenmodell sein und bleiben. Und wenn man so ein Ding davor bewahren will, sportlich mißbraucht zu werden, muß man eben einen „unmöglichen Hubraum" wählen.*

Nun, das war immerhin eine gute Erklärung. Aber die Wahrheit lag doch tiefer. Wie gesagt, gab es nach der Führerschein-Kategorisierung der Zweiten Republik keine Unterteilung des Motorradführerscheines mehr. Und mit der bewusst „tourig" ausgelegten und knapp 90 km/h schnellen 150 TL wollte Puch den Gesetzgeber dazu animieren, eine neue „Kleinkraftradklasse" zu schaffen. Diesen Bemühungen war aber kein Erfolg beschieden. Somit hatten die Nachfolgemodelle SV und SVS eben wieder 125 und 175 cm^3 Hubraum.

Am 7. Dezember 1951 beschäftigte sich das „Motorrad" noch einmal ausführlich mit der Puch 150 TL.

Puch 150 TL, die robuste Tourenmaschine mit dem Musger'schen Schalenrahmen und 19"-Rädern.

Doch was steht in diesem großen Testbericht über den neuen Verkaufsschlager Puch 150 TL noch:

Der Motor der TL (Touren Luxus) mit einem Hubraum von 150 cm³ ist keineswegs bloß ein aufgebohrter 125er, sondern er erfuhr in Bohrung und Hub eine entsprechende Vergrößerung auf 40 bzw. 59,6 mm. Das Verdichtungsverhältnis ist ebenfalls mit 1:6,5 gewählt und die Leistung kommt bei 5.000 Umdrehungen pro Minute auf 6,5 PS. Das entspricht einer Literleistung von 43,3 PS, die einen guten tourenmäßigen Wert in dieser Größenklasse darstellt.

Besonders erwähnt wird dann noch die Unterbringung des Signalhorns, welches unter dem Gabelquerjoch und dem mit einer Mulde versehenen Scheinwerfergehäuse platziert ist. Ebenso wird auf das im Sporteinsatz entwickelte Vierganggetriebe hingewiesen, welches eine harte Sporterprobung hinter sich hat. Auch der Antrieb des Hinterrades mit einer staub- und schmutzwassergeschützten Kette in einem geschlossenen Kettenkasten wird lobend erwähnt.

Allerdings kam es im Praxisbetrieb immer wieder trotz korrekter Kettenspannung zu scheppernder Kette, weil die Platzverhältnisse doch sehr beengt waren. Der Tester – ein Praktiker der alten Schule – schuf Abhilfe dadurch, indem er an den abgescheuerten Schlagstellen robuste Chromlederflecke aufklebte …

Der Kurzbericht über die 150 TL in Heft 29 vom 18. Juli 1953 besagt u. a.:
Die TL 150 ist mit der Zeit reifer geworden, die Serienfertigungsmethoden sind für dieses Modell auf einen Standard gebracht worden, der die Serienschwankungen stark reduziert. Obwohl sie nun 8,3 PS bei 5.900/min, eine Verdichtung von 6,5 und 1,2 mkg bei 3.500 Maximaldrehmoment leistet, ist sie nicht mehr typisiert worden, denn sie hat bereits ihr Todesurteil bekommen. Im Herbst wird die Serienfertigung der 150 TL aufgegeben.

Abschließend sei hier noch ein weiteres Modell der SL-Baureihe, die 175 SL, erwähnt. Dabei handelte es sich um eine reine Werkserprobung, die niemals in den Verkauf kam. Die Maschine wird in Wort und Bild anlässlich der Alpenfahrt 1952 im „Motorrad“, Heft 26 vom 28. Juni 1952, vorgestellt, gefahren von den Werksfahrern Cmyral und Fussi. Das Foto zeigt bereits in Grundzügen den neuen 175er-Motor, so wie er dann mit dem 16"-Fahrgestell als Puch 175 SVS in den Handel kam. Hier im Sporteinsatz allerdings mit extra Öltank und automatischer Frischölpumpe.

Oben: Die Puch 175 SL, eine vergrößerte 125 SL mit Frischölschmierung. Die Maschine ging so nie in Serie, es handelte sich um ein reines Sportmodell für den Puch-Werkseinsatz.
Unten: Stillleben in den 1950er-Jahren: Im Vordergrund eine Puch 150 TL, dahinter eine Puch 250 SG.

Puch 150 TL, 125 TL, 125 SL (Schalenrahmen L-Baureihe), Baujahre 1951–1953

Motor, Typ: Puch-Doppelkolben-Zweitaktmotor, luftgekühlt, senkrecht stehend, leicht nach vorne geneigt, Kurbelwellenachse quer zur Fahrtrichtung, Längsläufer

Zylinderzahl: 1

Arbeitsweise: Doppelkolben, Hauptpleuel mit angelenktem Hilfspleuel, asymmetrisches Steuerdiagramm

Bohrung/Hub: 150 TL: zweimal 40 mm/59,6 mm; 125 TL: zweimal 38 mm/55 mm; 125 SL: zweimal 38 mm/55 mm

Hubraum: 150 TL: 150 cm^3; 125 TL: 125 cm^3; 125 SL: 125 cm^3

Verdichtung: 150 TL: 6,5:1; 125 TL: 6,5:1; 125 SL: 6,5:1

Leistung: 150 TL: 6,5 PS bei 5.000 U/min; ab Modell 1953 8,3 PS bei 5.900 U/min; 125 TL: 5,4 PS bei 5.000 U/min; ab Modell 1953 6 PS bei 5.200 U/min; 125 SL: 7,5 PS bei 5.500 U/min

Zündanlage: Puch-Gleichstrommaschine, spannungsregelnd, 6 Volt, 25/35 Watt. Akkumulator: 7 Ah

Vorzündung: fix eingestellt; dazu Fixierung der Schwungscheibe über das Kontrollloch am Kurbelgehäuse mittels Stahlstift 3 mm Ø und 100 mm Länge. Der Einstellschlitz der Schwungscheibe muss mittels des Stiftes fixiert werden, dann Unterbrechernocken auf Öffnen stellen. Kontaktabstand 0,4 mm

Zündkerze: Bosch W 225 T1

Motorschmierung: Gemischschmierung Benzin/Öl 25:1

Vergaser, 125/150 TL: ein Puch-Vergaser mit Nadeldüse P 18/2 mit 18 mm Ø, Hauptdüse Nr. 90, Schwimmernadel 1. Raste von oben, Düsennadel 2. oder 3. Raste von oben, Nassluftfilter mit Startscheibe

Vergaser, 125 SL: zwei Puch-Vergaser mit Nadeldüse P 18/2 mit 18 mm Ø, Einstellung und Betätigung wie beim Modell 125 TS

Sonstige Motormerkmale: Graugusszylinder, Leichtmetallzylinderkopf

Kraftübertragung: Primärantrieb Motor – Getriebe mittels Zahnrädern und Kette, Einfach-Hülsenkette A 9,5 x 9,5 Din 72332, 50 Hülsen, vollgekapselt im Ölbad laufend; 17:42 Zähne, i = 2,47; Sekundärübersetzung Getriebe – Hinterrad – Rollenkette 12,7 x 7,8 DIN 73232, 13:45 Zähne; i = 3,46, Viergang-Fußschaltung

Getriebe: Gesamtübersetzung (alle Modelle): 1. Gang: 1:25,5; 2. Gang: 1:14,6; 3. Gang: 1:10; 4. Gang: 1:7,6

Kupplung: Mehrscheibenkupplung im Ölbad laufend.

Fahrgestell, Rahmen: torsionssteifer Schalenrahmen aus Blechpressteilen in zwei Hälften zusammengeschweißt

Gabel, Federung: Vorderradgabel Teleskopgabel, hydraulisch gedämpft. Hinterradschwinge aus Blechpressteilen mit integriertem Kettenkasten, zwei hydraulisch gedämpfte Federbeine

Räder: Drahtspeichenräder 36 Loch für Bereifung 3,00 x 19"

Bremsen: Innenbackenbremsen, Trommeldurchmesser 160 mm, Belagbreite 20 mm

Maße und Gewichte: Länge/Breite/Höhe: 1.970/685/950 mm, Radstand: 1.285 mm, Bodenfreiheit: 135 mm, Sattelhöhe: 730 mm, Gewicht: 96 kg, Verbrauch: 125/150 TL ca. 2,5 l/100 km; 125 SL 2,7 l/100 km, Tankinhalt: 10 l, Höchstgeschwindigkeiten: 125 TL ca. 75 km/h, 150 TL ca. 82 km/h, 125 SL ca. 90 km/h

Bau- und Erkennungsmerkmale:
Type 125 TL und 150 TL:
125 TL 1951–1953, Motor-Nummern 500.001–502.433, Produktion 2.430 Stück
150 TL 1951–1953, Motor-Nummern 400.001–422.610, Produktion 22.610 Stück

- Lackierung blau
- Tank mit verchromten Seitenteilen, weiß-goldenen Zierlinien als Abgrenzung zur Lackierung; frühe Modelle mit Aufschrift, später geprägtes Puch-Wappen in den Seitenteilen
- Felgen lackiert, weiß beschnitten
- Zündschloss und Tachometer im Scheinwerfergehäuse, ebenso Licht-Hauptschalter und Ladekontrollleuchte. Lichtaustrittsöffnung 130 mm Ø
- verchromt sind: Auspuffkrümmer, Lenker, Steckachsen, hintere Federbeine, Gleitstück der Teleskopgabel, Speichen; bei den frühen Modellen auch die Auspufftöpfe (später schwarz lackiert)
- Fahrersattel ausgebildet als Schwingsattel mit zwei einstellbaren Zugfedern unter dem Tank, profilierte Stahlplatte als Sattelträger, weiche Gummidecke auf Schaumstoff aufgezogen
- Gepäckträger oder Soziussitz nur gegen gesonderte Bestellung

Type 125 SL: (Abweichungen gegenüber TL)
1951–1953, Motor-Nummern 460.001–463.430, Produktion 3.430 Stück

- Lackierung rot, Tankzierlinien gold
- verchromte Felgen

Die Puch-Rollermodelle – Vom „Grünen Heinrich“ zum „Straßenkreuzer“: Modelle R 125, RL 125, RLA 125, LARO 125, SR und SRA 125 und 150

Bereits zu Anfang des Jahres 1950 begannen bei Puch die Vorarbeiten für eine völlig neue Fahrzeugart, die es bislang in diesem traditionsreichen Haus noch nicht, ja nicht einmal annähernd, im Programm gegeben hatte: den Roller. Dieses neue Vehikel war ein typisches Nachkriegskind, trotz etlicher Vorläufer in der Zwischenkriegszeit. So sei beispielsweise auf das Sesselmotorrad von Lomos, Golem oder DKW, auf den Motorläufer von Krupp, die amerikanisch/englische Ner-A-Car oder die Megola verwiesen. Alle diese Maschinen blieben Exoten und Eintagsfliegen, es bestand für diese Vehikel mit freiem Durchstieg zu wenig Nachfrage.

Werksprospekt 1952.

Ausgehend von Italien war die Nachfrage nach diesem neuen Fahrzeug gewaltig, nahezu jede renommierte Motorradfabrik griff die Rolleridee – natürlich mit eigenen Variationen – auf. So beispielsweise Lambretta in Italien, BSA und Velocette in Großbritannien, NSU, Goggomobil, Heinkel, Maico und DKW in Deutschland sowie eine Reihe von kleineren und größeren Firmen in Österreich. 1952 war der Rollermarkt schon gut besetzt, vor allem durch Lohner, jener österreichischen Traditionsfabrik aus Wien, die bereits um die Jahrhundertwende als Automobilerzeuger und danach als Flugzeugfabrik Furore gemacht hatte und auf über hundert Jahre Existenz aus ihren Anfängen als „k.u.k. Hofwagenfabrik“ zurückblicken konnte.

Prototyp des R 125 (links), Werksprospekt, März 1954 (oben).

Prototyp des R 125 mit Armaturenkonsole.

Natürlich waren die Erwartungen über den neuen Puch-Roller entsprechend hoch gespannt, die Gerüchteküche brodelte. Die Puch-Werke verstanden es ja meisterhaft, ihre Neuvorstellungen „kleinweise" unters Volk sickern zu lassen. So stellten vife Zeitungsreporter „gezielt" sogar Dir. Rösche auf dem neuen Roller bei einer Fahrt übers „Gaberl" dar, jener Strecke in den steirischen Alpen, wo es keine befestigte Straßendecke, dafür aber Steigungen bis 23% gab. Der eigentliche „Vater" des Puch-Rollers war aber Ing. Walter Kuttler.

Neue Käuferschichten für den Roller waren nahezu unerschöpflich und brachten den Puch-Werken eine Klientel, die zumeist nicht das Geringste mit Motorrad oder gar Technik im Sinne hatte. Sportliche Attribute waren nicht gefragt, einfachste Bedienung, hoher Fahrkomfort und bestmöglicher Witterungsschutz waren Trumpf.

Die technischen Lösungen des Puch-Rollers waren aber auch ungewöhnlich und gegenüber der direkten Konkurrenz ein großer Fortschritt. Motorseitig wurden entgegen der hauseigenen Konstruktionsphilosophie des Zweitakters neue Wege beschritten. Seit der Puch-„Styriette" wurde erstmals wieder ein Einkolben-Zweitakter gebaut, und zwar in Form der Flachkolbenbauweise mit Gebläsekühlung. Diese Kühlung wurde von der Werbeabteilung des Werkes als „Turbokühlung" angepriesen. Damit war der Puch-Roller für Alpenfahrten auch auf langen Steigungen ohne Kühlpausen einsatzbereit. Motorradtechnologie offenbarte sich in den großen 12"-Rädern mit Steckachsen sowie in der langhubigen Teleskopgabel, die nach denselben Bauprinzipien gestaltet war wie die der TL-Baureihe. Die Hinterradschwinge wurde – auch nach heutigen Begriffen hochmodern – mittels zweier horizontal gelagerter Druck-Schraubenfedern abgefedert.

Werksprospekte 1953. Interessant ist die grafische Auflösung des Deckblattes als Zeichnung.

Montage des Puch-Rollers im Jahr 1954.

Das „Motorrad“ vom 1. März 1952 kündigte den neuen Puch-Roller an.

Das „Motorrad“ merkte im Heft 9 vom 1. März 1952 zur Neuerscheinung an:
Da gab es eine Sperrfrist per 1. März 1952 und die Zusage, daß das „Motorrad“ natürlich als erstes die endgültigen Unterlagen in die Hand bekommen würde. Der Einkolbenzweitakter ist einfach und billig, man hat ihn wohlweislich elastisch gehalten und die Leistung nicht zu hoch getrieben. Nur (!) 4,2 PS trotz einer Verdichtung von 6,5:1 und trotz der Nenndrehzahl von 5.100 U/min., da hat man gedacht und auch die Wirtschaftlichkeit ein Wörtchen mitreden lassen. Puch R ist der Turbojäger der Steiermark, denn wenn er auch noch nicht fliegen kann, so sorgt immerhin ein Turbogebläse für eine Kühlung, die von der Fahrgeschwindigkeit unabhängig ist und sich nur nach der Motordrehzahl richtet. Und dieser Punkt scheint uns – nach den Rollererfahrungen der letzten Jahre – der Punkt aller Punkte zu sein … denn der Puchling ist fürs Motorwandern über Bergstraßen besser geeignet als die üblichen kleinen Maschinen. Es gibt keine Kühlpausen mehr! Als maximale Bergleistung werden 35% und bei zwei Personen Belastung 23% angegeben.

Kritisch wird lediglich die Preispolitik von Puch angeführt. Denn der R-Roller – wie die Grundausstattung genannt wurde – hatte keinen Soziussitz, ebenso fehlten Tachometer und Reserverad. Diese gab es nur in der RL(Roller „Luxus“)-Version gegen Aufpreis. Die erste Serie des Puch-Rollers wurde in Hellblau wie die Puch 150 TL ausgeliefert, es folgte jedoch die berühmte grüne Lackierung, was dem karossierten Puch-Neuling prompt den Spitznamen „Grüner Heinrich“ – so benannt nach den grünen Polizei-Arrestantenwagen – bzw. „Laubfrosch“ eintrug.
Im Herbst 1952 folgte im „Motorrad“ (Heft 44 und 45) der erste Fahrbericht, und der lobte vor allem die gute, weit vorne angebrachte Sitzposition des Fahrers, den gut gefederten Soziussattel sowie die gute Zugänglichkeit der Aggregate infolge der aufklappbaren Motorhaube. Als sensationell gut wurde die Straßenlage sowohl bei Geröll und Schlamm als auch auf Asphalt bezeichnet. Fazit:
Der R 125 ist der gegen Seitenwind unempfindlichste Roller, den wir bisher in der Hand hatten, und: *Das Um-die-Ecke-Wackeln der meisten anderen Roller gibt es nicht.*

Im Jahr 1953, als die erste Serie der Puch-Roller vom Band lief, stellte sich sehr schnell heraus, dass die Grundausführung kaum gefragt ist und dass bei einem Basispreis von 8.460,– Schilling die meisten Kunden zur gehobenen Ausstattung griffen. Dipl.-Ing. Kordik beschäftigte sich in der März-Nummer 1953 der österreichischen Fachzeitschrift „Austro-Motor“ besonders mit dem Triebwerk des Puch-Rollers:
Vor allem ist sein günstiges Drehmomentverhalten hervorzuheben und überdies der Umstand, daß die Leistungskurve im Bereich zwischen 4.000 und 6.000 U/min bemerkenswert flach verläuft. Das Maximaldrehmoment von 0,795 kgm wird bei 4.000 U/min erreicht (4,45 PS), der Puch-Roller erreicht also ein besseres Drehmoment als der Motor der DKW RT 125, der ein Höchstdrehmoment von 0,72 kgm bei 3.700 U/min erzielte (Höchstleistung 4,75 PS). Dieser Motor ist inzwischen durch die neue 5,0 PS-Type ersetzt worden. Bei 3.700 U/min erreicht der Puch-Rollermotor noch 0,775 kgm Drehmoment (4 PS) und bei 2.000 U/min kommt er immerhin noch auf 0,645 kgm (1, 8 PS)! Alles Werte, auf die ein Motorradmotor stolz sein könnte!

Auf den neuen Puch-Roller wurde mit Prioritätsdatum vom 5. Jänner 1952 mit Anmeldenummer DE1952ST005340 das Patent auf einen „Motorroller mit einem Rohrrahmen" für die Steyr-Daimler-Puch AG erteilt, als Erfinder werden Ing. Wilhelm Rösche und Walter Kuttler genannt.

Ein Testbericht im „Motorrad", Heft 19 vom 9. Mai 1953, über den RL 125 mit Felber-Beiwagen merkt u.a. Folgendes an:
Die Nachfrage nach dem „österreichischen Auto des kleinen Mannes" ist so groß, wie ich es noch bei keinem Fahrzeugtyp kennen gelernt habe… Der Puch-Roller und seine Konstruktion sind, und das wird wohl keiner bestreiten können, bahnbrechend geworden. Die Synthese zwischen Motorrad-Fahreigenschaften und Roller-Vorzügen ist geglückt.
Dann wird noch die gute Zugänglichkeit der Mechanik nach Abheben der Motorhaube

„Motorrad" vom 9. Mai 1953. Puch-Roller, schwer beladen.

Puch-Roller 1952 mit Lampenverkleidung ohne Tachometeraufnahme.

Mit dem neuen Roller erschloss sich Puch auch völlig neue Käuferschichten, die mit dem Motorrad nichts im Sinne hatten. So u.a. Leute, denen das Geld zum Kleinwagen fehlte, und Frauen, denen es in erster Linie um ein bequemes und vor Straßenschmutz schützendes Fahrzeug ging.

sowie der geschlossene Kettenkasten gelobt, ebenso die Getriebeübersetzung der drei Gänge. Und als Vorzug wird ihm auch die Durchzugsfähigkeit am Berg angerechnet. Für den Beiwagenbetrieb musste ein eher kompliziertes Rohrsystem gebaut werden. Und zur Erzielung einer brauchbaren Beschleunigung wurde ein 11er-Ritzel aufgezogen. Dennoch: die Höchstgeschwindigkeit betrug mit zwei Personen besetzt 62 km/h, im Dreipersonenbetrieb 57 km/h … schon damals ein echtes Verkehrshindernis. Allerdings für heutige Sammler eine durchaus interessante Variante.

1954 erfolgten das erste „Facelifting" des Puch-Rollers und die Änderung der Lackierung in ein elegantes Beige-Braun. Im Werksprospekt von 1954 wurden als weitere verfügbare Farben Grün, Blau und Rot angegeben. Optisch hervorstechend waren vor allem die seitlichen Chromleisten an der Haube sowie der Chrombügel am vorderen Kotflügel.

Auch die neuen chromunterlegten Gummileisten des Fußbretts werteten den Roller optisch auf. Technisch gab es Verbesserungen an den Gabelholmen (abschraubbare Gleitrohrverschlüsse), Steckachse vorne, Kurbelwellenlagerung auf zwei Schulterrollenlagern.
Die nächste Neuerung kam im Sommer 1955, „Motorrad", Heft 31 vom 30. Juli 1955, berichtete unter dem Titel „Puch Roller Novitäten": *Die auffallendsten Änderungen an der Karosserie weist die Motorhaube auf, sie hat links und rechts unter dem Fahrersattel nun zwei kleine Ausbuchtungen mit je drei Langschlitzen. Diese Ausbauchungen sind durch den Einbau des Anlassers notwendig geworden… Der rechte Karosseriedeckel ist nicht nur größer geworden, sondern weist darüber hinaus zwei Ent- bzw. Belüftungshutzen auf. Im Übrigen ist der Deckel mit Schraubverschluss versperrbar. Dahinter befinden sich die beiden 6V/11 Ah Batterien, die in Serie geschaltet sind.*

Das „Motorrad" vom 30. Juli 1955 feiert den Elektrostarter des Puch-Rollers.

Das neue Modell des Puch-Rollers RL 125 von 1954 (zeitgenössisches Alltagsfoto).

Badeausflug 1957 mit dem RL 125.

Links und unten: Mit dem Puch-Roller 1953 am Großglockner. Diese zeitgenössischen Bilder zeigen die Leistungsfähigkeit des kleinen Rollers mit 121 cm³ und 4,5 PS! Jeweils mit „Gepäck ohne Ende" und zwei Personen.

Frau Racz aus Wien auf einem RL 125, Modell 1954, Aufnahme 1959.

Beim Elektrostarter handelt es sich um die 12V/60W-Type, den kombinierten Lichtanlasszünder von Bosch, der die Nennleistung bei 1.500 U/min erreicht und den Motor mit max. 0,15 PS durchdreht. Die Batteriezündung, die mit diesem kombinierten Lichtanlasszündgerät zusammenarbeitet, hat automatische Zündverstellung mittels Fliehgewichten.
Infolge der erhöhten Leistungsfähigkeit der Elektroanlage ist auch die Verwendungsmöglichkeit einer stärkeren Scheinwerferlampe gegeben (12V 35/35 W). Weitere wesentliche Bestandteile des Anlasserrollers sind nun Zündschloss, Ladekontrolllampe und Fuß-Startschalter links von der Motorhaube. Das Zündschloss befindet sich rechts unter dem Tacho, dort wo früher der Lichtschalter angebracht worden war.
Weitere Neuerungen:

- kein Choker mehr, sondern Sauggeräuschdämpfer und Startschieber
- Ladekontrolllampe hinter dem Tacho
- überlanger Schaltgriff
- Umstellung auf 12V-Gleichstromanlage
- stärkeres 12V-Horn
- neue Kühlluft-Ableitungshutze
- Hinterradbremse mit Bowdenzug
- kürzere Saugrohrlänge – mehr Motortemperament
- Antriebsstoßdämpfer auf der Kurbelwelle
- leisere Auspuffanlage durch Schallschluckpackung um das Endrohr
- erleichterte Kupplungsbetätigung, leichtere Schaltung

Ausfahrt des 1. Wiener Motorrollervereins. Im Hintergrund ist eine „gelbe“ Puch 250 TF zu sehen.

Der Puch-Roller RL kostete 1956 7.800,– S, das Anlassermodell RLA 8.750,– S. In der Modellvorstellung aller in Österreich angebotenen Roller („Motorrad“, Heft 11 vom 17. März 1956) wurde angemerkt:
Der österreichische Standard-Roller der Firma Puch hat sich im Laufe der Zeit sehr zu seinem Vorteil herausgemausert. Wir erinnern nur an den neuen Antriebsstoßdämpfer, an den Ansauggeräuschdämpfer, an den neuen Tiefpassfilter. Der letzte Streich sozusagen war der elektrische Anlasser und damit die Umstellung der ganzen Elektrik auf eine Gleichstromanlage.

Der Puch-Lastenroller Laro 125

1955 erblickte ein exotisches Fahrzeug auf Basis des RL 125 das Licht der Welt, der Laro 125. Das Hinterteil war identisch mit dem zweirädrigen RL 125, das Einrohrchassis des RL 125 wurde mit einem Zentralrohr mit Plattformstützen zwecks Aufbau eines serienmäßigen Ladekastens versehen. Die Vorderachse wurde vom Fiat-Topolino genommen, die Lenkung erfolgte über eine Lenkstange. Die Vorderräder waren öldruckgebremst. Gebaut wurden von 1955 bis 1958 lediglich 238 Exemplare dieses kleinen Nutzfahrzeugs, das „für Handel und Gewerbe“ gedacht war.
Der LARO war der letzte authentische Nachfolger der in der Zwischenkriegszeit bei Kleingewerbetreibenden so beliebten Lastendreiräder „Monos“ bzw. „Krauseco“.

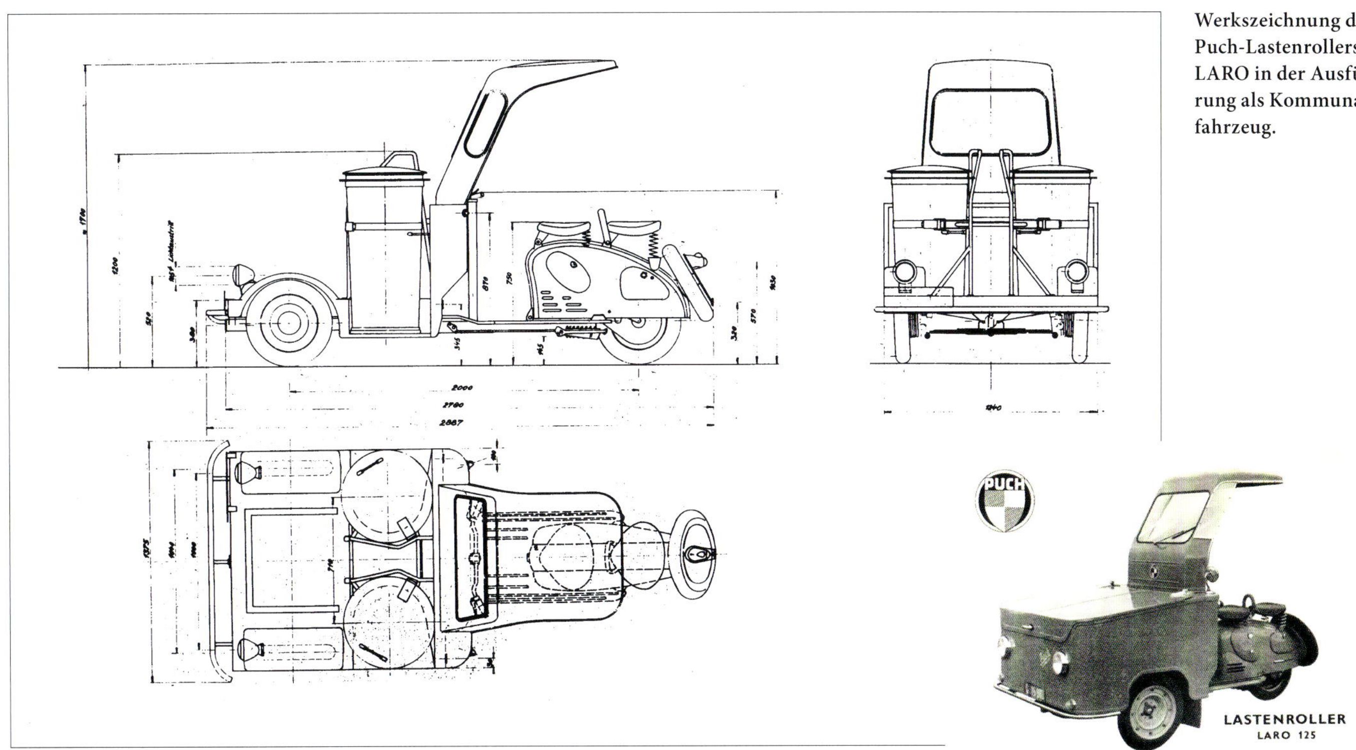

Werkszeichnung des Puch-Lastenrollers LARO in der Ausführung als Kommunalfahrzeug.

PUCH-LASTENROLLER

Rasch liefern zu können, ist eine Forderung, die heute mehr denn je an Handel und Gewerbe gestellt wird. Nicht immer jedoch lohnen sich die Kosten eines Lieferwagens oder Lastkraftwagens. Diese stark fühlbare Lücke schließt Puch-LARO125 nicht nur völlig, sondern bietet darüber hinaus noch Eigenschaften, die der bekannten Tradition der Puch-Werke würdig sind.
200 kg Waren finden in dem geräumigen Laderaum Platz. Eine weiche Federung sorgt gerade bei empfindlichen Gütern für beschädigungsfreien Transport. Der Fahrer selbst findet durch ein breites Wetterverdeck weitgehenden Schutz gegen Wind und Regen. Die sorgfältige Ausgestaltung mit technischen Einzelheiten entspricht den Erwartungen, die man an ein Puch-Erzeugnis stellt:

Dynastarter, Öldruck- und Feststellbremse sowie Scheibenwischer und Fußschaltung erleichtern das Fahren und verbürgen höchste Sicherheit. Der Einschlag der Lenkung ist weit genug, um im

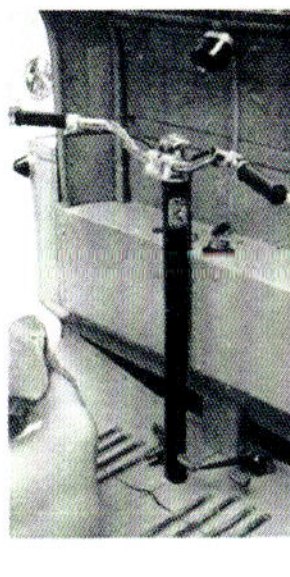

dichtesten Verkehr genügend Wendigkeit zu behalten.
Und noch etwas: Puch-LARO 125 ist mit dem vieltausendfach bewährten Puch-Roller-Motor ausgestattet. Die beste Gewähr, daß auch das jüngste Kind der Puch-Familie rasch seine zufriedenen Freunde finden wird.

Oben und links: LARO-Werksprospekte 1955.

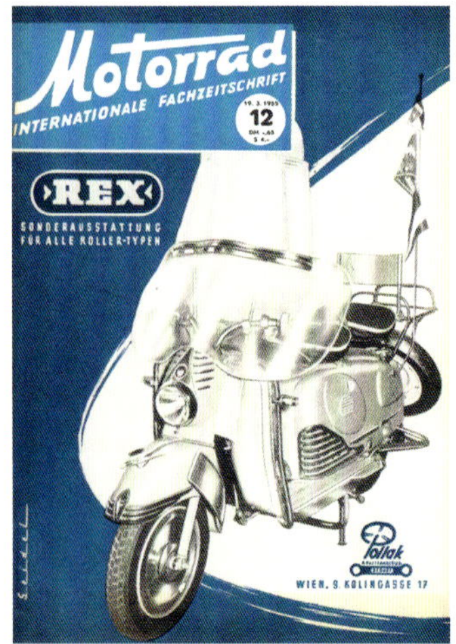

„Motorrad“, 19. März 1955: Viel Zubehör für den Puch-Roller.

„Motorrad“, 11. Februar 1956: Das neue RL 125-Modell ist da und wird liebevoll gehätschelt.

Wenige Wochen nach der LARO-Präsentation wurde der neue RLA-Roller mit 12 V / 60 W-Bosch-Lichtanlasszünder vorgestellt.

Der Roller als Fahrzeugkategorie erlebte 1952 bis 1956 einen richtigen Boom. Er war, vor allem in der Stadt, zum Fahrzeug des „kleinen Mannes“ geworden. In Österreich waren Ende 1952 knapp über 4.000 Motorroller zugelassen worden. 1953 wurden jedoch 13.000 Roller zugelassen, davon alleine rund 10.000 Puch-Roller. Der RL (Roller „Luxus“) wurde 1954 auf 7.800,– S verbilligt und war damit gegenüber seinem direkten Konkurrenten, dem Lohner L 125, um exakt 680,– S billiger. Bis 1957, dem Jahr des Wechsels zu den SR-Modellen, wurden rund 50.000 Puch-Roller verkauft. Sogar das Handbuch „Puch-Roller Typ RL 125 und RLA 125 – Beschreibung, Betrieb, Instandhaltung“, 14. Auflage vom Frühjahr 1957, freute sich noch über die im ersten Vollverkaufsjahr verkauften 10.000 Exemplare und wies stolz darauf hin, dass diese *„in den Händen ebenso vieler zufriedener Benützer davon Zeugnis geben, daß auch dieser neue Fahrzeugtyp wohl in der Lage ist, sich vollwertig den bekannten Erzeugnissen unseres Hauses zur Seite zu stellen“.*

Auch auf den Exportmärkten hatte sich der RL seinen fixen Platz erkämpft. Die Umfrage einer französischen Fachzeitschrift beispielsweise ergab Spitzenwerte für das Fahrwerk und die Bremsen sowie die Robustheit des Motors und das Finish, weniger gut schnitt er beim Geräusch („fahrender Betonmischer“) und bei der Beleuchtung ab. Dennoch waren die Tage des RL gezählt, das komplett neue Modell SR (Schwinge-Roller) (A) wurde Ende 1957 präsentiert.

Die Wirkung des neuen Puch-Rollers der Baureihe SR war im Vergleich zum RL wie die eines eleganten Schwanes zum hässlichen Entlein. Und obwohl sehr viele Teile des RL in unveränderter oder leicht modifizierter Fassung in der SR-Serie Verwendung fanden, wirkte die SR-Serie wie eine komplette Neuschöpfung. Nicht zuletzt wirkten dazu die neuen zweifärbigen Lackierungen (Beige, Blau, Rot, Grau) wie ein Jungbrunnen.

In Heft 37 vom 1. Dezember 1957 wird er auf der Titelseite angekündigt: „Da ist er, der neue Puch-Roller SR 150 SRA 150“. Im Text der Modellvorstellung werden auch die beiden SR 125- und SRA 125-Modelle erwähnt.
Fast sechs Jahre ist es her, eine Zeit, in welcher der Puch-Roller den vielleicht bisher größten Beitrag zur Motorisierung Österreichs geleistet hat. Der Roller hat natürlich jene Schichten der Bevölkerung erobert, die ein Motorrad aus bestimmten Gründen ablehnen, die sich aber ein Dach über dem Kopf nicht leisten können.

Links: „Motorrad“, 11. August 1956: Die abenteuerlustige „Motormaid“ Irmgard Amsler ziert zwar mit ihrem Puch-Roller auf großer Indien-Fahrt das Titelblatt der Zeitschrift, für einen Bericht im Blattinneren hat es jedoch nicht gereicht.

Im Herbst d.J. ist der Entwicklungsprozess des Puch-Rollers an einem entscheidenden Punkt angelangt. Was das Aussehen betrifft, so hat man dem Nachfolgemodell des RL 125 jenen flotten Schwung gegeben, der dem RL noch gefehlt hat. Abgesehen von den technischen Neuerungen bekam der neue SR jene modischen Zutaten wie Sitzbank (auf Wunsch), verkleideten Lenker usw., die heute zum guten Roller gehören.

„Motorrad", 1. Dezember 1957. In diesem Jahr lösten die neuen SR-Roller-Modelle den alten RL ab.

Die wichtigsten technischen Neuerungen waren die geschobene Langarmschwinge mit komplett geänderter Optik der Vorderhand und der Schürze samt Übergang in die Fußbretter, Totalverkleidung der Bowdenzüge, symmetrische Anordnung der Armaturen, Absperrschloss hinter der vorderen Schürze neben dem Gepäckhaken, Schutzschildeinfassung mit Chromleiste, Luftpumpe hinter dem Schutzschild, Schaltung der Gänge über einen doppelten Bowdenzug (später Fußschaltung), die Hinterradfederung erhielt einen hydraulischen Stoßdämpfer. Der Bremstrommeldurchmesser wuchs von 125 (RL) auf 160 mm, der Scheinwerferlichtaustritt von 105 auf 130 mm. Das Heck des SR-Rollers war stromlinienförmig und nicht mehr für die Anbringung des Reserverades vorgesehen. Diese Reserveradaufnahme musste man gegen Aufpreis bestellen. Die SR-Modelle gab es weiterhin auch mit Kickstarter.

Im Jahr 1963 wurden am Puch SR 125 und 150 folgende Detailverbesserungen bis zum Auslaufen der Serie ausgeführt, welche auch von der Zeitschrift „Austro-Motor" in Heft 3/1963 wie folgt gewürdigt wurden:
Der Puch-Roller gehört in Österreich nach wie vor zu den beliebtesten Zweirad-Fahrzeugen. Für 1963 wird eine Reihe von Detailverbesserungen geliefert. Verbesserungen, die – bei gleichem Preis – weiterhin zur Erhöhung des Fahrkomforts und der Fahrsicherheit beitragen.

- der Motor ist nunmehr elastisch schwingend in Gummiblöcken aufgehängt;
- die Antriebskette wird nun nicht mehr durch Verschieben des Motors gespannt, sondern einfach durch Verstellen des Hinterrades;
- die Motorleistung des SR 150 wurde auf 6,5 PS bei 5.500 U/min erhöht, wodurch er nunmehr eine Höchstgeschwindigkeit von 85 km/h und voll besetzt eine maximale Steigfähigkeit von 38 Prozent erreicht;
- Benzinhahn nach Öffnung des linken Haubendeckels leicht zugänglich;
- weitere Dämpfung des Ansauggeräusches durch eine weitere Vorkammer zwischen dem bisherigen Ansauggeräuschdämpfer und dem Deckel.

Die Sitzbank gab es nur gegen Aufpreis, ebenso war das Reserverad nun wiederum als Extra zu bezahlen. SR 125 und 150 kosteten 8.500,– S, für die SRA-Ausführung musste man, unabhängig vom Hubraum, 9.450,– S zahlen. Im Jahr 1960 musste man für den SR 9.190,– S bzw. für die Anlasserversion 10.240,– S berappen. Doch trotz laufender Detailverbesserungen wurde der Verkauf immer schwächer, der Kleinwagen begann die Käuferschichten vom Roller und vom Motorrad abzuziehen. Die letzten SR-Modelle wurden 1963 ausgeliefert.
In den USA wurde der SR 150 als „Motor Scooter 150 cc VENUS" von der „Berliner Motor Corporation" vertrieben.

Puch-Roller R/RL/RLA/LARO 125, SR/SRA 125, SR/SRA 150, Baujahre 1952–1968
Motor, Typ: Puch-Einkolben-Zweitaktmotor mit Umkehrspülung und Gebläsekühlung
Zylinderanzahl: 1
Arbeitsweise: einfacher Flachkolbenmotor mit Umkehrspülung, symmetrisches Steuerdiagramm
Bohrung/Hub: 52 mm / 57 mm bzw. 57 mm / 57 mm
Hubraum: 121 cm³ bzw. 147 cm³
Verdichtung: 6,5:1 bzw. 6,5:1
Leistung: 4,5 PS bei 5.100 U/min (bis 1953) R, RL 125; 5,1 PS bei 5.000–5.300 U/min (ab 1953) RL(A) SR(A) 125; 6,0 PS bei 5.500 U/min SR(A) 150
Zündanlage: R/RL 125 bis 1953: Schwunglichtmagnetzünder, Bosch-Wechselstrommaschine mit Zündspule, 6 Volt, Lichtleistung 17 Watt. Scheinwerfer 105 mm Lichtaustritt, Bilux-Lampe 15/15 Watt, elektrisches Rücklicht, Wechselstromhorn. Bei Luxusausführung RL 125, Gleichstromhorn und zusätzliche Ladespule, Gleichrichter, Akku und Standlicht. Ab 1953 Kickstartermodelle: Bosch-Wechselstrommaschine mit Zündanker, 6 Volt, Lichtleistung 30 Watt. Scheinwerfer RL 105 mm, SR 130 mm Lichtaustritt, Bilux-Lampe 25/25 Watt, elektrisches Rücklicht, Stopplicht, Blinkerrelais (nur SR-Modelle), Gleichrichter, Gleichstromhorn, Akku und Standlicht. Anlassermodelle: Bosch-Schwunglichtanlassbatteriezünder (Gleichstrom) AZ/DJ 1 R 60/12/1500 + 0,15 L 1: 12 V. Scheinwerfer mit Lichtaustritt RLA 105 mm, SRA 130 mm, Bilux-Lampe 12 V, 35/35 Watt, elektrisches Rücklicht, Stopplicht, Horn, Standlicht, Blinkrelais, Batteriezündung. Batterie: zwei Stück 6 V 12 Ah-Batterie hintereinander geschaltet.
Vorzündung: alle Modelle Batteriezündung mit automatischer Zündverstellung, Zündzeitpunkt 4,5 mm vor O.T. bei voll ausgeschwenktem Fliehgewicht
Zündkerze: Bosch W 225 T1 (bei forcierter Fahrweise bis 260 lt. Testberichten im „Motorrad")
Motorschmierung: alle Modelle Kraftstoff-Ölmischung 25:1
Vergaser: Modelle R/RL 125 bis 1953: Puch-Vergaser P 1812, Durchlass 18 mm. Einstellung mit Ansauggeräuschdämpfer: Betätigung durch Drehgriff, Nassluftfilter, Hauptdüse Nr. 85 oder 80 (erste Serie Nr. 75), Nadeldüse Nr. 2, Düsennadel (grün) in 1. Raste von oben geklemmt. Schwimmernadel – falls zwei Rasten vorhanden – in die 2. Raste von oben (unterste Stellung) geklemmt. Einstellung ohne Ansauggeräuschdämpfer: HD 95! **Vergaser alle Modelle mit 125 cm³, ab 1953:** Fischer-Amal 19 EIN2 19 mm Durchlass, mit Nadeldüse. Einstellung mit Ansauggeräuschdämpfer: Betätigung durch Drehgriff, Hauptdüse 100 (Typen RL und RLA), 90 oder 85 (Typen SR und SRA), Nadeldüse 2,64. Düsennadel in die 2. (1.) Raste von oben geklemmt, Schieber 4. Leerlaufdüse 0,35, Leerlaufluftschraube 1½ U.o. Einstellung ohne Ansauggeräuschdämpfer: Hauptdüse 115, alle anderen Werte gleich. **Vergaser SR-Modelle mit 150 cm³:** Einstellung mit Ansauggeräuschdämpfer: Vergaser Fischer-Amal, 19 EIK mit 19 mm Durchlass, mit Nadeldüse. Betätigung durch Drehgriff, Hauptdüse 90 oder 85, Nadeldüse 2,64, Düsennadel in die 2. (1.) Raste von oben geklemmt, Schieber 4. Leerlaufdüse 0,35, Leerlaufluftschraube 11/2 U.o. Vergasereinstellung für Puch-Vergaser wie Type 125. **Vergaser SR-Modelle 125/150 ab 1959:** BING 1/22, Einstellung mit Ansauggeräuschdämpfer, Hauptdüse 90, Nadeldüse 2,64, Düsennadel in die 3. Raste von oben geklemmt, Schieber 3. Leerlaufdüse 50, Leerlaufluftschraube 1½ U.o.
Sonstige Motormerkmale: Graugusszylinder, Leichtmetallzylinderkopf, Leichtmetallgehäuse der Gebläsekühlung
Kraftübertragung: für alle Modelle: Primärübersetzung vom Motor zum Getriebe: Einfach-Hülsenkette im Ölbad laufend. Sekundärübersetzung vom Getriebe zum Hinterrad: Rollenkette mit Kettenschutz. **Alle Modelle R/RL(A) 125:** Primärübersetzung: 16:33 Zähne, i = 2,06, Sekundärübersetzung: 14:45 Zähne, i = 3,21; Gesamtübersetzung zum Hinterrad, Getriebe: 1. Gang: 1:20,1; 2. Gang: 1:11,6; 3. Gang: 1:6,63 **Alle Modelle SR(A) 125/150:** Primärübersetzung: 17:32 Zähne, i = 1,88, Sekundärübersetzung: SR(A) 150: 14:46 Zähne, i = 3,28, SR(A) 125: 13:46 Zähne, i = 3,54. Gesamtübersetzung zum Hinterrad: SR(A) 150: 1. Gang: 1:18,6; 2. Gang: 1:10,7; 3. Gang: 1:6,18 SR(A) 125: 1. Gang: 1:20,4; 2. Gang: 1:11,6; 3. Gang: 1:6,6 Schaltung: Drehgriff-Handschaltung, späte SR(A)-Modelle: Fußschaltwippe
Kupplung: Mehrscheiben-Lamellenkupplung im Ölbad laufend
Fahrgestell, Rahmen: alle Modelle verwindungssteifer Einrohr-Tragrahmen mit Schutzschild. Aufklappbare Motorhaube mit Schnellverschlüssen und eingebauten Werkzeug- und Batteriebehältern
Gabel: RL(A)-Modelle: Teleskopgabel mit hydraulischer Stoßdämpfung, Federweg 70 mm SR(A)-Modelle: Schwinggabel mit hydraulisch gedämpften Federstreben, Federweg 120 mm

Hinterradfederung: RL(A)-Modelle: Schwingenfederung mit Hebel auf die waagrecht unter der Schwinggabel liegenden offenen Schraubenfedern mit Eigendämpfung, Federweg 80 mm
SR(A)-Modelle: Schwingenfederung mit Hebel auf die waagrecht unter der Schwinggabel liegenden offenen Schraubenfedern mit hydraulischem Zusatzdämpfer, Federweg 80 mm

Räder: Vollscheibenräder, geteilte Tiefbettfelge, Steckachsen, Räder austauschbar, Reifengröße 3,25–12"

Bremsen: Modelle RL(A): Bremstrommeldurchmesser 125 mm, Bremsbelagbreite 25 mm
Modelle SR(A): Bremstrommeldurchmesser 160 mm, Bremsbelagbreite 20 mm
Bremsübersetzung (alle Modelle): Handbremse 1:23,9, Fußbremse 1:18,5

Maße und Gewichte:

R/RL/RLA	SR/SRA
Länge/Breite/Höhe: 1.970/905/700 mm	1.900/940/650 mm
Radstand: 1.300 mm	1.325 mm
Bodenfreiheit: 145 mm	145 mm
Sattelhöhe: 745 mm	780 mm
Gewicht: 100 kg RL, 113 kg RLA	102 kg SR, 114 kg SRA
Tankinhalt: 7 l, davon 1,5 l Reserve	

Bau- und Erkennungsmerkmale, Modell R, ab 1952: Motor-Nummern 600.001–615.866 (wie RL)
- Rollerkarosserie mit freiem Durchstieg, Schürze, Trittbrettern und aufklappbarer Motorhaube
- zweigeteilter Lenker, verchromt
- Leichtmetallabdeckhaube für Gabeloberteil und Scheinwerfer, keine Tachometeraufnahme vorgesehen
- Fahrersattel mit doppelter Gummidecke und Schraubenfedern
- Auspuffanlage führt in den Rahmen
- Dreigang-Handschalthebel rechts mit Kupplungshebel, Schaltgestänge
- Kettenspannen durch Verschieben des Antriebsblockes
- Schaltungsgestänge verchromt (beim Lenker)

Bau- und Erkennungsmerkmale, Modell R, Modell RL (Abweichungen vom Modell R): 1952–1957:
Motor-Nummern-Bereiche 600.001–615.866, 1,215.858–1,299.899, Produktion 72.784 Stück
- Tachometer in die Leichtmetallabdeckhaube integriert
- Soziussitz mit doppelter Gummidecke und langen Schraubenfedern
- Reserverad auf eigenem Reserveradträger am Heck des Fahrzeuges montiert
- Gepäckträger in verchromter Ausführung gegen Aufpreis erhältlich,
- erste Serie hellblaue Lackierung, 1953 grüne Lackierung, alle Folgemodelle beige-braun lackiert
- ab Modell 1954 Vollkettenschutz, polierte LM-Zierleisten auf Motorhaube
- ab Modell 1955 vorne unten ausgebauchte Motorhaube mit drei Kühlschlitzen
- verbesserte Steckachskonstruktion ab 1954 mit voller Austauschbarkeit beider Räder
- scheibenförmige Ganganzeige beim Handschaltgriff ab 1954
- verbesserte Schulterrollenlager für die Kurbelwellenhauptlagerung ab Motor-Nummer 1,222.881
- ab 1954 Chrom-Verzierung des Vorderkotflügels
- verchromt bzw. hochglänzend poliert waren: Lenker, Handhebel, Sattelfedern, Motorhaubenscharnier, Scheinwerferring, Tachometerring, Werkzeugkasten-Knebelschraube
- ab Motor-Nummer 1,230.495 verbesserte Auspuffführung und Abdichtung (wichtig bei oftmaligem Entrußen)
- verbesserte Kickstarter-Vorrichtung ab Motor-Nummer 1,234.976
- neuer Luftfilter und verkürztes Ansaugrohr ab Motor-Nummer 1,250.301
- Ansauggeräuschdämpfer ab Motor-Nummer 1,250.301, mit Kaltstartvorrichtung; frühere Modelle mit Choker
- Fußbremse mit Seilzug ab Motor-Nummer 1,250.301 (auch SR(A)-Modelle); vorherige Modelle: Gestänge

Bau- und Erkennungsmerkmale, Modell RLA (Abweichungen zum Modell RL): 1955–1957:
Motor-Nummern-Bereich 2,000.001–2,099.899, Produktion 11.715 Stück
- Beginn der Baureihe 1955, Ende 1957
- die Motorhaube hat links und rechts unter dem Fahrersattel zwei kleine Ausbuchtungen mit je drei Längsschlitzen
- vergrößerter rechter Karosseriedeckel mit zwei Belüftungshutzen
- Zündschloss rechts unter dem Tachometer
- Regleranlage und Zündspule hinter dem Vergaser in einem zylindrischen Gehäuse
- Ladekontrolllampe hinter dem Tachometer
- Fußstartknopf auf der linken Fußbretthälfte
- Lichtanlage und Horn 12 V
- Bosch-Dynastarter 12 V, 60/90 W, 0,15 PS Anlassleistung
- Antriebsstoßdämpfer auf der Kurbelwelle
- kein Kickstarter vorhanden

Bau- und Erkennungsmerkmale, Beiwagenbetrieb mit RL/RLA:
- Zulassungsmöglichkeit des Puch-Rollers ab 1955 mit einem Leichtbeiwagen (max. 70 kg Eigengewicht) und vom Werk vorgesehenen Beiwagenanschlüssen
- je nach Bezirkshauptmannschaft wurde eine Zulassung für zwei oder drei Personen erteilt
- an der Gabel musste daher das Serien-Federstützrohr der Normalausführung durch das verstärkte Stützrohr (Nr. 100.2.3030.2) ersetzt werden

Bau- und Erkennungsmerkmale, Modell SR(A) 150/125, 1957–1968: alle Modelle, Produktion 34.995 Stück.
125 SR Motor-Nummern-Bereich 3,000.001–3,099.899; 125 SRA Motor-Nummern-Bereich 3,100.001–3,199.899;
150 SR Motor-Nummern-Bereich 3,200.001–3,299.899; 150 SRA Motor-Nummern-Bereich 3,300.001–3,399.899
- komplette Neukarossierung unter Verwendung des bisherigen RL-Rahmens sowie weitgehender Beibehaltung der mechanischen Elemente des RL-Rollers
- geschobene Langarmschwinge vorne, verchromte Federstreben außen
- Farbkombination hellblau/dunkelblau, rot/beige bzw. anthrazit/beige
- verchromt bzw. hochglanzpoliert waren: Scheinwerferring, Puch-Wappen auf der Schürze, Federbeine, Vorderkotflügelverzierung, Kühlschlitzabdeckung, Mittelzierleiste und Scharnier der Motorhaube, Seiteneinfassung der Schürze sowie Zierleisten der Seitendeckel
- Verschalter, einteiliger Lenker mit Abdeckung der Bowdenzüge
- serienmäßige Ausstattung mit zwei Gummischwingsätteln, Sitzbank im Farbmuster der Grundlackierung gegen Aufpreis
- Reserverad gegen Aufpreis
- Handschaltung mittels Bowdenseilzügen
- Fußschaltung mittels Schaltwippe am linken Trittbrett ab folgenden Motor-Nummern: 125 SR 3,002.290; 125 SRA 3,160.311; 150 SR 3,219.885; 150 SRA 3,309.217

Bau- und Erkennungsmerkmale, Modell LARO, 1955–1958:
Motor-Nummern-Bereiche 7,100.001–7,189.899, 7,190.000–7,199.899, Produktion 238 Stück
- Technik wie beim RLA-Modell 1955
- Verlängerung des Rahmens zu einem Zentralrohrchassis mit Querträgern zur Aufnahme einer Ladefläche
- Vorderachsaufhängung mit zwei obenliegenden Dreieckslenkern und einer untenliegenden Quer-Blattfeder von Fiat, Typ 500 C
- Vorderräder mit Leichtmetallbremstrommeln, Betätigung durch die Fußbremse, hydraulische ATE-Anlage
- Nutzlast: 200 kg und eine Person oder 150 kg und zwei Personen
- Steigfähigkeit bei 100 kg Nutzlast plus Fahrer: 23%

Der Puch-Roller SR/SRA 150 hatte eine auf 6 PS angehobene Motorleistung und bestach durch die elegante Linienführung mit geschobener Langarmschwinge und dezenter Zweifarbenlackierung.

Steyr-Daimler-Puch auf der Wiener Frühjahrsmesse, März 1953.

Mariazell – ein beliebtes Motorrad-Ausflugsziel Mitte der 1950er-Jahre wie auch heute noch.

Unbekannte Wiener Rolleristin 1954 (rechts), Werksprospekt 1956 (oben).

Werksprospekte 1961 (rechts und oben). Der SR-Roller wurde vor allem mit der bequemen Doppelsitzbank propagiert.

Werksprospekt 1961 mit Sex-Appeal.

Werksprospekt 1962 – paarweise und heimatverbunden.

Puch 125 SV(S) und 175 SV(S)

18. Juli 1953: Die neue 175 SV wurde vom „Motorrad“ gesichtet!

Nachdem die Type 150 TL mit vielen Detailverbesserungen auf den letzten Stand der Technik gebracht worden war, wurde sie im Herbst 1953 vom Nachfolgemodell 175 SV abgelöst. Der augenfälligste Unterschied der Neuen zur TL waren die niedrigen, bullig wirkenden 16"-Laufräder mit wuchtigen, stark verrippten Leichtmetall-Vollnabenbremsen und ein insgesamt kompakteres Aussehen mit niedriger Sitzposition. Natürlich war die Neue rund zwei Jahre im Prototypen- und Vorserienstadium ausführlichen Tests und Sporterprobungen unterzogen worden.

Man hatte den bewährten Schalenrahmen mit Teleskopfederung vorne und Schwinge für das Hinterrad beibehalten. Das Kürzel „SV“ stand somit für Schwingarm-Vollnabenbremsen, bei den SVS-Modellen bedeutete das letzte „S“ Sport. Vom Vorgängermodell waren jedoch nicht nur das Fahrwerk, sondern auch viele Motorkomponenten übernommen worden. Ziemlich gleichzeitig mit der 175 SV kam auch eine 125 cm³-Version auf den Markt, im Winter 1953/54 folgten die Sportversionen mit zwei Vergasern.

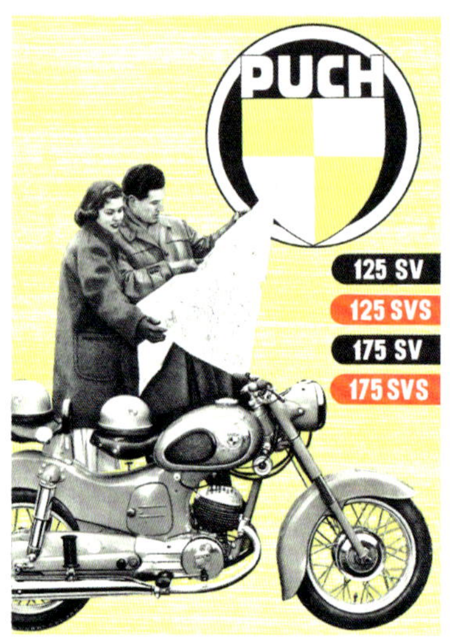

Puch-Werksprospekt der neuen SV-Reihe mit den Modellpflege-Maßnahmen wie größerer und runderer Tank, voluminösere Schalldämpfer etc., ab 1956.

Durch die kleineren Räder war es möglich, die Federwege um rund 15 mm zu erhöhen, die SV hatte vorne 120 und hinten 80 mm Federweg. In zeitgenössischen Testberichten wird vor allem die enorme thermische Standfestigkeit von Bremsen und Motor gelobt, ebenso war man sich unisono über die hervorragende Straßenlage der SV-Modelle einig. Auch die Glattflächigkeit, die eine mühelose Reinigung ermöglichte, der klare Aufbau und die gute Zugänglichkeit zu den Aggregaten wurden gelobt.

Werksprospekt Puch 175 SV/SVS, 1955.

Oben: Puch 175 SV, Modell 1958.
Links: Puch 175 SV (Mitte) und 125 T (rechts). Zeitgenössische Fotografien.
Unten: Großer Testbericht am 2. Juni 1956 über die Puch 125 SV im „Motorrad“.

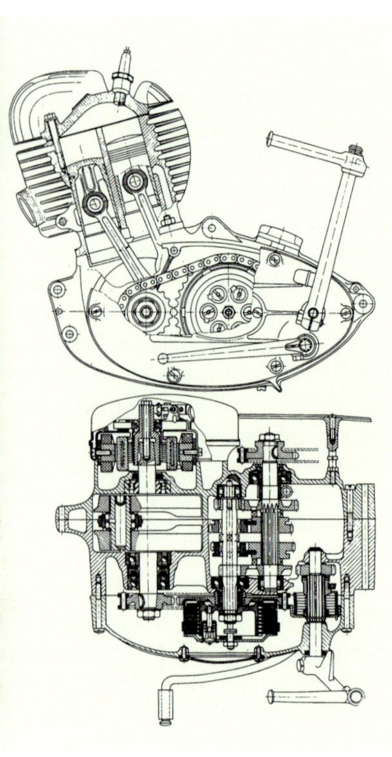

Werkszeichnung des Motors der Puch 175 SV, Ausführung 1954.

Hingegen erregte der (von der 150er) übernommene zu kleine Tank Missfallen, ebenso der „blecherne" Klang der (ebenfalls von der 150 TL übernommenen) Auspufftöpfe.

Beachtlich war bei den SV-Typen die hohe Nenndrehzahl, die bei knapp 6.000 U/min lag. Dennoch glänzte die SV mit gutem Durchzug. Dazu merkte das „Motorrad" im Heft 29 vom 18. Juli 1953 Folgendes an:
Das vom Werk angegebene Drehmoment von 1,3 kgm bei 3.700 U/min (gar nicht so extrem!) verleiht der kleinen Maschine ein hervorragendes Beschleunigungsvermögen. Da der Motor im Vergleich zu seinen Vorgängern mechanisch ruhiger geworden ist…, ist man leicht geneigt, die Maschine in den Gängen bis weit über die Nenndrehzahl hinauszufahren. Es ist unglaublich, was dieser Motor an Drehzahl verträgt, ohne daß dabei irgendwelche Vibrationen auftreten, die den Fahrer bange werden lassen.

Die 125 SV- und SVS-Modelle beurteilte „Motorrad" im Heft 8 vom 20. Februar 1954 wie folgt:
Beide neuen Puch-Modelle beweisen wieder einmal, daß die schon so oft zitierten Vorteile des Doppelkolbensystems mit unsymmetrischem Steuerdiagramm nicht nur theoretischer Natur sind. Die 125 SV erreicht 6,5 PS bei 5.800 U/min und ein Höchstdrehmoment von 1 kgm bei 3.500 U/min, während die 125 SVS im Zweivergaserbetrieb auf 8 PS bei 6.100 U/min kommt und ein Höchstdrehmoment von 1,05 kgm bei etwa 4.900 U/min erreicht. Im Einvergaserbetrieb beträgt das Höchstdrehmoment ebenfalls rund 1 kgm bei etwa 3.600 U/min. Die spezifischen Verbrauchsminima betragen – wie es sich für gute, moderne Doppelkolbenmotoren gehört – etwa 320 g/PSh.
Und: *Durch die vor den Mischkammern angeordneten Schwimmerkammern spritzt beim Beschleunigen kurzzeitig zusätzlicher Brennstoff aus den Düsen, wodurch keine beschleunigungshemmende Gemischverarmung auftritt. Bei Bergfahrten steigt wegen der vorne angeordneten Schwimmerkammer das Brennstoffniveau in den Düsen (Brennstoffspiegel bleibt waagrecht!), wodurch eine besonders bei hoher thermischer Motorbelastung willkommene Gemischanreicherung zur Innenkühlung zustande kommt.*

Nun, die Vergaserbestückung der SV(S)-Modelle war von einer Vielzahl an Modellen und Fabrikaten gekennzeichnet, die darauf hindeuten, dass die richtige Gemischbildung bei diesen Modellen der Pferdefuß war. Wurde nämlich zu mager gefahren, kam es zu Kolbenschäden, bei zu reichlichem Gemisch gab es schwache Leistung, Schmiermängel und damit ebenfalls Motorprobleme sowie hohen Verbrauch. Und dieser hohe Verbrauch verunsicherte die Kunden der ersten Stunde etwas. Erst mit dem 24er-Bing-Vergaser war das Problem endgültig aus der Welt geschafft.

Das Blatt schreibt weiter:
Das Triebwerk stellt eine ausgereifte und robuste Konstruktion dar. Das Getriebe selbst weist gegenüber dem bei den TL-Typen verwendeten nur relativ geringfügige Änderungen auf. Der hohe Fertigungsstandard ist daher begreiflich, handelt es sich doch um eine Konstruktion, die nunmehr schon jahrelang serienmäßig hergestellt wird. Hülsenkette

und Mehrscheibenkupplung im Ölbad sowie linksseitiger Fußschalthebel sind bereits bekannte Details. Zur Antriebsstoßdämpfung ist zwischen hinterem Kettenrad und Hinterradnabe eine stoßdämpfende Gummischeibe zwischengeschaltet, die als elastisches Verbindungsglied wirkt und Beanspruchung sowie Lebensdauer des gesamten Hinterradantriebes günstig beeinflusst. Die staubdichte verschleißmindernde Kapselung der Hinterradkette soll auch nicht ungenannt bleiben.
Als Primärübersetzung haben beide Modelle (Anm.: 125 SV und 175 SV) *40/19 Z = 2,10, die Sekundärübersetzung beläuft sich auf 44/14 Z = 3,14. Mit der Getriebeübersetzung von 1,05 – 1,37 – 1,94 – 3,5 ergeben sich die Gesamtübersetzungen von 6,92 – 9,03, 12,73 – 23,08. Das Fahrwerk ist während vieler Kilometer auch im rauesten Geländebetrieb erprobt worden. Der Puch-Schalenrahmen in selbsttragender Bauweise, der sich bei der 150 TL, 125 TL und 125 SL in so überzeugender Weise bewährt hat, wurde auch für die 175 und 125 SV und SVS-Modelle beibehalten. Zur Vorderradabfederung und -führung wird eine Puch-Teleskopgabel mit progressiver hydraulischer Dämpfung verwendet. Das bedeutet, die Dämpfungskraft steigt auch bei gleichbleibender Gleitrohrgeschwindigkeit mit der Gabelstauchung an. Weiches Ansprechen und fehlende Durchschlagsneigung sind hervorstechende Charakteristika dieser bewährten Konstruktion.*
Für die Hinterradaufhängung dient eine Schwinggabel, die knapp nach dem Getriebezitzel gelagert ist und somit geringste Differenzen der Kettenspannung beim Durchfedern hervorruft. Für die Federung des Hinterrades sind selektiv hydraulische Stoßdämpfer mit Schraubenfedern in Stoßdämpfern vorgesehen. Die Dämpfung der Federausdehnung erfolgt stärker als die der Federstauchung.
Zum Ausbau des Hinterrades wird nur ein einziger Schlüssel benötigt. Vorder- und Hinterrad sind (nach Entfernung der Mitnehmerbolzen desselben) gegeneinander austauschbar.
16"-Räder gehören ebenfalls zu den Details der SV-SVS-Serie. Verbesserung der Fahreigenschaften durch Senkung des Gesamtschwerpunktes, geringere Sattelhöhe bei gegenüber den TL-Modellen unwesentlich veränderter Bodenfreiheit und Vergrößerung der Federwege von Vorder- (120 mm) und Hinterrad (80 mm) sind in erster Linie zu nennen. Die Bremsen sind aus Leichtmetall-Vollnaben-Druckguss und haben einen Trommel-Innendurchmesser von 160 mm und eine Belagbreite von 35 mm… In den Trommeln eingegossene Stahlringe bilden die eigentlichen Reibflächen.

Puch 175 SV, letzte Ausführung ab 1958 in schwarzer Lackierung mit goldenen Zierlinien (Beschneidung).

Eine interessante Meldung in „Motorrad", Heft 4 vom 23. Jänner 1954, berichtet:
Im Werk Thondorf der Grazer Puch-Werke lief am 16. Jänner das 150.000ste seit Kriegsende erzeugte Motorrad vom Fließband. Im Rahmen einer kleinen Feier wurden je ein Motorrad 250 TF und 175 SV, ein Motorroller und fünf Fahrräder unter der Belegschaft verlost. Neben den 150.000 Motorrädern wurden in Graz seit Kriegsende fast 750.000 Fahrräder und über 2,5 Millionen Freilaufnaben erzeugt.

Anzumerken wäre noch, dass die Puch 175 SV mit 81.005 erzeugten Stück das meistverkaufte Puch-Motorrad war. Die Farben der Maschine wechselten vom ursprünglichen Hellblau zu Grün und dann zu Schwarz, die wenigen Modellpflegemaßnahmen

Werksprospekt vom September 1953.

bezogen sich rein optisch auf einen größeren formschönen Tank, dessen verchromte Seitenschilder mit Kniekissen aufgeschraubt waren, sowie voluminösere Auspufftöpfe mit fixen Aufnahmen für die Soziusfußrasten.

Der Motor der 175er war jedoch auch zu sportlichem Ruhm prädestiniert. Im Werkseinsatz mit Leichtmetallzylindern und Doppelvergasern wurden vor allem bei Geländebewerben schöne Erfolge erzielt. Der eigentliche „Guru“ der sportlichen 175er war Ing. Albin Sterbenz, der diese schnellen kleinen Motoren auch entsprechend standfest machte. Einer der Tricks war unter anderem eine spezielle Ausführung des Pleuels, einem Mittelding zwischen dem alten Gabelpleuel und dem Anlenkpleuel. Dieses war besonders kurz gebaut und wurde weit oben im gegabelten Teil des Hauptpleuels angesetzt. Im Wettbewerbseinsatz konnte das Schalenrahmen-Fahrwerk wegen der 16"-Räder vor allem bei Wertungseinsätzen nicht reüssieren, es wurde ein Rohrrahmenfahrwerk mit einem starken, zentralen Rückgratrohr gebaut und mit einem 19"- bzw. 21"-Vorderrad bestückt. Dieses Rohrrahmenfahrwerk wurde nicht nur – anders dimensioniert, aber im Prinzip gleich aufgebaut – für die SGS/MC-Modelle eingesetzt, sondern auch in Serie für das österreichische Bundesheer gebaut.

Ab 1958 wurden 400 Stück von diesem Modell Puch 175 MCH (Moto-Cross-Heer) an das Bundesheer geliefert. Sie wiesen den mit den Erfahrungen aus dem Motocross-Sport gebauten Rohrrahmen mit 19 Zoll-Laufrädern und Stollenbereifung auf, das Triebwerk war jedoch ein normaler 175 SV-Viergangmotor. Auch Telegabel (allerdings mit verlängerten Standrohren für die 19"-Räder) sowie die starken und verstellbaren hinteren Federbeine, die Auspuffanlage mit den Soziusfußrasten-Aufnahmen und der Fahrersattel entsprachen der Serie.

Werksprospekt 1954.

Werksprospekt vom 20. Februar 1962. Die augenfälligsten Unterschiede zum Modell 1954 sind der vergrößerte und bulligere Tank, die großvolumigen Schalldämpfer, die verstärkten Federbeine, der neue Scheinwerfer und das verbesserte Rücklicht.

Puch 125 SV, 125 SVS, 175 SV, 175 SVS, Baujahre 1953–1967

Motor, Typ: Puch-Doppelkolben-Zweitaktmotor, Einzylinder, Blockbauweise, Zylinder leicht nach vorne geneigt

Zylinderzahl: 1

Arbeitsweise: Doppelkolben auf Anlenkpleuel, asymmetrisches Steuerdiagramm

Bohrung/Hub: 125 SV(S) zweimal 38 mm x 55 mm; 175 SV(S) zweimal 42 mm x 62 mm

Hubraum: 125 SV(S) 124 cm^3; 175 SV(S) 172 cm^3

Verdichtung: alle Modelle 6,5:1, ab 1958 7,0:1

Leistung: 125 SV: 6,5 PS bei 5.800 U/min; 125 SVS: 8,0 PS bei 6.100 U/min; 175 SV: 10 PS bei 5.800 U/min; 175 SVS: 12,3 PS bei 6.200 U/min

Zündanlage: Batterie-Zündlichtanlage, Puch-Gleichstrommaschine spannungsregelnd, alte Ausführung 6 Volt, 35 Watt, neue Ausführung 6 Volt, 40/50 Watt, Stempel am Lichtmaschinengehäuse beachten! Akkumulator 6 Volt, 7 Ah; SVS-Modelle mit zwei Kerzen und zwei 3 Volt Zündspulen

Vorzündung: fix eingestellt, mit einem Fühlstift durch Kurbelgehäuseöffnung arretierbar. 175 SV: 5,5 mm, 125 SV: 4 bis 4,5 mm; für alle SVS-Modelle: 175 SVS: 5,5 mm, mindestens 5 mm, keinesfalls über 6,5 mm, 125 SVS: 5 mm, mindestens 4,5 mm, keinesfalls über 5,5 mm; Einstellung vor OT, am rückwärtigen Kolben gemessen

Zündkerze: SV-Modelle: Bosch W 225 T1, SVS-Modelle: Wärmewert zwischen 225 und 260, je nach Einsatz

Motorschmierung: Kraftstoff-Ölgemisch 25:1, bei sportlicher Fahrweise (SVS) 20:1, SAE 50

Einvergaser-(Touren)-Modelle SV:
175 SV: Fischer-Amal mit Nadeldüse, Typ 24 El A. Mit Ansauggeräuschdämpfer: Hauptdüse 130, Nadeldüse 2,80, Düsennadel mit 20 mm Konus und zwei Kennrillen, Nadelstellung 3. Raste von oben, Schieber unten offen, 9 mm Ausschnitt, Leerlaufdüse normal 0,40 mm Durchmesser, Leerlaufluftschraube ca. ½ bis 1 Umdrehung offen. Bei Verwendung des normalen Luftfilters muss eine Hauptdüse 140 montiert werden.
Bing-Schrägdüsenvergaser 1/24 mit Ansauggeräuschdämpfer, Hauptdüse 110, Nadeldüse 1508, Düsennadel 3, Nadelposition 3. Raste von oben, Leerlaufdüse 45, Leerlaufluftschraube ¾ Umdrehungen offen. Bei Verwendung des normalen Luftfilters muss eine Hauptdüse 125 verwendet werden. Bei Saugdämpferanschluss am Rahmen: Hauptdüse 100, Nadelstellung 4. Raste von oben.
125 SV: Puch-Vergaser P 18/2 mit Nassluftfilter. Hauptdüse 85, Nadeldüse 2, Zusatzluftlöcher quer zur Durchströmrichtung, Düsennadel mit 18 mm Konus, Nadelstellung 2. Raste von oben, Schieber mit Rechteck-Ausschnitt 4,5 x 4 mm.
Fischer-Amal-Vergaser 19 E 1 K mit Nassluftfilter. Hauptdüse 100, Nadeldüse 2,64, Düsennadel 3. Raste von oben, Schieber-Ausschnitt 4 mm, Leerlaufdüse normal 0,35 mm, Leerlaufluftschraube ½ bis 1 Umdrehung offen.
Spätere Modelle 125 SV haben Bing-Schrägdüsenvergaser 1/24 mit Ansauggeräuschdämpfer!

Zweivergaser-(Sport)-Modelle SVS:
175 SVS: Links: Vergaser Fischer-Amal 22 C 2A mit Luftschieber ohne Bowdenzug (Starthilfe), Schwimmergehäuse SA 415, Hauptdüse 120, Nadeldüse normal ohne Nummer, Nadel mit abnormalem Konus von 30 mm Länge, Kennrille ca. 15 mm unterhalb der untersten Rasten, Nadelposition 2, Schieber 5/4, Leerlaufdüse normal, in den Düsenstock gebohrt. Leerlaufluftschraube ½ bis 1 Umdrehung offen, Windschild am Schwimmergehäuse.
Rechts: Fischer-Amal 22 B 1A oder B 1K ohne Luftschieber und Schwimmergehäuse, Hauptdüse 140, Nadeldüse normal ohne Nummer, Nadel mit Kennrille wie oben, Konus 30 mm lang, Nadelposition 3, Schieber $^5/_4$, Leerlaufdüse normal, zweites Austrittsloch für Leerlaufbenzin hinter dem Schieber verschlossen. Leerlaufluftschraube ganz hinten eingeschraubt, Ablaufbohrung im Düsenstock.
125 SVS: frühe Modelle: Zweivergaser-Puch P 18/2 mit Windschildern an den Schwimmergehäusen. Links: Hauptdüse 90, Nadeldüse 2 mit zwei Zusatzluftlöchern, Nadel ohne Kennzeichen, Konuslänge 18 mm, Nadel in 2. Raste von oben geklemmt (= Nadelstellung 2), Schieber mit Rechteckausschnitt an der Eintrittskante (4,5 x 4 mm), keine Leerlaufdüse. Rechts: Hauptdüse 90, Nadelposition 1, übrige Einstellung wie oben, oder: Vergaser Fischer-Amal: Links: 19 E 1K Hauptdüse 100, Nadeldüse 2,64, Nadel ohne Kennzeichen, Nadelposition 3, Schieber 4, Leerlaufdüse normal 0,35 mm Durchmesser, Leerlaufluftschraube 1 Umdrehung offen, Windschild am Schwimmergehäuse. Rechts: 19 D 1K Hauptdüse 100, Nadeldüse 2,64, Nadel ohne Kennzeichen, Nadelposition 1, Schieber 4, keine Leerlaufdüse, keine Leerlaufluftschraube und keine Schiebereinstellschraube.

Kraftübertragung: Viergang-Getriebe mit Fußschaltung, Mehrscheiben-Lamellenkupplung im Ölbad laufend, staubdicht gekapselte Kette aufs Hinterrad. Primärübersetzung: Motor-Getriebe mit Einfach-Hülsenkette A 9.5 x 9.5 DIN 73232, 50 Hülsen, im Ölbad laufend, 19:40 Zähne, i = 2,10. Sekundärübersetzung (Getriebe-Hinterrad): Rollenkette 12,7 x 7,8 DIN 3221, 175 SV(S) 15:44 i = 2,93; 125 SV(S) 13:44 i = 3,38.

Getriebe: Übersetzungen (Zähnezahl und Übersetzungsverhältnis):
1. Gang: 8:28 i = 3,50; 2. Gang: 15:29 i = 1,93; 3. Gang: 19:26 i = 1,37; 4. Gang: 22:23 i = 1,05

Fahrgestell, Rahmen: aus Stahlblech gepresster Schalenrahmen mit geschlossenem torsionssteifem Profil. Das Hinterradkotblech, der Akku- und Werkzeugkasten sowie die Stützlager für die Hinterradfederung bilden mit dem Schalenrahmen eine organische Einheit; Rahmenbrustrohr eingeschraubt

Gabel: Teleskopgabel mit hydraulischer Dämpfung, Federweg 120 mm

Hinterradfederung: Schwinge aus Stahlblechprofil mit integriertem, geschlossenem Kettenschutz. Federbeine, hydraulisch gedämpft, auch verstellbare Ausführung

Räder: Felgengröße Tiefbettfelge 1,85B x 16 (2½" x 16) DIN 7816, Reifendimension 3,25–16 DIN 7802

Bremsen: Vorder- und Hinterradbremse Bremsnabendurchmesser 160 mm, Belagsbreite 35 mm; Bremsübersetzung Hand: 1:33,6, Fuß: 1:40,2

Maße und Gewichte: Länge/Breite/Höhe: 1.925/685/925 mm, Radstand: 1.265 mm, Bodenfreiheit: 120 mm, Sattelhöhe: 705 mm, Gewicht: 175 SV(S) 119 kg, 125 SV(S) 118 kg, zulässiges Gesamtgewicht: 404 kg bzw. 401 kg, Tankinhalt: 10,5 l, spätere Modelle 13 l, Verbrauch: 2,2–3,4 l Gemisch

Bau- und Erkennungsmerkmale, Puch 175 SV: 1953–1967:
Motor-Nummern-Bereich 700.001–703.800, 1,500.001–1,599.899, Produktion 81.005 Stück

- Modelle bis 1956 blau lackiert, bis 1957 grün, ab 1957 schwarz. Schwarze Modelle wiesen weiß-rote Zierlinien entlang der Kotflügelkanten vorne und hinten auf
- Felgen lackiert, blaue und grüne Modelle mit weißer Beschneidung mit Doppellinie. Schwarze Modelle mit weiß-roter Beschneidung oder Chromfelgen
- bis Motor-Nummer 1,528.911 kleiner Tank mit asymmetrischer Einfüllöffnung, danach 13 l-Tank mit mittiger Einfüllöffnung, verchromten aufgeschraubten Tankattrappen mit Kniekissen
- Auspuff: kleine Ausführung (wie TL) bis Motor-Nummer 1,518.910, danach großvolumige, symmetrische Ausführung. Bei beiden Auspuffarten werden die Soziusfußrasten vom Blechgehäuse des Topfes aufgenommen
- Fahrersattel als Schwingsattel ausgebildet mit Sitzblech, Moosgummizwischenlage und Puch-Superlastik-Gummidecke. Spätere Ausführungen mit Sitzbank ausgestattet
- Federbeinausführungen: bis 1955 nicht verstellbare Ausführung mit kleinem Durchmesser, ab Modell 1956 mit großem Durchmesser, wahlweise mit dreifacher Verstellungsmöglichkeit oder ohne Verstellung
- Schlusslicht: kleine Ausführung bis 1954 ohne Bremslicht, danach verbesserte Ausführung mit Bremslicht
- Lenkerausführungen: Fabrikat Puch mit fix verlöteten Hebellagern bzw. Magura mit verstellbaren Hebeln
- verbesserte Lichtmaschine ab Motor-Nummer 1,502.620
- Scheinwerfer: kleine Ausführung bis 1955 mit seitlichem Zündschloss mit Zündstift und Licht-Flügelschalter. Bilux-Lampe 25/25 Watt. Spätere Ausführung mit Zünd-Lichtschalter, Leerlauf- und Ladungsanzeigelämpchen. Bilux-Lampe 35/35 Watt
- Soziussattel Styria-Super-Comfort mit Gummidecke und elastischem Haltegriff oder Gepäckträger aus Blechprofil (Teil Nr. 150.2922.0) wahlweise an Stelle des Soziussattels
- verchromt waren: Scheinwerferring, Abdeckkappe bei Zünd-Lichtschalter, Tank-Seitenteile (bei kleinem Tank fix, bei großem Tank Attrappen), Lenker, Tankdeckel, Federbeine, Schrauben der Batterie- und Werkzeugdeckel, Steckachsenenden, Bremshebel, Auspuffkrümmer, Gabel-Gleitstücke, Nabenabdeckung vorne, Kickstarter, ev. Felgen und Auspufftöpfe

Bau- und Erkennungsmerkmale, Puch 175 SVS (Abweichungen vom Modell SV), 1953–1967:
Motor-Nummern-Bereich 770.001–770.048, 1,600.001–1,699.899, Produktion 8.378 Stück

- Lackierung durch alle Baujahre rot
- Felgen verchromt
- großer Tank ab Motor-Nummer 1,603.406
- große Auspufftöpfe ab Motor-Nummer 1,602.047
- verbesserte Lichtmaschine ab Motor-Nummer 1,602.177
- Bestückung mit zwei Vergasern gemäß technischen Daten

Bau- und Erkennungsmerkmale, Puch 125 SV (Abweichungen gegenüber Modell 175 SV):
1953–1967; Motor-Nummern-Bereich 425.001–425.098, 1,300.001–1,399.899, Produktion 23.014 Stück

- Zylinderkopf mit zwei horizontalen Rippen und feineren Vertikalrippen
- Vergaser nach hinten gerichtet
- großer Tank ab Motor-Nummer 1,304.889
- große Auspufftöpfe ab Motor-Nummer 1,302.001
- verbesserte Lichtmaschine ab Motor-Nummer 1,302.620

Bau- und Erkennungsmerkmale, Puch 125 SVS (Abweichungen gegenüber Modell 175 SVS), 1953–1967:
Motor-Nummern-Bereich 465.001–465.012, 1,400.001–1,499.899, Produktion 2.576 Stück

- großer Tank ab Motor-Nummer 1,400.486
- große Auspufftöpfe ab Motor-Nummer 1,400.486
- verbesserte Lichtmaschine ab Motor-Nummer 1,400.210

Bau- und Erkennungsmerkmale, Puch 175 MCH, 1958–1959:
Motor-Nummern-Bereich 2,300.001–2,399.899, Produktion 400 Stück

- technische Daten identisch mit Motor 175 SV
- Vergaser befindet sich seitlich hinter dem Motor. Ausführung Bing-Schrägdüsen-Startvergaser Typ 1/24/113; Starthilfe mittels Handhebels am Lenker, Nassluftfilter, HD 115, ND 1508, DN Nr. 3, Nadelstellung 4. Raste von oben, DS Nr. 3, Leerlaufdüse 45, Startdüse 90, Leerlaufluft-schraube 1 Umdrehung offen
- Rahmen aus Stahlrohren und Pressteilen verschweißt
- Federwege vorne 110 mm, hinten 90 mm
- Tankinhalt 11,5l, davon 1,5l Reserve
- Bereifung: 3,25–19"
- Abmessungen: Länge/Breite/Höhe: 2.030/750/1.030 mm, Bodenfreiheit: 190 mm, Sattelhöhe: 775 mm, Höchstgeschwindigkeit: ca. 75 km/h, Steigfähigkeit: 45%, **Gewicht:** 135 kg
- Lackierung in Militär-Olivgrün/Mattschwarz
- alle blanken oder verchromten Motorteile seidenmatt in Maschinenfarbe oder mattschwarz lackiert
- Ausstattung mit Schwingsattel, Sozius-Sitzkissen, kräftigem Gepäckträger und wahlweise Packtaschen, Tanktasche und Signalkelle

Puch 175 MCH.

PUCH

Die Puch-Motorräder der Typen 125 A und 150 A – Mixed Pickles

Bei diesen, ausschließlich für den Export gebauten Maschinen handelte es sich um reine „Utility"-Fahrzeuge. Diese Maschinen waren für den US-amerikanischen und australischen Markt vorgesehen, sowie für Kanada. Also genau den damaligen Markterfordernissen entsprechende Motorräder mit geringsten Gestehungs- und Unterhaltskosten für die durchschnittliche Familie. Man darf bei der rückblickenden Beurteilung des Marktes und der Zeit nicht außer acht lassen, dass Energie damals unglaublich billig war und ein ungebrochener Fortschritts- und Wachstumsglaube bei den Käufern herrschte. Zusätzlich zum Dritt- oder Viertauto, dessen Benzinverbrauch ja infolge des billigen Benzinpreises kaum eine Rolle spielte, kam anstelle des Fahrrades dann der Wunsch nach einem Vehikel, das geringsten Parkplatz erforderte und bei dem man dennoch nicht treten musste, auf. Dieses Fahrzeug sollte vor allem für den Kurzstrecken- und Nahverkehr und die Alltagswege wie Shopping, ins College oder zum Tennis dienen. Also eine echte Vorwegnahme des Mopeds und Mofas im heutigen Sinne.

Puch hatte dafür die maßgeschneiderte „Mixtur" parat: Das ungefederte Fahrwerk der Puch 125 TT wurde mit dem aktuellen Rollermotor mit 125 oder 150 cm^3 kombiniert, und auf 16"-Räder gestellt. Vom Roller wurde weiters die Lenkstange und das Handschaltgestänge genommen. Verkauft wurden die Maschinen in den USA unter dem Handelsnamen „Allstate" (daher das „A" in der Typenbezeichnung) über die Kaufhauskette Sears, Roebuck & Co.

Die österreichische Fachzeitschrift „Motorrad" entdeckte die 125 A in Graz und schrieb darüber am 3. April 1954 Folgendes:
Allstate 125 A – geborene Puch. Die Puch-Werke erzeugen seit einiger Zeit in rauhen Mengen und zu einem sensationellen Preis für den Export nach Amerika ein gebläsegekühltes 125er-Modell mit dem Roller-Motorgetriebeblock als Antriebsquelle. Dieses infolge seines kurzen Radstandes sehr wendige und für vorwiegenden Kurzstreckenbetrieb gedachte Motorrad hat 16"-Räder und einen Schwingsattel mit sehr großem Federweg.
Und zu den Fahrleistungen merkte das Blatt an:
Als Fahrzeit für stehende 400 m werden 27 bis 28 Sekunden angegeben. Beim Durchschalten erreicht man 26 km/h in 3,5 Sekunden im ersten Gang, 45,5 km/h in 7 Sekunden in den beiden unteren Gängen und 75 km/h in 35 Sekunden in allen drei Gängen.

Das gegenüber dem Roller fehlende Schutzschild mit seinem hohen Luftwiderstand und das geringere Gewicht verursachten diese außergewöhnliche Beschleunigung. Mit dem Baubeginn des 150er-Rollers wurde auch in die „Allstate" dieses Triebwerk verpflanzt und unter der Typenbezeichnung 150 A ab 1960 auf den nordamerikanischen Markt gebracht. In Kanada vertrieb diese Maschinen übrigens die Firma Simpson-Sears Ltd., Canada.

Die Allstate 125 A in der Ausführung 1958. Die Original-Werksfotos waren genau maßstäblich 1:5 entwickelt und wurden im Design-Studio des Werkes archiviert. Das lässt darauf schließen, dass es zu einem „Facelifting" des Modelles für die USA kommen sollte. Die Maschine wurde im Baukasten aus Komponenten von bestehenden Modellen für den Export gebaut.

Die 150er wies gegenüber der 125er etliche kleine Detailverbesserungen auf, deren augenfälligste die Verwendung einer Sitzbank sowie einer konventionellen Lenkstange an Stelle des zweigeteilten Roller-Lenkers waren. Dass das Geschäft noch bis Anfang der 1960er-Jahre gut lief, bewies den guten „Riecher" der Marketingstrategen von Puch, die mit diesem Spezialmodell auch kommerziell erfolgreich waren. Eine ähnliche Marktchance eröffnete sich erst Jahre später in den USA, allerdings unter anders gelagerten Verhältnissen, mit dem Puch-„Maxi".

Puch 125 A, 150 A, Baujahre 1954–1965
Motor: 125 A: Motor-Nummern-Bereiche 1,800.001–1,899.899, 1954–1961, Produktion 6.136 Stück 150 A: 3,500.001–3,589.899, 1961–1965, Produktion 4.925 Stück
Typ: Puch-Einkolben Zweitaktmotor mit Umkehrspülung und Gebläsekühlung
Zylinderanzahl: 1
Arbeitsweise: einfacher Flachkolbenmotor mit Umkehrspülung, symmetrisches Steuerdiagramm
Bohrung/Hub: 125 A: 52 mm x 57 mm, 150 A: 57 mm x 57 mm
Hubraum: 125 A: 121 cm³; 150 A: 147 cm³
Verdichtung: 125 A: 6,5:1; 150 A: 6,6:1
Leistung: 125 A: 5,1 PS bei 5.300 U/min; 150 A: 6,2 PS bei 5.600 U/min (4,95 HP at 5.000 RPM)
Drehmoment: 125 A: 0,85 kgm bei 3.500 U/min; 150 A: 6,3 ft. lb. at 3.400 RPM (Canada)
Zündanlage: Wechselstrom-Schwungdynamo Bosch LM/UD 1/142/30 L/19 6 V 30 W mit 3 W Ladespule für im Scheinwerfer untergebrachten Gleichrichter, Batterie 6 V 6 Ah; Vorzündung: 4,5 mm vor OT
Zündkerze: Bosch W 225 T1
Motorschmierung: Öl-Bezingemisch 1:25
Vergaser: Puch P 18/2, HD 95, ND 2, Nadelstellung 2. Raste von oben
Kraftübertragung: Primärkette im Ölbad laufend, Sekundärkette zum Hinterrad, Motor – Getriebe i = 2,06, Getriebe – Hinterrad i = 3,72, Dreigang-Handschaltung, Gesamtübersetzung 1. Gang: 23,6; 2. Gang: 13,4; 3. Gang: 7,66 (150 A: Dreigang-Fußschaltung)
Kupplung: Mehrscheiben-Lamellenkupplung, im Ölbad laufend
Fahrgestell, Rahmen: Rohrrahmen mit Teleskopgabel, keine Hinterradfederung
Räder: 16 Zoll
Maße und Gewichte: Länge/Breite/Höhe: 1.730/670/915 mm, Radstand: 1.170 mm, Bodenfreiheit: 190 mm, Sattelhöhe: 725 mm, Gewicht: 75 kg, Tankinhalt: 10 l, davon 1,5 l Reserve

Sears Allstate 150 A. Diese Maschine ist ebenso wie das Modell 125 A sehr niedrig und wurde zur Erzielung einer ermüdungsfreien Sitposition mit einem hohen Fahrersattel ausgestattet. Antriebsaggregat ist ebenso wie beim Modell 150 A (Australien), Typnummer 500.300.1, der Gebläsemotor des Rollers SR 150, Typnummer 103.

ALLSTATE

Erste Sichtung der neuen 250er SGS in Vorserie (schmaler Vorderkotflügel, kurze Burgess-Auspufftöpfe, TF-Zylinder, offen laufende Hinterradkette etc.) im „Motorrad“ vom 5. Juli 1952.

Puch 250 SG(A) und 250 SGS(A) – Höhepunkt und Ende der Puch-Doppelkolbenmodelle

Die Puch SG- und SGS-Modelle (SG steht für Schwinggabel, SGS für Schwinggabel-Sport) stellen in zweifacher Hinsicht den Endpunkt einer Entwicklung dar: es handelt sich bei diesen Modellen einerseits um die letzten großen Puch-Straßenmaschinen mit 250 cm³, andererseits um die letzte Baureihe der Doppelkolben-Puchs.

Von 1953, als die SGS *„Die österreichische Überraschung des Pariser Salons“* war (Originalton des österreichischen „Motorrad“ vom 10. Oktober 1953), bis zum Serienauslauf 1970 waren immerhin 17 Jahre vergangen. Während dieser Jahre war das Motorrad von seiner gefeierten Hochblüte zum Mauerblümchen im Straßenverkehr geworden. Die SGS bzw. SG war während all dieser Jahre in der Serienausführung ein absolut zuverlässiges Fahrzeug mit überraschender Leistungsfähigkeit, die die nominelle PS-Leistung weit in den Schatten stellte. Und im Sportbetrieb – vor allem mit den Werks-„Goodies“ wie beispielsweise Leichtmetallzylinder und Rohrrahmenfahrwerk – waren diese SG/SGS-Modelle in ihrer Klasse nahezu nicht zu „biegen“, sei es im Wertungsgeländesport,

Puch 250 SGS 1956 in voller Fahrt. Die linke Fußspitze des Piloten „ertastet“ die Schräglagengrenze der Maschine.

Puch 250 SG, das beliebte Tourenmodell mit dem Schalenrahmen. Die Maschine wurde auch im Beiwagenbetrieb eingesetzt.

auf der Rundstrecke oder am Berg. Der einzige „Pferdefuß“ der SGS lag im Rahmen. Und zwar riss nach schwerem Betrieb und langer Laufzeit das Brustrohr beim Steuerkopf gerne ein. Dies und die durch die 16"-Räder doch etwas beschränkte Bodenfreiheit brachten es mit sich, dass die Geländesportmodelle sowie die 250 MCH für militärische Zwecke mit Rohrrahmen und 19"-Rädern ausgerüstet wurden.

Über das erste Auftreten der SGS merkte das „Motorrad“ unter anderem an:
Die Existenz der Puch SGS ist schon seit langem bekannt, doch wußten wir über ihre endgültige Form bisher keinerlei Bescheid. Wie bei den kleineren Puch Typen gelangt auch bei der SGS ein Schalenrahmen zur Verwendung … Die luftgekühlten Bremsen aus Leichtmetall machen einen sehr wuchtigen Eindruck, derart große Bremsen sieht man normalerweise an 500ern! … Erstaunlich ist das unter 250ern konkurrenzlose Höchstdrehmoment von 2,4 kgm …

Dazu ist festzustellen, dass das SGS-Prospekt vom Oktober 1953, wo auch in Österreich der effektive Verkaufsanlauf erfolgte, von 2,4 kgm bei 3.800 U/min mit Burgess-Töpfen sprach.

Tatsächlich erfolgte sehr rasch die Typengenehmigung der neuen Puch für Beiwagenbetrieb und Dreipersonenbetrieb. Der tatsächliche Verkauf der SGS lief in Österreich erst im Sommer 1954 an. Doch das „Motorrad“ brachte bereits am 2. Jänner dieses Jahres eine ausführliche Beschreibung zum neuen Modell:
Das Äußere: Verkleidete Maschinen sind heutzutage der letzte Modeschrei. Die Puch-Leute haben das Problem ganz anders gelöst, nämlich mit dem Schalenrahmen à la Ing. Musger. Der Mann kommt vom Flugzeugbau und kennt bereits von dort die Schalenbau-

Puch 250 SG 1957.

weise. Wir möchten den Puch-Schalenrahmen als eine der technisch 100%igen Lösungen des „verkleideten" Motorrades bezeichnen.

Darüber hinaus ist die SGS aber auch formal so gut wie einwandfrei. Man schaue sich doch einmal den wuchtigen Graugusszylinder an oder das kräftige Rahmenbrustrohr, die mächtigen Vollnabenbremsen usw.

Der Motor der SGS stellt im Wesentlichen eine Weiterentwicklung des TF-Motors dar. Die Leistung konnte von den 12 PS bei 4.500 U/min der TF auf nicht weniger als 16,5 PS bei 5.800 U/min gesteigert werden. Trotz dieser Leistungssteigerung konnte gegenüber dem TF-Motor auch noch der Drehmomentverlauf, also das Durchzugsvermögen, verbessert werden. Die Werte des Drehmoments sind dies- und jenseits des Maximalwertes besser als bei der TF, der SGS-Motor stellt also in jeder Hinsicht einen Fortschritt dar, bei ihm wurden nicht skrupellos PS gezüchtet, ohne auf den unteren Drehzahlbereich Rücksicht zu nehmen.

Besonders erwähnt wird auch, dass zum Unterschied vom TF-Motor nunmehr die Pleuellager eigene Ölbohrungen haben. Damit ergibt sich zum Unterschied von der TF eine günstigere Form der Kurbelwelle samt verkleinertem Kurbelgehäuse-Totraum. Und weiters: *Für die gute Kurbelkammerfüllung ist auch der Seitenvergaser mit seiner kurzen Durchströmlänge verantwortlich.*

Die optische Entwicklung der 250 SGS: links Ausführung 1953, rechts Ausführung 1967 mit hohem Lenker, Rücklicht und Tank mit Sears-Aufschrift für die USA. Die Leistung und Grundkonzeption der Maschine blieb durch all die Jahre unverändert.

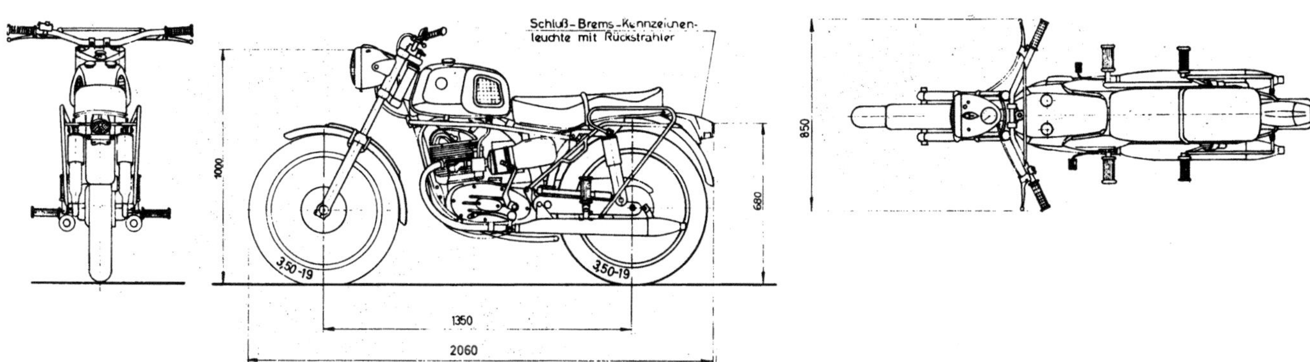

Puch 250 MCH mit Rohrrahmen und Leichtmetallzylinder, gebaut für das Österreichische Bundesheer.

Zwei Zündkerzen (Anm.: gilt auch für SG)*: Die über dem Spülzylinder eingeschraubte Zündkerze garantiert günstige Zündbedingungen bei niederer Drehzahl und im Standgaslauf, weil sie von relativ wenig Abgas vermischtem Frischgas umspült wird, das dadurch auch hochgradig zündwillig ist. Bei gewissen Vollgasbedingungen verursachen jedoch die langen Zündwege eine gewisse Klopfanfälligkeit. Um dies durch Reduktion der größten Abstände von den Elektroden auf ein Minimum zu verringern, wird eine zweite Zündkerze bei der Zwischenwand vorgesehen. Das über dem Spülzylinder vorgesehene Zündkerzenloch erleichtert die Zündeinstellung wesentlich, weil sich der Spülkolben* (Anm.: hinterer Zylinder) *infolge der Auspuffkolbenvoreilung im Zündzeitpunkt in einer Stellung befindet, in der selbst kleinere Verdrehungen der Kurbelwelle einer deutlich fühlbaren Verschiebung des Spülkolbens entsprechen. Der Auspuffkolben* (Anm.: vorderer Zylinder) *dagegen befindet sich im Zündzeitpunkt in einer Stellung, in der selbst große Kurbelverdrehungen nur einer kleinen Kolbenverschiebung entsprechen.*

Die neuen „dicken" Federbeine für die SG / SGS wurden erstmals im „Motorrad", Heft 26 vom 25. Juni 1955, anlässlich der Berichterstattung über die Alpenfahrt beschrieben: *Wer genau hinsieht, wird an den neuen Puch-Federbeinen die komische Wellenlinie*

Puch 250 SG mit Werkzeug-Beiwagen im Einsatz bei der Straßenwacht des ÖAMTC.

Oben links: Ein erster Testbericht über die neue Puch 250 SG erschien in Heft 36 vom 4. September 1954 im „Motorrad“.
Oben rechts: Puch 250 SG, Ausführung 1963.

bemerken, die rund um das untere Haltestück führt. Diese Gleitkurve lässt sich so verdrehen, dass aber diese Stellungen eine verschiedene Federlänge ergeben. Man verändert also die Federhärte, nicht aber die Dämpfercharakteristik.

Zu den Federbeinen gibt es auch eine aufschlussreiche Kritik anlässlich des Testberichtes mit dem Titel „30.000 km mit Puch 250 SGS“ in den Heften 17 und 18 des Jahrganges 1958 vom „Motorrad“:

Die ursprünglichen Federbeine des Modelljahres 1954 mit dem geringsten Durchmesser federten bei Solofahrt hervorragend und waren wirkungsvoll gedämpft. Die Federbeine erforderten keinerlei Wartung. Für Soziusbetrieb waren diese Federbeine ein wenig zu weich. Die neueren Federbeine stärkeren Durchmessers, die allerdings in der Federhärte noch nicht verstellbar waren, ließen zunächst einmal deutlich eine härtere Federcharakteristik erkennen.

Startbereit zum Ausflug mit einer Puch 250 SG.

Von diesen Federbeinen wurde jedoch eines nach bereits 7.000 km undicht. Grund waren ein schadhafter Filzdichtring der Stoßdämpferkolbenstange und auch der Gummiring zwischen Deckel und Stoßdämpfergehäuse. In der Federwirkung gleich werden die neuen, dreifach verstellbaren Federbeine beschrieben, zu deren Verdrehung zur Einstellung der Federhärte allerdings ein Dorn erforderlich ist.

Und im Herbst desselben Jahres folgte ein ausführlicher Testbericht. Dabei kam man sehr schnell auf die effektiven Fortschritte gegenüber der TF zu sprechen:

Beim Achterfahren spürt man sofort, wie sehr die Maschine mit den kleineren Rädern wendiger geworden ist. Straßenlage und Fahrverhalten sind wirklich ein Erlebnis … Der Nachlauf wurde gegenüber der TF von 120 auf 110 mm verkürzt, womit sich die SGS nicht nur anders wie die TF, sondern auch anders wie die kleineren 16"-Räder-Typen von Puch fahren läßt. Hat man sich an den schmäleren Lenker einmal gewöhnt, will man mit einem breiteren nicht mehr fahren … Mit seinen 16,5 PS stellt der SGS-Motor die wohlgelungene Weiterentwicklung des TF-Motors dar, kann aber dabei in keiner Weise als überzüchtet bezeichnet werden. Das Drehmoment wurde gegenüber der TF nicht nur im oberen Bereich verbessert, der Motor zieht auch unten bullig durch.

Alles in allem stellte die neue SGS eine Maschine dar, die von der Aufmachung und Leistung her für sportliches Fahren gedacht war. Obwohl die 16,5 PS durchaus auch für langsame Fahrt einzusetzen waren, sahen die typischen TF-Kunden in der SGS kein akzeptables Nachfolgemodell. Grund genug für die Puch-Techniker, eine Tourenversion der SGS, die SG, auf den Markt zu bringen.

Mitte der 1950er-Jahre war der Beiwagenbetrieb noch ein wichtiges Thema: „Motorrad“ vom 22. Oktober 1955.

Am 4. September 1954 schrieb das „Motorrad“ in Heft 36 über die neue Tourenmaschine:

Zuerst hieß es, die SG werde für „normale“ Fahrer, die SGS hingegen für aktive Sportler geliefert, wie etwa die TFS. Kurz darauf munkelte man, daß nur die SGS gebaut würde, die SG hätte keine Berechtigung. Als die ersten neuen 250er von Puch ausgeliefert wurden, waren es in der Tat solche mit Seitenvergaser, also SGS-Modelle. Kein Mensch dachte mehr, daß die SG kommen würde, denn man hat es bei Puch bis dato noch nie erlebt, daß das Tourenmodell nach dem Sportmodell ausgeliefert wird. Aber sie kommt! … Es dürfte sich schon herumgesprochen haben, daß die SG in schwarzer Lackierung geliefert wird … Wir haben darüber nachgedacht, woraus sich die Preisdifferenz von etwa S 500,– gegenüber der SGS ergibt. Die kann nur aus dem zusätzlichen Chrom kommen, das bei der SGS zu finden ist. Die Felgen der SG sind lackiert und nicht verchromt … Dieser Doppelkolbenzweitakter ist eine ganz besondere Spezialität. Wir getrauen uns ohne Einschränkung zu behaupten, daß er sowohl mit den Vorzügen des Drosselmotors als auch mit jenen des Sportmotors aufwarten kann.

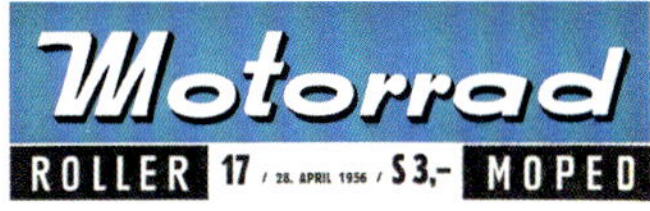

DAS NEUESTE AUS GRAZ: PUCH 250 SGA

Modellvorstellung der neuen SGA im „Motorrad“ vom 28. April 1956.

Tatsächlich hatte ja der SG-Motor das gleiche Drehmoment von 2,3 kg wie die SGS, allerdings bereits bei 3.000 U/min! 1959 kostete die SGS 13.270,–, die SG 12.640,– S.
Ab 1956 gab es für die SG und die SGS ein Komfortplus: den Pendelanlasser. Dieser arbeitete mit zwei hintereinandergeschalteten 6 V-Batterien und bewirkte beim Startvorgang durch einen besonderen Steuermechanismus, dass der Anker um den unteren Totpunkt Drehpendelbewegungen machte und dabei den Brennraum mit Frischgas füllte. Ist ausreichend Frischgasfüllung vorhanden, bringen die Startzündungen an der Kerze den Motor zum Laufen. Der Starter braucht also nie den Kompressionsdruck zu überwinden.

In Heft 2 vom 31. Jänner 1958 war ein ausführlicher Testbericht über die Puch 250 SGA über 7.000 Kilometer mit dem Elektrostarter erschienen:

Doch erst im März 1957 bekamen wir eine Maschine zur Verfügung gestellt. Zu dieser Zeit war es an manchem Morgen noch recht kalt, so dass wir in der Lage waren, die Starteigenschaften des Bosch-Pendelanlassers entsprechend praktisch zu erproben. Ausgedehnte Fahrten im wechselnden Wetter des vergangenen Sommers zeigten des weiteren, dass sich die Elektroanlage bzw. der Regler als sehr „stabil“ nämlich gegen die Einwirkungen großer Hitze oder niederer Temperaturen erwiesen …

Werbe-Titelfoto der Puch SG am 25. Mai 1957 im „Motorrad“.

Zeitgenössisches Foto einer Puch 250 SG im Alltagseinsatz. Sonderausstattung sind die Sitzbank, die Tankdecke und der Sturzbügel über dem Scheinwerfer.

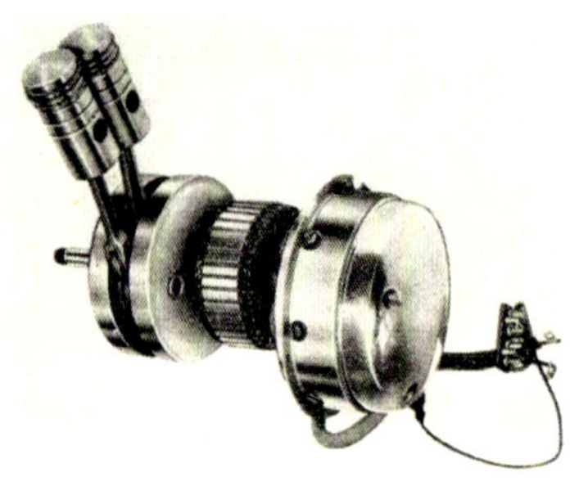

Kurbelwelle, Anker und Pendelanlassergehäuse sowie der Kabelstrang zum Anlassersteuerschalter bei der Puch 250 SGA.

Die Batterien (Anm.: zweimal 6 V / 11 Ah im linken Blechkasten, hintereinander geschaltet und in Gummi gelagert) *sind nahe beim Maschinenschwerpunkt angeordnet, so dass sie wohl das Gewicht der Maschine vergrößern, ohne die Gewichtsverteilung auf die Räder wesentlich zu beeinflussen… Wie die anderen 250 Puch-Motoren hat auch jener des Modells 250 SGA Doppelzündung mittels zweier Kerzen…*
Bei Temperaturen um Null Grad gab es keinerlei Startschwierigkeiten. Wenn genügend geflutet war, sprang der Motor nach wenigen Pendelimpulsen an und nahm offenbar zufolge des Sauggeräuschdämpfers erstaunlich schnell Gas an…

Und zur Funktion des Pendelanlassers erklärt das Blatt:
Ein Pendelunterbrecher steuert die Pendelbewegung des Ankers und damit des Kurbeltriebes beim Anlassen dergestalt, dass dieser um die untere Kurbeltotlage pendelt, ohne vorerst die obere Totlage zu erreichen. Im Verlauf dieser Pendelbewegungen wurde Benzin-Luftgemisch angesaugt. Jedes Mal, wenn der Kurbeltrieb entgegengesetzt zur Drehrichtung ansetzt, löst der Pendelunterbrecher an den Kerzen einen Startzündfunken aus. Schließlich genügt die Pendelanlasserleistung plus die Zündimpulse, um diesen gegen den Verdichtungswiderstand durchzudrehen.

1967 wurde die SG/SGS noch einmal „facegeliftet“ und speziell dem Publikumsgeschmack des USA-Marktes angepasst. 1970 liefen die letzten SGS vom Band.
Von 1956–1963 gab es auf Basis der SGS eine käufliche Motocross-Maschine, die 250 MC mit Leichtmetallzylinder und verchromten Laufflächen sowie zwei Verga-

Puch 250 MC in der käuflichen Wettbewerbsausführung mit Rohrrahmen, 19"-Rädern und filzgelagertem Tank gegen Vibrationsrisse.

sern. Die Leistung lag bei rund 20 PS. Auf Basis dieser Maschine wurde 1968/69 für das Bundesheer die Type MCH, allerdings mit einem Vergaser, aber ebenfalls Leichtmetallzylinder, gebaut.

Eine ausführliche Beschreibung über luftgekühlte Leichtmetallzylinder – und da insbesondere die Puch-Leichtmetallzylinder – brachte Dipl.-Ing. Kordik im „Motorrad", Heft 17 vom 24. April 1954, in dem er zur Abbildung des Leichtmetallzylinders der Bol d'Or-Maschine von Johann Krammer u. a. anmerkt:

Zunächst bestand die Problematik darin, dass die Hartchromschicht auf dem Aluminiumguss des Zylinders haften bleibt und sich mit dem Grundmaterial gut verbindet. Das wird dadurch erreicht, dass auf der Leichtmetalloberfläche haarfeine Unebenheiten erzeugt werden, welche die Haftung der Chromschicht erheblich verbessern. Dem Problem der schlecht auf der Chromfläche haftenden Schmierschicht begegnet man dadurch, dass auf der Chromoberfläche mikroskopisch kleine „Ölreservoire" z. B. auf elektrolytischem Wege eingearbeitet werden. Diese „Porösverchromung" ergibt im Hinblick auf die Schmierung ausgezeichnete Resultate, die Kolbenreibung wird auf ein Minimum herabgesetzt. Die Entwicklung von Leichtmetallzylindern wird in Österreich ausschließlich von der Firma Puch weitergetrieben, wobei fast nur Zylinder für Wettbewerbsmaschinen in Betracht kommen. Es handelt sich hauptsächlich um Zweivergasermotoren mit hartverchromten Laufbahnen, die auf nicht weniger als 25 PS bei 250 cm³ Hubraum kommen.

Zum letzten Mal wird die Puch 250 SGS im „Motorrad-Katalog 1970/71", Ausgabe Nr. 1/70 gelistet: *Dieses Modell, zuletzt noch in beträchtlichen Stückzahlen nach den USA exportiert, ist der letzte in der Serienherstellung des Werkes verbliebene Motorradtyp mit Doppelkolben-Zweitakter. Guter Durchzug schon aus niedrigen Drehzahlen heraus und unerreichte Betriebswirtschaftlichkeit sowie runder Leerlauf sind die Vorzüge dieses Zweitakt-Arbeitsverfahrens, dem höhere Gestehungskosten und Behandlungsempfindlichkeit als Nacheile gegenüberstehen.*

Der Preis betrug DM 2.310,– ab Freilassing.

Puch 250 SGS 1955 mit Denfeld-Sitzbank.

Zwei Puch SGS Super: links eine neu aufgebaute Maschine, rechts eine langgediente mit Patina, einem Zusatzstoßdämpfer an der Gabel, unverkleideten Federbeinen, Serien-Schalldämpfern und schmalem Vorderkotflügel.

Puch 250 SGS-S mit Graugusszylinder und Burgess-Auspufftöpfen.

Ansauggeräuschdämpfer der SGS.

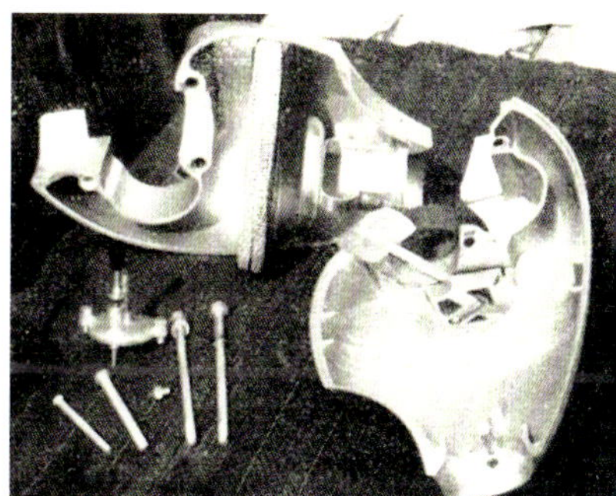

Wie es im Inneren des SGA-Ansauggeräuschdämpfers aussieht, zeigt dieses Bild. Er ist zerlegbar und besteht aus schallschluckendem Kunststoff. Startschieber und Luftfilter sind deutlich zu sehen.

Autor Fritz Ehn mit einer Puch 250 SG bei der RBO-Trophy am 28. August 2010.

Puch 250er-MCH-Militärversion.

250er-MCH-Militär-Prototyp mit Rotax-Motor und Ski. Dieses Modell sollte ab 1986 die Doppelkolben-250er-MCH (siehe gegenüberliegende Seite) ablösen, doch dazu kam es nicht mehr.

Puch 250 SG (A) und SGS (A) (A = Anlassermodelle), Baujahre 1953–1970

Motor, Typ: Puch-Doppelkolben-Zweitaktmotor, luftgekühlt, Zylinder leicht nach vorne geneigt

Zylinderzahl: 1

Arbeitsweise: Doppelkolben auf Anlenkpleuel, asymmetrisches Steuerdiagramm

Bohrung/Hub: zweimal 45 mm / 78 mm

Hubraum: 248 cm^3

Verdichtung: SG 6,2:1; SGS 6,5:1

Leistung: SG 13,8 PS bei 5.800 U/min; SGS 16,5 PS bei 5.800 U/min

Drehmoment: SG 2,3 kgm bei 3.200 U/min; SGS 2,3 kgm bei 3.300 U/min

Zündanlage: Batterie-Zündlichtanlage, spannungsregelnde Puch-Gleichstrom-Lichtmaschine, Lichtmaschinenleistung 6 Volt, 45/60 Watt, Batterie 6 Volt, 7 Ah, zwei Stück 3 V-Zündspulen. Für die Anlassermodelle SGA und SGSA: Bosch-Pendel-Licht-Anlass-Batterie-Zünder 12 Volt, 60/90 Watt (AZ/PJ 1 R 60/12/1700+0,2 L 2) mit 2 Batterien, 6 V/11 Ah.

Vorzündung: SG: 6–7 mm, SGS: 6,5–7 mm; gemessen wird am hinteren Kolben; fix eingestellt, mit einem Fühlstift, 4 mm Ø, durch Kurbelgehäuseöffnung arretierbar; Unterbrecherabstand 0,4 mm

Zündkerze: Bosch W 225 T11 (zwei Kerzen bei allen Modellen) oder entsprechende Kerzen anderer Marken; je nach Einsatz, Zweck und Belastung der Maschine Wärmewert bis 260 verwendbar; Elektrodenabstand 0,6 bis 0,7 mm

Motorschmierung: durch Ölpumpe, Winteröl SAE 30–40, Sommeröl SAE 50, Zweitakt!

Vergaser: Modelle SGS und SGSA: Ab Motor-Nummer 1,701.001 Puch-Einkolben-Vergaser, Typ P 32/1, 32 mm Ø, mit Nadeldüse, Nassluftfilter mit Startscheibe. Hauptdüse 150, Nadeldüse ohne Belüftungslöcher, Nassluftfilter mit Startscheibe, Hauptdüse 150, Nadeldüse ohne Belüftungslöcher, Nadelstellung 3. Raste von oben, Drosselschieber 19 mm Schlitzweite, Leerlaufdüse 40, Leerlaufstellschraube etwa 1 Umdrehung offen.
Frühe SGS-Modelle bis Motor-Nummer 1,701.000: Puch-Einkolben-Vergaser-Typ P 31/1, 31 mm Ø, mit Nadeldüse, Nassluftfilter mit Startscheibe, Hauptdüse 140 (135) je nach Benzinqualität und Fahrweise, Nadeldüse zwei Luftlöcher quer zum Vergaserdurchgang, Nadelstellung 3. Raste (2. Raste) von oben, Drosselschieber-Ausschnitt 12 mm, etwa eine ¾-Umdrehung offen.
Modelle SG und SGA: Puch-Einkolben-Vergaser Typ P 32/1, siehe SGS(A)-Modelle!
Alle Modelle mit Ansauggeräusch-Dämpfer: Puch-Einkolben-Vergaser-Typ P 32/1, 32 mm Ø, mit Nadeldüse, Luftfilter im zerlegbaren Ansauggeräusch-Dämpfer, Hauptdüse 130, Nadeldüse ohne Belüftungslöcher, Nadelkonuslänge 30 mm, Nadelstellung 4. Raste von oben, Drosselschieber-Schlitzweite 19 mm, Leerlaufdüse 35, Leerlaufstellschraube etwa eine ¾-Umdrehung offen.

Sonstige Motormerkmale: Graugusszylinder, Leichtmetallzylinderkopf mit zwei Kerzenöffnungen

Kraftübertragung: Viergang-Getriebe mit Fußschaltung, Mehrscheiben-Lamellenkupplung im Ölbad laufend, staubdicht gekapselte Kette aufs Hinterrad. Primärübersetzung: Motor – Getriebe mit Duplex-Hülsenkette $^3/_8$ x $^3/_{16}$", Hülsen-Ø 5 mm, Hülsenzahl 64, 22:51 Zähne, i = 2,31; Sekundärübersetzung Getriebe – Hinterrad: Rollenkette $^1/_2$ x $^5/_{16}$", 118 Rollen, ein Block und zwei Verschlussglieder.
Getriebeübersetzungen, Zähnezahlen, Übersetzungsverhältnis:
1. Gang: 22:8, i = 2,75; 2. Gang: 18:12, i = 1,5; 3. Gang: 15:15, i = 1; 4. Gang: 13:17, i = 0,76
Soloübersetzung Getriebe – Hinterrad 46:15, i = 3,07, Gesamtübersetzung:
1. Gang: i = 19,5; 2. Gang: i = 10,6; 3. Gang: i = 7,1; 4. Gang: i = 5,4
Seitenwagenübersetzung Getriebe – Hinterrad 48:13, i = 3,7. Gesamtübersetzung:
1. Gang: i = 23,4; 2. Gang: i = 12,8; 3. Gang: i = 8,5; 4. Gang: i = 6,5

Fahrgestell, Rahmen: aus Stahlblech gepresster Schalenrahmen mit geschlossenem, torsionssteifem Profil; Rahmen-Brustrohr und Motorunterzug bestehen aus einem geschlossenen quadratischen Kastenprofil und sind mit dem Steuerkopf und dem Rahmen bei der Motoraufnahme verschweißt

Gabel: Teleskopgabel mit hydraulischer Dämpfung

Hinterradfederung: Schwinggabel aus Stahlblechprofil mit integriertem, geschlossenem Kettenschutz. Federbeine hydraulisch gedämpft, auch verstellbare Ausführung

Räder: Tiefbettfelge 1,85 B x 16" ($2^1/_2$ x 16", DIN 7816), Reifen 3,5 x 16", DIN 7802, 562 mm dyn. Ø, max. Tragfähigkeit 255 kg/2,6 atü

Bremsen: Bremsnaben 1.800, Bremsbelagsbreite 40 mm, Bremsübersetzung Handbremse 1:33,6, Fußbremse 1:47,2, Seitenwagenbremse 1:30,8

Maße und Gewichte: Länge/Breite/Höhe: 1.985/645/920 mm, Radstand: 1.345 mm, Bodenfreiheit: 140 mm, Sattelhöhe: 735 mm, Gewicht (Trockengewicht) SG und SGS: 139 kg, SGA und SGSA: 151 kg, zulässiges Gesamtgewicht: 342 kg

Achsdrücke: mit zwei Personen: vorne 95 kg, hinten 245 kg, mit Seitenwagen: drei Personen insgesamt, vorne 105 kg, hinten 272 kg, Seitenwagenrad 80 kg

Tankinhalt: 13 l, davon 3 l Reserve, Öltank: im Benzintank, Einfüllöffnung links, 1,5 l. Verbrauch solo: 3,3 l/100 km, Seitenwagen: 4,5 l/100 km

Bau- und Erkennungsmerkmale, Type SGS und SGSA: SGS 1953–1970, SGSA 1956–1960

Motor-Nummern-Bereiche SGS 520.001–520.020, 1,700.001–1,799.899, Produktion 38.584 Stück; SGSA 2,200.001–2,299.899 ab 1955, Produktion 600 Stück

- ein Vergaser linksseitig am Motor mit Nassluftfilter oder stromlinienförmigem Ansauggeräuschdämpfer
- rot lackiert
- verchromt sind Teleskopgabel-Gleitstück, Lenker, Tankdeckel, Tankseitenteile (Attrappe), Gabelschrauben, Scheinwerferring, Steckachsen, Bremshebel, Batteriebefestigungsschraube und Batterie- bzw. Werkzeugkastendeckel, Federbeine, Kickstarter, Auspuffkrümmer, Auspuffschelle und auf Bestellung Felgen und Auspufftöpfe
- frühe Modelle mit Ganganzeiger am Motorblock, dann Leerlaufanzeige im Scheinwerfergehäuse
- Mittel- und Seitenständer serienmäßig
- frühe Modelle mit Gummisätteln ausgestattet, ab 1955 wahlweise Sitzbank (Denfeld), Modell 1967 nur mehr Sitzbank
- geänderte Kurbelwelle ab Motor-Nummer 1,705.155
- Leerlaufanzeige ab Motor-Nummer 1,705.166
- Seitenständerbefestigung bis Motor-Nummer 1,706.441 mit Schelle, danach Winkel am Rahmen
- Federbein (Federstrebe) dünne Ausführung, geändert ab Motor-Nummer 1,711.635
- Puch-Lenker bis Motor-Nummer 1,708.400. Ausführung mit festgeschweißtem Handhebelkloben. Ab Motor-Nummer 1,708.401 Magura-Lenker und Armaturen
- Vorderrad-Bremstragplatte geändert ab Motor-Nummer 1,700.716. Nicht austauschbar gegen alte Ausführung!
- Änderung der Lichtmaschine (Unterbrecherplatte am Lichtmaschinen-Gehäuse aufgenietet ab Motor-Nummer 1,706.597; nur SGS, nicht Anlasser-Modell!)
- Scheinwerfer mit Leerganganzeige ab Motor-Nummer 1,705.166
- Scheinwerfer 150 mm Lichtaustritt, Scheinwerfer-Hauptlampe 6 V, 35/35 W, Standlicht 6 V, 15 W, Ladekontrollicht 6 V, 2 W, elektrische Leerganganzeige 6 V, 2 W, Schluss-, Brems-, Kennzeichen- und Rückstrahlerleuchte 6 V, 3/15 W

Bau- und Erkennungsmerkmale, Type SG und SGA: SG 1954–1969, SGA 1956–1964

Motor-Nummern-Bereiche SG 1,900.001–1,999.899, Produktion 35.920 Stück, SGA 2,100.001–2,199.899, Produktion 849 Stück

- ein Vergaser linksseitig am Motor mit Nassluftfilter oder stromlinienförmigem Ansauggeräuschdämpfer. Der Vergaser der SG ist zum Unterschied von der SGS nach hinten gerichtet!
- schwarz lackiert, Modell SGA ab 1956 in Siena-métallisé und mit Chromfelgen und verchromten Schalldämpfern auf Bestellung erhältlich
- Federbein (Federstrebe) dünne Ausführung, geändert ab Motor-Nummer 1,908.046
- Puch-Lenker bis Motor-Nummer 1,900.280. Ausführung mit festgeschweißten Handhebelkloben. Ab Motor-Nummer 1,900.291 Magura-Lenker und Armaturen
- Änderung der Lichtmaschine (Unterbrecherplatte am Lichtmaschinen-Gehäuse aufgenietet ab Motor-Nummer 1,900.671; nur SG, nicht Anlasser-Modell!)

Bau- und Erkennungsmerkmale, Modell SG/SGS 1967:

- neuer, eckiger Tank ohne Chrom
- schmaler Kotflügel
- geänderte, optisch eckig wirkende Sitzbank
- alle Ausführungen mit Ansauggeräuschdämpfer
- Teleskopgabel mit Gummi-Faltenbalg anstelle des Chrom-Gleitstückes
- offene Federbeine
- hoher Lenker (wahlweise)
- schmaler Vorderreifen der Dimension 3,00–16
- ausschließlich Chromfelgen und verchromte Schalldämpfer
- Farbkombination rot-silber (SGS) und schwarz-silber (SG)

Bau- und Erkennungsmerkmale, Modell 250 MCH, 1968–1969:

Motor-Nummern-Bereich 2,400.001–2,499.899, Produktion 301 Stück

- Tank-Sitzbankkombination wie SG/SGS-Modell 1967
- Leichtmetallzylinder mit hartverchromten Laufflächen, 2 x 45 mm Bohrung
- Rohrrahmen-Fahrwerk mit 19"-Laufrädern (weitgehend identisch mit der 250 MC)
- lange Seitenstütze (Bergstütze)
- Leistung: 15,3 PS bei 5.800 U/min
- Vergaser: Puch P 32/1, HD 140, LD 35, Nadelstellung 5, mit Bundesheer-Saugkasten
- Vorzündung: 6 mm
- Kerzen: Bosch 225

Puch M 125: Moderne Zeiten – ein Kolben ist genug

Die Puch-Werke hatten längst den Zug der Zeit erkannt und sich ein neues Standbein in der Produktion, nämlich den Automobilbau, geschaffen. Oder besser gesagt: regeneriert. Denn Puch baute ja bis knapp in die Zeit nach dem Ersten Weltkrieg hinein Autos, u. a. den berühmten Puch Typ VIII (6120 und 14/38 PS) „Alpenwagen". 1957 nahm man in Graz-Thondorf die Produktion des Puch-Kleinwagens Typ 500 auf, dem bald die Versionen 500 D, DL und S sowie 650 T, TR und die Kombitype 700 C folgen sollten. 1959 hatte man bereits die Produktion des geländegängigen Kraftzwerges „Haflinger" aufgenommen, die Vierradsparte gedieh prächtig (siehe auch Friedrich F. Ehn, „Puch-Automobile 1900–1990", Weishaupt Verlag).

Der Motorradmarkt in Österreich sowie in den europäischen Exportmärkten war deutlich geschrumpft. Lediglich von der SGS waren vor allem in den USA größere Stückzahlen abzusetzen. Die Umsatzträger am Zweiradmarkt waren eindeutig die vor allem von der Jugend und den einkommensschwächeren Käuferschichten gefragten 50 cm³-Fahrzeuge. Puch hatte seit rund zehn Jahren kein neues Motorrad mehr entwickelt. Fachmedien und Publikum glaubten an das Ende des Motorradbaues bei Puch. In diese Situation hinein tauchte bei den Geländewettbewerben – neben den seit 1964 verstärkt auftretenden 50 cm³-Sportmaschinen von Puch – plötzlich eine Achtelitermaschine mit dem grün-weißen Wappen am Tank auf. Die große Überraschung brachte die Sechstagefahrt 1966 in Schweden, wo der junge Werksfahrer Sommerauer

Wie üblich bei Puch: Erprobung der neuen Modelle im Sporteinsatz. Werksfahrer Sommerauer auf der M 125 in Wettbewerbsausführung bei der Internationalen Steirischen Berglandfahrt 1967.

die neue 125er im direkten Vergleich zur westdeutschen und tschechischen Konkurrenz zeigte. Dazu merkte die deutsche Fachzeitschrift „Motorrad“ in Heft 24 von 1966 an:
In diesem wuchtigen Breitrippenzylinder steckt auch außerordentlicher „Mumm unten“, nachdem bald bekannt wurde, daß Sommerauer mit einem Viergang-Getriebe auskam! Im Schlußrennen zeigte er noch mal, was diese Maschine konnte, und im Endergebnis fehlte ihm nur ein Punkt zur Gleichwertigkeit mit den Punktebesten des ganzen Wettbewerbes! Kurze Zeit darauf stand die neue 125er, im Aussehen der Sechstagemaschine nahezu gleich, auf dem Puch-Stand auf der IFMA in Köln, und wenn auch noch kein Preis für Deutschland zu erfahren war – es blieb kein Zweifel, daß dieses Modell in Kürze geliefert werden würde, ja daß der Termin für einige tausend Stück als erste Amerika-Lieferung bereits im Frühjahr 1967 liegen solle.

Die M 125 vereinte in sich alles Können der Motorradbauer in Graz mit der langjährigen Tradition und dem damit verbundenen Know-how, sowie der Anwendung des neuesten Standes der Technik. Dies nicht zuletzt aufgrund der langjährigen Erfahrung mit den Mopedmotoren, die ja ebenfalls zum Besten gehörten, was man um Geld kaufen konnte, sowie infolge der engagierten und geradezu enthusiastischen Arbeit der Mannen in der Versuchsabteilung, die ihre Arbeit im Stahlgewitter der Wettbewerbe ständig überprüften.

Werkszeichnung vom Motor der Puch M 125.

Am 17. Juni 1967 brachte die Motorbeilage der Oberösterreichischen Nachrichten einen Bericht über die M 125, verfasst von Dr. Helmut Krackowizer:
Bei der M 125 handelt es sich um jenen Typ, der bereits anlässlich der IFMA in Köln in der Exportversion seine Weltpremiere feierte und nun in der Österreich-Ausführung bereits in Produktion und damit in den Verkauf gegangen ist. Gleichzeitig mit diesem etwas verspäteten Österreich-Einstand, man hatte ihn schon zur Frühjahrsmesse erwartet, gab es jedoch eine echte Neuheit: die käufliche Sportversion dieses gänzlich neu konstruierten Motorrades, das sich nicht nur im Motor, sondern auch im Fahrgestell vom bisherigen konstruktiven Konzept von Puch grundlegend unterschied. (Schalenrahmen – Rohrrahmen, Anm. d. Verf.)

Dann folgt ein hochinteressanter Hinweis auf die ebenfalls käufliche Sportversion mit 14,5 PS der M 125 im Jahr 1967, welche sich optisch noch sehr seriennah mit größeren

Die Puch M 125, 1966.

Rädern mit Stollenreifen und hochgezogenem Auspuff gab. Der Text des Artikels weist jedoch sehr deutlich auf die geplante Weiterentwicklung von Offroad-Modellen auf Basis der M 125 hin:

Die Daten haben sich wie folgt von alt auf neu (Anm.: von der 125 SV auf die M 125) *geändert: Gewicht von 115 auf 96 kg, Höchstgeschwindigkeit von 85 auf 110 km/h. Nicht in Zahlen zu kleiden ist hingegen folgender technischer Fortschritt, der sich bereits in einer kurzen Bekanntschaft im Sattel der neuen 125er-Puch offenbart. Wesentlich spritzigerer Motor durch geringere hin- und hergehende Massen gegenüber dem Doppelkolbenmotor und auch wesentlich höhere mechanische Laufruhe sowie bessere Handlichkeit und Manövrierbarkeit durch geringeres Gewicht. Steigt man dann noch auf die Sportversion mit ihren 14,5 PS Leistung um, die ein gleich niedriges Gewicht auf die Waage bringt, ist zwischen der zwar 15,6 PS starken 250 SGS, welche nunmehr ebenfalls in modernisiertem Gewande geliefert wird, und dem Sportmodell der M 125 in Leistung und Temperament kaum mehr ein Unterschied feststellbar.*

Für den harten Geländesport haben die Puch-Werke aus der Grundkonstruktion der neuen M 125 noch einige Varianten schneller Werks-Motocross-Modelle entwickelt. Mit einem Sechsganggetriebe versehen, sind diese handgearbeiteten Wettbewerbsmaschinen mit an der Leistungsspitze im internationalen Geländesport.

Der ganz große Wurf der M 125 war der Motor. Er wurde allgemein als Paradebeispiel moderner Motorradbaukunst bezeichnet und hatte mit der extrem kurzhubigen Grundauslegung, dem nadelgelagerten Pleuel sowie dem hartverchromten Leichtmetallzylinder den letzten Stand der Technik in sich vereint. Dazu kam der klare und funktionelle Aufbau des Motors. Allen, die etwas vom Motorbau verstanden, war klar, dass dieser Motor der Grundstein für eine neue Generation von sportlichen Maschinen

Deckblatt des Werksprospektes vom 7. Juli 1967.

Das Werksprospekt III. aus 1969 listet die Vorzüge der neuen Puch 125 Punkt für Punkt auf.

des Hauses Puch werden sollte, was sich in der Folge auch vollinhaltlich bestätigte. Lediglich die Hoffnung auf eine Verdoppelung des Hubraumes in Form eines Parallel-Zweizylinders blieb im Prototypenstadium stecken.

Gewöhnungsbedürftig war – im Vergleich zu den gewohnten Schalenrahmen-Modellen – die Linienführung der neuen Maschine, deren kantiges Design eindeutig bereits von der japanischen Konkurrenz inspiriert war. Als mangelhaft stellte sich lediglich die Kapazität des Tanks mit nur knapp zehn Litern heraus. Die Änderung auf einen 13 Liter-Tank erfolgte jedoch in der zweiten Serie. Geblieben ist man bis zum Schluss bei der offen laufenden Kette, die ja – allen Nachteilen zum Trotz – auch heute noch zum Standard vieler Motorräder gehört.

Wie gut die M 125 war, attestierte „Das Motorrad" in Heft 22 von 1967 anlässlich eines ausführlichen Testberichtes, wo dem Maschinchen am Nürburgring (alte Nordschleife) nichts geschenkt wurde:
Vor zehn Jahren wäre ein Durchschnitt von über 90 km/h auf dem Nürburgring für eine 250 cm³-Maschine ein beachtlicher Wert gewesen. Mit der kleinen Puch erreichten wir auf der 22,3 km langen Meßstrecke eine beste Zeit von 14:08,0 = 94,7 km/h Durchschnitt!

Weiters vermerkt der Artikel, der vom härtesten Tester jener Tage, Ernst „Klocks" Leverkus verfasst worden war, dass zum ausgezeichneten Motor noch das hervorragende Fahrwerk kam, das zum Besten zählte, was damals auf dem Markt war. Gepaart mit der guten Drehmomentverteilung über einen Drehzahlbereich zwischen 4.500 und 7.500 U/min und dem gut gestuften Viergang-Getriebe waren Schnitte auf den damaligen Landstraßen möglich, die von Durchschnittslimousinen nicht übertroffen werden konnten. Als etwas mickrig empfanden die Tester die mopedartige Lichtanlage, das schwache Signalhorn und den kleinen Tachometer. Ausgezeichnet hingegen wurde das Kaltstartvermögen des Motors, sein runder Leerlauf und der gute Durchzug von unten bewertet. Und auch die von den SV-Modellen übernommenen Leichtmetall-Vollnabenbremsen ernteten einhelliges Lob. Die Wendigkeit und die geringen Unterhaltskosten stempelten das jüngste Kind aus dem Hause Puch zum Zweitfahrzeug neben dem PKW.

Ab Modelljahr 1970 gab es auch (neben den technischen Verfeinerungen, siehe technische Daten) ein optisches Facelifting, nämlich einen größeren Tank mit verchromten Seitenteilen und einer bequemeren Sitzbank. Als De-luxe-Ausführung auch mit Blinkeranlage.

Im Motorrad-Katalog des Motor-Presse-Verlags Stuttgart, Ausgabe 1/71, wird die Puch M 125 de Luxe wie folgt beschrieben:
Mit dem Modell M 125 nahmen die österreichischen Puch-Werke nach Jahren der Stagnation in der Motorrad-Entwicklung und überwiegender Beschäftigung mit gedrosselten 50 cm³-Zweiradfahrzeugen Mitte der 60er-Jahre die Motorrad-Produktion und die aktive Sportbeteiligung wieder auf. Die rundherum wohlgelungene 125er-Einzylindermaschine,

Links: Werksprospekt der Puch M 125 von 1970. Rechts: Deckblatt des Werksprospektes III. der Puch M 125 von 1969.

Links: Puch M 125-Lenker und Armaturen von 1970. Rechts: Deckblatt des Werksprospektes der Puch M 125 von 1970.

erstes Modell einer weithin erhofften neuen Puch-Typenreihe, bedeutete gleichzeitig die endgültige Abkehr vom jahrzehntelang gepflegten Bau hochklassiger Doppelkolben-Zweitakter.

Im nächstjährigen Katalog 1971/72 wird die M 125 zum letzten Mal gelistet. Denn man darf nicht übersehen, dass das Motorrad nach dem Zusammenbruch in den ausgehenden Fünfzigern sein Comeback unter den Auspizien des Hobby- und Freizeitgefährtes zu feiern begann. Das Wirtschaftswunder war in satten und scheinbar niemals endenden Wohlstand übergegangen – sicher ein guter Nährboden für die Maschinen aus Fernost, denen Puch mit der M 125 in ihrer Klasse noch erfolgreich Paroli bieten konnte. Dennoch waren die Verkaufszahlen auf den Motorradmärkten dramatisch gesunken, so dass auch die Produktionszahlen der Puch-Motorräder trotz des neuen Modelles M 125 nicht am steten Absinken gehindert werden konnten. 1971 erfolgte das „Aus" für die M 125 und damit für die letzte „reinrassige" Puch-Straßenmaschine.

Puch M 125, Baujahre 1966–1971
Motor: Motor-Nummern-Bereich 3,600.101–3,699.999, Produktion 10.769 Stück
Typ: Puch-Einzylinder-Einkolben-Zweitaktmotor, luftgekühlt
Zylinderanzahl: 1
Arbeitsweise: Umkehrspülung und Schlitzsteuerung
Bohrung/Hub: 55 mm/52 mm
Hubraum: 123,5 cm³
Verdichtung: 11:1
Leistung: 12 PS bei 7.000 U/min
Zündanlage: Bosch-Schwunglichtmagnetzünder. Scheinwerfer 130 mm Lichtaustritt mit Bilux 30/30 W. Bei den Ausführungen mit Zündschloss, Batterie und/oder Parklicht und/oder Blinker sind zwei Gleichrichter mit Sicherung vorgesehen
Vorzündung: 2,7 ± 0,2 mm vor OT, Kolben 2,5–2,90 vor OT
Zündkerze: siehe Bau- und Erkennungsmerkmale
Motorschmierung: Öl-Benzingemisch 1:25
Vergaser: Bing-Vergaser mit 26 mm Durchlass, Betätigung durch Außenzugdrehgriff an der rechten Lenkerseite. Ansaugdämpfer mit Micronicfilter unter der Sitzbank. Standgaseinstellung am Seilende am Vergaser
Sonstige Motormerkmale: Leichtmetallzylinder mit hartverchromter Lauffläche, großflächige Zylinderrippen mit Antischwirr-Stegen, Leichtmetall-Fächer-Zylinderkopf
Kraftübertragung: Primärantrieb mittels schrägverzahnter Zahnräder, im Ölbad laufend, i = 2,516. Sekundärantrieb Getriebe-Hinterrad mittels offen laufender Rollenkette, i = 3
Getriebe: Fußgeschaltetes Viergang-Klauengetriebe. Gesamtübersetzung: Gangübersetzung: 1. Gang: 1:24,5 1:3,25 2. Gang: 1:14,2 1:1,875 3. Gang: 1: 9,4 1:1,25 4. Gang: 1:7,55 1:1,00
Kupplung: Mehrscheibenkupplung (fünf Scheiben) im Ölbad laufend, auf der Kurbelwelle sitzend
Fahrgestell, Rahmen: verwindungssteifer Rohrrahmen mit doppeltem Brustrohr. Vorne ist das Doppelrohr mit dem kastenförmigen Knotenblech des Rahmenrückgrates im Bereich des Steuerkopfes verschraubt, hinten verschweißt
Gabel: Arces-Teleskopgabel mit hydraulischer Dämpfung, 110 mm Federweg
Hinterradfederung: Schwinggabel mit hydraulisch gedämpften Federbeinen, Federweg 95 mm

Räder: Drahtspeichenräder mit verchromter Tiefbettfelge und Leichtmetall-Vollnabenbremsen mit Steckachsen. Geeignet für Bereifung 2,50–17 vorne und 3,0–17 hinten, Tachometerantrieb im Vorderrad

Bremsen: Leichtmetall-Vollnabenausführung, Bremsendurchmesser 160 mm, Belagsbreite 35 mm

Maße und Gewichte: Länge/Breite/Höhe: 1.890/645/1.000 mm, Radstand: 1.250 mm, Bodenfreiheit: 175 mm, Sattelhöhe: 790 mm, Gewicht: 95 kg, zulässiges Gesamtgewicht: 260 kg, Tankinhalt: 9,5 l, ab Modell 1970 13 l, **Verbrauch:** 3,5 l/100 km

Bau- und Erkennungsmerkmale, Type M 125:

- erste Ausführung mit kleinem 9,5 l-Tank, silber lackiert, lackierten Kotblechen, lackierten Gabelbrücken und lackierten Gabel-Unterteilen. Lackierung rot-silber, Farbton mohnrot, RAL 3002, silber, RAL 9006.
- Kickstarter mit Kettenübersetzung und entsprechendem Gehäusedeckel bis Motor-Nummer 3,606.042, ab 3,606.043 Kickstarter mit Zahnradanwerfvorrichtung.
- Zündkerze mit Kurzgewinde, Champion L/5 bis Motor-Nummer 3,608.112, sowie von 3,608.230–3,608.428. Zündkerze mit Langgewinde, Champion N3 ab Motor-Nummer 3,608.113 mit Ausnahme von 3,608.230–3,608.428 wahlweise. Auch Bosch 240 T2 (Langgewinde) statt Champion zulässig.
- Zylinderkopf-Ausführung 2 (ohne Schwirrstege) bis Motor-Nummer 3,606.042, nur zu verwenden mit Zylinderkopfdichtung, Alufolie, Garnitur 5-fach. Ab Motor-Nummer 3,606.043 neuer Zylinderkopf mit Versteifungsstegen sowie wahlweise kurzem oder langem Kerzengewinde (s.o.), wird ohne Dichtung montiert. Kennzeichen: blauer Punkt oder rechteckige Erhöhung neben dem Fahrtrichtungspfeil an der Unterseite des Zylinderkopfes.
- Zylinderausführung geändert ab Motor-Nummer 3,606.043, Kolbenausführung Elko 902/17a, Sort. A, C, oder E, je nach Zylinderausführung
- Ausführungsänderung im Getriebe ab Motor-Nummer 3,610.689
- Vergaserbestückung für Europa allgemein Bing 2/26/61 mit Hauptdüse 115 bis Motor-Nummer 3,605.200 (ersetzt Bing 2/26/59 mit Hauptdüse 105)
- Auspufftopf-Ausführung geändert ab Motor-Nummer 3,605.201; weitere Ausführungen für Exportmärkte je nach Leistung vorgesehen
- Schwunglichtmagnetzünder Bosch O 212 124 016, RCP 1 6V 35-9/18 W; für England Schwunglichtmagnetzünder Bosch O 212 124 012 RCP 1 6V 35/18 W
- Kraftstoffbehälter 13 l, ab 1970 mit verchromten Seitenteilen (Attrappen) und gepolstertem Halteband, dazu geänderte Doppelsitzbank, geänderte Tankaufnahme am Rahmen
- Ausführung ab 1970: mattschwarze Rahmenrohre, verchromte Kotbleche, Lackierung: Transparent-Rot RAL 3052T
- Federbeine ohne Verkleidungsrohr und mit verstärkter Druckfeder ab Motor-Nummer 3,606.486–3,608.917; ab Motor-Nummer 3,608.917 Federbein mit Verkleidungsrohr, verwendbar ab Motor-Nummer 3,000.001
- Lenker in hoher oder niedriger Ausführung erhältlich
- Scheinwerferausführungen: Hella 130/2 Tz-s-1 CR SF wahlweise mit Ladekontrollleuchte und Kippschalter (Standlicht) oder Scheinwerfer 130 Ø mit Tachobeleuchtung und runder Tachoöffnung
- Ausführungen der Maschinen von der elektrischen Ausstattung her: ohne/mit Zündschloss; mit Zündschloss, Batterie, Parklicht; mit Zündschloss, Batterie, Blinker; mit Zündschloss, Batterie, Parklicht, Blinker; Ausführung der beiden letztgenannten Ausstattungsvarianten: „De Luxe“-Modelle
- Brems-, Schluss-, Kennzeichen- und Rückstrahlerleuchte Hella SBKR49 (lange Ausführung)
- die Puch M 125 wurde – jeweils in den Landesversionen – für folgende Exportmärkte geliefert: Deutschland, Schweiz, Südafrika (Fa. Autolee Ltd.), Frankreich (Fa. Ganier & Fils), Norwegen (mit gedrosseltem Motor, 6,6 PS, Fa. Maskinhuset), England (mit eigener „De Luxe“-Ausführung, mit oder ohne Blinker) sowie nur der Motor an die Fa. Disbimoto, Portugal. Eine Spezialversion wurde auch an die österreichische Post geliefert.

Bau- und Erkennungsmerkmale, Puch M 125-Postversion:

- Motorleistung 6,6 PS
- Einzelsitzbank
- Zündkerze mit Langgewinde, Bosch 225 T2 oder Champion N4
- Bing-Vergaser 2/22/35 mit Hauptdüse 100, Nadeldüse 1308
- gelb/schwarze Lackierung

Puch M 125-Behördenmodell 1972, Ausführung mit Einzelsitzbank und großem Gepäckträger.

PUCH

Sporteinsätze, Rennen, Weltrekorde 1945–1970

Wie bei kaum einer anderen Motorradfabrik gab es bei Puch von Anfang an eine enge Wechselwirkung zwischen Neuentwicklung und Serienverbesserung der Versuchsabteilung und beinharter Sporterprobung. Im Zuge der Entwicklungsgeschichte der einzelnen Modelle und Typen kann man ganz genau die enge Verwandtschaft zwischen den Serien- und den Werksmodellen feststellen. In der Zeit, als sich das Motorrad immer mehr vom Verkehrsmittel hin zum Freizeit- und Sportgerät wandelte, gab es bei Puch kaum noch strenge Grenzen zwischen Serie und Versuch bzw. der Sportabteilung, wie in den letzten Jahren die offizielle Bezeichnung lautete.

Bei Puch machte man natürlich eine Trennung zwischen reinem Werksmaterial und „verbessertem“ Material, das schwer, aber dennoch käuflich zu erhalten war. So gab es zu allen Zeiten Meilenstein-Konstruktionen, mit denen die „Puchianer“ bewiesen, dass sie allemal noch die Hand am Pulsschlag der Zeit hatten. So beispielsweise mit der wassergekühlten Renn-Puch der späten 1940er-Jahre, der Weltrekord-TFS oder der 250er-Doppelvergaser-Motocross, mit der Harry Everts 1975 Weltmeister wurde.

Bereits im Herbst 1945 fand in Budapest die erste österreichisch-ungarische Sportveranstaltung mit leichtathletischen Bewerben, Fußball und Motorradrennen statt, wo auch Puch mit einigen S 4 teilnahm.
1947, als gerade die ersten bemerkenswerten Stückzahlen der 125 T vom Band zu laufen begannen, als die Rohstoff- und Teileversorgung der Serie noch keinesfalls sichergestellt war, begann man bei Puch mit der „Rennerei“. Bei den „Six Days“ im Sep-

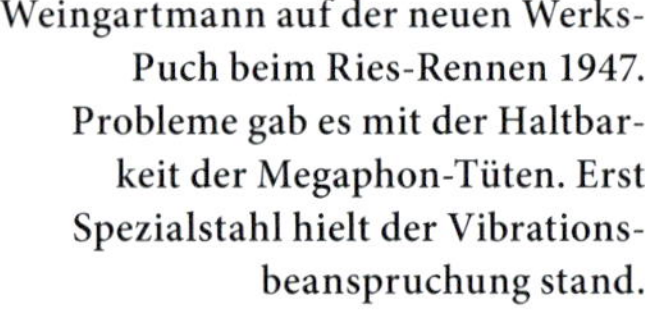

Weingartmann auf der neuen Werks-Puch beim Ries-Rennen 1947. Probleme gab es mit der Haltbarkeit der Megaphon-Tüten. Erst Spezialstahl hielt der Vibrationsbeanspruchung stand.

Erster Puch-Werkseinsatz bei den „Six Days“ 1947 in der ČSSR. Von links nach rechts: Dipl.-Ing. Riedel, Edi Beranek und Rudi Hunger. Deutlich erkennbar der zweite, rechtsseitige Vergaser an den Maschinen.

Oben: Rennmotoren-Bastelei aus zwei 125er-Triebwerken eines Privatfahrers Ende der 1940er-Jahre.
Unten: Puch-Sieg mit Franz Schenk vor Erwin Strubinsky auf der Sandbahn in St. Pölten im Juni 1949.

tember 1947 errang die Puch-Mannschaft mit drei gestarteten und durchgekommenen Fahrern einen bemerkenswerten Erfolg.
Die Versuchsabteilung hatte die Maschinen sorgfältig vorbereitet und erstmals den Doppelkolbenmotor mit zwei Vergasern bestückt. Diese „Six Days“-Maschinen waren die direkten Vorläufer für die Zweivergaser-Sportmodelle, die dann ab dem Modell 125 S in den Handel gelangten. Die Zeitschrift „Austro-Motor“ merkte Ende 1947 dazu an:
Die kleine „Six Days“ ist ein direkter Abkömmling der 125er … Der augenfälligste Unterschied gegenüber der heutigen 125er ist die Verwendung von zwei Vergasern … Sie arbeiten nicht wie üblich gleichzeitig, sondern hintereinander, sozusagen im Register, und das war der große Wurf, sozusagen das Ei des Kolumbus … Ab etwa 3.500 U/min bringt der zweite Vergaser eine unglaubliche Leistungssteigerung, der Motor brummt plötzlich viel tiefer und erreicht 8 PS. Das alles ohne spezielles Tuning, ohne Komprimieren und ohne Polieren… „Motor-Cycle“ berichtet, daß ein Reporter während der Sechstagefahrt eine der drei Puchs über viele Kilometer mit 90 Durchschnitt stoppen konnte.

Der Motor der Puch 125 animierte aber auch immer wieder mehr oder weniger begabte Tuner und Konstrukteure zu Arbeiten zur Leistungssteigerung am Objekt. So tauchten beispielsweise gegen Ende der 1940er-Jahre immer wieder Konstruktionen auf, die zwei 125er-Motoren parallel schalteten. Aber auch die Nachfolgemodelle wie die 125 SL und die 175 SVS regten Privatfahrer zu oftmals professionellen Lösungen zur Leistungsgewinnung für den Straßenrennsport an. Ein beliebtes und bewährtes Mittel aus der Vorkriegszeit, nämlich die Wasserkühlung des Zylinders, wurde auch bei diesen Tuningarbeiten angewendet.

1947: Geländetraining im Helenental bei Baden bei Wien. Der Fahrer bewegt eine modernisierte Puch S 4 mit Teleskopgabel und Hinterradschwinge.

Puch 125er-Rennmaschine, 1948, Zweivergaser-Variante und Standmagnet hinter dem Zylinder. Das war eine von vielen Initiativen von Privatfahrern nach dem Krieg. Beachtlich ist auch die Vergrößerung der Kühlfläche des Zylinderkopfes mit zwei Aluminiumblechen.

Straßenrennen und Six Days

Werksseitig wurden ebenfalls von der Versuchsabteilung alle Anstrengungen unternommen, um eine konkurrenzfähige Straßenrennmaschine zu bauen. Weingartmann brachte 1949 eine wassergekühlte Zweivergasermaschine in Rankweil zum Start. Weitere Einsätze dieser Renn-Puch erfolgten unter den Fahrern Sepp Herburger und Kurt Schneeweiß, beide aus Vorarlberg. Auch der Schweizer Schweri fuhr etliche Rennen auf dieser Spezialmaschine. Die Puch-Werksrennmaschine hatte bereits die Hinterradschwinge der SL, der Rahmen blieb jedoch unverändert ein Rohrrahmen mit gebogenem Zentralrohr vom Gabelkopf zur Schwingenlagerung, so ähnlich wie bei den späteren Motocross-Modellen der Baureihe 175/250.

Rankweil, 15. Mai 1949. Bei diesem international besetzten Straßenrennen siegte Hans Weingartmann in der 125er-Klasse. Weingartmann bei der Vorbereitung der Maschine (oben links), nach dem Sieg (oben rechts), der wassergekühlte Motor der Werksmaschine (darunter links), Modifikation der 125er-Werksmaschine im Jahr 1950 (darunter rechts).

Bei der Werks-Puch war auf dem verstärkten Unterbau der späteren 125 SL ein wassergekühlter Zylinder aufgesetzt, die Doubleportanordnung des Auspuffes hatte große Seriennähe. Der ebenfalls wassergekühlte Zylinderkopf hatte eine leichte Verrippung, die eine gewisse Ähnlichkeit zu den wassergekühlten DKW-Rennmaschinen nicht verleugnen konnte. Die Kühlung funktionierte im Thermosyphonsystem, der Wabenkühler war hoch und schmal. Die Beatmung des Rennmotors erfolgte wie bei den Seriensportmaschinen mit zwei Vergasern. Die Zündung wurde jedoch von einem Standmagneten übernommen, der sich hinter dem Zylinder befand und dessen Antrieb durch eine Kette in einem eigenen Gehäuse erfolgte. In diesem Gehäuse war auch eine Ölpumpe untergebracht, die die Schmierung des Motors besorgte, der Ölvorrat befand sich im Tank.

Im Jahr 1950 nahm eine offizielle Puch-Werksmannschaft mit Cmyral, Weingartmann und Krammer auch bei der ADAC-Deutschlandfahrt teil (s. Seite 267). Das Team gewann den großen Mannschaftspreis mit Goldenem ADAC-Schild. Krammer auf der 125 TS gewann den silbernen ADAC-Becher und die Goldmedaille, ebenso blieb er auf dieser getunten, aber seriennahen Maschine Sieger bei sämtlichen Sonderwertungen, bei der Bergprüfung, Geschwindigkeits-, Beschleunigungs- und Bremsprüfung. Cmyral auf der TF gewann den silbernen ADAC-Becher und die Goldmedaille und war Sieger in der Berg- und Geschwindigkeitsprüfung. Weingartmann schließlich gewann den silbernen ADAC-Becher und die Goldmedaille und siegte auf seiner Puch TF ebenfalls in der Brems- und Beschleunigungsprüfung.

Bei den internationalen „Six Days", die vom 18. bis 23. September 1950 in England stattfanden, schlugen sich die Puch-Fahrer ebenfalls hervorragend. Edi Beranek fuhr auf seiner 125 TS im Schlussrennen die beste Zeit und errang die Bronzemedaille. Cmyral auf der TF erkämpfte die Silbermedaille. In der Mannschaftswertung wurden die Puch-Fahrer nur knapp geschlagen. Und bei der Internationalen Alpenfahrt vom 24. und 25. Juni 1950 dominierten die Puchs ebenso wie bei der Steirischen Berglandfahrt 1950.

Aus historischer Sicht sind diese Erfolge umso bemerkenswerter, da sie ja in einer Zeit errungen wurden, in der die bittere Not der Nachkriegsjahre herrschte. Das Staatsgebiet war von den vier Besatzungsmächten aufgeteilt, die Bundeshauptstadt Wien war in vier Sektoren geteilt. Auslandsreisen erforderten außer erheblichen Geldmitteln, die in Form von Eigendevisen aufzubringen waren, auch die Zustimmung der Besatzungsmächte. Eine Reise durch Österreich war eine einzige Hindernisfahrt. Ohne Identitätskarte und behördliche Bewilligungen gab es kein Passieren eines anderen alliierten Sektors. Und über all diesen Fährnissen stand die nackte Angst um die Existenz. Diese Nöte wurden noch durch die Tatsache überlagert, dass der Bezug von Rohstoffen aus dem Ausland nur unter größten Schwierigkeiten möglich war. Dennoch baute Puch in jenen Jahren nicht nur die vorhin beschriebene Rennmaschine, die bis zur Epoche Hofer und Stieber-Binder einer von drei Versuchen bleiben sollte, im Straßenrennsport zu reüssieren, sondern auch eine breite Palette von Serienmaschinen, die ihre Feuerprobe im internationalen Sportgeschehen glänzend bestanden hatten.

Bereits am 4. Juni 1950 kam es zum Einsatz einer Vorserien-125er-TS beim 24-Stunden-Rennen in Montlhéry. Robert Moury fuhr auf dieser Maschine in 24 Stunden insgesamt 1.720 Kilometer, das entspricht einem Schnitt von 72,086 km/h, und siegte damit in seiner Klasse. Der zweite Platz ging an eine serienmäßige Puch 125 S.

Internationale Deutschlandfahrt 1950: Weingartmann vor Cmyral auf Puch 250 TFS.

„Six Days" 1951. Die mit nur einem Punkt von den Engländern geschlagene österreichische Trophy-Mannschaft auf Puch.

Weltrekorde!

Die Weltrekord-Puch ziert das Titelblatt des „Motorrad“ vom 23. November 1951.

Motor der 125er-Werks-Rennmaschine mit Wasserkühlung, 1951.

Das Jahr 1951 katapultierte Puch zum höchsten Ruhm im Sportgeschehen, nämlich zur Erringung von zehn Weltrekorden auf einer weitgehend serienmäßigen TFS. Auf Initiative des französischen Generalvertreters Humblot wurde vom Werk eine TFS für den Angriff auf den 24-Stunden-Weltrekord vorbereitet. Die Maschine lieferte aus dem serienmäßigen Triebwerk mit leicht modifizierten Steuerzeiten und erhöhter Kompression rund 20 PS. Aerodynamische Hilfen verliehen der Maschine eine Dauer- und Spitzengeschwindigkeit von etwas über 140 km/h. Am Mittwoch, dem 15. August 1951, startete um 11,46 Uhr das Unternehmen mit den Fahrern Georges und Pierre Monneret, Robert Moury und Hans Weingartmann im Autodrom von Montlhéry. Die Aufmerksamkeit der Öffentlichkeit war geschickt durch Rundfunk und Presse sowie die Wochenschauen auf dieses Spektakel gerichtet worden. Man musste um jeden Preis siegen. Schon nach neun Stunden fiel der erste Zeitrekord: es waren 1.172 km (= 130,2 km/h) gefahren worden, der alte Rekord stand auf 1.124 km. Die zehn am 15. und 16. August 1951 aufgestellten Weltrekorde lauteten:

9 Stunden: 1.172 km = 130.240 km/h (alt: 1.124/124,9)
10 Stunden: 1.298 km = 129,870 km/h (alt: 1.241/124,2)
11 Stunden: 1.429 km = 129,930 km/h (alt: 1.337/121,5)
12 Stunden: 1.561 km = 130,160 km/h (alt: 1.411/117,6)
24 Stunden: 2.891 km = 120,472 km/h (alt: 2.450/102,1)
1.000 Meilen in 12:20:75 = 130,320 km/h
2.000 km in 16:53:07 = 118,450 km/h
3.000 km in 24:51:51 = 120,684 km/h
2.000 Meilen in 26:39:48 = 120,700 km/h

Der 24-Stunden-Weltrekord galt auch für die Klasse bis 350 cm^3, so dass insgesamt zehn Weltrekorde errungen wurden.

Montlhéry war schon am 8. März 1951 der Schauplatz einer Weltrekordfahrt von Puch unter dem Motto „Rund um die Erde auf Puch 125 TS“ gewesen. Unter Aufsicht der FIM (Fédération Internationale des Motocycles) wurde eine der Serie entnommene 125er TS-Puch auf die 40.000 Kilometer dauernde Weltrekordfahrt geschickt. Während der Rekordfahrt durften nur Reifen und Kolbenringe gewechselt werden, alle anderen Teile waren plombiert. Die Rekordfahrt wurde von Georges Monneret gemeinsam mit seinen Zwillingssöhnen Pierre und Jean durchgeführt. Die Rekordfahrt gelang und wurde in 24 Tagen, 21 Stunden, 43 Minuten und 15 Sekunden absolviert, die festgestellte Leistung belief sich auf 40.076 Kilometer. Der allgemeine Durchschnitt betrug – bezogen auf die reine Fahrzeit – 78,080 km/h. Die drei Fahrer lösten sich alle drei Stunden ab und fuhren – trotz teilweise sehr schlechten Wetters – die Distanz nonstop durch. Bei Kilometer 30.730 ereignete sich ein schwerer Unfall, der von Augenzeugen wie folgt beschrieben wurde:

Puch 125 TS-Rekordmaschine mit luftgekühltem Zweivergasermotor 1951.

Links: Die Weltrekord-Puch. Auftakt zur Rekordfahrt in Montlhéry 1951. Rechts: Fahrerwechsel, Monneret startet, Weingartmann steht daneben.

Links: Weingartmann auf der Maschine und Monneret sen. nach den geglückten Weltrekord-Versuchen 1951 in Montlhéry. Rechts: Das französische Team, welches die Rekordfahrten betreute. Weingartmann in der Mitte im Overall, links mit Helm Monneret.

Weingartmann beim Bol d'Or 1951 auf Puch TF.

Eben saß Jean Monneret im Sattel der unermüdlichen Puch. Abenddämmerung senkte sich über die Bahn, ein lästiger Bodennebel beeinträchtigte die Sicht. Es war gegen 19 Uhr. Ein Lastwagen rollte auf die Bahn hinaus. Er brachte einen Monteur, der wie allabendlich die über die Bahn angebrachten Sturmlampen für die Nacht in Betrieb setzen sollte. In der 14. Runde seiner soeben begonnenen Tour stieß Jean im 80 Kilometer-Tempo gegen den Lastwagen, den er im Nebel zu spät erkannt hatte. Ein böser Sturz war die Folge. Aus dem Tank der Maschine floß Benzin, das sich entzündete und den schwer Verletzten in höchste Gefahr brachte. Ein Helfer zog Jean aus den Flammen und löschte den Brand. Der Fahrer wurde mit Knochenbrüchen und Verbrennungen ins Spital gebracht, wo sich die Verletzungen als schwer, aber nicht lebensgefährlich erwiesen.

Die Beschädigungen an der Maschine, deren Motor zum Glück heil geblieben war, wurden durch eine nicht neutralisierte Reparatur (d. h. die Reparaturzeit wurde in die Rekordzeit mit eingerechnet) behoben und die Fahrt von den beiden anderen Fahrern zu Ende geführt.

Krammer beim Bol d'Or 1955.

Puch gewinnt den Bol d'Or und stellt Weltrekorde auf:

Puch schuf das erste „Superbike" der Motorradgeschichte, lange bevor dieser Begriff überhaupt erfunden wurde. 1951 setzte das Werk die auf der Basis der tausendfach bewährten Puch 250 TF neu entwickelte Sportversion TFS beim klassischen 24 Stundenrennen um den Bol d'Or in Paris-Saint-Germain-en-Laye ein. Am 2. Juni 1951 um 15.30 Uhr hob sich die Startflagge, 24 Stunden später kamen die drei gestarteten Puchs unter Weingartmann, Moury und Krammer auf den Plätzen 1, 2 und 3 ins Ziel, Weingartmann hatte 2.058,487 Kilometer zurückgelegt, damit einen neuen Bol d'Or-Rekord für die Klassen 250 und 350 cm³ aufgestellt und war in diesem internationalen Spitzenfeld gegen schwerste Konkurrenz Gesamtzweiter geworden!
Aufgrund dieses Erfolges initiierte der französische Puch-Generalvertreter Humblot den Bau einer Maschine durch den Werksversuch in Graz mit dem Ziel, damit Weltrekorde für die Grazer zu holen!
Die Rekordmaschine verblüfft durch Seriennähe trotz der spektakulär anmutenden Elemente wie langer Tank, Heck-„Bürzel" und Beinschienen. Rahmen samt Hinterradfederung (Geradeweg – Teleskopfederung), Gabel und die Bremsen sind Serienteile. Die Vorderradbremse stammt zum Unterschied von der bei der späteren TFS eingesetzten großen Bremse aus der TF. Balsaholzteile, auf die Gabel und das vordere Rahmenbrustrohr geklebt, sorgen für Aerodynamik. Ein einfaches Plexiglasschild, wie es damals im Zubehörhandel überall erhältlich war, genügte als „Cockpitverkleidung" vollkommen. Der Motor-Unterbau war serienmäßig. Die mit geänderten Steuerzeiten und höherer Kompression laufende Maschine leistete 20 PS. Zwei Vergaser sorgten für die Gemischaufbereitung, die Abgase entfleuchten unter infernalischem Gebrüll durch zwei Megaphone, das asymmetrische Steuerdiagramm des Doppelkölblers machte die Auspuffabstimmung einfach. Am 15. August 1951 um 11.46 Uhr starteten die Fahrer Hans Weingartmann, Georges und Pierre Monneret sowie Robert Moury auf der Rennbahn von Montlhéry den Rekordangriff.
Bis zum Abend des 16. August, nach 26 Stunden, 39 Minuten und 48 Sekunden, hatten die Fahrer mit der 250 cm³-Maschine folgende Rekorde gebrochen: 9 Stunden (1.172 km, Schnitt 130,240 km/h), 10 Stunden (1.298 km, Schnitt 129,870 km/h), 11 Stunden (1.429 km, Schnitt 129,930 km/h), 12 Stunden (1.561 km, Schnitt 130,160 km/h), 1.000 Meilen mit 130,320 km/h Schnitt, 2.000 km mit 118,450 km/h Schnitt, sowie den neuen 24-Stunden-Rekord mit einem Schnitt von 120, 472 km/h und einer Distanz von 2.891 km (alt 2.450 km / 102,1 km/h) sowie die beiden neuen Weltrekorddistanzen von 3.000 km und 2.000 Meilen mit einem Schnitt von jeweils 120,684 km/h und 120,700 km/h. Da der 24-Stunden-Rekord auch für die 350 cm³-Klasse galt, wurden insgesamt zehn Weltrekorde aufgestellt!
Heute ist dieser grandiose Puch-Erfolg in Vergessenheit geraten, die spezielle Weltrekordmaschine wurde ganz einfach verschrottet. Es tauchen nur hin und wieder mehr oder weniger plumpe Fälschungen davon auf.

Ganz oben: Johann Krammer in der Boxenstraße beim Bol d'Or 1955.
Oben: Der zweite Bol d'Or-Triumph: Johann Weingartmann wird Klassensieger bei den 250ern und Gesamtsieger beim Bol d'Or am 29. Mai 1954.
Links: Empfang der erfolgreichen Puch-Fahrer nach dem Bol d'Or 1951 in Saint-Germain-en-Laye im Werk durch Haubner (links). Weingartmann (rechts) siegte in der Klasse bis 250 cm³, Krammer (Mitte) wurde Dritter und der Franzose Moury, ebenfalls auf Puch 250 TFS, Zweiter.

Die vollverkleidete Weltrekord-Puch

Dieser Bericht des Werksdirektors Ing. Walter Kuttler stammt aus einem Interview, das der Autor mit ihm am 28. März 1989 geführt hat.

In den Jahren 1946/47 entstanden im Versuch drei schnelle Sportmotoren auf der Basis der neu entwickelten 125er. Bei einer Versuchsfahrt in der Nähe von Frohnleiten stellte sich die von Kuttler gefahrene Maschine als die schnellste heraus. Dieser Motor erreichte auf Anhieb rund 114 km/h. Es kam allerdings zu Zündaussetzern bei hoher Geschwindigkeit. Daraufhin baute er die Maschine auf Doppelunterbrecher um. Ebenso wurden zwei offene Auspufftüten angefertigt. Dazu gab es bei einem Grazer Händler schmale Reifen. 1948 war Ing. Musger [1], der als Flugzeugbauer arbeitete, ins Haus gekommen. Er wurde beauftragt, diese schnelle Puch mit einer Vollverkleidung, genau auf Weingartmann zugeschnitten, zu versehen.

Die Maschine wurde 1948 fertig und wurde dann zu Versuchsfahrten auf das Salzburg-Lieferinger-Autobahndreieck verpackt. Als Fahrer war Weingartmann vorgesehen, Kuttler organisierte die Fahrt und Dir. Rösche hatte die Oberaufsicht. Diese drei Herren machten sich im Spätherbst 1948 mit einem Mechaniker auf einem offenen Steyr 380 LKW auf den Weg nach Salzburg. Einer von den Vieren musste jeweils auf der offenen Ladefläche des LKW Platz nehmen.

Hans Weingartmann mit der vollverkleideten Weltrekord-Puch.

Das Problem für die geplante Weltrekordfahrt bestand in der Tatsache, dass ja die Amerikaner als Besatzer dieses Straßenstück beaufsichtigten und das Ansinnen, die Versuchsfahrten auf der langen Gerade (bis Freilassing in Deutschland) durchzuführen, zunächst einmal ablehnten. Nach langem Hin und Her wurde jedoch bewilligt, am österreichischen Teil zu fahren. In Windeseile wurde ein OSK-Zeitnehmer aus Salzburg mit seinem Messequipment engagiert, die Amerikaner organisierten den Streckendienst, und zwar mit einem mit roten und grünen Fahnen ausgestatteten Ordnerdienst. Es fuhr Weingartmann einen Tag lang. Der Hauptverkehr auf dieser Strecke erfolgte durch die Amis, die sich auch bereitwillig an die Fahnensignale hielten. Ein Offizier wollte sogar die Rekordmaschine an Ort und Stelle kaufen.

Zu den engen Platzverhältnissen in der Maschine merkte Kuttler an, dass ja Weingartmann damals „ein verhungertes Bürscherl" gewesen sei, der gerade aus dem Krieg heimgekehrt war. Durch die Art der Verkleidung war Weingartmann förmlich in die Maschine eingesperrt, und das mit laufendem Motor. Kuttler, unterwegs mit einem

1 Erwin Musger (1909–1985) war einer der berühmtesten Flugzeugkonstrukteure Österreichs. 1934 baute er sein erstes Segel-, 1937 sein erstes Motorflugzeug. Ab 1948 Anstellung bei Puch mit seinem patentierten Schalenrahmen. Sein berühmtestes Modell war das Segelflugzeug Mg 19, Serienbau durch die Fa. Josef Oberlerchner / Spittal a.d. Drau, erzeugt in 45 Exemplaren. Beruflich 1957–1961 bei Innocenti in Italien (Vespa und Vierradfahrzeuge). Von 1961 bis 1971 wieder bei Puch. Die Flugzeugentwicklung betrieb Musger in seiner Freizeit, er verwirklichte vor und nach dem Zweiten Weltkrieg mehr Konstruktionsentwürfe als jeder andere österreichische Flugzeugbauer. (Biographie Wikipedia)

Prototyp der TF (Puch 250 N) schob ihn an, fuhr vor und fing ihn am Ende der Messstrecke wieder ab. Am Ende des Tages brach Dir. Rösche die Versuchsfahrten ab, da die Fahrt infolge der Vollverkleidung und des aufkommenden Seitenwindes zu unstabil war. Die geplanten Rekordfahrten anlässlich des 50-Jahr-Jubiläums des Werkes im Jahre 1949 wurden niemals realisiert bzw. offiziell anerkannt, trotz der gemessenen 175 km/h der Maschine.

Ebenfalls vom Beginn der 1950er-Jahre stammt eine hochinteressante Spezialkonstruktion auf Basis der 125 SL vom späteren österreichischen Motorrad-Weltmeister Rupert Hollaus. Es handelt sich dabei um ein Puch-Monocoque-Fahrwerk aus Leichtmetall in genieteter Bauweise.

1954 gab es für Puch einen abermaligen Triumph im 24-Stunden-Rennen um den Bol d'Or. Die österreichische Fachzeitschrift „Motorrad" berichtete am 5. Juni über diesen Triumph:
Am 28. und 29. Mai gelang den beiden Werksfahrern Helmut Volzwinkler und Hans Weingartmann ein ganz großer Wurf: Auf der Rennbahn von Montlhéry in Paris holten sie sich auf einer Puch SGS den 26. Bol d'Or, den Sieg in jenem 24-Stunden-Rennen, auf das sich Puch anscheinend spezialisiert hat. Die Sieger legten insgesamt 2.521 km mit einem Stundenmittel von 105,053 km zurück. Diese Leistung bedeutet nicht nur einen neuen Rekord für die Viertelliterklasse, sondern schließt den Sieg in der Gesamtwertung aller gestarteten Maschinen ein.

Oben: Monocoque-Rahmen aus Leichtmetall, ausgeführt vom nachmaligen Weltmeister Rupert Hollaus. (Quelle: Ing. Oswald)

Links: Bol d'Or-Sieg 1954.

Siege im Straßen- und Geländesport

Bei der Alpenfahrt 1951 gab es große Puch-Erfolge. Johann Krammer errang auf der neuen Puch 125 SL die höchste Wertung aller Solomotorräder und damit den Alpenpokal. Außerdem gewann er das Silberne Edelweiß und die Goldmedaille.

Bei den „Six Days" 1951, die in diesem Jahr in Italien ausgetragen wurden, erreichten alle neun Puch-Fahrer das Ziel und errangen dabei sechs Gold-, zwei Silber- und eine Bronzemedaille. Die Trophy-Mannschaft mit Ing. Rauh, Cmyral, Weingartmann, Beranek und Fussi wurde von den Engländern mit nur einem Punkt Abstand knapp besiegt.

Bei der 29. Internationalen Sechstagefahrt 1954, die in England ausgetragen wurde, erreichten alle sieben Puch-Maschinen, die gestartet waren, das Ziel. Dies ist ein weiterer Beweis für die Richtigkeit der Puch-Philosophie gewesen, seriennahe Motorräder einzusetzen und auf Spezialkonstruktionen zugunsten des Wettbewerbes zu verzichten. Puch gewann bei diesen „Six Days" fünf Goldmedaillen durch die Fahrer Weingartmann, Volzwinkler, Devoty, Gnaser und Den Haan (Holland). Dazu errangen die Puch-Leute den goldenen Fabriksteampreis und noch zwei Bronzemedaillen.

Das Puch 175 SVS-Triebwerk in einer italienischen „Ganna".

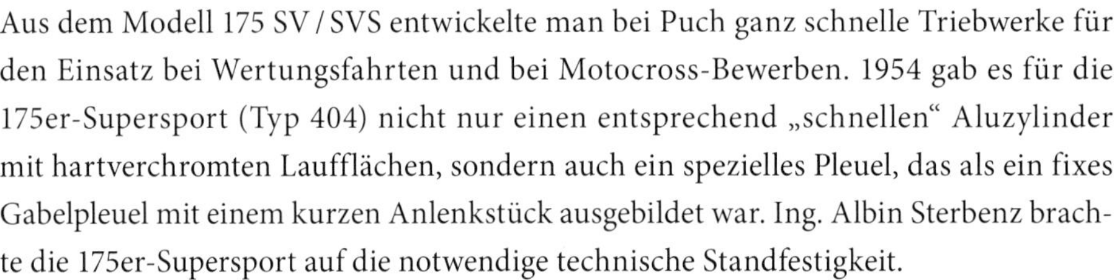

Aus dem Modell 175 SV / SVS entwickelte man bei Puch ganz schnelle Triebwerke für den Einsatz bei Wertungsfahrten und bei Motocross-Bewerben. 1954 gab es für die 175er-Supersport (Typ 404) nicht nur einen entsprechend „schnellen" Aluzylinder mit hartverchromten Laufflächen, sondern auch ein spezielles Pleuel, das als ein fixes Gabelpleuel mit einem kurzen Anlenkstück ausgebildet war. Ing. Albin Sterbenz brachte die 175er-Supersport auf die notwendige technische Standfestigkeit.

Es würde den Rahmen bei Weitem sprengen, wollte man auch nur die Haupterfolge im Sport der Grazer Marke lückenlos aufzählen. Denn einerseits durch den couragierten Werkseinsatz der Mannen um Versuchschef Siegfried Cmyral und andererseits durch den – man kann ohne Übertreibung sagen – weltweiten Einsatz der Puch-Maschinen durch Privatfahrer und importeurunterstützte Fahrer, war ein ständiger Fluss von Erfolgen gegeben. Dazu trug auch die Politik des Werkes bei, Frisieranleitungen für ihre Serienmaschinen herauszugeben. Die erste derartige Anleitung wurde bereits 1948 für das Modell 125 Sport verfasst. Es folgten Anleitungen für die TFS, die 125/175er-Typen und die SGS „Super".

Ein weiteres Modell, das in kleinsten Stückzahlen gebaut und nur an einen ganz kleinen, auserwählten Insiderkreis verkauft wurde, war die 250 MC mit Rohrrahmen und Aluzylinder (ähnlich der für das Militär gebauten 250 MCH), die es für die Wettbewerbe der 350 cm^3-Klasse auch mit einem auf 282 cm^3 aufgebohrten Zylinder gab. Der Versuchsbericht Nr. 1386 vom 22. Juni 1961 beschrieb beispielsweise die Erfahrungen mit dem ersten, im Werk selbst verchromten Zylinder:

Start zum Straßenrennen in Wiener Neustadt 1955 in der 250 cm³-Klasse, die von Puch-Maschinen dominiert wird.

Im ganzen hat der Zylinder 7 h 35 min. Vollgasbremsungen hinter sich. Während der ganzen Bremsung wurde der Zylinder mit einem Kühlwind von 65 km/h angeblasen. Die Motordrehzahl betrug 5.900 bis 6.600 U/min, die Leistung mit einem Vergaser war 17,75 PS: Mit zwei Vergasern 20,1 PS im warmen Zustand, bei einem spezifischen Verbrauch von 336 bis 362 g/PS/h. Während der ganzen Erprobung wurde von der Kontrolle die Zylinderbohrung und der Kolbendurchmesser viermal geprüft. Nach Beendigung des Versuches war die Zylinderbohrung maßlich in Ordnung und an der Lauffläche, speziell an den Schlitzen war keine Abblätterung der Chromschicht zu bemerken. Bei gewissenhafter Bearbeitung und sorgfältiger Verchromung kann der Zylinder für die Serie freigegeben werden.

Die Versuche der Leistungssteigerung mit einem Aluzylinder reichen aber bereits ins Jahr 1954 zurück.

Im Juli 1956 berichtete das „Motorrad" über die Puch-Geländemaschinen:
Schon bei den Motocross-Läufen im Vorjahr hat sich gezeigt, daß die Motocross-Puch bzw. ihre Ansätze dazu „eine ganze Sache" sein bzw. werden wird. Man sollte dabei auch keineswegs vergessen, daß Maico rund drei Jahre gebraucht hat, ehe ihre Wertungs- und Motocross-Maschinen den heutigen Stand erreichten. Aus diesem Grund wird es uns nicht verwundern, wenn man die Wertungs- und Motocross-Puch im Laufe der Monate

Links: Staatsmeister Hans Leitner bei der Voralpenfahrt 1960 auf der „Vierlingsflak". Dabei handelte es sich um eine SGS-Super mit zwei Doppelauspuffanlagen.

Rechts: Ing. Karl-Heinz Behrendt bei der 36. Internationalen Alpenfahrt 1965 auf der Werkspuch mit 50 cm³ und Breitwandzylinder.

in immer wieder neuen Versionen und mit den verschiedenen Detailänderungen, die z. T. gar nicht sichtbar zu sein brauchen, auf den Pisten sehen wird. Der Rahmen hat sich von der Urform nicht wesentlich wegentwickelt. Es handelt sich nach wie vor um ein Rohrgestell, wobei das Rückgratrohr mit Kreisquerschnitt beim hinteren Tankende mit stärkerer Krümmung nach unten führt, um sich beim Motorblockende mit dem Motorunterzug zu treffen und dort Motorhalterung und Schwinggabellagerung aufzunehmen. Der Motorunterzug bildet übrigens die Verlängerung des Rahmenbruststückes. Nach wie vor liegt auch der Aufschnalltank auf Filzpolstern auf. Motor: Leichtmetallzylinder-Zweivergasermotoren sind ja bei Puch schon Jahre hindurch im Versuch und in der Entwicklung… Die 282 cm³-Maschine, mit der beispielsweise Krammer zur Alpenfahrt antrat, hat nicht weniger als 25 PS.

Braunsberg-Rennen 1967: Eigenbau-Rennpuch mit Wasserkühlung auf Basis der 125 SVS.

Interessant war die Tatsache, dass diese 282er-Alpenfahrt- und Wertungsmaschinen über ein Vorgelege im Primärtrieb verfügten und damit acht Gänge zur Verfügung hatten. Diese Maßnahme wurde auch zur Anpassung der Kühlverhältnisse an die unterschiedliche Streckenführung gewählt. Das Vorgelege konnte nur im Stillstand geschaltet werden. Ein optisch interessantes Detail der Sport-Puchs mit Aluzylinder jener Tage war die Tatsache, dass die doppelt hochgezogene Auspuffanlage in je zwei Schalldämpfer (Burgess-Type) mündete, und zwar sowohl bei der 175er als auch bei der 250/282er. Intern bezeichnete man diese Maschinen aufgrund dieser eigenartigen Auspuffanlage als „Vierlingsflak".

Das Werk gab für sportinteressierte Kunden eine eigene Informationsschrift mit dem Titel „Abänderungen für Rennen – Allgemeine Anweisungen" heraus. Da wurde vom Einfahren, über Vergasereinstellung und Verdichtungsänderungen bis zu Motormodifikationen und Alkoholbetrieb alles Wissenswerte penibel behandelt. Puch riskierte mit dieser Information natürlich, dass gelegentlich Privatfahrer die Werksman-

Oben: Johann Krammer in Hof am Leithaberge, 1957.

Links: Puch 250 mit Leichtmetallzylinder und Eigenbau-Rohrramen, 1958.

Ing. Albin Sterbenz mit einer 125er-Rennmaschine. Basis war der Motor der M 125.

Hofer (stehend) und Krammer, vertieft in die Arbeit an der Werks-250er mit Zweizylinder-Motor (Typ 262).

Motocross-Einsatz auch in der 50 cm³-Klasse. Hier eine MC 50 im Werkstrimm mit Leistungssatz. (Bild Rottensteiner)

nen „anstrichen", wie beispielsweise der Privatfahrer Inzko, der bei der Alpenfahrt 1956 die beste Bergzeit in der Viertelliterklasse fuhr.

Wie beliebt und geschätzt die Puch-Motoren in den 1950er-Jahren waren, geht unter anderem aus der Tatsache hervor, dass die italienische Marke „Ganna" den 175er-Zweivergasermotor in ihre 175er-Supersport einbaute. Auch die Maschinen des Joe Ehrlich mit dem Markennamen „EMC" (Ehrlich-Motor-Cycles) in England errangen damals eine gewisse Berühmtheit in Sportfahrerkreisen. Die Triebwerke dieser Maschinen konnten ihre Identität mit den Grazer Kraftquellen nicht leugnen.

Die Entwicklung und der Sporteinsatz befassten sich jedoch nicht nur mit den langsam, aber sicher ihren Leistungsgrenzen zustrebenden Doppelkolbentriebwerken, sondern auch mit den 50 cm³-Maschinen und dem M 125-Motor. Der für das MC 50-Moped erhältliche Leistungskit mit fahrtwindgekühltem Zylinder wurde ebenfalls im harten Sporteinsatz von den Werksmannschaften erprobt. Der endgültigen Form des Leistungssatzes gingen zahlreiche Versuche voran, deren interessantester wohl der Aufbau eines fast senkrecht stehenden Breitwand-Leichtmetallzylinders auf dem aufgerichteten Unterbau des Mopedmotors Typ M war. Der erfolgreiche Einsatz dieser Maschine erfolgte unter Ing. Behrendt bei der 36. Internationalen Alpenfahrt im Mai 1965. Aber auch auf der Rundstrecke bei Straßenrennen bewährte sich dieser Motor und wurde u. a. vom schwedischen Fahrer Billy Kraul zum Einsatz gebracht.

Mit Alois Hofer wurde 1964 wieder ein „Motor" für die Entwicklung einer Puch-Straßen-Rennmaschine gefunden. Hofer fuhr zunächst auf der 125er. Diese Maschine wurde auch vom späteren Weltmeister Jarno Saarinen bei einigen Rennen eingesetzt.

Oben links: Der Bregenzer Kurt Schneeweiß auf der Werks-Puch beim 1. Mai-Rennen 1952 in Salzburg-Liefering.
Oben rechts: 125 TT-Motor eines holländischen Pivatfahrers, ca. 1952.

Mitte links: Cmyral auf der 175 SL bei der Alpenfahrt 1952.
Mitte rechts: Ing. Rauh auf der SG bei der Alpenfahrt 1952.

Unten rechts: Hans Krammer am Lenker des Puch 250 TFS-Gespannes, im Beiwagen sein Bruder Walter bei der Alpenfahrt 1952. (alle Fotos der Alpenfahrt 1952: Motorsportfotos Peter Preissler)

Oben: Straßenrennen in Gmünd am 15. Juni 1952, Start der Juniorenklasse bis 250 cm^3. Die meisten Teilnehmer traten auf modifizierten Puch 250 S4-Modellen an, Sieger wurde Luksch auf der S4 vor Walz (15).

Links: Gemeinsamer Start der 125er-Sport- und 250er-Tourenmaschinen. Die 125er-Klasse wurde von Staatsmeister Alex Mayer (St. Pölten) auf Mondial (Start-Nr. 2) gewonnen. Der Tiroler Steindl (22) belegte auf seiner von Franz Albert (Wörgl) mit Spezialzylinder umgebauten Puch den zweiten Platz.

Johann Krammer auf der Werks-SGS-Super (50) mit zwei Vergasern dominierte mit drei Siegesläufen in Eisenstadt am 5. Juli 1953 die Klassen bis 350 cm³. Hier im Juniorenlauf vor Otto Heisinger (10) auf Horex-Regina.

Links: Bergwertungsfahrt Wiener Höhenstraße am 1. März 1953. Otto Punzet, ein enthusiastischer Amateur auf seiner privaten Puch 250 TF, mit der er auch täglich zur Arbeit fuhr, machte bei dieser Erstlingsveranstaltung des Döblinger Motorsportclubs eine gute Figur und fuhr unter den 35 Startern der 250er-Klasse einen beachtlichen 6. Platz und damit die Goldmedaille heraus.
Rechts: Straßenrennen in Mattighofen am 25. April 1953. Links Kurt Zöhrer, rechts Johann Krammer, beide auf Puch 250 SGS-Werksmaschinen. Bei den zwölf Läufen des Tages (alle Klassen inklusive Beiwagen) wurde Krammer bei den Rennmaschinen bis 250 cm³ Dritter hinter dem nachmaligen Weltmeister Rupert Hollaus auf Moto Guzzi und Alex Mayer (Moto Guzzi). Bei den 250er-Sportmaschinen siegte Krammer vor seinem Werkskollegen Zöhrer, bei den Sportmaschinen bis 350 cm³ siegte er vor Heisinger auf Horex. Im 10. Lauf musste er sich Alex Mayer auf Mondial geschlagen geben.

Oben: Noch einmal Punzet am 1. März 1953 auf der Höhenstraße. Beachtlich ist der Fuhrpark der Zuschauer mit acht Solo- und einer Beiwagenmaschine, aber nur einem Fiat-Topolino-Kombi (genannt Giardiniera Belvedere) und einem weiteren PKW aus Vorkriegsjahren.

Links: Puch 175 SVS, schnell gefahren, 1953. Nicht serienmäßig sind die Burgess-Auspufftöpfe, die Sitzbank und der Windschirm.

Oben: Der Wiener Ernst Merinsky bei der „Rund um Wien"-Wertungsfahrt am 6. September 1953 auf Puch TFS mit Felber-Beiwagen am Limit. Beide Hände zerren auf der rechten Lenkerseite, der Hinterreifen ist knapp vor dem Abspringen, das Beiwagenrad auf der Kurveninnenseite hebt bereits ab. Unten links: Krammer beim Rennen in Eisenstadt am 5. Juli 1953. Unten rechts: Krammer siegt beim 250er-Juniorenlauf in Stockerau am 29. März 1953.

Alle Fotos auf dieser Bildseite zeigen Johann Krammer auf Puch 250er-Werksmaschinen: Skijoring in Mitterdorf am 18. Jänner 1953 (oben links), Internationale Dachstein-Rundfahrt vom 12. Juli 1953 (oben rechts), Internationale Dreitagefahrt Isny vom 28. bis 30. Juni 1953 (Mitte links), Internationale Alpenfahrt 1953 mit Start in Gmunden (Mitte rechts), Motocross in Perchtoldsdorf 1953 (unten links). Fernfahrt Liège – Milan – Liège 1954. Die Puch-Werksmannschaft (von links): Krammer, Jean Monneret, Volzwinkler. Die Strecke führte über 2.600 km (unten rechts).

Oben links und rechts und Mitte links: Alpenfahrt 1965. Die Puch-Werksmaschinen mit 50 cm³, Breitwandzylinder und Zentralrohrrahmen weisen bereits auf die Entwicklung des Puch MC 50-Mopeds hin.

Mitte rechts: Dietrich bei der Steirischen Bergland-fahrt am 1. Juni 1967.

Unten links: Tatzel auf Puch 175, Rohrrahmen-modell wie MCH, aber mit SVS-Motor und hoch-gezogener Auspuffanlage mit Burgess-Töpfen bei der Steirischen Bergland-Fahrt am 1. Juni 1967.

Oben links: Sommerauer bei der Alpenfahrt 1967.
Oben rechts: Heribert Dietrich, Europameister 1967 auf Puch 50 cm^3.
Unten: Alois Hofer auf der Puch 125-Werksmaschine beim Stainzer Bergrennen am 7. August 1966.

Alois Hofer beim Großen Preis von Österreich 1967.

Hofer arbeitete auch erfolgreich an der Rennversion der aus zwei 125er-Triebwerken gebildeten 250er-Paralleltwin-Maschine, die ja auch in der Straßenversion für Sears[2] (Typennummer 262, siehe Tabellenteil) in Serie gehen sollte. Ebenso entstand damals auch ein 250 cm^3-Einzylinder-Rennmodell. Hofer verunglückte im Jahre 1968 beim Gaisbergrennen tödlich. 1969 stellte Puch noch eine aus der M 125 entwickelte Werksrennmaschine vor, doch die Weiterentwicklung wurde nicht mehr fortgeführt. Die Werksaktivitäten mit dem M 125-Triebwerk hatten sich längst wiederum auf den Geländesport konzentriert.

Heribert Dietrich war dreifacher Europameister in der kleinen Klasse bis 50 cm^3 geworden, der deutsche Rolf Witthoeft wurde 1968 Geländesport-Europameister in der Klasse bis 125 cm^3 auf Puch MC 125. Auch 1969 blieb der Titel des Europameisters im Geländefahren bei Puch, und zwar mit Walter Leitgeb im Sattel der Puch MC 175.

2 Sears Roebuck & Co. war ein nationweites Handelshaus in den USA.

Oben: Walter Leitgeb, Geländesport-Europameister 1969 in der 175 cm³-Klasse.

Links: Nostalgie pur, 2012: Der Autor auf der Puch 175 SVS von 1956, die als Schrittmachermaschine für den Radrennsport vom Werk vorbereitet worden war. Hier auf einer der letzten historischen Radrennbahnen Europas mit überhöhten Kurven, dem Velodrom „Millenáris“ in Budapest.

Motorräder-Nachkriegsproduktion, Serienmodelle mit eigenen Motoren

Baujahr/Type	1945	1946	1947	1948	1949	1950	1951	1952	1953	1954	1955	1956	1957	1958	1959	1960
125 T	12	1448	4595	6766	8541	1638										
125 S			7	823	145											
125 TT						6920	10.618	1645								
125 TS					250	1414	650	20								
125 TL							76	928	1426							
150 TL							2574	12.339	7698							
125 SL							725	1350	1354							
125 SV									290	2669	5641	5715	2213	2244	1504	1005
125 SVS									14	245	537	806	352	222	128	96
175 SV									6033	15.549	12.773	9804	9097	7087	5682	3916
175 SVS									338	1903	1732	1684	910	505	584	408
175 MCH														211	189	
M 125																
M 125 De Luxe																
MC 125																
MC 175																
MC 125-4 } und Enduro																
MC 125-5																
MC 175-5																
125 A										1610	2	600	802	605	1004	1314
150 A																
125 R, RL								2853	16.074	19.533	18.676	10.036	5612			
125 RLA											4476	5035	2204			
125 SR														711	769	396
125 SRA													1	133	96	294
150 SR														5757	8483	3582
150 SRA													1	3406	4278	712
125 LARO											48	153	36	1		
250 TF				3	3823	8915	12.461	13.885	15.779	4735						
250 TFS							46	102	222	30						
250 SGS									57	9535	3487	1260	667	540	531	519
250 SGSA												233	147	138	50	32
250 SG										2455	13.428	6086	3557	3589	2383	1985
250 SGA												485	248	99	3	13
250 MC												30	23	250	–	270
250 MCH																
250 Replica																
250 S 4		7														
350 GS		4														
Summen	12	1459	4602	7592	12.759	18.887	27.150	33.131	49.285	58.264	60.800	41.927	25.870	25.498	25.684	14.542

1961	1962	1963	1964	1965	1966	1967	1968	1969	1970	1971	1972	1973	1974	1975	1976	Summen
																23.000
																975
																19.192
																2334
																2430
																22.611
																3429
738	154	331	228	178	99	5										23.014
45	43	30	23	22	12	1										2576
1876	1152	716	415	2520	4361	24										81.005
139	64	33	42	26	8	2										8378
																400
					2	5172	1059	1285	998	477						8993
								206	998	572						1776
						1	6	5	777	315	1					1105
									232	182						414
									2	6						8
										473	1140	479	768			2860
										761	2158	354	1145			4418
199																6136
241	900	782	2001	1001												4925
																72.784
																11.715
265	228	313	188	50	69	6	1									2996
6	6	14	30		42	63	1									686
1708	771	929	220	49	141	137	1									21.787
280	439	114	243	8	42	3										9526
																238
																59.601
																400
700	824	1677	2248	3478	6673	3884	2211	154	139							38.584
																600
1049	313	369	297	189	127	46	27	20								35.920
			1													849
48	153	8														702
							1	300								301
															95	95
																7
																4
7294	5047	5316	5945	7521	11.576	9344	3307	1970	3146	2786	3299	833	1913	0	95	476.854

Die Puch-Sportmaschinen von 1970–1985

Die Puch-Versuchs- und Sportabteilung, Rotax-Motoren und Frigerio

Die Puch-Versuchsabteilung wurde bis 1970 von Siegfried Cmyral geleitet. Neben der laufenden Betreuung der Serie oblag dieser Abteilung auch die Vorbereitung für die Sporteinsätze des Werkes. Die letzten Entwicklungen und Arbeiten der Ära Cmyral bezogen sich auf die Doppelkolbenmodelle sowie die Arbeiten an den Moped-Serien.

1966 wurde Johann Krammer mit der Leitung der Sportgruppe betraut. Bis zu diesem Zeitpunkt wurden die Sportaktivitäten innerhalb des Versuches betrieben. Mit Vehemenz wurden die Arbeiten an den neuen Einkolben-Einzylinder- und Zweizylindermodellen aufgenommen, denn der Doppelkolben-Zweitaktmotor war am Ende seiner Entwicklung nach dem damaligen Stand der Technik angelangt. Dipl.-Ing. Oswald schrieb 1971 unter dem Titel „Requiem für den Doppelkolben-Zweitaktmotor" im deutschen „Motorrad":
Es zeigte sich aber auch die größte Schwierigkeit des Doppelkolbenmotors mit parallelen Zylindern, die Kühlung der Zwischenwand der beiden Zylinderbohrungen. Höhere Leistungen für Wettbewerbe konnten nur mit Leichtmetallzylindern beherrscht werden.

Die Entwicklungsarbeit konzentrierte sich vor allem auf die neue Puch M 125 und die Weiterentwicklung dieses Motors für den Sporteinsatz. Das Ergebnis dieser Arbeiten waren dann die Modelle 125/175 MC und Geländesport, die in Serie gebaut und im normalen Verkaufsprogramm angeboten wurden.

1971 kam es im Zuge der Divisionalisierung im Werk zur Überlegung, diese Modelle im Puch-Avello-Werk in Gijon/Spanien fertigen zu lassen. Zu diesem Werk war Puch im Zuge der Gründung von Tochtergesellschaften gekommen. Vor dem Kauf durch Puch wurden die italienischen MV-Agustas in Spanien gebaut. Später wurde das Avello-Werk immer wieder in die Fertigung von Puch-Sportmodellen eingebunden, beispielsweise wurde die „Cobra 75 Professional", ein reines Sportgerät, mit den aus Graz angelieferten Motoren in Spanien gefertigt. Ende 1975 übernahm Ing. Behrendt die Sportgruppe, die dann als eigenständige Abteilung die Sporteinsätze, den Bau der Kleinserien von Replica und MC 50 Super sowie die Sportweiterentwicklung betrieb. Dazu gehörte auch der Umstieg auf den kostengünstigeren Rotax-Motor in den größeren Kubaturen. Und schließlich kam es im Zuge der bereits erwähnten Divisionalisierung, die im Wesentlichen besagte, dass jede Sparte des Werkes für ihr Produkt von

Heribert Dietrich in voller Fahrt auf der Puch MC 175 1970.

der Planung über die Produktion bis zum Marketing selbstständig zu sorgen habe, zu einer weiteren Kooperation, nämlich zur Verbindung mit dem italienischen Importeur Luigi Frigerio in Treviglio/Bergamo. Frigerio versorgte den italienischen Markt mit Geländesportmodellen von Puch, die bei unserem südlichen Nachbarn schon zu einer Zeit gefragt waren, als bei uns von einem „Enduro-Boom“ noch lange nicht die Rede war. Die geringen Stückzahlen der gefertigten Sportmodelle ließen es geraten erscheinen, mit Frigerio eine Kooperation in der Weise einzugehen, dass die Motoren (in der 50- bis 80 cm^3-Klasse) und das Know-how aus Graz kamen und Frigerio die einzelnen Modelle in Kleinserie mit italienischen Komponenten auflegte.

Es kam mit Frigerio zu einer derart engen Verflechtung, dass die Sportabteilung in Graz die Frigerio-Puchs importierte und ab 1982 auch selbst verkaufte. 1983 war dann de facto das Ende der Sportabteilung gekommen, im Budget war diese Abteilung nicht mehr vorgesehen. Die Abteilung wurde mit einem Dreimannteam unter der Leitung von Walter Leitgeb als Sonderabteilung des Fahrversuches, der ebenso Teil der Technischen Entwicklung war wie die Sportabteilung, bis 1985 weitergeführt. Die letzten Jahre fristete diese einst so wichtige Abteilung im letzten Geschoss einer Lagerhalle ihr Dasein.

1985 kam offiziell das „Aus“ für die Sportabteilung und ebenso die „Herstellung“ von Puch-Sportmaschinen. Mit diesem Jahr endete somit die ruhmreiche Geschichte der Puch-Motorräder in Graz, die genau zur Jahrhundertwende ihren Anfang genommen hatte.

Die Epigonen der M 125: Die Puch-Motorräder der Typen 125/175 „Motocross“ und „Enduro“

Der Puch 175er-Motor in der Greeves „Pathfinder“. Am Foto der bekannte englische Trialfahrer Derek Adsett.

Wie bereits im Kapitel Puch M 125 angedeutet, war es Ende der 1960er-Jahre ein offenes Geheimnis, dass die Puch-Werke Nachfolgetypen zur M 125 planten. Die Spekulationen verdichteten sich, und so berichtete die damals einzige Motorradzeitung Österreichs, „Trialing“, über die Pläne der Grazer im Herbst 1969:
Dabei wurde zunächst offenbar, daß im Herbst dieses Jahres eine 175 cm^3-Sechsgang-Geländesportmaschine bereits zu haben sein wird. Dieses Modell ist auf der Basis der M 125 geschaffen, gibt mit Auspuffbirne 19 PS ab und wird zwischen 18.000,– und 18.500,– Schilling kosten. Im Frühjahr 1970 soll dann die Straßenversion, eine Viergang-175er folgen, die mit ca. 17 PS einzuschätzen ist. Kostenpunkt rund 14.000,– Schilling.

Die meisten käuflichen Versionen waren ab 1971 jedoch mit einem klauengeschalteten Fünfgang-Getriebe ausgerüstet. Eine Sechsgang-Version mit Ziehkeilgetriebe wurde gebaut, ebenso war eine Viergang-Version mit Klauenschaltung erhältlich. Die ersten Modelle 1970 hatten noch den kleinen Tank der M 125, ab 1971 gab es eine eigene Tankform für die MC- und „Enduro“-Modelle.

1970 wurden die MC 125 und MC 175, wie der Name sagt, als reine Motocross-Maschinen ausgeliefert. Für den US-Markt gab es diese Modelle mit Lichtanlage auch als „Enduros“. Das deutsche „Motorrad“ berichtete darüber am 3. Oktober 1970:
Es gibt, ursprünglich für den lukrativen USA-Markt aus der 125er entwickelt, aus serienmäßiger Fertigung in Graz auch eine 175er, als Motocross wie als Geländemaschine… Das Fahrwerk ist – bei der MC wie bei der GS-Ausführung – für die 125er- und 175er-Version gleich: der bekannte Doppelschleifen-Rohrrahmen mit steifem Blechprofil-Rückgrat, an das die beiden Unterzugrohre angeschraubt sind. Für Motocross-Zwecke können,

US-Promotion der neuen Puch-Geländemaschine. Links Mr. Seidler, Verkaufschef USA, Mitte Cmyral jun., rechts Importeur Lapadakis.

um das Fahrwerk noch „sprungtüchtiger" zu machen, zusätzliche Versteifungsstreben zwischen den Unterzugrohren und dem Rückgrat eingesetzt werden … Die verdrehsteife Hinterradschwinge, die mit Girling-Federbeinen gegen das Rahmenheck abgestützt ist, ist spielfrei auf Gleitbuchsen gelagert, vorne wird die Radführung und -abfederung durch eine Original-Cerianigabel (mit 150 mm Federweg) übernommen. Als Bremsen finden, wie bei der 125er-Serienmaschine, die von der einstigen 175er-Doppelkolbenmaschine übernommenen Leichtmetall-Vollnabenbremsen mit 160 mm Bremsringdurchmesser und 40 mm Belagbreite Verwendung, lange Zuganker nehmen das Reaktionsmoment der Bremsankerplatten vorne und hinten auf, wobei hinten natürlich entsprechende Nachsetzungsmöglichkeiten zur Anpassung beim Kettennachstellen vorgesehen sind … Der größere Hubraum (tatsächlich sind es nur 169 cm³) wird nicht nur durch eine größere Bohrung, sondern auch durch einen um 4 mm vergrößerten Hub erreicht. Der großflächig verrippte Leichtmetallzylinder (ebenso mit Fächerkopf wie beim 125er) wird sowohl mit eingezogener Schleudergußbuchse als auch mit Hartchrom-Laufbuchse geliefert. Im letzteren Fall ist die Leistung um 1,5 PS höher (16,5 PS bei 8.500 U/min). Beide Motoren besitzen den Bing-Zentralschwimmervergaser, der 125er mit 26, der größere mit 27 mm

PUCH
MC
125
175

Originaler Werksprospekt über die neuen 125 und 175 cm^3 Puch-Offroad-Modelle für den englischsprachigen Markt 1974

Durchlaß. Motorschmierung mit Mischung 1:25, Zündung durch kontaktlose Bosch-Thyristorzündanlage (bei GS-Ausführung mit Lichtstrom-Spule).
Mehrere Varianten gibt es beim Getriebe. Immer gleich ist der Primärantrieb, mit auf der Kurbelwelle sitzender Mehrscheiben-Ölbadkupplung (geringe Handkraft erfordernd und nicht rupfend)! Für Motocross-Zwecke kann man die Maschine mit klauengeschaltetem Viergang-Getriebe haben, für Straßen- und Geländeeinsatz gibt es aber auch das ziehkeilgeschaltete Wettbewerbs-Sechsgang-Getriebe mit zwei verschiedenen Übersetzungs-Varianten.

Weiters berichtete die österreichische Fachzeitschrift „Trialing" über die neuen Modelle: *Die Leistung liegt für die 125 cm³-Maschine bei 15 PS und für die 175er bei etwa 20 PS (9.000 U/min). Die Trialversion findet mit 16 PS das Auslangen.*

Apropos Trialmaschine: Die englischen Firmen Greeves und Dalesman bauten den Puch 175er-MC-Motor in ihre Trialgeräte ein. Das entsprechende Modell bei Greeves hieß „Pathfinder" und wurde mit dem Sechsgang-Ziehkeilgetriebe angeboten. Im Werbetext des Prospektes stand Folgendes zu lesen:
Die Maschine stellt zweifellos eine neue Konzeption von Trialmaschine dar, welche die Leichtigkeit und das Handling eines Ultra-Leichtgewichtes mit der Kraft und Leistung einer 250er in sich vereint.

Walter Luft (links) auf seiner Trial-Puch, 1971.

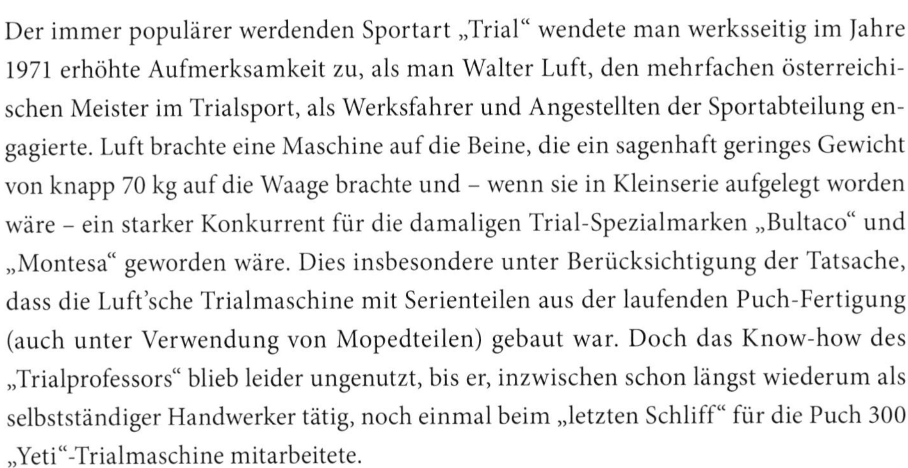

Der immer populärer werdenden Sportart „Trial" wendete man werksseitig im Jahre 1971 erhöhte Aufmerksamkeit zu, als man Walter Luft, den mehrfachen österreichischen Meister im Trialsport, als Werksfahrer und Angestellten der Sportabteilung engagierte. Luft brachte eine Maschine auf die Beine, die ein sagenhaft geringes Gewicht von knapp 70 kg auf die Waage brachte und – wenn sie in Kleinserie aufgelegt worden wäre – ein starker Konkurrent für die damaligen Trial-Spezialmarken „Bultaco" und „Montesa" geworden wäre. Dies insbesondere unter Berücksichtigung der Tatsache, dass die Luft'sche Trialmaschine mit Serienteilen aus der laufenden Puch-Fertigung (auch unter Verwendung von Mopedteilen) gebaut war. Doch das Know-how des „Trialprofessors" blieb leider ungenutzt, bis er, inzwischen schon längst wiederum als selbstständiger Handwerker tätig, noch einmal beim „letzten Schliff" für die Puch 300 „Yeti"-Trialmaschine mitarbeitete.

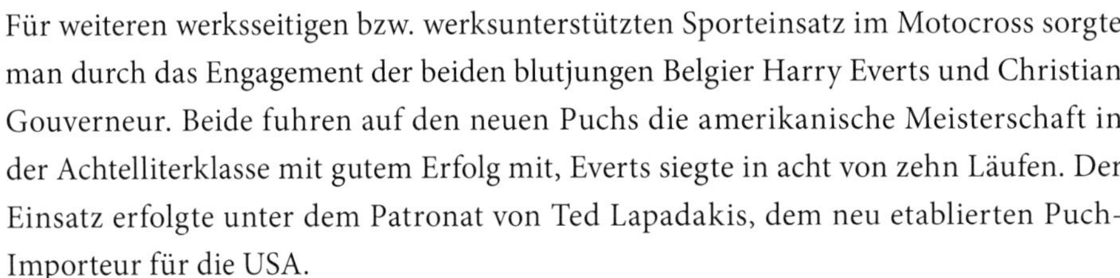

Für weiteren werksseitigen bzw. werksunterstützten Sporteinsatz im Motocross sorgte man durch das Engagement der beiden blutjungen Belgier Harry Everts und Christian Gouverneur. Beide fuhren auf den neuen Puchs die amerikanische Meisterschaft in der Achtelliterklasse mit gutem Erfolg mit, Everts siegte in acht von zehn Läufen. Der Einsatz erfolgte unter dem Patronat von Ted Lapadakis, dem neu etablierten Puch-Importeur für die USA.

Im Jahr 1971 wurden dann die bereits erwähnte Getriebeausführung und ein klauengeschaltetes Fünfgang-Getriebe geliefert. Dieses war dann entsprechend betriebs-

Die Puch MC 175 als Expeditionsfahrzeug. 1973 durchfuhren zwei junge Grazer, Dr. Weinländer und Dr. Holzer, teilweise als unbefahrbar geltende Strecken der Insel Madagaskar. Hier die eine Maschine als Fracht eines Einbaumes.
Unten links und rechts: Dalesman M 125 Trial, ca. 1969.

sicher und dem harten Einsatz im Gelände gewachsen. „Das Motorrad" fuhr eine 175er-„Enduro", die vor allem auf dem amerikanischen Markt gut verkauft wurde. Das Fahrwerk wurde besonders gelobt. Auch der typischen Puch-Bauart des am Gabelkopf verschraubten Unterzuges wurde eine längere Abhandlung gewidmet. Abschließend stellte das Blatt fest:

Wie schon gesagt, der Eindruck, den das Fahrgestell beim Fahren macht, ist ausgezeichnet. Kursstabil bergauf, gutmütig bergab und leicht zu dirigieren in Längsrillen. Die Stoßdämpferabstimmung ist von der weichen Sorte, begünstigt durch die langen Federwege. Zusammen mit der vernünftig proportionierten Sitzbank und dem relativ hohen Lenker ermöglicht das lange, ermüdungsfreie Fahrten im Gelände, wie sie von einer „Enduro" verlangt werden.

Und zum Fünfgang-Getriebe meinte das Blatt:

Der Fahrer schaltet und der Gang ist drinnen. Offensichtlich hatte die Testmaschine schon das neue Getriebe eingebaut, denn zuvor waren hier einige Schwierigkeiten aufgetreten. Keinen rechten Anklang fanden hingegen die Auspuffverlegung und der Endschalldämpfer.

1974 wurden die 175/125 MC und „Enduros" noch einmal überarbeitet und zeigten sich bei der Wiener Messe im neuen Gewand. So hatte der Modelljahrgang einen geänderten Rahmen mit tieferem Motorschwerpunkt, eine neue Auspuffverlegung unter dem Motor und entlang des Rahmenhinterteiles, sowie eine neugestaltete Tank-Sitzbanklinie. 1974 war aber gleichzeitig das letzte Produktionsjahr der 175/125er-Baureihe. Im Herbst 1975 wurden die neuen MC-Modelle mit den Rotax-Motoren präsentiert.

Die sportlichen Erfolge dieser Modelle waren beachtlich. So wurde 1968 die Geländesport-Europameisterschaft in der 125er-Klasse gewonnen, ebenso im Folgejahr, und die der 175er-Klasse. Zum Vize-Europameister langte es 1970 in der 125er-Klasse und 1971 in der 125er- und 175er-Klasse. 1971 gab es für Puch auch den Staatsmeistertitel in der 125er-MC-Meisterschaft, ebenso den Klassensieg beim internationalen „Six Days-Trial".

Sieg in der Weltmeisterschaft: Die Puch 250 MC „Replica"

Parallel zur Serienentwicklung und -betreuung der Puch M 125 arbeitete der Versuch an der Adaption des neuen Motorkonzeptes für Geländesportzwecke. Und schon vorher hatte man den Unterbau der SGS mit Einkolben-Zweitaktzylindern versehen (Entwicklung Typ 259 M 250 1-Zylinder-2-Takt-Einkolben-Fünfgang sowie Typ 259.200 MC 250 1-Zylinder-2-Takt-Einkolben, 1966–1967).

Mit dem Wiedererwachen des allgemeinen Interesses am Motocross-Sport gegen Ende der 1960er-Jahre wurde die Entwicklung weitergepusht und zu Beginn der Saison 1970 als 250 cm^3-Modell mit Walter Leitgeb vorgestellt. Geplant waren Einsätze in der Viertelliter-WM.

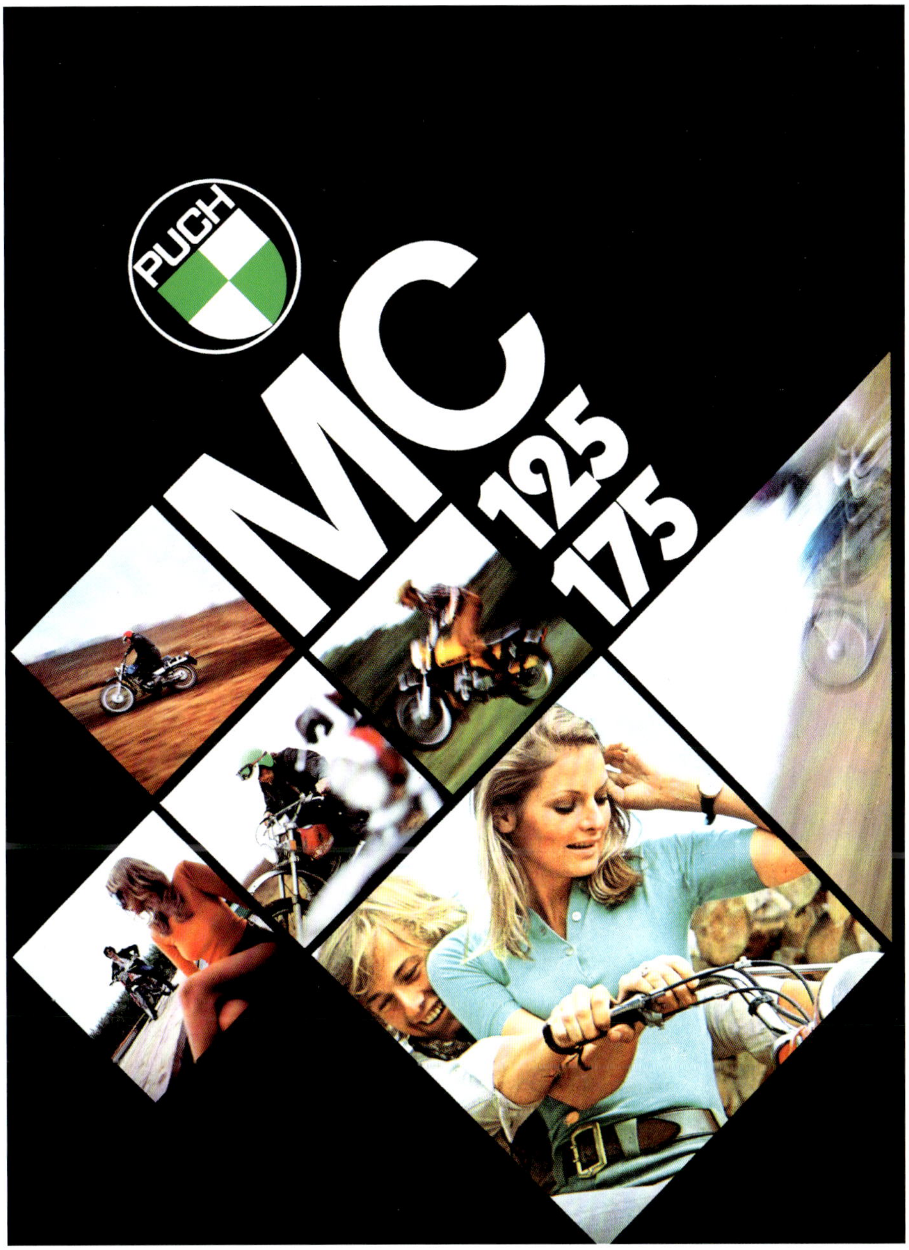

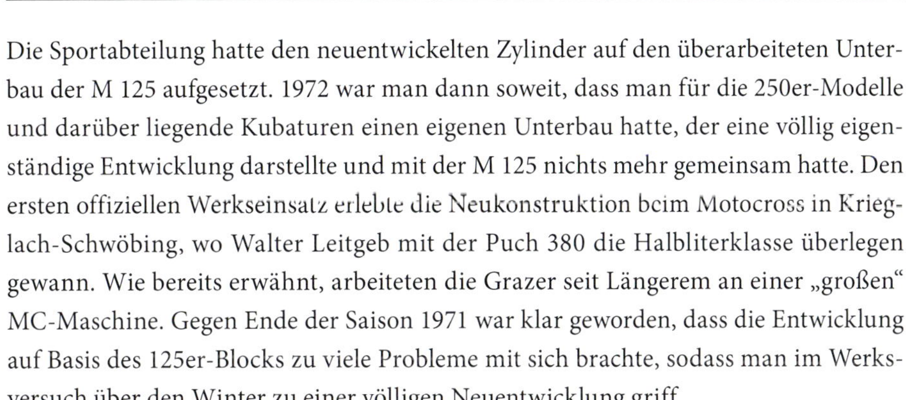

Puch MC 125/175, Prospekt 1974.

Puch-Breitwandzylinder, Typ 262.500 MC 380, Einzylinder-Zweitakt, 380 cm³. Der Unterbau verwendet noch Elemente von den Doppelkolben-Modellen.

Die Sportabteilung hatte den neuentwickelten Zylinder auf den überarbeiteten Unterbau der M 125 aufgesetzt. 1972 war man dann soweit, dass man für die 250er-Modelle und darüber liegende Kubaturen einen eigenen Unterbau hatte, der eine völlig eigenständige Entwicklung darstellte und mit der M 125 nichts mehr gemeinsam hatte. Den ersten offiziellen Werkseinsatz erlebte die Neukonstruktion beim Motocross in Krieglach-Schwöbing, wo Walter Leitgeb mit der Puch 380 die Halbliterklasse überlegen gewann. Wie bereits erwähnt, arbeiteten die Grazer seit Längerem an einer „großen“ MC-Maschine. Gegen Ende der Saison 1971 war klar geworden, dass die Entwicklung auf Basis des 125er-Blocks zu viele Probleme mit sich brachte, sodass man im Werksversuch über den Winter zu einer völligen Neuentwicklung griff.

PUCH

Puch 250 MC „Replica", Trainingsmaschine von Harry Everts mit dem Magnesium-Werksmotor, ausgestattet mit (Pseudo-)Lichtanlage.

Der lange Marsch zur Motocross-Weltmeisterschaft

Johannes Czernin schrieb damals im „Motorrad“:
Ein völlig neuer Motor wurde entworfen und gleich von Anfang an so ausgelegt, daß er sowohl für die Viertelliter- als auch für die Halbliterklasse passen würde. Während es sich beim Motor des Vorjahres um einen reinen Prototyp handelte, steht das Entwicklungsziel der neuen Konstruktion klar fest: Es heißt Serienbau… Die Kupplung sitzt auf der Getriebe-Eingangswelle und wird von der Kurbelwelle über einen Zahntrieb angetrieben. Derzeit fährt die Puch-Mannschaft mit Fünfgang-Klauengetriebe. Ein Zahnradsatz mit sechs Gängen liegt ebenfalls bereit und kann bei Bedarf eingebaut werden.

Die 250er-Version wies ein Bohrungs-/Hubverhältnis von 70 mm/64 mm auf, die Leistung lag bei rund 33 PS. Die 388 cm^3-Version mit Bohrung/Hub von 84 mm/70 mm leistete am Prüfstand echte 42 PS.

Der Rahmen der neuen MC war aus Stahlrohr gefertigt, die Telegabel stammte von der spanischen Firma Betor. Für die Hinterradfederbeine experimentierte man mit eigenen Federbeinen und auch einer Girling-Anlage. Neu waren auch die konischen Radnaben, die große Ähnlichkeit mit denen der Greeves-„Pathfinder“ aufwiesen. Tank und Kotflügel bestanden aus GFK und waren im Handauflageverfahren gefertigt.

1974 errang Harry Everts, der junge Belgier, der seit Jahren für Puch fuhr, in der 250er-Motocross-Weltmeisterschaft bereits den 3. Platz. Walter Leitgeb, der die 388er-Version fuhr, wurde im selben Jahr bei der österreichischen Meisterschaft Vizestaatsmeister. Doch im Folgejahr sollte der große Durchbruch gelingen. Die 250er-Motocross-WM-Saison hatte Anfang April vor 40.000 Zuschauern in Barcelona begonnen. Am Start

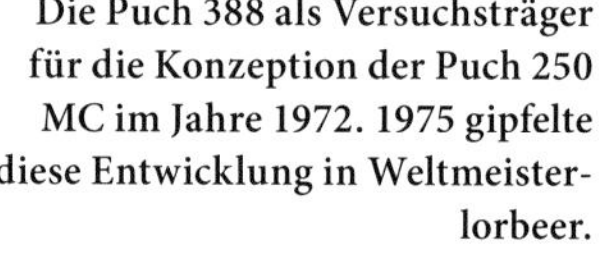
Die Puch 388 als Versuchsträger für die Konzeption der Puch 250 MC im Jahre 1972. 1975 gipfelte diese Entwicklung in Weltmeisterlorbeer.

Harry Everts, Weltmeister 1975 auf Puch 250 MC in voller Aktion.

war alles, was Rang und Namen hatte: Hakan Andersson auf Yamaha, Torleif Hansen auf Kawasaki, Willi Bauer auf Suzuki oder der starke Tscheche Jaro Falta auf CZ, nicht zu vergessen Vekhonen und Palm auf Husqvarna und natürlich Lerner und eine Armada von Sowjetrussen auf der heimischen Konkurrenzmarke KTM. Beim Saisonauftakt holte Everts mit einem 2. und 3. Platz in den beiden Läufen den Gesamtsieg dieses Events. Beim zweiten Lauf in Sittendorf bei Wien musste er die Führung an Falta (CZ) abgeben. Zweiter wurde der stark fahrende Joel Robert auf Suzuki, der dritte Platz ging an Bauer, ebenfalls auf Suzuki. Everts lag in der WM am 6. Platz. Beim 3. Lauf in Retinne bei Lüttich, Belgien, holte sich Jim Pomeroy auf Bultaco beide Laufsiege, Everts sammelte mit einem 5. Platz Punkte.
Bis zum Beginn der zweiten Halbzeit, dem 7. Lauf in Beuren, Deutschland, lief es sehr durchwachsen, nur mäßiges Punktesammeln; das „Motorrad“ schrieb in Heft 13:
Wie hart es gerade in dieser Klasse zugeht, das bewiesen die vielen kleinen Detailänderungen an den Maschinen. Bei Puch war es ein abgeänderter Schleifenrahmen, Yamaha fährt nun auch Marcocchi-Gabel…

Im ersten Lauf kommen Hansen und Everts am besten weg, Everts fällt nach sieben Runden mit plattem Hinterreifen aus. Mit einem zweiten Platz im zweiten Lauf rettet er wertvolle WM-Punkte. Einem ersten und einem zweiten Platz in England folgten ein siebenter Rang und ein Ausfall in Frankreich. Doch beim vorletzten Rennen in Finnland hatte Everts den Sack zugemacht und war uneinholbar Weltmeister geworden. Als solcher trat er auch beim letzten Lauf in Wohlen in Deutschland an, zu dem 30.000 Zuschauer gekommen waren. Motorrad berichtete in Heft 19:
Das 50 Mann (!) starke Feld geht auf die Reise. Harry Everts bestätigte mit einem Sieg im zweiten Lauf seinen in Finnland errungenen Weltmeistertitel.
In der Endabrechnung lag er mit 159 gewerteten Punkten vor Andersson (Schweden auf Yamaha) mit 134 Punkten und Bauer (Deutschland auf Suzuki) mit 130 Punkten.

Der Autor auf Puch 250 MC „Replica" vor dem Sturz 1976 (Foto Bernd Schilling).

Das kleine Team der Sportabteilung im Großkonzern der Steyr-Daimler-Puch AG im Zweiradwerk Puch in Graz hatte – eher unter Duldung, anstelle von aktiver Unterstützung durch das Top-Management des Konzerns, gegen stärkste Konkurrenz, u. a. der fernöstlichen Motorrad-Giganten Kawasaki, Suzuki und Yamaha (Honda fuhr in diesem Jahr in der 125er-Klasse) – den Weltmeistertitel errungen.
Und die Sensation: Es wurden 95 Exemplare dieser außergewöhnlichen Maschine für den allgemeinen Verkauf aufgelegt. Name: Puch 250 MC „Replica". Und dabei handelte es sich um echte handgefertigte und weitestgehend identische Maschinen, gebaut von der Puch-Sportabteilung.

So schrieb ich damals, tief beeindruckt von der Urgewalt dieser Maschine, unter dem Titel „Handmade in Austria" in der österreichischen Fachzeitschrift „Auto-Revue":
Wenn nun die Frage des präsumtiven Interessenten gestellt wird: Wie „werks" ist die Replica, dann kann die Antwort aus eigener Anschauung nur lauten: Ganz! Denn die Replicas werden von den gleichen Leuten in der Puch-Sportabteilung im Werk Graz-Thondorf montiert wie die Grand-Prix-Maschinen … Das Besteigen des „Bockes" beeindruckt den Gelegenheits-Probefahrer keineswegs. Hochbeinige Sitzposition und ein breit ausladendes Gelände-Geweih als Lenker weist ja heute bereits jedes aufgemotzte „Fuffzigerl" auf. Auch der „Zweitaktplärrer" des Motors ist nicht anders als bei anderen. Doch dann kommt's: Erste rein, Gas – und schon gehts „wheely" auf dem Hinterrad dahin. Zweier, Dreier, Vierer – jedesmal haut einen die Riesenfaust ins „Gnack": Es ist – in Abwandlung eines Ausspruches der ersten Düsenjägerpiloten – als ob ein Teufel schiebt.

Dem habe ich auch heute nichts mehr hinzuzufügen, außer dem Geständnis, dass mich die „Replica" bei einem forschen Sprungfoto derart abwarf, dass zur Wiederherstellung meiner linken Hand acht Wochen Gipsverband notwendig waren …

Die professionelleren Tester des deutschen „Motorrad" attestierten der „Replica" im November 1976, dass sie ein beinhartes Fahrwerk aufweist und Leistung überreichlich zur Verfügung steht. Diese ist gut dosierbar und *„ein kräftiger Biss gehört eben zu so einer ausgewachsenen Motocross-Maschine"*.

Dieses hohe Maß an Leistung wurde der „Replica" mit einer Spezialmaßnahme anerzogen: Sie versorgte über zwei Vergaser den Zylinder mit Frischgas, und zwar arbeitete ein Vergaser über die Schlitzsteuerung des Kolbens, der andere über einen Plattendrehschieber.

Alles in allem stellt die Puch 250 MC „Replica" den Höhe- und zugleich Schlusspunkt des Motor-Baues bei Puch in der großen Klasse dar. Der Motorradbau wurde in Graz in definitiv zehn Jahren nach der Erringung des WM-Titels eingestellt. Doch alle Modelle, die nach der „Replica" gebaut wurden, hatten Rotax-Motoren bzw. Derivate derselben als Antriebsquelle. Lediglich Motoren bis 80 cm³ kamen von Puch. Alle nachfolgenden Motorenentwicklungen gingen nie mehr über das Reißbrett- bzw. Prototypenstadium hinaus.

Die Puch-Sport-Motorräder von 50–600 cm³

Bei der IFMA (Internationale Fahrrad- und Motorrad-Ausstellung in Köln) des Jahres 1976 schlug die neue Sportmotorrad-Palette von Puch in der Branche wie eine Bombe ein. Hatten die Motorradprofis aus Graz den ein Jahr vorher errungenen Weltmeistertitel nämlich nur zur Verkaufsförderung ihrer Moped-Mokick- und Mofa-Modelle eingesetzt und auch nach den ausgelaufenen MC 125/175-Modellen keine „echten" Sportmaschinen mit Ausnahme der rund 50.000,– Schilling teuren „Replica" angeboten, so wurde nunmehr eine vollständige Palette von MC- und „Enduro"- bzw. Geländesportmaschinen angeboten.

An dieser Stelle erscheint es übrigens wesentlich, die damalige Begriffsvermischung von „Enduro" und „Geländesport" aufzuklären. Beide Begriffe besagten dasselbe, näm-

Mit der Puch 250 GS mit dem Rotax-Drehschiebermotor läutete das Werk 1976 die letzte Phase des Motorradbaues ein. Die ersten Modelle wurden noch in Graz entwickelt.

Puch-Frigerio: Durch die Kooperation mit Frigerio in Italien kam es zum Bau von hochwertigen Sportmaschinen in Kleinserien. Im Bild die Puch 250 GS, Baujahr 1976, mit Rotax-Drehschieber-Zweitaktmotor.

lich: Wettbewerbe mit geländetauglichen und voll straßenzugelassenen Motorrädern. Und hier beginnen die Verwirrungen. Denn was beispielsweise in den USA als ausreichende Straßenzulassungskriterien gelten, musste in Österreich oder Deutschland noch lange nicht ausreichen. So unternahmen dann – vor allem bei Wettbewerben – die Importeure mit Hilfe des Werkes allerlei Anstrengungen, um nicht zu sagen Klimmzüge, um den Vorschriften Genüge zu tun. Denn gerade im Wettbewerb wäre es besonders hart, einen Titel wegen einer hinausprotestierten Maschine zu verlieren. Nun, die alten Hasen der Versuchsabteilung in Graz wussten schon, wie man den Sportgesetzen Genüge tut, ohne unnötig Leistung zu verlieren.

Für den Amerika-Export bezeichnete man bei Puch die Geländesportausführung der 125/175 mit „Enduro“ und führte dabei der Einfachheit halber diese Bezeichnung für alle jene Modelle ein, die im Wesentlichen mit einer Lichtanlage ausgestattet waren und somit die Mindestvoraussetzung für eine Straßenzulassung mit sich brachten. Im weiteren Verlauf der Baureihen tauchen die Begriffe „Enduro“ und „GS“ immer wieder als gleichwertig auf. Heute hat sich der Begriff „Enduro“ ganz allgemein für „käufliche, geländetaugliche Motorräder“ eingebürgert. Bei einer „GS“ denkt der Kenner jedoch in erster Linie an eine wettbewerbstaugliche „Motocross-Maschine mit Licht“. Wobei diese Art der vor allem bei Puch so beliebten und erfolgreich eingesetzten „echten Enduros“ heute längst ausgestorben ist und nur noch bei Oldtimer-Motocross und Geländesport-Veranstaltungen zu sehen sind.

Doch nun zur IFMA 1976. Völlig neu standen hier die Maschinen mit 50, 125 und 250 cm^3, in reinrassiger Motocross-Ausführung, sowie die Geländesportmodelle mit 50, 125, 175 und 250 cm^3. Diese geschlossene Modellpalette deutete darauf hin, dass Puch nunmehr endgültig mit einem käuflichen Sportmaschinenprogramm in den

Markt gehen wollte. Der Verkauf dieser neuen Maschinen wurde durch engagierten Werkseinsatz noch entsprechend gepusht. Harry Everts wurde 1976 in der Viertelliterklasse WM-Fünfter. Mit Osvaldo Scaburri gab es 1977 für Puch den Europameistertitel in der 75 cm^3-Klasse im Geländesport.

Schon im Mai 1975 hatte Puch bei einer Pressekonferenz das neue Modell MC 50 „Super" der Öffentlichkeit vorgestellt. Diese Maschine vereinigte das Know-how des Hauses im Motorenbau und im Fahrwerksbau in sich. Der Motor basierte vom Block her auf den Sechsgang-Moped-Kleinmotorrad-Modellen, die Zylinder-Entwicklung ging noch auf die Arbeiten mit dem fahrtwindgekühlten Leistungssatz der 50 MC aus den späten 1960er-Jahren zurück. Kein Wunder, dass mit dieser 50 cm^3-Nachwuchsmaschine auf Anhieb Meisterschaften in den diversen Exportländern gewonnen wurden.

Starke 50er-Sportmodelle

Das „Motorrad" schrieb zu dieser neuen kleinen Spezialmaschine:
Ob es sich lohnen kann, für aktiven Wettbewerbseinsatz eine Fünfziger-Motocross-Maschine zu entwickeln, muß fraglich erscheinen. Aber bei Puch in Graz hat man dieses Wagnis unternommen und kürzlich eine MC-Spezialmaschine mit 50 cm^3 vorgestellt. Der aus der Großserie entnommene Zweitaktmotor mit Sechsgang-Getriebe wurde in der Leistung angehoben und auf 11,2 PS bei 11.000 U/min gebracht.

Nun, die neuen Modelle auf der IFMA waren vom Know-how her reine Grazer Kinder, ebenso vom Engineering. Gefertigt wurden sie jedoch in Italien bei Frigerio.

MX 50-Frigerio 1982, eine starke Einsteigermaschine mit hochwertigen Fahrwerkskomponenten.

PUCH

Cobra 75 Professional 1978. Diese Maschine mit dem luftgekühlten Puch-Motor wurde im Avello-Werk von Puch in Spanien gebaut.

Dies vor allem deshalb, um der Kostenschere der teuren Importkomponenten wie Gabel, Federbeine, Räder usw. zu entgehen. Natürlich war auch die – im Vergleich zur Moped-Produktion – verschwindend geringe Stückzahl ein Entscheidungskriterium. Und schließlich waren gegen Ende der 1970er-Jahre die Fertigungseinrichtungen in Graz nicht nur mit dem Mopedbau ausgelastet, Puch stieg ja durch die Puch-G-Kooperation mit Mercedes verstärkt in den Automobilbau ein.

Eine reine Werksentwicklung für die Motocross-Saison 1978 war eine 125er-WM-Maschine mit zwei Vergasern nach dem bewährten „Strickmuster" der 250 MC „Replica". Dabei verwendete man bei Puch allerdings das Rotax-Gehäuse, das ja von Haus aus für Drehschiebereinsatz ausgelegt war, und baute einen eigenen Zylinder dazu. Das Fahrwerk war weitgehend mit der laufenden Serie identisch.

Puch-Sportmaschinen mit Rotax-Motoren

Für die Frigerio-Puchs hatte man sich einer weiteren Unterstützung versichert, nämlich der der österreichischen Motorenfabrik Rotax. Rotax baute die von Dr. Heinz Lippitsch entwickelten Drehschieberaggregate mit 125 und 250 cm^3, mit Drehschiebereinlass in Serie. Lippitsch war übrigens bei Puch an der Entwicklung eines Einzylinder-Zweitakt-Drehschiebermotors mit 125 cm^3 im Jahre 1966 beteiligt gewesen (Entw. Typ Nr. 124).

Im Jahre 1979 kam Heinz Kinigadner, der nachmalige zweifache Motocross-Weltmeister aus dem Zillertal zu Puch. Er wurde 1979 Staatsmeister in der 125er-Klasse (wo er den Vorjahresmeister Grabner auf Puch beerbte), in der 250er-Klasse und Vizemeister in der Halbliterklasse.

Die Puch MCH 300 war genau nach dem Lastenheft des österreichischen Bundesheeres ausgelegt und wäre ein ausgezeichneter Kandidat für einen größeren Heeresauftrag gewesen.

1978 kam es zu weiteren bemerkenswerten Neuentwicklungen des Werkes: Da war zunächst einmal das Trialgerät Puch „Yeti 300". Diese rein für Wettbewerbszwecke konstruierte Maschine wies ein extrem leichtes Fahrwerk auf, der Hauptrahmen wog lediglich 6 kg und war damit im damaligen Fahrzeugangebot das absolute Leichtgewicht. Im ersten Einsatzjahr wurde Wolfgang Trummer damit Vizestaatsmeister. Als Antriebsaggregat diente der 280 cm^3-Rotax-Motor, der sowohl in der originalen Ausführung mit Einlassdrehschieber als auch in einer schlitzgesteuerten Version eingesetzt wurde. Geplant war eine Kleinserienfertigung bei Frigerio, es blieb aber beim Projekt. Gebaut wurden lediglich einige Maschinen in reiner Handfertigung von der Sportabteilung.

Das zweite Projekt war die Militär-Puch MCH 300. Auch hier war der Rotax 280er-Motor als Antriebsquelle vorgesehen, die Leistung wurde mit 23 PS (17 kW) angegeben. Die technische Beschreibung des Werksprospektes sagte dazu weiter:
Gegenüber der bewährten Motocross-Ausführung in der Spitzenleistung gedrosselter Motor mit besonders gutem Durchzugsvermögen und wartungsfreier Zündanlage.

Ölbadkupplung, gut abgestuftes 5-Gang-Getriebe. Geringeres Motorgewicht durch kompakte Bauweise, Aluminiumzylinder und Magnesiumgehäuse.
Fahrgestell in der Auslegung ähnlich den modernsten Motocross- und Geländesportmaschinen: Besonders langhubige, ölgedämpfte Teleskopgabel mit Leichtmetall-Gleitrohren. Hinterradschwinge mit langhubigen, ölgedämpften Federbeinen, verwindungssteifer Doppelschleifenrahmen aus Chrom-Molybdän-legiertem Stahlrohr, Schutzbügel, Motorschutzblech, ölbenetzter Schaumstoff-Luftfilter in hoher Lage für optimale Luftfilterung und Watfähigkeit, große Reichweite durch 13 l-Kraftstoffbehälter, breite Bereifung mit Spezial-Geländeprofil. Ausstattung: Beleuchtungsanlage nach Zulassungsvorschrift; Tachometer, Doppelsitzbank, Soziusfußrasten, Packtaschen, Gepäckträger; Fahrleistung: Höchstgeschwindigkeit ca. 105 km/h, Steigfähigkeit ca. 45%.

Aber auch dieses Modell wurde nur als Prototyp gebaut, die letzte Version im Jahre 1984 mit Hand- und Fußschaltung, vier Gängen und Kombibremsen. Eingesetzt wurde

Wolfgang Trummer auf Puch „Yeti 300“.

Nachwuchsförderung wurde bei Puch immer groß geschrieben: Hier die 15 PS starke 75 cm^3-Nachwuchs-Cross-Maschine „Mini-Racer-Cobra“ für 12–15-Jährige, Hauptabsatzgebiet USA.

die Handschaltung für die Fahrt mit Schneekufen unter den Füßen des Fahrers. Diese Militärentwicklungen wurden gemäß dem Lastenheft des österreichischen Bundesheeres durchgeführt und bis zur Herstellung erprobungsfähiger Prototypen durchgezogen. Bei der Puch MCH 300 handelte es sich um ein Projekt, das jedoch nie bei der Truppe ankam.

Die letzte Neuentwicklung des Jahres 1978 bezog sich auf ein nicht zulassungsfähiges Kinder-Motocross-Motorrad mit der Bezeichnung „Mini-Cross“ und war in erster Linie für den USA-Markt gedacht.

Die spanische Fabrikationsstätte Avello brachte 1978 ebenfalls ein neu entwickeltes, in Kooperation mit der Sportabteilung Graz gefertigtes Modell auf den Markt: Die „Cobra-Professional“, ein reinrassiges Motocross-Gerät für die in vielen Ländern national gefahrene 75 cm^3-Nachwuchsklasse. Das bemerkenswerteste Detail dieses in einem modifizierten „Cobra“-Rahmen steckenden und mit spanischen Komponenten gefertigten und durch den in der Sportabteilung getunten 73 cm^3-Puch-Motor angetriebenen Renners war der Tank. Dieser lag tief unter dem oberen Rahmenrohr und wurde durch eine Kunststoffattrappe abgedeckt.

Prototyp 1978 der späteren MC 250 mit Flüssigkeitskühlung und Rotax-Drehschiebermotor.

Die Jahre gingen aber gerade in diesem so hochsensiblen Produktionssektor, der im schärfsten Wettstreit mit den Mitbewerbern aus Fernost und vor allem mit KTM aus Mattighofen stand, nicht spurlos vorbei. So sehr die Fahrwerksauslegung bei der „Replica“ noch stimmte, so sehr war dieses Prinzip drei Jahre nach dem WM-Sieg bereits umstritten. So schrieb „Das Motorrad“ vom 13. Dezember 1978 über die Puch 250 GS, also die käufliche Version mit dem Rotax-Motor:

Schneller Motor – lahmes Fahrwerk: Fast schon vergessen ist der aufsehenerregende einzylindrige WM-Zweitakter mit den zwei Vergasern, dessen Leistung vor drei Jahren

Heinz Kinigadner, der spätere Doppelweltmeister in der 250er-Klasse auf KTM, fuhr drei Jahre für Puch und wurde mehrfacher österreichischer Meister.

Maßstäbe setzte. Kein Wunder, Puch ist unter die Konfektionäre gegangen. Das Triebwerk der neuen Geländemaschine kommt von Rotax, der österreichischen Schmiede leistungsstrotzender Zweitaktmotoren. Zudem ist die Fertigung der Wettbewerbsmotorräder außer Haus verlegt worden. Die neuen Puch entstehen bei Frigerio in Treviglio bei Mailand. Nur konstruiert wird nach wie vor in Graz.

Eine jahrzehntealte Puch-Eigenheit ist der Rahmen. Die Doppelrohrausführung aus Chrom-Molybdän-Werkstoff mit dem Kastenprofil als Oberzug, dem konventionellen Heck aus horizontaler Rohrschleife mit beidseitiger Abstützung zum Schwingenlager paßt durchaus ins Bild des Üblichen. Erst auf den zweiten Blick fällt eine Kuriosität auf. Während die beiden Unterzüge unter der Sitzbanknase mit dem oberen Profilträger verschweißt sind, stellt vorne nur ein Bolzen die Verbindung zum Lenkkopf her.

… über diese vermeintliche Inkonsequenz: Dank dieser Konstruktion haben wir nie Rahmenbrüche. Die Schweißspannungen werden durch die Schraubverbindung im Lenkkopfbereich erheblich gemindert. Labiler Geradeauslauf und die Neigung, in Kehren über das Vorderrad geradeaus zu schieben, eine gewisse Bockigkeit bei Kurvenfahrt kennzeichnen das Fahrverhalten des Geländemotorrades.

Der neue Weg zu Fahrkomfort und Bodenhaftung führte für alle Firmen über Hebelsysteme zur Verstärkung der Progressivität und zentral angeordnete Federbeine. Die Sportabteilung und Frigerio probierten alle möglichen Systeme mit doppelten, gegen den Steuerkopf abgestützten Doppelfederbeinen über Monoshock-Systeme, bis die endgültige Lösung mit dem UHS (Uniforce-Hydraulic-System)-Fahrwerk feststand.

Letzter werksmäßiger Puch-Sporteinsatz

Im Jahr 1983 erfolgte anlässlich der Pharaonen-Rallye in Ägypten der letzte Einsatz der Puch-Sportabteilung mit den Fahrern Walter Kanna, Walter Leitgeb, Peter Weiss und Heinz Zieger. Werksmechaniker war Franz Tantscher. Im „Club-Magazin", dem Magazin für Puch-Enthusiasten, Heft 25, wurde unter dem Titel „Auf Kleopatras Spuren" darüber wie folgt berichtet:

Hubert Auriol, der mehrfache Paris-Dakar-Triumphator war 1982 mit einer von ihm privat finanzierten Puch 560 FT 4 bei der Pharaonen-Rallye, bei der damals über 200 Teilnehmer antraten, um einen passablen vierten Rang herauszufahren. Die Maschine war eine serienmäßige bei Frigerio gefertigte Maschine, die im Puch-Werk in der Sportabteilung zerlegt und rahmenmäßig verstärkt worden war. Daraufhin lag für die Pharaonen-Rallye 1983 das Puch-Werk im Wüstenfieber.

Es gelang das Wunder, die Werksleitung von dieser prestigeträchtigen Rallye zu überzeugen, und so starteten Heinz Zieger, der als PKW-Einfahrer im Werk angestellt war, und die drei Werksfahrer Walter Kanna, Walter Leitgeb und Peter Weiss im OM-Kastenwagen mit Rennmechaniker Franz Tantscher Richtung Frankreich zur Fähre in

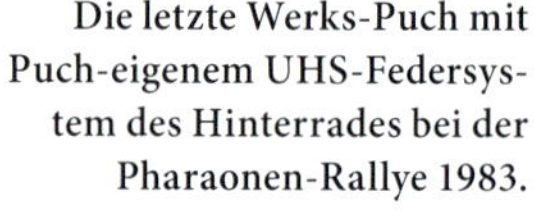

Die letzte Werks-Puch mit Puch-eigenem UHS-Federsystem des Hinterrades bei der Pharaonen-Rallye 1983.

Oben: Die Puch-Sportmaschinen-palette des Jahres 1978 bei der Modell-vorstellung auf Schloss Herberstein.

Links: Die neue Puch 250 GS bei den „Six Days“ auf Elba 1981.

Sportlerehrung 1982. Von links nach rechts: Dietrich, Wallinger, Leitgeb, Kanna, Stenitzer, Weiss, Debor, Weiser, Thaler.

Marseille. Die Maschinen, genannt „Safari Puchs“, waren ebenfalls serienmäßige FT4 und wurden vorher im Werk wüstentauglich gemacht: punktuelle Rahmenverstärkungen, Aufbau und Befestigungspunkte für 36 l-Tanks, abgeänderte Federbeine, vergrößerter Ölkühler und sogar bequemere rutschfeste Sitzbänke. Nach zwei mysteriösen Motorschäden (Zieger und Leitgeb) dämmerte den Puch-Leuten, dass das schlechte ägyptische Benzin Ursache des Desasters war. Trotz widrigster Umstände (militante libysche Rebellen erpressten Schutzgelder und zwangen den gesamten Rallyetross zu einem nahezu 1.000 km langen Umweg) beendeten die Puch-Leute die Rallye mit Erfolg: Kanna Siebenter und Weiss Zehnter in der Motorradklasse 500+. Es war dies der letzte offizielle Werkseinsatz von Puch-Zweirädern.

1982 kam es zu einer neuerlichen Auffächerung der Modellpalette, die über die Sportabteilung unter Walter Leitgeb direkt vertrieben wurde. Diese Modelle wurden – mit den jeweils üblichen Detailverbesserungen – bis zum Ende der Sportabteilung im Jahre 1985 angeboten. Wer sich entschloss, eines dieser Motorräder zu kaufen, dessen Name prangte auf seiner Puch.
Wichtig ist auch die Tatsache, dass bei allen von der Sportabteilung verkauften Maschinen der Leistungsteil, d. h. der Zylinder, im Werk in Graz überarbeitet und die Leistung über die der Serien-Rotax angehoben wurde.
Frigerio betrieb in Italien unabhängig von Puch die Fertigung seiner Sportmodelle und bot auch weiter unter dem Markennamen „Puch“ Sportmaschinen bis 500 cm^3 auf allen wichtigen Exportmärkten an.
Nach dem endgültigen Aus für die Puch-Motorradfertigung im Jahr 1985 (und 1987 nach dem Ende der gesamten Zweiradfertigung in Graz), die ja zuletzt nur mehr in der handgefertigten Herstellung von Sportmaschinen unter der Leitung von Walter Leitgeb und einiger weniger Mitarbeiter bestand, fertigte Luigi Frigerio noch einige Zeit in seiner Fabrik in Bergamo Motorräder unter dem Namen Puch.

Oben: Motocross Demonstration der Puch-Modelle 1982 bei der Wiener Messe.

Links: Die Werksfahrer Wallinger und Grabner präsentieren die Puch MC 250 und die MC 50 „Mini Racer“ für die Saison 1979.

PUCH
M. ROBERT
Castrol
3

Die letzte persönliche Maschine von Europameister Walter Leitgeb,
die Puch 250 MX mit „White Power"-Fahrwerkskomponenten
und „Rotax Adjustable Variable Exhaust"-Motor mit Flüssigkeitskühlung.

PUCH
Spirito agonistico, massima efficienza

Frigerio-Katalog, Modelle F3 ab 1980.

Puch und Frigerio:

Mit dem Ende der Serienfertigung von Puch-Geländesport-Motorrädern in Graz fiel die Entscheidung, dass Frigerio im italienischen Treviglio bei Bergamo ab 1976 die Produktion von Puch-Offroad-Fahrzeugen fortsetzen sollte, die abgesehen von den 50 und 75 cm^3-Modellen von den österreichischen Rotax-Drehschiebermotoren aus Gunskirchen befeuert wurden. Die Brüder Luigi und Piero Frigerio übernahmen nach dem Tod ihres Vaters Ercole, der als dreifacher Vizeweltmeister der Gespannklasse am 18. Mai 1952 beim Schweizer Grand Prix in Bremgarten tödlich verunglückt war, dessen Gilera-Vertretung. Doch Luigi Frigerio handelte nicht nur mit serienmäßigen Gileras, sondern brachte auch für den Sporteinsatz bei Enduro-Veranstaltungen viertaktende „Frigerio Gileras" an den Start – und zog sich damit prompt den Unmut des Gilera-Werkes in Arcore zu, da diese Frigerios den Werksmaschinen die Hölle heiß machten – und nach der Übernahme durch die Piaggio-Gruppe mussten sich die Frigerios ohnedies um ein neues Produkt umsehen und fanden dieses im Vertrieb von Puch-Motorrädern. Als 1965 mit der Gründung der Puch-Sportabteilung Bewegung in die Offroad-Abteilung von Puch kam, waren die Frigerios bereits voll mit dabei. Die neuen Puchs 125 und 175 MC waren bis Ende der 1960er-Jahre beinahe unschlagbar.
In Italien hatte sich mit Silvio Fatichi bereits ein Enduro-Fahrer und Konstrukteur gefunden, der mit den schnellen Grazer Puch-Komponenten seine „Fatichi-Puchs" baute, aber infolge viel zu geringer Fertigungskapazität die Nachfrage bei Weitem nicht befriedigen konnte. Eine ideale Chance für die Frigerios, hier mit ihrer Kompetenz als kleines Fabriksunternehmen mit der Puch-Sportabteilung zusammenzuarbeiten! 1970 erfolgte der Erstkontakt anlässlich eines EM-Laufes im italienischen Lovere am Iseosee, aus dem sich mit dem sukzessiven Vertrieb von Puch-Sportmaschinen in ganz Italien und den italienischen Staatsmeistertiteln von Alessandro Gritti (125 cm^3) und Bernardino Gualdi (175 cm^3) der Bau kompletter eigener Puch-Frigerio-Motorräder entwickelte.
Die Entscheidung, die käuflichen Sportmaschinen von Puch künftig bei Frigerio in Treviglio bauen zu lassen und weltweit im Puch-Vertriebssystem zu verkaufen, war nach dem WM-Titel von Harry Everts auf seiner Puch 250 MC gefallen. Es war diese Puch-Replica auch die letzte Puch-Sportmaschine mit eigenem Puch-Motor. Alle weiteren Offroader sollten von Frigerio mit Rotax-Motoren (außer den 50 und 75 cm^3-Modellen mit Puch-Thondorfer-Motoren) kommen.
Bei der Mailänder Messe 1987 traf die Brüder Frigerio, die den Firmennamen inzwischen auf FPM (Frigerio Preparazione Moto) geändert hatten, die Entscheidung, die Zweiradfertigung endgültig einzustellen, wie ein Keulenschlag. Und es bedeutete auch das finanzielle Aus für Frigerio in Treviglio, wo zwischen 1976 und 1988 rund 4.500 Motorräder produziert worden waren.
Nach dem Zusammenbruch existiert Frigerio wieder in einer kleinen Fabrikhalle in Canonica d'Adda, wo auch heute, 2018, noch immer aus den reichhaltigen Puch-Frigerio-Beständen neue Maschinen gebaut und alte von Kunden restauriert werden. Piero, heute um die 70, tüftelt noch immer an der Technik, der um fünf Jahre ältere Luigi kümmert sich um den geschäftlichen Ablauf. Der Autor hatte als für den Produktbereich Graz-Thondorf zuständiger Pressemitarbeiter in den Jahren 1975 bis 1982 immer wieder die Möglichkeit, diese beiden italienischen Puch-Urgesteine persönlich zu treffen.
Quellen: „Club Magazin" – Das Magazin für Puch-Enthusiasten, Christian Dichtl, Franz Tantscher, Friedrich Ehn

Unten links: Frigerio-Auslieferung 1978.

Unten rechts: Frigerio-Modelle 1978.

Rechte Seite: Frigerio-Katalog 1978, Collage.

PUCH

Tabellenteil Sportmaschinen von 1970–1985

Diese letzte Epoche des „echten" Motorradbaues war gekennzeichnet von einer unglaublichen Fülle von Aktivitäten und Ideen der Sportabteilung sowie von einem hinhaltenden Desinteresse der kaufmännischen Führung – von den Aktionären bis zur Spartenleitung. Nicht umsonst endete die Sportabteilung am „Juchhee" (= in einem ehemaligen Abstellraum) einer Werkshalle, wo Walter Leitgeb mit einigen Getreuen die Puch-Sportmaschinen, bis 80 cm^3 mit Puch-, darüber mit Rotax-Motoren, im Handschlag zusammenbaute bzw. vor der Auslieferung an die Kunden überarbeitete.
Obwohl eine kleine italienische Firma, ging es professioneller bei Frigerio in Bergamo zu. Der volle Firmenwortlaut hieß Racing Motor di Frigerio L & C. I-24047 Treviglio (BG). Dort wurden immer wieder kleine und kleinste Serien der einzelnen Modelle aufgelegt und direkt oder über den „Puch-Import" verkauft. Im nachfolgenden Tabellenteil können daher nur die wichtigsten Modelle angeführt werden – eine Auflistung sämtlicher gebauter Spezialmodelle würde den Rahmen des vorliegenden Werkes bei Weitem sprengen.
Zu den technischen Daten ist anzumerken, dass diese Angaben werksseitig stark variieren. Oftmals werden sogar innerhalb desselben Modelljahrgangs unterschiedliche Daten genannt. Daher ist es für die Puch-Fangemeinde auch in Zukunft eine spannende Aufgabe, auf den „Spuren der letzten Puchs" zu wandeln, zu suchen und vielleicht mit Teilen oder ganzen Maschinen der letzten Motorradepoche von Puch fündig zu werden.

Präsentation der aktuellen Parade von Motocross- und GS-Modellen im Sommer 1978 auf Gut Herberstein.

Puch-Sportprogramm 1982.

	Technische Daten		MC 50 Super	
Motor	Baujahr Maschinen-Nummern-Bereiche		1975–1980 Produktion 200 Stück	
	Typ		luftgekühlter Einzylinder-Zweitaktmotor, schlitzgesteuert, Puch	
	Bohrung/Hub (mm)		40/39,7	
	Hubraum (cm³)		50	
	Verdichtung		13:1	13,5:1
	Leistung	PS bei 1/min	12 bei 11.000	13,5 bei 11.500
		kW bei 1/min	8,82 bei 11.000	9,9 bei 11.500
	max. Drehmoment	kpm	–	
		Nm	–	
	Motorschmierung		Öl-Benzingemisch 1:50	
	Vergaser		Bing 24 mm Ø	
	elektrische Anlage		kontaktlose Motoplat-Innenläufer-Thyristorzündung Dansi	
	sonstige Baumerkmale des Motors		Leichtmetallzylinder mit Hartchrom-Lauffläche	
Kraftüber-tragung	Kupplung		Mehrscheibenkupplung im Ölbad	
	Getriebe		6-Gang	
Fahrgestell	Rahmen		Doppelschleifen-Rohrrahmen aus Chrom-Molybdänstahl	
	Federung vorne		Marzocchi-Telegabel, Federweg 170 mm	
	Federung hinten		Schwinge mit Girling-Federbeinen, Federweg 170 mm	
	Räder, Bereifung		v: 2,50–21, h: 3,50–18, LM-Felgen, BremsØ 125 mm	
Maße und Gewichte etc.	Länge/Breite/Höhe (mm)		2.010/830/–	2.050/820/–
	Radstand (mm)		1.308	1.390
	Bodenfreiheit (mm)		300	310
	Sitzhöhe (mm)		900	910
	Trockengewicht (kg)		75	76
	Tankinhalt (l)		6,3	8,2
	Fahrleistungen		Steigfähigkeit bis an die Haftgrenze	
	Sonstiges		Bereifung 1975: v: 2,50–18, h: 3,00–18 Lenker und Armaturen von Magura, Preis ca. S 20.000,–, extrem leistungsfähiges Einsteigermodell	

Motocross-Nachwuchsmaschine der 50 cm³-Klasse, entwickelt auf Basis der Jet-Mopedmotoren 1975.

Puch MC 50 Super, Werksaufnahme 1976.

<table>
<tr><th colspan="3">Technische Daten</th><th colspan="2">Cobra MC 50 und MC 75 Professional</th></tr>
<tr><td rowspan="14">Motor</td><td colspan="2">Baujahr
Maschinen-Nummern-Bereiche</td><td colspan="2">1978
–</td></tr>
<tr><td colspan="2">Typ</td><td colspan="2">luftgekühlter Einzylinder-Zweitaktmotor, schlitzgesteuert, Puch</td></tr>
<tr><td colspan="2">Bohrung/Hub (mm)</td><td>40/39,7</td><td>48/39,7</td></tr>
<tr><td colspan="2">Hubraum (cm³)</td><td>50</td><td>71,9</td></tr>
<tr><td colspan="2">Verdichtung</td><td>13,5:1</td><td>15:1</td></tr>
<tr><td rowspan="2">Leistung</td><td>PS bei 1/min</td><td>10 bei 14.000</td><td>19 bei 11.500</td></tr>
<tr><td>kW bei 1/min</td><td>7,35 bei 14.000</td><td>13,9 bei 11.500</td></tr>
<tr><td rowspan="2">max. Drehmoment</td><td>kpm</td><td colspan="2">–</td></tr>
<tr><td>Nm</td><td colspan="2">–</td></tr>
<tr><td colspan="2">Motorschmierung</td><td colspan="2">Öl-Benzingemisch 1:50</td></tr>
<tr><td colspan="2">Vergaser</td><td colspan="2">1/27 Amal</td></tr>
<tr><td colspan="2">elektrische Anlage</td><td colspan="2">kontaktlose Motoplat-Innenläufer-Thyristorzündung</td></tr>
<tr><td colspan="2">sonstige Baumerkmale des Motors</td><td colspan="2">Leichtmetallzylinder mit Hartchrom-Lauffläche,
Zündkerze Champion L55G</td></tr>
<tr><td rowspan="2">Kraftüber-
tragung</td><td colspan="2">Kupplung</td><td colspan="2">Mehrscheibenkupplung im Ölbad</td></tr>
<tr><td colspan="2">Getriebe</td><td colspan="2">6-Gang: 1. i = 2,615; 2. i = 1,882; 3. i = 1,474; 4. i = 1,238;
5. i = 1,05; 6. i = 0,952</td></tr>
<tr><td rowspan="4">Fahrgestell</td><td colspan="2">Rahmen</td><td colspan="2">Doppelschleifen-Rohrrahmen aus Chrom-Molybdänstahl</td></tr>
<tr><td colspan="2">Federung vorne</td><td colspan="2">fünffach verstellbare Betor-Telegabel, Federweg 180 mm</td></tr>
<tr><td colspan="2">Federung hinten</td><td colspan="2">Betor-Gasdruckfederbeine, Federweg 180 mm</td></tr>
<tr><td colspan="2">Räder, Bereifung</td><td colspan="2">v: 2,50–21, 120 mm Ø; h: 3,50–18, 110 mm Ø,
konische Nagasti-Cross-Nabe</td></tr>
<tr><td rowspan="8">Maße und Gewichte etc.</td><td colspan="2">Länge/Breite/Höhe (mm)</td><td colspan="2">1.990/790/–</td></tr>
<tr><td colspan="2">Radstand (mm)</td><td colspan="2">1.308</td></tr>
<tr><td colspan="2">Bodenfreiheit (mm)</td><td colspan="2">320</td></tr>
<tr><td colspan="2">Sitzhöhe (mm)</td><td colspan="2">845</td></tr>
<tr><td colspan="2">Trockengewicht (kg)</td><td colspan="2">76,5</td></tr>
<tr><td colspan="2">Tankinhalt (l)</td><td colspan="2">3,8</td></tr>
<tr><td colspan="2">Fahrleistungen</td><td colspan="2">je nach Übersetzung bis an die Haftgrenze</td></tr>
<tr><td colspan="2">Sonstiges</td><td colspan="2">schnelles Nachwuchsgerät für die 75 cm³-Motocross-Klasse,
Puch-Motor, Hersteller Puch, Avello / Spanien</td></tr>
</table>

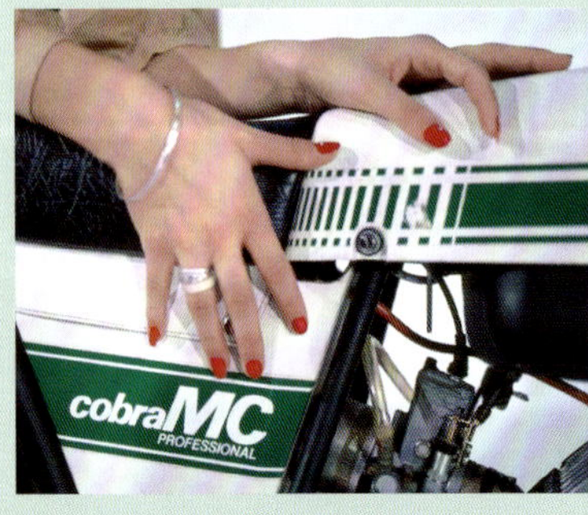

Puch-Werbefoto für die Cobra MC Professional.

Oben links: Puch Cobra MC 75 Professional bei der Präsentation der MC-Modelle 1978. Links Luigi Frigerio im Gespräch mit einem Journalisten, rechts im Halbprofil Walter Leitgeb. Oben rechts: Puch Cobra MC 75 Professional, Modell 1978.
Unten: Cobra MC 75 für die spanische MC-Jugendklasse, ca. 1980. Dieses Modell wurde wie die Professional im spanischen Puch-Avello-Werk in Gijón erzeugt, jedoch mit billigeren Komponenten und Lichtanlage für Straßenzulassung. (Foto René Windsteig)

Technische Daten			GS 50
Motor	Baujahr Maschinen-Nummern-Bereiche		ab 1978 –
	Typ		luftgekühlter Einzylinder-Zweitaktmotor, schlitzgesteuert, Puch
	Bohrung/Hub (mm)		40/39,7
	Hubraum (cm³)		50
	Verdichtung		13,5:1
	Leistung	PS bei 1/min	10–15 bei 10:14.000
		kW bei 1/min	7,35–11.02 bei 10:14.000
	max. Drehmoment	kpm	–
		Nm	–
	Motorschmierung		Öl-Benzingemisch 1:50
	Vergaser		Bing 24 mm Ø
	elektrische Anlage		kontaktlose Thyristorzündung, 6 V-Wechselstromgenerator
	sonstige Baumerkmale des Motors		Alu-Chromzylinder
Kraftübertragung	Kupplung		Mehrscheibenkupplung im Ölbad
	Getriebe		6-Gang, klauengeschaltet
Fahrgestell	Rahmen		Doppelschleifen-Rohrrahmen
	Federung vorne		Marzocchi-Teleskopgabel Ø 32 ZTi
	Federung hinten		Schwinge mit gasdruckgedämpften, verstellbaren Federbeinen
	Räder, Bereifung		v: 2,50–21, Bremse 125 mm Ø, h: 3,50–18, Bremse 125 mm Ø
Maße und Gewichte etc.	Länge/Breite/Höhe (mm)		2.050/820/–
	Radstand (mm)		1.390
	Bodenfreiheit (mm)		310
	Sitzhöhe (mm)		910
	Trockengewicht (kg)		76
	Tankinhalt (l)		8,2
	Fahrleistungen		Steigfähigkeit bis an die Haftgrenze
	Sonstiges		Nachwuchs-Geländesport-Wettbewerbsmaschine

Puch 50 Frigerio, Ausführung für Motocross-Zwecke (verstärkte Federbeine, ohne Licht).

Puch GS 50 Frigerio bei der IFMA in Köln 1976.

Technische Daten			GS 75
Motor	Baujahr Maschinen-Nummern-Bereiche		ab 1978 –
	Typ		luftgekühlter Einzylinder-Zweitaktmotor, schlitzgesteuert, Puch
	Bohrung/Hub (mm)		48/39,7
	Hubraum (cm³)		71,9
	Verdichtung		13,5:1
	Leistung	PS bei 1/min	15,5 bei 10.000
		kW bei 1/min	11,45 bei 10.000
	max. Drehmoment	kpm	–
		Nm	–
	Motorschmierung		Öl-Benzingemisch 1:50
	Vergaser		Bing 26 mm Ø
	elektrische Anlage		kontaktlose Thyristorzündung, 6 V-Wechselstromgenerator
	sonstige Baumerkmale des Motors		Leichtmetallzylinder mit Graugusslaufbuchse
Kraftübertragung	Kupplung		Mehrscheibenkupplung im Ölbad
	Getriebe		6-Gang, klauengeschaltet
Fahrgestell	Rahmen		Doppelschleifen-Rohrrahmen
	Federung vorne		Marzocchi-Teleskopgabel Ø 32 ZTi
	Federung hinten		Schwinge mit gasdruckgedämpften, verstellbaren Federbeinen
	Räder, Bereifung		v: 2,50–21, Bremse 125 mm Ø, h: 3,50–18, Bremse 125 mm Ø
Maße und Gewichte etc.	Länge/Breite/Höhe (mm)		2.050/820/–
	Radstand (mm)		1.390
	Bodenfreiheit (mm)		310
	Sitzhöhe (mm)		910
	Trockengewicht (kg)		76
	Tankinhalt (l)		8,2
	Fahrleistungen		92 km/h
	Sonstiges		Nachwuchs-Geländesport-Wettbewerbsmaschine

2

Links: Elastische Motoraufhängung der GS 75, 1978.

Rechts: Kotflügelaufhängung der GS 75, 1978.

Puch GS 75 Frigerio, 1978. Im selben Fahrgestell wurde auch der 50 cm³-Motor geliefert.

Puch GS 75 Frigerio, 1978.

	Technische Daten		MC 80 (W)	GS 80
Motor	Baujahr Maschinen-Nummern-Bereiche		bis 1980 Puch, ab Saison 1981 Puch-Frigerio	
	Typ		zunächst luftgekühlt, Einzylinder-Zweitaktmotor, schlitzgesteuert, Puch, spätere Modelle Flüssigkeitskühlung	
	Bohrung/Hub (mm)		50/40	
	Hubraum (cm³)		78,5	
	Verdichtung		14:1	
	Leistung	PS bei 1/min	21 bei 11.500	15 bei 10.500
		kW bei 1/min	15,4 bei 11.500	11 bei 10.500
	max. Drehmoment	kpm	–	–
		Nm	–	–
	Motorschmierung		Öl-Benzingemisch 1:30	
	Vergaser		Bing 26 mm Ø	
	elektrische Anlage		Dansi oder Motoplat	
	sonstige Baumerkmale des Motors		Puch-Sechsgang-Motorgehäuse, Klauengetriebe	
Kraftübertragung	Kupplung		Mehrscheibenkupplung im Ölbad	
	Getriebe		6-Gang	
Fahrgestell	Rahmen		Doppelschleifen-Rohrrahmen (Molybdän)	
	Federung vorne		Marzocchi, Federweg 260 mm	
	Federung hinten		Marzocchi, Federweg 260 mm	
	Räder, Bereifung		v: 2,50–21; h: 3,50–18, konische Naben, Trommelbremsen 125 mm Ø	
Maße und Gewichte etc.	Länge/Breite/Höhe (mm)		2.050/840/–	2.050/840/–
	Radstand (mm)		1.370	1.370
	Bodenfreiheit (mm)		320	310
	Sitzhöhe (mm)		950	950
	Trockengewicht (kg)		82	84
	Tankinhalt (l)		7	
	Fahrleistungen		Steigfähigkeit bis an die Haftgrenze	102 km/h
	Sonstiges		flüssigkeitsgekühlt, die rasante Maschine für die Ingena 80 MC, Preis 1982 S 36.900,–	

Puch MC 80,
Ausführung 1982.

Puch GS 80
wassergekühlt,
1982.

	Technische Daten		MC 125	Enduro 125 (GS)
Motor	Baujahr Maschinen-Nummern-Bereiche		1970–1974 (Vorserie 1967–1969 12 Stück) 5-Gang: 3,700.101-3,789.999, 4-Gang: 2,700.101–2,789.999, Produktion 2.868 Stück (Produktion MC 125 1.105 Stück)	
	Typ		Einzylinder-Zweitaktmotor, schlitzgesteuert, Puch	
	Bohrung/Hub (mm)		55/52	
	Hubraum (cm³)		123,5	
	Verdichtung		13,8:1	13,8:1
	Leistung	PS bei 1/min	14–21 bei 8.700, Aug. 1972: 19 bei 9.000	18 bei 8.700, Aug. 1972: 16 bei 7.800, ab Aug. 1974: 14 bei 8.200
		kW bei 1/min	10,36–15,54 bei 8.700, Aug. 1972: 13,9 bei 9.000	13,32 bei 8.700, Aug. 1972: 11,7 bei 7.800, ab Aug. 1974: 10,3 bei 8.200
	max. Drehmoment	kpm	1,5 bei 8.250/min	
		Nm	15,3 bei 8.250/min	
	Motorschmierung		Öl-Benzingemisch 1:25	
	Vergaser		Bing 26 mm Ø bzw. Bing 30 mm Ø	
	elektrische Anlage		Bosch-Transistorzündung 6 V 35 W bzw. kontaktlose Bosch-Thyristor-zündung	Bosch- Transistorzündung 6 V 35 W, Batterie 6 V 12 Ah, Scheinwerfer, Rücklicht, Stopplicht
	sonstige Baumerkmale des Motors		Zündkerze: Champion N57R, Bosch W310 Tl7, W310 R17, frühe Modelle Champion N3	Zündkerze: Champion N57R, Bosch W310 R17, frühe Modelle Champion N3
Kraftübertragung	Kupplung		Primärantrieb 1970: 1:2,516; für 6-Gang-Modell: 1:1,22 Mehrscheibenkupplung im Ölbad	
	Getriebe		4-Gang: i ges. 1 = 29,65; 2 = 20,22; 3 = 14,75; 4 = 12,08; 5-Gang: i ges. 1 = 33,861; 2 = 21,424; 3 = 16,131; 4 = 12,367; 5 = 9,677; Sekundärübersetzung 3,846:1	6-Gang = Ziehkeil (frühe Modelle): i ges. 1 = 37,03; 2 = 24,45; 3 = 18,01; 4 = 14,12; 5 = 11,35; 6 = 9,93; 5. Gang wie MC 125, Sekundärübersetzung 3,538:1
Fahrgestell	Rahmen		Doppelschleifen-Rohrrahmen	
	Federung vorne		Teleskopgabel Betor mit 165 mm Federweg oder Ceriani mit 150 mm Federweg	
	Federung hinten		Schwinge mit hydraulisch gedämpften Girling-Federbeinen, Federweg 100 mm	
	Räder, Bereifung		v: 2,50/2,75/3,00–21, Bremse 160 mm Ø; h: 3,25/3,50/4,00–18, Bremse 160 mm Ø; späte Modelle: konische LM-Bremsnabe 120 mm Ø	
Maße und Gewichte etc.	Länge/Breite/Höhe (mm)		2.033/860/1.090	
	Radstand (mm)		1.355	
	Bodenfreiheit (mm)		245	
	Sitzhöhe (mm)		840	
	Trockengewicht (kg)		94, ab 1974: 103	96, ab 1974: 124
	Tankinhalt (l)		Blechtank 9	Polyestertank 9,3
	Fahrleistungen		108 km/h	105 km/h
	Sonstiges		international konkurrenzfähiges Moto-cross-Modell für die neue 125er-MC-Klasse, auf Wunsch auch als Trial-Ausführung	Sonderausführung mit Straßen-Auspuff-anlage und Beleuchtung für Gelände-einsatz, wettbewerbstauglich

Oben links: Puch MC 125, Ausführung 1970–1973. Oben rechts: Puch 125 GS, Ausführung 1972–1973.

Unten links: Puch 125 GS, zweisitzige Ausführung 1970–1973, Auslieferung Fa. Puch – Karl Angst, Wiener Neustadt.

Unten rechts: Puch MC 125, Modell 1974, mit neuem Rahmen für tieferen Schwerpunkt und geändertem Tank, flacherer Sitzbank und neuer Auspuff-Führung.

Technische Daten			MC 125 (GS)
Motor	Baujahr Maschinen-Nummern-Bereiche		ab 1976 –
	Typ		luftgekühlter Einzylinder-Zweitakt-Drehschiebermotor, Rotax
	Bohrung/Hub (mm)		54/54
	Hubraum (cm³)		123,7
	Verdichtung		13:1
	Leistung	PS bei 1/min	29 bei 10.900
		kW bei 1/min	21,3 bei 10.900
	max. Drehmoment	kpm	1,5 bei 8.250/min
		Nm	15,3 bei 8.250/min
	Motorschmierung		Öl-Benzingemisch 1:30
	Vergaser		Bing 32 mm Ø
	elektrische Anlage		kontaktlose Bosch-Thyristorzündung MHKZ 6 V 32 W; Modell GS: Scheinwerfer, Rück- und Bremslicht
	sonstige Baumerkmale des Motors		Zündkerze MC: Bosch W 280 MZ2 Zündkerze GS: Bosch 300 MZ2
Kraftübertragung	Kupplung		Mehrscheibenkupplung im Ölbad Primärübersetzung i = 3,28
	Getriebe		6-Gang: 1. i = 3,40; 2. i = 2,31; 3. i = 1,68; 4. i = 1,31; 5. i = 1,09; 6. i = 0,96
Fahrgestell	Rahmen		Doppelschleifen-Rohrrahmen aus Chrom-Molybdänstahl
	Federung vorne		Marzocchi-Telegabel, Federweg 220 mm
	Federung hinten		Marzocchi-Telefederbeine, Federweg 220 mm
	Räder, Bereifung		v: 2,75–21, Bremse 125 mm Ø; h: 4,00–18, Bremse 125 mm Ø, konische LM-Bremsnabe (spätere Modelle)
Maße und Gewichte etc.	Länge/Breite/Höhe (mm)		2.130/840/–
	Radstand (mm)		1.440
	Bodenfreiheit (mm)		390
	Sitzhöhe (mm)		970
	Trockengewicht (kg)		90 (92)
	Tankinhalt (l)		7,6 l frühe Modelle, später 9,2
	Fahrleistungen		Steigfähigkeit bis an die Haftgrenze
	Sonstiges		wettbewerbsfähige Sportmaschinen

Oben links: Puch MC 125, Ausführung 1980. Oben rechts: Puch MC 125, Ausführung 1980.

Unten links: Puch MC 125, Werksausführung 1976 (Prototyp). Unten rechts: Werksfahrer Helmut Frauwallner auf Puch MC 125, Modell 1979.

	Technische Daten		125 MC	125 F3 GS
Motor	Baujahr Maschinen-Nummern-Bereiche		ab 1982 –	ab 1982 –
	Typ		luftgekühlter Einzylinder-Zweitakt-Rotaxmotor, schlitzgesteuert mit Membran-Nebenschlitz	
	Bohrung/Hub (mm)		54/54	
	Hubraum (cm^3)		123,7	
	Verdichtung		14:1	
	Leistung	PS bei 1/min	29 bei 10.500	27,2 bei 9.600
		kW bei 1/min	21,3 bei 10.500	20 bei 9.600
	max. Drehmoment	kpm	–	–
		Nm	–	–
	Motorschmierung		Öl-Benzingemisch 1:30	
	Vergaser		Bing 84/32 mm Ø, spätere Modelle Mikuni 34 mm Ø	
	elektrische Anlage		Bosch-Zündanlage RDPK 1 12 V 60 W bzw. Bosch 6 V 55 W, spätere Modelle Motoplat	
	sonstige Baumerkmale des Motors		–	–
Kraftübertragung	Kupplung		Mehrscheibenkupplung im Ölbad	
	Getriebe		6-Gang	
Fahrgestell	Rahmen		Doppelschleifen-Rohrrahmen	
	Federung vorne		Marzocchi-Telegabel, Federweg 300 mm	
	Federung hinten		Marzocchi AG 4, Federweg 300 mm	
	Räder, Bereifung		v: 3,00–21, Bremse 125 mm Ø; h: 4,00–18, Bremse 125 mm Ø, auch 140/160 mm Ø	
Maße und Gewichte etc.	Länge/Breite/Höhe (mm)		2.160/840/–	
	Radstand (mm)		1.470	
	Bodenfreiheit (mm)		330	
	Sitzhöhe (mm)		970	
	Trockengewicht (kg)		90	**92**
	Tankinhalt (l)		9,2	
	Fahrleistungen		Steigfähigkeit bis zur Haftgrenze	
	Sonstiges		wettbewerbsfähige Sportmaschinen mit WM-Einsatzerfahrung	

Oben: Puch GS 125 F3, 1982.

Links: Puch 125 MC, Modell 1984 mit dem neuen Fahrwerk mit Zentralfederbein und Membran-Nebenschlitzmotor von Rotax.

	Technische Daten		MC 125 LC U.H.S.	GS 125 LC U.H.S.
Motor	Baujahr Maschinen-Nummern-Bereiche		ab 1983 –	ab 1983 –
	Typ		flüssigkeitsgekühlter Einzylinder-Zweitaktmotor, Rotax mit Schlitz- und Membran-Nebenschlitzsteuerung, spätere Ausführung: Vollmembran	
	Bohrung/Hub (mm)		54/54	
	Hubraum (cm³)		123,7	
	Verdichtung		15:1	
	Leistung	PS bei 1/min	30 bei 10.500	29 bei 10.500
		kW bei 1/min	22 bei 10.500	21,3 bei 10.500
	max. Drehmoment	kpm	–	–
		Nm	–	–
	Motorschmierung		Öl-Benzingemisch 1:30	
	Vergaser		Mikuni Ø 34	
	elektrische Anlage		Motoplat	
	sonstige Baumerkmale des Motors		–	–
Kraftübertragung	Kupplung		Mehrscheibenkupplung im Ölbad	
	Getriebe		6-Gang	
Fahrgestell	Rahmen		verwindungssteifer Doppelschleifen-Rohrrahmen (Molybdän)	
	Federung vorne		Marzocchi-Telegabel 40 mm Ø, Federweg 300 mm	
	Federung hinten		U.H.S. Marzocchi 320/340 mm, wahlweise White Power 340 mm	
	Räder, Bereifung		v: 3,00–21, Trommelbremse 125 mm Ø, wahlweise Scheibenbremse, h: 4,00–18, Trommelbremse (konische Nabe) 25 mm Ø	
Maße und Gewichte etc.	Länge/Breite/Höhe (mm)		2.160/–/–	
	Radstand (mm)		1.470 Modell 1982, 1.530 Modell 1984	1.490
	Bodenfreiheit (mm)		330	
	Sitzhöhe (mm)		970	
	Trockengewicht (kg)		91	
	Tankinhalt (l)		9	
	Fahrleistungen		Steigfähigkeit bis zur Haftgrenze	bis zu 130 km/h schnell
	Sonstiges		höchstentwickelte Puch-Sportmaschinen der Achtelliterklasse mit WM-Know-how und perfektem Fahrwerk	

MC 125 LC U.H.S. 1984, 123,7 cm³, 2 T, 30 PS bei 10.500 U/min., 6-Gang-Getriebe, Monoshock-Hinterradfederung, Trockengewicht 91 kg.

GS 125 LC U.H.S. 1984, 123,7 cm³, 2 T, 29 PS bei 10.500 U/min., 6-Gang-Getriebe, Monoshock-Hinterradfederung, Wasserkühlung, Trockengewicht 91 kg.

	Technische Daten		MC 175	Enduro 175 (GS)
Motor	Baujahr Maschinen-Nummern-Bereiche		1970–1974 5-Gang: 3,800.101–3,889.999, Produktion 4.418 Stück 4-Gang: 2,800.101–2,889.999, Produktion 414 Stück	
	Typ		luftgekühlter Einzylinder-Zweitaktmotor, schlitzgesteuert, Puch	
	Bohrung/Hub (mm)		62/56	
	Hubraum (cm³)		169	
	Verdichtung		11,5:1	
	Leistung	PS bei 1/min	16–24 bei 8700	21 bei 8700
		kW bei 1/min	11,76–17,64 bei 8700	15,4 bei 8700
	max. Drehmoment	kpm	1,9 bei 7.500/min	
		Nm	19,4 bei 7.500/min	
	Motorschmierung		Öl-Benzingemisch 1:25	
	Vergaser		Bing 32 mm Ø bzw. Bing 27 mm Ø	
	elektrische Anlage		Bosch-Transistorzündung 6 V 35 W, Enduro mit Batterie 6 V 12 Ah, Scheinwerfer, Rücklicht, Stopplicht	
	sonstige Baumerkmale des Motors		wie 125 cm³-Modelle	
Kraftübertragung	Kupplung		Mehrscheibenkupplung im Ölbad	
	Getriebe		4-Gang: 1 = 29,65; 2 = 20,22; 3 = 14,75; 4 = 12,08; 5-Gang: 1 = 31,156; 2 = 19,711; 3 = 14,841; 4 = 11,378; 5 = 8,903; Sekundärantrieb: 3,538:1	6-Gang = Ziehkeil (frühe Modelle): 1 = 32,09; 2 = 21,22; 3 = 15,61; 4 = 12,25; 5 = 9,83; 6 = 8,62 Sekundärantrieb: 3,538:1
Fahrgestell	Rahmen		Doppelschleifen-Rohrrahmen	
	Federung vorne		ölgedämpfte Betor-Telegabel	
	Federung hinten		Schwinge mit ölgedämpften Girling-Federbeinen	
	Räder, Bereifung		3.00–21 vorne; 4.00–18 hinten; LM-Vollnabenbremsen 160 mm Ø; späte Modelle: konische LM-Bremsnabe 125 mm Ø	
Maße und Gewichte etc.	Länge/Breite/Höhe (mm)		2.033/860/1.090	
	Radstand (mm)		1.355	
	Bodenfreiheit (mm)		245	
	Sitzhöhe (mm)		840	
	Trockengewicht (kg)		108	128
	Tankinhalt (l)		Blechtank 9	Polyestertank 9,3
	Fahrleistungen		118 km/h	115 km/h
	Sonstiges		auf Basis der letzten Straßenmaschine M 125 entwickeltes Sportmodell, Leichtmetallzylinder mit eingezogener Schleuderguss-Laufbuchse	

Oben links: Puch MC 175, Ausführung 1970–1973.

Oben rechts: Puch MC 175er-Motor.

Unten: Puch MC 175 GS, Ausführung 1970–1973.

Puch GS 175 Enduro 1974 mit eigenem Puch-Motor, entwickelt auf Basis des M 125er-Motors.
Es war dies mit bis zu 24 PS die stärkste Motorisierung des M-Basismotors.
Die Kotflügel der abgebildeten Maschine stammen aus einer jüngeren Epoche, original waren Metallkotflügel.

Technische Daten			GS 175
Motor	Baujahr Maschinen-Nummern-Bereiche		ab 1976 –
	Typ		luftgekühlter Einzylinder-Zweitakt-Drehschiebermotor, Rotax
	Bohrung/Hub (mm)		62/57,5
	Hubraum (cm³)		173,6
	Verdichtung		13:1
	Leistung	PS bei 1/min	28 bei 9.000
		kW bei 1/min	20,6 bei 9.000
	max. Drehmoment	kpm	1,5 bei 8.250/min
		Nm	15,3 bei 8.250/min
	Motorschmierung		Öl-Benzingemisch 1:30
	Vergaser		Bing 32 mm Ø
	elektrische Anlage		kontaktlose Bosch-Thyristorzündung MHKZ 6 V 32 W, mit Scheinwerfer, Rück- und Bremslicht
	sonstige Baumerkmale des Motors		Zündkerze: Bosch W 300 MZ2
Kraftübertragung	Kupplung		Mehrscheibenkupplung im Ölbad Primärübersetzung i = 3,28
	Getriebe		6-Gang: 1. i = 3,40; 2. i = 2,31; 3. i = 1,68; 4. i = 1,31; 5. i = 1,09; 6. i = 0,96
Fahrgestell	Rahmen		Doppelschleifen-Rohrrahmen aus Chrom-Molybdänstahl
	Federung vorne		Marzocchi-Telegabel, Federweg 220 mm
	Federung hinten		Marzocchi-Telefederbeine, Federweg 220 mm
	Räder, Bereifung		v: 2,75–21, Bremse 125 mm Ø; h: 4,50–18, Bremse 125 mm Ø, konische LM-Bremsnaben
Maße und Gewichte etc.	Länge/Breite/Höhe (mm)		2.100/800/–
	Radstand (mm)		1.420
	Bodenfreiheit (mm)		–
	Sitzhöhe (mm)		920
	Trockengewicht (kg)		92
	Tankinhalt (l)		7,6
	Fahrleistungen		Steigfähigkeit bis an die Haftgrenze
	Sonstiges		Spezialmodell für die vor allem in den USA populäre 175 cm³-Klasse

Technische Daten			GS 175 Six Days
Motor	Baujahr Maschinen-Nummern-Bereiche		ab 1977 –
	Typ		Einzylinder-Zweitakt-Drehschiebermotor, Rotax
	Bohrung/Hub (mm)		62/57,5
	Hubraum (cm³)		173,6
	Verdichtung		13:1
	Leistung	PS bei 1/min	28
		kW bei 1/min	20,4
	max. Drehmoment	kpm	–
		Nm	–
	Motorschmierung		Öl-Benzingemisch 1:25
	Vergaser		Bing 32 mm Ø
	elektrische Anlage		kontaktlose Bosch-Thyristorzündung MHKZ 6 V 32 W, Scheinwerfer, Rück- und Bremslicht
	sonstige Baumerkmale des Motors		Zündkerze: Bosch W 300 MZ2
Kraftüber-tragung	Kupplung		Mehrscheibenkupplung im Ölbad
	Getriebe		5-Gang: 1. i = 2,91; 2. i = 1,86; 3. i = 1,39; 4. i = 1,095; 5. i = 0,913
Fahrgestell	Rahmen		Doppelschleifen-Rohrrahmen aus Chrom-Molybdänstahl
	Federung vorne		Marzocchi-Telegabel, Federweg 220 mm
	Federung hinten		Telefederbeine, Federweg 220 mm
	Räder, Bereifung		v: 3,00–21, Bremse 140 mm Ø; h: 4,50–18, Bremse 150 mm Ø
Maße und Gewichte etc.	Länge/Breite/Höhe (mm)		2.100/800/–
	Radstand (mm)		1.420
	Bodenfreiheit (mm)		–
	Sitzhöhe (mm)		920
	Trockengewicht (kg)		98
	Tankinhalt (l)		7,6
	Fahrleistungen		–
	Sonstiges		– –

Technische Daten			MC 250 Replica
Motor	Baujahr Maschinen-Nummern-Bereiche		ab 1975 59.001–259.100, Produktion 95 Stück
	Typ		Einzylinder-Zweitaktmotor, Drehschieber- und Schlitzsteuerung, Puch
	Bohrung/Hub (mm)		70/64
	Hubraum (cm³)		246,3
	Verdichtung		12:1
	Leistung	PS bei 1/min	43,5 bei 8.200
		kW bei 1/min	32 bei 8.200
	max. Drehmoment	kpm	3,8 bei 8.200/min
		Nm	38,7 bei 8.200/min
	Motorschmierung		Öl-Benzingemisch 1:25
	Vergaser		2 Stück Bing 32 mm Ø, Ringschwimmervergaser
	elektrische Anlage		kontaktlose Motoplat-Innenläufer-Thyristorzündung 6 V
	sonstige Baumerkmale des Motors		Zündkerze Champion L2G, Leichtmetallzylinder mit Gusslaufbuchse
Kraftübertra-gung	Kupplung		Mehrscheibenkupplung im Ölbad
	Getriebe		Primärkraftübertragung: 5-Gang: 1. i = 2,33; 2. i = 1,73; 3. i = 1,35; 4. i = 1,10; 5. i = 1,05; Schrägzahnräder 2,8:1; Hinterradkette teilabgedeckt
Fahrgestell	Rahmen		Doppelschleifen-Rohrrahmen aus Chrom-Molybdänstahl
	Federung vorne		Marzocchi-Telegabel, Federweg 220 mm
	Federung hinten		Marzocchi-Telefederbeine, Federweg 220 mm
	Räder, Bereifung		v: 2,75–21, Bremse 125 mm Ø, h: 4,50–18, Bremse 150 mm Ø, konische LM-Bremsnaben
Maße und Gewichte etc.	Länge/Breite/Höhe (mm)		2.100/800/–
	Radstand (mm)		1.420
	Bodenfreiheit (mm)		–
	Sitzhöhe (mm)		920
	Trockengewicht (kg)		97
	Tankinhalt (l)		7,6
	Fahrleistungen		–
	Sonstiges		Preis S 49.980,– (1976); exakte Replica der MC-Werksmaschine von Weltmeister Harry Everts 1975

Oben links: Puch MC 250 Replica 1976.

Oben rechts: Puch MC 250 Replica, Ausführung 1976. Von dieser Maschine wurden 95 Exemplare gebaut.

Mitte links: Rahmen und Motor der Puch MC 250 Replica. Das Rahmenrückgrat wird von einem stabilen Kastenrahmen gebildet. Versteifungsstreben zwischen diesem Kastenteil und den Brustrohren. Deutlich erkennbar die zwei Vergaser.

Mitte rechts: Motor der MC 250 Replica: Zwei Vergaser versorgen den Motor mit Frischgasen. Einmal mit Schlitzsteuerung, einmal mit Plattendrehschieber.

Unten: Puch MC 250-Replica, das Ebenbild der Weltmeisterschaftsmaschine mit einem Motorgehäuse aus Aluminiumlegierung. Die Werksmaschinen hatten Magnesiumgehäuse.

Technische Daten			MC 250 (GS)
Motor	Baujahr Maschinen-Nummern-Bereiche		ab 1976 –
	Typ		luftgekühlter Einzylinder-Zweitakt-Drehschiebermotor, Rotax, ab 1984 wahlweise Flüssigkeitskühlung (LC)
	Bohrung/Hub (mm)		74/57,5
	Hubraum (cm³)		247
	Verdichtung		13:1
	Leistung	PS bei 1/min	35 bei 8.300, LC: 43 bei 9.500
		kW bei 1/min	25,55 bei 8.300, LC: 31,6 bei 9.500
	max. Drehmoment	kpm	–
		Nm	–
	Motorschmierung		Öl-Benzingemisch 1:25
	Vergaser		Bing 32 mm Ø
	elektrische Anlage		kontaktlose Bosch-Thyristorzündung MHKZ 6 V 32 W; Modell GS: Scheinwerfer, Rück- und Stopplicht
	sonstige Baumerkmale des Motors		Zündkerze Champion N57G
Kraftübertragung	Kupplung		Mehrscheibenkupplung im Ölbad
	Getriebe		Primärübersetzung 5-Gang = 3,28; 6-Gang = 2,91; wahlweise 5-Gang: 1. i = 2,38; 2. i = 1,75; 3. i = 1,39; 4. i = 1,09; 5. i = 0,91; 6-Gang: 1. i = 3,40; 2. i = 2,31; 3. i = 1,68; 4. i = 1,31; 5. i = 1,09; 6. i = 0,90
Fahrgestell	Rahmen		Doppelschleifen-Rohrrahmen aus Chrom-Molybdänstahl
	Federung vorne		Marzocchi-Telegabel, Federweg 220 mm
	Federung hinten		Marzocchi-Telefederbeine, Federweg 220 mm
	Räder, Bereifung		v: 2,75–21, Bremse 140 mm Ø, h: 4,50–18, Bremse 150 mm Ø, konische LM-Bremsnaben
Maße und Gewichte etc.	Länge/Breite/Höhe (mm)		2.100/800/–
	Radstand (mm)		1.420
	Bodenfreiheit (mm)		–
	Sitzhöhe (mm)		920
	Trockengewicht (kg)		93 (95), MC 250 LC: 98
	Tankinhalt (l)		7,6
	Fahrleistungen		Steigfähigkeit bis an die Haftgrenze
	Sonstiges		Wettbewerbsmodell für die Viertelliterklasse im Motocross; auch in GS (Enduro)-Ausführung lieferbar

Oben: Puch 250 GS, Ausführung 1976.
Unten: Puch MC 250 Frigerio, Ausführung 1978.

Technische Daten			GS 250 Six Days
Motor	Baujahr Maschinen-Nummern-Bereiche		ab 1977 –
	Typ		Einzylinder-Zweitakt-Drehschiebermotor, Rotax
	Bohrung/Hub (mm)		74/57,5
	Hubraum (cm³)		247
	Verdichtung		13:1
	Leistung	PS bei 1/min	35
		kW bei 1/min	25,55
	max. Drehmoment	kpm	–
		Nm	–
	Motorschmierung		Öl-Benzingemisch 1:25
	Vergaser		Bing 32 mm Ø
	elektrische Anlage		kontaktlose Bosch-Thyristorzündung MHKZ 6 V 32 W, Scheinwerfer, Rück- und Bremslicht
	sonstige Baumerkmale des Motors		Zündkerze: Champion N57G
Kraftübertragung	Kupplung		Mehrscheibenkupplung im Ölbad
	Getriebe		5-Gang: 1. i = 2,91; 2. i = 1,86; 3. i = 1,39; 4. i = 1,095; 5. i = 0,913
Fahrgestell	Rahmen		Doppelschleifen-Rohrrahmen aus Chrom-Molybdänstahl
	Federung vorne		Marzocchi-Telegabel, Federweg 220 mm
	Federung hinten		Telefederbeine, Federweg 220 mm
	Räder, Bereifung		v: 3,00–21, Bremse 140 mm Ø; h: 4,50–18, Bremse 150 mm Ø
Maße und Gewichte etc.	Länge/Breite/Höhe (mm)		2.100/800/–
	Radstand (mm)		1.420
	Bodenfreiheit (mm)		–
	Sitzhöhe (mm)		920
	Trockengewicht (kg)		98
	Tankinhalt (l)		7,6
	Fahrleistungen		–
	Sonstiges		–

Oben: Puch 250 GS, Modell 1984. Unten: Puch GS 250 F3, Modell 1982.

	Technische Daten		MC 250, MC 250 LC U.H.S.	GS 250, GS 250 LC U.H.S.
Motor	Baujahr Maschinen-Nummern-Bereiche		ab 1983 –	ab 1983 –
	Typ		Einzylinder-Zweitakt-Drehschiebermotor, Rotax, wahlweise Luft- oder Flüssigkeitskühlung, LC-Ausführung	
	Bohrung/Hub (mm)		72/61	
	Hubraum (cm³)		248,4	
	Verdichtung		13,5:1	
	Leistung	PS bei 1/min	luftgekühlt 40 bei 9.500	flüssiggekühlt 43 bei 9.500
		kW bei 1/min	luftgekühlt 29,4 bei 9.500	flüssiggekühlt 31,6 bei 9.500
	max. Drehmoment	kpm	–	–
		Nm	–	–
	Motorschmierung		Öl-Benzingemisch 1:30	
	Vergaser		Modelle 82 Bing 32 mm Ø, Modelle ab 84 Bing 34 mm Ø	
	elektrische Anlage		elektronische Boschzündung	
	sonstige Baumerkmale des Motors		–	–
Kraftübertragung	Kupplung		Mehrscheibenkupplung im Ölbad	
	Getriebe		5-Gang	6-Gang
Fahrgestell	Rahmen		Doppelschleifen-Rohrrahmen (Molybdän)	
	Federung vorne		Marzocchi-Telegabel 40 mm Ø, Federweg 300 mm	
	Federung hinten		U.H.S. mit White Power oder Marzocchi, Federweg 340/320 mm	U.H.S. mit Marzocchi, Federweg 320 mm
	Räder, Bereifung		v: 3,00–21 Doppelnocken oder h: 4,50–18 Trommelbremse	Scheibenbremsen 160 mm Ø
Maße und Gewichte etc.	Länge/Breite/Höhe (mm)		2.200/–/–	2.160/–/–
	Radstand (mm)		1.510	1.490
	Bodenfreiheit (mm)		360	340
	Sitzhöhe (mm)		980	970
	Trockengewicht (kg)		100	99
	Tankinhalt (l)		9,5	9,0
	Fahrleistungen		–	–
	Sonstiges		Preis S 44.500,–; letzte Baureihe der Puch MC- und GS-Viertelliter-Sportmaschinen mit Monoshock-Hinterradfederung U.H.S.	

Oben links: Puch MC 250 LC U.H.S., Ausführung 1984. Oben rechts: Puch MC 250 U.H.S. 1982, luftgekühlt.
Unten links: MC 250 LC U.H.S. 1984, 248,4 cm³, 2 T, 43 PS bei 9.500 U/min., 5-Gang-Getriebe, Monoshock-Hinterradfederung, wahlweise Wasser- oder Luftkühlung, Trockengewicht 98 kg.
Unten rechts: GS 250 LC U.H.S. 1984, 248,4 cm³, 2 T, 43 PS bei 9.500 U/min., 6-Gang-Getriebe, Monoshock-Hinterradfederung, wahlweise Wasser- oder Luftkühlung, Trockengewicht 99 kg.

Technische Daten			Yeti 300 Trial-Spezial
Motor	Baujahr Maschinen-Nummern-Bereiche		1978 –
	Typ		luftgekühlter Einzylinder-Zweitakt-Drehschiebermotor, Rotax
	Bohrung/Hub (mm)		76/61
	Hubraum (cm³)		277
	Verdichtung		8:1
	Leistung	PS bei 1/min	19 bei 6.200
		kW bei 1/min	13,9 bei 6.200
	max. Drehmoment	kpm	–
		Nm	–
	Motorschmierung		Öl-Benzingemisch 1:50
	Vergaser		Amal 27 mm Ø oder Bing-Concentric-Vergaser 27 mm Ø
	elektrische Anlage		kontaktlose Bosch-Thyristorzündung MHKZ 6 V 35 W
	sonstige Baumerkmale des Motors		–
Kraftübertragung	Kupplung		Mehrscheibenkupplung im Ölbad
	Getriebe		6-Gang: 1. i = 3,40; 2. i = 2,66; 3. i = 1,93; 4. i = 1,38; 5. i = 0,76; 6. i = 0,53 oder Abstufung; Gänge 1–4 unverändert; 5. i = 1,09; 6. i = 0,76:1
Fahrgestell	Rahmen		Chrom-Molybdänrohre, nahtlos gezogen, Doppelschleife, 6 kg
	Federung vorne		Marzocchi-Telegabel, teilweise Magnesium, Federweg 170 mm
	Federung hinten		Schwingarm mit Federbeinen, Federweg 160 mm (fünffach verstellbare Betor-Federbeine)
	Räder, Bereifung		v: 2,75–21, Bremse 120 mm Ø, h: 4,00–18, Bremse 110 mm Ø, konische LM-Bremsnabe
Maße und Gewichte etc.	Länge/Breite/Höhe (mm)		2.050/810/–
	Radstand (mm)		1.320
	Bodenfreiheit (mm)		310
	Sitzhöhe (mm)		840
	Trockengewicht (kg)		78
	Tankinhalt (l)		7
	Fahrleistungen		Steigfähigkeit bis an die Haftgrenze
	Sonstiges		Es gab auch weitere Ausführungen ohne Drehschiebermotor. Der Rahmen mit 6 kg Gewicht war der leichteste seiner Klasse

Puch Yeti 300 mit Drehschieber-Motor, 1978.

Puch Yeti 300, Ausführung mit schlitzgesteuertem Einlass.

	Technische Daten		347 MC	347 F3 GS	GS 366 F3 (für Österreich)
Motor	Baujahr Maschinen-Nummern-Bereiche		ab 1982 –	ab 1982 –	ab 1982 –
	Typ		luftgekühlter Einzylinder-Zweitakt-Drehschiebermotor, Rotax		membrangesteuerter 2T-Rotax-Motor
	Bohrung/Hub (mm)		82/66		84/66
	Hubraum (cm³)		348,3		365,8
	Verdichtung		12:1		12,5:1
	Leistung	PS bei 1/min	49 bei 9.200	47,2 bei 8.900	40 bei 8.200
		kW bei 1/min	36 bei 9.200	34,7 bei 8.900	29,4 bei 8.200
	max. Drehmoment	kpm	–	–	–
		Nm	–	–	–
	Motorschmierung		Öl-Benzingemisch 1:50		1:33
	Vergaser		Bing 36 mm Ø		Bing 36 mm Ø
	elektrische Anlage		Bosch 6 V 55 W		Bosch 12 V 55 W
	sonstige Baumerkmale des Motors		–	–	Membran-Nebenschlitz-Steuerung
Kraftübertragung	Kupplung		Mehrscheibenkupplung im Ölbad		
	Getriebe		5-Gang		
Fahrgestell	Rahmen		Doppelschleifen-Rohrrahmen		
	Federung vorne		Marzocchi-Telegabel 35 mm Ø, Federweg 300 mm		
	Federung hinten		Marzocchi AG 4, Federweg 300 mm		
	Räder, Bereifung		v: 3,00–21, Bremsen 140 mm Ø; h: 4,00–18, Bremsen 160 mm Ø; Trommelbremsen, konische Nabe		
Maße und Gewichte etc.	Länge/Breite/Höhe (mm)		2.150/860/–		2.160/–/–
	Radstand (mm)		1.460		1.470
	Bodenfreiheit (mm)		390		340
	Sitzhöhe (mm)		980		970
	Trockengewicht (kg)		96	98	99
	Tankinhalt (l)		9,2		9,5
	Fahrleistungen		Steigfähigkeit bis zur Haftgrenze, Höchstgeschwindigkeit je nach Übersetzung bis 130 km/h		
	Sonstiges		extrem sportlicher und drehfreudiger Drehschiebermotor, Preis 347 F3 GS: S 47.900,– (1982)		durch größeren Hubraum angenehmer zu fahrende Enduro; geballte Kraft für optimalen Einsatz

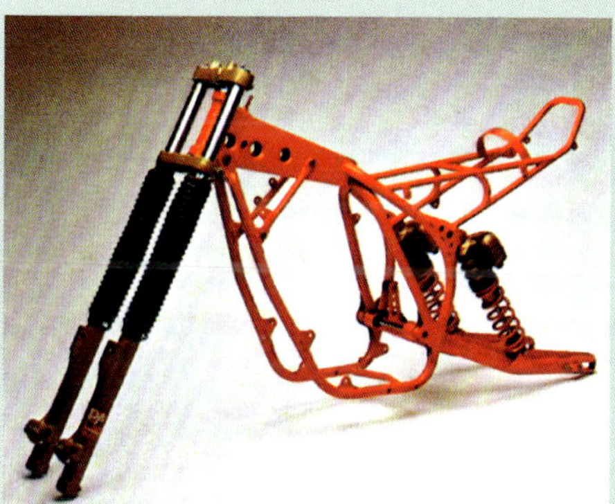

Oben: Puch 347 GS 1978.

Mitte links: Hinterhand der 347 F3 1978.
Mitte rechts: Fahrgestell der 347 F3 1978.

Unten: Puch GS 366 F3 1982.

Technische Daten			Enduro 350 HW
Motor	Baujahr Maschinen-Nummern-Bereiche		1984–1985 –
	Typ		luftgekühlter Einzylinder-Viertaktmotor ohc Rotax mit 4 Ventilen
	Bohrung/Hub (mm)		79,5/70
	Hubraum (cm³)		349
	Verdichtung		9,6:1
	Leistung	PS bei 1/min	36 bei 8.400
		kW bei 1/min	26,5 bei 8.400
	max. Drehmoment	kpm	–
		Nm	–
	Motorschmierung		Trockensumpfschmierung (Öltank im Filterkasten, ca. 3 l Öl, Nebenschluss zur Kolbenschmierung)
	Vergaser		Dell'Orto 36 mm Ø mit Beschleuningerpumpe
	elektrische Anlage		Nippondenso
	sonstige Baumerkmale des Motors		Vierventiler, Steuerung der obenliegenden Nockenwelle mittels Zahnriemens
Kraftüber-tragung	Kupplung		Mehrscheibenkupplung im Ölbad
	Getriebe		5-Gang
Fahrgestell	Rahmen		verwindungssteifer Doppelschleifenrohrrahmen mit Zentralbrustrohr (Molybdän)
	Federung vorne		Marzocchi, Federweg 260 mm
	Federung hinten		Zentralfederbein Marzocchi, Federweg 200 mm
	Räder, Bereifung		v: 3,00–21, Scheibenbremse 260 mm Ø, h: 4,00–18, Trommelbremse 160 mm Ø
Maße und Gewichte etc.	Länge/Breite/Höhe (mm)		2.150/–/–
	Radstand (mm)		1.490
	Bodenfreiheit (mm)		310
	Sitzhöhe (mm)		910
	Trockengewicht (kg)		130
	Tankinhalt (l)		9,5
	Fahrleistungen		–
	Sonstiges		straßentaugliches Enduro-Modell mit modernem Monoshock-Fahrwerk

Oben links: Puch-Enduro 350 HW 1985.

Oben rechts: Puch-Enduro 350 HW, 1984, 349 cm³, 4-Takt/4 Ventile, 36 PS bei 8.400 U/min., 5-Gang-Getriebe, Monoshock-Hinterradfederung, Luftkühlung, Trockengewicht 130 kg.

Unten: Puch-Enduro 350 HW 1985.

	Technische Daten		MC 500 (U.H.S.)	GS 500 F3 (auch mit 366 cm³-Motor; s. GS 366 F3)
Motor	Baujahr Maschinen-Nummern-Bereiche		ab 1982 –	ab 1982 –
	Typ		luftgekühlter Einzylinder-Zweitaktmotor, schlitzgesteuert, Vollmembran, Rotax	
	Bohrung/Hub (mm)		84/66	85/85
	Hubraum (cm³)		365,8	482,3 (Prospekt: 486 = ungenau)
	Verdichtung		–	12:1
	Leistung	PS bei 1/min	52 bei 6.500, 56 bei 8.500 (U.H.S.)	49 bei 6.500 oder 27 bei 6.200
		kW bei 1/min	38 bei 6.500, 41 bei 8.500 (U.H.S.)	36 bei 6.500 oder 20 bei 6.200
	max. Drehmoment	kpm	–	–
		Nm	–	–
	Motorschmierung		Öl-Benzingemisch 1:30	
	Vergaser		Bing Ø 38	Bing 84/36
	elektrische Anlage		Bosch-Zündanlage RDPK 1 12 V 60 W oder (je nach Baujahr) elektrische Zündung Kokusan (U.H.S.)	
	sonstige Baumerkmale des Motors		Einlasssteuerung Vollmembran	
Kraftübertragung	Kupplung		Mehrscheibenkupplung im Ölbad	
	Getriebe		5-Gang, 4-Gang (U.H.S.)	
Fahrgestell	Rahmen		verwindungssteifer Doppelschleifen-Rohrrahmen (Molybdän)	
	Federung vorne		Marzocchi 38 mm Ø, Marzocchi 40 mm Ø, Federweg 300 mm (U.H.S.)	
	Federung hinten		Marzocchi AG 4, Federweg 300 mm, U.H.S. White Power, 320 mm Federweg	
	Räder, Bereifung		v: 3,00–21, Scheibenbremsen (U.H.S.) (Trommelbremse wahlweise) h: 4,50–18, Trommelbremsen 160 mm Ø	Trommelbremsen 125 mm Ø Trommelbremsen 160 mm Ø
Maße und Gewichte etc.	Länge/Breite/Höhe (mm)		2.200/–/–	
	Radstand (mm)		1.530 (U.H.S.)	1.510
	Bodenfreiheit (mm)		360	
	Sitzhöhe (mm)		980	
	Trockengewicht (kg)		103 (U.H.S.)	98
	Tankinhalt (l)		9,5	
	Fahrleistungen		je nach Übersetzung bis 135 km/h, Steigfähigkeit bis zur Haftgrenze	
	Sonstiges		Preis S 47.500,–; stärkste und hubraumgrößte Motorisierung mit dem luftgekühlten Rotax-Zweitaktmotor; durch brutalen Leistungseinsatz ein Sportgerät nur für Könner!	

Links: Rotax-Motor, 365,8 cm³ für die 500 cm³-Klasse, luftgekühlt, 1978.

Rechts: MC 500 U.H.S. 1984, 4-Takt, 486 cm³, 56 PS bei 8.500 U/min., 4-Gang-Getriebe, Monoshock-Hinterradfederung, Luftkühlung, Trockengewicht 103 kg.

Links: Puch MX 500, Ausführung 1983.

Rechts: Puch MC 500 U.H.S., Ausführung 1984.

Links: Puch GS 500 F3, Ausführung 1983.

Rechts: Puch MC 500 U.H.S. 1982.

	Technische Daten		MC 504 4-Takt U.H.S.	GS 504 F4T U.H.S.
Motor	Baujahr Maschinen-Nummern-Bereiche		ab 1982 –	ab 1982 –
	Typ		luftgekühlter Einzylinder-Viertaktmotor sohc Rotax, Vierventiler	
	Bohrung/Hub (mm)		90/79	90/79, wahlweise 89/79,4
	Hubraum (cm³)		502,6	494
	Verdichtung		9,2:1	
	Leistung	PS bei 1/min	47 bei 8.400	45 bei 8.400 (27 bei 7.700)
		kW bei 1/min	34,5 bei 8.400	33,1 bei 8.400
	max. Drehmoment	kpm	–	–
		Nm	–	–
	Motorschmierung		Trockensumpfschmierung (Öltank im Filterkasten, ca. 3 l Öl, Nebenschluss zur Kolbenschmierung)	
	Vergaser		Dell'Orto Ø 38 mit Beschleunigerpumpe; Dell'Orto Ø 36 mit Beschleunigerpumpe	
	elektrische Anlage		Nippondenso	
	sonstige Baumerkmale des Motors		Vierventiler, Steuerung der obenliegenden Nockenwelle mittels Zahnriemens	
Kraftübertragung	Kupplung		Mehrscheibenkupplung im Ölbad	
	Getriebe		5-Gang	
Fahrgestell	Rahmen		verwindungssteifer Doppelschleifenrohrrahmen mit Zentralbrustrohr (Molybdän)	
	Federung vorne		Marzocchi, Federweg 300 mm	
	Federung hinten		U.H.S. White Power, Federweg 340 mm; U.H.S. Marzocchi, Federweg 320 mm	
	Räder, Bereifung		wahlweise Scheibenbremse v: 3,00–21, Trommelbremse 140 mm Ø h: 4,50–18, Trommelbremse 160 mm Ø	wahlweise Scheibenbremse 220 mm Ø v: 3,25–21, Trommelbremse 140 mm Ø h: 4,50–18, Trommelbremse 160 mm Ø
Maße und Gewichte etc.	Länge/Breite/Höhe (mm)		1. Serie 2.150/860/–	2.200/–/–
	Radstand (mm)		1. Serie 1.480 1.530	1.490
	Bodenfreiheit (mm)		1. Serie 380 360	360
	Sitzhöhe (mm)		1. Serie 900 980	980
	Trockengewicht (kg)		1. Serie 117 127	135
	Tankinhalt (l)		1. Serie 8 9,5	9,5
	Fahrleistungen		Höchstgeschwindigkeit 130 km/h	
	Sonstiges		zu seiner Zeit modernstes Einzylinder-Triebwerk in modernem Monoshock-Fahrwerk, jedoch schwer zu starten	

Puch GS 504 F4T U.H.S., 1984.

Die letzte Generation der Puch-Sportmaschinen hatte Scheibenbremsen vorne und das U.H.S.-Federsystem. Im Bild die MC 500 4T von 1984 mit dem Rotax-Viertaktmotor. Der Leistungsteil (Kolben, Zylinder, Zylinderkopf) wurde in der Sportabteilung von Puch in Graz überarbeitet.

Puch GS 504, 1984.

Die Denkfabrik

Viertakter-Entwicklung, Prototypenbau und Designstudien

Trotz der umfangreichen und fast alle Kapazitäten der Entwicklung und Konstruktion beanspruchenden Arbeiten an den Zweitaktmodellen des Hauses zeigten die Techniker von Puch niemals Betriebsblindheit. So war es eigentlich eine Selbstverständlichkeit, dass seitens des Versuches immer wieder Viertakt-Konstruktionen bis zum fahrfertigen Prototypenstadium gebracht und auch entsprechend erprobt wurden. Ein Garant für diese weitblickende Auffassung war neben dem Werkschef Dir. Ing. Wilhelm Rösche vor allem Prof. Dr. Erich Ledwinka, der Sohn des berühmten Autopioniers Prof. Hans Ledwinka, jenes Zeitgenossen Prof. Porsches, der so wichtige Innovationen wie beispielsweise die Anwendung des Zentralrohrrahmens und des Plattformrahmens sowie des leichten, relativ hochdrehenden luftgekühlten Motors und der Pendelachsen

Dr. Resele am Prüfstand mit dem Motor der Type 110.

Puch 110, Ausführung 1966, mit Bohrung 56 und Hub 50,6 mm, Hubraum 124,6 cm³. Diese Maschine mit dem schlanken Viertakter hatte einen Schalenrahmen und Scheibenbremse vorne; Spitzenleistung 14,55 PS.

in den Automobilbau einbrachte. Ledwinka war ja unter anderem federführend an der Schaffung des Puch 500-Kleinwagens, des Haflingers, Pinzgauers sowie im Ruhestand als Konsulent am Puch G beteiligt. In der Motorrad-Abteilung sorgte er vor allem für ein freies Arbeiten an vielerlei Projekten, um niemals den Anschluss an die aktuelle Entwicklung am Markt zu verlieren.

Doch daneben gab es eine Vielfalt von Konstruktionen, die in allen möglichen Variationen das Licht der Welt erblickten, doch kaum das der Öffentlichkeit. Es ist heute nicht mehr nachvollziehbar, wie und warum manche Maschinen als fahrbereite Prototypen oder als reine Dummies aus Holz und Kunststoff dem Publikum zugänglich gemacht wurden. Teilweise zeigte sie Puch selbst bei Messen und Ausstellungen her, um sie alsbald wieder in der Versenkung verschwinden zu lassen, teilweise wurden diese „Might-Have-Beens“ von cleveren Journalisten und Fotoreportern entweder im Werk selbst oder in der schönen und bergigen Landschaft um Graz entdeckt und fotografiert. Teilweise natürlich haben auch die Werksverantwortlichen besonders bevorzugten Journalisten „die Fährte gelegt“. Wie auch immer: Gerade die Nicht-Serien-Modelle sind das Salz in der Suppe der Geschichte einer Marke wie Puch. Denn diese sagen so viel aus über den Wissensstand der Motorradmacher, sowie über deren Forschungsarbeiten, Lösungsvermutungen oder Vorausahnung dessen, was der Markt in näherer oder fernerer Zukunft akzeptieren wird.

Viertakt-Konstruktionen

Die erste Viertakt-Konstruktion bei Motorrädern stammte nach einer Pause von über 25 Jahren (seit der Puch 800) aus dem Zeichenstift von Ing. Novak. Es handelte sich dabei um die unter Typ-Nummer 240 entwickelte Parallel-Twin-Konstruktion mit stoßstangengesteuerten oben hängenden Ventilen. Dieser ohv-Motor hatte ein Hubvolumen von 250 cm^3 und war so ausgelegt, dass er in den Rahmen der Puch 250 SGS eingebaut werden konnte. Die Leistung der Maschine war jedoch mit rund 18 PS der Serienleistung der SGS nicht soviel überlegen, dass sich der Bau des doch wesentlich aufwendigeren, wegen seiner eigenartig geformten doppelten Ventilabdeckkappen unter dem Spitznamen „zweihöckriges Kamel“ in die Firmengeschichte eingegangenen Motors gelohnt hätte.

1965 wurde ein neues Viertakterobjekt unter der Typ-Nummer 110 geboren. Dabei handelte es sich um ein Leichtmotorrad mit einem Einzylinder-Viertakt-ohc-Motor mit 100 cm^3. Diese Entwicklung sollte vor allem zu einem Serienmodell für den US-Markt führen. Die Erstausführung des 110er-Motors leistete lediglich magere 6,5 PS. Eine PS-Kur war dringend erforderlich. Sie erfolgte unter dem damaligen Versuchschef Dr. Egon Rudolf in Zusammenarbeit mit dem jungen Versuchsingenieur Dr. Peter Resele, der für die Weiterentwicklung des Motors eine wälzgelagerte Kurbelwelle vorschlug. Mit dieser konstruktiven Maßnahme und einigen Detailarbeiten erreichte der inzwischen auf 125 cm^3 vergrößerte Motor bald 10 PS.

Die Weiterentwicklung des Typs 110 brachte schließlich eine Leistung von 14,55 PS bei rund 9.200 U/min. Für dieses Modell waren zwei Fahrwerke konstruiert worden, die auf der Musger'schen Schalenrahmenbauweise basierten. Während beim Prototyp 1965 vom Styling her, vor allem durch den eigenartig geformten Tank, japanische Einflüsse zu orten waren, fand Puch mit der Ausführung von 1966 bereits eine eigenständige Form, der man zeitlose Eleganz bescheinigen kann. Die Puch-Type 110 mit dem ohc-Einzylinder-Viertakter mit Bohrung 56 mm und Hub 50,6 mm, Hubvolumen 124,6 cm^3, wies darüber hinaus bereits eine vordere Scheibenbremse auf.

Von der kaufmännischen Seite her wurde dem Projekt aber dann doch keine Chance gegeben, es sollte eine 250 cm^3-Straßenmaschine entwickelt werden. Dazu bediente man sich der Verdoppelung des 110er-Triebwerkes, das die Typ-Nummer 220 trug. Dieser Motor, ein Viertakt-Zweizylinder mit um 180° versetzten Hubzapfen, hatte ebenso wie der Typ 110 eine oben liegende Nockenwelle. Der Antrieb der Nockenwelle erfolgte durch einen Stirnradsatz in einem Tunnel zwischen den beiden Zylindern. Zur Erreichung einer entsprechenden Laufruhe waren die Stirnräder mittig geteilt und mittels Federn zur Ausschaltung des Flankenspieles verspannt. Diese Technologie war der Serie um runde 20 Jahre voraus, denn erst die Honda VFR 750 F des Baujahres 1986 hatte dieses System für den Nockenwellenantrieb vorgesehen.

Die Type 220 mit 250 cm^3 hatte eine Maximalleistung von 28 PS, die ersten Fahrversuche brachten eine Spitzengeschwindigkeit von rund 143 km/h. Der Zylinderabstand der Type 220 war mit 120 mm relativ eng gewählt, es waren damit alle Voraussetzungen für eine geringe Baubreite gegeben. Die Kraftübertragung erfolgte über ein klauengeschaltetes Fünfgang-Getriebe, die Mehrscheibenkupplung saß auf der Getriebewelle. Der Primärantrieb erfolgte über Zahnräder. Die Bohrung beträgt 56 mm, der Hub 50,6 mm (Hubraum 249 cm³). Die erste Ausführung der 220er stammt aus dem Jahr 1967. Um diese Zeit bahnte sich auch eine Zusammenarbeit mit BMW an. Die Grundidee lag für BMW darin, das Motorrad-Verkaufsprogramm nach unten aufzufächern, Puch hingegen erwartete sich ein Nachfolgemodell für die SGS und für einen späteren Zeitpunkt auch ein Modell mit einem größeren Hubraum, etwa in der 350/400 cm³-Klasse. Konkret wurden zwei Prototypen mit dem 220er-Motor gebaut, und zwar unter Verwendung der Laufräder, der Gabel und der Armaturen der laufenden BMW/5-Motorradreihe. Für die 220/2 war sogar ein Vierventil-Radialkopf von Ing. Ludwig Apfelbeck[3] erdacht worden, der jedoch nie über das Stadium einer Studie hinauskam.

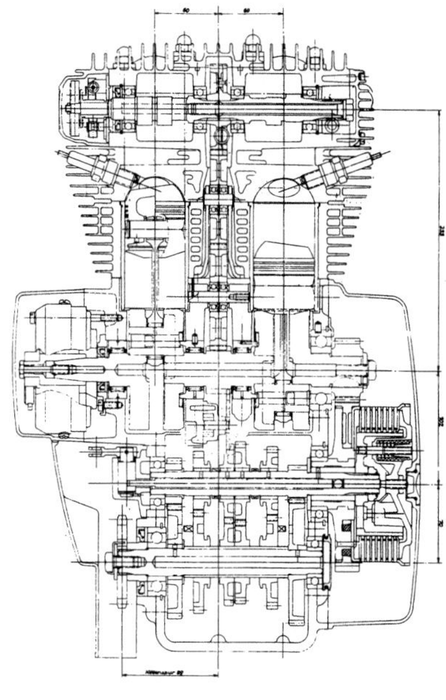

Typ 220 mit um 180° versetzten Kurbelzapfen und Stirnradsatz zur Steuerung der obenliegenden Nockenwelle. Bohrung 56, Hub 50,6 mm, Hubraum 249 cm³.

Die „Gruppe Viertaktmotoren“ unter Dipl.-Ing. Sitter hatte bereits ein Nachfolgemodell unter der Typ-Nummer 235 auszuarbeiten begonnen, das etliche technische Details aufwies, die erst viele Jahre später Allgemeingut im Motorrad-Motorenbau werden sollten, wie beispielsweise die hydraulische Kupplung, der im Gehäuse integrierte E-Starter und der vorne im Motorgehäuse eingebaute Ölfilter, dessen Gehäuse gleichzeitig als Ölkühler fungierte.

Der Typ 235 sollte im Baukastensystem für die Hubräume 250 und 350 cm³ verwendbar sein. In der 350 cm³-Version betrug die Bohrung 65 mm, der Hub 52 mm. Das Getriebe war als Sechsgang-Getriebe (klauengeschaltet) ausgelegt. Der von Dipl.-Ing. Sitter erdachte „doppelsphärische Brennraum“ , für den es auch ein Patent gab, war so ausgelegt, dass eine exakte maschinelle Bearbeitung mit relativ geringen Kosten möglich war. Dies hätte besonders für eine spätere Serienproduktion dieser Maschine Bedeutung gehabt. Übrigens kam diese Brennraumform beim Motor des Puch-Pinzgauers zum Einsatz.

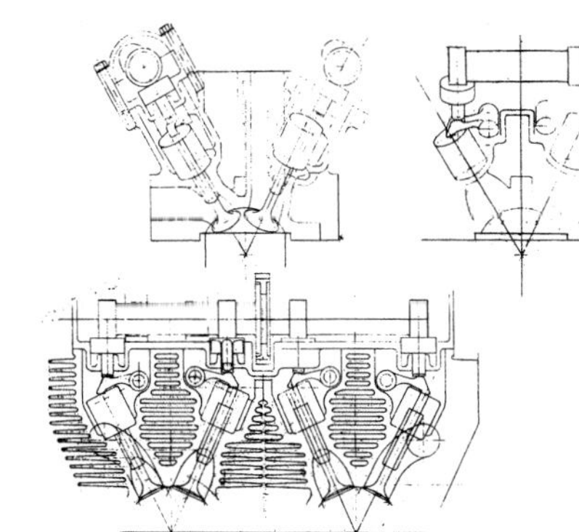

Radialvierventilzylinderkopf in Form einer Studie von Ing. Ludwig Apfelbeck für den Typ 220/2.

Eine interessante Detaillösung beim 235er-Motor ist der geteilte Steuerungsantrieb mit einer Zahnraduntersetzung auf halbe Kurbelwellendrehzahl und dann erst der Ansteuerung der obenliegenden Nockenwelle mit der relativ langsam laufenden Kette. Diese Lösung war deshalb notwendig geworden, da man damals in Europa keine feingliedrigen Steuerketten erhalten konnte, wie sie beispielsweise für die Hondas angewendet wurden. Eine eigene Entwicklung für die hohen Drehzahlen (der Vorgängermotor 220 hatte eine Nenndrehzahl knapp unter 10.000 U/min) wäre zu teuer gekommen.

Dr. Resele, damals bereits Leiter der gesamten Zweiradkonstruktion (Entwicklungschef Dipl.-Ing. Sucher), hatte für den Typ 235 einen Sport-Vierventilkopf mit Parallelventilen mit 20° Neigungswinkel am Reißbrett. Die Kooperationsgespräche mit BMW konzentrierten sich nunmehr auf diesen Motor im Fahrwerk der 220er. Es wurden

3 Ludwig Apfelbeck (1903–1987) war ein österreichischer Motorenkonstrukteur, dessen Spezialgebiet Vierventil-Zylinderköpfe waren. Seine Erfindung war die diagonale Anordnung von Einlass- und Auslassventilen. Apfelbeck arbeitete für BMW, Horex, Maico und KTM. Dort baute er nicht nur Rennmotoren, sondern konstruierte innerhalb weniger Wochen auch den „Mecky“-Mopedroller mit eigenem Zweitaktmotor.

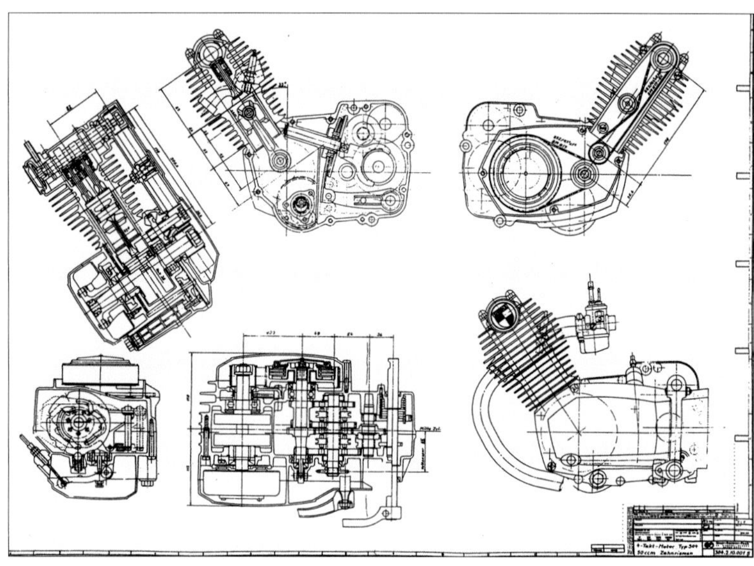

Oben: Moped-Viertakter-Typ 304. Unten: Motorrad-Motor-Typ 235, eine äußerst fortschrittliche Konstruktion mit hydraulischer Kupplung, doppelsphärischem Brennraum und integriertem Ölkühler.

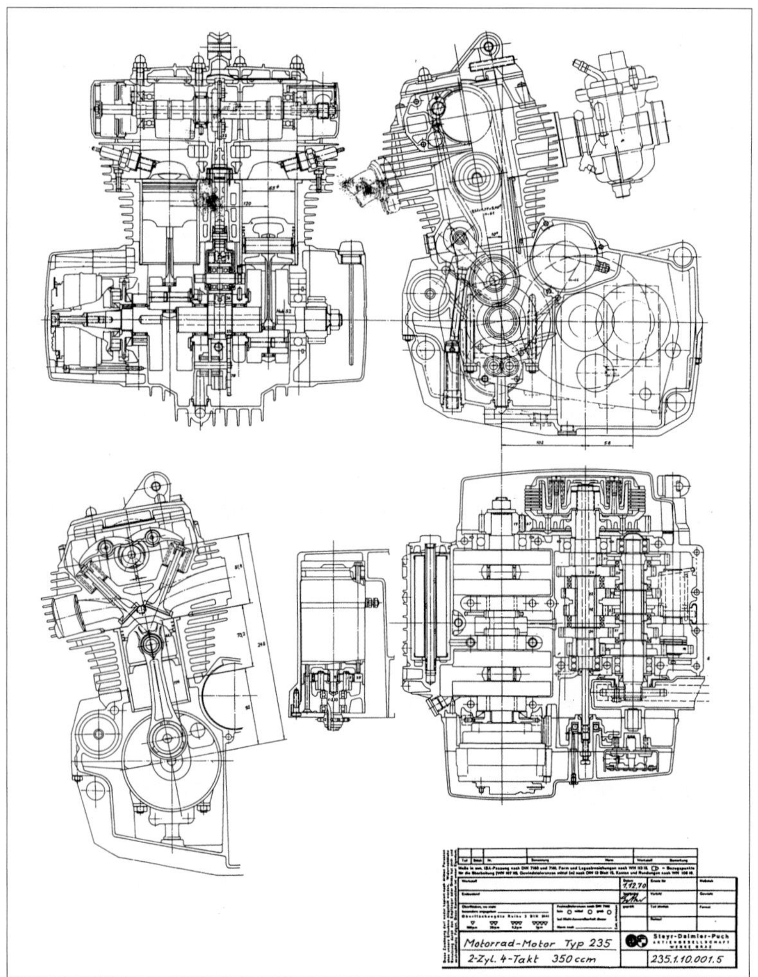

für einen groß angelegten Fahrversuch 20 Maschinen ins Auge gefasst, gebaut wurde jedoch nur ein Prototyp. Im Jahr 1970 drang dieses Kooperationsvorhaben über die Fachzeitschriften an die Öffentlichkeit und wurde entsprechend enthusiastisch von der Fachwelt aufgenommen. Doch die wirtschaftlichen Notwendigkeiten, die vor allem von der Kostenschere der Herstellung und dem geringen Home-Market von Puch auf dem Motorradsektor geprägt waren, verhinderten auch dieses Projekt, bei dem es für Puch vor allem um den Vorteil des Vertriebsnetzes von BMW gegangen wäre. Und noch einen dritten Anlauf für eine Kooperation zwischen BMW und Puch gab es: Es sollte ein Parallel-Zweizylinder-Viertakter mit 400 cm³ und Flüssigkeitskühlung entstehen. Die Breite dieses Motors hätte knapp 300 mm betragen, der damit nahezu der Baubreite der damals üblichen Einzylinder-Zweitakter mit 250 cm³ Hubraum entsprochen hätte. Dieses sensationell geringe Maß wäre durch den Einbau der Lichtmaschine und des Starters hinter den um 45° geneigten Zylindern ermöglicht worden. Auch hier wäre man mit dieser Idee um rund vier Jahre vor der japanischen Marke Yamaha gewesen. Dieses Projekt kam jedoch über den Erstentwurf mit einer Maßfestlegung nicht hinaus. Das ambitionierte Kooperationsprojekt kam bei den renommierten europäischen Motorradfabriken leider in keiner Phase zum Tragen.

Zwei weitere interessante Viertakt-Konstruktionen bezogen sich auf die 50 cm³-Klasse. Der Typ 304 war eine ohc-Konstruktion mit einer zahnriemengesteuerten obenliegenden Nockenwelle und zwei parallelen Ventilen. Wesentlich eleganter war die Type 305, bei der zwei obenliegende

Stieber-Binder-Puch-Straßenrennmaschine aus 1978.

Nockenwellen über Tassenstößel direkt die radial angeordneten zwei Ventile betätigten. Dadurch konnte wiederum der patentierte Brennraum erreicht werden. Ein weiterer Viertakt-Versuchsaufbau wurde an einem „Maxi-Plus" erprobt, wobei die Ähnlichkeit zum 50 cm³-Serienkopf der Honda nicht abzuleugnen war.

Die Zweitakt-Prototypen

Aus der Vielzahl der Prototypenentwicklungen ragen noch die Arbeiten am Typ 262, einem Parallel-Zweitakttwin auf Basis von zwei M 125-Triebwerken, die Drehschieber-Zweitaktkonstruktion Typ 124 mit vielen Serienteilen des M 125-Motors von Dr. Lippitsch und der Typ 262.500, der schließlich zur Entwicklung des Harry Everts WM-Motors führte, ganz besonders hervor.

Zweitakt-Paralleltwin-Typ 262 mit guten Verkaufschancen für den US-Markt. Bohrung 55, Hub 52 mm, Hubraum 250 cm³.

Der Typ 262 hatte einerseits Chancen auf dem amerikanischen Markt, wo Puch gerne mit einem 250 cm³-Nachfolgemodell von der SGS Fuß fassen wollte. Dazu wurden 1966 einige Versuchsmotoren mit 5- und 6-Ganggetriebe gebaut und in ein Rohrrahmenfahrwerk eingebaut. Dieser Motor bewies auch seine Leistungsfähigkeit im Renneinsatz unter Alois Hofer.

Der Typ 124 hatte den M 125-Motor als Basis und wurde 1966 gebaut. Es sollte ein Motor für Sportzwecke werden. Die Einlasssteuerung mittels eines Plattendrehschiebers war nach dem damaligen Stand der Technik die günstigste Lösung zur Füllungsverbesserung.

Oben: Puch-Typ 262. Der Motor bestand im Prinzip aus zwei gekoppelten M 125-Motoren.

Die Arbeit an drehschiebergesteuerten Zweitaktern wurde auch nach diesem Motor weiter fortgesetzt und führte in der Version mit Doppeleinlass beim WM-Motor der 250er-Motocross-Maschine 1975 zum Weltmeistertitel. Der Grund, warum Puch für die folgenden Sportmaschinen in der Serie dann die Drehschiebermotoren von Rotax, die ebenfalls aus der Feder von Dr. Lippitsch stammten, verwendete, lag ausschließlich in den geringeren Kosten infolge der Serienfertigung bei Rotax begründet. Für die werksseitig eingesetzten bzw. über die Sportabteilung vertriebenen MC-Maschinen wurde der Leistungssatz, also Zylinder, Zylinderkopf und Kolben, von Puch in der Sportabteilung überarbeitet (siehe Puch-Sportmaschinen 1970–1985, S. 380ff.).

Elektromofa-Typ 310 aus dem Jahr 1975.

KR 50-Rollerprototyp. Diese Entwicklung Mitte der 1960er-Jahre sollte ein solider Mopedroller aus Pressstahlteilen werden. Daher auch der Entwurf von Musger, dem „Vater des Pressstahlrahmens“. Die Triebsatzschwinge hatte den VS 50 D-Motor und ein rechtsseitiges Federelement.

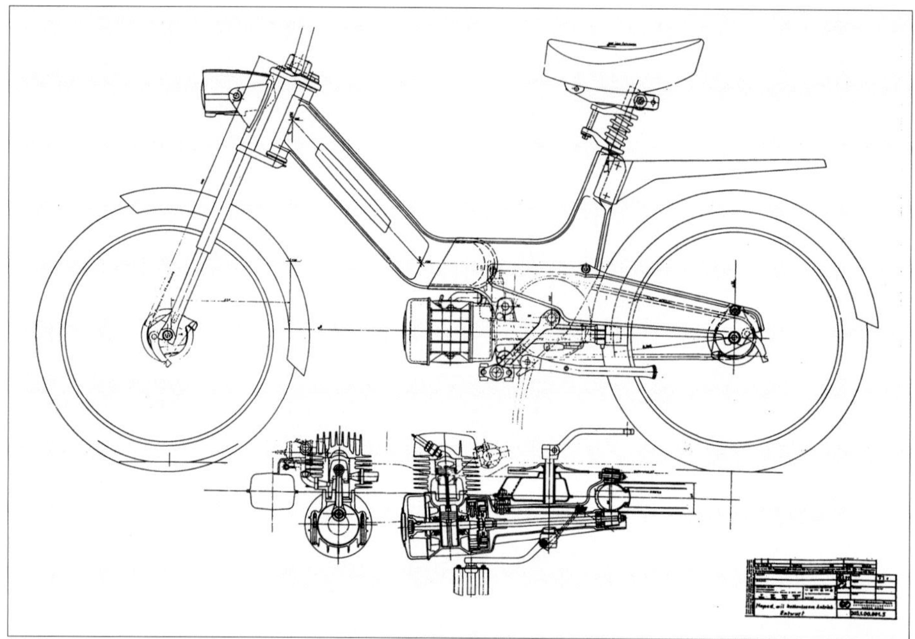

Moped mit kettenlosem Antrieb auf Basis des „Maxi“. Eine Art Verzahnungseffekt zwischen Radgummi und Antriebsritzel sollte für Vortrieb sorgen.

Schließlich ging man bei Puch ein drittes und letztes Mal nach dem Krieg den Weg zum Straßenrennsport. Auf Initiative des damaligen stellvertretenden Spartenleiters Ing. Johann Vegheli-Puch[4] wurde vom Team Stieber-Binder eine 250 cm^3-Straßenrennmaschine entwickelt, die als Triebwerk einen Zweizylinder-Zweitakttwin mit vier Vergasern aufwies. Hier wurde abermals das Prinzip der „Replica“-Puch, der doppelten Einlasssteuerung mittels Drehschiebers und Schlitzsteuerung, angewendet. Die Leistung der Maschine betrug rund 60 PS, den Sporteinsätzen im Jahr 1978 waren wechselnde Erfolge beschieden.

Einem weiteren Gebiet der Antriebstechnik wendete man bei Puch einige Aufmerksamkeit zu: Dem Antrieb von Straßenfahrzeugen mittels elektrischer Energie. Wohl wissend, dass die Problematik des Energiespeichers unbefriedigend gelöst war, baute man 1975 unter der Typ-Nummer 310 ein E-„Mofa“. Dieses basierte auf den Elementen des „Maxi“, der Rahmen war jedoch derart ausgebildet, dass für die voluminöse Batterie an der tiefsten Stelle vor den Tretkurbeln Platz geschaffen wurde.

Manche Prototypenentwicklungen entsprangen aber nicht allein der Auslotung aller Möglichkeiten der technischen Entwicklung allein, sondern waren von oftmals gravierenden wirtschaftlichen Zwängen notwendig gemacht worden. So war es beispielsweise mit dem Fahrzeugtyp „Roller“, der nach den beiden Moped-Rollern DS 50 und R 50 sowie dem Leichtroller DS 60 Anfang der 1980er-Jahre wieder groß im Kommen

4 Johann „Jancy“ Vegheli-Puch war auch für die motorsportlichen Aktivitäten der Firma verantwortlich. Er stammte aus der ungarischen Linie von Puch ab. Er war ein extrem umtriebiger und umsichtiger Manager sowie ein sehr beliebter Vorgesetzter. So brachte er schon Jahre vor dem Fahrradboom in Europa amerikanische BMX-Räder und Mountainbikes in die Firma, die jedoch von der Firmenleitung ignoriert und schließlich verschrottet wurden.

Design-Studie von 1975 für eine 250 cm^3-Straßenmaschine, konstruiert für die Verwendung des wassergekühlten Rotax-Motors. Ein Prototyp ohne diese Design-Merkmale wurde als Versuchsmodell gebaut und erprobt.

Design-Studie für eine Straßenmaschine mit Cantilever-Federung und Cockpit-Verkleidung aus dem Jahre 1980.

war. Schon 1965 wurde ein neuer Kleinroller KR 50 mit dem modifizierten VS-Motor entwickelt. Doch dieses Fahrzeug mit der Typ-Nummer 332, das damals bereits eine Triebsatzschwinge aufwies, wäre in der Herstellung zu teuer gekommen.

Bei der IFMA 1980 präsentierte Puch einen neuen Leichtroller-Prototyp, der auf der Basis des künftigen „Maxi-Plus" aufgebaut war und aus dem hauseigenen Designstudio von Friedrich Spekner stammte. Spekner kam aus der Technik und beschäftigte sich ab 1974 damit, den Puch-Produkten auch optisch jenen Pfiff zu verleihen, den sie technisch ja schon immer hatten. Die Reichweite seiner Kreativität, der allerdings niemals die technische Machbarkeit abhanden kam, erstreckte sich von unzähligen Moped-Studien über das Styling der Sportmopeds bis hin zur Formgebung von großvolumigen Motorrädern.

Eine technisch verblüffend einfache Konstruktion aus dem Jahr 1977 hätte das Antriebssystem von „Mofas" mit geringer Leistung revolutionieren können: der kettenlose Antrieb. Dabei hätte ein über die Fliehkraftkupplung des „Maxi" mit der Kurbelwelle verbundenes Zahnrad direkt mit dem in die Reifenflanke einvulkanisierten Zahnkranz gekämmt und den Antrieb bewerkstelligt. Damit es durch Federungseinflüsse zu keinen unzulässigen Ungenauigkeiten kommt, waren Rad und Motor in einer gemeinsamen Triebsatzschwinge aufgehängt gewesen. Zur Vermeidung von Ausweichbewegungen der nicht angetriebenen Flanke des Reifens wäre ein Gegenrad vorgesehen worden. Die Einflüsse ungenauen Reifendruckes wären dabei auch weitgehend eliminiert worden. Das Hauptproblem lag aber bei der Herstellung des Spezialreifens und der damit verbundenen Kostenfrage.

Rollerstudie auf der IFMA 1980 auf Basis des „Maxi 80" („Maxi-Plus"). Links der Autor, in der Mitte Werbechef Fritz Gloggnitzer, rechts Prok. Hans Stadlinger.

Design-Studie „Moritz“ als Alternative zum „Maxi“ aus dem Jahre 1980. Beachtlich ist die Verwendung einer Triebsatzschwinge, die dann beim „Maxi-Plus“ in Serie ging.

Design-Studie zum Puch-Roller der 1980er-Jahre. In ähnlicher Form gab es dann den Puch-Lido-Vario, ein Kooperationsprodukt mit Suzuki.

Die letzte Generation der „Ungeborenen“ ist etwa ab 1982 einzuordnen. Damals wurden die Arbeiten an der Triebsatzschwinge des „Maxi-Plus“-Modells mit Variomatik für Ein- und Zweipersonenbetrieb abgeschlossen. Diese elegante Lösung hätte für die Serie eine ähnliche Bedienungsvereinfachung mit sich gebracht, wie seinerzeit die Einführung des Automatikmotors beim „Maxi“, vor allem für den Doppelsitzerbetrieb. Die Variomatik-Triebsatzschwinge lief unter Typ-Nummer 342 und war auch für die Leistung des 80 cm^3-Leichtkraftradmotors ausgelegt.

In der „Maxi-Plus"-Version mit 50 cm³ (Bohrung 38 mm, Hub 43 mm) war auch ein Zentralfederbein vorgesehen. Auch die Frage einer Straßenmaschine wurde bis zum fahrfertigen Prototyp gelöst: „Suzuki" 80 und 125 cm³-Motoren im modifizierten „Cobra"-Fahrwerk.

Bereits 1985 arbeiteten die Techniker unter Zweirad-Entwicklungschef Dr. Franz Laimböck nicht nur an der Serienreife des „Maxi-Plus" mit und ohne Katalysator, sondern auch an der für die künftig zu erwartenden Abgasregelungen notwendigen Einspritzung für Zweitakt-Mopedmotoren. Die Lösung, die Dr. Laimböck für dieses Problem fand, war ebenso einfach wie wirksam: die Einspritzung erfolgt mit einer handelsüblichen Einspritzdüse direkt durch ein Kolbenfenster auf die Unterseite des heißen Kolbenbodens am unteren Totpunkt zu Beginn des Aufwärtshubes. Dieses Einspritzverfahren erhielt auch Patentschutz. Bei diesem Typ 346 wurde auch die Problematik der Feinregulierung der Einspritzmenge weitgehend gelöst und bei der internationalen Grazer Zweirad-Tagung im Herbst 1986 ein fahrfertiger Prototyp vorgeführt.

Anlässlich der IFMA 1986 wurde auch der Puch-Fahrradhilfsmotor Typ 319 präsentiert. Diese Entwicklung basierte auf der Überlegung, dass ja das Mopedgeschäft aufgrund der Einführung der Sturzhelmpflicht einen starken Rückgang erlitten hatte. Mit der Präsentation des neuen Fahrzeugtyps, der bei Bohrung 28 mm und Hub 35 mm ein Hubvolumen von 22 cm³ aufwies und in der Geschwindigkeit mit 25 km/h limitiert war, hoffte man den Gesetzgeber zur Zulassung unter Ausnahme von der Sturzhelmpflicht sowie zur Verwendung ab dem 15. Lebensjahr zu bewegen. Auch dieses Projekt wurde bis zur Serienreife fertigentwickelt. Der Autor konnte sich im Frühjahr 1987 selbst von der verblüffenden Fahrleistung des Fahrzeuges überzeugen, das bis zur Erreichung der 25 km/h kaum schlechter beschleunigte als ein serienmäßiges Eingang-„Maxi". Für den Fahrradhilfsmotor war noch eine Variante mit Ölpumpe für den USA-Export sowie die Entwicklung eines Katalysators vorgesehen gewesen.

Dieser Motor-Typ 400 hätte eine neue, umweltfreundliche Motorenbaureihe im Baukastensystem von 50 bis 125 cm³ begründen sollen.

Eine ganz neue, alle Aspekte des Umweltschutzes berücksichtigende Generation von Zweitaktern im Baukastensystem von 50 bis 125 cm³ sollte der Motortyp 400 aus 1986 begründen. Für 125 cm³ betrug das Bohrungs-/Hubmaß 57/48 mm. Vorgesehen war ein Membraneinlass sowie für den Serienbetrieb eine Ausgleichswelle zwecks Laufruhe, die bei Sportversionen entfallen konnte. Alle Deckel waren entkoppelt, um optimale Schalldämpfung zu erreichen, sechs Gänge sowie E-Starter (und Kickstarter) waren vorgesehen.

Den Reigen der „Might-Have-Beens" beschloss dann die Weiterentwicklung des „Super-Maxi", das völlig neue Ideen verwirklichte und Kosteneinsparungen bei der Herstellung mit sich gebrachte hätte, ohne den vom Käuferpublikum gewohnten und anerkannten „Maxi-Look" zu verleugnen. Dieses Fahrzeug war unter der kundigen Hand von Friedrich Spekner gestylt worden und wäre das ideale Nachfolgemodell eines Erfolgstyps gewesen.

Design-Studie für ein Kooperationsprodukt einer Straßenmaschine mit Rotax im Jahre 1975. Zur Anwendung hätte ein Zwei- oder Vierzylinder-Motor mit 350/500 cm³ kommen sollen. Beachtenswert ist auch der Diagonalrahmen mit geraden Rohren.

Design-Studie für das etwas fad wirkende, aber ungemein starke M 50 Jet-Kleinmotorrad im Jahre 1975. Der gerade Diagonalrahmen kam später bei der Honda MB 50/MT 50 in ähnlicher Form zu Anwendung.

Die Bilder dieser Seite stammen aus der Werbebroschüre des Steyr-Daimler-Puch-Designcenters in Graz.

Puch-Fahrrad-Hilfsmotor, Typ 319. Er konnte an das Tretlager jedes Fahrrades angeschraubt werden.

Der Puch-Fahrrad-Hilfsmotor im Schnitt und Detail.

Design-Studie für eine Puch-Enduro aus dem Jahre 1985.

Roller-Prototyp aus dem Design-Center. Es sind starke Anklänge an den Puch-Lido-Vario-Roller festzustellen.

Rennmaschinen-Design für 50 und 125 cm³-Motoren (oben und unten rechts). Ein weiterer Entwurf für ein Maxi-Nachfolgemodell (unten links).

Die Puch-Mopeds von 1954–1987

Mit Motorrad-Technologie ins Moped-Geschäft

In der Phase des Wiederaufbaues Österreichs von den Kriegsschäden erkannte man bei Puch die Notwendigkeit, auch ein „Fahrrad mit Hilfsmotor", wie damals die gesetzlich korrekte Bezeichnung für Mopeds lautete, ins Produktionsprogramm aufzunehmen. Die Konstruktionsarbeiten für das Puch-Moped der Type MS 50 wurden im Herbst 1952 in Angriff genommen. Im Sommer 1954 stellte man der Presse bereits das erste Vorserienfahrzeug vor, im Herbst desselben Jahres kam das Fahrzeug auf den Markt.

Dieses Fahrzeug wartete mit Bauelementen aus dem Puch-Motorradbau auf, die es bei der Konkurrenz nicht oder nur rudimentär gab. Beispielsweise mit hydraulisch gedämpfter Teleskopgabel, Schalenrahmen, Hinterradschwinge mit Federbeinen oder klauengeschaltetem Getriebe. Welch ein Unterschied zu den damals üblichen „Vorderrad-Wackeleinrichtungen" wie geschobenen oder gezogenen Kurzarmschwingen, verstärkten Fahrradrahmen oder Ziehkeilgetrieben, die mehr brachen als hielten. Dieser Konstruktionsphilosophie blieb Puch bis zu den letzten Modellen treu.

In Europa war das Moped als eigene Fahrzeugkategorie anerkannt und auch entsprechend vom Käuferpublikum gefragt. Daher produzierten fast alle etablierten Motorradfabriken Mopeds. So unter anderem NSU und DKW in Deutschland, Motobécane und Peugeot in Frankreich oder Parilla und Motom in Italien. Auch in Österreich hatten sich bereits etliche Mopedfabriken etabliert. Allen voran war der Marktleader HMW (Halleiner-Motoren-Werke AG). Aber in das Vakuum eines neuen Marktsegmentes hinein konnten auch kleinere Erzeuger wie Glockner, Delta-Gnom und auch der einzige echte „Hilfsmotor"-Erzeuger, Fuchs (zuerst selbstständig, dann Teil von HMW), ihre Produkte absetzen.

Selbstverständlich konnte der Zweirad-Marktleader Puch an diesem Geschäft nicht vorübergehen. Und man hatte bereits im Reißbrettstadium die Möglichkeit einer Beschickung europäischer Exportmärkte ins Auge gefasst, obwohl die gesetzlichen Vorschriften darüber, was ein Moped zu sein hatte, ziemlich unterschiedlich waren. Einheitlich war nur die Hubraumobergrenze von 50 cm^3. Aber in Deutschland galt ein Gewichtslimit von 33 kg, ohne Geschwindigkeitslimit. Diese Bestimmung führte übrigens zu Konstruktionen wie der Heinkel „Perle" mit gegossenem Leichtmetallrahmen zur Gewichtsreduktion. In Frankreich, Italien, Holland und Portugal gab es lediglich das 50 cm^3-Hubraumlimit, die Schweden schrieben zusätzlich 0,8 PS Maximalleistung und eine Bauartgeschwindigkeit von 30 km/h vor, in Österreich galt ebenfalls das Tempolimit, allerdings von 30 km/h, das 1955 auf 40 km/h angehoben wurde.

Puch MS 50-Prospekt, 1954.

Eine weitere gesetzliche Bestimmung besagte, dass das Fahrrad mit Hilfsmotor mit Hilfe der Pedale allein gefahren werden kann. Dies führte ja zum Bauartmerkmal der Pedale an jedem Moped in Österreich, die Abkürzung steht ja für „MOtorisierte PE-Dale".

Im „Internationalen Motorspiegel" von 1956 wurde die Situation des Mopeds in folgender Weise betrachtet:
Aus dem Fahrrad-Hilfsmotor der ersten Nachkriegsjahre, der nur als Hilfsaggregat für das vorhandene Fahrrad gedacht war, ist mittlerweile ein durchaus eigenes Fahrzeug geworden, ein motorisiertes Kleinstfahrzeug, das die Motorisierungswünsche der breiten Masse der Radfahrer zu erfüllen geeignet erscheint. Derzeit laufen in Österreich bereits rund 100.000 Mopeds, alle Anzeichen aber sprechen dafür, daß sich diese Anzahl in diesem Jahr annähernd verdoppeln wird!

Auch den Pedalen am Moped wird eine kritische Passage gewidmet:
Nur die Tretkurbel hält sich noch – nicht aus technischer Notwendigkeit, sondern weil die Gesetzgebung in den meisten Staaten noch hinter der technischen Entwicklung hinterherhinkt. Noch immer glaubt man, das Moped müsse „ein Fahrrad bleiben" und übersieht ganz, daß man den Mopedfahrern damit einen schlechten Dienst erweist. Denn es besteht kein Zweifel, daß die Fahreigenschaften des Mopeds nur gewinnen könnten, wenn man den Zwang zu Tretkurbeln und damit zu einer Sitzposition, die das Treten auch ermöglicht, fallen ließe.

Nun, die Gesetzesanpassung an die tatsächlichen Gegebenheiten erfolgte schleppend, aber dennoch. So ließ der deutsche Gesetzgeber die Bestimmung der Gewichtsbeschränkung im Jahre 1955 fallen, es gab dafür das Geschwindigkeitslimit von 40 km/h. Als in Deutschland die Möglichkeit geschaffen wurde, anstelle der Pedale einen Kickstarter anzubringen, wurde die Bezeichnung „Mokick" eingeführt. Eine weitere deutsche Kategorie mit 50 cm^3, Maximalhubraum, ist das „Mofa" mit einer Bauartgeschwindigkeit von 25 km/h. Schließlich wurden in diesem wichtigen Exportmarkt noch die Kategorie „Kleinkraftrad" mit 50 cm^3 Hubraum, aber ohne Bauartgeschwindigkeitslimit, sowie ab 1979 die Kategorie „Leichtmotorrad" mit 80 cm^3 Maximalhubraum, aber technischen und leistungsmäßigen Beschränkungen, eingeführt.

Alles in allem erforderte schon die Belieferung dieses Marktes eine erkleckliche Typenvielfalt. Noch wesentlich umfangreicher wurde das Lieferprogramm von Puch in der Hochblüte des Mopedgeschäftes, wenn man bedenkt, dass Puch weltweit „Mopeds" anbot und in vielen Ländern ja erst die gesetzlichen Voraussetzungen für einen Mopedmarkt geschaffen werden mussten. So kam es in den USA erst ab 1974 zu nennenswerten Moped-Importen und damit für Puch zu einem lukrativen Geschäft, als eine einheitliche Bundesgesetzgebung zum Thema „Moped" erlassen worden war. Aber der Pferdefuß bei der Sache lag in der Tatsache, dass jeder Bundesstaat im Rahmen dieses Gesetzes beispielsweise die erlaubte Höchstgeschwindigkeit variieren durfte. Wenn man dazu bedenkt, wie streng in den USA das Produkthaftungsgesetz angewendet wurde, sodass man bei Puch die komplette Herstellung computermäßig zum Zwecke der Beweiserbringung dokumentierte, kann man ermessen, dass trotz der im Jahre 1978 hergestellten rund 250.000 Mopeds die Ertragslage nicht übermäßig rosig aussah.

Doch nicht nur die gesetzlichen Schranken der einzelnen Länder waren zu beachten, um überhaupt auf dem jeweiligen Markt reüssieren zu können, sondern auch die jeweiligen Markterfordernisse und Präferenzen der Käufer. Ein Modell, das beispielsweise in England blendend ankam, musste beispielsweise – natürlich mit den gesetzeskonformen Adaptierungen – in Dänemark noch lange kein Renner sein.

Puch war durch all die Jahre, in der in Graz-Thondorf Mopeds erzeugt wurden (bzw. für das Avello-Werk in Spanien und für Frigerio in Italien sowie teilweise für Mitbewerber wie KTM die Motoren), nicht nur in Österreich, sondern in vielen Exportmärkten Marktleader, und das über drei Jahrzehnte.

Das „Motorrad“ vom 20. August 1955 brachte einen ausführlichen Testbericht über das Puch-Moped MS 50.

Die Qualität und das hohe Image der Puch-Mopeds war unbestritten. Technisch innovative Features, gepaart mit unverwüstlicher Alltagstauglichkeit, waren die Kennzeichen der Puch-Mopeds. Dass durch die lange Modellkonstanz und den Verzicht auf modischen Schnickschnack bei besonders modebewussten Käuferschichten manchmal der Eindruck erweckt wurde, die „Puch-Moperln“ seien altvaterisch, liegt naturgemäß im Wesen der Sache. Dennoch, aus historischer Sicht war diese Modellkonstanz und Solidität der einzig richtige Weg zum Erfolg.

Als Anfang Februar 1987 die Nachricht vom offiziellen „Aus“ der Zweirad-Produktion in Graz über den Fernschreiber ratterte, war ein wichtiges Stück österreichischen Zeitgeschehens Vergangenheit geworden. Die wirtschaftlichen Zwänge, deren Vielzahl aufzuzählen fast unmöglich ist, haben zu diesem Schritt geführt. Die Hauptursachen sind sicher in den Tatsachen des drastisch gesunkenen Home-Markets an Mopeds/Kleinmotorrädern (1978 rund 65.000 Einheiten, 1986 rund 23.000 Einheiten), vor allem bedingt durch die Einführung des Sturzhelmzwanges, im geänderten Freizeit- und Käuferverhalten der Jugendlichen, in der weltweit um sich greifenden Arbeitslosigkeit, speziell der Jugendarbeitslosigkeit, sowie im sinkenden Dollarkurs und in den immer schärfer werdenden Importrestriktionen der wichtigsten Exportmärkte zu suchen.

Die Vielfalt der Modelle:

Den technischen Herausforderungen war Puch zu allen Zeiten gewachsen, ja sogar weit voraus. So war Puch die erste Marke, die serienmäßig ein Moped mit Katalysator anbot. Die unglaublich große Typenvielfalt der Puch-Mopeds mit allen Varianten für die unterschiedlichsten Exportmärkte und den vielfältigen Ausstattungsunterschieden lässt sich dennoch immer wieder auf die Grundbauarten nach dem Baukastenprinzip reduzieren. Durch Kombination der einzelnen Fahrwerke mit Getriebe- oder Automatikmotoren kam Puch auf Hunderte verschiedene Modelle, deren vollständige Auflistung den Rahmen dieses Buches bei Weitem übersteigen würde. Daher hält sich die Kategorisierung im Wesentlichen an die Österreich-Modelle und verweist in wichtigen Fällen auf die Export-Varianten.

Oben: Elvis Presley auf einem Puch MS 50, 1959.
Rechts: MS 50, 1954.

Fröhlicher Moped-Ausflug in den späten 1950er-Jahren. Ein Lohner-Sissy-Moped wird von zwei Puch, MS und VS, flankiert.

Die „Stangel-Puch" in drei Jahrzehnten: Die Puch-Mopeds der Baureihe MS 50 und die davon abgeleiteten ein- und zweisitzigen Modellreihen

Oben: Puch MS 50 in Rot, 1955.
Unten links: Prototyp MS 50, 1954.
Unten rechts: Puch MS 50, 1955.

MS 50

Ing. Walter Kuttler, der federführende Konstrukteur des MS 50, berichtete mir über die Grundsatzüberlegungen der Firma zum ersten Puch-Moped anlässlich eines Interviews:

Es war ein offenes Geheimnis, dass die Konkurrenz bereits nahezu alle Marktnischen abgedeckt hatte. Es gab Exoten von Rixe bis zum Mars-Moped und berühmte Großhersteller wie NSU und HMW. Es hatte sich aber bei der überwiegenden Mehrzahl der Anbieter eine – man kann sagen – Standardbauweise herauskristallisiert, die sich kurz wie folgt umreißen lässt: Einrohrfahrwerk, einfache, zumeist Kurzarmvorderradfederung, keine oder nur sehr einfache Hinterradfederung und ein einfacher Ein- oder Zweigangmotor mit Fahrtwindkühlung.

Und genau das war nach unserer Meinung der schwächste Punkt im Fahrzeugkonzept Moped: die geringen thermischen Reserven des Motors. Daher bauten wir von Haus aus eine zwangsweise Gebläsekühlung, schon im Hinblick auf die Tatsache, dass das österreichische Moped wohl vorwiegend in unserer Alpenheimat laufen würde. Leistungsmäßig mussten wir die Maschine natürlich so auslegen, dass auch bei Höchstdrehzahl kein Leistungsverlust durch das Gebläse eintreten konnte. Die Motorkomponenten wurden so wie bei den Puch-Motorrädern ausgebildet, daher gab es beispielsweise anstelle der bei der Konkurrenz gängigen Ziehkeilgetriebe ein solides, klauengeschaltetes Zweiganggetriebe.

Direktor Rösche, der das Mopedprojekt vehement verfocht und stets mit Argumenten für diese Fahrzeugkategorie in der Konzernleitung warb, forderte seine Mitarbeiter immer

Parkplatz vor dem Wiener Messegelände im Prater. Puch-Mopeds und -Motorräder dominieren in den 1950er-Jahren auch das Straßenbild in Österreich. In Bildmitte ein HMW-Moped.

Puch MS 50, 1955.

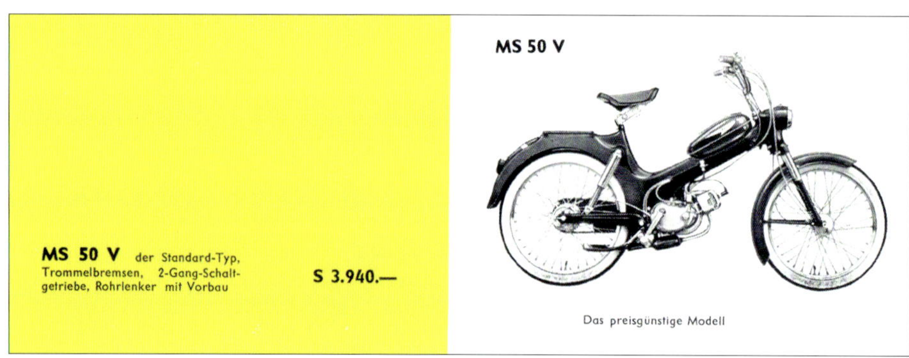

Puch MS 50 V, 1960.

wieder zum Überdenken des Projektes auf, damit sich unser Moped als – wie man heute sagen würde – „intelligentes Produkt“ von den anderen am Markt befindlichen Fahrzeugen unterscheiden sollte.

Da wir von Haus aus der Überzeugung waren, dass unser Moped vor allem im ländlichen Raum als „Lastesel“ eingesetzt werden würde, kam ein Billigfahrwerk nicht in Frage. Auch hier griffen wir auf unsere Motorraderfahrung zurück und bauten einen Schalenrahmen mit extrem hoher Steifigkeit und Verwindungsfestigkeit. Das Patent dazu stammte ja von unserem Konstrukteur Ing. Erwin Musger, der diese Idee der stabilen Zelle aus dem Flugzeugbau mitgebracht hatte.

Ein weiteres großes Problem stellte die Federung dar. Dass das Hinterrad in einer

Typisches Alltagsfoto eines Puch MS 50-Mopeds mit seinem jungen Fahrer, der es sichtlich zur Fahrt in die Arbeit einsetzt. Statt Helmpflicht pflegt er sichtlich seine Haarpracht.

Schwinge geführt werden sollte, war von Haus aus klar. Aber bei der Vorderradfederung ergaben eingehende Fahrversuche, dass den gestellten Anforderungen nur eine relativ langhubige und solide Teleskopgabel mit hydraulischer Dämpfung wie bei unseren Motorrädern gewachsen war.
Die ersten Vorserienmodelle waren bereits an ausgesuchte Kunden und die Presse gegangen, als uns die Nachricht des Reifenherstellers Semperit wie der Blitz traf, dass er die von uns gewählte Reifendimension 23–2.00 für die geforderte Belastung und die in Kürze zu erwartende höhere Bauartgeschwindigkeit von 40 km/h nicht freigegeben werde. Daraufhin war eine hektische Umkonstruktion der betroffenen Bauteile unvermeidlich. Nur langwierige Verhandlungen mit Semperit brachten es mit sich, dass wir diese frühen Fahrzeuge nicht rückrufen mussten. Die einschlägigen Testberichte waren einhellig positiv, das Puch-Moped MS 50 wurde zum Verkaufsschlager.

So weit also Ing. Kuttler, der dieses Fahrzeug aus der Taufe heben half. Ein Fahrzeug, das 33 erfolgreiche und zum Teil auch ertragreiche Jahre im Mopedbau von Puch eingeläutet hat.

Ein Problem, welches das Moped in weiten Kreisen der Bevölkerung als Außenseiterfahrzeug stempelte, nämlich die Lärmentwicklung, hatte man bei Puch von Anfang an im Griff. Eines der augenfälligsten Merkmale des MS 50-Mopeds war sein leiser Lauf. Aus der reichen Erfahrung des Motorradbaues wussten die Grazer, dass man das Motorgeräusch nicht nur von der Auspuffseite, sondern vor allem von der Ansaugseite her bekämpfen muss. Daher hatte das MS 50-Moped einen verhältnismäßig großen Ansauggeräuschfilter aus Kunststoff auf der linken Fahrzeugseite. Für eine Lärmberuhigung der Abgasseite sorgte ein großvolumiger Expansionsschalldämpfer unter dem Tretlager mit zwei Auslässen.

Die österreichische Fachzeitschrift „Motorrad“ merkte in Heft 40 vom 2. Oktober 1954 dazu an:
Wenn wir hier im MOTORRAD bei der technischen Beschreibung des Puch-Mopeds MS 50 zunächst von der Geräuschdämpfung sprechen, so sind wir uns durchaus bewusst, dass wir damit gegen alle bisherigen Gepflogenheiten verstoßen. Da aber die Geräuschlosigkeit eines der auffallendsten Merkmale des MS 50 ist, wollen wir die Maßnahmen aufzeigen, durch die es zum derzeit leisesten Fahrzeug am Moped-Sektor wurde.
Das Lärmniveau einer Großstadt liegt zwischen 80 und 86 Phon. Das Moped MS 50 hat bei voller Leistung eine Lautstärke von nur 73 Phon, es bleibt damit im normalen Straßenverkehr unhörbar. Durch welche Maßnahmen wurde nun diese Geräuschlosigkeit erreicht? Man weiß heute schon, dass eine derart weitgehende Geräuschdämpfung nicht allein mit einer Dämpfung des Ansaug- und Auspuffgeräusches erreicht werden kann, wesentlich sind noch eine besondere mechanische Laufruhe sowie die Bekämpfung von Nebengeräuschen der mannigfaltigsten Art. Um die so wichtige mechanische Laufruhe

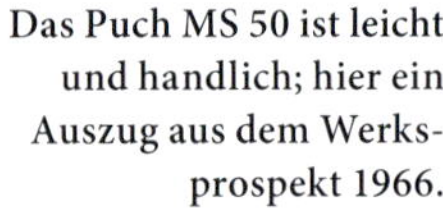
Das Puch MS 50 ist leicht und handlich; hier ein Auszug aus dem Werksprospekt 1966.

Puch MS 50-Werbung 1966.

beim Moped MS 50 zu erreichen, wurden z. B. im Primärantrieb genaue, präzise, schräg verzahnte Zahnräder verwendet. Ebenso findet man im Getriebe robuste, besonders exakt gearbeitete Zahnräder. Die Kurbelwelle läuft auf Schulterkugellagern und diese sind außerdem durch Justierscheiben nachstellbar, so dass auch nach vielen, vielen Kilometern keine wesentlichen mechanischen Geräusche auftreten können. Schließlich fanden im Getriebe drei Rollenlager und ein Hochschulterkugellager Verwendung. Der mechanischen Geräuschdämpfung dient weiterhin sogar das Gebläse, dessen Luftleitbleche um Zylinder und Lichtzünder einen schalldämpfenden Mantel bilden. Auch wurde durch eine besondere Konstruktion der Gebläseschaufeln das sonst übliche Singen des Gebläses ausgeschaltet.
Schließlich hat man beim Puch-Moped auch allen Nebengeräuschen den Kampf angesagt, man findet unter anderem Gummipuffer als Rückschlagsicherung des Kippständers, Silentblöcke für alle beweglichen Teile der Schwinggabellagerung und Motoraufhängung, auch der Kraftstoffbehälter, eine Resonanzquelle bei vielen Fahrzeugen, wurde in Gummi gelagert und der Werkzeugkastendeckel mit Gummieinfassung und Gummiauflage versehen.

Dieser Artikel stellt für die gesamte damalige Berichterstattung über Autos, Motorräder und Mopeds ein absolutes Novum dar: Erstmals wird Umweltschutz, nämlich der Lärmschutz, dezidiert angesprochen. Ein Problem, das im Laufe der Jahrzehnte immer virulenter geworden ist.

Den nachhaltigsten Eindruck hinterließ das Fahrzeug im Test jedoch von der Fahrleistungsseite her:

Die Steigfähigkeit wird bei der gedrosselten Ausführung mit 17 % und bei der ungedrosselten Ausführung mit 21% angegeben. Mit dieser Steigfähigkeit können praktisch alle in Österreich herrschenden Steigungen auf Durchgangsstraßen passiert werden: der Urlaubsreise auf den Großglockner steht nichts mehr im Wege. Die Steigleistung kann auf Wunsch durch ein anderes Kettenrad auf dem Hinterrad erhöht werden.
Größter Wert wurde auch auf eine gute Beschleunigung gelegt, um möglichst schnell die Höchstgeschwindigkeit zu erreichen. Für ein schnelles Vorwärtskommen im Stadtverkehr ist die Beschleunigung von unten heraus wichtig. In fünf Sekunden werden 18 km/h erreicht, in 10 Sekunden 33 km/h. Nach einer Strecke von 155 Metern, die in 20 Sekunden durchfahren werden, ist die Höchstgeschwindigkeit von 41 km/h erreicht!
Es gibt Leute, die nicht gerne schalten. Bis zu einer Geschwindigkeit von 10 km/h kann noch mit dem zweiten Gang gefahren werden. Aus 10 km/h werden nach 5 Sekunden bereits 20 km/h erreicht und nach 10 Sekunden 35 km/h. Die Spitze von 41 km/h nach 19 Sekunden.

Werksprospekt MS 50, 1955.

In einem weiteren Testbericht, den das „Motorrad" in Heft 34 vom 20. August 1955 brachte, wird ebenfalls auf den Motor ein Loblied gesungen:
So leistungsfähig der Motor „oben" ist, so durchzugskräftig ist er „unten". Man kann im Zweiten mit etwa 10 km/h am Tacho fahren. Damit ist die Laufkultur aber noch nicht zu Ende, denn der Motor nimmt aus dieser Drehzahl bzw. Geschwindigkeit noch klaglos und klopffrei Gas an. Überhaupt Klopfen, das konnten wir selbst beim brüsken Drosselaufziehen nicht erreichen! Kerzenbrücken blieben uns beim Moped ebenfalls eine vollkommen unbekannte Sache!

Die Zuverlässigkeit des MS 50-Mopeds wurde durch die Nonstopfahrt von Georges Monneret durch Frankreich über 4.764 km unter Beweis gestellt.

Auch das Fahrwerk setzte damals Maßstäbe:
Das Fahrwerk ist es nicht zuletzt, das dem Moped in so weitgehendem Maße die Charakteristik eines kleinen Motorrades zu geben in der Lage ist. Mit einem Fahrrad hat die Straßenlage der kleinen Benzinfliege nichts mehr gemein. Einerseits sitzt man ja schon wesentlich niederer als auf dem durchschnittlichen Veloziped. Ferner ist der Sattel besser und auch besser gefedert. Die vordere Teleskopgabel hat laut Handbuch 50 mm Federweg und hydraulische Stoßdämpfung. Insbesondere auf Schlaglochserien und am Katzenkopfpflaster steht einem das Vorhandensein der Teleskopgabel bestens an. Sie ist erstklassig gedämpft, doch in ihrer Wirkung härter als die Hinterradfederung. Die Vorversetzung der Gabel ist sehr geringfügig, und auch wenn der Nachlauf als normal bezeichnet werden kann, so ist die Wendigkeit des kleinen Fahrzeuges enorm. Trotzdem hat die Lenkung nicht das leiseste Anzeichen einer Labilität, man kann gefahrlos freihändig fahren und ist sowohl auf nassen als auch auf schlüpfrigen Straßen im nötigen Maß lenksicher.

Eine weitere Besonderheit wies das MS 50-Moped auf, die so außergewöhnlich war, dass sie auch patentiert wurde. Und zwar hatte Dipl.-Ing. Alfred Oswald, der große Zweitaktspezialist und Strömungstechniker des Hauses Puch herausgefunden, dass man die Resonanzschwingungen des Ansaug- und Auspufftraktes derart aufeinander abstimmen konnte, dass bei Überschreiten der Höchstgeschwindigkeit und der damit verbundenen Drehzahl Interferenzen auftraten, die eine Abregelung hervorriefen.

Sowohl Tester als auch Benützer waren sich einig, dass das MS 50-Moped von Puch in Bezug auf Laufruhe, Robustheit, Bedienungs- und Fahrkomfort sowie durch die reichhaltige Werkzeugausstattung eines der besten Fahrzeuge in dieser Kategorie war.

Das Puch MS 50-Moped wurde zum Markenzeichen von Puch und erzielte im Laufe der Jahre in all seinen Varianten eine ungeheure Popularität. Es war das meistverkaufte

Puch MS 25, 1965.

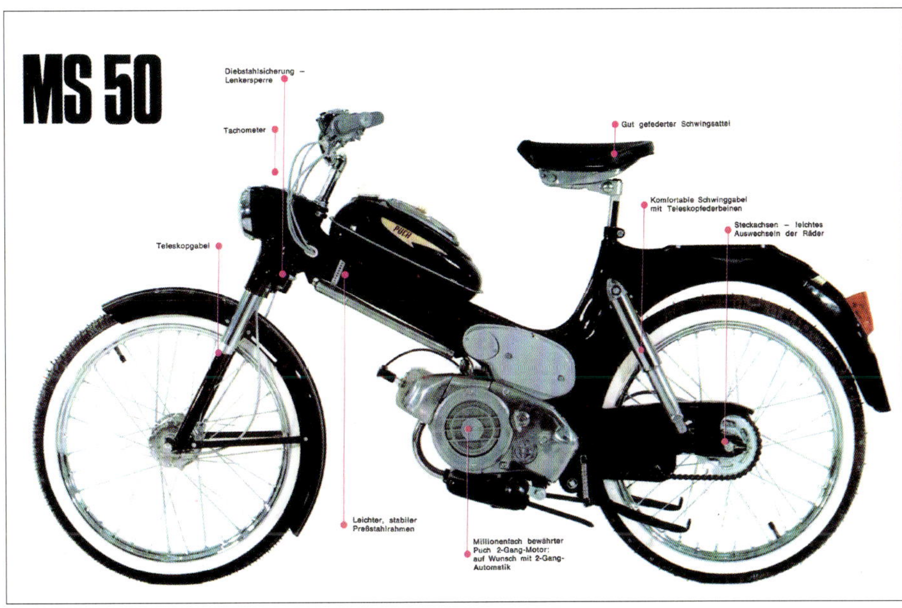

Die Vorzüge des MS 50-Modelljahrganges 1968 werden hier aufgelistet.

Dieses Puch MS 50-Moped im Originalzustand des Jahres 1957 wirkt auf diesem Foto von Gottfried Frais wie eine technische Skulptur.

Die Tomos-Werke in Koper (Slowenien) waren Lizenznehmer von Puch. Es wurden aus dem MS 50-Motor auch Triebwerke für Außenbordmotoren entwickelt.

österreichische Moped. Es wurde nicht nur zu Hunderttausenden von Privatpersonen eingesetzt, sondern stand auch in großer Stückzahl im Dienste der Behörden. So vor allem bei der Post, der Polizei und der Gendarmerie. So zielt auch der Spitzname des Fahrzeuges „Postlermoped" auf diesen Einsatzzweck ab. Eine weitere volkstümliche Bezeichnung war der Begriff „Stangelpuch", der sich auf die charakteristische Form des schräg nach unten verlaufenden, stangenförmigen Rahmens bezog.

Das Triebwerk des Automatik-Mopeds Puch MS 50 A unterschied sich optisch vom Schaltmodell nur durch den größeren und eckig ausgeführten rechten Motordeckel. (Foto Fritz Plann)

Die Vorzüge des MS 50-Mopeds werden im Werksprospekt von 1955 wie folgt beschrieben:
Sie können das MS 50-Moped auf drei Arten starten: zunächst einmal können Sie es mit dem Pedal am Stand antreten, wie eine große Maschine. Bei der zweiten Methode bocken Sie die Maschine am Ständer auf und treten kräftig durch. Und drittens schließlich können Sie einen Gang einschalten, den Dekompressor ziehen und losfahren wie mit einem Fahrrad. Nach wenigen Metern Fahrt lassen Sie den Dekompressor los und das MS 50 springt zuverlässig an… Übrigens hat der Benzinhahn auch eine Reservestellung. Sie sind also gegen unliebsames „Trockenstehen" weitgehend sicher… Dass das MS 50 nicht billig in der Ausführung ist, beweisen Details wie der Starthilfeknopf. An kalten Tagen werden Sie seine Hilfe in Anspruch nehmen müssen. Er ist die Gewähr für immer sicheres Starten… Und weil wir eben vom Entspannen beim Fahren sprechen, werfen Sie bitte einen Blick auf die Teleskop- und Schwinggabel. Mit dem hochelastischen Schwingsattel zusammen erreicht das MS 50 Federeigenschaften und eine Straßenlage, die Katzenkopfpflaster und Schlaglochstraßen ihre Schrecken nehmen.
Das MS 50-Moped hatte auch ein Lenkerschloss. Im „Motor Spiegel" von 1956 wird das Puch MS 50-Moped mit einem Preis von 3.730,– Schilling gelistet.

Die erste Ausführung des MS 50, die noch weitgehend dem Vorserienstandard entsprach, wurde für 1955 in folgenden Punkten überarbeitet: verstärkter Rahmen im Bereich der Motoraufhängung, geänderte Zylinderhaube zur Kühlluftführung, fünf Liter Tank anstelle des bisherigen 3,5 Liter Tanks. Im Puch- Werksprospekt über das Puch-Moped MS 50 und MS 50 L (Moped-Schalenrahmen und L für Luxus) von 1956 wurden folgende weitere Vorzüge herausgestrichen:
Drei leichte Startmöglichkeiten: Mit dem Pedal am Stand antreten wie bei einer großen Maschine, am Ständer aufbocken und bei eingeschaltetem Leergang kräftig am Pedal durchtreten und schließlich mit gezogenem Dekompressor lospedalieren.

Übrigens: Das Puch MS 50-Moped weist – zum Unterschied von den späteren „Maxi"-Modellen – schon ein Einkettensystem auf, das heißt, es gibt nur eine einzige Antriebskette, auch bei Fahrt mit Pedalantrieb wird die Kraft aufs Hinterrad mit der Antriebskette übertragen.

Diese Tatsache wurde in dem Prospekt allerdings nicht erwähnt, doch wurde auf die bereits im vorhin zitierten Testbericht erwähnte Laufruhe, den großvolumigen Auspufftopf, den Starthilfeknopf, die einfach handzuhabende Handschaltung, den hohen

Fahrkomfort durch die Allradfederung und den elastischen Schwingsattel sowie das Absperrschloss und die reichhaltige Werkzeugausstattung hingewiesen.

Im Laufe der Jahre gab es vom MS 50-Moped weitere Varianten für die verschiedenen Staaten. Beispielsweise wurde es als MV 50 V3 „Florida“ (Moped-Vollnaben, Veloce-3) mit Dreigang-Getriebe und Vollnabenbremsen für Schweden geliefert. Und in Deutschland war das Modell als Mofa mit 25 km/h Bauartgeschwindigkeit sehr beliebt. Die Leistungsreduktion dieses Modells wurde vor allem durch den Vergaser (Bing 1/9, 5/72, Düse 44, gem. Ersatzteilkatalog, August 1967) hervorgerufen. 1964 waren bereits 400.000 Stück MS 50 hergestellt worden.

Puch VS 50 1972 im Einsatz bei der englischen Polizei.

Das Mopedmodell MS 50 konnte auch mit Zweigang-Automatikmotor geliefert werden. Nach dem Werks-Ersatzteilkatalog vom Juni 1966 wurde das **MS 50 A** (A steht für Automatik) für folgende Märkte angeboten: Österreich und Export allgemein, Belgien, Schweiz (Condor) sowie als Kickstartermodell bei sonst gleichen Spezifikationen mit der Typenbezeichnung MS 50 KA für Österreich und den Export allgemein, Schweiz (Fa. Frey) und Dänemark. Der Zweigang-Automatikmotor arbeitete mit zwei Fliehkraftkupplungen und wurde unter anderem auch in den Modellen R 50 und VS 50 (für Finnland) eingesetzt.

MS 50 L

Die Luxusausführung MS 50 L wies die Felgen, Werkzeugdeckel und Naben in verchromter Ausführung auf, dazu gab es Weißwandreifen und die Lackierung wahlweise in Rot, Türkis oder Lindgrün, während die Standardausführung 1955 und 1956 rot war. 1954 gab es das MS 50 Moped nur in graugrüner Lackierung.

Prospektauszug vom August 1958.

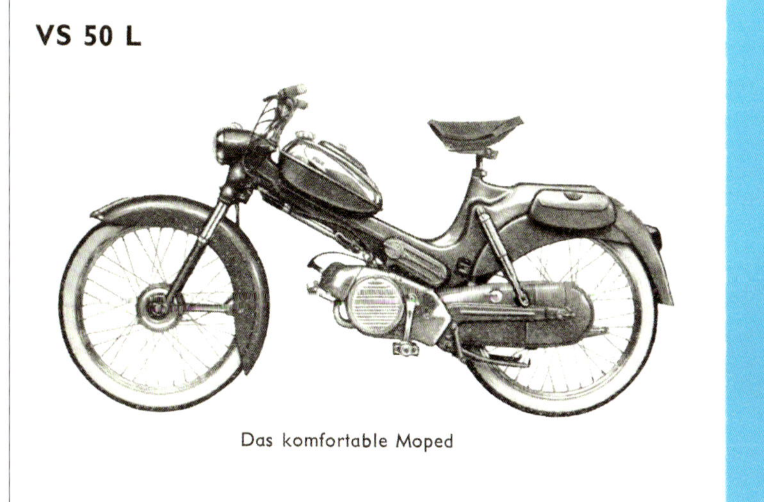

1956 wurde auch das deutsche Moped Express „Radexi“ mit dem neuen Puch-Motor präsentiert, das mit einem Doppelrohrrahmen und einer hinteren Geradewegfederung und einer ebenso unkomfortablen Vordergabel mit gezogener Kurzschwinge technologisch weit hinter den Puch-Mopeds rangierte.
Von Puch wurde der MSK 50-Roller vorgestellt, ein MS 50-Moped mit Beinschutz-Verkleidung und Kickstarter, ungedrosselten 2,3 PS und einer Spitze von 55 km/h, allerdings führerscheinpflichtig.

Das „Motorrad“ vom 13. Oktober 1956 merkte in Heft 41 zum MSK 50-Roller unter anderem an: *Der Puch-Moped-Roller hat selbstverständlich keine Pedale, sondern einen Kickstarter. Die mit Gummileisten belegten Trittbretter geben einen viel sichereren Stand als die beweglichen Pedale. Wie man sieht, ist ein Fußbremspedal vorgesehen, mit dem man über einen verstellbaren Bowdenzug die Hinterradbremse betätigen kann. Es ist auch eine Verschalung gegen den Motor hin vorgesehen, trotzdem sind aber alle wichtigen Teile des Motors zugänglich geblieben… Die Beine sind durch ein Blechschutzschild wirksam gegen Wasser und Straßenschmutz abgedeckt… ansonsten unterscheidet sich der neue Flitzer kaum vom guten alten Puch-Moped. Der Motor wird ungedrosselt eingebaut, so dass die Maschine also auf 2,3 PS kommt.*

Das MS 50-Moped hatte sich in seiner Grundkonzeption von 1954 bis zum letzten Baujahr, 1981, nicht verändert. Alle Varianten der einsitzigen VS- und MV-Baureihen fanden schlussendlich im finalen Modell MV 50 S (steht für Moped, Vollnabenbremsen, Schalenrahmen) und dem luxuriöser ausgestatteten Modell MV 50 S/II mit zwei Werkzeugbehältern neben dem Hinterrad und verchromtem Gepäckträger ihren Höhepunkt, nachdem die ursprünglich vorgesehenen Trommelbremsen des MS 50 dem

Puch MS 50 V, 1967.

immer dichter werdenden Verkehr nicht mehr genügt hatten: Pressstahlrahmen in vollendeter und unverwüstlicher Ausformung, millionenfach bewährter, gebläsegekühlter, mittels Drehgriff-Handschaltung geschalteter Motor mit 2,1 PS und ein komfortables und sicheres Fahrgestell mit hydraulisch gedämpfter Teleskopgabel und Zweiarmschwinge des Hinterrades. Preis MV 50 S: 9.912,–, MV 50S/II: 10.561,– S.

MS 50 V

Das neue Modell hatte als augenfälligste Neuerungen verstärkte Federbeine aufzuweisen (daher der Zusatz V) sowie Bauelemente des – ebenfalls im selben Jahr erschienenen – VS 50, allerdings ohne dessen Vollnabenbremsen.
Von 1956 bis 1960 durchstreifte der junge Weltenbummler Stefan A. Waigand die exotischsten Gegenden der Erde auf seinem Puch MS 50-Moped. Mit Minimalausrüstung kam er über die Türkei, Syrien und den Irak bis Indien und Burma. Dann befuhr er noch Süd- und Nordamerika. Dabei begleitete ihn am provisorisch aufgebauten Sozius-

Oben: Auch in der überfüllten City kennt man mit dem Puch MS 50 V keine Parkplatzsorgen.

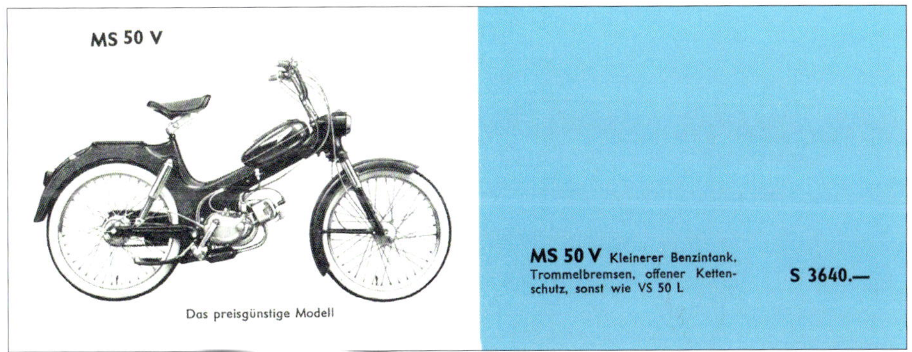

Links: Prospektauszug vom MS 50 V, April 1959.

Oben: Puch-Werksprospekt 1964.

Links: Für Norwegen und Dänemark wurde das altbewährte MS 50-Moped mit dem luftgekühlten Viergangmotor, Sitzbank und den Vollnabenbremsen der VZ-Modelle der späten 1960er-Jahre modernisiert. Hier ein Modell des dänischen Generalvertreters O. E. Andersen. (Bild Torben Andersen)

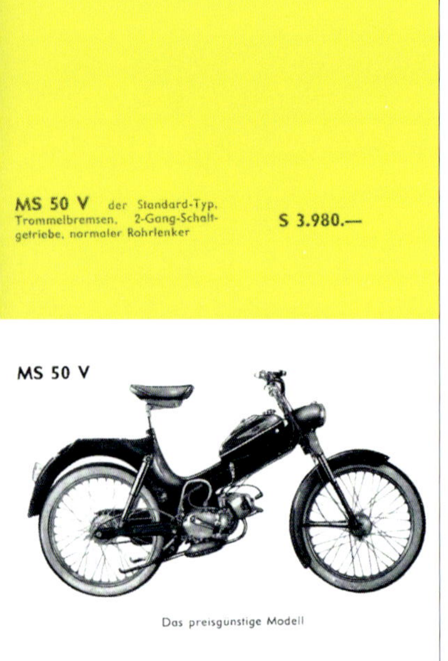

Oben links: Prospekt MS 50 V vom Mai 1961.
Oben rechts: MS 50 V, 1962.

sattel ab Bangkok eine junge Dänin, die er dort heiratete und die den Abenteurer am zweiten Teil seiner Fahrt begleitete. Das Moped hatte über die gesamte Fahrt keinerlei Schäden aufzuweisen, außer den normalen Verschleißerscheinungen an Reifen und Bremsen. Waigand berichtete anlässlich eines Vortrages:

Die Mitnahme meiner Frau Gerda bewog mich, fast mein ganzes Gepäck zurückzulassen, wir hatten buchstäblich nur etwas Werkzeug und eine Zahnbürste mit. Trotzdem lag unser Gesamtgewicht bei 175 kg – dem Moped schien das jedoch nicht das Geringste auszumachen!

Die italienische Firma Bianchi baute das Puch MS 50 als Modell „Sparviero“ mit Modifikationen wie Sitzbank, Sporttank und schmalem Lenker in Lizenz. Baujahr 1960. (Bild Club-Magazin Dichtl)

Oben: Stefan Waigand, der Weltenbummler auf dem Puch-Moped, in den eisigen Höhen der Anden mit seiner Frau Gerda.

Links: Eine weitere Rarität auf Basis des MS 50 stellte das Moped für die holländische Firma Stokvis dar. Es wurde in Graz als Exportmodell gebaut. (Bild Stefan Holzer)

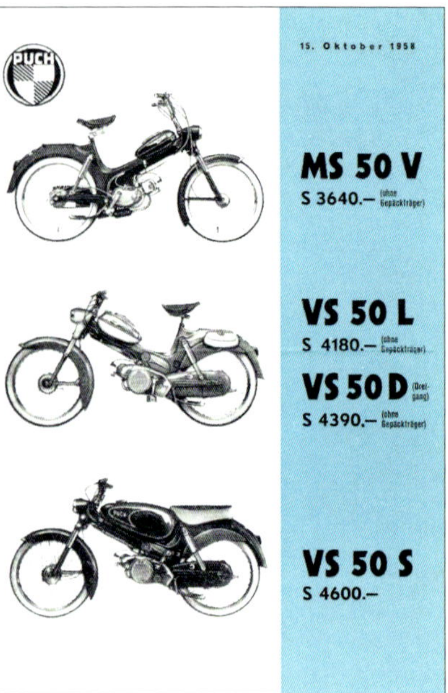

Puch-Moped-Modelle vom Oktober 1958.

Der „Puch Nachrichtendienst", herausgegeben von der Steyr-Daimler-Puch-Aktiengesellschaft, Werke Graz, berichtete am 6. November 1959:
Dieser Tage langte in Thondorf ein Bildgruß ein, welcher die beiden Weltenbummler vor dem Wahrzeichen Rio der Janeiros, dem Zuckerhut, zeigt. Die bisher zurückgelegte Strecke beträgt 80.500 km. Waigand und Frau wollen im Jahr 1960 zurückkehren und bis dahin nach einer Durchquerung von Afrika über Ägypten nach Russland (Moskau), Skandinavien und Deutschland nach Wien eine Gesamtstrecke von rund 120.000 km erreichen.

Im Oktober 2008 interviewte ich seine Frau Gerda, die in Dänemark lebte, und sie erinnerte sich:
Bald 50 Jahre sind vergangen, seit ich zusammen mit Stefan Alexander Waigand von einer fantastischen 120.000 km Weltreise nach Wien zurückkam. Einer Reise über fünf Kontinente, wo ich dreieinhalb Jahre und 85.000 Kilometer dabei war.

VS 50 D

Ab Mitte 1958 gab es auch für das Puch-Moped ein Dreigang-Getriebe, nachdem bei der IFMA 1956 dieser Trend vor allem bei den deutschen Mopeds ausgelöst worden war. Das österreichische „Motorrad" schrieb über diese Entwicklung am 19. Juli 1958:
Man hat es sich bei Puch bei der Entwicklung des Dreigang-Getriebes nicht leicht gemacht. Wohl versuchte man zunächst, in das vorhandene Gehäuse ein Ziehkeil-Getriebe einzubauen, verließ jedoch bald diesen Weg, sodaß das neue Getriebe heute praktisch ein Motorrad-Getriebe mit drei Gängen ist, wie es sich bei den Puch-Motorrädern ja tausendfach bewährte.

Puch VS 50 D, 1968.

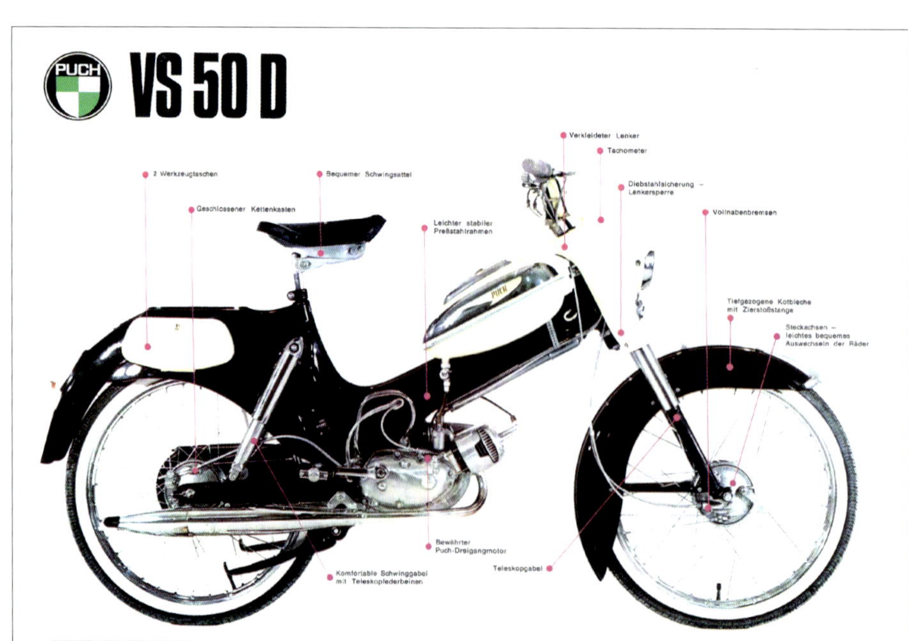

Rechte Seite: Prospekt-Deckblatt des VS 50, Modell 1957.

PUCH
VS 50

Das Modell VS 50 DK für Zweipersonenbetrieb mit Doppelsitzbank, Dreigangmotor und Vollnabenbremse wurde in der Ausführung mit Kickstarter vor allem für den Export ausgeliefert.

Links: Puch VS 50 D, Modell 1960. Rechts: Puch VS 50 D am Col du Galibier in Frankreich, 27. August 1961.

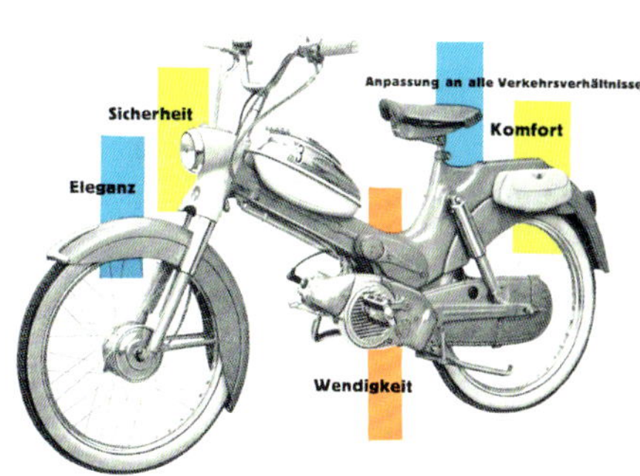

Links: Puch VS 50 D, 1960.
Rechts: VS 50 D, Werksprospekt 1958.

Das neue Modell hieß VS 50 D und hatte Vollnabenbremsen (Vollnaben-Schalenrahmen-Dreigang), eine verstärkte Gabel, einen großen Ansauggeräuschdämpfer, seitlich liegenden Auspufftopf sowie einen geschlossenen Kettenkasten. Daneben wurde das Modell MS 50 unverändert angeboten. Das VS 50 D kostete 1958 4.390,– Schilling. 1960 wurde das VS 50 D mit einer neuen Scheinwerferverkleidung mit zwei seitlichen Positionslämpchen und dem Blechpress-Lenker des Models DS 50 angeboten. Weitere Merkmale waren die tiefgezogenen Kotflügel und der geschlossene Kettenkasten sowie die obere verchromte Tankhälfte. Das Modell **VS 50 L** war gleich ausgestattet, hatte jedoch zwei Gänge.

Puch VS-Modelle 1957.

Anlässlich der IFMA 1956 hatte sich Puch in letzter Minute entschlossen, eine neue Variante des VS 50, nämlich das Modell **VS 50 S** als Sportmodell zu präsentieren. Dazu merkte das Motorrad in Heft 43 an:

Im Prinzip entspricht auch dieses Modell dem bekannten Puch-Moped MS 50, immerhin sind jedoch einige recht wesentliche Detailverbesserungen zu erwähnen. So erhielt der Zylinder größere Kühlrippen, ein neuer Dekompressor ist nun vorhanden. Statt des kleinen, kaum sichtbaren Auspufftopfes wurde ein Auspuff in üblicher Form angebracht, der zusammen mit gewissen Modifikationen im Ansauggeräuschdämpfer wesentlich zur Senkung des Lärmspiegels beiträgt.

Fahrgestellmäßig fallen vor allem die Vollnabenbremsen auf, die Vorderradgabel wurde verstärkt, der Federweg auf 60 mm vergrößert. Steckachsen vorne und hinten. Die Kotbleche wurden verbreitert, Seitenabdeckungen vorgesehen. Die Sekundärkette erhielt endlich einen geschlossenen Kettenkasten.

Der absolute Hammer war jedoch der nahezu das gesamte Rahmendreieck ausfüllende 10,5 Liter Tank und das sportliche Sitzkissen an Stelle des Gummisattels. Der Tank hatte Kniekissen, hinter denen sich ein relativ großer Werkzeugraum verbarg. Die Optik des VS 50 S war schlicht umwerfend und genau das, was sich die sportliche Jugend wünschte. Es entsprach in jeder Beziehung den Vorstellungen, „*… die sich ein Sechzehnjähriger von so einem Ding macht. Ob sich da die Konstrukteure an die ‚Halbstarken' gewandt und nach ihren Wünschen gefragt haben? Fast scheint es so …*"
Soweit der Bildtext zu diesem Modell.

	Technische Daten		MS 50, MS 50 V, MS 50 A	MV 50 S
Motor	Baujahr		MS 50 ab 1954, MV 50 S bis 1981	
	Maschinen-Nummern-Bereiche		5,500.001–5,589.999 6,000.001–6,089.899 6,400.001–6,489.899	Automatik: 8,500.001–8,570.000 MS 25 (Mofa-D): 6,600.001–6,689.899 plus Motoren: 6,090.000–6,099.899 6,490.001–6,499.899 8,570.001–8,570.899 6,690.000–6,699.899
	Produktion		885.755 Stück	
	Typ		Einzylinder-Zweitaktmotor	
	Bohrung/Hub (mm)		38/43	
	Hubraum (cm³)		48,8	
	Verdichtung		8,5:1	
	Leistung	PS bei 1/min	1,7/4.700 bis 2,3/4.500	2,1/5.000
		kW bei 1/min	1,24/4.700 bis 1,7/4.500	1,55/5.000
	max. Drehmoment	kpm	0,28/4.000	0,28/3.400
		Nm	2,9/4.000	2,9/3.400
	Motorschmierung		1:25	1:50
	Vergaser		Bing Ø 12 1/12/113	Bing 12 mm
	elektrische Anlage		Schwunglichtmagnetzünder Bosch LM/VRB1/116/17 L251 6 V 17 W	Schwunglichtmagnetzünder Bosch RB1 6 V 17 W
	sonstige Baumerkmale des Motors		gebläsegekühlter Graugusszylinder	
Kraftüber-tragung	Kupplung		Mehrscheibenkupplung im Ölbad	
	Getriebe		2-Gang-Handschaltung: 1. i = 2,8; 2. i = 1,44	auch mit 2-Gang-Automatik (MS 50 A) 1. i = 3,059; 2. i = 1,653
Fahrgestell	Rahmen		Blechpress-Schalenrahmen	
	Federung vorne		Teleskopgabel, hydraulisch gedämpft	
	Federung hinten		Schwinge mit Federbeinen	
	Räder, Bereifung		23 x 2,25	
Maße und Gewichte etc.	Länge/Breite/Höhe (mm)		von 1.790/625/990 bis 1.830/640/990	1.830/645/970
	Radstand (mm)		1.140 bis 1.190	1.180
	Bodenfreiheit (mm)		125 bis 140	
	Sitzhöhe (mm)		800, verstellbar bis 850	
	Trockengewicht (kg)		39 bis 43	
	Tankinhalt (l)		je nach Baujahr 3,0 bis 5,5	
	Fahrleistungen		40 km/h, 22%	
	Sonstiges		Mit 27 Jahren eine der am längsten gebauten Moped-Serien der Motorrad-Geschichte ohne Änderung des Gesamtkonzeptes, jedoch mit unzähligen Detailveränderungen	

	Technische Daten		VS 50 L, VS 50 D, VS 50 S, VS 50 K
	Baujahr Maschinen-Nummern-Bereiche		VS 50 1956–1979, VS 50 K (Kickstart), VS 50 D ab 1958 Maschinen-Nummern-Bereiche 6,300.001–6,389.899 Motoren extra: 6,390.000–6,399.899 6,500.001–6,570.000 6,570.001–6,599.899 6,700.001–6,769.999 6,770.001–6,779.999 6,800.001–6,889.899 6,890.001–6,899.899 7,201.001–7,249.999 7,2.50.000–7,299.999 7,300.001–7,379.999 7,380.000–7,389.899 7,700.001–7,789.899 7,790.000–7,799.899 8,600.001–8,639.999 8,640.000–8,699.899 8,900.001–8,969.899 8,990.000–8,999.899 9,100.101–9,179.999 9,180.000–9,189.999
Motor	Produktion		296.556 Stück
	Typ		Einzylinder-Zweitaktmotor
	Bohrung/Hub (mm)		38/43
	Hubraum (cm³)		48,8
	Verdichtung		8,5:1
	Leistung	PS bei 1/min	1,7/4.700 bis 2,3/4.500
		kW bei 1/min	1,24/4.700 bis 1,7/4.500
	max. Drehmoment	kpm	0,28/3.400
		Nm	2,9/3.400
	Motorschmierung		1:25
	Vergaser		Bing 12 mm
	elektrische Anlage		Bosch 6 V 17 W
	sonstige Baumerkmale des Motors		gebläsegekühlter Graugusszylinder
Kraftübertragung	Kupplung		Mehrscheibenkupplung im Ölbad
	Getriebe		3-Gang-Handschaltung: 1. i = 3,63; 2. i = 2,0; 3. i = 1,26 (VS 50 D)
Fahrgestell	Rahmen		Schalenrahmen
	Federung vorne		Teleskopgabel hydraulisch gedämpft, Federweg 60 mm (spätere Modelle 80 mm)
	Federung hinten		Schwinge mit Federbeinen, Federweg 85 mm
	Räder, Bereifung		23 x 2,25
Maße und Gewichte etc.	Länge/Breite/Höhe (mm)		frühe Modelle 1.810/625/990, ab 1966 1.920/640/990
	Radstand (mm)		1.160
	Bodenfreiheit (mm)		140
	Sitzhöhe (mm)		~ 830
	Trockengewicht (kg)		60
	Tankinhalt (l)		5,5; VS 50 S 10,5
	Fahrleistungen		40 km/h, 24%
	Sonstiges		Verbesserte und verstärkte Ausführung des MS 50-Mopeds mit verstärkter Gabel, tiefgezogenen Kotflügeln und geschlossenem Kettenkasten

MV 50 S

Zum letzten Mal findet sich das Puch-Moped der ersten Stunde unter der Typenbezeichnung MV 50 S (Moped-Vollnabenbremsen-Schalenrahmen) im Österreich-Prospekt des Werkes im Jahr 1981 mit folgendem Text:
Die Klassiker unter den Puch-Mopeds – das MV 50 S und das DS 50 L – sind schon seit mehr als 20 Jahren Garantie für zufriedene Käufer. Sie haben sich inzwischen in aller Welt millionenfach bewährt. MV 50 S: Gebläsegekühlter Motor mit 48,8 cm³ und 1,55 kW (2,1 PS), Preßstahlrahmen, ölgedämpfte Telegabel vorne und Schwinge mit Federbeinen hinten, 2-Gang-Handschaltung, Vollnabenbremsen, führerscheinfrei. Neuerung: Sattel mit Verbandszeug, Gepäcksträger, Werkzeugbehälter links und rechts. Farbe: schwarz.
Der Preis dieses Mopeds betrug im letzten Produktionsjahr 9.912,– Schilling.

Obwohl bei Puch bereits im März 1959 das zweisitzige DS 50-Moped, das vom Design her als Moped-Roller ausgelegt war, vorgestellt worden war, benötigte man für einen neuen, sportlichen und zumeist jugendlichen Kundenkreis ein Fahrzeug im „Motorradlook“. Dazu bot sich das bewährte MS 50 mit entsprechenden Adaptierungen an. Dies umso mehr, als die Version **VS 50 D** eine Werksfreigabe für den Betrieb für zwei Personen erhalten hatte. Der Weg für die VZ-Baureihe war frei.

Puch MV 50 S und DS L, 1981.

PUCH MODELLE

Prospekt der Puch-Modelle 1967.

VZ 50

Das neue Modell, das 1963 auf den Markt kam, trug die Bezeichnung VZ 50 (Vollnaben-Zweisitzer) und basierte auf der bewährten Rahmen-Konstruktion des MS-Mopeds. Ebenso wie dieses wies es den Musger'schen Schalenrahmen in verstärkter Ausführung auf. Speziell für den Zweipersonenbetrieb waren die verstärkte Motorradgabel, die starken Federbeine und die Doppelsitzbank ausgelegt. Vom Styling her hatte das VZ 50-Moped einen Haubenkotflügel aus Kunststoff vorne, sowie eine Scheinwerferverkleidung und einen geschlossenen Kettenkasten, ebenfalls aus Kunststoff. Die Verwendung der angeführten thermoplastischen Kunststoffteile brachten es jedoch mit sich, dass diese nach kurzer Zeit unansehnlich, rau und im Farbton verfärbt waren. Nach längerem Gebrauch konnte es vorkommen, dass diese Teile auch zerbrachen, so dass es heute nahezu unmöglich ist, so einen „Kunststoffbomber" in schönem Zustand zu finden. Dazu kam noch ein großer Benzintank mit 10,5 Liter Inhalt. Die Farbe des Fahrzeuges war weiß. Preis mit Handschaltung 6.190,–, mit Fußschaltung 6.410,– Schilling.

Puch-Moped VZ 50, Modell 1963. Bei diesem Moped verwendete man bei Puch erstmals in größerem Umfang thermoplastische Kunststoffe. So wurde dieses Material beim vorderen Kotflügel, der Scheinwerferverkleidung, dem Luftfiltergehäuse und dem Kettenkasten angewendet.

VZ 50 N

1966 folgte das Modell VZ 50 N (N steht für Neu), das wesentlich besser der gewünschten Motorradoptik entsprach als das etwas schwülstige VZ 50. Das VZ 50 N-Moped wies ebenfalls den Dreigang-Gebläsemotor mit Fußschaltung auf, die Kunststoffteile fehlten, die Lücke zwischen Tank und Rahmen wurde mit einer Blende geschlossen. Preis 1966: 6.680,– Schilling.

Beworben wurde das neue Modell im Werksprospekt 1966 wie folgt:
Mehr als 1 Million Moped-Motoren wurden bisher bei Puch gebaut. Puch-Motoren sind daher ausgereift bis ins letzte Detail. Robust, leistungsfähig und von langer Lebensdauer. Trotz gesetzlich vorgeschriebener Drosselung – Motoren von bulliger Kraft und mit spritzigem Temperament. Das Hochleistungsfahrgestell eines modernen Sportmotorrades, ausgelegt für wesentlich höhere Geschwindigkeiten. Vollnabenbremsen mit viel Reserven. Großvolumiger Tank, der einen der sportlichen Fahrweise entsprechenden Knieschluß erlaubt. Großer Tankverschluß. Verstellbarer Sportlenker. Körpergerechte Sitzbank (auch für Beifahrer). Schaltung und Bremse durch Fußhebel. Großer Tachometer im Scheinwerfer. Fahrkomfort auch auf schlechtesten Straßen durch lange Federwege der Telegabel und der hinteren Schwinge. Die selektive hydraulische Dämpfung absorbiert auch härteste Stöße. Dadurch beste Straßenlage, besonderer Fahrkomfort und große Sicherheitsreserven.

Als Lackierung war Rot-Racinggreen bzw. Schwarz-Silber angegeben. Die Prospektüberschrift stand unter dem Motto: Im Sport zu Hause! Insgesamt bewährten sich die VZ-Modelle im Alltag vor allem als brave und anspruchslose Mopeds, auch für Zweipersonenbetrieb, ähnlich wie die MS 50-Modelle für eine Person.

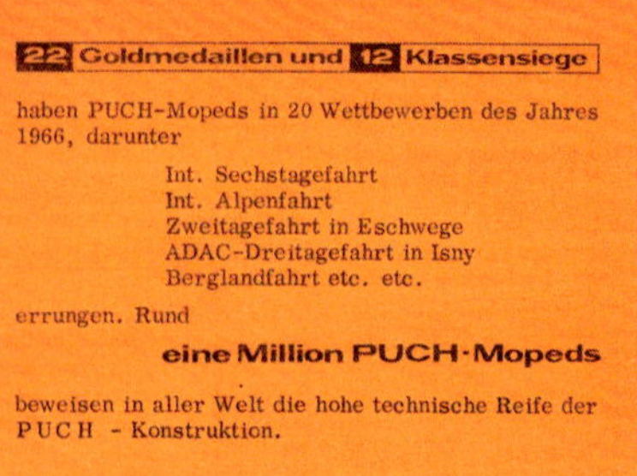

22 Goldmedaillen und 12 Klassensiege

haben PUCH-Mopeds in 20 Wettbewerben des Jahres 1966, darunter

Int. Sechstagefahrt
Int. Alpenfahrt
Zweitagefahrt in Eschwege
ADAC-Dreitagefahrt in Isny
Berglandfahrt etc. etc.

errungen. Rund

eine Million PUCH-Mopeds

beweisen in aller Welt die hohe technische Reife der PUCH - Konstruktion.

Puch VZ 50 N, 1966 (ganz oben) und 1967 (Mitte und rechts), Prospektauszüge.

Puchs erste Million im Mopedbau war ein VZ 50 N!

Puch VZ 50 R, 1967.

VZ 50 M, MN, S, V

1966 wurden diese Zweisitzermodelle auch für die Schweiz als VZ 50 MN, für Norwegen als VZ 50 S und Deutschland als VZ 50 M-Modelle mit dem neuen Viergangmotor geliefert. Diese hatten – zum Unterschied vom in Österreich ausgelieferten Dreigangmodell – keine Tretkurbeln mehr, sondern bereits Kickstarter. Die Besonderheit dieses, ebenfalls gebläsegekühlten Motors lag in der Tatsache, dass ein Leichtmetallzylinder mit asymmetrischen Kühlrippen verwendet wurde; dies deshalb, um einen gleichmäßigen Temperaturverlauf am Zylinderumfang entsprechend dem Weg der Kühlluft zu erreichen. Der Kolben lief auf einer hartverchromten Laufbahn und hatte zwei Rechteckringe mit gerundeten Außenkanten. Dieser Viergangmotor mit Leichtmetallzylinder wurde jedoch bald vom Viergangmotor mit Graugusszylinder mit konventionell angeordneter Zylinderbohrung abgelöst. Vor allem in Österreich erfreute sich der herkömmliche Viergang-Gebläsemotor in den Puch-Mopeds äußerster Beliebtheit. Unter der ein- oder zweisitzigen Sitzbank befand sich ein Werkzeugbehälter.

1967 hatte das VZ 50 N-Moped eine Schwarz-Silber-Lackierung, Gummischutzhüllen auf der Teleskopgabel, Federbeine mit freiliegenden Federn sowie ein neues kombiniertes Rückbremslicht, einen neuen Lenker und einen offenen Kettenschutzkasten. Ein Jahr später gab es für das VZ-Moped wahlweise ein Drei- oder Viergang-Getriebe und Kickstarter.

1970 erhielt das VZ 50 V (V für Viergang) einen luftgekühlten Zylinder, die Leistung stieg auf 2,6 PS. Die Lackierung war mexikogelb, mit Jahresende wurde dieses Modell letztmalig in Österreich angeboten. Hingegen war es im Verkaufskatalog 1972 für Frankreich mit ungedrosseltem 3,25 PS-Motor und einer Spitze von 60 km/h weiterhin im Angebot.

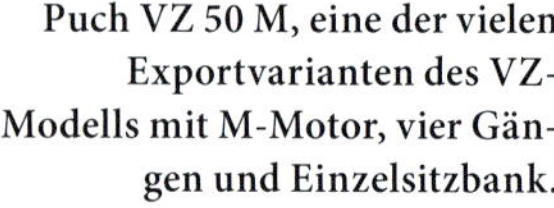
Puch VZ 50 M, eine der vielen Exportvarianten des VZ-Modells mit M-Motor, vier Gängen und Einzelsitzbank.

6. Die angeheftete Zeichnung ist eine Darstellung des Fahrzeuges

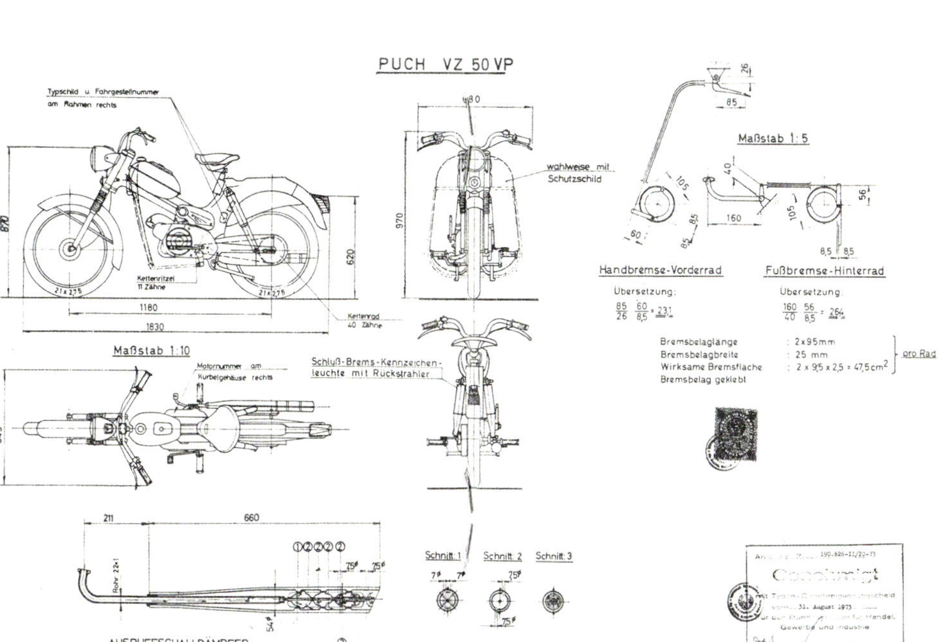

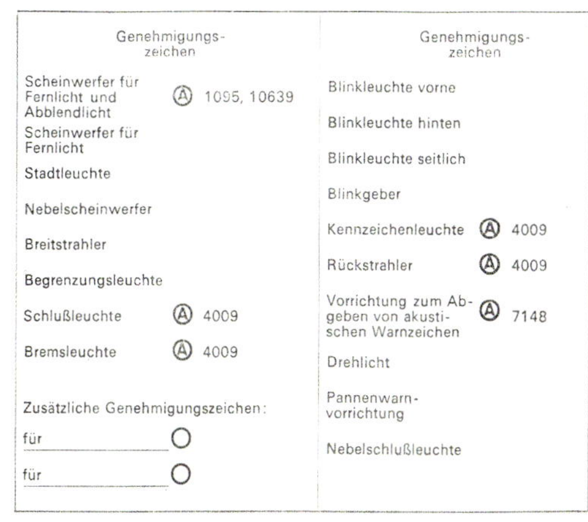

	Genehmigungs-zeichen		Genehmigungs-zeichen
Scheinwerfer für Fernlicht und Abblendlicht	Ⓐ 1095, 10639	Blinkleuchte vorne	
Scheinwerfer für Fernlicht		Blinkleuchte hinten	
Stadtleuchte		Blinkleuchte seitlich	
Nebelscheinwerfer		Blinkgeber	
Breitstrahler		Kennzeichenleuchte	Ⓐ 4009
Begrenzungsleuchte		Rückstrahler	Ⓐ 4009
Schlußleuchte	Ⓐ 4009	Vorrichtung zum Abgeben von akustischen Warnzeichen	Ⓐ 7148
Bremsleuchte	Ⓐ 4009	Drehlicht	
Zusätzliche Genehmigungszeichen:		Pannenwarnvorrichtung	
für	○	Nebelschlußleuchte	
für	○		

Begründung:

Bei der am 6. Juli 1973 durchgeführten Prüfung wurde festgestellt, dass die zu genehmigende Type den Bestimmungen des Kraftfahrgesetzes 1967 und der Kraftfahrgesetz-Durchführungsverordnung 1967 entspricht. Die Type war daher gemäß § 28 des Kraftfahrgesetzes 1967 unter den im Punkt 2 angeführten Bedingungen zu genehmigen. Die im Spruch festgesetzte Bundesverwaltungsabgabe wurde entrichtet.

Wien, am 31. August 1973

Für den Bundesminister:

Dipl.-Ing. Haselberger
(Ministerialrat)

Oben: Typisierung der Puch VZ 50 VP (Viergang-Post) vom 31. August 1973.

Links: VZ 50 R, 1966, ein weiteres Exportmodell an die Fa. Frey in Zürich.

Naturbelassenes Fundstück aus den USA: Sears 50. Dieses auf Basis des VZ 50-Mopeds für die USA erzeugte Modell wurde von der Kaufhauskette Sears, Roebuck & Co. vertrieben. Es ist zweisitzig und hat den robusten M-Viergangmotor. Nachdem dieses Fahrzeug um 1971 gekauft und nur 2.700 Meilen gefahren worden war, wurde es in einem Gartenschuppen abgestellt und vergessen. Durch ein Loch im Dach tropfte über Jahrzehnte Regenwasser auf Vorderkotflügel, Nabe und Felge. Als 2012 der Schuppen endgültig zusammenbrach, wurde das Moped wieder entdeckt.

Von der „Daisy“ bis zum Puch-„Lido“: Die Puch-Mopedroller, Leichtroller und Roller von 1959–1987

DS 50

Erstprospekt des DS 50-Mopeds, 1959.

Puch war zwar immer Marktleader am Zweiradmarkt in Österreich, leider aber nicht Trendsetter. So dauerte es auch eine „Schrecksekunde“ von satten zwei Jahren, als im Jahr 1957 die ersten österreichischen Mopedroller Lohner „Sissy“ und KTM „Mecky“ auf den Markt kamen, bevor Puch reagierte. Lohners „Sissy“ war von Haus aus als zweisitziges Moped konzipiert, das KTM „Mecky“ machte den konstruktiven Umweg vom eigenen von Ing. Ludwig Apfelbeck konstruierten Motor zum bewährten Sachs-Motor und einer Federverstärkung der hinteren Schwinge für den Soziusbetrieb. 1958 kam das Modell „Conny“ von den Halleiner Motorenwerken (HMW) auf den Markt.

Da gegen Ende der Fünfzigerjahre des vorigen Jahrhunderts also ein großer Bedarf an billigen, leichten Zweirädern, die allerdings schon „gehobenen“ Ansprüchen entsprechen sollten, bestand, unternahm Puch alle Anstrengungen, um ein solches Fahrzeug auf den Markt zu bringen. Dieser neue Mopedroller sollte einen möglichst hohen Fahrkomfort, besten Schmutzschutz und geringstmögliche Betriebskosten aufweisen. 1959 stellte Puch das Modell DS 50 vor, den ersten zweisitzigen Mopedroller des Traditionshauses aus Graz. Die Modellbezeichnung DS stand für Doppelsitzer, Schwingenmodell. Es war als führerscheinfreies Moped konzipiert und wies einen glattflächigen Schalenrahmen auf, der im Heckteil die Federbeinabstützung für die Hinterradschwinge und die zweisitzige Sitzbank aufnahm. Unter der Sitzbank befand sich ein relativ voluminöser Stauraum, der durch die hochgeklappte Sitzbank erreicht wurde. Das Vorderrad wurde von einer geschobenen Langarmschwinge aufgenommen, die Scheinwerferver-

Puch-Werksprospekt 1959 zur Einführung des neuen Doppelsitzer-Mopedrollers DS 50. Ein Moped zum Verlieben.

kleidung, die auch gleichzeitig ein charakteristisches Stylingelement zur Verkleidung des Gabelkopfes bildete, bestand aus Leichtmetallguss. Harmonisch in die Gesamtlinie dieses neuen Mopedrollers fügte sich das elegant geschwungene und groß dimensionierte Beinschild, das fließend in die Trittbretter überging und vor Straßenschmutz und Spritzwasser schützte. Als Antriebsaggregat diente der bewährte Puch-Dreigangmotor mit einem Bohrungs-/Hubverhältnis von 38/43 mm, Gesamthubraum 48,8 cm³, Leistung 1,7 PS (1,24 kW) bei 4.700 U/min, Gebläsekühlung und Drehgriff-Handschaltung.

Puch DS 50, 1967 mit großem Scheinwerfer.

Das „Motorrad", jene Zeitschrift, die sich damals bereits als „Organ für Kleinwagen, Roller und Mopeds" sah, merkte in Heft 6 vom 28. März 1959 über die „Internationale Zweirad-Ausstellung auf der Wiener Frühjahrsmesse" nur einige dürre Worte an:
Das neue zweisitzige Moped mit neu gestaltetem Schalenrahmen und Schwingarmfederung an beiden Rädern begegnete allgemein dem größten Interesse. Es war auch eine Kickstarterversion dieses reizenden Maschinchens zu sehen, dem nach allfälliger Beseitigung aller „Pedal-Vorschriften" ein guter Start ins österreichische Straßenleben sicher wäre.

Auf Anhieb konnte Puch mit diesem feschen (zumeist mit Weißwandreifen ausgestatteten) Mopedroller viele Kunden gewinnen. Binnen Jahresfrist war die „Daisy", wie bald sein Spitzname lautete, nicht mehr aus dem österreichischen Straßenbild wegzudenken. Um den österreichischen Zulassungsbedingungen zu genügen, musste die „Daisy" für den Zweipersonenbetrieb zunächst mit zwei Pedalpaaren ausgerüstet sein, nach einer Gesetzesänderung genügte dann ein Pedalpaar und ab 1968 durfte dieses Moped mit Kickstarter ausgeliefert werden. Für die bisher verkauften DS 50 gab es einen Kickstarter-Umrüstsatz. Im Laufe der Jahre gab es nur wenige äußerlich merkbare Modifikationen für dieses Erfolgsmodell. So wurde zunächst ein größerer Scheinwerfer in die Maske integriert. 1969 kam das Twen-Modell in orange-beiger Lackierung (genannt

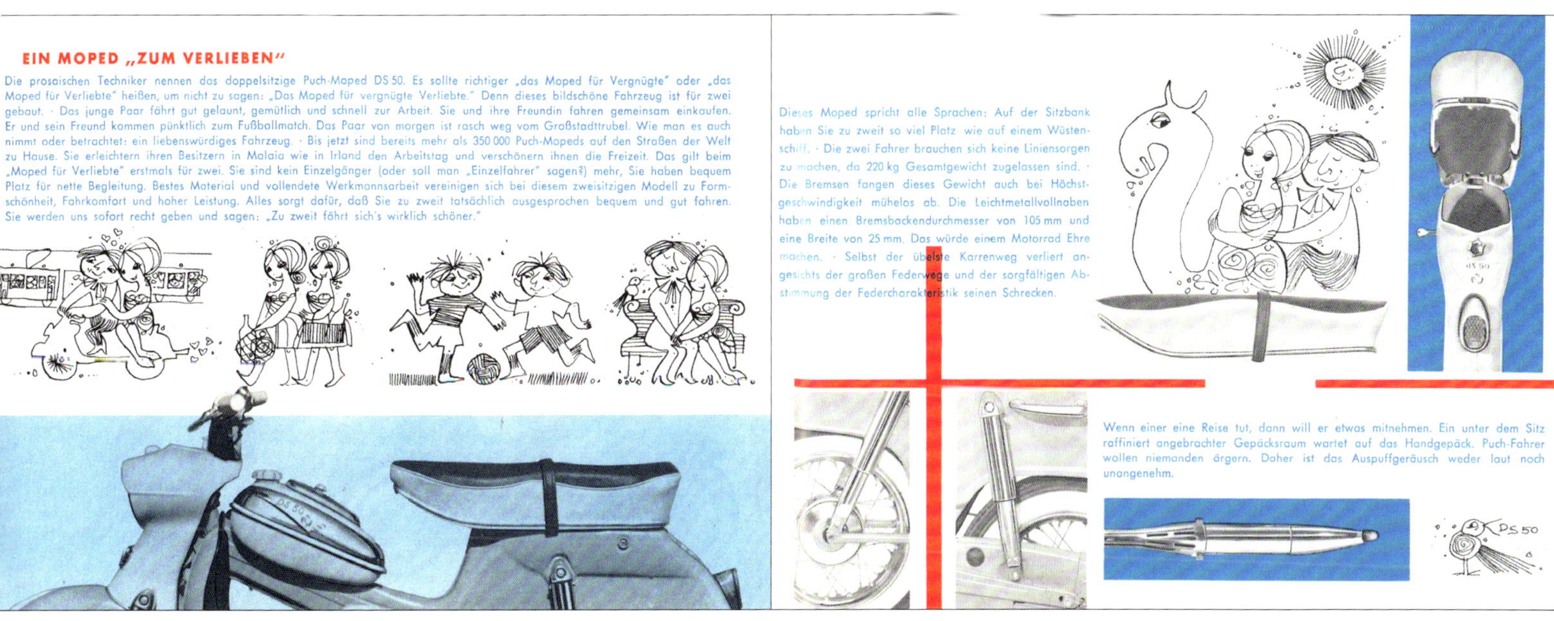

EIN MOPED „ZUM VERLIEBEN"

Die prosaischen Techniker nennen das doppelsitzige Puch-Moped DS 50. Es sollte richtiger „das Moped für Vergnügte" oder „das Moped für Verliebte" heißen, um nicht zu sagen: „Das Moped für vergnügte Verliebte." Denn dieses bildschöne Fahrzeug ist für zwei gebaut. · Das junge Paar fährt gut gelaunt, gemütlich und schnell zur Arbeit. Sie und ihre Freundin fahren gemeinsam einkaufen. Er und sein Freund kommen pünktlich zum Fußballmatch. Das Paar von morgen ist rasch weg vom Großstadttrubel. Wie man es auch nimmt oder betrachtet: ein liebenswürdiges Fahrzeug. · Bis jetzt sind bereits mehr als 350 000 Puch-Mopeds auf den Straßen der Welt zu Hause. Sie erleichtern ihren Besitzern in Malaia wie in Irland den Arbeitstag und verschönern ihnen die Freizeit. Das gilt beim „Moped für Verliebte" erstmals für zwei. Sie sind kein Einzelgänger (oder soll man „Einzelfahrer" sagen?) mehr, Sie haben bequem Platz für nette Begleitung. Bestes Material und vollendete Werkmannsarbeit vereinigen sich bei diesem zweisitzigen Modell zu Formschönheit, Fahrkomfort und hoher Leistung. Alles sorgt dafür, daß Sie zu zweit tatsächlich ausgesprochen bequem und gut fahren. Sie werden uns sofort recht geben und sagen: „Zu zweit fährt sich's wirklich schöner."

Dieses Moped spricht alle Sprachen: Auf der Sitzbank haben Sie zu zweit so viel Platz wie auf einem Wüstenschiff. · Die zwei Fahrer brauchen sich keine Liniensorgen zu machen, da 220 kg Gesamtgewicht zugelassen sind. · Die Bremsen fangen dieses Gewicht auch bei Höchstgeschwindigkeit mühelos ab. Die Leichtmetallvollnaben haben einen Bremsbackendurchmesser von 105 mm und eine Breite von 25 mm. Das würde einem Motorrad Ehre machen. · Selbst der übelste Karrenweg verliert angesichts der großen Federwege und der sorgfältigen Abstimmung der Federcharakteristik seinen Schrecken.

Wenn einer eine Reise tut, dann will er etwas mitnehmen. Ein unter dem Sitz raffiniert angebrachter Gepäcksraum wartet auf das Handgepäck. Puch-Fahrer wollen niemanden ärgern. Daher ist das Auspuffgeräusch weder laut noch unangenehm.

DS 50 Die technischen Daten unterscheiden sich gegenüber dem Modell VS 50 D in folgenden Punkten: aus Stahlblech gepreßter Schalenrahmen mit geschlossenem Profil und über dem Hinterrad eingebautem, versperrbarem Gepäcksraum; Hinterradbremsbetätigung mittels Fußbremshebels rechts; vorne und hinten Schwinggabel mit wartungsfreier Lagerung und Teleskop-Federbeinen, Sitzbank für 2 Personen.
Das Fahrzeug besitzt ein Schutzschild und Trittbretter, welche ausreichend Platz zum Abstützen des Fahrers und Beifahrers besitzen

S 5.670.—

Prospektauszug vom Mai 1960.

Der zweisitzige Moped-Roller bis Modell 1967 mit Pedalen.

Prospekt vom DS 50, 1966.

„mexiko-gelb") mit großem Tank, flacher Sitzbank, hohem Lenker und ohne Beinschutz und Trittbretter auf den Markt. Diese Ausführung war vor allem für die sportlich ambitionierten männlichen Jugendlichen gedacht, der erhoffte Verkaufserfolg blieb allerdings aus. Bis zum Produktionsende 1981 wurden 283.554 Stück DS 50-Mopeds verkauft. In der Endversion als DS 50 L hatte es den großen 10 Liter-Tank, eine flache Sitzbank und einen fußgeschalteten Viergangmotor mit einer Leistung von 2,6 PS/1,9 kW bei 5.000 U/min.

Der Werksprospekt von 1968 beschrieb den DS 50-Mopedroller wie folgt:

Genau in der Mitte zwischen Moped und Roller liegt unser zweisitziges „Moped mit Wetterschutz", das DS 50 ... Schutzschild und Trittbretter sorgen dafür, dass Fahrer und Beifahrer auch bei nassem Wetter trockenen Fußes ans Ziel gelangen ... Die jüngste Aus-

Prospekt vom DS 50, 1968.

Prospekt vom DS 50 V, 1968.

führung des DS 50 besitzt wie alle Puch-Mopeds Kickstarter und Fußbremse, aber als einziges Modell der Moped-Produktion Hand- oder Fußschaltung, ganz nach Wunsch… Trotz der vorgeschriebenen Drosselung besitzen die Puch-Motoren bullige Kraft und spritziges Temperament. Langhubige Schwingen mit allseits gekapselten Federbeinen liefern dazu den gewünschten Fahrkomfort. Für sportlich junge Leute, die sich den Fahrtwind gerne um Nase, Ohren und Knie wehen lassen, gibt es die Version DS 50 V, an der all das weggelassen wurde, was schnelle DS 50-Besitzer in der Regel in eigener Regie abmontieren: das Schutzschild und das Trittbrett. An ihre Stelle tritt ein sportlich aussehender Rohrbügel, der sein Gegengewicht im hochgezogenen Lenker findet, sowie ein Fußrastenträger. Die unveränderte Motorleistung von 1,8 PS wird hier jedoch über ein fußgeschaltetes Vierganggetriebe weitergeleitet.

Der Stand der Puch-Werke bei der Londoner Earls-Court-Motor-Cycle-Show 1966. Von links: VZ 50, DS 50 N (Vorderpartie wie R 50), 250 SGS-Modell 1967, X 30, 175 SVS, MC 50. Dahinter: R 50, M 125, VZ 50.

Der Puch-Leichtroller DS 60 R, für dessen Betrieb jedoch die Anmeldung als Motorrad und die Lenkerberechtigung erforderlich waren, ca. 1960.

Pospekt DS 50 N, Modell 1967. Dieses Fahrzeug war vor allem für den Export vorgesehen. Die Vorderfront war vom R 50-Roller inspiriert (siehe auch die linke Seite).

Puch-Mopedroller DS 50 L mit Viergangmotor, Fußschaltung und 10-Liter-Tank, gebaut bis 1981.

	Technische Daten		DS 50, DS 50 N	DS 50 L, DS 50 Twen (DS 50 V)
Motor	Baujahr		1959–1981	
	Maschinen-Nummern-Bereiche		7,100.001–7,159.999 7,500.001–7,579.999 8,700.001–8,759.999 7,900.001–7,989.899 Kickstart: 7,600.001–7,689.899 Viergang: 9,000.001–9,059.999	lose Motoren extra: 7,160.000–7,189.899 7,580.000–7,589.899 8,760.000–8,799.899 7,990.000–7,999.899 7,690.000–7,699.899 9,060.001–9,069.999
	Produktion		alle Modelle 283.554 Stück	
	Typ		Einzylinder-Zweitaktmotor	
	Bohrung/Hub (mm)		38/43	
	Hubraum (cm³)		48,8	
	Verdichtung		8,5:1	11:1
	Leistung	PS bei 1/min	1,7/4.700	2,6/5.000 (1,8/4.800)
		kW bei 1/min	1,24/4.700	1,9/5.000 (1,32/4.800)
	max. Drehmoment	kpm	0,28/3.400	0,385/3.500 (0,29/3.500)
		Nm	2,9/3.400	3,8/3.500 (0,32/3.500)
	Motorschmierung		1:25	1:50
	Vergaser		Bing 1/12 Kolbenschiebervergaser	Bing 1/14 Kolbenschiebervergaser (1/12)
	elektrische Anlage		Schwunglichtmagnetzünder Bosch 6 V 17 W	Schwunglichtmagnetzünder Bosch RB1 6 V 15–3/5 W
	sonstige Baumerkmale des Motors		gebläsegekühlter Graugusszylinder	
Kraftübertragung	Kupplung		Mehrscheibenkupplung im Ölbad	
	Getriebe		3-Gang-Hand- oder Fußschaltung: Primär: 69:19, i = 3,63 1. Gang: 40:11, i = 3,64 2. Gang: 34:17, i = 2,00 3. Gang: 24:19, i = 1,26 Sekundär: 31:12, i = 2,58	4-Gang-Fußschaltung: Primär: 72:18, i = 4,00 1. Gang: 40:11, i = 3,64 2. Gang: 34:17, i = 2,00 3. Gang: 29:21, i = 1,38 4. Gang: 22:22, i = 1,00 Sekundär: 35:12, i = 2,92
Fahrgestell	Rahmen		Blechpress-Schalenrahmen	
	Federung vorne		geschobene Langarmschwinge mit Federbeinen, Federweg 80 mm	
	Federung hinten		Schwinge mit Federbeinen, Federweg 85 mm	
	Räder, Bereifung		3,00–12	
Maße und Gewichte etc.	Länge/Breite/Höhe (mm)		1.660/640/940	1.680/680/1020
	Radstand (mm)		1.150	
	Bodenfreiheit (mm)		–	**125**
	Sitzhöhe (mm)		780	
	Trockengewicht (kg)		68	**74**
	Tankinhalt (l)		5,5 (Reserve 1)	10,5 (Reserve 1)
	Fahrleistungen		40 km/h, 24% mit 1 Person	40 km/h, über 30% (1 Person)
	Sonstiges		Mopedroller für 2-Personen-Betrieb, Schalenrahmenbauweise, Rollerlook	

	Technische Daten		VZ 50	VZ 50 N, VZ 50 V
	Baujahr		1963–1970	1966–1980
	Maschinen-Nummern-Bereiche		5,001.101–5,089.999 9,500.001–9,589.999 6,100.001–6,189.899 8,400.001–8,489.899 Viergang: 9,200.101–9,280.000	lose Motoren extra: 5,090.000–5,099.899 6,190.000–6,199.899 Viergang: 9,290.101–9,299.999
	Produktion		16.851 Stück	164.773 Stück
Motor	Typ		Einzylinder-Zweitaktmotor	
Motor	Bohrung/Hub (mm)		38/43	
Motor	Hubraum (cm³)		48,8	
Motor	Verdichtung		8,5:1	11:1
Motor	Leistung	PS bei 1/min	1,7/4.700	2,6/5.000
Motor		kW bei 1/min	1,24/4.700	1,9/5.000
Motor	max. Drehmoment	kpm	0,28/3.400	0,385/3.500
Motor		Nm	2,9/3.400	3,8/3.500
Motor	Motorschmierung		1:25	
Motor	Vergaser		Bing 1/12	
Motor	elektrische Anlage		Schwunglichtmagnetzünder Bosch 6 V 17 W	
Motor	sonstige Baumerkmale des Motors		gebläsegekühlter Graugusszylinder (Exportmodelle auch LM-Zylinder)	
Kraftübertragung	Kupplung		Mehrscheibenkupplung im Ölbad	
Kraftübertragung	Getriebe		3-Gang-Hand- oder Fußschaltung Primär: 72:18, i = 4,00 1. Gang: 40:11, i = 3,63 2. Gang: 34:17, i = 2,00 3. Gang: 24:19, i = 1,26 Sekundär: 35:12, i = 2,92	wahlweise 3- oder 4-Gang-Fußschaltung Primär: 72:18, i = 4,00 1. Gang: 40:11, i = 3,64 2. Gang: 34:17, i = 2,00 3. Gang: 29:21, i = 1,38 4. Gang: 22:22, i = 1,00 Sekundär: 40:11, i = 3,64
Fahrgestell	Rahmen		Schalenrahmen	
Fahrgestell	Federung vorne		Teleskopgabel, hydraulisch gedämpft, Federweg 80 bis 90 mm	
Fahrgestell	Federung hinten		Schwinge mit hydraulisch gedämpften Federbeinen, Federweg 105 bis 110 mm	
Fahrgestell	Räder, Bereifung		21 x 2,75	
Maße und Gewichte etc.	Länge/Breite/Höhe (mm)		1.830/640/1.030	1.830/680/970
Maße und Gewichte etc.	Radstand (mm)		1.200	
Maße und Gewichte etc.	Bodenfreiheit (mm)		125	
Maße und Gewichte etc.	Sitzhöhe (mm)		800	
Maße und Gewichte etc.	Trockengewicht (kg)		70 bis 81	
Maße und Gewichte etc.	Tankinhalt (l)		10,5 (Reserve 1)	
Maße und Gewichte etc.	Fahrleistungen		40 km/h, 24%	
Maße und Gewichte etc.	Sonstiges		Moped in Schalenrahmenbauweise für 2-Personen-Betrieb im Sportlook	

DS 60

Angespornt durch den spontanen Erfolg des DS-Mopedrollers, stellten ihm die Puch-Werke Ende 1960 eine führerscheinpflichtige Variante, den Leichtroller DS 60, zur Seite. Dieser hat ein Bohrungs-/Hubverhältnis von 42/43 mm und einen Hubraum von 60 cm^3 sowie eine Leistung von 4 PS. Das Fahrgestell ist identisch mit dem des DS 50-Mopedrollers, die Lackierung ist jedoch hellgrau-beige. Dazu merkte die damalige österreichische Fachzeitschrift „MOTORRAD, Motorsport, Roller und Moped“ in Heft 12/1960 unter dem Titel „Puch bringt neuen Leichtroller“ Folgendes an:
Eindeutig steht fest, dass für leichte Motorräder und Roller nach wie vor ein echter Bedarf vorhanden ist, nach Fahrzeugen, die in jeder Hinsicht soziusfest sind, doch trotzdem in den Anschaffungs- und Erhaltungskosten bescheiden bleiben. Sprechen wir es klar aus: Bedarf nach einem Fahrzeug, das wieder einen echten Abstand (preislich gesehen) zum billigsten Vierradfahrzeug hat.
Das Fahrzeug wiegt betriebsfertig 68 kg, das zulässige Gesamtgewicht wird mit 220 kg angegeben, die erreichbare Höchstgeschwindigkeit mit 70 km/h und die Steigfähigkeit im 1. Gang (3 Gänge insgesamt) mit 25% für eine Person und 17% für zwei Personen – das reicht für die meisten Alpenpässe.
Bei einem Preis von 5.950,– Schilling kann diesem neuen Fahrzeugtyp von Puch eine durchaus günstige Prognose gestellt werden: ein leichter Stadtroller, der bisher auf dem Markt fehlte, für den aber sicherlich echter Bedarf vorhanden ist.
An kritischen Bemerkungen stellte der Artikel fest: *... erwähnenswert wäre noch der Benzintank mit 5,5 Litern Inhalt – ein Liter mehr wäre besser.* Auch: *Das Fahrzeug kann nur mit Führerschein gefahren werden und muss wie jedes Fahrzeug polizeilich zugelassen werden – wo man wohl das vordere Kennzeichen anbringen wird? Gerade dieser*

Puch DS 60 K, Modell 1960.

Rund 500.000 Puch-Mopeds zeugen in aller Welt von jener qualitativen Überlegenheit, die nun auch der Leichtroller DS 60 R aufweist. Das schöne Fahrzeug präsentiert sich mit Stahlblechschalenrahmen, Schutzschild und Trittbrettern, vornehm-eleganter, zweifärbiger Lakkierung und moderner Linie. Es ist führerscheinpflichtig.

Prospektbilder des DS 60 R-Leichtrollers 1960.

Der moderne Leichtroller

DS 60 R Einkolben-Zweitaktmotor mit Gebläse, Ansauggeräuschdämpfer, Leistung 4 PS, Kickstarter. Normverbrauch für 100 km 1,9 l, 3-Gang-Schaltgetriebe, aus Stahlblech gepreßter Schalenrahmen mit geschlossenem Profil und über dem Hinterrad eingebautem, versperrbarem Gepäcksraum; Hinterradbremsbetätigung mittels Fußbremshebels rechts; vorne und hinten Schwinggabel mit wartungsfreier Lagerung und Teleskop-Federbeinen, Sitzbank für 2 Personen.

Das Fahrzeug besitzt ein Schutzschild und Trittbretter, welche ausreichend Platz zum Abstützen des Fahrers und Beifahrers besitzen

S 6.230.—

Prospektauszug des DS 60 R-Leichtrollers, Mai 1961.

Leichtroller zeigt deutlich, wie notwendig die Wiedereinführung der ehemaligen Führerscheinklasse A – auf heutige Verhältnisse zugeschnitten – wäre.

Im milden Licht des seit damals vergangenen halben Jahrhunderts darf angemerkt werden, dass die beiden vorderen Nummernschilder (je eines links und eines rechts am Vorderkotflügel montiert) in den 1970er-Jahren ohnehin abgeschafft wurden und die Anspielung auf den A-Führerschein aus dem Zweiten Weltkrieg ein eigentlicher Beweggrund für Puch war, den DS 60-Roller zu bauen. Denn es gab noch genug WK II-Teilnehmer, die den alten und noch immer gültigen „grauen“ (militärischen) A-Schein hatten.

Die Modellreihe DS 50 wurde unverändert mit Dreigang-Getriebe mit geringen Detailretuschen wie beispielsweise größerem Scheinwerfer in der blau-beigen Farbe weiter

MOTOR. Puch-Zweitakt-Einkolbenmotor mit Umkehrspülung, 60 ccm Hubraum und einer Leistung von 4 PS. Kühlung durch Radialgebläse. Ausgestattet mit Naßluftfilter, Ansauggeräuschdämpfer, Vergaser und Startautomatik, Kickstarter.
GETRIEBE. Klauengeschaltetes 3-Gang-Getriebe. Fußschaltung mit Schaltautomat. Die Kraftübertragung erfolgt vom Motor über eine Mehrscheibenkupplung und schrägverzahnte Stirnräder zum Getriebe und über eine Kette zum Hinterrad.
Motor und Getriebe sind in einem Block vereinigt.
FAHRGESTELL. Der Rahmen ist ein aus Stahlblech gepreßter, verschweißter Schalenrahmen mit geschlossenem Profil und über dem Hinterrad eingebautem, versperrbarem Gepäcksraum. Vorder- und Hinterradnabe sind mit reichlich dimensionierten Innenbackenbremsen und mit Steckachsen ausgestattet; die Naben als gegossene Leichtmetall-Vollnaben ausgeführt. Die Hinterradbremse wird durch einen rechts liegenden Fußbremshebel, die Vorderradbremse durch einen Handhebel am Lenker betätigt. Vorder- und Hinterradfederung sind als Langarmschwinge mit Teleskop-Federbeinen und wartungsfreier Lagerung ausgebildet und geben mit ihren großen Federwegen von 80 bzw. 85 mm dem Fahrzeug hervorragende Fahreigenschaften. Reifengröße 3.00—12.
AUSSTATTUNG. Kraftstoffbehälter mit 5,5 l Inhalt; Werkzeugaufnahme im Behälter eingebaut. Geschlossener Kettenkasten, Tachometer, Lenkungsschloß, elektrische Schnarre, Werkzeugsatz, Luftpumpe, Scheinwerfer mit einer Lichtaustrittsöffnung von 85 mm. Sitzbank für zwei Personen, Fuß-Schutzschild und Trittbretter.
LEISTUNG UND VERBRAUCH. Das DS 60 RX entwickelt eine Maximalleistung von 4 PS, entsprechend 7500 U/min. Erreicht eine Höchstgeschwindigkeit von 70 km/h und besitzt eine Steigfähigkeit von 24% mit einer Person und von 17% mit zwei Personen. **Der Verbrauch beträgt 2,4 l/100 km.**

Prospektauszug des DS 60 RX-Leichtrollers, 1966.

produziert. Ein Sondermodell stellte 1967 das Modell DS 50 N dar, das die Lenker-Scheinwerferverkleidung und den Vorderkotflügel des Modelles R 50 aus Kunststoff aufwies.

DS 50-Twen, DS 50 L

1969 wurde in das DS 50 parallel zum Dreigangmodell der Gebläse-Viergangmotor verpflanzt und dabei ein kräftiges Facelifting betrieben. Das Modell hieß DS 50-Twen, war in den Farben orange-beige gehalten und wies anstelle des Beinschutzes mit den Trittbrettern lediglich einen verchromten Sturzrahmen auf. Dazu kam der große Tank des VZ-Modelles sowie ein hochgezogener Lenker und eine neue, flachere Sitzbank. Diese beiden Parallelmodelle des DS-Mopedrollers wurden schließlich zum Modell DS 50 L vereint, das mit dem großen Tank und der Sitzbank des DS 50 V ausgestattet worden war.
Dieses Modell gab es Anfang der 1970er-Jahre noch im traditionellen Blau, danach bis zum Ende der Produktion wurde der DS 50 L-Moped-Roller in der Farbkombination Champagnergelb-Creme geliefert. Im Werksprospekt 1981 schien dieses klassisch-elegante Modell zum letzten Mal auf. Der Preis betrug 15.517,– Schilling.
Das DS 50 war deshalb so lange in Produktion, weil man trotz der Tatsache, dass das technische Konzept veraltet war, immer wieder einen fixen Kundenkreis, der vor allem aus älteren und einkommensschwächeren Schichten bestand und überwiegend im ländlichen Raum zu suchen war, bedienen musste. Daneben war man besonders seit Beginn des neuen Rollerbooms Anfang der 1980er-Jahre bemüht, ein Nachfolgemodell für den R 50- und DS 50-Moped-Roller zu finden. Aber schon frühere Bemühungen, wie beispielsweise die Arbeiten am Triebsatz-Schwingen-Moped-Roller KR 50, scheiterten an den Herstellungskosten.

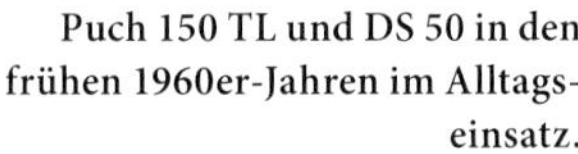

Puch 150 TL und DS 50 in den frühen 1960er-Jahren im Alltagseinsatz.

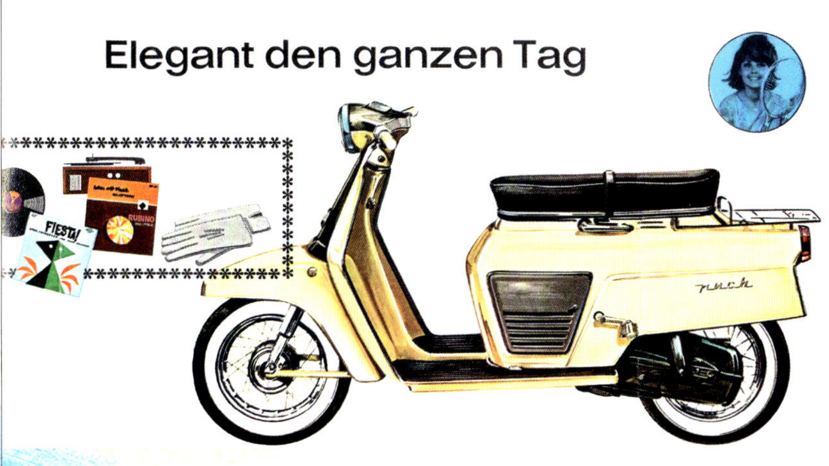

Prospekt des Mopedrollers R 50, 1966.

R 50

Im Jahr 1965 war ein ganz neuer Mopedroller auf den Markt gekommen, der in Österreich als Moped-Roller R 50 führerscheinfrei zu betreiben war. Der Puch-Werksprospekt präsentierte das Fahrzeug unter dem Titel „Elegant den ganzen Tag“. Technisch hatte man sich vom Schalenrahmen völlig gelöst, um einen freien Durchstieg zu ermöglichen. Der Moped-Roller R 50 hatte einen Zentralrohr-Rahmen mit geschobener Langarmschwinge als Vorderrad- und Schwingarm als Hinterradfederung. Die äußerst elegante Karosserie hatte einen Beinschutz mit Trittbrettern sowie eine komfortable Doppelsitzbank und Gepäckträger. Scheinwerfer und Lenker waren ein integrierter Bauteil. Beachtlich war die starke Verwendung von Kunststoff an diesem Fahrzeug.

Unten links: Der elegante Puch-Mopedroller R 50, an dem die Verwendung von thermoplastischen Kunststoffteilen einen extrem hohen Anteil erreichte. Im Bild das Modell „City-Automatik“.

Unten rechts: Mopedroller R 50, 1967.

Technische Daten			DS 60 R Leichtroller (DS 60 RX)
Motor	Baujahr Maschinen-Nummern-Bereiche		1960–1966 in den DS 50-Gruppen enthalten, sowie 6,900.001–6,999.899
	Produktion		27.549 Stück
	Typ		Einzylinder-Zweitaktmotor
	Bohrung/Hub (mm)		42/43
	Hubraum (cm³)		59,6
	Verdichtung		8:1
	Leistung	PS bei 1/min	4/5.000
		kW bei 1/min	2,94/5.000
	max. Drehmoment	kpm	–
		Nm	–
	Motorschmierung		1:25
	Vergaser		Bing 17 mm
	elektrische Anlage		Schwunglichtmagnetzünder Bosch 6 V 28 W
	sonstige Baumerkmale des Motors		gebläsegekühlter Graugusszylinder
Kraftübertragung	Kupplung		Mehrscheibenkupplung im Ölbad
	Getriebe		3-Gang-Handschaltung: 1. i = 3,64; 2. i = 2,0; 3. i = 1,263
Fahrgestell	Rahmen		Blechpress-Schalenrahmen
	Federung vorne		geschobene Langarmschwinge mit Federbeinen, Federweg 80 mm
	Federung hinten		Schwinge mit Federbeinen, Federweg 85 mm
	Räder, Bereifung		3,00–12
Maße und Gewichte etc.	Länge/Breite/Höhe (mm)		1.680/580/930
	Radstand (mm)		1.150
	Bodenfreiheit (mm)		–
	Sitzhöhe (mm)		780
	Trockengewicht (kg)		68
	Tankinhalt (l)		5,5 (Reserve 1)
	Fahrleistungen		70 km/h, 25%
	Sonstiges		führerscheinpflichtiger Leichtroller auf Basis des DS 50-Mopeds für 2-Personen-Betrieb

Technische Daten			R 50	R 50 V	R 50 Automatik
Motor	Baujahr Maschinen-Nummern-Bereiche		1965–1972 9,300.101–9,389.999 lose Motoren extra: 9,390.101–9,399.999 Automatik: 8,800.001–8,889.899 8,890.000–8,899.899		
	Produktion		alle Modelle 15.525 Stück		
	Typ		Einzylinder-Zweitaktmotor		
	Bohrung/Hub (mm)		38/43		
	Hubraum (cm³)		48,8		
	Verdichtung		8,5:1	11:1	11:1
	Leistung	PS bei 1/min	1,7/4.700 (3G), 2,6/5000 (4G)		2,6/5.000
		kW bei 1/min	1,91/5.000 (4G)		1,91/5.000
	max. Drehmoment	kpm	0,28/3.400 (3G), 0,385/3.500 (4G)		0,385/3.500
		Nm	3,92/3.500 (4G)		3,92/3.500
	Motorschmierung		1:25		
	Vergaser		R 50: Bing 1/12 mm Ø, R 50 V / R 50 A: Bing 14 mm Ø, Kolbenschiebervergaser		
	elektrische Anlage		Schwunglichtmagnetzünder Bosch 6 V 17 W		
	sonstige Baumerkmale des Motors		gebläsegekühlter Graugusszylinder		
Kraftübertragung	Kupplung		Mehrscheibenkupplung im Ölbad		Fliehkraftkupplung
	Getriebe		R 50: 3-Gang-Handschaltung: Primär: 69:19, i = 3,63 1. Gang: 40:11, i = 3,64 2. Gang: 34:17, i = 2,00 3. Gang: 24:19, i = 1,26 Sekundär: 31:12, i = 2,58	R 50 V: 4-Gang-Fußschaltung: Primär: 69:19, i = 3,63 1. Gang: 40:11, i = 3,64 2. Gang: 34:17, i = 2,00 3. Gang: 29:21, i = 1,38 4. Gang: 22:22, i = 1,00 Sekundär: 35:11, i – 3,18	R 50 A: 2-Gang-Automatik: Primär: 52:17, i = 3,059 1. Gang: 43:26, i = 1,653 Sekundär: 31:13, i = 2,385
Fahrgestell	Rahmen		Rohrrahmen mit freiem Durchstieg		
	Federung vorne		geschobene Langarmschwinge mit Federbeiden, Federweg 80 mm		
	Federung hinten		Schwinge mit hydraulisch gedämpften Federbeinen, Federweg 110 mm		
	Räder, Bereifung		3,00–12		
Maße und Gewichte etc.	Länge/Breite/Höhe (mm)		1.800/630/980		
	Radstand (mm)		1.280		
	Bodenfreiheit (mm)		160		
	Sitzhöhe (mm)		780		
	Trockengewicht (kg)		80 bis 85		
	Tankinhalt (l)		6,5		
	Fahrleistungen		40 km/h, 25%		40 km/h, 20%
	Sonstiges		Mopedroller mit voller Karossierung unter Verwendung von vielen Kunststoffteilen für 2-Personen-Betrieb		

So waren der vordere Kotflügel, die Scheinwerferverkleidung, Klingelträger, Haubendeckel und Kettenkasten aus thermoplastischem Kunststoff hergestellt. Als Antriebsquelle diente so wie beim DS 50 der gebläsegekühlte Dreigang-Getriebemotor. Auf Wunsch konnte ab 1967 jedoch auch der Zweigang-Automatikmotor geliefert werden. Die Farbgebung des R 50-Moped-Rollers war beige-grau. 1967 gab es die Variante R 50 MN mit Viergangmotor, Kickstarter und 4,8 PS (führerscheinpflichtig).

Im Modelljahr 1968 gab es für den R 50 auch den gebläsegekühlten Viergangmotor; die Modelle hießen R 50 (mit Dreigang-Handschaltung oder Fußschaltwippe), City-Automatik R 50 A (Zweigang-Automatik) und City 4 R 50 V mit dem fußgeschalteten Viergang-Getriebe. Dreigang- und Automatik-Roller waren silber-blau, das Viergangmodell silberrot lackiert. Im Kleid des R 50-Mopedrollers gab es auch ein führerscheinpflichtiges Modell R 60, dessen technische Daten weitgehend mit dem DS 60-Leichtroller übereinstimmen.

In der heutigen Sammlerszene ist die Beliebtheit der DS 50- und DS 50 L-Modelle ungebrochen, R 50-Modelle findet man hingegen kaum. Dies vor allem deshalb, weil es kaum noch Kunststoffteile gibt, die nicht infolge totaler Versprödung der Thermoplaste zerbrochen sind. Den R 50-Sammlern geht es wie den modernen Kunstgalerien: wehe sie kommen in die Jahre, dann sind die Kunststoffobjekte nur mehr Brösel.

Werbefoto vom Puch-Lido-Vario, 1985.

Lido-Roller

Anfang der 1980er-Jahre kam es zur Kooperation mit Suzuki im Hinblick auf den Moped-Roller „Lido“ und den Viertaktroller CD 125. 1983 kamen diese beiden im Prinzip auf dem ursprünglichen Suzuki-Produkt basierenden Puch-Roller auf den Markt. Puch hatte vor allem bei der Abstimmung der Übersetzung für österreichisch-alpine Verhältnisse Entwicklungsarbeit geleistet.

Die österreichische Motorradzeitschrift „Super Bike“ merkte dazu Anfang 1983 an:

Puch setzte im Zweiradroulette wieder auf den Motorroller… Die voraussichtliche Anlaufzeit bis zur ausgereiften Modellserie erschien den Steirern aber zu lange. So gingen sie kurz entschlossen eine Vernunftehe mit dem japanischen Motorradproduzenten Suzuki ein… Das Herz des größeren Modells Lido CD mit 125 cm^3 Hubraum schlägt im Viertakt. Beide Motoren besitzen ein automatisches Dreiganggetriebe. Im Fahrwerksbau scheiden sich die Geister allerdings wieder. Während der Lido SL ein Brustrohr mit Schalen (Anm.: eine Kombination von Rohr- und Pressstahrahmen) *richtig findet, gibt es beim CD einen Rohrrahmen.*

Schließlich gab es ab 1984 noch das Kooperationsprodukt „Lido-Vario“, wo Puch ebenfalls vor allem beim Antriebsstrang mitarbeitete Der Lido-Vario-Roller hatte ein kantiges Design, das durch schwarze Kunststoffteile unterstrichen wurde. Der Antrieb erfolgte mit einer Keilriemen-Automatik (Variomatik), die vordere Einarmschwinge wich einer Teleskopgabel. Ab 1988 wurden diese Roller ausschließlich unter dem Markennamen Suzuki in Österreich verkauft.

Oben links: Puch-Lido 50 SL, 1983.
Oben rechts: Puch-Lido CD 125, Viertaktroller mit Dreibereichs-Automatik, führerscheinpflichtig, 1983.
Unten links: Puch-Lido-Roller, 50 cm³, führerscheinfrei mit Dreibereichs-Automatik, Typ SL 50, 1984.
Unten rechts: Puch-Lido-Vario, Modell 1985.

Puch-Lido-Roller SL 50. Diese Werbeaufnahme aus dem Jahre 1983 sollte den eleganten Auftritt des neuen Rollers betonen.

Lido SL 50, 1983.

Der Puch-Lido-Roller war ein Kooperationspunkt von Puch und Suzuki. Puch überarbeitete vor allem den Antriebsstrang für die Verwendbarkeit auf gebirgigem Terrain.

Lido CD 125, 1984.

	Technische Daten		Lido SL 50	Lido-Vario 50
Motor	Baujahr		ab 1983	ab 1984
	Maschinen-Nummern-Bereiche		keine Angaben vorhanden	
	Produktion		–	
	Typ		Einzylinder-Zweitaktmotor	
	Bohrung/Hub (mm)		41/37,4	
	Hubraum (cm³)		49,1	
	Verdichtung		7,5:1	
	Leistung	PS bei 1/min	2,5/4.000	2,58/4.750
		kW bei 1/min	1,85/4.000	1,91/5.000
	max. Drehmoment	kpm	–	–
		Nm	–	–
	Motorschmierung		Frischölschmierung mittels Ölpumpe	
	Vergaser		Mikuni 14	
	elektrische Anlage		CDI 12 V Thyristor	
	sonstige Baumerkmale des Motors		Elektro- und Kickstarter, Gebläsekühlung	
Kraftübertragung	Kupplung		entfällt	entfällt
	Getriebe		3-Gang-Automatik	Variomatik
Fahrgestell	Rahmen		Rohrrahmen	
	Federung vorne		gezogene Kurzarmschwinge, Federweg 50 mm	Teleskopgabel, Federweg 70 mm
	Federung hinten		Triebsatzschwinge mit einem Federbein	
	Räder, Bereifung		3,00–10 4 PR	3,00–10 2 PR
Maße und Gewichte etc.	Länge/Breite/Höhe (mm)		1.690/–/–	–
	Radstand (mm)		1.155	1.172
	Bodenfreiheit (mm)		–	–
	Sitzhöhe (mm)		–	–
	Trockengewicht (kg)		79	76
	Tankinhalt (l)		4	4
	Fahrleistungen		40 km/h	
	Sonstiges		Mopedroller mit automatischer Kraftübertragung für 2-Personen-Betrieb, E-Starter, Kooperationsprodukt mit Suzuki	

Technische Daten			Lido CD 125
Motor	Baujahr Maschinen-Nummern-Bereiche		ab 1983 keine Angaben vorhanden
	Produktion		–
	Typ		Einzylinder-Viertaktmotor ohc
	Bohrung/Hub (mm)		–
	Hubraum (cm³)		124,5
	Verdichtung		–
	Leistung	PS bei 1/min	8,5/7.500
		kW bei 1/min	6,25/7.500
	max. Drehmoment	kpm	–
		Nm	–
	Motorschmierung		Druckumlaufschmierung
	Vergaser		Mikuni 26
	elektrische Anlage		CDI 12 V Transistor
	sonstige Baumerkmale des Motors		Gebläsekühlung
Kraftübertragung	Kupplung		entfällt
	Getriebe		3-Gang-Automatik
Fahrgestell	Rahmen		Rohrrahmen
	Federung vorne		gezogene Kurzarmschwinge, Federweg 55 mm
	Federung hinten		Federweg 85 mm
	Räder, Bereifung		3,50–10
Maße und Gewichte etc.	Länge/Breite/Höhe (mm)		–
	Radstand (mm)		1.250
	Bodenfreiheit (mm)		–
	Sitzhöhe (mm)		–
	Trockengewicht (kg)		111
	Tankinhalt (l)		–
	Fahrleistungen		–
	Sonstiges		Viertakt-Roller für 2-Personen-Betrieb, E-Starter, Kooperationsprodukt mit Suzuki, führerscheinpflichtig

Die Puch-„Offroad-Look"-Mopeds von der MC 50 bis zur „Condor"

MC 50 mit Doppelsitzbank, 1970.

Mit den Schalenrahmenmodellen, die aus der MS- und DS-Baureihe entwickelt worden waren, konnte man ein weites Segment der Nachfrage nach Mopeds in Österreich und den wichtigsten Exportländern abdecken. Unabhängig davon arbeiteten die Konstrukteure an der technischen Entwicklung von Mopeds, die dem sportlichen Ruf des Hauses Puch gerecht werden sollten, und zwar in Bezug auf Fahrwerk, Handling und nicht zuletzt einer entsprechenden Optik. Den gesetzlichen Hürden der Bauartbeschränkung und – in den frühen Jahren – der Pedalpflicht konnte man sich ohnehin nicht entziehen. Doch durch die Einbringung der Motorradtechnologie bei den Sportmopeds hatte der Kunde die Gewissheit, ein Fahrzeug zu erstehen, das vom Fahrwerk und von den Sicherheitsreserven her, vor allem im Soziusbetrieb, weit „schneller" als der Motor war.

MC 50

Oben: MC 50/II, 1974.

Rechts: MC 50, 1964. Dieser Prospekt weist auf die Geländetauglichkeit des Mopeds hin.

Im harten Wettbewerb des Geländesports (heute „Offroad"-Sport) hatte Ende der 1950er-, Anfang der 1960er-Jahre ein Paradigmenwechsel stattgefunden. Die bis dahin dominierenden „schweren Brocken" mit 500 und mehr Kubikzentimetern waren von wesentlich hubraumkleineren – und dennoch extrem leistungsstarken – Motoren abgelöst worden. Eine 250er galt zu diesem Zeitpunkt schon als schweres Kaliber.

Ganz klar, dass hier die Techniker von Puch ihr immenses Know-how einbringen konnten – und das aufgrund des aktuellen Verkaufsprogramms in der 50 cm³-Klasse. Anfang 1964 war eine 50 cm³-Geländesportmaschine mit der Bezeichnung „Scrambler 50" am Markt. Darüber berichtet die Zeitschrift „Austro-Motor" in Nummer 2 von 1964:

Die Scrambler 50 ist durchaus geeignet, auch in Österreich dem Geländesport in dieser Klasse neue Impulse zu geben. Der Motor wurde aus den bewährten und bekannten Puch-Moped-Motoren abgeleitet… natürlich wurde die ungedrosselte Ausführung verwendet und man hat die in diesem Aggregat steckenden Möglichkeiten ausgenützt. Bei einem Verdichtungsverhältnis von 11:1 gibt der 49 cm³-Motor 4,5 DIN-PS bei 7.200/min ab,

Puch MC 50-Prospektabbildung, 1966. Die MC 50-Modelle der 1960er-Jahre wurden mit Einzelsitzbank und Pedalen ausgeliefert.

Puch MC 50-Prospekt, 1968.

Prospekt des MC 50, 1970. Ausführung einsitzig mit Kickstarter.

Restauriertes Exemplar des MC 50/I.

MC 50 Sport mit Leistungskit im Wettbewerbseinsatz.

Puch MC 50 mit Leistungssatz für Nachwuchsbewerbe, Modell 1969. Bei einer Verdichtung von 13:1 standen 7 PS bei 8.000 U/min zur Verfügung.

Puch MC 50/II, zweisitzige Ausführung, 2,6 PS, Modell 1971.

wobei das maximale Drehmoment von 4,85 Nm bei 6.500/min erreicht wird. Der Motor ist gebläsegekühlt.

MC 50 mit Leistungskit, Basis M-Motor, ab 1970; nicht auf Straßen zulassungsfähig. (Bilder Rottensteiner)

In die Entwicklung des Scrambler 50 flossen eindeutig die von den Sportmodellen des Hauses und den davon abgeleiteten Militärmodellen gewonnenen Erfahrungen wie beispielsweise der bewährte Zentralrohrrahmen oder dem auf Filzunterlagen und mit Riemen befestigten Tank.

Ab 1964 wurde das schwache Heck durch die verstärkte Schwinge der neuen doppelsitzigen VZ 50 mit hydraulisch gedämpften Federbeinen ersetzt. Im Export nach den USA (vertrieben über die nationweite Handelskette Sears, Roebuck & Co.) erzielte die schwarz lackierte „Sears Cheyenne" als damals so beliebtes „Scrambler"-Modell (= im Geländetrimm mit hohem Lenker, kleinem Tank und hochgezogenem Auspuff) mit dem gebläsegekühlten Dreigang-R-Motor ihre ersten Verkaufserfolge. Ein weiteres Exportmodell war die in Holland ab 1965 in schwarzer Farbe erhältliche „Puch Skycross". Natürlich hatte man sich auch der entsprechenden Publicity für die neue kleine Geländemaschine versichert. So fuhren beispielsweise einige englische Motorjournalisten zu Jahresbeginn 1965 mit der Scrambler 50 in 27 Stunden von London nach Wien, trotz widrigen Wetters und eines Sturzes auf vereister Fahrbahn.

Die Metamorphose des Scrambler-Modells zum massentauglichen MC 50-Moped begann damit, möglichst viele VS- und MS-Komponenten zu verwenden. So wurde die Blechschwinge verbaut, aber diese Schwinge samt integriertem Kettenschutz und Hauptständer der VS sowie die ungedämpften Federbeine und das schwache Heck entsprachen nicht den Anforderungen und wurden durch eigene Bauelemente ersetzt. Der Tank war ein italienisches Modell, das auf etlichen Mopeds von damals (vom HMW-Supersport bis zur Puch VS 50 DS) zu finden war. Als Triebwerk diente der R-Motor

Puch MC 50/II, Modell 1974.

Das MC 50 war eines der begehrtesten Puch-Mopeds und auch optisch eine Augenweide.

der DS 60. Ab 1966 kam dieses Geländemoped erstmals in Österreich auf den Markt und wurde im Werksprospektblatt „MC 50 Rasse für Straße und Gelände“ in Österreich beschrieben.

Die Teleskopgabel und die kräftige Hinterradschwinge nahmen die mit grobstolligen Reifen versehenen 19"-Räder auf. Der hochgezogene Geländelenker und die Höckersitzbank vervollständigten mit der hochgezogenen Auspuffanlage das Bild dieses sportlich-aggressiven Mopeds. Als Antriebsquelle diente das bewährte gebläsegekühlte Dreigang-Aggregat. Es wurde auch eine Ausführung als führerscheinpflichtiges Leichtmotorrad mit Kickstarter und rund 4 PS Leistung angeboten. Für Sportzwecke gab es einen Leistungssatz mit fahrtwindgekühltem Leichtmetallzylinder, abgestimmter Auspuffanlage, geänderter Übersetzung und größerem Vergaser mit Micronic-Filter.

Das Puch MC 50-Moped wurde von 1966 bis 1970 einsitzig mit 1,8 PS angeboten. Die frühen Modelle hatten Tretkurbeln, die nach der Gesetzesänderung 1967 mit einem Adaptersatz zu einer Kickstartvorrichtung umgebaut werden konnten. Ab 1971 gab es die zweisitzige Version mit dem 2,6 PS-Motor, 1974 folgte die zweisitzige Ausführung MC 50/II mit Detailveränderungen wie extra Tachometer, geändertem Tankemblem usw.

Alles in allem erfreuten sich die Puch MC 50-Modelle besonderer Zuneigung bei der sportlich orientierten Jugend und wurden ausgesprochene Marktrenner in Österreich. Dies vor allem, da sich der Motor infolge des Leistungssatzes als besonders „frisierfreundlich“ erwies. Die österreichische Fachzeitschrift „Trialing“ charakterisierte die Puch MC 50 in Heft 4/70 in der Vorschau auf die 1971er-Modelle folgendermaßen:

Bei der Jugend beliebt ist das Modell MC 50, das nunmehr zweisitzig mit neuer Sitzbank, höherem Lenker und einer neuen Auspuffanlage geliefert wird. Der serienmäßige neue Auspuff verbessert das Drehmoment und damit die Beschleunigung dieses Fahrzeuges sehr wesentlich.

Die Puch MC 50 wurden in Korallenrot, RAL 3000, Farbausführung 66, geliefert.

Rückblickend gesehen war das MC 50-Moped ein optisch sehr ansprechendes Fahrzeug, das heute in Sammlerkreisen hoch begehrt ist. Serienmäßig erwies sich das Fahrwerk für echten Geländeeinsatz leider als viel zu schwach. Beginnend von der Gabel (von der es jahrgangsweise etliche Versionen gab und heute bei der Restaurierung nur von einem Fachmann richtig zugeordnet werden kann) bis zu den noch immer von der VZ stammenden Fahrwerkskomponenten, die ganz einfach nicht fürs Gelände taugten. Dazu kam noch die mangelnde Alltagstauglichkeit, die sich von der vor allem bei den späteren MC II-Modellen mit viel zu kurzer und harter Sitzbank für zwei Personen bis zum hochgezogenen Auspuff spannte, die dem Beifahrer – trotz Schutzgitter – regelmäßig das Bein verbrannte. Und schlussendlich machte nach kürzester Zeit der zweite Gang Probleme, der bei der Fußschaltung die Mitnehmerdorne nur allzu schnell „rundlutscht“, so dass der Gang laufend heraussprang. Alles in allem – ein Paradiesvogel mit glänzendem Gefieder, aber Schwächen im harten Alltagsbetrieb.

Technische Daten			MC 50	MC 50/II
Motor	Baujahr Maschinen-Nummern-Bereiche		1963–1976 6,200.001–6,289.899; lose Motoren extra: 6,290.000–6,299.899	
	Produktion		32.468 Stück	
	Typ		Einzylinder-Zweitaktmotor	
	Bohrung/Hub (mm)		38/43	
	Hubraum (cm³)		48,8	
	Verdichtung		10,75:1	10:1
	Leistung	PS bei 1/min	2,0/5.500	2,6/5.000
		kW bei 1/min	1,47/5.500	1,91/5.000
	max. Drehmoment	kpm	0,31/4.000	–
		Nm	–	–
	Motorschmierung		1:25	1:50
	Vergaser		Bing 1/14 und Bing 17 mm	
	elektrische Anlage		Bosch-Schwunglichtmagnetzündung 6 V 17 W	
	sonstige Baumerkmale des Motors		gebläsegekühlter Graugusszylinder	
Kraftüber-tragung	Kupplung		Mehrscheiben im Ölbad	
	Getriebe		3-Gang-Fußschaltung: 1. i = 3,55; 2. i = 2,0; 3. i = 1,26; 1. (alte Ausführung) i = 3,63	
Fahrgestell	Rahmen		Zentralrohrrahmen (wurde mehreren Modifikationen unterzogen)	
	Federung vorne		Teleskopgabel, hydraulisch gedämpft, Federweg 85 mm	
	Federung hinten		Schwinge mit Federbeinen, Federweg 105 mm	
	Räder, Bereifung		2,50/2,75–19	
Maße und Gewichte etc.	Länge/Breite/Höhe (mm)		1.900/670/1.020 sowie 2.000/610/1.020	
	Radstand (mm)		1.020	
	Bodenfreiheit (mm)		220	
	Sitzhöhe (mm)		815	
	Trockengewicht (kg)		70 bis 74	
	Tankinhalt (l)		8,5 (Reserve 1)	
	Fahrleistungen		40 km/h, 25%	
	Sonstiges		Geländemoped im Sportlook für 1- oder 2-Personen-Betrieb mit ausgezeichneten Straßenfahreigenschaften	

Allerdings war das MC 50 zu seiner Zeit bei der schnellen Jugend das begehrenswerteste Puch-Moped, da es problemlos durch das „60er-Häferl“ vom DS 60 aufgerüstet werden konnte. Als die Grazer 1975 die Produktion einstellen wollten, kam die unglaubliche Beliebtheit des MC 50-Mopeds zum Tragen und es musste auf Kundenwunsch noch einmal eine Kleinserie bis zum endgültigen Aus im Jahr 1976 aufgelegt werden.

Das war für viele MC 50-Mopeds das traurige Ende. Sie verrotteten in Schrebergärten. Doch manch ein glücklicher Sammler findet heute noch so einen „Scheunenfund“ und belebt ihn neu.

Das Puch MC 50 „Geländemoped" entsteht:

Obwohl die Puch-Mopeds der Serie MS 50 und VS 50 durchaus robuste Fahrzeuge waren, gab es Ende der 1950er- und zu Beginn der 1960er-Jahre damit im Gelände nichts zu bestellen. Dies kränkte insbesondere einen jungen Mann namens Siegfried Cmyral – ja, genau den Sohn des legendären Siegfried senior, der schon in den Zwischenkriegsjahren für Puch Rennen fuhr und im Werk als Leiter der Versuchsabteilung und „graue Eminenz" in der Sportabteilung ein gewichtiges Wort zu sagen hatte. Nun, dem jungen Sigi waren die Musger'schen Schalenrahmen der Mopeds im Gelände weggebrochen und Vater und Sohn waren sich einig, dass ein leichter und robuster Rahmen für den Geländeeinsatz her musste.
Da jedoch die tatsächliche Nachfrage nach so einem Moped nicht abzuschätzen war, legte der Senior die Sache auf Eis und empfahl dem Junior, beim legendären und inzwischen in Pension befindlichen Konstrukteur Ing. Mikina vorzusprechen. Dieser entwarf eine Rohrrahmenkonstruktion für den Dreigang-Mopedmotor mit Gebläsekühlung, die jedoch erst zu Beginn der Sechzigerjahre zum Bau des MC 50-Mopeds führte. Soweit die nette Story zur „Erfindung" des MC 50-Mopeds, welche Christian Dichtl im Club-Magazin – dem Magazin für Puch-Enthusiasten berichtet.

M 50 Cross

1972 folgte im „Offroad-Programm" von Puch das Modell M 50 Cross. „Trialing", die Zeitschrift für den österreichischen Motorradsport, merkte zum neuen Modell an:
Mit dem M 50 Cross bietet Puch ein Moped mit Geländeausrüstung an. Wir haben diese Maschine ihrem Einsatzzweck entsprechend vor allem in Hinblick auf reelle Geländetauglichkeit geprüft und, es sei vorweggenommen, wir waren angenehm überrascht. Klarerweise kann ein Moped, welches wie die M 50 Cross auch beim Betrieb mit Sozius auf der Straße erfreuliche Leistungen erbringen und daneben auch polizeilichen Vorschriften entsprechen soll, keine Spezial-Trialmaschine sein. Trotzdem fühlt sich die M 50 Cross im Gelände sehr wohl und bietet alle Attribute einer kultivierten Geländemaschine. Es beginnt bei der Gabel: Hier hat man bei Puch großzügig gedacht und eine Original-

Puch M 50 Cross, Modell 1972.

Technische Daten			M 50 Cross
Motor	Baujahr Maschinen-Nummern-Bereiche		1972–1975 5,400.101–5,450.000; lose Motoren extra: 5,450.101–5,499.999
	Produktion		3.624 Stück
	Typ		Einzylinder-Zweitaktmotor
	Bohrung/Hub (mm)		38/43
	Hubraum (cm³)		48,8
	Verdichtung		–
	Leistung	PS bei 1/min	2,6/5.000
		kW bei 1/min	1,91/5.000
	max. Drehmoment	kpm	–
		Nm	–
	Motorschmierung		1:50
	Vergaser		Bing 17 Nr. 1/17/149
	elektrische Anlage		Bosch 6 V 15–3/5 W
	sonstige Baumerkmale des Motors		fahrtwindgekühlter Leichtmetallzylinder
Kraftüber-tragung	Kupplung		Mehrscheiben im Ölbad
	Getriebe		4-Gang-Fußschaltung: 1. i = 3,55; 2. i = 1,94; 3. i = 1,39; 4. i = 1,11
Fahrgestell	Rahmen		Zentralrohrrahmen
	Federung vorne		Teleskopgabel, hydraulisch gedämpft, Federweg 100 mm
	Federung hinten		Schwinge mit Federbeinen, Federweg 100 mm
	Räder, Bereifung		23 x 2,50; 3–18
Maße und Gewichte etc.	Länge/Breite/Höhe (mm)		–
	Radstand (mm)		–
	Bodenfreiheit (mm)		–
	Sitzhöhe (mm)		–
	Trockengewicht (kg)		84
	Tankinhalt (l)		10 (Reserve 1)
	Fahrleistungen		40 km/h
	Sonstiges		straßentaugliches Moped im Geländelook für 2-Personen-Betrieb

Cereanigabel verwendet. Eingeweihte wissen, was eine wirklich gute Gabel im Gelände bringt. Auch den rückwärtigen Federbeinen muß man beste Dämpfungseigenschaften zugestehen. Die äußerliche Aufmachung des M 50 Cross muß man vorbehaltlos als gelungen ansprechen. Der in prägnantem Gelb gehaltene Tank verfließt mit den formschönen Seitendeckeln, hinter denen sich Werkzeugraum und Micronicfilter verstecken, zu einer homogenen Einheit. Über den mit einem großflächigen Aluzylinder bestückten Motor gibt es wohl kaum mehr viel zu sagen. Leistung und Zuverlässigkeit sind für diesen Motor selbstverständlich. Die Auspuffanlage ist extrem leise. Im Gesamten gesehen ist die M 50

Cross die optimale Ausgangsbasis für ein wirklich taugliches Geländefahrzeug, erfüllt aber selbstverständlich alle Wünsche hinsichtlich des Einsatzzweckes als Straßenfahrzeug. Vor allem die am Geländesport interessierte Jugend findet im M 50 Cross ein Modell mit allen notwendigen Voraussetzungen.

1974 kam es auch bei diesem Modell zu einem Facelifting, dessen augenfälligstes Merkmal der strebenlos aufgehängte Vorderkotflügel sowie der geänderte Tank waren. Das Triebwerk, nämlich der fahrtwindgekühlte Viergangmotor, blieb durch alle Baujahre unverändert, ebenso die Farbgebung in Mattschwarz für den Rahmen und Gelb für die Lackflächen. 1976 fanden sich die beiden Modelle MC 50/II und M 50 Cross letztmalig in dem von den Puch-Werken herausgegebenen offiziellen Katalog „Technische Daten Puch-Modelle 1976“.

Cobra T

Für den Modelljahrgang 1977 wurden diese beiden Modelle von dem neuen Geländemoped Puch-Cobra-T abgelöst. In Deutschland wurde die Cobra T als Mokick angeboten. Gebaut wurden die Cobra-T-Modelle im spanischen Puch-Werk Avello in Gijon. Der Motor kam aus Graz. Der Werbetext des Puch-Prospektes der Deutschland-Modelle bezeichnete dieses Mokick als „das erste Trial-Mokick im Puch-Programm zum erschwinglichen Preis“. Die technischen Merkmale des Cobra-T-Mopeds: 2,9 PS fahrtwindgekühlter Viergangmotor, Telegabel mit 160 mm Federweg, Hinterradschwinge mit 95 mm Federweg, dreifach verstellbar, Doppelschleifen-Rohrrahmen, konische Leichtmetallnaben, Kunststoff-Kotflügel, Farbe Transparentrot/Weiß.

Die deutsche Fachzeitschrift „Motorrad“ testete die „Cobra“ und schrieb darüber unter dem Titel „Klettermax“:

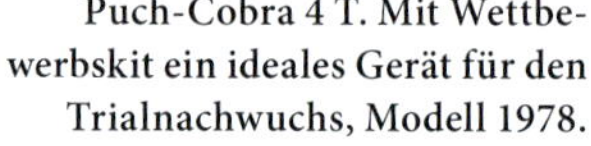

Puch-Cobra 4 T. Mit Wettbewerbskit ein ideales Gerät für den Trialnachwuchs, Modell 1978.

Mit der in Spanien gebauten Cobra 4 T ist nun auch Puch auf dem deutschen Markt vertreten. Die kleine Maschine hat durchaus Chancen, an Jugend-Trial-Wettbewerben erfolgreich teilzunehmen … Hauptsächlich für Geländeeinsatz konzipiert, mit hoher Sitzposition, elastischem Viergangmotor und Stollenreifen, weckt es kaum Gedanken an ausschließliche Straßenfahrt.

Kritik setzte es für die Auspuffanlage und die Dämpfung der Federung:
Im Sog des Beifahrers sammeln sich die Abgase, die Kleidung stinkt nach Fahrtende erbärmlich, und der Sozius ist oft gezwungen, die Gase einzuatmen … Gabel und Federbeine sind in der Druck- und Zugstufe zu schwach gedämpft und schränken die Fahrfreude bei Trialübungen oft erheblich ein.

Puch-Cobra 6 C, das Sechsgangmodell als Kleinmotorrad eignete sich gut für Nachwuchsbewerbe im Geländesport, Modell 1978.

Unten links: Ranger 4 TL, Neumodell 1983.

Unten rechts: Cobra MC, Auslieferung in Spanien, mit Hinweis auf die Meistertitel. (Foto René Windsteig)

	Technische Daten		Cobra 4 T	Cobra 4 C
Motor	Baujahr Maschinen-Nummern-Bereiche		1977–1982 keine Angaben vorhanden	1976–1979 (Fertigung bei Avello/ Spanien) keine Angaben vorhanden
	Produktion		–	
	Typ		Einzylinder-Zweitaktmotor	
	Bohrung/Hub (mm)		38/43	40/39,7
	Hubraum (cm³)		48,8	49,9
	Verdichtung		8,5:1	11:1
	Leistung	PS bei 1/min	2,6/5.500	6,25/8.500
		kW bei 1/min	1,9/5.500	1,91/5.000
	max. Drehmoment	kpm	–	0,55/4.900
		Nm	–	5,5/4.900
	Motorschmierung		1:50	
	Vergaser		Dell'Orto SHA-A/15-15	Dell'Orto VBH 20
	elektrische Anlage		Bosch 6 V, 15–3/5 W	Bosch 6 V, 35/5/18 W
	sonstige Baumerkmale des Motors		fahrtwindgekühlter Leichtmetallzylinder	
Kraftübertragung	Kupplung		Mehrscheiben im Ölbad	
	Getriebe		4-Gang-Fußschaltung: 1. i = 2,9, 2. i = 1,94, 3. i = 1,39, 4. i = 1,11	6-Gang-Fußschaltung: 1. i = 3,27, 2. i = 2,20, 3. i = 1,58, 4. i = 1,24, 5. i = 1,05, 6. i = 0,95
Fahrgestell	Rahmen		Rohrrahmen	
	Federung vorne		Teleskopgabel, hydraulisch gedämpft, Federweg 160 mm	
	Federung hinten		Schwinge mit Federbeinen, Federweg 95 mm	Schwinge mit Federbeinen, Federweg 145 mm
	Räder, Bereifung		2½–19, 3¼–18	2½–20, 3¼–18
Maße und Gewichte etc.	Länge/Breite/Höhe (mm)		–	
	Radstand (mm)		1.210	
	Bodenfreiheit (mm)		–	
	Sitzhöhe (mm)		–	
	Trockengewicht (kg)		69	84
	Tankinhalt (l)		9	9
	Fahrleistungen		40 km/h	Steigfähigkeit bis 32%
	Sonstiges		geländegängiges Moped/Kleinmotorrad aus spanischer Fertigung für 2-Personen-Betrieb	

Cobra 6 C

1978 kam ein weiteres, in Spanien gebautes Puch-Geländefahrzeug dazu: Das Puch-Cobra-6C-Moped/Kleinmotorrad. Dieses Fahrzeug wurde in beiden Versionen ausgeliefert, entweder als Moped mit 2,6 PS-Sechsgangmotor oder als Kleinmotorrad mit 6,5 PS-Sechsgangmotor. Die Cobra T mit Viergangmotor gab es nur als Moped, die Farbe war gelb.
Im Modellprogramm 1980 finden sich die beiden „Gelände-Cobras" in unveränderter Form, die Cobra 6 C wurde in Österreich nur mehr als Kleinmotorrad angeboten.
1981 gab es für die Cobra 4 T ein Facelifting und einen neuen Namen: Ranger TT. In ebenfalls gelber Lackierung präsentierte sich das Moped mit neuer „Kriegsbemalung", einem Scheinwerfer-Windschild und neu verlegter Auspuffanlage.

Ranger TT, TL

1982 kam eine Modellvariante, die Ranger 4 TL dazu. Diese ist anthrazit metallic / matt schwarz lackiert und hat eine gehobene Ausstattung mit zwei Spiegeln, Blinkanlage, verchromtem Gepäckträger, Auspuff-Chromblende, poliertem Motorunterschutz, Tacho und Drehzahlmesser sowie konturierter Komfort-Sitzbank.
1983 wurden die Ranger TT und 4 TL unverändert im Österreich-Programm gelassen.
1984 gab es die Ranger TT in einer speziellen Ausführung für das Österreichische Bun-

Unten links: Ranger TT mit Viergang-Getriebe, Modell 1985.

Unten rechts: Für das Österreichische Bundesheer gab es eine eigene Ausführung der Ranger mit rechtsseitiger Bergstütze und Handhebeln aus Eisenblech statt aus Leichtmetall.

desheer in Militär-Graugrün und mit Packtaschen. Die Ranger 4 TL hieß ab sofort nur mehr TL. 1985 bis 1987 wurde die Ranger TT unverändert in der Spezifikation 1984 an das Österreichische Bundesheer geliefert. Neu kam das Geländesportmodell „Condor“ im Jahr 1985 dazu. Dieses weist als wesentlichste Neuerung (bei unverändertem 2,72 PS-Viergangmotor) ein Fahrwerk mit Zentralfederbein für die Hinterradschwinge auf. Selbstverständlich ist auch dieses Moped zweisitzig und wurde bis zum Ende der Produktion 1987 ausgeliefert.

	Technische Daten		Ranger TT, Ranger TT ÖBH, Ranger 4 TL, Condor		
Motor	Baujahr Maschinen-Nummern-Bereiche		1982–1987 keine Angaben vorhanden		
	Produktion		–		
	Typ		Einzylinder-Zweitaktmotor		
	Bohrung/Hub (mm)		38/43		
	Hubraum (cm³)		48,8		
	Verdichtung		4 TL 10:1	TT, TT ÖBH 7,75:1	Condor 11:1
	Leistung	PS bei 1/min	–	2,72/5.500	–
		kW bei 1/min	–	2/5.500	–
	max. Drehmoment	kpm	0,396/4.500	0,406/4.000	–
		Nm	3,9/4.500	3,98/4.000	–
	Motorschmierung		1:50		
	Vergaser		Dell’Orto SHA 15–15		Bing 1/14/198
	elektrische Anlage		Bosch 6 V 18/5 W (19–10/5 W) Nr. 0212 122 047		
	sonstige Baumerkmale des Motors		fahrtwindgekühlter Leichtmetallzylinder		
Kraftübertragung	Kupplung		Mehrscheiben im Ölbad		
	Getriebe		4-Gang-Fußschaltung: 1. i = 2,91, 2. i = 1,94, 3. i = 1,39, 4. i = 1,11		Condor: 1. i = 3,54, sonst unverändert
Fahrgestell	Rahmen		Rohrrahmen mit doppeltem Unterzug		
	Federung vorne		Teleskopgabel, Federweg 140 mm		Teleskopgabel, Federweg 160 mm
	Federung hinten		Schwinge mit Federbeinen, Federweg 80 mm		Zentralfederbeinschwinge, Federweg 95 mm
	Räder, Bereifung		vorne: 2½–19 R, 2¼–21; hinten: 3,00–18 (R)		
Maße und Gewichte etc.	Länge/Breite/Höhe (mm)		4 TL: 1.990/750/1.070	alle anderen Modelle: 1.890/730/1.040	Condor: 2.035/780/1.165
	Radstand (mm)		1.230	1.220	1.305
	Bodenfreiheit (mm)		280	280	280
	Sitzhöhe (mm)		–	–	–
	Trockengewicht (kg)		78	69	74
	Tankinhalt (l)		7	7	7
	Fahrleistungen		40 km/h, über 30%		
	Sonstiges		Mopedmodelle mit Geländetauglichkeit für 2-Personen-Betrieb		

Condor

1985 kam es noch einmal auf Basis der Sporterfahrung von Puch zur Neukonstruktion eines Geländemopeds. Es hörte auf den Namen „Condor“ und wies als besonderes Merkmal ein Zentralfederbein der hinteren Schwinge auf. Dieses war hydraulisch gedämpft und erlaubte einen Federweg von 170 mm. Es wirkte direkt auf den rechten Gabelholm der verstärkten Schwinge ohne jede mechanische Umlenkung. Gebaut wurde das Fahrzeug ebenso wie die Ranger TT und TL im Avello-Werk in Gijon in Spanien.

Condor 1986.

PUCH Condor

Kaum zu glauben — diese Vollblut-Enduro ist führerscheinfrei. Robuster PUCH-Motor; 48,8 cm³ mit 2 kW/2,72 PS. Fahrtwindkühlung. Ausgestattet wie eine große Motocross-Maschine. 4-Gang-Getriebe mit Fußschaltung, Kickstarter, Kunststofftank mit 6,8 Liter, Kunststoffkotflügel, hydraulisch gedämpfte Telegabel vorne mit 180 mm Federweg, hydraulisch gedämpftes Zentralfederbein hinten mit 170 mm Federweg; große Trommelbremsen vorne 120 mm ∅, hinten 110 mm ∅; Bremslicht leuchtet bei Betätigung der Hand- und Fußbremse, Sitzbank für zwei, serienmäßig Blinker, hochgezogener Spezialauspuff, Gepäckträger, Motocross-Scheinwerferverkleidung aus Kunststoff. Zweisitzig. Führerscheinfrei. Farbe: rot-weiß.

PUCH

CONDOR

Pionier, Minicross

1982 gab es noch zwei Sondermodelle: Das Mopedmodell „Pionier", das von dem gleichnamigen Deutschlandmodell als Moped abgeleitet worden war und in Österreich einen Viergangmotor mit 2 kW (2,72 PS) aufwies. Und dann wurde werblich noch das nicht zulassungsfähige Kinder-Motocross-Modell „Magnum Minicross" gepusht. Es war ursprünglich von der Sportabteilung für Kinderrennen in den USA entwickelt worden. 1982 wurden Restmodelle in Österreich angeboten. Das Maschinchen hatte einen 2,58 kW (3,5 PS) Eingang-Automatikmotor. Immerhin wurden von diesem nicht zulassungsfähigen Fahrzeug für Kinder 25.270 Stück verkauft.

Oben: Puch-Magnum X, ein nicht zulassungsfähiges Kinder-Motocross-Gerät mit 3,5 PS-Eingang-Automatikmotor.

Rechts: Minicross 1986.

Technische Daten			Pionier, Minicross
Motor	Baujahr Maschinen-Nummern-Bereiche		1982–1986 keine Angaben vorhanden
	Produktion		25.270
	Typ		Einzylinder-Zweitaktmotor
	Bohrung/Hub (mm)		38/43
	Hubraum (cm^3)		48,8
	Verdichtung		8,5:1
	Leistung	PS bei 1/min	2,72/5.500
		kW bei 1/min	2/5.500
	max. Drehmoment	kpm	0,374/3.500
		Nm	3,74/3.500
	Motorschmierung		1:50
	Vergaser		Bing 15 Ø
	elektrische Anlage		Bosch 6 V 19/5 W 0212 122 047
	sonstige Baumerkmale des Motors		Fahrtwindkühlung
Kraftübertragung	Kupplung		Mehrscheiben im Ölbad
	Getriebe		4-Gang-Fußschaltung: 1. i = 2,90; 2. i = 1,94; 3. i = 1,39; 4. i = 1,11
Fahrgestell	Rahmen		Rohrrahmen
	Federung vorne		Teleskopgabel, Federweg 100 mm
	Federung hinten		Schwinge mit Federbeinen, Federweg 75 mm
	Räder, Bereifung		2½–17
Maße und Gewichte etc.	Länge/Breite/Höhe (mm)		1.860/700/1.010
	Radstand (mm)		1.220
	Bodenfreiheit (mm)		–
	Sitzhöhe (mm)		–
	Trockengewicht (kg)		61
	Tankinhalt (l)		–
	Fahrleistungen		40 km/h, 30%
	Sonstiges		Ausführung Deutschland: 1,11 kW bei 4.250/min, 3-Gang-Handschaltung: 1. i = 3,17; 2. i = 2,0; 3. i = 1,27

Sportlich im Motorradlook: Die Puch-Getriebemopeds und Kleinkrafträder für Zweipersonenbetrieb

M 50

Die Entwicklung des Puch-Motorrades M 125 zog ein Mopedmodell nach sich, welches im Wesentlichen das Fahrwerk der Puch M 125 als Basis hatte. Dieses Modell mit der Typenbezeichnung „Sprinter" wurde im Verkaufsfolder der Puch-Werke für die Saison 1967 mit 2,6 PS 4-Gang-Getriebemotor mit Gebläsekühlung, Fußschaltung und Kickstarter angeboten, ab 1968 als M 50 (Moped 50 cm^3). Änderungen gegenüber der M 125 gab es auch bei der Gabel, den Rädern und Naben sowie beim Rahmenunterzug, der als Doppelrohrsystem mit einem Knick ausgebildet war. Der Moped-Gebläsemotor passte sich durch diesen Trick besser an die Linie des Rahmens an. Denn der Zylinder des Mopeds stand in einer schräg nach vorne geneigten Position, hingegen war ja der Zylinder der M 125 nur leicht aus der senkrechten Position geneigt angeordnet. Die Farbgebung dieses Mopeds war ein dunkles Gelb mit Mattschwarz kombiniert.

M 50 SE

1969 folgte im Zuge der Modellpflege die Ausführung M 50 SE. Dieses ebenfalls zweisitzige Moped hatte einen großflächigen, fahrtwindgekühlten Leichtmetallzylinder sowie den großen Tank und die neue Sitzbank der M 125 „De Luxe". Die Leistung blieb mit 2,6 PS unverändert, ebenso das fußgeschaltete Viergang-Getriebe. Die Farbkombination dieses Mopeds war ein dunkles Gelb, kombiniert mit Mattschwarz.

Puch M 50 („Sprinter"), das Moped im Motorradlook der M 125. 2,6 PS-Gebläsemotor und Viergang-Fußschaltung, Modell 1968.

Das Puch-Moped M 50 SE hatte einen fahrtwindgekühlten, großflächig verrippten Leichtmetallzylinder und eine Doubleport-Auspuffanlage. Die Nehmerqualität des Rohrrahmen-Fahrgestelles demonstriert dieses Sprungfoto.

M 50 S

Von diesem Modell abgeleitet präsentierte sich 1971 das Modell M 50 S, das die österreichische Fachzeitschrift „Trialing" wie folgt beschrieb:
Im Wesentlichen abgeleitet vom bewährten und beliebten Spitzenmodell Puch M 50 SE ist das neue Modell Puch M 50 S, das sich von seinem Vorbild nur gering unterscheidet: der fahrtwindgekühlte, großflächig verrippte Leichtmetallzylinder ist etwas kleiner, der 49 cm³-Motor leistet bei 5.500 U/min 2,6 PS, Viergang-Getriebe, Fußschaltung, Kickstarter, elektrisches Horn, hydraulisch gedämpfte Teleskop-Federung vorne und Schwingarm mit hydraulisch gedämpften Federbeinen runden die Ausrüstung dieses Fahrzeuges ab.

Puch M 50 S, das aus dem SE-Modell abgeleitete, einfacher ausgestattete Modell mit kleinem Aluzylinder und einfacher Auspuffanlage, Modell 1971.

Elegant citron-transparent/mattschwarz lackiert, wird dieses sportliche Moped zu einem sensationellen Preis (ca. S 8.500,–) angeboten.

Trotz des sicherlich günstigen Preises und der gegenüber dem M 50 SE mit dem großen Zylinder gleichgebliebenen Leistung erfreute sich dieses Moped als „Sparausführung“ nur geringer Käufergunst. So hatte das M 50 S beispielsweise anstelle der verchromten Tankseitendeckel nur eine schwarzmatte Abdeckung. 1971 war das letzte Produktionsjahr des M 50 SE mit rot-schwarzer Lackierung und verchromten Kotflügeln.

M 50 R

1972 kam das Modell M 50 R (für „Racing“) neu ins Puch-Programm. Es war im Prinzip ein überarbeitetes M 50 SE mit neuem Styling. „Trialing“ schrieb dazu in Heft 3–4/1972:

Ebenfalls neu im Programm ist das „Puch M 50 Racing“. Auch hier findet der bewährte 2,6 PS-Motor Verwendung. Bei diesem Fahrzeug besonders auffallend sind die zwei

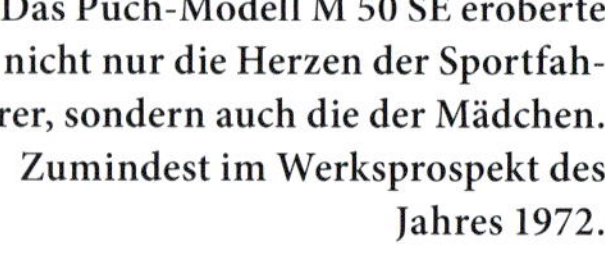

Das Puch-Modell M 50 SE eroberte nicht nur die Herzen der Sportfahrer, sondern auch die der Mädchen. Zumindest im Werksprospekt des Jahres 1972.

runden Expansionsschalldämpfer, die an der linken und rechten Fahrzeugseite angeordnet wurden. Rohrrahmen, Teleskopgabel vorne, Schwinggabel hinten und zwei voneinander unabhängige Vollnaben-Innenbackenbremsen sind die weiteren Kennzeichen dieses Modells. Besonderes Augenmerk wurde dem Styling zugewendet: ein formschöner Kraftstoffbehälter mit 10,5 Litern Inhalt sowie ein sportlicher, breiter Lenker sind die markantesten Kennzeichen.

Das M 50-Racing wurde in Rot/Schwarz mit sportlichem Racing-Dekor ausgeliefert. Das M 50 R-Moped bewährte sich auch als Exportmodell. So wurde es nach Deutschland als „Mokick" mit den österreichischen Spezifikationen ausgeliefert und kostete 1973 DM 1.725,–, 1974 DM 1.907,– und 1975 DM 2.045,–. Auch in England erfreute sich das Modell „Racing" unter dem Namen M 50 S (Sport) steigender Beliebtheit. 1973 hatte Puch in Großbritannien bereits eine marktbeherrschende Stellung von 49% des Mopedmarktes errungen. Den Hauptanteil an diesem Siegeszug, der gegen härteste Konkurrenz – vor allem aus Japan – erfochten wurde, hatte allerdings das „Maxi"-Moped, welches das populärste Automatik-Moped in England durch lange Jahre hindurch war.

M 50 Jet

Zur IFMA 1972 präsentierten die Puch-Werke ein Moped / Kleinmotorrad, welches sehr rasch den Ruf errang, das beste am Markt befindliche Motorrad der 50 cm^3-Klasse zu sein: das Puch M 50 „Jet". In der ungedrosselten Version leistete dieser Motor bis zu

Puch M 50 Jet, der „Hammer" unter den Kleinkrafträdern. Die Leistungsausbeute des großflächig verrippten Leichtmetallzylinders erfolgte über ein weites Drehzahlband. Mit diesem Modell setzte sich Puch an die Spitze bei den 50 cm^3-Maschinen; Modell 1976.

sieben PS und hatte ein optimal gestuftes klauengeschaltetes Sechsgang-Getriebe. Das deutsche „Motorrad“ widmete diesem Modell am 29. Dezember 1973 einen ausführlichen Test unter dem Titel: „Konkurrenz aus Österreich“:

Manch einer zweifelt vielleicht daran, daß von einer Marke, von der auf dem Sektor Straßenmotorräder in langen Jahren nichts oder nicht viel zu hören war, plötzlich etwas Perfektes kommen könne. Daß dem aber so ist, bewies ein Test über mehr als 2.000 km, bei dem der Maschine nichts geschenkt wurde. Motor: Das augenfälligste Merkmal an diesem Motor ist die ungewöhnliche Stellung des Zylinders, der um 45° nach vorne geneigt und entsprechend verrippt ist. Um dem Schwirren der Kühlrippen wirksam zu begegnen, wurden in auch anderwärts bewährter Weise kleine, wärmebeständige Gummistücke zwischen die Rippen geklemmt, was sich auch hier positiv auswirkt. Thermisch ist der Motor kerngesund.

Mischung 1:50. Dieser Fortschritt sollte auch den deutschen Herstellern von Kleinkrafträdern zu denken geben. Das Kerzenbild glich dem einer Viertaktkerze, war also trocken, hellgrau und sauber.

Getriebe: Auch hier wieder ein Fortschritt: Der Motor hat kein ziehkeil-, sondern ein klauengeschaltetes Sechsgang-Getriebe mit Schaltwalze und Schaltgabeln. Es ist sehr robust gebaut und ließ sich leicht, wenn auch nicht immer ohne hörbares Knacken (ähnlich BMW), schalten. Das passierte jedoch nur bei sehr schnellem Schalten.

Fahrwerk: Optisch macht der Rahmen einen sehr guten Eindruck und ist offensichtlich auch in der Praxis nicht „unterzukriegen“ – stabil und verwindungssteif bei jeder Schräglage und allen Fahrbahnbeschaffenheiten … Sie brach nicht aus, schaukelte nicht – es passierte nichts, was die Fahrsicherheit irgendwie hätte beeinträchtigen können.

Beurteilung: Die Puch M 50 Jet bietet manches, durch das sie sich von vergleichbaren Modellen anderer Marken vorteilhaft unterscheidet. Aufgrund ihrer hervorragenden Motor- und Fahrleistung sollte sie auch in Deutschland stärkere Beachtung finden … Jedenfalls kann die Puch M 50 Jet im Reigen der derzeitig angebotenen deutschen 50er-Modelle erfolgreich mitmischen. Sie ist ein vollwertiges kleines Motorrad.

Der Motor der „Jet“ war die Basis aller weiteren Kleinmotorräder von Puch. Aber auch für die erfolgreichen Sportmaschinen des Hauses mit 50 bis 80 cm³ wurde der Unterbau des Jet-Motors mit geringen Modifikationen eingesetzt. Das M 50 Jet-Modell wurde in Österreich als Moped mit einer gedrosselten Leistung von 2,6 PS oder als Kleinmotorrad mit der Leistung von 6,25 PS angeboten. Im Jahr 1966 wurde die „Jet“ als Moped in Österreich mit blau/silber Lackierung ausgeliefert. Und 1978 kostete die M 50 Jet in der führerscheinpflichtigen Version als Kleinmotorrad S 15.930,–.

M 50 Racing, Sport, SG

Aber nicht nur die M 50 Jet war im Österreich-Angebot als Moped erhältlich, sondern etliche weitere Modelle der Type „M 50“. So gab es beispielsweise in der Modellpalette 1976 die M 50 „Grand-Prix“ als Nachfolgemodell der „Racing“ in rot/schwarzmatter

Puch M 50 Racing, 1972.

Lackierung mit luftgekühltem, großflächig verripptem Leichtmetallzylinder, jedoch zum Unterschied vom Jet-Motor mit Graugussbuchse und Viergang-Getriebe. Das Modell M 50 Sport in grüner bzw. transparentrot/mattschwarzer Lackierung verwendete den Motor mit dem kleiner verrippten Zylinder des Vorgängermodelles M 50 S. Der Werkskatalog 1967 merkte zur Puch M 50 Sport an:

Die besonders Preiswerte unter den M 50-Modellen. Mit 2,6 PS-Motor. Hartverchromter Alu-Zylinder, Viergang-Getriebe mit Fußschaltung.

Und noch ein Modell lebte im Zuge der M 50-Modelle wiederum auf: Das sehr stark an den seinerzeitigen „Sprinter" erinnernde Modell M 50 SG mit dem gebläsegekühlten 2,6 PS-Motor und Viergang-Schaltung.

Alle M 50-Modelle wurden vom Werk folgendermaßen definiert:

Die Mopeds im Motorrad-Look. Für Leute mit sportlichen Ambitionen, ein Vergnügen, damit zu fahren. Die Modelle unserer M 50-Reihe haben alle Vorteile leistungsstarker Sportfahrzeuge und bieten, auch zu zweit, auf allen Wegen und Straßen Hervorragendes. Rassiges Aussehen, durch erstklassige Formgebung und den leichten, stabilen Doppelrohr-Rahmen. Hervorragende Straßenlage und Fahreigenschaften, denn Vorder- und Hinterradfederung, mit ölgedämpfter Telegabel und Federbeinen, sind allen Fahrbedingungen entsprechend abgestimmt.

Nun war diese Aussage zweifellos richtig. Die aus dem Rahmenbau der M 125er entwickelten Zweisitzer-Mopeds von Puch hatten den richtigen Motorrad-Appeal, der die Jugend ansprach. Auch technisch und leistungsmäßig waren die M 50-Modelle, vor allem mit der breit aufgefächerten Modellvielfalt vom Topmodell „Jet" bis zum Einfachmodell M 50 SG (mit 3-Gang-Gebläsemotor), durchaus in der Lage, nicht nur am österreichischen Markt, sondern auch auf den bedeutendsten Exportmärkten die Palette der Kundenwünsche abzudecken.

Technische Daten			M 50-Modelle Sprinter, M 50 SE, M 50 S, Racing, Grand-Prix, SG
Motor	Baujahr Maschinen-Nummern-Bereiche		1968–1976 alle M 50: 9,800.101–9,870.000 nur Modelle SG: 9,400.101–9,489.999 lose Motoren extra: 9,870.001–9,879.999 9,880.000–9,889.999 nur SG: 9,490.101–9,499.999
	Produktion		alle Modelle 60.022 Stück
	Typ		Einzylinder-Zweitaktmotor
	Bohrung/Hub (mm)		38/43
	Hubraum (cm^3)		48,8
	Verdichtung		11,5:1
	Leistung	PS bei 1/min	2,6/5.000
		kW bei 1/min	1,91/5.000
	max. Drehmoment	kpm	0,385/3.500
		Nm	3,85/3.500
	Motorschmierung		1:25, spätere Modelle 1:50
	Vergaser		Bing 1/14
	elektrische Anlage		Bosch-Schwunglichtmagnetzünder
	sonstige Baumerkmale des Motors		Sprinter und SG Gebläsekühlung, dann je nach Modell großer oder kleiner Leichtmetallzylinder, fahrtwindgekühlt; ebenso je nach Modell Doubleport-Auspuff oder einfache Auspuffanlage
Kraftübertragung	Kupplung		Mehrscheiben im Ölbad
	Getriebe		Primär: 69:19, i = 3,63; 1. Gang: 40:11, i = 3,64; 2. Gang: 34:17, i = 2,00; 3. Gang: 29:21, i = 1,38; 4. Gang: 22:22, i = 1,00; Sekundär: 44:11, i = 4,00
Fahrgestell	Rahmen		Rohrrahmen mit doppeltem Unterzug
	Federung vorne		Teleskopgabel, hydraulisch gedämpft
	Federung hinten		Schwinge mit Federbeinen
	Räder, Bereifung		21 x 2,75
Maße und Gewichte etc.	Länge/Breite/Höhe (mm)		je nach Modell unterschiedlich; 1.900/645/1.000
	Radstand (mm)		je nach Modell unterschiedlich; 1.240
	Bodenfreiheit (mm)		je nach Modell unterschiedlich; 150
	Sitzhöhe (mm)		je nach Modell unterschiedlich; 790
	Trockengewicht (kg)		je nach Modell unterschiedlich; 78 (M 50); 90 (M 50 SE)
	Tankinhalt (l)		10,5
	Fahrleistungen		40 km/h, 25%
	Sonstiges		Sportmoped-Modellreihe, welche das modifizierte Fahrwerk der M 125 zur Basis hatte; ausgelegt für 2-Personen-Betrieb

	Technische Daten		M 50 Jet-Moped	M 50 Jet-Kleinmotorrad
Motor	Baujahr Maschinen-Nummern-Bereiche		1973–1981 keine Angaben vorhanden	
	Produktion		19.837 Stück	
	Typ		Einzylinder-Zweitaktmotor	
	Bohrung/Hub (mm)		40/39,7	
	Hubraum (cm³)		49,9	
	Verdichtung		11:1	12:1
	Leistung	PS bei 1/min	2,6/5.250	6,25/8.500
		kW bei 1/min	1,91/5.250	4,6/8.500
	max. Drehmoment	kpm	0,37/4.900	0,55/4.900
		Nm	3,7/4.900	5,5/4.900
	Motorschmierung		50:1	
	Vergaser		Bing 1/20	
	elektrische Anlage		Bosch 6 V 35/5/18 W	
	sonstige Baumerkmale des Motors		fahrtwindgekühlter Leichtmetallzylinder	
Kraftübertragung	Kupplung		Mehrscheiben im Ölbad	
	Getriebe		6-Gang-Fußschaltung: 1. i = 3,68; 2. i = 3,28; 3. i = 1,58; 4. i = 1,24; 5. i = 1,05; 6. Moped i = 0,95; 6. KMR i = 0,90	
Fahrgestell	Rahmen		Rohrrahmen	
	Federung vorne		Teleskopgabel, hydraulisch gedämpft	
	Federung hinten		Schwinge mit hydraulisch gedämpften Federbeinen	
	Räder, Bereifung		2,50–17, 3,00–17	
Maße und Gewichte etc.	Länge/Breite/Höhe (mm)		1.900/600/–	
	Radstand (mm)		1.240	
	Bodenfreiheit (mm)		160	
	Sitzhöhe (mm)		750	
	Trockengewicht (kg)		92	96
	Tankinhalt (l)		10 (Reserve 1)	
	Fahrleistungen		40 km/h, 24,5%	90 km/h, 24,5%
	Sonstiges		Kleinmotorrad mit höchster Leistung und Standfestigkeit für 2-Personen-Betrieb (auch als Moped)	

Puch M 50 Jet, Modell 1976.

Monza-Modelle

Aber zweifellos gab es da noch ein Marktsegment, bei dem Puch mit diesen Getriebe-Sportmopeds und Kleinkrafträdern nicht ankam. Nämlich bei den modebewussten Käufern, die gerne Mopeds im Look der aktuellsten „großen“ Sportmaschinen haben wollten. Und genau für diese Kundenschicht waren die Monza-Modelle konzipiert worden, die ab 1975 auf den Markt kamen. Zuerst kamen in Österreich die beiden zweisitzigen Mopedmodelle Monza 4 S und Monza 4 SL in den Handel. Für Deutschland wurden diese Modelle als „Mokicks“ geliefert. 1976 folgte das Modell Monza 6 SL sowie das Sondermodell Monza 4 C.

Für die „Monzas“ wurde bei Puch noch einmal das bewährte Konzept des Schalenrahmens angewendet. Der Rahmen wurde aus zwei Pressblechhälften in Schweißtechnik zusammengefügt und wies eine T-förmige Silhouette auf. Der obere, leicht geschwungene Querbalken verband Steuerkopf und Federbeinabstützung auf direktem Wege und trug Tank und Sitzbank. Der senkrechte Teil bot im Kasteninnenraum Platz für die Batterie oder Werkzeug und nahm den Motor und die Schwingenlagerung auf.
Alle „Monzas“ hatten den fahrtwindgekühlten großflächigen Leichtmetallzylinder in der Optik des Jet-Motors, die Triebwerke der Sechsgang-Modelle waren Jet-Motoren, Zylinder und Kopf waren geschwärzt. Der Werksprospekt von 1976 stellte zu der Monza-Reihe fest:
Monza – die Neuentwicklung im Super-Design. Modernstes Styling, gepaart mit Verarbeitungsgüte bis ins kleinste Detail, ergibt eine ausgewogene Kombination. Preßstahlrahmen mit neuer Puch-Telegabel und Schwinge mit Federbeinen hinten, selbstverständlich ölgedämpft. Cockpit mit Instrumenten und Kontrolleuchten. Komfortable Sitzbank für zwei Personen.

Puch-Monza 6 SL, 1976.

Puch-Monza 4 SL, 1975.

Die Monza 4 S (4 Speed) hatte ebenso wie die Monza 4 C (Cross) vorne eine Trommelbremse. Die Monza 4 C hatte lediglich eine hochgezogene Auspuffanlage, einen höheren Lenker, Einzelinstrumente und rot/blaue Designstreifen auf der weißen Grundlackierung, aber keine wie immer geartete Geländeeignung. Das Modell 4 SL (4 Speed-Luxus) wies vorne eine Scheibenbremse und hinten offene Sportfederbeine auf.

Mit Scheibenbremse vorne und den offenen Sportfederbeinen war auch das Topmodell 6 SL (6 Speed-Luxus) ausgestattet. Darüber hinaus hatte dieses Modell Leichtmetall-

Unten links: Puch-Monza 6 SL im John-Player-Design, Modell 1976.

Unten rechts: Puch-Monza 4 C im Geländelook mit hohem Lenker und hochgezogenem Auspuff, 1977.

Mit der Monza 4 GP perfektionierte Puch die Reihe der zweisitzigen Sportmopeds. Cockpitverkleidung, Scheibenbremse und Leichtmetallräder trugen zum Erscheinungsbild einer „echten Sportmaschine“ bei. Modell 1978.

Gussräder sowie auf der tiefschwarzen Lackierung das SDP-Designzeichen, das den damals so erfolgreichen Lotus-Formel-I-Rennwagen (JPS – „John Player Special“) nachempfunden war.

Rückblickend kann festgestellt werden, dass gerade das Monza 6 SL-Moped (mit 2,6 PS) bzw. -Kleinmotorrad (mit 6,5 PS) sicherlich eine der schönsten 50 cm^3-Maschinen war, die Puch je gebaut hat. Auch die Tester der deutschen Fachzeitschrift „Motorrad“ dürften das so empfunden haben, denn die Monza 6 SL wurde am 12. Jänner 1977 unter dem Titel „Schau-Stück“ einem Kurztest unterzogen:

Puch-Monza 4 XL, Modell 1981.

Puch-Kleinkrafträder gelten als überdurchschnittlich leistungsfähig. Die neue Monza 6 SL verbindet bewährte Technik zudem mit attraktivem Styling … Motor: Viel Leistung. Das breite Drehzahlband von etwa 2.500 U/min (zwischen 5.500 bis 8.000 U/min) erlaubt stets flottes Fahren, ohne dauernd schalten zu müssen. Die Elastizität beeindruckt vor allem beim Betrieb mit Sozius. Der Motor dreht selbst im sechsten Gang mit zwei Personen beinahe voll aus … Fahrwerk: Schalen statt Rohre. Im Gegensatz zur M 50 Jet besitzt die Monza einen Preßstahlrahmen. Unterschiede in der Steifigkeit zum Rohrrahmen sind in der Praxis nicht festzustellen. Lediglich für den Hersteller ist ein Schalenrahmen einfacher und kostengünstiger zu fertigen. Von der besten Seite zeigte sich die Telegabel. Die Dämpfung war in jedem Fall recht gut, die Federung dagegen etwas zu straff gehalten. … Bremsen: Viel Wirkung, wenig Kraftaufwand. Die Bremsen der Monza 6 SL sind hervorragend. Vorne versieht eine hydraulisch betätigte Einscheibenbremsanlage von Grimeca ihre Aufgabe zur vollsten Zufriedenheit. Bei Nässe ist mit dem üblichen, verzögerten Ansprechen zu rechnen. Dafür kann dann die hintere, über Gestänge betätigte Trommelbremse ihre volle Wirksamkeit ausspielen. Ein Nachlassen der Bremsleistung (Fading) ließ sich auch bei zahlreichen Gewaltbremsungen nicht feststellen … In Anbetracht des recht hohen Preises von 3.159,– Mark wünscht man sich dennoch etwas mehr Sorgfalt im Detail. Manch billiger Eindruck von Kleinigkeiten verwässert die imponierende Leistung von Bremsen, Motor und die vorzügliche Getriebeabstufung. Weil die Monza 6 SL die M 50 Jet nicht ablöst, ist der Interessent deshalb mit der Jet technisch wenigstens ebensogut, aber um 405 Mark billiger bedient, wenn er nicht auf die Optik des neuen Schau-Stückes Wert legt.

Interessant ist in diesem Artikel auch die Feststellung, dass die „Motorrad-Mannschaft" das 1976er-Modell der „Jet" auf dem Rollenprüfstand mit 7,2 PS am Hinterrad (!) vermessen hat. Derselbe Motor wurde – wie bereits erwähnt, bis auf optische Retuschen unverändert – auch bei der Monza 6 SL verwendet. Auch das Mopedmodell Monza 4 SL wurde am 10. August 1977 im „Motorrad" in einem Vergleichstest gegen neun andere Mopeds vorgestellt. Dabei kam das österreichische „Mokick" aber schlecht weg. Die Monza 4 SL war zwar Erste beim Anfahren am Berg sowie beim Slalom, Zweite bei der Beschleunigung, Dritte beim Kaltstart. Dennoch nur Platz acht, weil: *„Während der Zweitaktmotor zu den stärksten gehört, mangelt es der sportlich gestylten Puch an Sitzkomfort. Dazu paßt höchstens die unzulässig hohe Geschwindigkeit"* … Auch ein Standpunkt.

1977, im letzten Produktionsjahr der „Monzas" mit der schmalen Tank-Sitzbanklinie, kam zu der bis dahin gebräuchlichen rotbronzenen Lackierung der Viergangmodelle ein grünmetallic Lackton dazu. Die schwarze Monza 6 SL wurde 1978 noch als Auslaufmodell 6 S in Rotbronze mit den „zugestopften" 2,6 PS und Speichenrädern angeboten, die 6 SL wurde ebenfalls in der Mopedversion im „Stars and Stripes"-Weiß/Blau/Rot-Design am Österreich-Markt verkauft. Die neuen Monza-Modelle des Modelljahrganges 1978 waren stark facegeliftet mit Cockpit-Halbschalenverkleidung, neuem Tank und ergonomisch geformter Sitzbank mit Sitzmulde für Fahrer und Sozius. Die neuen „Monzas" gab es nur mehr als Viergang-Mopeds. Die Sechsgang-Kleinmotorrad/Kleinkraftradversion gab es nur mehr als „Cobra" zu kaufen.

Technische Daten			Monza-Viergang-Modelle Modelle 4 C, 4 S, 4 SL, 4 XL, 4 GP	
Motor	Baujahr Maschinen-Nummern-Bereiche		1975–1984 keine Angaben vorhanden	
	Produktion		Monza-Vier- und Sechsgang-Modelle 102.069 Stück	
	Typ		Einzylinder-Zweitaktmotor	
	Bohrung/Hub (mm)		38/43	
	Hubraum (cm³)		48,8	
	Verdichtung		11,5:1	
	Leistung	PS bei 1/min	frühe Modelle 2,6/5.000, später 2,7/5.500	2,9/5.200
		kW bei 1/min	frühe Modelle 1,91/5.000, später 2,0/5.500	2,13/5.200
	max. Drehmoment	kpm	0,41/4.000	
		Nm	4,1/4.000	
	Motorschmierung		1:25, spätere Modelle 1:50	
	Vergaser		Bing 1/17 (frühe Modelle), Bing 1/14	
	elektrische Anlage		Bosch 6 V 15–3/5 W, Bosch RB 1 6 V 19–10/5 W	
	sonstige Baumerkmale des Motors		fahrtwindgekühlter Leichtmetallzylinder	
Kraftübertragung	Kupplung		Mehrscheiben im Ölbad	
	Getriebe		4-Gang-Fußschaltung: 1. i = 3,55; 2. i = 1,94; 3. i = 1,39; 4. i = 1,11	
Fahrgestell	Rahmen		Pressstahlrahmen	
	Federung vorne		Teleskopgabel, hydraulisch gedämpft, Federweg 100 mm	
	Federung hinten		Schwinge mit Federbeinen, Federweg 75 mm	
	Räder, Bereifung		2 ½ / 2 ¾–17	
Maße und Gewichte etc.	Länge/Breite/Höhe (mm)		1.820 (1.830)/680 (670)/1.010 (1.000)	
	Radstand (mm)		1.200	
	Bodenfreiheit (mm)		–	
	Sitzhöhe (mm)		–	
	Trockengewicht (kg)		71–74	
	Tankinhalt (l)		7–10 (Reserve 1)	
	Fahrleistungen		40 km/h, über 30%	
	Sonstiges		Sportmoped-Baureihe mit 4-Gang-Schaltung für 2-Personen-Betrieb	

Die neue „Monza" wurde im Verkaufsprospekt des Werkes als „*Das schönste Rohr auf Österreichs Straßen*" angepriesen. Das bezog sich zweifellos auch auf die schwarz verchromte Auspuffanlage, die von der Firma Sebring auf einen besonders dumpfen Auspuffsound für dieses Modell abgestimmt worden war und für die „Monzas" mit gehobener Ausstattung geliefert wurde. Das Topmodell Monza 4 GP war silber lackiert und wies den eingeschraubten doppelten Rahmenunterzug der Monza 6 SL auf, das perlblaue Monza 4 XL-Modell hatte dieses Detail nicht, ebenso fehlte die Blinkanlage.

Technische Daten			Monza 6 S/SL, Daytona	Monza 6 S Moped
Motor	Baujahr Maschinen-Nummern-Bereiche		1975–1977 keine Angaben vorhanden	
	Produktion		Monza-Vier- und Sechsgang-Modelle 102.069 Stück	
	Typ		Einzylinder-Zweitaktmotor	
	Bohrung/Hub (mm)		40/39,7	
	Hubraum (cm³)		49,9	
	Verdichtung		11:1	
	Leistung	PS bei 1/min	6,25/8.500	2,6/5.250
		kW bei 1/min	4,6/8.500	1,91/5.250
	max. Drehmoment	kpm	0,55/4.900	0,37/4.900
		Nm	5,5/4.900	3,7/4.900
	Motorschmierung		50:1	
	Vergaser		Bing 1/20	
	elektrische Anlage		Bosch-Thyristorzündung RCPK 1 6 V 35–5/18 W	
	sonstige Baumerkmale des Motors		fahrtwindgekühlter Leichtmetallzylinder	
Kraftübertragung	Kupplung		Mehrscheiben im Ölbad	
	Getriebe		6-Gang-Fußschaltung: 1. i = 3,28; 2. i = 2,20; 3. i = 1,578; 4. i = 1,238; 5. i = 1,05; 6. i = 0,95	
Fahrgestell	Rahmen		Pressstahlrahmen	
	Federung vorne		Teleskopgabel, hydraulisch gedämpft, Federweg 100 mm	
	Federung hinten		Schwingengabel mit hydraulisch gedämpften Federbeinen, Federweg 75 mm (Daytona 70 mm)	
	Räder, Bereifung		2½–17, 2¾–17	2½–17 R, 3–17 R
Maße und Gewichte etc.	Länge/Breite/Höhe (mm)		1.820/660/1.010	
	Radstand (mm)		1.200	
	Bodenfreiheit (mm)		–	
	Sitzhöhe (mm)		–	
	Trockengewicht (kg)		80	
	Tankinhalt (l)		7 (Reserve 1)	
	Fahrleistungen		ca. 90 km/h, über 30%	40 km/h, über 30%
	Sonstiges		Sportmoped/Kleinmotorrad für 2-Personen-Betrieb	

Beide Modelle waren aber mit Leichtmetall-Druckgussrädern mit vorderer Scheibenbremse ausgestattet.

Der Modelljahrgang 1981 brachte für die beiden Monza-Modelle neue, rechteckige Scheinwerfer, die Monza XL wurde mit offenen Federbeinen hinten ausgestattet, vorne kam eine Innenbackenbremse zur Anwendung. 1983 wurde das Modell XL durch das Moped Monza SL ersetzt, das mit rundem oder rechteckigem Scheinwerfer bestellt werden konnte. In diesem Jahr betrugen die Preise der Monza-Mopeds: 4 SL (runder Scheinwerfer) S 19.480,–, Monza 4 SL (eckiger Scheinwerfer) S 21.415,–, Monza 4 GP S 21.415,–.

Monza-Nachfolgemodell Imola GX mit Rechteckscheinwerfer und vorderer gelochter Scheibenbremse, Modell 1984.

Imola

1984 wurden die Monza-Modelle zwar noch ausgeliefert, das Nachfolgemodell „Imola“ stand aber schon bereit. In den „Puch-Neuigkeiten“, der Händlerzeitung der Puch-Werke, wurde in Nummer 38 für Jänner/Februar 1984 das neue Imola-Moped folgendermaßen präsentiert:
1984 ist für die Puch-Getriebemopeds ein wichtiges Jahr: Die Monza wird durch die Imola GX ersetzt. Man braucht nur die neue Imola GX ansehen und schon weiß man, wo der Fortschritt liegt: Neues Design, neue attraktive Farben machen die Imola zu einem geeigneten Instrument, mit dem unsere Händler dem neuen Trend der Jugend zu sportlichen Mopeds erfolgreich Rechnung tragen können … Doch bei der Imola GX tut sich auch im Motor einiges: Er hat im Vergleich zur Monza eine deutlich bessere Leistungskurve. Das bedeutet mehr Kraft von unten heraus.

Puch hatte es sich also mit dem Nachfolgemodell der Monza nicht leicht gemacht und sich keinesfalls auf optische Retuschen beschränkt. Denn die neue Tank-Sitzbanklinie sowie die Stahlspeichenräder gaben der Maschine ein völlig neues Aussehen. Unverändert blieb die Grundkonzeption und der Schalenrahmen, der sich bei der zur Verfügung stehenden Motorleistung und schwerem Alltagsbetrieb voll bewährt hatte.

Technische Daten			Imola GX
Motor	Baujahr Maschinen-Nummern-Bereiche		1984–1987 keine Angaben vorhanden
	Produktion		–
	Typ		Einzylinder-Zweitaktmotor
	Bohrung/Hub (mm)		38/43
	Hubraum (cm³)		48,8
	Verdichtung		8,5:1
	Leistung	PS bei 1/min	2,72/5.500
		kW bei 1/min	2/5.500
	max. Drehmoment	kpm	0,374/3.500
		Nm	3,74/3.500
	Motorschmierung		1:50
	Vergaser		Bing 14
	elektrische Anlage		Bosch 6 V, 19–10/5 W Nr. 0212 120 027
	sonstige Baumerkmale des Motors		fahrtwindgekühlter Leichtmetallzylinder
Kraftübertragung	Kupplung		Mehrscheiben im Ölbad
	Getriebe		4-Gang-Fußschaltung: 1. i = 3,54; 2. i = 1,94; 3. i = 1,39; 4. i = 1,11
Fahrgestell	Rahmen		Schalenrahmen
	Federung vorne		Teleskopgabel, hydraulisch gedämpft, Federweg 100 mm
	Federung hinten		Schwinge mit Federbeinen, Federweg 100 mm
	Räder, Bereifung		2½ / 2¾–17 R
Maße und Gewichte etc.	Länge/Breite/Höhe (mm)		1.820/680/1.010
	Radstand (mm)		1.200
	Bodenfreiheit (mm)		190
	Sitzhöhe (mm)		–
	Trockengewicht (kg)		74
	Tankinhalt (l)		11,4 (Reserve 1)
	Fahrleistungen		40 km/h, über 30%
	Sonstiges		letztes Sport-Moped-Modell von Puch für 2-Personen-Betrieb

Imola GX.

Die neue Puch-Cobra mit dem Porsche-Design bei der Wiener Frühjahrsmesse 1977, noch ohne Windschutzscheibe.

Cobra-Modelle

Auf der Wiener Messe 1977 gab es ein sensationell gestyltes Kleinmotorrad mit der Typenbezeichnung „Puch Cobra GT" zu sehen. Diese Maschine wies eine absolut ungewöhnliche Tank-Sitzbanklinie mit integriertem Heckteil auf. Vom Rahmenbau her war die Grundkonzeption der „Jet" nicht abzuleugnen. In Österreich kam sie mit dem gedrosselten 2,6 PS-Motor als Moped auf den Markt. Die hervorstechendsten Merkmale der Cobra GT waren die Leichtmetall-Gussräder, die dreifach verstellbaren Sportfederbeine und die Cockpit-Halbschalenverkleidung mit sphärisch gebogener Windschutzscheibe. Der Rohrrahmen wies auch hier wiederum den doppelten geknickten Brustrohr-Unterzug auf. Im „Puch-Report" vom März 1978, der deutschen Händlerzeitschrift, wird die Entstehungsgeschichte der „Cobra" folgendermaßen beschrieben: *Dieses Modell wurde als einziges Kleinkraftrad auf dem Markt von Porsche gestylt. Die beratende Mitwirkung dieses Werkes ist selbst für Puch eine große Ehre. Übrigens: Ferdinand Porsche war nirgendwo länger leitender Mitarbeiter als in unseren Werken.*

Am 24. August 1977 brachte die Fachzeitschrift „Motorrad" einen ausführlichen Test über die Cobra 6 GT unter dem Titel „Grazer Charme".
Puchs neuestes Topmodell mit 50 cm^3, die Cobra GT, setzt die Reihe der attraktiven Kleinkrafträder aus Österreich fort. In Styling und Preis ist sie Spitze ... Den Anfang der Puch-Kleinkrafträder auf Deutschlands Straßen machte 1973 die M 50 Jet mit einer damals außergewöhnlich hohen Motorleistung. Zwar wurden die 6,25 PS in der Betriebserlaubnis eingehalten, doch die Fahrpraxis ließ Zweifel aufkommen, ob diese Angaben nicht etwas untertrieben waren. Schnell fand die M 50 Jet einen breiten Kundenkreis, während die 1976 zur IFMA in Köln vorgestellte Monza 6 SL im schwarz-goldenen John-Player-Design

eher den Typ Café-Racer darstellte und keine großen Verkaufserfolge erzielen konnte. (Welch ein Irrtum! Anm. d. Verf.)
Bei Puch in Graz wurden diese Zeichen richtig gedeutet. Heraus kam die Cobra, eine geglückte Mischung zwischen attraktivem Aussehen und praxisgerechter Funktionalität … Beibehalten wurde der elastische und kräftige Zweitaktmotor mit der kontaktlosen Bosch-Thyristorzündung und dem hervorragend abgestuften, klauengeschalteten Sechsgang-Getriebe mit kurzen Schaltwegen … Die hydraulisch gedämpfte Marzocchi-Teleskopgabel und die fünffach verstellbaren Sebac-Federbeine sind gut aufeinander abgestimmt. Dämpfung und Ansprechverhalten der beiden Federelemente tadellos … Die Sitzbank ist genügend weich gepolstert und für zwei Personen ausreichend bemessen …

Bemängelt wurde die Verkabelung, der ungenaue elektronische Drehzahlmesser, die Schnarre und die Verwendung einer konventionellen Bleibatterie anstelle einer wartungsfreien Nickel-Cadmiumbatterie. Schlussbeurteilung der „Cobra":
Insgesamt ist die Puch Cobra 6 GT ein zukunftweisendes kleines Motorrad mit großen Marktchancen. Über die Zuverlässigkeit des Puch-Motors gibt es inzwischen keine Zweifel, das Aussehen bietet einen guten Kompromiß zwischen Alltagstauglichkeit und sportlichem Styling.

Auch 1978 wurde die Cobra GT in Deutschland mit besten Testergebnissen bewertet. Die Zeitschrift „test" der neutralen Stiftung Warentest kam im Juni 1978 in einem Vergleichstest mit zwölf Kleinkrafträdern zu dem Ergebnis, dass die Puch „Cobra" die leistungsstärkste sei. Bei den insgesamt 244 Einzelbewertungen gab es nur sechsmal ein „sehr gut", drei davon erhielt die Cobra GT. Demnach bot keine andere Maschine so hervorragende Fahrleistungen wie diese und keine startete an der Ampel so schnell. Einzigartig ist ferner die Ausstattung mit einer 6-Gang-Schaltung, schließlich wurden die leichten Schaltübergänge besonders hervorgehoben.

Ähnlich lautete auch das Vergleichsergebnis der österreichischen Tageszeitung „Kurier", die im Motorteil die „Cobra" als Testsiegerin unter dem Titel „Die stärkste unter der Sonne" kürte. Natürlich wurden hier die mit Führerschein zu fahrenden Maschinen als Kleinmotorrad getestet. 1977 und 1978 wurde die Cobra GT in Transparentrot mit mattschwarzem Rahmen ausgeliefert. Und ebenfalls im Jahr 1978 kam das neue Spitzenmodell Cobra GTL heraus. Dazu der Werksprospekt 1978:
Cobra GTL mit Wasserkühlung. Spitzenmodell der Puch-Kleinmotorradreihe. Robuster 6-Gang-Motor mit 4,9 kW Leistung (6,5 PS), mit Wasserkühlung. Umweltfreundlich durch geräuschdämpfenden Motorenlauf. Erhöhte Standfestigkeit im Vollastbereich. Übersichtliches Cockpit mit Drehzahlmesser, Tachometer, Zündschloß und Leerlaufanzeige. Mit Blinkanlage.

Die Cobra-Reihe umfasste dann noch in gleicher Ausstattung wie die GTL die luftgekühlte Cobra GT und die GTS als Basismodell mit luftgekühltem Motor, aber ohne Cockpitverkleidung mit einfacher Instrumentierung und Drahtspeichenrädern, jedoch

Puch-Cobra GTL, Modell 1979, mit rundem Scheinwerfer und ungelochter Scheibenbremse.

mit vorderer Scheibenbremse. Die Preise betrugen 1978 für die Cobra GTL 23.482,–, für die Cobra GT 21.771,– und für die Cobra GTS 18.644,– Schilling. Die beiden luftgekühlten Modelle hatten die gleiche Leistung wie das wassergekühlte Modell, nämlich 4,9 kW (6,5 PS) und konnten in taigagrüner Metalliclackierung geordert werden.

1980 waren in Österreich die Modelle Cobra GTL und GTS im Angebot. Die Basisversion Cobra GTS wurde für das Modelljahr 1981 aufgelassen und durch die Cobra GS ersetzt. Diese hatte nunmehr Verbundräder und vorne und hinten Innenbackenbrem-

Puch-Cobra in der Post-Ausführung mit einplätziger Sitzbank, stabilem Gepäckträger, Trommelbremse vorne, Speichenrädern und hohem Lenker ohne Verkleidung, 80 cm^3-Motor (führerscheinpflichtig, Zulassung als Motorrad).

Cobra GS 1983, verkleidet.

Unten: Puch-Cobra 80 als Leichtkraftrad für Deutschland mit Rechteckscheinwerfer, gelochter Scheibenbremse und Sebring-Auspuffanlage, Modell 1985.

sen, verchromte Auspuffanlage, nicht verstellbare Federbeine und keine Blinkanlage. Farbe: Silber. Die wassergekühlte GTL mit schwarz verchromter Sebring-Auspuffanlage wurde nunmehr in der Farbe Inkagold geliefert. Beide Modelle hatten eine neu gestylte Cockpitverkleidung mit rechteckigem Scheinwerfer. Preis der neuen GTL 26.963,–, die neue GS kostete 21.830,– Schilling.

Für Deutschland kam die „Cobra" mit 80 cm³ für die neu geschaffene Leichtkraftradklasse auf den Markt, das luftgekühlte Aggregat wurde über eine Sebring-Auspuffanlage geräuschgedämpft.
Für die Österreichische Post war schon 1979 eine Cobra-Version mit dem luftgekühlten 80 cm³-Motor gebaut worden. Die „Post-Cobra" hatte eine einplätzige Sitzbank, keine Cockpitverkleidung, hohen Len ker und einen extrastarken Gepäckträger.

1983 kam für die Cobra GS eine wahlweise erhältliche Vollverkleidung auf den Markt, die bei den Kunden geteilte Reaktionen hervorrief. Während

Cobra GTL 1985 mit flüssigkeitsgekühltem Sechsgangmotor.

Cobra GS 1985 mit luftgekühltem Sechsgangmotor, Innenbackenbremsen vorne und hinten.

Technische Daten			Cobra GT, Cobra GS	Cobra GTL
Motor	Baujahr Maschinen-Nummern-Bereiche		1977–1987 keine Angaben vorhanden	
	Produktion		alle Modelle 4.744 Stück	
	Typ		Einzylinder-Zweitaktmotor	
	Bohrung/Hub (mm)		40/39,7	
	Hubraum (cm³)		49,9	
	Verdichtung		11:1	
	Leistung	PS bei 1/min	Cobra GT Moped: 2,6/5.800	6,5/8.500
		kW bei 1/min	1,91/5.800	4,78/8.500
	max. Drehmoment	kpm	0,328/4.500	0,56/8.000
		Nm	3,2/4.500	5,49/8.000
	Motorschmierung		1:50	
	Vergaser		Bing 1/20/60	
	elektrische Anlage		Bosch 6 V 35/30 W 0212 198 007	
	sonstige Baumerkmale des Motors		fahrtwindgekühlter Leichtmetallzylinder	Flüssigkeitskühlung mit 1.250 cm³ Inhalt
Kraftüber-tragung	Kupplung		Mehrscheiben im Ölbad	
	Getriebe		6-Gang-Fußschaltung: 1. i = 3,27; 2. i = 2,20; 3. i = 1,578; 4. i = 1,238; 5. i = 1,05; 6. i = 0,952	
Fahrgestell	Rahmen		Rohrrahmen mit doppeltem Unterzug	
	Federung vorne		Telegabel, hydraulisch gedämpft, Federweg 110 mm	
	Federung hinten		Schwinge mit Federbeinen, hydraulisch gedämpft (verstellbar), Federweg 100 mm	
	Räder, Bereifung		2,50–17 R, 3,00–17 R	
Maße und Gewichte etc.	Länge/Breite/Höhe (mm)		1.910/670/1.000	
	Radstand (mm)		1.240	
	Bodenfreiheit (mm)		190	
	Sitzhöhe (mm)		–	
	Trockengewicht (kg)		97	
	Tankinhalt (l)		12,5 (Reserve 1)	
	Fahrleistungen		ca. 90 km/h, über 30%	
	Sonstiges		Kleinmotorradkonstruktion für 2-Personen-Betrieb	

die einen diese von der Tankunterkante bis unter den Motor reichende vordere und die Federbeine bis zum Heckpürzel umfassende Vollverkleidung als den letzten Schrei der Technik priesen, empfanden sie die anderen als klobig. Tatsache ist, dass diese Verkleidung eine Vorwegnahme des Stylings der schnellen Straßenmaschinen ab Mitte der 1980er-Jahre war. Die Cobra GTL wurde weiterhin bis auf Detailretuschen völlig unverändert ausgeliefert. Ab 1985 gab es nur mehr die Cobra GTL, technisch unverändert, aber mit weißer Lackierung und blau/roten Designstreifen. 1987 kostete die Cobra GTL 29.980,– Schilling.

Puch-Daytona 1987.

Daytona

1986 wurde die fahrtwindgekühlte Cobra GS durch das Modell „Daytona" abgelöst, das stilistisch an das 4-Gang-Mopedmodell „Imola" angelehnt war. Das Puch-Daytona-Kleinmotorrad hatte den bewährten Motor der Cobra GS mit 4,8 kW/6,5 PS und Sechsgang-Getriebe. Das Fahrwerk basierte hingegen auf der Schalenrahmenbauweise der früheren Monza-Serie. Dieses letzte Kleinmotorradmodell von Puch stellt faktisch die Weiterentwicklung der seinerzeitigen Monza 6 SL dar. Der Preis der „Daytona" betrug 1987 28.950,– Schilling.

Magnum

Für die Verkaufssaison 1979 brachte Puch ein neues zweisitziges Moped mit der Typenbezeichnung „Magnum 50/II" auf den österreichischen Markt. Dieses Modell sollte die Lücke füllen, die zwischen den „Maxi"-Modellen und den – vergleichsweise teuren – zweisitzigen Sportmopeds bestand. Vor allem im Hinblick auf die Konkurrenz, die ihre „Mofas" für Zweipersonenbetrieb ohne weitere Adaptionen ausrüstete.

Diese Modellpolitik wurde von Puch immer strikt abgelehnt. Fahr- und Betriebssicherheit sowie ausreichender Fahrkomfort für zwei Personen und eine entsprechende Motorisierung für unser Alpenland war für die Grazer immer eine Selbstverständlichkeit. Aus diesen Überlegungen heraus war ein zweisitziges „Maxi" völlig unmöglich.

Magnum 50/II, zweisitziges Moped mit Zentralrohrrahmen und Zweigang-Handschaltung, Modell 1979.

Unten: Letzte Ausführung des Puch-Magnum 50/II 1980, Bezeichnung XK.

Puch-Silver-Speed 4K 1980, zweisitziges Moped mit fußgeschaltetem Viergangmotor.

Erst das Fahrwerk des „Maxi-Plus" wurde für den Zweisitzerbetrieb als geeignet erachtet. Das „Magnum" hatte einen kräftigen Zentralrohrrahmen, der an seinem tiefsten Punkt den Motor trug. Durch dieses Rohr entstand ein optisches Loch zwischen Motor und Tank. Dieses Modell bewährte sich für verschiedene Exportmärkte mit anderer Motorbestückung besser als in Österreich. Die Magnum 50/II wurde mit dem fahrtwindgekühlten Zweigangmotor mit 1,9 kW (2,6 PS) und Hand-Drehgriff-Schaltung ausgeliefert. 1980 wurde dieses Modell letztmalig in der Verkaufsliste geführt, Bezeichnung Magnum XK.

Silver-Speed

Aus denselben Gründen, die für das Magnum-Moped galten, wurde 1980 das Modell „Silver-Speed 4 K" eingeführt. Dieses zweisitzige Moped hatte ebenfalls einen Zentralrohrrahmen, aber zum Unterschied vom „Magnum" einen freien Durchstieg, Alu-Verbund-Gussräder und den fahrtwindgekühlten Viergangmotor mit Fußschaltung wie die Monza-Modelle. Leistung 1,84 kW (2,5 PS).

Duett

1981 folgte das Schwestermodell „Duett" mit einfacherer Ausstattung und dem handgeschalteten 1,77 kW (2,4 PS) Zweigangmotor. Das silberfarbene Silver-Speed 4 K kostete 1981 14.396,–, das Silver-Speed 4 K/II (verbesserte Ausstattung) 15.222,– Schilling. Für das „Duett" (kirschrot lackiert) musste man 13.570,– Schilling bezahlen.

Technische Daten			Silver-Speed, White-Speed	Duett
Motor	Baujahr Maschinen-Nummern-Bereiche		1980–1987 keine Angaben vorhanden	1981–1983 keine Angaben vorhanden
	Produktion		–	
	Typ		Einzylinder-Zweitaktmotor	
	Bohrung/Hub (mm)		38/43	
	Hubraum (cm³)		48,8	
	Verdichtung		9,5:1	8:1
	Leistung	PS bei 1/min	2,5/5.500; 2,72/5.500	2,4/5.500
		kW bei 1/min	1,84/5.500; 2,0/5.500	1,77/5.500
	max. Drehmoment	kpm	0,36/4.000	0,33/3.000
		Nm	3,58/4.000	3,2/3.000
	Motorschmierung		1:50	
	Vergaser		Bing 15/4	
	elektrische Anlage		Bosch 6 V, 19/5 W 0212 122 034	
	sonstige Baumerkmale des Motors		fahrtwindgekühlter Leichtmetallzylinder	
Kraftüber-tragung	Kupplung		Mehrscheiben im Ölbad	
	Getriebe		4-Gang-Fußschaltung: 1. i = 2,9; 2. i = 1,94; 3. i = 1,38; 4. i = 1,11	2-Gang- Handschaltung: 1. i = 2,45; 2. i = 1,38
Fahrgestell	Rahmen		Zentralrohrrahmen	
	Federung vorne		Teleskopgabel, Federweg 75 mm	
	Federung hinten		Schwinge mit Federbeinen, Federweg 62 mm	
	Räder, Bereifung		2½–17 R, 2¾–17 R	
Maße und Gewichte etc.	Länge/Breite/Höhe (mm)		1.780/700/1.090	
	Radstand (mm)		1.180	
	Bodenfreiheit (mm)		–	
	Sitzhöhe (mm)		–	
	Trockengewicht (kg)		69	70
	Tankinhalt (l)		6,4 (Reserve 1)	
	Fahrleistungen		40 km/h, über 30%	40 km/h, 18%
	Sonstiges		Mopedmodelle für 2-Personen-Betrieb	

Turbo, Turbo-Sport

1983 wurde die Leistung des „Silver-Speed" auf 2 kW (2,72 PS) angehoben und anstelle des „Duett" trat das Modell „Turbo", ein zweisitziges Zweigangmodell mit Handschaltung, Kickstarter und Fußbremse, wie der Werks-Verkaufsprospekt von 1983 anmerkte. Und weiters:

Profitiert von der technischen Entwicklung des Maxi-Plus. Neuartige Rahmen- und Gabelkonstruktion. Durch spezielle Ausrüstung wie verstärkte Federung, größere Innen-

Puch-Duett, Zweisitzermoped mit Zweigang-Handschaltung.

Puch-Turbo-Sport 1985: zweisitziges Moped auf Basis des Maxi-Plus-Fahrwerkes, aber mit fußgeschaltetem Viergangmotor.

Puch White-Speed 1985.

backenbremsen, bequeme Sitzbank auf die Erfordernisse eines echten Zweisitzers abgestimmt. Die neuartige Triebsatzschwinge wurde auch hier eingebaut. Vereinigung von zukunftsorientiertem Design und neuester Technik. Führerscheinfrei. Farbe weiß mit rotem Dekor.
Der fahrtwindgekühlte Motor hatte 2 kW (2,72 PS) und einen Graugusszylinder. Als Sonderausstattung gab es elastische Blinker, der Preis des Mopeds betrug 1983 13.590,– Schilling. 1985 kam das Modell „Turbo-Sport" zusätzlich ins Verkaufsprogramm. Dieses Moped hatte den Viergangmotor mit fahrtwindgekühltem Leichtmetallzylinder und 2 kW (2,72 PS).

Puch Turbo 1983.

White-Speed

1987 wurden das „Turbo" sowie das „Turbo-Sport" in zwei Farbdekors angeboten. Auch das „Silver-Speed", das nunmehr infolge der weißen Lackierung mit Dekorstreifen „White-Speed" hieß, war im Programm.

MV-Modelle

Auch der im „Silver-Speed-Look" gehaltene, allerdings grundsätzlich nur einsitzig erhältliche Nachfolger des MV 50 S-Mopeds, das Puch MV 50 X-3 mit dem legendären gebläsegekühlten Motor, erlebte das letzte Produktionsjahr der Grazer Zweiradfertigung. Als MV 50 X wurde dieses Modell 1983 mit dem gebläsegekühlten Zweigang-

Technische Daten			MV 50 X	MV 50 X-3
Motor	Baujahr		1983–1986	1986–1987
	Maschinen-Nummern-Bereiche		9,700.101–9,789.999; lose Motoren extra: 9,790.101–9,799.999	
	Produktion		51.937 Stück	
	Typ		Einzylinder-Zweitaktmotor	
	Bohrung/Hub (mm)		38/43	
	Hubraum (cm³)		48,8	
	Verdichtung		8,5:1	
	Leistung	PS bei 1/min	2,53/5.500	
		kW bei 1/min	1,86/5.500	
	max. Drehmoment	kpm	0,36/4.000	
		Nm	3,55/4.000	
	Motorschmierung		1:50	
	Vergaser		Bing 15/12	
	elektrische Anlage		Bosch-Schwunglichtmagnetzünder 6 V 17 W 0212 122 097	
	sonstige Baumerkmale des Motors		gebläsegekühlter Graugusszylinder	
Kraftübertragung	Kupplung		Mehrscheiben im Ölbad	
	Getriebe		2-Gang- Handschaltung: 1. i = 2,8; 2. i = 1,44	3-Gang-Handschaltung: 1. i = 3,16; 2. i = 2,0; 3. i = 1,26
Fahrgestell	Rahmen		Zentralrohr, freier Durchstieg	
	Federung vorne		Teleskopgabel, Federweg 75 mm	
	Federung hinten		Schwinge mit Federbeinen, Federweg 62 mm	
	Räder, Bereifung		2½–17	
Maße und Gewichte etc.	Länge/Breite/Höhe (mm)		1.765/660/1.090	
	Radstand (mm)		1.180	
	Bodenfreiheit (mm)		–	
	Sitzhöhe (mm)		–	
	Trockengewicht (kg)		60	
	Tankinhalt (l)		6,4 (Reserve 1)	
	Fahrleistungen		40 km/h, ca. 23%	
	Sonstiges		auch Sonderausführung für die Post mit Beinschutz-Schildern	

motor mit 1,86 kW (2,53 PS) eingeführt und kostete 13.480,– Schilling. Dieses MV 50 X-Moped wurde serienmäßig in schwarz/silber Lackierung geliefert. Für die Österreichische Post war die Farbkombination schwarz/gelb, dazu gab es Beinverkleidungen gegen das Spritzwasser bei nasser Fahrbahn, ab 1986 wurde in der Version MV 50 X-3 der Dreigangmotor eingebaut.

Puch MV 50 X 1985.

Puch „Maxi" – Inbegriff für eine Fahrzeuggattung

1962 kam ein neues einsitziges Moped auf den Markt, das mit dem Puch-Klassiker MS 50 kaum Gemeinsamkeiten hatte. Denn während das MS 50 Motorradtechnologie und Detaillösungen aus dem Motorradbau aufwies, lag dem neuen Moped eine völlig andere Konstruktionsphilosophie zugrunde. Und zwar ging man bei Puch auf die Erfordernisse einer neuen Mopedkategorie ein, deren Ursprung in den neuen gesetzlichen Bestimmungen unseres Nachbarlandes Schweiz zu suchen war.

Die Schweizer Regierung hatte aufgrund eingehender Studien nach Anhörung aller Sachverständigen des Verkehrswesens und des Schul- und Erziehungswesens durch Gesetz zu den schon bestehenden Moped-Kategorien eine neue geschaffen, die 30 km/h Höchstgeschwindigkeit und ein Maximalgewicht (vollgetankt) von 40 kg vorschrieb. Diese neue Mopedkategorie durfte schon ab dem 14. Lebensjahr führerscheinfrei auf

Das Puch-Maxi war der Mofa-Klassiker von Puch schlechthin. Entwickelt mit geringstem Budget zu einer Zeit, als die meiste Entwicklungskapazität des Hauses dem Vierrad gewidmet wurde, wurde das Maxi zu einem Millionen-Verkaufshit.

öffentlichen Straßen benutzt werden. Die Mopeds dieser Kategorie waren steuerfrei und die Haftpflichtversicherung betrug nur sfr 4,50 pro Jahr. Diese neue Mopedkategorie schlug wie eine Bombe ein, ein regelrechter Run auf diese „Billigstmopeds" begann. 1961 wurden 80.000 derartige Mopeds in der Schweiz zugelassen. Die großzügige Regelung brachte im Verkehr keinerlei Schwierigkeiten bezüglich der Benützung derartiger Fahrzeuge durch Jugendliche mit sich.

X 30

Grund genug für die Puch-Werke, in diesen zukunftsträchtigen Markt zu investieren und alle Erfahrungen in den Bau eines neuen „Billigmopeds" zu legen. Das Produkt dieser Arbeit war das Puch-Moped X 30, das als Fahrwerk einen gebogenen Zentralrohrrahmen aufwies, der Steuerkopf, Motor und Sattel trug. Die Vorderradgabel war eine verstärkte Fahrradgabel, das Hinterrad saß in einem ebenfalls ungefederten Rohrdreieck. Neuartig und ungewohnt war die Anordnung des Treibstofftanks unter dem Sattel auf der Sattelstrebe des Rahmens, ähnlich wie seinerzeit bei der Styriette. Das Triebwerk war eine Neukonstruktion, welche, vereinfacht ausgedrückt, eine Reduktion des MS 50-Motors auf seine wesentlichsten Bestandteile darstellte.
So entfiel die Kühlluftführung mittels des Gebläsemantels – es genügte eine einfache Blechhutze – ebenso wie die Kurbel-Antretmechanik. Das X 30-Moped hatte ein Zweikettensystem, bei dem die Pedalkraft aufs Hinterrad übertragen wird und das Hinterrad über die Antriebskette den Motor zum Laufen bringt. Geblieben ist das handgeschaltete, klauenbetätigte Zweigang-Getriebe.

Für Österreich kam das X 30-Moped (für 40 km/h ausgelegt) mit der gefederten Teleskopgabel des MS 50 1962 zum Preis von 3.100,– Schilling auf den Markt. Für die Schweiz leistete der gemischgeschmierte Zweitakter mit Bohrung/Hub von 38/43 mm (wie das MS 50) 0,8 PS und war 72 Phon leise. In Österreich leistete das X 30 1,5 PS und wies eine Steigfähigkeit von 20% auf. Im Puch-Verkaufsprospekt von 1962 wurde das X 30 als „Moped auch für die Dame" infolge des weiten freien Durchstieges beworben.

Ein Test im österreichischen „Motorrad" vom März 1962 wies vor allem auf den gebläsegekühlten Motor sowie den extrem leisen Lauf und den relativ hohen Komfort trotz ungefederten Fahrwerkes infolge der großvolumigen Bereifung und auf den Doppelschicht-Gummi-Schwingsattel als besondere Vorteile gegenüber den Mitbewerbern hin.

Der Fachbuchautor, Rennfahrer und Journalist Dr. Helmut Krackowizer schrieb am 1. Juni 1965 in der Zeitschrift „Auto Touring" einen Fahrbericht, in dem er u. a. anmerkte:
Das X 30 Moped … macht einen Rießenspaß, ist leicht zu steuern wie ein Fahrrad, und der Motor schnurrt fast so leise wie es seine französischen Konkurrenten (Anm.: Mo-

Oben links: Das Puch X 30-Moped läutete 1962 den Beginn einer neuen Moped-Generation ein, die mit dem Katalysator-Maxi gekrönt wurde. Hier die Schweizer Version des X 30, Velux 30, mit konventionellem Tank und starrer Gabel.

Oben rechts: Puch X 30 mit Maxi-Eingang-Automatikmotor, Hinterradschwinge und Telegabel des Maxi-Mopeds, Modell 1978.

Links: Condor-Puch X 30 für den Schweizer Markt.

bylette und Velo-Solex waren gemeint) *können. Im ersten Gang zieht es auch einen schweren Brocken über die meisten Berge, die einem in der Umgebung einer größeren Stadt unterkommen … Das X 30 ist ein Leichtmoped, so bringt es damit alle Vorteile eines Mopeds mit sich. Das Vorderrad sitzt in einer stabilen Teleskopgabel, die für einen gewissen Fahrkomfort eben heute unabdingbar ist, und deshalb wiegt das Puch X 30 eben etwas mehr als ein Fahrrad.*

1966 gab es das Modell X 30 L (L für Luxus) mit dem Tank an der gewohnten Stelle und ein ebenso ausgestattetes Eingang-Automatikmodell X 30 LA. Die ausgezeichnete Praxisbewährung und der große Verkaufserfolg dieses Automatikmopeds führte schließlich zur Entwicklung des Welterfolges „Puch-Maxi", das im Jahr 1969 seine Markteinführung erlebte.

	Technische Daten		X 30, X 30 L	X 30 LA
Motor	Baujahr		ab 1962	
	Maschinen-Nummern-Bereiche		4,000.101–4,089.999, 4,100.101–4,189.999, 7,000.001–7,089.899, 8,000.001–8,009.999, 8,010.001–8,089.899, lose Motoren extra: 4,090.101–4,099.999, 4,190.101–4,199.999, 7,090.000–7,099.899, 8,090.000–8,099.899	
	Produktion		alle Modelle 272.327 Stück	
	Typ		Einzylinder-Zweitaktmotor	
	Bohrung/Hub (mm)		38/43	
	Hubraum (cm³)		48,8	
	Verdichtung		10,5:1	
	Leistung	PS bei 1/min	0,97/4.250	1,5/4.500
		kW bei 1/min	0,71/4.250	1,1/4.500
	max. Drehmoment	kpm	–	–
		Nm	–	–
	Motorschmierung		1:25	
	Vergaser		Bing 1/11/35	
	elektrische Anlage		Bosch LM/URB 1/116/17 L 5 mit 15 + 2 W Lichtleistung	
	sonstige Baumerkmale des Motors		Gebläsekühlung	
Kraftübertragung	Kupplung		Mehrscheiben im Ölbad	Fliehkraft
	Getriebe		2-Gang- Handschaltung: 1. i = 2,8; 2. i = 1,44	1-Gang-Automatik
Fahrgestell	Rahmen		Zentralrohr	
	Federung vorne		je nach Ausführung ungefedert, Kurzschwinge oder Teleskopfederung (bis 50 mm Federweg)	
	Federung hinten		ungefedert	
	Räder, Bereifung		23 x 2,00"	
Maße und Gewichte etc.	Länge/Breite/Höhe (mm)		1.750/640/970	
	Radstand (mm)		1.105 bis 1.135 (abhängig von der jeweils montierten Gabel)	
	Bodenfreiheit (mm)		125	
	Sitzhöhe (mm)		verstellbar	
	Trockengewicht (kg)		39,9 bis 44	
	Tankinhalt (l)		3,7	
	Fahrleistungen		40 km/h, 20%	
	Sonstiges		Mofa-Entwicklung für die Schweiz, aus deren Konstruktionsphilosophie das Puch-Maxi entstand	

Moped X 30, Österreich-Ausführung mit der robusten Telegabel des MS 50-Mopeds und Tank am Sattelrohr, Modell 1966.

Im Zuge der Modellpflege erhielten die X 30-Modelle eine Gabelfederung, basierend auf der Fahrradgabel in Form einer gummigefederten geschobenen Kurzschwinge, die Modelle ab 1970 hatten die einfache, ungedämpfte Teleskopgabel des „Maxi".

Zu Beginn der 1970er-Jahre stattete man das Fahrwerk des nunmehr auch mit Hinterradfederung versehenen X 30 mit dem fahrtwindgekühlten „Maxi"-Motor, allerdings mit Schaltgetriebe, aus und erzielte damit vor allem im Export beachtliche Verkaufserfolge. 1974 kam dieses Moped interessanterweise unter dem bereits einmal (für das M 50) verwendeten Namen „Sprinter" auf den Markt. Dazu merkte die österreichische Fachzeitschrift „Trialing" an:
Neu in Österreich: Puch „Sprinter", ein von einem im Export besonders erfolgreichen Puch-Moped abgeleitetes Modell. Als Kraftquelle hat es den bekannten Maxi-Motor, bei dem hier allerdings die Kraftübertragung über ein Zweigang-Getriebe erfolgt. Mit einem Leergewicht von nur 47 kg und seinem originellen Äußeren ist es ein jugendliches Modell für den sportlichen Individualisten.

Für verschiedene Exportmärkte, vor allem in den USA, blieb dieses Moped/Mofamodell mit dem charakteristischen Zentralrohrrahmen bis zum Ende der Zweiradfertigung in Graz ein Erfolgsmodell, ausgestattet mit den diversen „Maxi"-Motoren.

Maxi-Baureihe

Im Jahre 1969 schlug bei Puch die Geburtsstunde des erfolgreichsten Mopeds der Grazer, des Puch-„Maxi". Die Vorarbeiten zu diesem Mofa (abgeleitet von **Mo**tor**fa**hrrad), das vor allem im deutschen Sprachraum Synonym für diese neue Kategorie von absolut bedienungsfreundlichen, wartungs- und betriebskostengünstigen Fahrzeugen wurde, waren schon zu Mitte der 1960er-Jahre begonnen worden. Federführend für die Entwicklung des Maxi zeichnete Ing. Karl Hotter. Vom Motor her wurden einfachster Aufbau, absolute Werkstättenfreundlichkeit, geräuscharmer Lauf, „narrensichere" Automatik bei gleichzeitig geringsten Betriebskosten angestrebt. Für das Fahrgestell sollte optimale Robustheit für alle Betriebszustände im Einpersonenbetrieb, Minimierung der Bauteile (Tank im Rahmen integriert) mit geringen Herstellungskosten kombiniert werden. Dazu griff man wiederum zum bewährten Prinzip des Blechpressrahmens, der mit vollautomatischen Schweißrobotern für große Stückzahlen kostengünstig hergestellt werden konnte. Beim Motor griffen die Techniker zu einem schlitzgesteuerten Zweitakter mit einem liegenden, fahrtwindgekühlten Leichtmetallzylinder. Auf der Kurbelwelle sitzt die Fliehkraftautomatik, die über eine fixe Untersetzung die Kraft ans Antriebsritzel abgibt. Auf der linken Kurbelwellenseite befindet sich der Schwunglicht-Magnetzünder. Das Motorgehäuse ist horizontal geteilt. Zylinder und Kopf werden mit durchgehenden Zugbolzen ans Kurbelgehäuse geschraubt. Je nach Vergaserbestückung und geringfügigen Modifikationen am Zylinder konnte die Leistung des Maxi-Motors zwischen 1 und 2,4 PS variiert werden.

Puch-Maxi-Werbung: Maxi-Fahren erfordert keinerlei technische Kenntnisse. Es ist so einfach wie Radfahren: Draufsetzen, statt strampeln Gas geben und bremsen, das ist alles.

1974 kam, vor allem für den deutschen Markt, eine handgeschaltete Zweigang-Variante dazu. Der Motor war jedoch technisch ein Rückschritt mit vertikal geteiltem Gehäuse und dem Getriebe des MS 50.

Das Eingang-Maxi entwickelte sich dank seiner Anspruchslosigkeit und Robustheit in kürzester Zeit zu einem Verkaufshit. Das erste Modell aus 1969 hatte zwar vorne bereits die einfache, fettgeschmierte und ungedämpfte Teleskopgabel, aber noch keine Hinterradfederung. Das Modell 1 aus 1969 und 1970 hatte den Scheinwerfer über der oberen Gabelbrücke angesetzt. Beim Modell 2 (diese Bezeichnung bezieht sich auf das Angebot auf dem österreichischen Markt) ab 1971 war bereits eine Hinterradfederung vorgesehen. Die Hinterradschwinge bestand aus einem Blechpressteil, der mit einer wartungsfreien Gummilagerung am Rahmen befestigt war.

Die einfache Bedienung des Maxi sollte vor allem auch weibliche Kunden ansprechen.

Die deutsche Fachzeitschrift „Das Motorrad“ widmete im Februar 1973 erstmals der Kategorie der Automatik-Mofas einen eigenen Beitrag, da deren Benutzung ab dem 15. Lebensjahr in Deutschland erlaubt war und die Höchstgeschwindigkeit mit 25 km/h beschränkte. Dabei wurde die Antriebsart des Maxi als „Unterflurmotor“ mit Einzylinder-Zweitakter, liegendem Zylinder, Zahnrad-Primärübertragung mit automatischer Fliehkraftkupplung und Kettenantrieb zum Hinterrad bezeichnet. Dabei wurde besonders auf die zweite Kette hingewiesen, die einen Betrieb des Fahrzeuges mit Pedalkraft ermöglicht.

Im Februar 1974 merkte dieselbe Zeitung bei der Bildunterschrift zum Maxi-Motor an: *Der Puch-Maxi-Motor, der der Marke zu einer Führungsposition u. a. auf dem engli-*

schen Markt verhalf, in seine Einzelteile zerlegt. Und weist weiters auf die Vorteile des Automatik-Motors hin:

Aber ob zwei oder gar drei Gänge – die Getriebeschaltung ist eine Bedienungskomplikation, die vielen Radfahrern gar nicht gefällt. Die möchten, wenn sie schon gar nicht mehr zu treten brauchen, auch nur noch Gas geben oder bremsen – aus. Kuppeln oder Schalten ist ihnen ein Greuel. Und ihnen zuliebe schuf man für Mofa und Moped schon längst die Kupplungs- und teilweise auch eine Getriebe-Automatik … Die Getriebe-Automatik bedeutet nicht nur eine Bedienungsvereinfachung für den Fahrer, zumal sie auch beim Heruntergehen der Drehzahl automatisch trennt, so daß der Motor niemals „abgewürgt" werden kann. Sie bedeutet auch, daß ein unvernünftiger Fahrer den im Stand laufenden Motor nicht mehr durch kurze „Gasstöße" hochjubeln (und damit unnötigen Lärm machen) lassen kann. In manchen Ländern ist allein deshalb eine automatische Kupplung schon Vorschrift für die Zulassung eines neuen Modells.

Im September 1974 wurden in den USA die Mopeds von den Zulassungsbedingungen der Motorräder abgekoppelt. Das US „Department of Transportations National Highway Traffic Safety Administration" siedelte nunmehr die Mopeds zwischen den Fahrrädern und den Motorrädern an. Konkret bedeutete das, dass die Sicherheitsausrüstung wohl einen wesentlich höheren Standard aufweisen musste als die von Fahrrädern, jedoch etliche Erfordernisse für Motorräder wie beispielsweise Richtungsblinker, Fading-Nachweis für die Bremsen oder Bremsverzögerungswerte entfielen. Das Bundesgesetz bestimmte, dass maximal 30 mph (rund 48 km/h) Höchstgeschwindigkeit erlaubt waren, sowie eine Vorrichtung vorgesehen sein musste, die das Pedalieren des Fahrzeuges ohne Motorkraft ermöglichte. Den einzelnen Bundesstaaten blieb es jedoch vorbehalten, Durchführungsgesetze zu erlassen und auch die Höchstgeschwindigkeit unter dem Limit von 30 mph anzusiedeln. Trotz der damit verbundenen Modellvielfalt der Anbieter und damit auch von Puch, gründete die „Steyr-Daimler-Puch of America Corp." mit Sitz in Greenwich/Connecticut eine Southeast Division in Jacksonville/Florida, die sich ausschließlich um den Zweiradverkauf kümmerte. Dabei kam es zur Verwendung des imageträchtigen Markennamens „Austro-Daimler" für Fahrräder und einige Mopedmodelle. Auch sonst lief das US-Geschäft gut an. 1975, als der Jahresumsatz gesamt 75.000 Mopeds in den USA betrug, hatte Puch einen Marktanteil von gut einem Drittel für sich erobert, und davon wurde wiederum der Löwenanteil vom Maxi getragen.

1978 wurde der neue Zweigang-Automatikmotor beim Maxi eingeführt. Das bewährte Fliehkraftsystem wurde mit zwei Gangbereichen gekoppelt, wobei die Fliehgewichte ungleich schwer waren. Technisch wurde im selben Jahr das Drehmoment der Maxis verbessert, die Laufbahn des Zylinders wurde durch eine Schleudergussbuchse gebildet, Bezeichnung: Verbund-Zylinder.

In den USA wurden 1978, jenem Jahr, in dem Puch die meisten Fahrzeuge in der gesamten Werksgeschichte erzeugte, nämlich knapp 270.000 Mopeds und 350.000 Fahr-

Irgendwo in Florida im Jahre 1978: Puch-Mopeds gehören zum Straßenbild.

räder, allein sechs Mopedmodelle angeboten. Die US-Konsumentenzeitschrift „Consumers Guide“ bescheinigte dem Puch-Maxi exzellente Starteigenschaften, auch bei kaltem Wetter, sowie sanften und ruhigen Lauf und ausgezeichnete Beschleunigung.

Der Zweigangmotor leistete in der Österreich-Version 1,77 k W (2,4 PS). Dieses Zweigangmodell wurde vor allem im Hinblick auf den optimalen Einsatz im gebirgigen Terrain konstruiert. Zur Markteinführung dieses Modells wurde vom Werk auf Vorschlag des Autors, der damals als Pressesprecher in der Wiener Zentrale von SDP fungierte, eine Weltrekordaktion unter dem Motto: „Mit dem Maxi in die Stratosphäre“ gestartet. Dabei wurde von einem Fahrerteam unter Aufsicht eines Notars und der offiziellen Zeitnehmung der OSK mit einem völlig serienmäßigen, plombierten Maxi L/2-Moped zwischen der Mautstelle Fusch und der Edelweißspitze des Großglocknermassivs non-

Oben: Der Autor auf Puch-Maxi L/2 in der Nacht am Großglockner bei einer Fahrt zum Weltrekordunternehmen „mit dem Maxi in die Stratosphäre“.

Links: Puch-Maxi-Zweigang-Automatik, Modelljahrgang 1978.

Jubiläumsjahr „25 Jahre Puch-Mopeds“ 1980. Gegenüberstellung MS 50 1955 und Maxi-Modell 80. Im Hintergrund Everts auf Puch-Motocross.

Puch-Maxi im Einsatz als Rettungsfahrzeug mit Erste-Hilfe-Ausrüstung und Beatmungsgerät am San Francisco-Airport im März 1978.

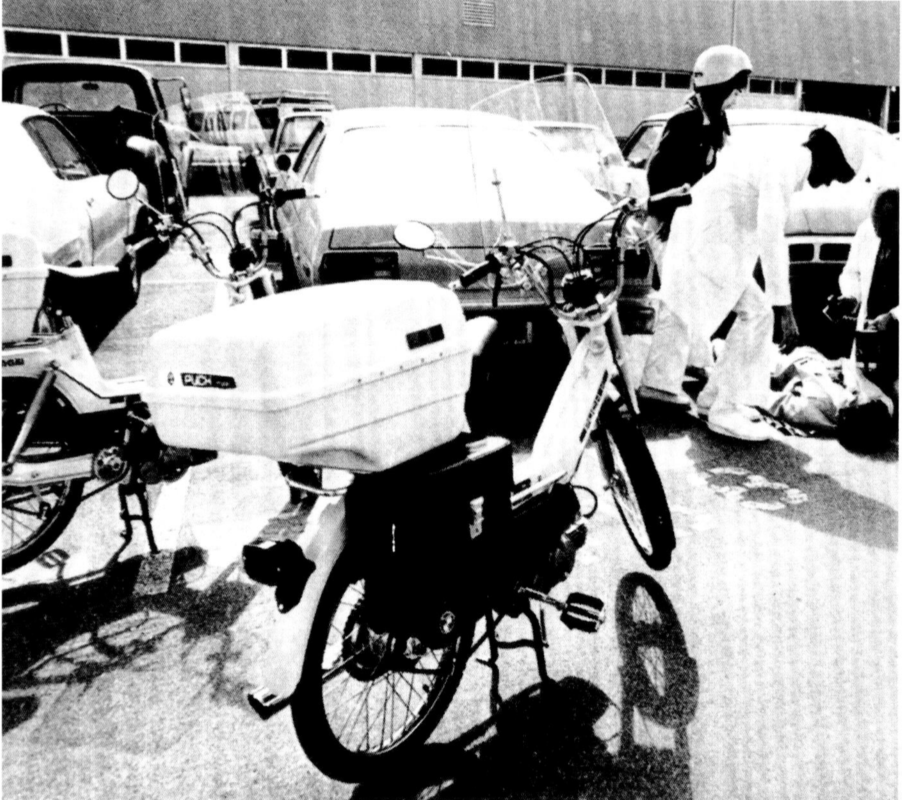

stop auf- und abgefahren, bis ein Höhenunterschied von 40.000 Metern erreicht worden war. Dazu waren 28 Fahrten notwendig, die Zeitdauer betrug rund 20 Stunden.

Im Juni 1979 brachte die deutsche Fachzeitschrift „Motorrad“ im Rahmen eines Vergleichstests von zehn Mofas bis 1.000 Mark die Unterschiede zwischen dem Ein- und Zweigangsystem auf den Punkt:
Die Experten unter den Mofa-Bauern sind sich einig: Für ein gesetzlich in der Höchstgeschwindigkeit limitiertes Fahrzeug genügt der technisch einfachste Motor mit Fliehkraftkupplung und festem Übersetzungsverhältnis. Mofas mit zwei oder mehr Gängen zeichnen sich lediglich durch geringfügig bessere Steigfähigkeit aus.
Ergebnis des Tests: Puch baute das sparsamste Mofa von allen Bewerbern.

1979 wurde auch das „Safety-Maxi“, ein mit etlichen Sicherheitsdetails ausgestattetes Maxi-Moped, vorgestellt. Dieser Prototyp entstand in der Entwicklungsabteilung des Werkes und diente vor allem der Unfallforschung. Es war in Leuchtfarbe lackiert, hatte einen Pralltopf am Lenker-Mittelteil sowie eine Abdeckung des Tanks mit Schaumstoff. Dazu kam eine durchgehende „Reling“ vom Gabelkopf bis zum Heckkotblech. In Österreich wurden die Ein- und Zweigang-Maxi-Modelle in verschiedenen Ausstattungsvarianten ausgeliefert. Es gab Speichen- oder Gussräder, Sattel oder Sitzbank (jedoch immer nur für Einpersonenbetrieb zugelassen) und Gepäckträger mit Rammstangen, Tankgepäckträger usw.
Die Modellvielfalt nur allein der jährlichen Österreich-Modelle und erst der unglaublich vielfältigen Ausführungen des Maxis für die einzelnen Exportmärkte vom amerikanischen „Newport“, über das „Nostalgie-Maxi“ (ein Modell mit Jugendstil-Beschriftung und Zierlinien) bis zum „Maxi 75“ (mit 75 cm³-Motor) für Afrika usw. hier aufzulisten, würde den Rahmen dieses Buches bei Weitem überschreiten.

Puch-Maxi S, Eingang-Automatik, 2,2 PS, Modell 1977 mit Leichtmetall-Druckgussrädern und Jugendstil-Schriftzug, 1980.

Am 15. November 1977 wurde der einmillionste Puch-Maxi-Motor hergestellt.

Prototype „Safety-Maxi“. Dieses Modell war in Tagesleuchtfarbe lackiert und mit etlichen Sicherheitsdetails wie Schaumstoffauflage am Tank, Prallplatte am Lenker, Begrenzungslicht auch bei Motorstillstand usw. ausgerüstet, 1979.

	Technische Daten		Maxi-Eingangmodelle ab 1969: Maxi, N, L, S, SL, E, SE			
Motor	Baujahr		–			
	Maschinen-Nummern-Bereiche		4,200.101–4,289.999 5,200.101–5,299.999 5,600.001–5,669.999 8,100.001–8,104.999 5,700.001–5,780.000 9,600.101–9,689.999 9,900.101–9,969.999		lose Motoren extra: 4,290.101–4,299.999 5,670.000–5,699.999 8,105.000–8,189.899 5,780.001–5,799.999 9,690.101–9,699.999 9,970.000–9,989.999	
	Produktion		alle Maxi-Modelle mit Starrrahmen 614.167 Stück alle Maxi-Modelle mit Hinterradfederung 1,198.522 Stück			
	Typ		Einzylinder-Zweitaktmotor			
	Bohrung/Hub (mm)		38/43			
	Hubraum (cm³)		48,8			
	Verdichtung		9,2:1	9,2:1	10:1	10:1
	Leistung	PS bei 1/min	1,7/4.800	2,0/5.500	2,2/4.500	2,5/5.000
		kW bei 1/min	1,25/4.800	1,47/5.500	1,62/4.500	1,8/5.000
	max. Drehmoment	kpm	0,3/3.500	0,38/3.600	0,38/3.600	0,4/3.700
		Nm	3,0/3.500	3,8/3.600	3,8/3.600	4,1/3.700
	Motorschmierung		1:50			
	Vergaser		Bing 1/12		Bing 1/14/165	
	elektrische Anlage		Bosch RB1 6 V 17 W		Bosch 6 V 26–5/10 W	
	sonstige Baumerkmale des Motors		fahrtwindgekühlter Leichtmetallzylinder			
Kraftübertragung	Kupplung		Fliehkraftkupplung			
	Getriebe		1-Gang-Automatik: 1. i = 5,05			
Fahrgestell	Rahmen		Pressstahlrahmen mit integriertem Tank			
	Federung vorne		einfache, ungedämpfte Teleskopgabel, Federweg 50 mm			
	Federung hinten		frühe Modelle und Modell N ungefedert, Schwinge mit Federbeinen, Federweg 50 mm			
	Räder, Bereifung		2½ x 17			
Maße und Gewichte etc.	Länge/Breite/Höhe (mm)		1.670/690/1.000			
	Radstand (mm)		1.120			
	Bodenfreiheit (mm)		100			
	Sitzhöhe (mm)		verstellbar			
	Trockengewicht (kg)		45 bis 60			
	Tankinhalt (l)		3,2 (Reserve 1)			
	Fahrleistungen		40 km/h, 14%			
	Sonstiges		Leistungs- und Ausstattungsvarianten für viele Exportmärkte von 1 HP – 2 HP und 70 cm³ (Afrika), Moped/Mofa für 1-Personen-Betrieb			

Technische Daten			Maxi-Zweigangmodelle Handschaltung	Maxi-Zweigangmodelle Automatik
Motor	Baujahr		ab 1973	
	Maschinen-Nummern-Bereiche		5,300.101–5,399.999 5,800.101–5,889.999 5,900.101–5,989.999	5,100.101–5,189.999 lose Motoren extra: 5,190.101–5,199.999
	Produktion		alle Maxi-Modelle mit Starrrahmen 614.167 Stück alle Maxi-Modelle mit Hinterradfederung 1,198.522 Stück	
	Typ		Einzylinder-Zweitaktmotor	
	Bohrung/Hub (mm)		38/43	
	Hubraum (cm³)		48,8	
	Verdichtung		8,5–11:1	
	Leistung	PS bei 1/min	2,4/5.000	
		kW bei 1/min	1,77/5.000	
	max. Drehmoment	kpm	0,38/3.600	
		Nm	3,8/3.600	
	Motorschmierung		1:50	
	Vergaser		Bing 1/14 (1/12 und 18/12)	
	elektrische Anlage		Bosch 6 V/17 W (6 V 19/5 W)	
	sonstige Baumerkmale des Motors		Mehrscheiben im Ölbad	zwei getrennte Fliehkraftkupplungen
Kraftübertragung	Kupplung		Fliehkraftkupplung	
	Getriebe		2-Gang- Handschaltung: 1. i = 2,45; 2. i = 1,38	Automatik: 1. i = 4,37; 2. i = 2,91
Fahrgestell	Rahmen		Pressstahlrahmen mit integriertem Tank	
	Federung vorne		einfache, ungedämpfte Teleskopgabel, Federweg 50 mm	
	Federung hinten		Schwinge mit Federbeinen, Federweg 50 mm	
	Räder, Bereifung		2 ¼–17	
Maße und Gewichte etc.	Länge/Breite/Höhe (mm)		1.670/690/1.000	1.670/640/1.000
	Radstand (mm)		1.120 und 1.090	1.070
	Bodenfreiheit (mm)		100	
	Sitzhöhe (mm)		–	
	Trockengewicht (kg)		46–54	
	Tankinhalt (l)		3,2 (Reserve 1)	
	Fahrleistungen		40 km/h, 22%	40 km/h, 24%
	Sonstiges		Moped/Mofa für 1-Personen-Betrieb mit besonderer Bergsteigfähigkeit	

Puch-Maxi SL 2 mit Sitzbank und Tank-Gepäckträger, Modell 1982.

Maxi-Plus

Maxi-Plus 1982.

Der Bestseller von Puch, das Maxi-Moped (Mofa) war längst, ähnlich dem Jeep für Geländewagen, zum Synonym für diese gesamte Fahrzeugkategorie geworden. Dennoch war es nach Meinung der Marketingstrategen notwendig geworden, ein Nachfolgemodell für das Maxi zu entwickeln. Das Projekt lief unter dem Namen „Maxi 80", die technische Entwicklung unter der Puch-Typnummer 345. Und es war auch das Porsche-Entwicklungszentrum Weissach in Design und Technik mit involviert. Das Ergebnis der Entwicklungsarbeit war Ende 1982 serienreif und kam 1983 in Österreich als „Motorfahrrad, Type Puch-Maxi II" mit der Verkaufsbezeichnung „Maxi Plus" auf den Markt. Dieses Moped muss man aus heutiger Sicht als sensationell bezeichnen und es war den Mitbewerbern um viele Entwicklungsstufen voraus.

- Als Antriebsquelle dient der millionenfach bewährte, mit einem neuen Graugusszylinder modifizierte Maxi-Motor mit mehr Drehmoment, günstigerem Verbrauch und besserer Laufruhe.
- Der Antrieb erfolgt in Form einer Triebsatzschwinge (Motor und Schwinge kombiniert) aus Aluminium-Druckguss. Dies garantiert eine exakte Radführung und sichere Straßenlage.
- Rahmen und Gabel weisen abgerundete Kanten zur Minimierung der Verletzungsgefahr auf, der Gabelkopf ist komplett geschlossen und der Rahmen weist einen extrem niedrigen Durchstieg auf.
- Der Tank befindet sich im Heck unter dem Gepäckträger.
- An Stelle eines Sattels gibt es ein Sitzkissen auf dem tragenden Alu-Unterbau. Dieser enthält ein versperrbares Staufach.

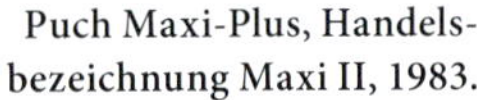
Puch Maxi-Plus, Handelsbezeichnung Maxi II, 1983.

Auf der Basis des Maxi-Plus kreierte Puch das letzte Zweisitzer-Moped des Hauses, das Turbo-Moped mit Zweigang-Schaltung und Triebsatzschwinge. Modell 1987.

- Die Kunststoff-Kotflügel sind rostfrei und bruchfest.
- Serienmäßige Ausstattung wahlweise mit Pedalen oder Kickstarter mit Fußrasten.
- Die Vordergabel weist Alu-Gleitrohre mit 85 mm Federweg auf.
- Sonderausstattung Blinker mit elastischer Befestigung.

In Österreich wurden 1983 zwei Modelle ausgeliefert: das einsitzige „Maxi-Plus" und das zweisitzige „Turbo". 1985 wurde das „Maxi-Plus" zum letzten Mal in der Einführungsversion angeboten, das modellgepflegte „Maxi-Plus" von 1986 zeichnete sich durch verchromte Metallkotflügel aus.

Trotz der fortschrittlichen Konstruktion und der modernen äußeren Form konnte das „Maxi-Plus" nicht an den Verkaufserfolg des „Puch-Maxi" anschließen. Insgesamt war das „alte" Maxi bei Kunden, Händlerschaft und schlussendlich bei der Weiterentwicklung zum Supermaxi mit Katalysator dasjenige Fahrzeug, das den Namen „Puch" bis zuletzt hochhielt.

Das Ende des „Maxi-Plus" war schlussendlich ebenso kurz wie schmerzhaft und ruhmlos: Konstruktion und Produktionsanlagen wurden nach dem Ende der Zweiradfertigung 1987 in Graz nach Indien verkauft.

Technische Daten			City (X 40, Free Spirit USA)	Mini-Maxi
Motor	Baujahr		ab 1979	1985–1987
	Maschinen-Nummern-Bereiche		in den Eingang-Maxi-Nummern enthalten	
	Produktion		alle Modelle 8.399 Stück	
	Typ		Einzylinder-Zweitaktmotor	
	Bohrung/Hub (mm)		38/43	
	Hubraum (cm³)		48,8	
	Verdichtung		8,5:1	
	Leistung	PS bei 1/min	2,7/5.500	
		kW bei 1/min	2,0/5.500	
	max. Drehmoment	kpm	0,38/3.500	0,38/4.000
		Nm	3,8/3.500	3,8/4.000
	Motorschmierung		1:50	
	Vergaser		Bing 1/14	
	elektrische Anlage		Bosch RB1 6 V/17 W	
	sonstige Baumerkmale des Motors		fahrtwindgekühlter Leichtmetallzylinder	
Kraftübertragung	Kupplung		Fliehkraftkupplung	
	Getriebe		1-Gang-Automatik: i = 5,05	
Fahrgestell	Rahmen		Zentralrohrrahmen	
	Federung vorne		hydraulisch gedämpfte Teleskopgabel, Federweg 60 mm	Telegabel, Federweg 50 mm
	Federung hinten		Schwinge mit Federbeinen, Federweg 60 mm	Schwinge mit Federbeinen, Federweg 45 mm
	Räder, Bereifung		3,00–12	2,50–14
Maße und Gewichte etc.	Länge/Breite/Höhe (mm)		1.740/680/1.030	1.650/680/1.010
	Radstand (mm)		1.170	1.100
	Bodenfreiheit (mm)		150	130
	Sitzhöhe (mm)		–	–
	Trockengewicht (kg)		56	48
	Tankinhalt (l)		3,8 (Reserve 1)	3,5
	Fahrleistungen		40 km/h, 14%	40 km/h, 14%
	Sonstiges		Moped/Mofa mit kleinen Laufrädern für 1-Personen-Betrieb	

	Technische Daten		Maxi-Plus	Turbo, Turbo-Sport, Racing (einsitzig)
Motor	Baujahr		1983–1987	1983–1987
	Maschinen-Nummern-Bereiche		–	
	Produktion		alle Modelle 18.219 Stück	
	Typ		Einzylinder-Zweitaktmotor	
	Bohrung/Hub (mm)		38/43	
	Hubraum (cm³)		48,8	
	Verdichtung		1:8,2	
	Leistung	PS bei 1/min	2,72/5.500	
		kW bei 1/min	2,0/5.500	
	max. Drehmoment	kpm	0,38/4.000	
		Nm	3,8/4.000	
	Motorschmierung		1:50	
	Vergaser		Bing 18/14 mm Ø	
	elektrische Anlage		Bosch 6 V 19–10/5 W 0212 122 047	
	sonstige Baumerkmale des Motors		fahrtwindgekühlter Graugusszylinder	
Kraftüber-tragung	Kupplung		Fliehkraftkupplung	Mehrscheiben im Ölbad
	Getriebe		1-Gang-Automatik: i = 5,05	2-Gang-Handschaltung
Fahrgestell	Rahmen		Pressstahlrahmen	
	Federung vorne		Teleskopgabel, Federweg 80 mm	
	Federung hinten		Triebsatzschwinge mit Federbeinen, Federweg 50 mm	
	Räder, Bereifung		2½–16	
Maße und Gewichte etc.	Länge/Breite/Höhe (mm)		1.660/690/1.040	
	Radstand (mm)		1.100	
	Bodenfreiheit (mm)		130	
	Sitzhöhe (mm)		–	
	Trockengewicht (kg)		62	
	Tankinhalt (l)		3,7	
	Fahrleistungen		40 km/h, 14%	40 km/h, 22%
	Sonstiges		Moped/Mofa für 1- oder 2-Personen-Betrieb mit extrem robustem Sicherheitsfahrwerk, Tank im Fahrzeugheck	

Maxi-Plus „Racing“ 1985.

Maxi-Plus „Racing“

Das einsitzige Maxi-Plus-Modell „Racing“, das ab 1985 ebenfalls noch auf den Markt kam, hatte bereits eine Zweigang-Handschaltung. Es war in den Farben Transparentrot (Kirschrot), Weißgrau, Schwarz/Seidenglanz und Mattschwarz erhältlich. Die mechanische Zweigangschaltung wurde mit dem linken Drehgriff am Lenker betätigt, für Komfort sorgte ein bequemes Sitzkissen.

Puch-City, das wendige Kompaktmoped für den Stadtverkehr, Modell 1980.

City, Mini-Maxi

Der Maxi-Eingang-Automatikmotor kam ab 1979 im Modell „City“ (Werkscode X 40), einem Stadtmoped mit 12"-Rädern zum Einsatz (in Österreich erst ab 1982), sowie im Modell „Mini-Maxi“ mit 14"-Laufrädern und extrem modischem Design (ab 1983). Beide Modelle hatten in Österreich den 2 kW (2,72 PS)-Motor mit Leichtmetallzylinder. Das Mini-Maxi hatte den 3,5 Liter-Kunststofftank unter dem Sitz angebracht, beim City befand er sich an gewohnter Stelle. Das Fahrgestell beider Modelle war jedoch ein alter Bekannter: Der gebogene Zentralrohrrahmen, der schon im X 30 zur Anwendung gelangt war.
Gerade das Modell City warf ein bezeichnendes Schlaglicht auf die Vielfältigkeit der Modell- und Verkaufspolitik von Puch: Bereits 1978 fand sich dieses Fahrzeug als Modell „Free Spirit“ im Verkaufsprogramm von Sears, Roebuck & Co. in den USA. Und schon Jahre vorher wurde das Modell X 30 (mit den großen Laufrädern) mit dem Eingang-Maxi-Motor von diesem Handelshaus angeboten.

Puch-Mini-Maxi mit Eingang-Automatikmotor, Modell 1985.

Supermaxi und Supermaxi-Katalysator

Während im Modellprogramm von 1985 in Österreich die vier neuen Modelle „Condor" (Geländesportmoped), „Mini-Maxi" (in Pink für das weibliche Publikum) sowie das mit dem Maxi-Plus-Fahrgestell versehene Modell „Racing" (Einsitzer) und „Turbo-Sport" (Zweisitzer) mit Zweigang-Handschaltung angeboten wurden, liefen in Konstruktion und Versuch bereits die Arbeiten mit Hochdruck an der Entwicklung des neuen „Supermaxi".

Die Hoffnungen in die Maxi-Plus-Serie als Ablösemodell für das Maxi hatten sich nicht erfüllt. Dies lag vor allem in der technisch für diese Fahrzeugkategorie viel zu aufwendigen Fahrwerks- und Antriebskonzeption. Das Maxi-Plus hätte eine neue, völlig von den bisher üblichen Mopeds abgekoppelte Fahrzeugkategorie begründen können. Aber dieses zukunftsweisende Moped kam genau in der Phase des dramatischen Niederganges der Verkaufszahlen von Mopeds auf den Markt und konnte daher die technisch durchaus gerechtfertigten Hoffnungen kommerziell nicht erfüllen. Als 1987 die Entscheidung für den Verkauf der Zweiradfertigung gefallen war, interessierten sich vor allem Käufer aus den Ländern der Dritten Welt für die Maxi-Plus-Serie und deren Produktionsanlagen. Denn jedem Fachmann war bei Betrachtung des Fahrzeuges klar, dass dieses Fahrzeugkonzept für die größten Beanspruchungen unter extremen Bedingungen wie hoher Nutzlast, Hitze, Staub, Nässe und unbefestigten Straßen genau richtig war.

Das letzte Kapitel der Puch-Zweiradfertigung schrieb das Supermaxi mit Katalysator. Es ist dieses Fahrzeugkonzept ein Beweis dafür, dass die Techniker bei Puch jederzeit

Werksprospekt, Modelle 1985.

Das Triebwerk des Supermaxi mit großem Micronic-Filter und extrem starker Verrippung des Leichtmetallzylinders im Schnitt.

Puch-Supermaxi, die letzte Entwicklungsstufe des Maxi mit allen Voraussetzungen, diese Fahrzeugkategorie fürs nächste Jahrzehnt tauglich zu machen. Hier das Modell 1985 mit glattem, verchromtem Auspufftopf ohne Wärmeschutzblende.

Das Puch-Supermaxi mit Katalysator: Dieses Moped erfüllte bereits bei seinem Erscheinen im Herbst 1986 alle Abgasvorschriften, die für die nächsten Jahre in Europa zu erwarten waren und dann auch verwirklicht wurden.

Das Mofa
der „blitzsauberen" Art.
Das erste der Welt.

Kraftvoll.
Sparsam.
Umweltschonend.

SUPERMAXI
mit Katalysator

Der grüne Punkt:

Bleifrei.
Cadmiumfrei.
Asbestfrei.

Werbeprospekt für das neue Puch-Supermaxi, 1986.

in der Lage waren, auf die Herausforderungen der Zeit in einer Art und Weise zu reagieren, die der Konkurrenz meilenweit das Nachsehen gab.

Mitte der 1980er-Jahre war das Moped ins Schussfeld der Umweltschützer geraten. Obwohl Mopeds inzwischen allgemein mit einem Mischungsverhältnis von 1:50 (Puch war bereits Ende der 1960er-Jahre auch auf diesem Gebiet federführend) und Puch-Mopeds sogar mit synthetischem Zweitaktöl 1:100 (!) gefahren wurden, ergaben Untersuchungen, dass Kohlenwasserstoffen eine gewisse Rolle beim „Waldsterben" zukommt. Die Verursacher sind in der Industrie, den privaten Haushalten (Lack- und Haushaltsmitteldämpfe) und den Abgasen von Zweitaktmotoren zu suchen. Trotz der Tatsache, dass Mopeds aufgrund ihres Einsatzes vor allem als Kurzstreckenverkehrsmittel und infolge der witterungsbedingten kurzen Fahrsaison nur sehr geringe Kilometerleistungen erbringen, kommt ihnen ein überdurchschnittlich hoher Anteil an der Kohlenwasserstoff-Emission im Straßenverkehr zu.

Die Entwicklungsarbeit der Puch-Techniker konzentrierte sich daher einerseits auf die Weiterentwicklung des Maxi-Motors in Richtung des Magerkonzeptes mit den Punkten: Schadstoffreduktion im Abgas, Verbrauchsreduktion und exaktes Einhalten der gesetzlichen Höchstgeschwindigkeit sowie mageres Abregeln im Zweitakt, andererseits auf Geräuschreduktion, verbessertes Anfahrverhalten und Bergsteigvermögen sowie einwandfreies Kaltstart- und Warmlaufverhalten.
Das Ergebnis dieser Arbeiten wurde im Herbst 1986 der Öffentlichkeit vorgestellt: das Supermaxi. Und im Zuge dieser Arbeiten wurde gleichzeitig eine Katalysatorversion zur Serienreife gebracht, die den schadstoffärmsten Benzinmotor der Welt als Antriebsquelle hat.

Unter Praxisbedingungen erbrachte das „Kat-Maxi" über mindestens 15.000 km die gereinigten Abgase. Somit gab es auch vom Katalysator her keine Beeinträchtigung des Fahr- und Bedienungskomforts. Das neue Maxi zeigte gegenüber dem bisherigen Motor ein unglaublich verbessertes Drehmomentverhalten, was ja vor allem beim Ampelstart und beim innerstädtischen Stop-and-Go-Verkehr von großer Bedeutung in Bezug auf die Sicherheit ist.

Der Supermaxi-Motor wies folgende wesentlichen Überarbeitungspunkte auf: vergrößertes Saugfiltervolumen, überarbeiteter Vergaser, neuer Zylinder mit fünf Überströmkanälen und optimierter Spülung sowie größeren Kühlrippen für bessere Warmleistung und Bergsteigfähigkeit, neue Brennraumform zur Verbesserung der Verbrennung, des Abregelverhaltens und der Geräuschemission, neuer Kolben mit einem Kolbenring und optimiertem Schliffbild zur Geräuschminderung, neue Auspuffanlage nach den letzten Erkenntnissen der Gasdynamik für bestmögliches Drehmoment gestaltet, mit angenehm leisem, sonorem Auspuffgeräusch, verstärkte Fliehkraftkupplung zur besseren Übertragung des Drehmoments. Das Supermaxi konnte mit und ohne Katalysator geliefert werden.

Mit dem Katalysator-Maxi wies Puch 1986 den Weg in die Zukunft des Mopeds.

Bei der Katalysatorversion handelte es sich um einen ungeregelten Zweiweg-Katalysator zur Reduktion der Schadstoffanteile bei den Kohlenwasserstoffen und dem Kohlenmonoxyd. Stickoxyde (NO_x) hat der Zweitakter aufgrund seines Arbeitsverfahrens ohnehin wesentlich weniger als der Viertakter. Das Pflichtenheft des Supermaxis mit Katalysator lautete (gegenüber der katalysatorlosen Version): drastische Reduktion der Schadstoffwerte im Abgas, Beseitigung der Abgastrübung und des Abgasgeruches, keine Verbrauchsverschlechterung, keine Verschlechterung von Drehmoment und Leistung, Beibehaltung der Gebrauchseigenschaften wie Kaltstartverhalten und Anfahrverhalten und schließlich Langzeitstabilität der Katalysatoreigenschaft.

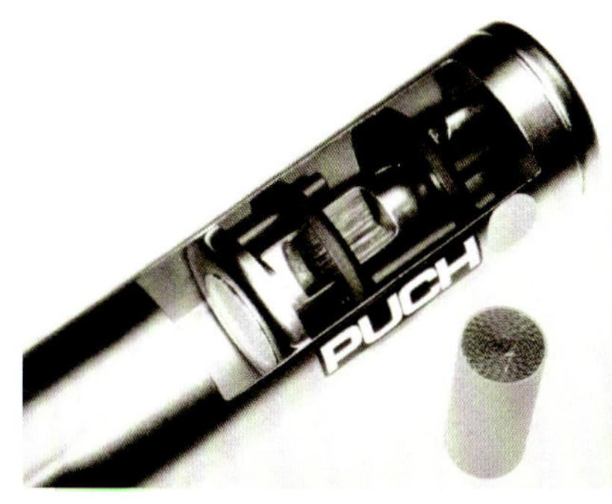

Der ungeregelte Zweiweg-Katalysator des Maxi. Die tatsächliche Anordnung des Abgasreinigers war wesentlich weiter vorne als am Bild gezeigt. In der gezeigten Position wäre die erforderliche Anspringtemperatur nicht zu erreichen gewesen.

Wie weit Puch mit dieser Konzeption der Konkurrenz voraus war, zeigt die Tatsache, dass die Mitbewerber bis Mitte 1988 noch immer nicht in der Lage waren, ein Kat-Moped/Mofa für die gesetzlich in naher Zukunft vorgeschriebenen Abgaswerte in Österreich und der Schweiz auf den Markt zu bringen.

Technische Daten			Supermaxi	Supermaxi mit Katalysator
Motor	Baujahr		ab 1986	ab 1986
	Maschinen-Nummern-Bereiche		–	
	Produktion		–	
	Typ		Einzylinder-Zweitaktmotor	
	Bohrung/Hub (mm)		38/43	
	Hubraum (cm^3)		48,8	
	Verdichtung		6,5:1 (CH)	9:1
	Leistung	PS bei 1/min	1,16/3.500 (CH)	2,6/4.500
		kW bei 1/min	0,85/3.500 (CH)	1,91/4.500
	max. Drehmoment	kpm	0,289/2.750 (CH)	0,397/4.500
		Nm	2,95/2.750 (CH)	4,05/4.500
	Motorschmierung		1:50	
	Vergaser		Bing 14, Nr. 18/14/110	
	elektrische Anlage		6 V Magnetzündung, Lichtmaschine 6 V 17 W	
	sonstige Baumerkmale des Motors		fahrtwindgekühlter Leichtmetallzylinder	
Kraftübertragung	Kupplung		Fliehkraft	
	Getriebe		1-Gang-Automatik	
Fahrgestell	Rahmen		Blechpress-Schalenrahmen mit integriertem Tank	
	Federung vorne		Teleskopgabel	
	Federung hinten		Schwinge mit Federbeinen	
	Räder, Bereifung		2¼–17	
Maße und Gewichte etc.	Länge/Breite/Höhe (mm)		1.670/680/1.020	
	Radstand (mm)		1.090	
	Bodenfreiheit (mm)		100	
	Sitzhöhe (mm)		–	
	Trockengewicht (kg)		51,5	
	Tankinhalt (l)		3,2 (Reserve ca. 1)	
	Fahrleistungen		30 km/h, 13% (CH)	40 km/h, 18% (A)
	Sonstiges		letzte Entwicklungsstufe des Puch-Maxi für 1-Personen-Betrieb, Betrieb ausschließlich mit bleifreiem (Normal-)Benzin	

Tabellenteil Mopeds von 1954–1987

Die nachfolgenden Tabellen listen die technischen Daten der **wichtigsten Puch-Moped-Modelle in Österreich** auf. Eine lückenlose Vollständigkeit ist aufgrund der Typen- und Ausführungsvielfalt allein der Österreich-Modelle nicht möglich.

Da auch 1988 noch immer auf den Bändern in Graz Moped-Motoren – und zwar teils zur Abdeckung alter Lieferverpflichtungen, teils für die Puch-Mopeds des neuen Besitzers Piaggio – gefertigt wurden, umfasste die Ära der Puch-Mopeds de facto 35 Jahre. In dieser Zeit wurden mit allen Varianten inklusive Export-Modellen zirka **1.300 (!)** Moped-Modelle gefertigt.

Zu den technischen Daten ist anzumerken, dass sich Abweichungen beispielsweise schon allein zu den Typenscheinangaben und zu den einzelnen Modellen ein und derselben Baureihe aus den originalen Werksunterlagen, denen diese Werte entnommen sind, ergeben. Weitere Abweichungen können sich vor allem bei den Leistungsangaben durch unterschiedliche Drehzahlen, bei denen die Messungen durchgeführt wurden, ergeben. Weiters ist beim Studium der Tabellen zu beachten, dass die effektive Serien-Produktion oft schon vor der Markteinführung in Österreich begonnen hat und/oder das Modell noch nach dem Auslaufen am österreichischen Markt für Exportmärkte weiter produziert wurde. Zeitliche Abweichungen aufgrund dieser Fakten können sich daher im Kapitel „Die Puch-Mopeds von 1954–1987“ ergeben.

Das 1,000.000ste Puch-Moped war ein VZ 50 und wurde am 25. Oktober 1967 mit einem vergoldeten Modell abgefeiert.

Moped-Produktionstabelle 1954–1987

Jahr	1954	1955	1956	1957	1958	1959	1960	1961	1962	1963	1964	1965
Stückzahl	3261	43.023	82.337	109.128	94.114	67.140	95.793	68.699	69.377	69.487	77.656	81.662
Jahr	1966	1967	1968	1969	1970	1971	1972	1973	1974	1975	1976	1977
Stückzahl	96.436	65.814	67.314	114.447	137.400	149.172	174.688	182.612	207.356	168.007	165.979	216.521
Jahr	1978	1979	1980	1981	1982	1983	1984	1985	1986	1987		
Stückzahl	267.587	164.380	203.554	133.695	108.705	102.283	115.814	134.186	79.919	33.607		

Moped-Produktion der Hauptmodelle und Gesamtproduktion 1954–1987

Modell	MS, VS, DS, VZ, M 50, MC usw.	X 30	Maxi starr	Maxi Hinterradfederung	Mini-Maxi	Maxi-Plus	MV 50 X	Monza	Cobra, Jet	Magnum X, Minicross	gesamt
Produktionszahl	1,599.620	272.327	614.167	1,198.522	8.399	18.219	51.937	102.069	24.581	25.270	3,915.111

	Typenvielfalt 1983 bis 1987	
Modell	**Maxi starr**	**Maxi E**
Foto		
Motor	Einzylinder-Zweitaktmotor, fahrtwindgekühlt, 48,8 cm³, 1,77 kW/2,4 PS	Einzylinder-Zweitaktmotor, fahrtwindgekühlt, 48,8 cm³, 1,77 kW/2,4 PS
Gänge	1	1
Schaltung	Automatik	Automatik
Sitze	1	1
Farben	Kirschrot	Weiß, Kirschrot
Ausstattung und Merkmale	Pressstahlrahmen mit integriertem Tank 3,2 l, Speichenräder 17", Telegabel vorne, hinten starr, Trommelbremse vorne, 80 mm Ø, Rücktrittbremse hinten, 90 mm Ø, Schwingsattel	Pressstahlrahmen mit integriertem Tank 3,2 l, Druckgussräder 17", Telegabel vorne, hinten Federbeine, Trommelbremse vorne und hinten 80 mm Ø, beide Bremsen mit Handhebel zu bedienen, Schwingsattel mit Werkzeugbox, Helm- und Lenkerschloss

Typenvielfalt 1983 bis 1987		
Maxi L, Maxi LE	**Maxi S, Maxi SL**	**Maxi Pearly (1986)**

Einzylinder-Zweitaktmotor, fahrtwindgekühlt, 48,8 cm³, 1,77 kW/2,4 PS	Einzylinder-Zweitaktmotor, fahrtwindgekühlt, 48,8 cm³, 1,77 kW/2,4 PS	Einzylinder-Zweitaktmotor, fahrtwindgekühlt, 48,8 cm³, 1,77 kW/2,4 PS
1	1	1
Automatik	Automatik	Automatik
1	1	1
Kirschrot	Moccabraun	Hellrosa, Gelb
Pressstahlrahmen mit integriertem Tank 3,2 l, Speichenräder 17", Telegabel vorne, hinten Federbeine, Trommelbremse vorne 80 mm Ø, hinten 90 mm Ø, Rücktrittbremse, Schwingsattel mit Werkzeugbox, Helmschloss, Tragebügel. Maxi L mit Sitzbank für 1 Person	Pressstahlrahmen mit integriertem Tank 3,2 l, Druckgussräder 17", Telegabel vorne, hinten Federbeine, Trommelbremse vorne und hinten 90 mm Ø, Rücktrittbremse, Schwingsattel mit Werkzeugbox, Helm- und Lenkerschloss, Maxi SL mit zusätzlichem Tankgepäckträger	Pressstahlrahmen mit integriertem Tank 3,2 l, Druckgussräder 17", Telegabel vorne, hinten Federbeine, Trommelbremse vorne 80 mm Ø, hinten 90 mm Ø, Rücktrittbremse, Schwingsattel mit Werkzeugbox, Helm und Lenkerschloss, Tragebügel, Gepäckträger mit Packtaschenhalter

	Typenvielfalt 1983 bis 1987	
Modell	**Supermaxi (mit Katalysator ab 1986)**	**Maxi SE**
Foto		
Motor	Einzylinder-Zweitaktmotor, fahrtwindgekühlt, 48,8 cm³, 2,0 kW/2,72 PS	Einzylinder-Zweitaktmotor, fahrtwindgekühlt, 48,8 cm³, 1,77 kW/2,4 PS
Gänge	1	1
Schaltung	Automatik	Automatik
Sitze	1	1
Farben	Blau/Weiß (Modell ohne Kat rot/weiß)	Stratosblau, Perlelfenbein, Anthrazit
Ausstattung und Merkmale	Pressstahlrahmen mit integriertem Tank 3,2 l, Druckgussräder 17", Telegabel vorne, hinten Federbeine, Trommelbremse vorne 80 mm Ø, hinten 80 mm Ø, beide Bremsen handbetätigt, Auspuffanlage mit ungeregeltem Katalysator, Tragebügel, Gepäckträger hinten, Gepäckbrücke am Tank, Helm- und Lenkerschloss, bleifrei, cadmiumfrei, asbestfrei	Pressstahlrahmen mit integriertem Tank 3,2 l, Druckgussräder 17", Telegabel vorne, hinten Federbeine, Trommelbremse vorne 80 mm Ø, hinten 90 mm Ø, Rücktrittbremse, Schwingsattel mit Werkzeugbox, Helmschloss, Tragebügel, Gepäckträger mit Seitenbügeln für Packtaschen

Typenvielfalt 1983 bis 1987		
Maxi SE-2H	**Maxi SE2 (Maxi S2, Maxi SL2)**	**Rider (ab 1985)**

Einzylinder-Zweitaktmotor, fahrtwindgekühlt, 48,8 cm³, 1,77 kW/2,4 PS	Einzylinder-Zweitaktmotor, fahrtwindgekühlt, 48,8 cm³, 1,77 kW/2,4 PS	Einzylinder-Zweitaktmotor, fahrtwindgekühlt, 48,8 cm³, 1,77 kW/2,4 PS
2	2	2
Handschaltung	Automatik	Automatik
1	1	1
Grün	Rot, Anthrazit, Grün	Fiatrot
Pressstahlrahmen mit integriertem Tank 3,2 l, Druckgussräder 17", Telegabel vorne, hinten Federbeine, Trommelbremse vorne 80 mm Ø, hinten 100 mm Ø, Rücktrittbremse, Schwingsattel mit Werkzeugbox, Helmschloss, Tragebügel, Gepäckträger	Pressstahlrahmen mit integriertem Tank 3,2 l, Druckgussräder 17", Telegabel vorne, hinten Federbeine, Trommelbremse vorne 80 mm Ø, hinten 90 mm Ø, Rücktrittbremse, Schwingsattel mit Werkzeugbox, Helm und Lenkerschloss, Tragebügel, Gepäckträger mit Packtaschenhalter	Pressstahlrahmen mit integriertem Tank 3,2 l, Druckgussräder 17", Telegabel vorne mit 75 mm Federweg, hinten Federbeine, Trommelbremse vorne 80 mm Ø, hinten 90 mm Ø, beide Bremsen handbetätigt, Lenker, Auspuff, Tragebügel, Gepäckträger schwarz verchromt, offene Federbeine, Tachometer hochgesetzt, Helm- und Lenkerschloss

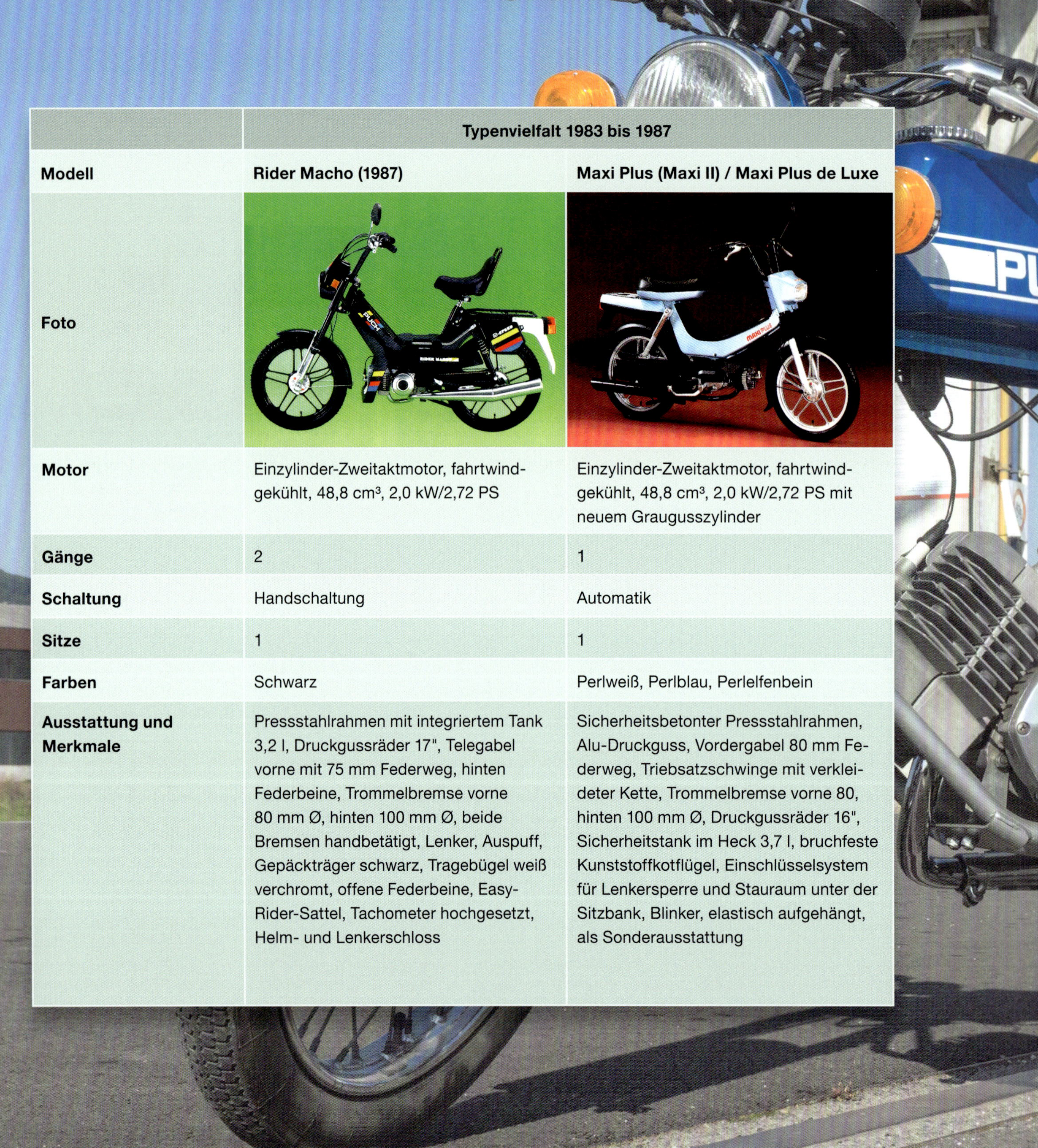

	Typenvielfalt 1983 bis 1987	
Modell	**Rider Macho (1987)**	**Maxi Plus (Maxi II) / Maxi Plus de Luxe**
Foto		
Motor	Einzylinder-Zweitaktmotor, fahrtwindgekühlt, 48,8 cm³, 2,0 kW/2,72 PS	Einzylinder-Zweitaktmotor, fahrtwindgekühlt, 48,8 cm³, 2,0 kW/2,72 PS mit neuem Graugusszylinder
Gänge	2	1
Schaltung	Handschaltung	Automatik
Sitze	1	1
Farben	Schwarz	Perlweiß, Perlblau, Perlelfenbein
Ausstattung und Merkmale	Pressstahlrahmen mit integriertem Tank 3,2 l, Druckgussräder 17", Telegabel vorne mit 75 mm Federweg, hinten Federbeine, Trommelbremse vorne 80 mm Ø, hinten 100 mm Ø, beide Bremsen handbetätigt, Lenker, Auspuff, Gepäckträger schwarz, Tragebügel weiß verchromt, offene Federbeine, Easy-Rider-Sattel, Tachometer hochgesetzt, Helm- und Lenkerschloss	Sicherheitsbetonter Pressstahlrahmen, Alu-Druckguss, Vordergabel 80 mm Federweg, Triebsatzschwinge mit verkleideter Kette, Trommelbremse vorne 80, hinten 100 mm Ø, Druckgussräder 16", Sicherheitstank im Heck 3,7 l, bruchfeste Kunststoffkotflügel, Einschlüsselsystem für Lenkersperre und Stauraum unter der Sitzbank, Blinker, elastisch aufgehängt, als Sonderausstattung

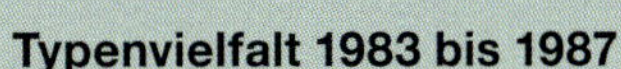

Typenvielfalt 1983 bis 1987

Racing	**Turbo**	**Turbo Sport**

Einzylinder-Zweitaktmotor, fahrtwindgekühlt, 48,8 cm³, 2,0 kW/2,72 PS mit neuem Graugusszylinder	Einzylinder-Zweitaktmotor, fahrtwindgekühlt, 48,8 cm³, 2,0 kW/2,72 PS mit neuem Graugusszylinder	Einzylinder-Zweitaktmotor, fahrtwindgekühlt, 48,8 cm³, 2,0 kW/2,72 PS mit neuem Graugusszylinder
2	2	4
Handschaltung	Handschaltung	Fußschaltung
1	2	2
Rot/Weiß	Weiß	Rot/Weiß, Schwarz/Weiß
Sicherheitsbetonter Pressstahlrahmen, Alu-Druckguss, Vordergabel 80 mm Federweg, Triebsatzschwinge mit verkleideter Kette, Federbeine mit offenen Schraubenfedern, Trommelbremse vorne 80, hinten 100 mm Ø, 16"-Druckgussräder weiß lackiert, integrierter Kunststofftank 3,7 l, Kickstarter, Gepäckträger mit Seitenbügeln, Mittelgepäckträger, Tragebügel	Sicherheitsbetonter Pressstahlrahmen, Alu-Druckguss, Vordergabel 80 mm Federweg, Triebsatzschwinge mit verkleideter Kette, Trommelbremse vorne und hinten 125 mm Ø, Sicherheitstank im Heck 3,8 l, bruchfeste Kunststoffkotflügel, Einschlüsselsystem für Lenkersperre und Stauraum unter der bequemen Sitzbank, Blinker, elastisch aufgehängt, als Sonderausstattung	Sicherheitsbetonter Pressstahlrahmen, Alu-Druckguss, Vordergabel 80 mm Federweg, Triebsatzschwinge mit verkleideter Kette, hydraulisch gedämpfte Federbeine, offene Schraubenfedern, Trommelbremse vorne und hinten 125 mm Ø, Sicherheitstank im Heck 3,8 l, bruchfeste Kunststoffkotflügel, Einschlüsselsystem für Lenkersperre und Stauraum unter der bequemen Sitzbank, Blinker, elastisch aufgehängt, als Sonderausstattung

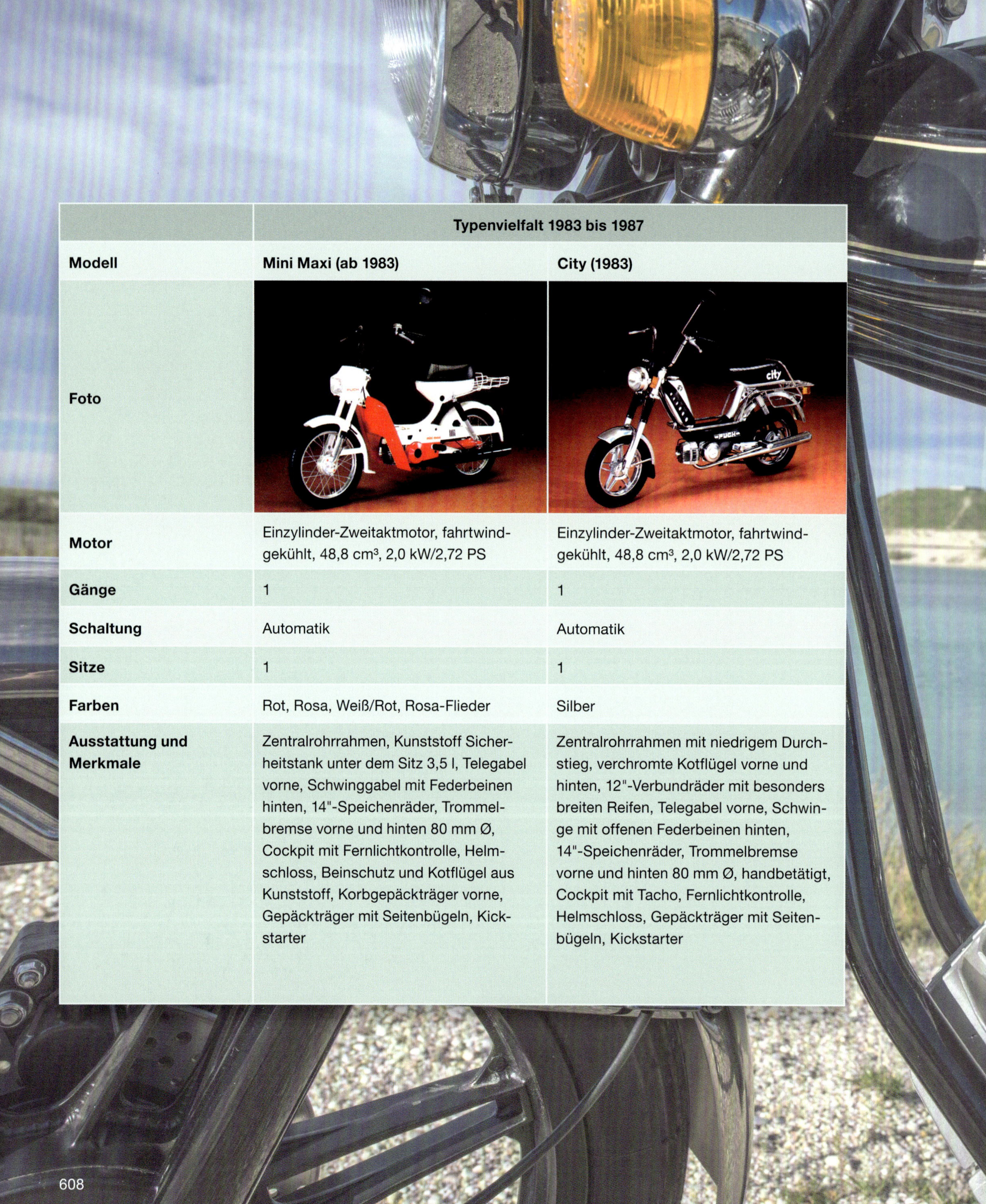

	Typenvielfalt 1983 bis 1987	
Modell	**Mini Maxi (ab 1983)**	**City (1983)**
Foto		
Motor	Einzylinder-Zweitaktmotor, fahrtwindgekühlt, 48,8 cm^3, 2,0 kW/2,72 PS	Einzylinder-Zweitaktmotor, fahrtwindgekühlt, 48,8 cm^3, 2,0 kW/2,72 PS
Gänge	1	1
Schaltung	Automatik	Automatik
Sitze	1	1
Farben	Rot, Rosa, Weiß/Rot, Rosa-Flieder	Silber
Ausstattung und Merkmale	Zentralrohrrahmen, Kunststoff Sicherheitstank unter dem Sitz 3,5 l, Telegabel vorne, Schwinggabel mit Federbeinen hinten, 14"-Speichenräder, Trommelbremse vorne und hinten 80 mm Ø, Cockpit mit Fernlichtkontrolle, Helmschloss, Beinschutz und Kotflügel aus Kunststoff, Korbgepäckträger vorne, Gepäckträger mit Seitenbügeln, Kickstarter	Zentralrohrrahmen mit niedrigem Durchstieg, verchromte Kotflügel vorne und hinten, 12"-Verbundräder mit besonders breiten Reifen, Telegabel vorne, Schwinge mit offenen Federbeinen hinten, 14"-Speichenräder, Trommelbremse vorne und hinten 80 mm Ø, handbetätigt, Cockpit mit Tacho, Fernlichtkontrolle, Helmschloss, Gepäckträger mit Seitenbügeln, Kickstarter

Typenvielfalt 1983 bis 1987		
MV 50 X (MV 50 X-3)	**Silver Speed / White Speed**	**Lido SL**

Einzylinder-Zweitaktmotor, gebläsegekühlt, 48,8 cm³, 1,86 kW/2,53 PS	Einzylinder-Zweitaktmotor, fahrtwindgekühlt, 48,8 cm³, 2 kW/2,72 PS	Einzylinder-Zweitaktmotor, gebläsegekühlt, 49,4 cm³, 1,85 kW/2,51 PS
MV 50 X: 2, MV 50 X-3: 3	4	3
Handschaltung	Fußschaltung	Automatik
1	2	2
Silber/Schwarz	Silber	Weiß, Blau
Zentralrohrrahmen, Nachfolger des legendären MV 50 S, Telegabel vorne, 75 mm Federweg, Schwinggabel mit Federbeinen hinten, 60 mm Federweg, Speichenräder 17", Trommelbremse vorne 80 mm und hinten 100 mm Ø, Rücktrittbremse, Schwingsattel mit Werkzeugbox, Helmschloss, Gepäckträger mit Seitenbügeln, Pedalstart	Zentralrohrrahmen, Tankinhalt 6,4 l, Kunststoffkotflügel vorne und hinten, spezielle Verbundräder 17", Telegabel vorne 75 mm Federweg, offene Federbeine hinten 60 mm Federweg, verstärkte Federung, Trommelbremse vorne und hinten 120 mm Ø, Sitzbank für 2 Personen, darunter versperrbarer Gepäckraum, Helmschloss, Gepäckträger mit Seitenbügeln, Kickstarter, rechteckiger Breitbandscheinwerfer, Sebring-Auspuff	Kombinierter Rohr-Pressstahlrahmen, freier Durchstieg, Vordergabel mit einseitiger Radaufhängung, Triebsatzschwinge mit Dreigangautomatik, 3,00–10"-Räder, Trommelbremse vorne und hinten 100 mm Ø, absperrbare Sitzbank für 2 Personen, Blinker, Cockpit mit Tacho, Tankuhr, 4 l Tank, Fernlichtkontrolle, Blinkerkontrolle, absperrbares Gepäckfach in Frontschürze, Elektro- und Kickstarter, Helmschloss, Tankschloss, Öltank, Getrenntschmierung

	Typenvielfalt 1983 bis 1987	
Modell	**Lido Vario (ab 1985)**	**Lido CD**
Foto		
Motor	Einzylinder-Zweitaktmotor, gebläsegekühlt, 49 cm³, 1,95 kW/2,65 PS	Einzylinder- Viertaktmotor, SOHC gebläsegekühlt, 125 cm³, 5,9 kW/8 PS
Gänge	Keilriemen Automatik	3
Schaltung	Variomatik	Automatik
Sitze	2	2
Farben	Rot, Weiß	Rot, Weiß
Ausstattung und Merkmale	Kombinierter Rohr-Pressstahlrahmen, freier Durchstieg, neues, kantiges Design, Telegabel, Triebsatzschwinge, 70 mm Federweg v. u. h., 3,00 – 10"-Räder, Trommelbremse vorne und hinten 120 mm Ø, absperrbare Sitzbank für 2 Personen, Blinker, Cockpit mit Tacho, Tankuhr, 5,5 l Tank, Fernlichtkontrolle, Blinkerkontrolle, Ölstandkontrolle, absperrbares Gepäckfach in Frontschürze, Elektro- und Kickstarter, Helmschloss, Tankschloss, Öltank, Getrenntschmierung	Zentralrohrrahmen, freier Durchstieg, Vordergabel mit einseitiger Radaufhängung, Triebsatzschwinge mit Dreigangautomatik, 3,50 – 10"-Räder, Trommelbremse vorne und hinten 110 mm Ø, absperrbare Sitzbank für 2 Personen, Blinker, Cockpit mit Tacho, Tankuhr, 5,5 l Tank, Fernlichtkontrolle, Blinkerkontrolle, absperrbares Gepäckfach in Frontschürze, Elektrostarter, Helmschloss, Tankschloss, Öltank, Führerschein A

Typenvielfalt 1983 bis 1987		
Imola GX	**Daytona**	**Condor**

Einzylinder-Zweitaktmotor, fahrtwindgekühlt, 48,8 cm³, 2 kW/2,72 PS	Einzylinder-Zweitaktmotor, fahrtwindgekühlt, 49,9 cm³, 4,8 kW/6,5 PS	Einzylinder-Zweitaktmotor, fahrtwindgekühlt, 48,8 cm³, 2 kW/2,72 PS
4	6	4
Fußschaltung	Fußschaltung	Fußschaltung
2	2	2
Perlelfenbein, Perlweiß	Weiß	Rot/Weiß, Blau/Weiß
Stahlrohrrahmen, Sportmoped, 11,4 l Sporttank, hydraulisch gedämpfte Telegabel, 100 mm Federweg, hydrauisch gedämpfte Federbeine mit offenen Schraubenfedern, 75 mm Federweg, Scheibenbremse vorne 220 mm Ø, Trommelbremse hinten 110 mm Ø, Sebring-Auspuff, Sitzbank für 2 Personen, Blinker, aerodynamische Cockpitverkleidung	Dieses neue Kleinmotorrad im Sportlook sollte die Cobra-Modelle ablösen. 11,4 l Tank, hydraulisch gedämpfte Telegabel 100 mm Federweg, hydrauisch gedämpfte Federbeine mit offenen Schraubenfedern, 75 mm Federweg, Scheibenbremse vorne 220 mm Ø, Trommelbremse hinten 125 mm Ø, Sebring-Auspuff, Sitzbank für 2 Personen, Blinker, aerodynamische Cockpit- und Motorverkleidung, führerscheinpflichtig	Stahlrohrrahmen, Moped im Motocross-Look mit Zentralfederbein, 6,8 l Tank, Kunststoffkotflügel, Telegabel 180 mm und Hinterradschwinge 170 mm Federweg, beide hydraulisch gedämpft, Trommelbremsen vorne 120 mm, hinten 110 mm Ø, Sitzbank für 2 Personen, Blinker, hochgezogener Auspuff

Motortypen der Puch-Mopeds

Im Nachfolgenden werden die wichtigsten Motorentypen für Puch-Mopeds aufgelistet, die im Laufe der Jahre 1954 bis 1987 gebaut wurden. Sie sind in vier Hauptbaugruppen aufgeteilt:

- Motoren mit Schaltgetriebe Ein- bis Viergang und Gebläsekühlung,
- Motoren mit Schaltgetriebe bis Sechsgang und Luftkühlung,
- Motoren mit Automatikgetriebe und Gebläsekühlung
- Maxi-Motoren

Diese Motoren wurden für den Export in alle Welt immer wieder modifiziert, um den gesetzlichen Bestimmungen in den jeweiligen Ländern zu entsprechen. Auch gab es immer wieder Kombinationen dieser Motortypen untereinander, so dass im Laufe der Zeit eine Vielzahl an Puch-Mopedmotoren entstand, deren Auflistung den Rahmen dieses ohnehin schon sehr umfangreichen Werkes sprengen würde.

Zweigangmotor, 50 cm^3, 1,55 kW (2,1 PS), Gebläsekühlung, Handschaltung, Pedale.

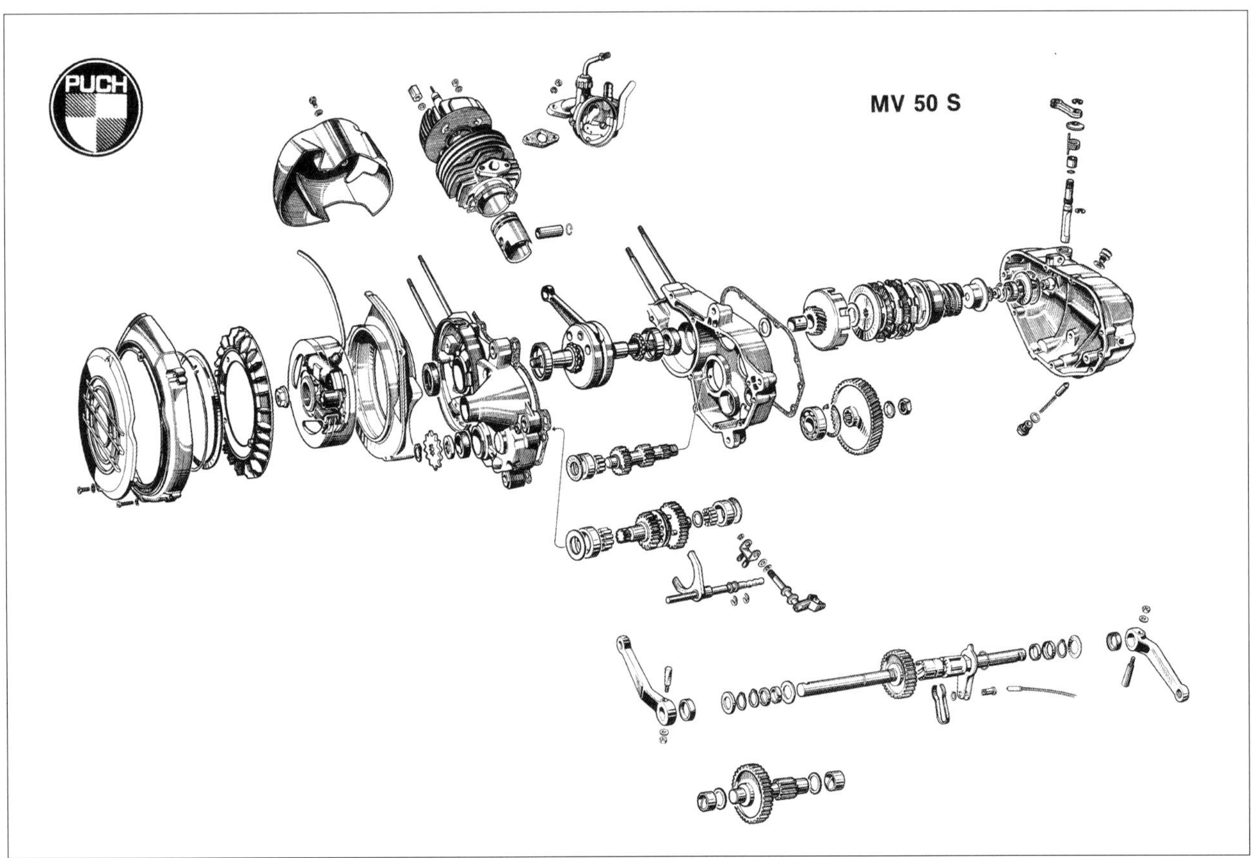

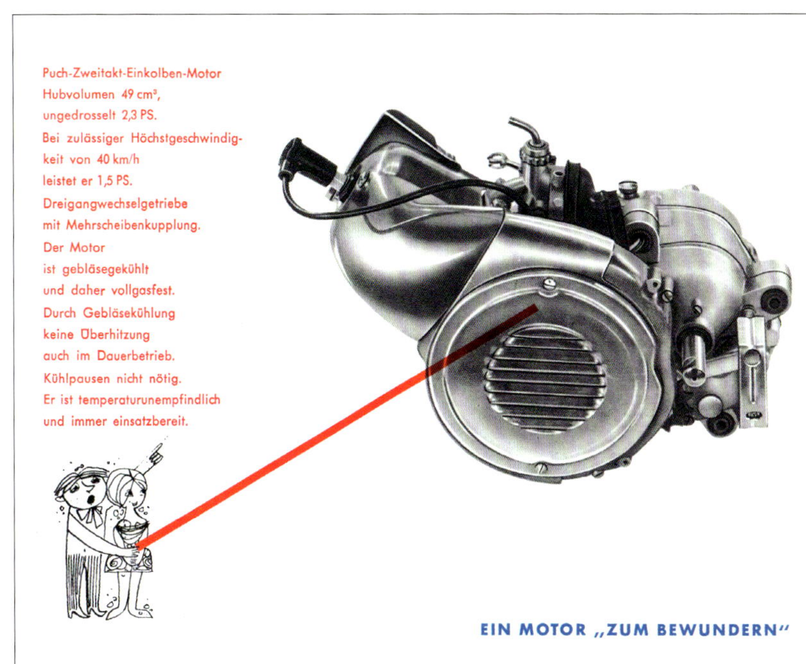

Links: VS 50 D-Dreigangmotor 1967. Rechts: DS 50-Dreigangmotor.

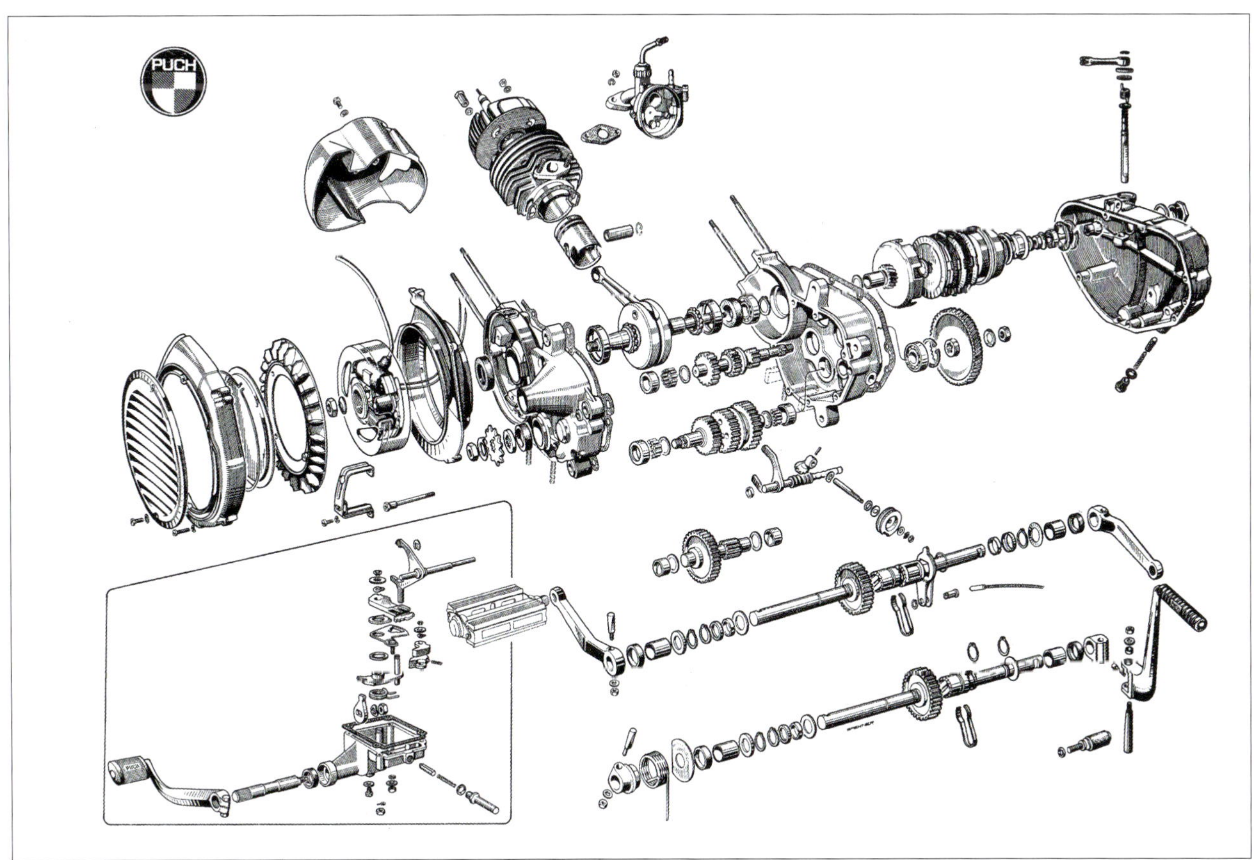

VS 50 D-Dreigangmotor, 50 cm³, 1,9 kW (2,6 PS).

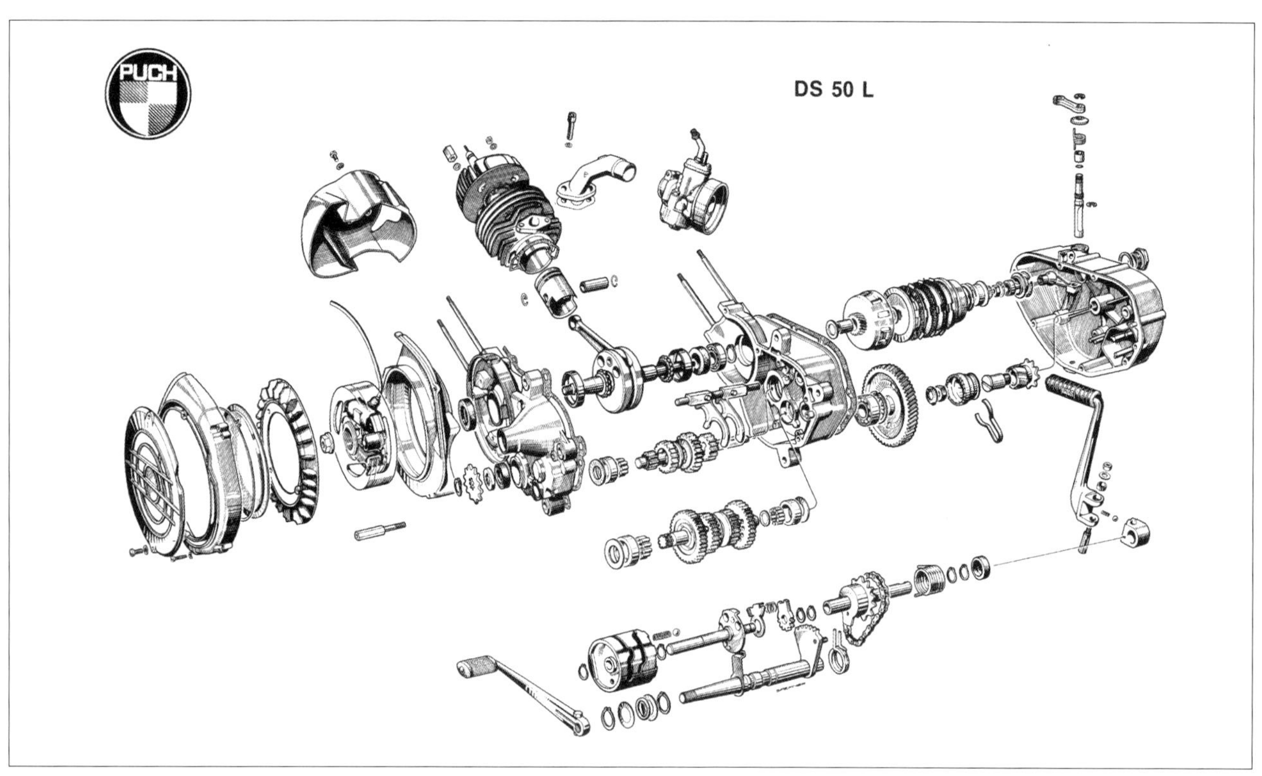

Viergangmotor, 50 cm³, 1,9 kW (2,6 PS), Gebläseкühlung, Fußschaltung, Kickstarter.

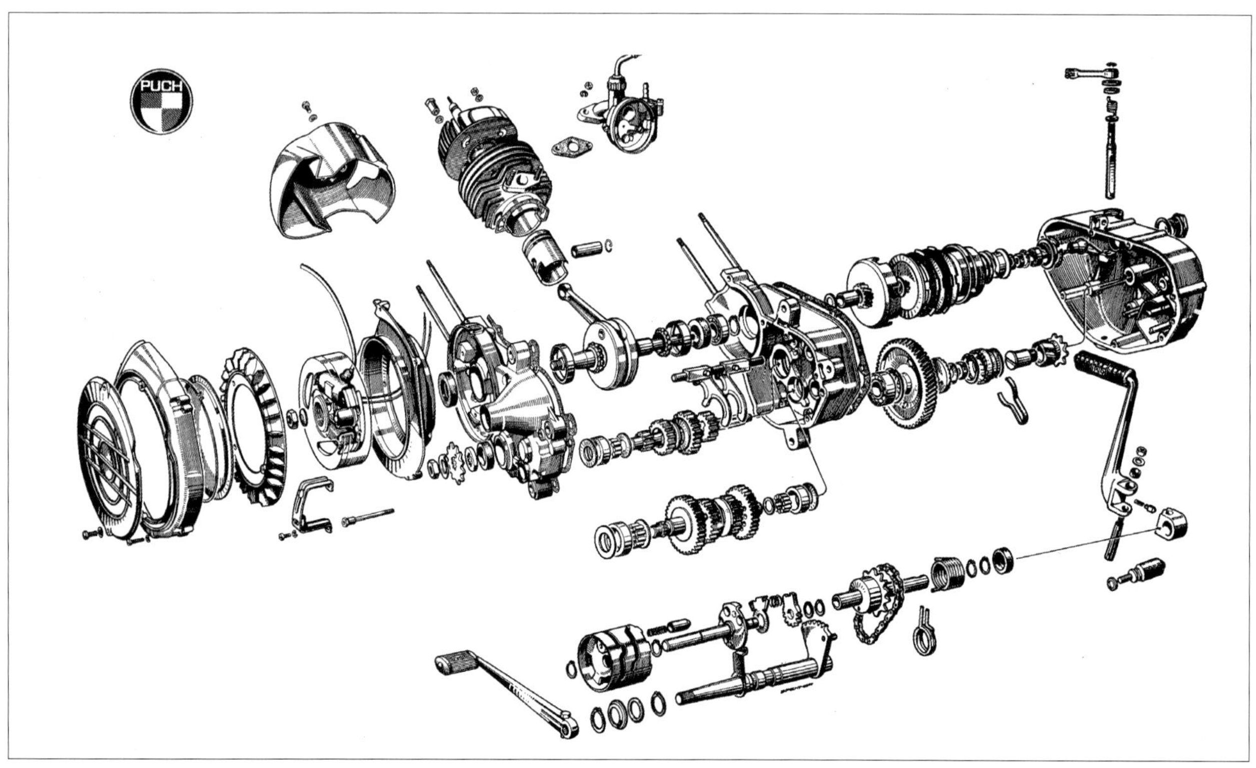

V-Motor, 50 cm³, 4-Gang, 1,9 kW (2,6 PS).

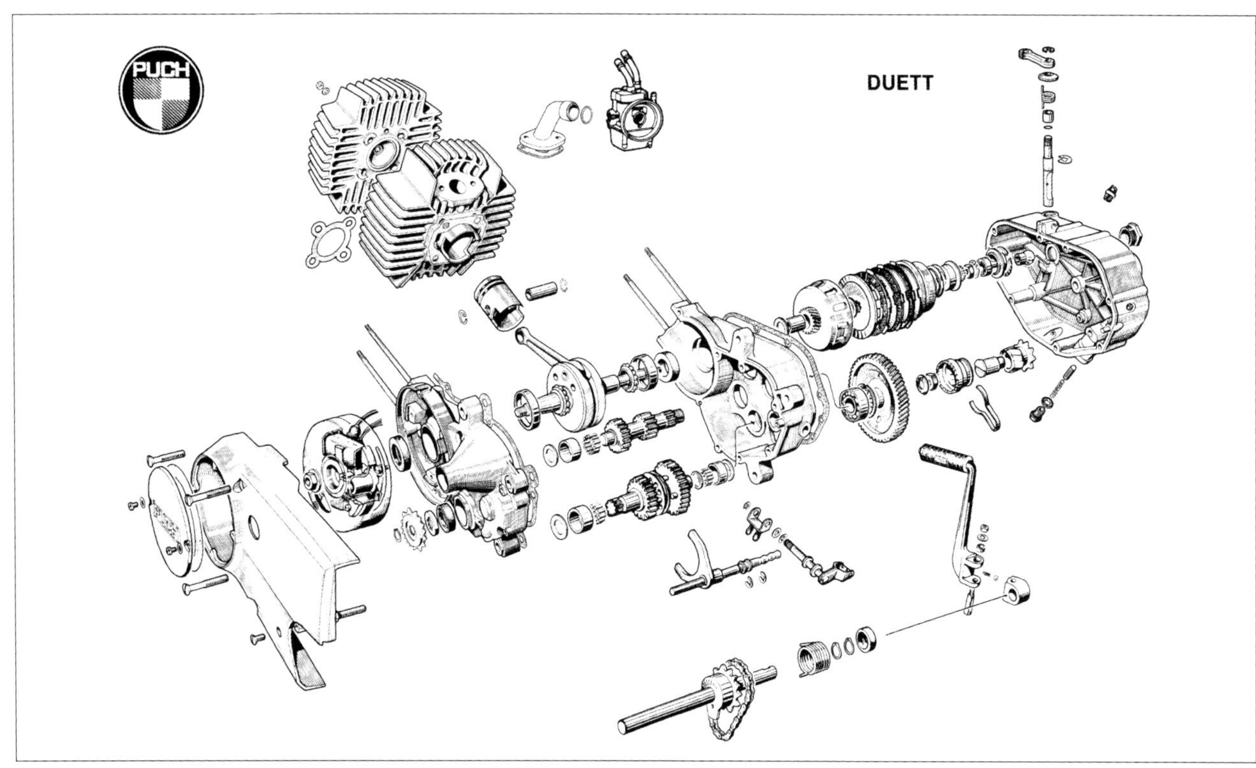

Zweigangmotor, 50 cm³, 1,77 kW (2,4 PS), Fahrtwindkühlung, Handschaltung, Kickstarter.

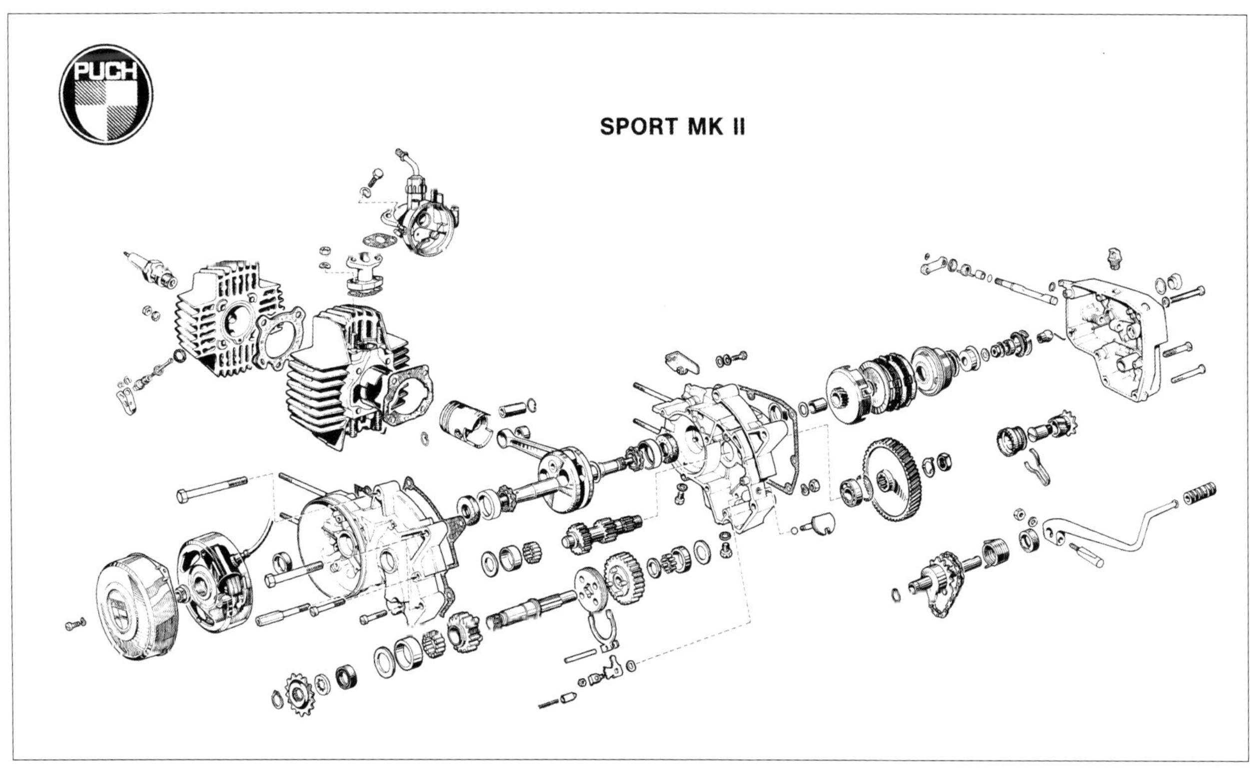

Zweigangmotor, 50 cm³, 1,77 kW (2,4 PS), Fahrtwindkühlung, Handschaltung, Kickstarter.

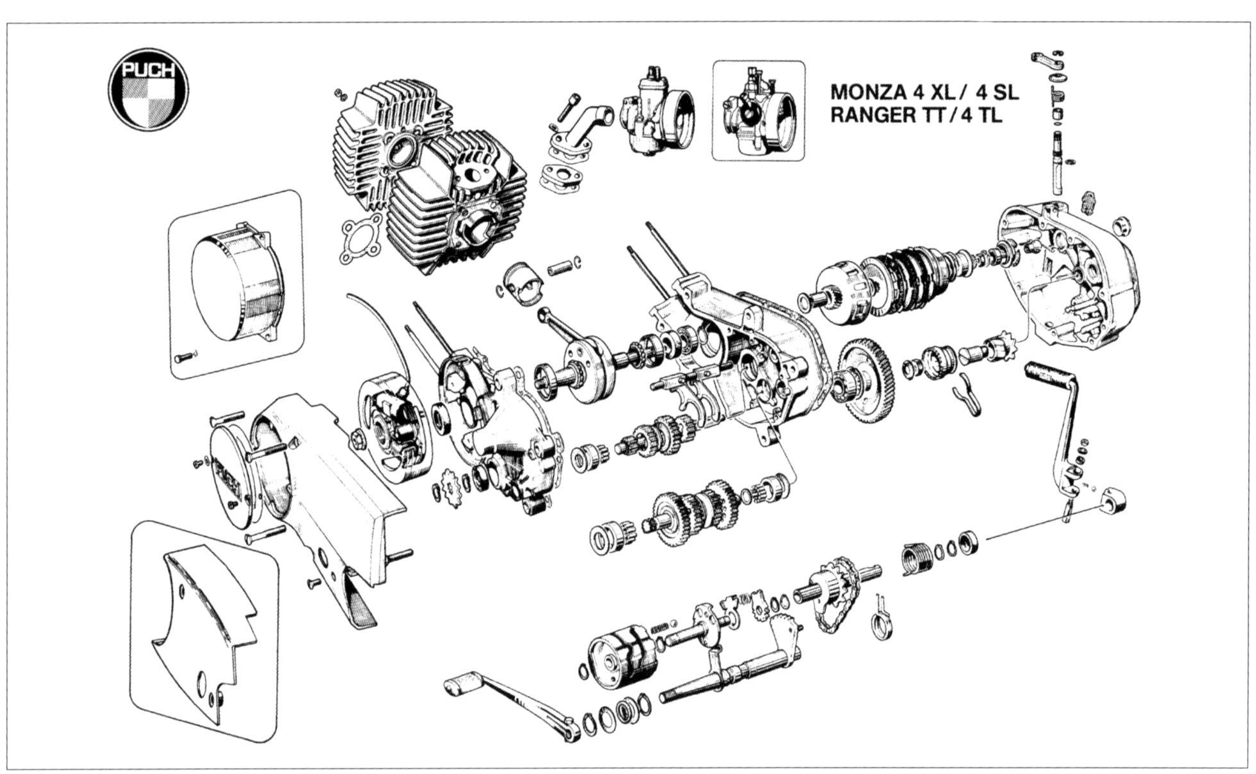

Viergangmotor, 50 cm³, 2 kW (2,7 PS), Fahrtwindkühlung, Fußschaltung, Kickstarter; auch für Monza 4 GP, Silver Speed 4 K.

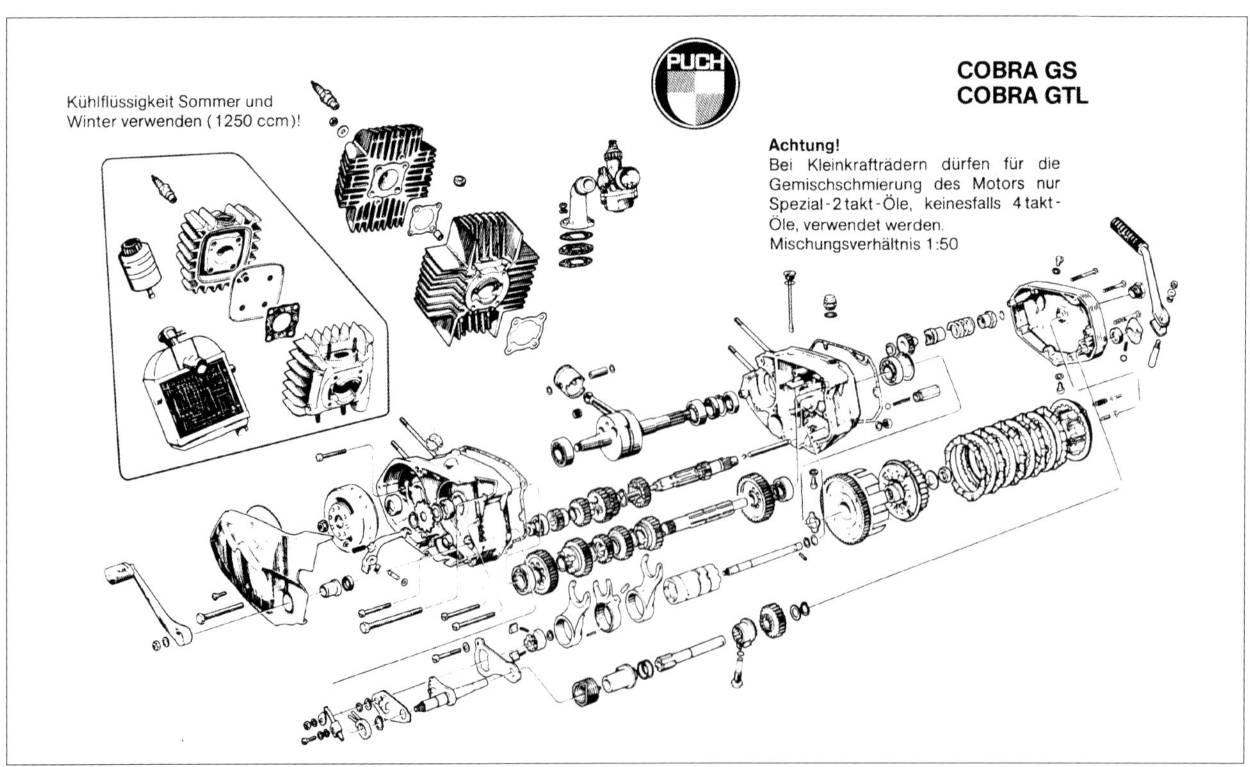

Sechsgangmotor, 50 cm³, 4,78 kW (6,5 PS), Fahrtwindkühlung (Flüssigkeitskühlung), Fußschaltung, Kickstarter.

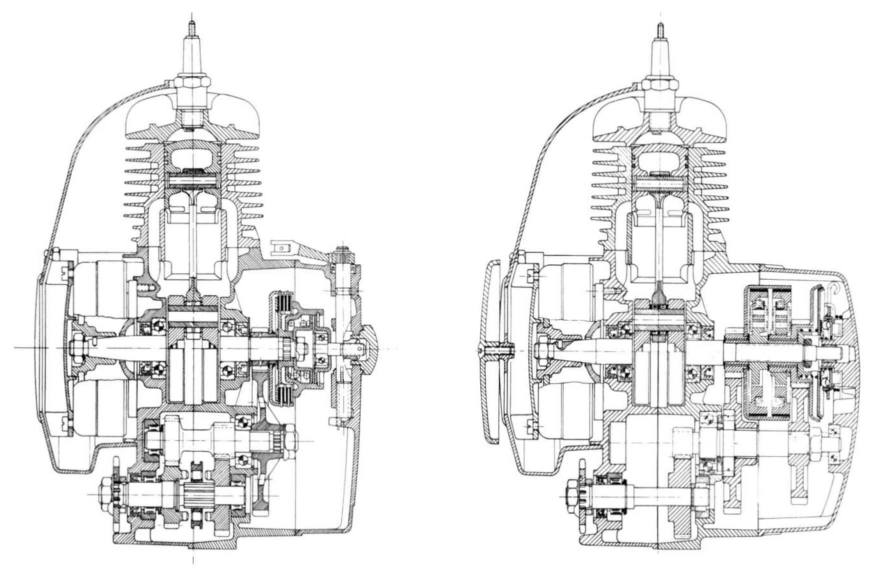

Links: X30-Motor, Zweigang-Getriebe, rechts: X30-Automatikmotor, jeweils 50 cm^3, 0,97 – 1,5 PS.

Unten: Zweigang-Automatikmotor.

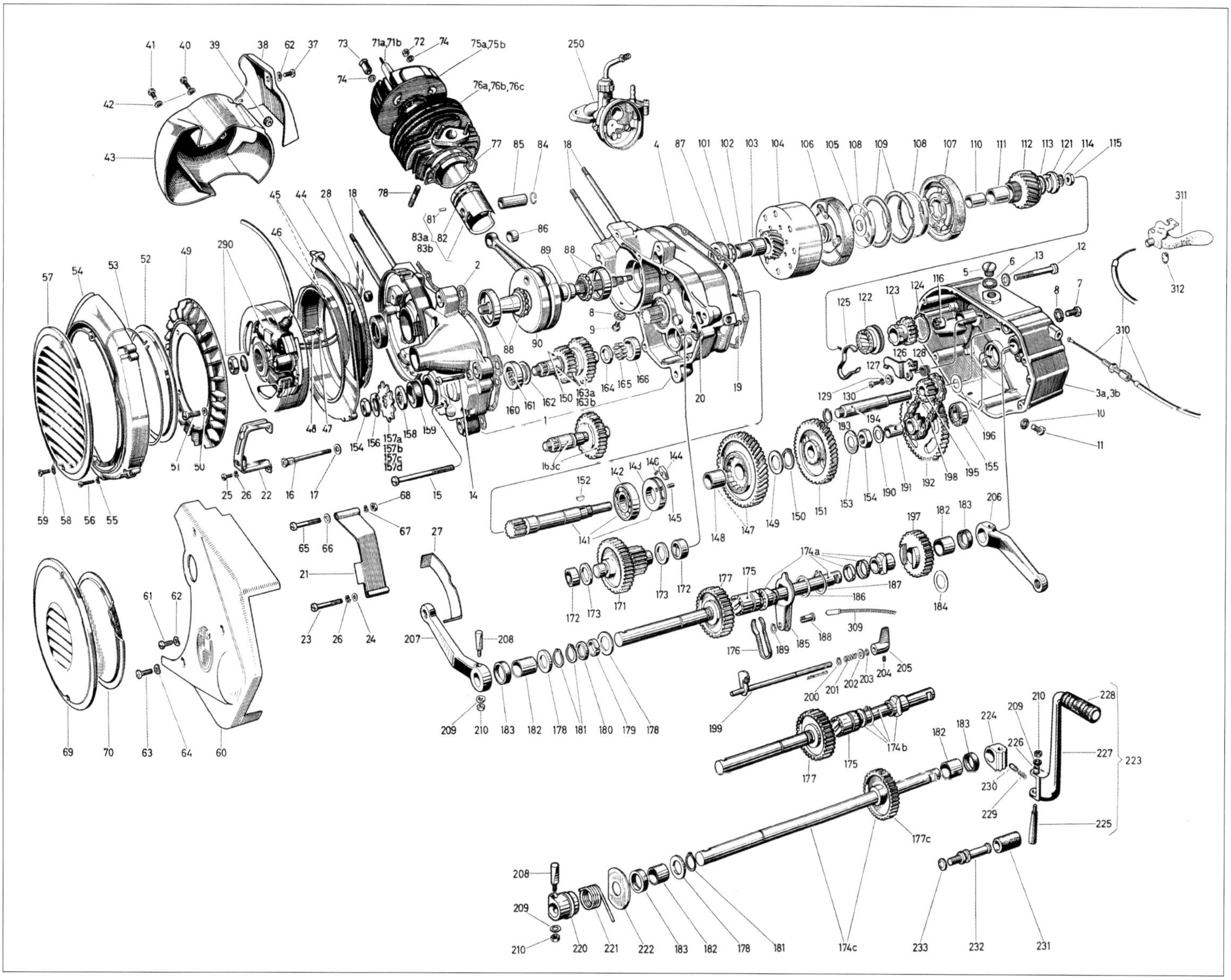

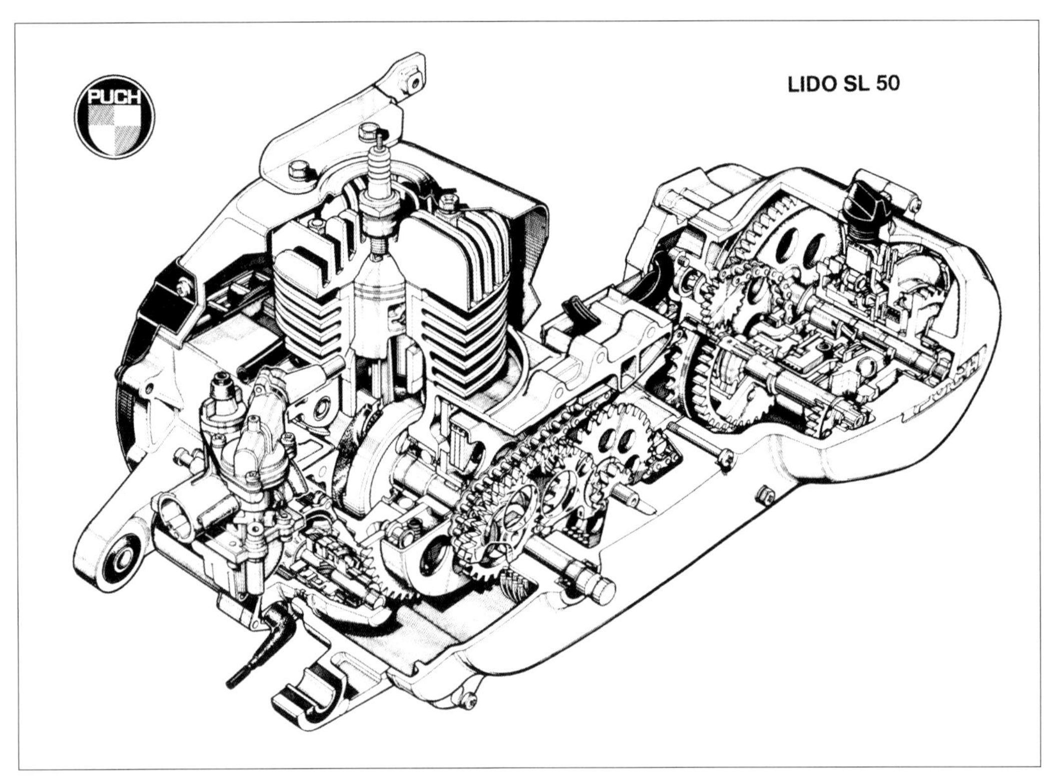

Dreigang-Automatikmotor, 50 cm³, 1,85 kW (2,5 PS), Gebläsekühlung, Kick- und Elektrostarter.

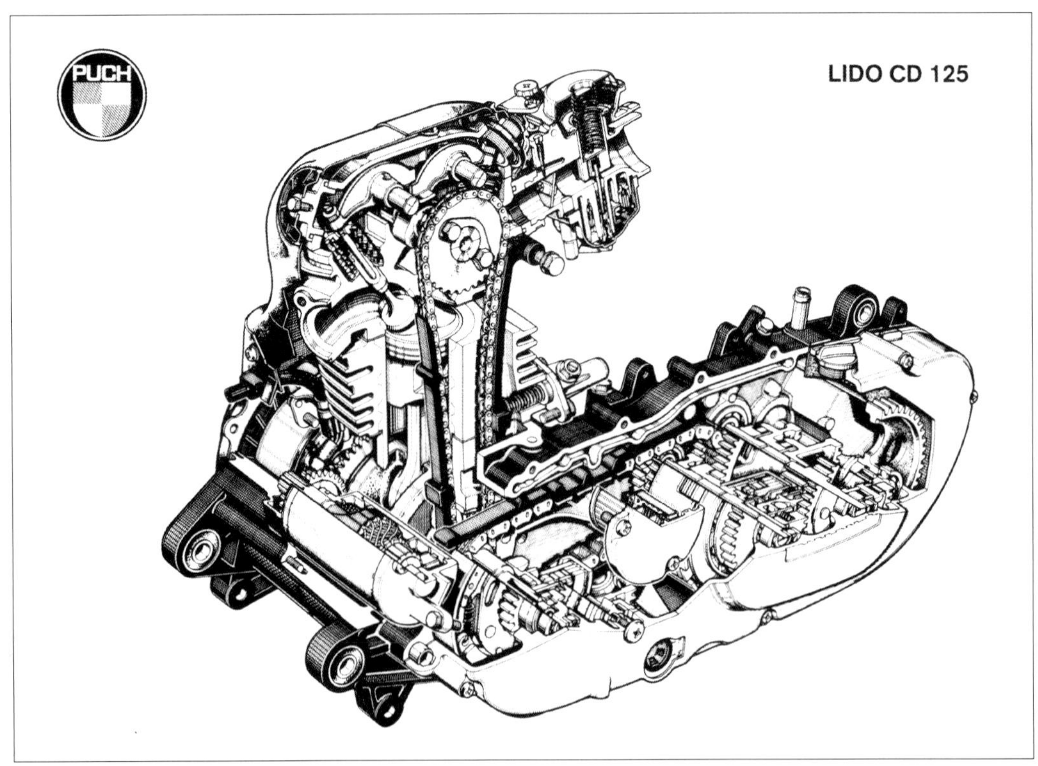

Dreigang-Automatikmotor, 125 cm³, 6,25 kW (8,5 PS), Gebläsekühlung, Elektrostarter.

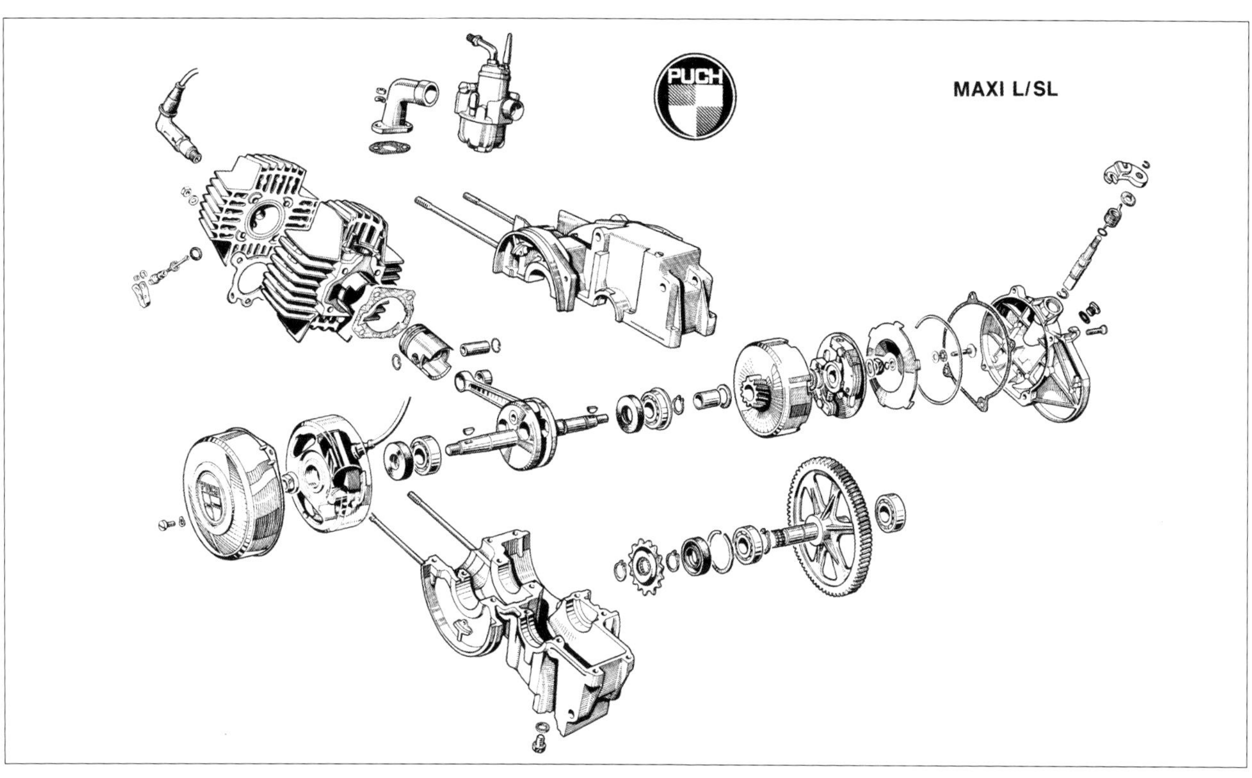

Eingang-Automatikmotor, 50 cm³, 1,62 kW (2,2 PS), Fahrtwindkühlung, Pedale.

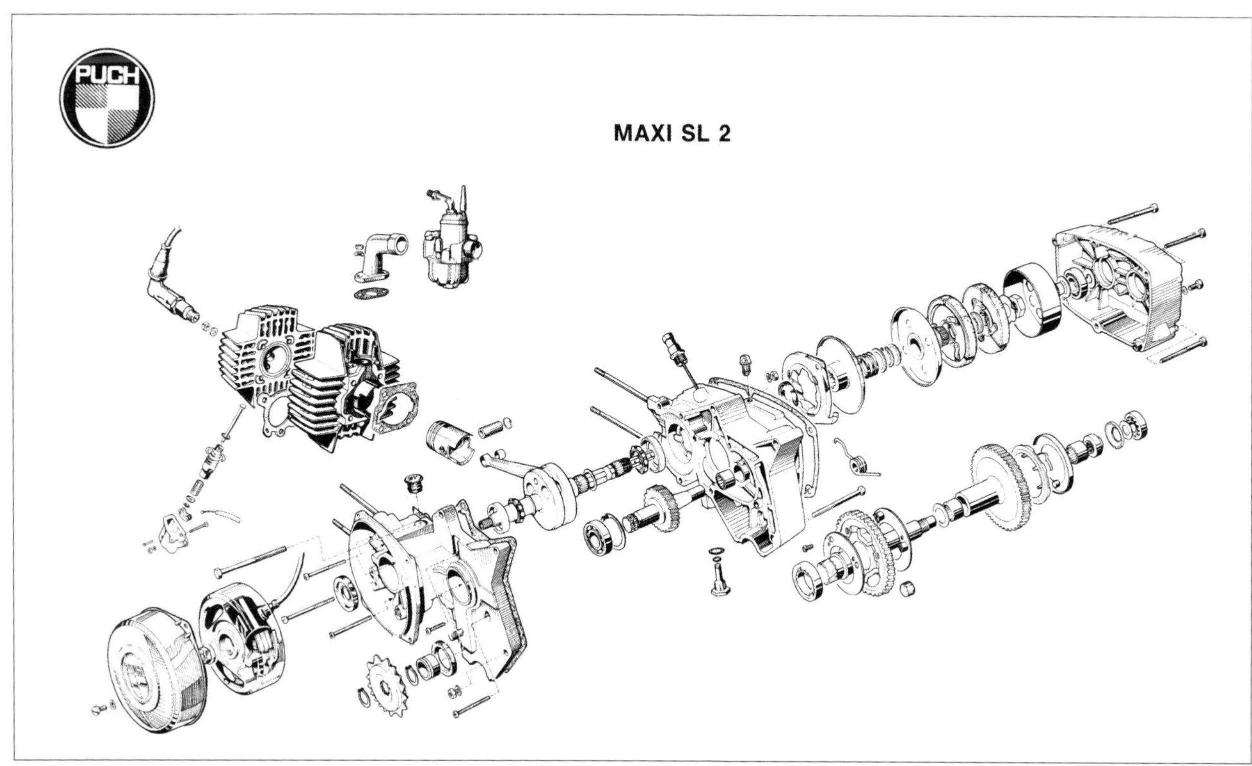

Zweigang-Automatikmotor, 50 cm³, 1,77 kW (2,4 PS), Fahrtwindkühlung, Pedale.

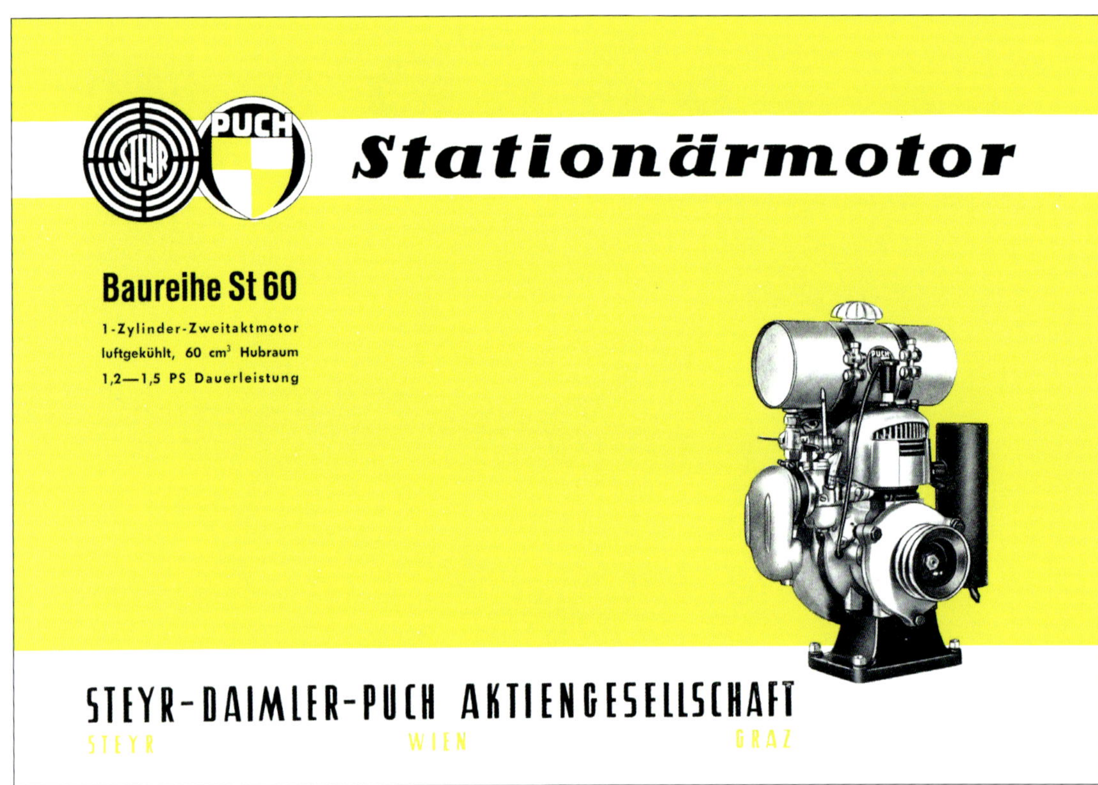

Den Puch-Stabilmotor der Baureihe St 60 mit 60 cm³ gab es mit Direktantrieb von der Kurbelwelle oder mit Untersetzungsgetriebe.

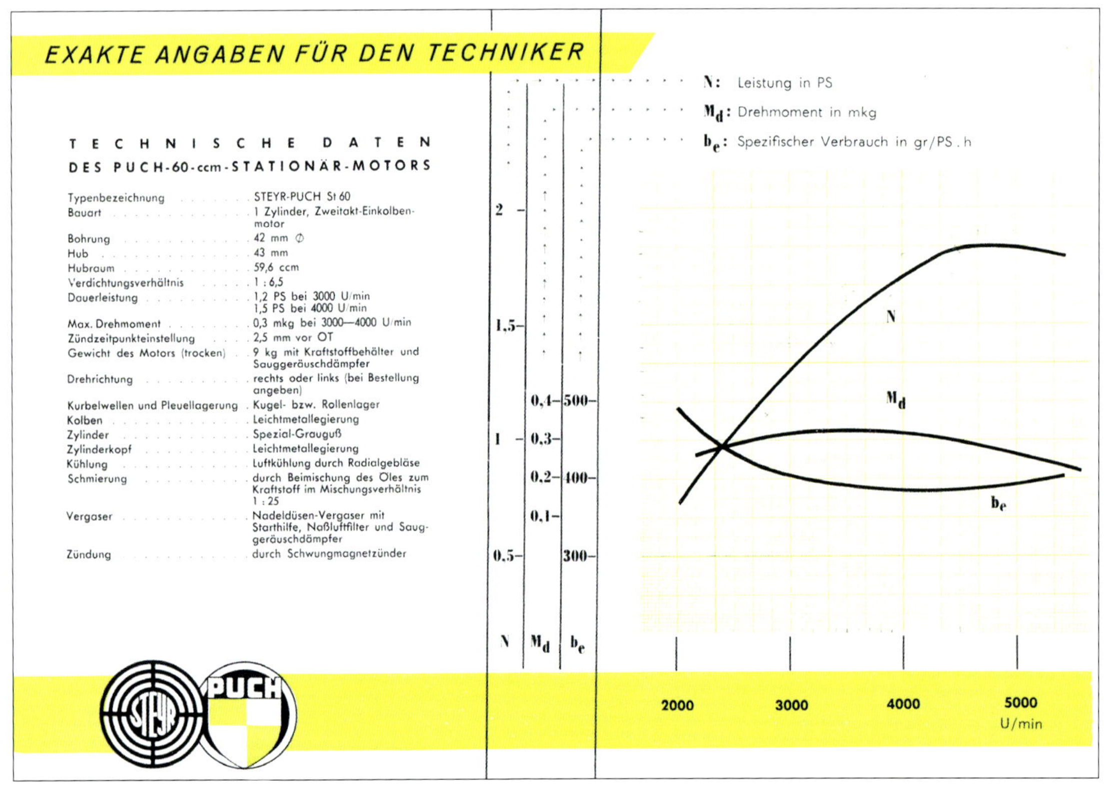

EXAKTE ANGABEN FÜR DEN TECHNIKER

TECHNISCHE DATEN
DES PUCH-60-ccm-STATIONÄR-MOTORS

Typenbezeichnung	STEYR-PUCH St 60
Bauart	1 Zylinder, Zweitakt-Einkolbenmotor
Bohrung	42 mm ⌀
Hub	43 mm
Hubraum	59,6 ccm
Verdichtungsverhältnis	1 : 6,5
Dauerleistung	1,2 PS bei 3000 U/min 1,5 PS bei 4000 U/min
Max. Drehmoment	0,3 mkg bei 3000—4000 U/min
Zündzeitpunkteinstellung	2,5 mm vor OT
Gewicht des Motors (trocken)	9 kg mit Kraftstoffbehälter und Sauggeräuschdämpfer
Drehrichtung	rechts oder links (bei Bestellung angeben)
Kurbelwellen und Pleuellagerung	Kugel- bzw. Rollenlager
Kolben	Leichtmetallegierung
Zylinder	Spezial-Grauguß
Zylinderkopf	Leichtmetallegierung
Kühlung	Luftkühlung durch Radialgebläse
Schmierung	durch Beimischung des Öles zum Kraftstoff im Mischungsverhältnis 1 : 25
Vergaser	Nadeldüsen-Vergaser mit Starthilfe, Naßluftfilter und Sauggeräuschdämpfer
Zündung	durch Schwungmagnetzünder

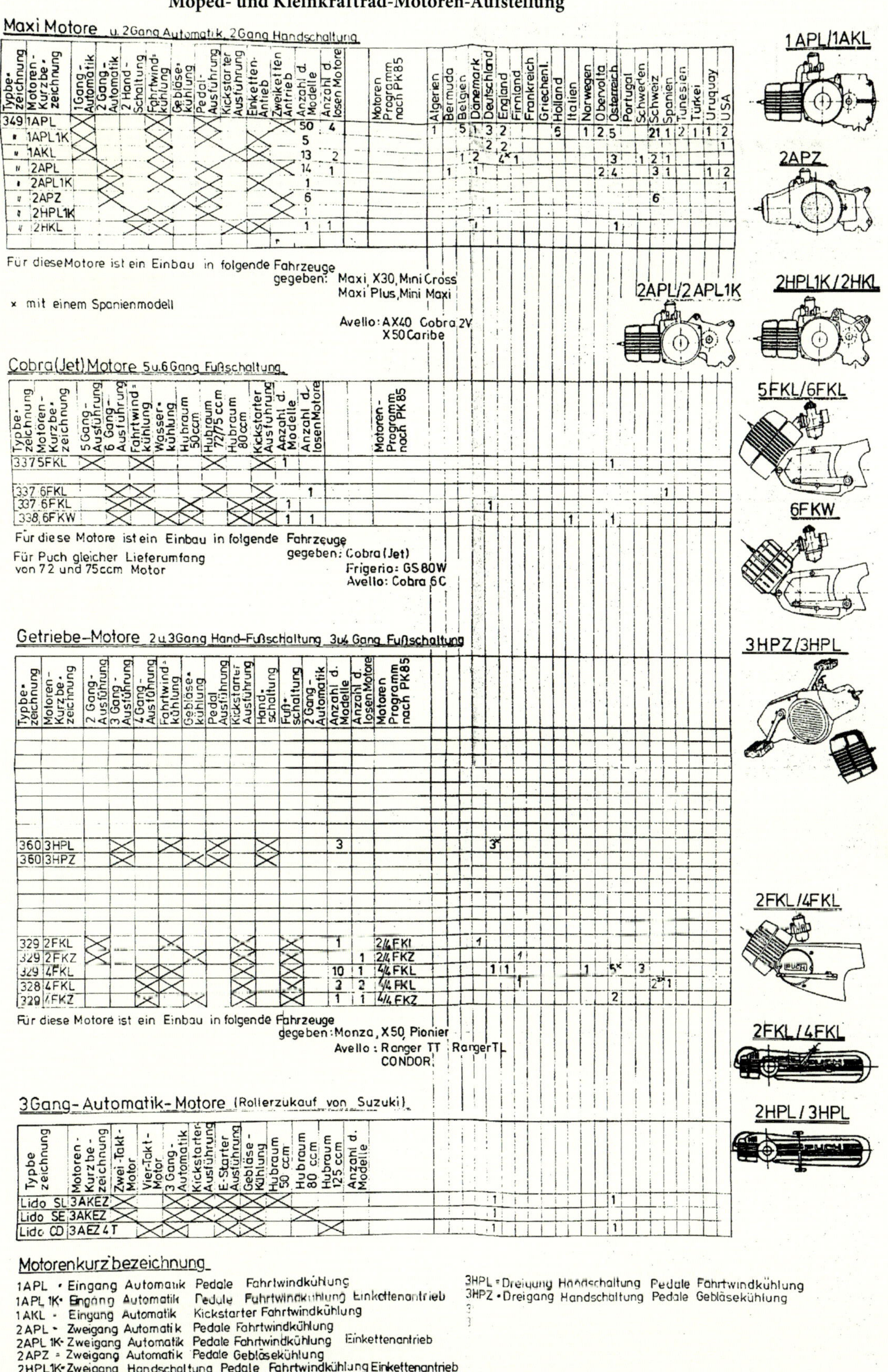

Moped- und Kleinkraftrad-Motoren-Aufstellung

Maxi Motore u. 2Gang Automatik, 2Gang Handschaltung

Typbezeichnung	Motoren-Kurzbezeichnung	1Gang-Automatik	2Gang-Automatik	2 Hand-Schaltung	Fahrtwindkühlung	Gebläsekühlung	Pedal-Ausführung	Kickstarter Ausführung	Einketten-Antrieb	Zweiketten Antrieb	Anzahl d. Modelle	Anzahl d. losen Motore	Motoren Programm nach PK85	Algerien	Bermuda	Belgien	Dänemark	Deutschland	England	Finnland	Frankreich	Griechenl.	Holland	Italien	Norwegen	Obervolta	Österreich	Portugal	Schweden	Schweiz	Spanien	Tunesien	Türkei	Uruguay	USA
349	1APL	X			X		X			X	50	4		1		5	1	3	2				5		1	2	5			21	1	2	1	1	2
"	1APL1K	X			X		X		X		5							2	2																1
"	1AKL	X			X			X	X		13	2				1	2		4x	1							3		1	2	1				
"	2APL		X		X		X			X	14	1			1		1									2	4			3	1			1	2
"	2APL1K		X		X		X		X		1																								1
"	2APZ		X			X	X			X	6																			6					
"	2HPL1K			X	X		X		X		1							1																	
"	2HKL			X	X			X		X	1	1					1										1								

Für diese Motore ist ein Einbau in folgende Fahrzeuge gegeben: Maxi, X30, Mini Cross, Maxi Plus, Mini Maxi

Avello: AX40 Cobra 2V, X50 Caribe

x mit einem Spanienmodell

Cobra (Jet) Motore 5 u. 6 Gang Fußschaltung

Typbezeichnung	Motoren-Kurzbezeichnung	5 Gang-Ausführung	6 Gang-Ausführung	Fahrtwindkühlung	Wasserkühlung	Hubraum 50ccm	Hubraum 72/75 ccm	Hubraum 80ccm	Kickstarter Ausführung	Anzahl d. Modelle	Anzahl d. losen Motore	Motoren-Programm nach PK85	Algerien	Bermuda	Belgien	Dänemark	Deutschland	England	Finnland	Frankreich	Griechenl.	Holland	Italien	Norwegen	Obervolta	Österreich	Portugal	Schweden	Schweiz	Spanien	Tunesien	Türkei	Uruguay	USA
337	5FKL	X		X			X		X	1																1								
337	6FKL		X	X			X		X		1																			1				
337	6FKL		X	X		X		X	X	1							1																	
338	6FKW		X		X	X		X	X	1	1												1			1								

Für diese Motore ist ein Einbau in folgende Fahrzeuge gegeben: Cobra (Jet)

Frigerio: GS 80W

Avello: Cobra 6C

Für Puch gleicher Lieferumfang von 72 und 75ccm Motor

Getriebe-Motore 2 u. 3Gang Hand-Fußschaltung 3 u. 4 Gang Fußschaltung

Typbezeichnung	Motoren-Kurzbezeichnung	2 Gang-Ausführung	3 Gang-Ausführung	4 Gang-Ausführung	Fahrtwindkühlung	Gebläsekühlung	Pedal Ausführung	Kickstarter Ausführung	Handschaltung	Fußschaltung	2 Gang-Automatik	Anzahl d. Modelle	Anzahl d. losen Motore	Motoren Programm nach PK85	Algerien	Bermuda	Belgien	Dänemark	Deutschland	England	Finnland	Frankreich	Griechenl.	Holland	Italien	Norwegen	Obervolta	Österreich	Portugal	Schweden	Schweiz	Spanien	Tunesien	Türkei	Uruguay	USA
360	3HPL		X		X		X		X			3							3x																	
360	3HPZ		X			X	X		X																											
329	2FKL	X			X			X		X		1		2/4FKL				1																		
329	2FKZ	X				X		X		X			1	2/4FKZ							1															
329	4FKL			X	X			X		X		10	1	4/4FKL					1	1						1		5x		3						
328	4FKL			X	X			X		X		3	2	4/4FKL							1										2[2x]	1				
329	4FKZ			X		X		X		X		1	1	4/4FKZ														2								

Für diese Motore ist ein Einbau in folgende Fahrzeuge gegeben: Monza, X50, Pionier

Avello: Ranger TT, Ranger TL, CONDOR

3Gang-Automatik-Motore (Rollerzukauf von Suzuki)

Typbezeichnung	Motoren-Kurzbezeichnung	Zwei-Takt-Motor	Vier-Takt-Motor	3 Gang-Automatik	Kickstarter-Ausführung	E-Starter Ausführung	Gebläse-Kühlung	Hubraum 50 ccm	Hubraum 80 ccm	Hubraum 125 ccm	Anzahl d. Modelle	Deutschland	Österreich
Lido SL	3AKEZ	X		X	X	X	X	X				1	1
Lido SE	3AKEZ	X		X	X	X	X		X			1	
Lido CD	3AEZ 4T		X	X		X	X			X		1	1

Motorenkurzbezeichnung

1APL • Eingang Automatik Pedale Fahrtwindkühlung
1APL 1K • Eingang Automatik Pedale Fahrtwindkühlung Einkettenantrieb
1AKL • Eingang Automatik Kickstarter Fahrtwindkühlung
2APL • Zweigang Automatik Pedale Fahrtwindkühlung
2APL 1K • Zweigang Automatik Pedale Fahrtwindkühlung Einkettenantrieb
2APZ = Zweigang Automatik Pedale Gebläsekühlung
2HPL1K • Zweigang Handschaltung Pedale Fahrtwindkühlung Einkettenantrieb
2HKL • Zweigang Handschaltung Kickstarter Fahrtwindkühlung
2HPL = Zweigang Handschaltung Pedale Fahrtwindkühlung
5FKL = Fünfgang Fußschaltung Kickstarter Fahrtwindkühlung
6FKL • Sechsgang Fußschaltung Kickstarter Fahrtwindkühlung
6FKW = Sechsgang Fußschaltung Kickstarter Wasserkühlung

2FKL = Zweigang Fußschaltung Kickstarter Fahrtwindkühlung
2FKZ • Zweigang Fußschaltung Kickstarter Gebläsekühlung

3HPL = Dreigang Handschaltung Pedale Fahrtwindkühlung
3HPZ • Dreigang Handschaltung Pedale Gebläsekühlung

4FKL = Viergang Fußschaltung Kickstarter Fahrtwindkühlung
4FKZ = Viergang Fußschaltung Kickstarter Gebläsekühlung
3AKEZ • Dreigang Automatik Kickstarter E-Starter Gebläsekühlung
3AEZ 4T • Dreigang Automatik E-Starter Gebläsekühlung Viertakt-Motor

GMK/FU 840820

Epilog

Mit Benzineinspritzung, Katalysator und 25 Modellen in den Abgrund

Mit dem Maxi-Plus (Maxi II) ab 1983 erreichte in den Folgejahren die Modellvielfalt von Puch im Jahr 1985 mit 23 Moped-Kleinmotorrad- und Rollertypen einen noch nie dagewesenen Höhepunkt, der im Jahr des Abgrundes, des Endes der Zweirad-Produktion in Graz im Jahr 1987 unfassbare 25 Modelle – allein in Österreich – umfasste.

Dieser Höhenflug der Zweiradtechnik wurde von einem Feuerwerk von Ideen und Neukonstruktionen begleitet und optisch durch die Designabteilung unter Fritz Spekner optimal in Szene gesetzt, die alle Mitbewerber bei Weitem überflügelte.

So präsentierte der Vorstand im Jahr 1986 bei einer groß angelegten Pressekonferenz anlässlich der Präsentation des Puch-Supermaxi mit Katalysator den schadstoffärmsten Benzinmotor der Welt!

Dieses Katalysator-Moped wurde vom Entwicklungsleiter Zweirad, Obering. Dipl.-Ing. Dr. techn. Franz Laimböck in allen technischen und wirtschaftlichen Belangen vorgestellt. Er erklärte das Magerkonzept des Motors, untermauert mit jeder Menge Fakten und Zahlen. Absolut beeindruckend. Wesentlich für uns Journalisten war damals, dass dieses total neuartige Fahrzeug nicht nur, wie wir uns bei den nachfolgenden Probefahrten überzeugen konnten, dieselbe Leistung von 2,4 PS wie das katalysatorlose Modell erbrachte, sondern auch im Drehmomentverlauf keinerlei Schwächen zeigte.

Der Beginn der Serienfertigung war mit September 1986 vorgesehen. Der damaligen Problematik von zu heißen Katalysatoren, wie aus dem PKW-Bereich bekannt, begegnete man mit einem speziellen Wärmeschutzblech. Auch die Schwierigkeiten damaliger Katalysatoren im längeren Schubbetrieb hatte man mit dem grundsätzlichen Magermotorkonzept des neuen Supermaxi-Motors ausgeschaltet, es konnte zu keiner Anreicherung mit Kohlenwasserstoffen kommen. Kunststoffteile und Farben des Supermaxi waren cadmiumfrei. Also alles paletti! Neue Zukunftsperspektiven für die Puch-Mopeds?

Keineswegs. Das Fanal wurde in den nachfolgenden Reden der diversen Direktoren an die Wand gezeichnet. Es war zu diesem Zeitpunkt offensichtlich beschlossene Sache, den Zweiradbereich zu liquidieren. Schon im Pressetext zu dieser speziellen Zweirad-Pressekonferenz im Juni 1986 wurde in überproportionalem Maße über sämtliche Nicht-Zweirad-Produkte der Steyr-Daimler-Puch AG schwadroniert, vom Wälzlagerwerk über die LKW, Nutzfahrzeug- und Traktorenfertigung, sowie über das Automobil- und Komponentenwerk in Graz. Das auf dem Grazer Werksgelände entstandene Eurostar-Werk für Puch und Mercedes G, sowie der VW-Allradtransporter, Antriebsstränge für den Fiat-Panda-Allrad sowie allradspezifische Teile für den Honda-Civic-Shuttle waren da sehr prominent in den Mittelpunkt gerückt.

Die Herren Vorstandsdirektoren fanden es richtig und wichtig in ihren Speeches, den *„Wüdn auf seiner Maschin'"* zu bemühen, polemisierten gegen die Helmpflicht (*... kann auf meinem Fahrrad schneller als 40 km/h fahren*). Es wurde der Umsatzrückgang von 1981 bis 1986 in der Höhe von 31 % zitiert, und natürlich auch das demoskopische Unglück des Pillenknicks – der offensichtlich den anderen Zweiradherstellern nicht auf den Kopf gefallen ist.

Ein weiterer Redner wälzte breit aus, dass es eine Vielzahl von Irritationen gab, ein Kreuzfeuer öffentlicher Diskussionen und Kritik, das nicht nur bei Mitarbeitern Verunsicherung und Kritik hervorgerufen hat, sondern auch bei Partnern und Kunden Zweifel am Unternehmen Steyr-Daimler-Puch aufgekommen waren. Alles in allem wirklich sehr „optimistische" Ansätze für die Zukunft der motorisierten Zweiradfertigung in Graz, deren Ende ein Jahr später kommen sollte ...

Ein weiteres technisch und marketingmäßig total innovatives Produkt wurde bei der IFMA 1986 präsentiert: „Das Selbst-Fahr-Rad: Der neue Fahrrad-Hilfsmotor von Puch". Dieser Fahrrad-Hilfsmotor (Typ 319) hatte einen Hubraum von 22 cm³, Eingang-Automatik, wahlweise mit Katalysator (wurde bereits im Kapitel „Die Denkfabrik" abgehandelt), und wäre – vergleichbar mit heutigen E-Bikes – ohne Zulassung und Helmpflicht führerscheinfrei zu fahren gewesen.

Die Turbulenzen vor der Zeit des Verkaufs der Zweiradsparte an den italienischen Piaggio-Konzern wurden in einer Broschüre „Verkaufen, Zusperren, Kündigen", Hrsg. Bürgerinitiative Puch, November 1978, Liebenauer Hauptstraße 104a, 8041 Graz, aus Arbeitnehmersicht (Betriebsrat usw.) beschrieben. Der endgültige Verkauf an den italienischen Piaggio-Konzern wurde am 23. Februar 1987 offiziell bekannt gegeben. Die Puch-Zweiradfertigung in Graz war Geschichte.

Die Errettung der Puch-Prototypen

Als freier Mitarbeiter der SDP-Pressestelle in Wien, damals am Platz der heutigen „Ringstraßengalerien", wurde ich im Jahr 1976 vom damaligen Konzernpressechef, Herrn Prok. Hans Stadlinger, engagiert und arbeitete – nebenamtlich zu meinem Brotberuf als Lehrer und Direktor an der Berufsschule für KFZ-Technik in Wien – auch noch bis kurz nach Hans Stadlingers Pensionierung dort für den Bereich Puch-Werke in Graz (Produktpalette Zwei- und Vierrad) mit. Danach wurde die Pressestelle in

Wien aufgelöst und ich hätte Mitte der 1980er-Jahre als Vollzeitmitarbeiter nach Graz gehen können, was ich aber aus verständlichen Gründen nicht tat.

In diesen Jahren habe ich sehr oft im Werk an Meetings teilgenommen, welche Dinge betrafen, die für die Presse- und Imagearbeit von Puch maßgeblich waren. In Absprache mit dem jeweiligen Spartenleiter, der Werbeabteilung und der Konzernpressestelle wurde von mir dann eine Presseaussendung erstellt, eine Veranstaltung organisiert oder auch eine Rekordfahrt wie beispielsweise „Mit dem Puch Maxi in die Stratosphäre" organisiert. Mit viel Vergnügen erinnere ich mich noch an ein organisiertes Wochenende am Mondsee im Hotel Pichl – Auhof, wo die Puch-Trialisten und Motocrosser mit den Damen und Herren der damals (Anfang der 1980er-Jahre) sehr erfolgreichen Deutschen Skinationalmannschaft um die Wette fuhren. Oder ein Spaß-Motocross anlässlich der Vorstellung der neuen 1983er-Modelle auf der Weide des Schlosses Herberstein in der Steiermark. Dazu ließ Dipl.-Ing. Otto Herberstein nicht nur die Schafe wegsperren, damit wir die Weideflächen samt Steilhang und Waldstück „umackern" konnten, sondern Erlaucht stieg höchstselbst in den Sattel seiner privaten Puch 250 MC Replica, die ihm allerdings ein kräftiger Helfer antreten musste. Dann verschwanden Ross und Reiter mit mächtigem Getöse hinunter in den Wald, bis dass das Motorgeräusch erstarb. Der Helfer fuhr unverzüglich los, trat dem Meister in den Tiefen des Tales den Bock wieder an und Durchlaucht konnte in gräflich gelassener Manier das Bike, immer wegen Unterdrehzahl knapp am Rande des Absterbens, den Hügel hinaufwürgen. Begossen wurde diese sportliche Großtat dann am Abend in der Buschenschank des Schlosses.

Im Speisesaal der Werkes standen den Wänden entlang etliche Puch-Vorkriegsmodelle, ungeliebt von den Raumpflegerinnen, die sie gelegentlich abstaubten und mit den Zimmerpflanzen begossen wurden. Doch die Mehrzahl der Fahrzeuge, vor allem die Versuchsmodelle und Prototypen, war bereits in der Traglufthalle für die Abholung durch den Großverschrotter von Graz, die Fa. Waltner, vorgesehen. Die Halle war kaum gesichert, es konnte jeder ziemlich einfach hinein. Dementsprechend war auch der Zustand der Fahrzeuge – für mich ein ungeheurer Frevel. So sprach ich den damaligen Werksdirektor Dipl.-Ing. Stockmar auf die Fahrzeuge an, mit der Bitte, sie mir zu einem wesentlich besseren Preis als der Verschrotter jemals zahlen würde, für mein Museum zu verkaufen.

Nach einigen Wochen kam Antwort: Die Steyr-Daimler-Puch-Fahrzeugtechnik GesmbH würde mir die Fahrzeuge leihweise für mein Museum gegen jederzeitigen Widerruf überlassen. Also keine Rede mehr vom Verkauf an einen Verschrotter, die Fahrzeuge waren plötzlich zu Wertgegenständen geworden. Aus historischem Interesse nahm ich die Fahrzeuge dennoch mit allen Auflagen (Versicherung, persönliche Haftung usw.) im Jahr 1986 an. 1987 folgten noch etliche Serienmodelle aus dem Speisesaal. Die meisten Modelle erforderten viel Arbeit, um ausstellungsfertig zu werden. Es fehlten Tachometer, Drehzahlmesser, Vorder- und Hinterräder usw. Bei der sogenannten „BMW-Puch“ (Kooperationsprodukt Puch und BMW) konnte ich durch meine Beziehungen zum damaligen Pressesprecher von BMW Austria, Herrn Fritz Fruth, sogar die gesamte fehlende Vorderhand samt Armaturen besorgen, bei der Puch R stellte ich das gesamte Expeditionszubehör bei.

Im Jahr 2008, mit dem Umzug meines Museums in mein eigenes Gebäude in Sigmundsherberg, wurde der Vertrag erneuert.

Inzwischen habe ich die meisten der von mir geretteten und über dreißig Jahre behüteten Prototypen im Auftrag und auf Verlangen der Firma Magna – Steyr an das Puch Museum in Graz übergeben.

In der Nacht vom 19. auf 20. Februar 1987 wurde die Wiener Steyr-Daimler-Puch-Zentrale am Kärntner Ring, ein Gebäudeblock bis Mahlerstraße und Akademiestraße, in dem sich auch die Pressestelle befand, durch einen Großbrand zur Gänze vernichtet. Glücklicherweise gab es keinen Personenschaden. Medienberichten von damals zufolge brach der Brand an drei Stellen in unterschiedlichen Stockwerken gleichzeitig aus. Für die Brandursachenermittler der Polizei war bereits schnell klar, dass es sich um Brandstiftung handelte. Kurz vorher hatte die Konzernleitung die Absicht zur Veräußerung der Liegenschaft bekannt gegeben. Die Brandruine wurde abgerissen, heute stehen dort die „Ringstraßengalerien“. Wer hinter der Brandstiftung steckte, konnte bis heute nicht geklärt werden. Für mich war eine Ära zu Ende gegangen.

Earls-Court-Motor-Cycle-Show 1964.

PUCH-MOTORRÄDER 1938–1950

		Nummernbereiche lt. Unterlagen ÖMVV-Register							
	JAHR	**1938**	**1939**	**1939**	**1940**	**1941**	**1942**	**1943**	**1944**
125	Fahrg.Nr. von				210000	212801	220001		
	bis				212800	220000	222000		
	Stück				**2801**	**7200**	**2000**		
	Stück lt. Ehn				unbek.	unbek.	unbek.		
	nachgew. Nr.				210787	219643	220922		
							221137		
Styriette	Fahrg.Nr. von	200001	202241						
	bis	202240	204000						
	Stück	**2240**	**1760**						
	Stück lt. Ehn		2300						
	nachgew. Nr.								
200	Fahrg.Nr. von	93801	99519		105201				
	bis	99518	105200		107200				
	Stück	**5718**	**5682**		**2000**				
	Stück lt. Ehn	4950	4635		unbek.				
	nachgew. Nr.	96081							
S 4	Fahrg.Nr. von	86101	87601	120001	122101	126101	130001	133001	
	bis	87600	90000	122100	126100	130000	133000	136000	
	Stück	**1500**	**4500**		**4000**	**3900**	**3000**	**3000**	
	Stück lt. Ehn								
			87672						
	nachgew. Nr.	86667	89459		122547		132902	133122	
								132167	
			88792		1257xx			134594	
350 GS	Fahrg.Nr. von	110001	112385		116061	116251	116501	118421	118701
	bis	112384	116060		116250	116500	118420	118700	120000
	Stück	**2384**	**3676**		**190**	**250**	**1920**	**280**	**1300**
	Stück lt. Ehn								
	nachgew. Nr.	1106xx	114800					118497	119449
			114430						119567
800		120							
T3		1225							
PRODUKTION		13187	15618		8991	11350	6920	3280	1300
lt. RV der Automobilindustrie*			15675		Gesamt 1940–1945				
					Schausberger**				

	1945	1946	1947	1948	1949	1950	1945–1950
	222001	222013	223501	231001	238205		
	222012	223500	231000	238204	245000		
	12	**1488**	**7500**	**7204**	**6796**		**23000**
		1460	4595	6766	8541	1638	23000
		222748	226757	230400	238591	243....	
			223967	229666			
			227507			248... TT	

ANMERKUNGEN:

Die dunkelgrün markierten Felder sind absolut „wasserdichte" Nummern mit Baujahren (z.B. originale Typenschilder mit Baujahr, oder originale Dokumente).

* In einem Bericht in einem „Motorrad" findet sich die Zahl („RV der Automobilindustrie") ca. 31.000 Stück als Zahl der 1939 hergestellten Puch-Motorräder, womit Puch bei den großen Produzenten im Deutschen Reich dabei war.

** Schausberger: Diplomarbeit eines Historikers über die Rüstungsproduktion im Zweiten Weltkrieg. Hier wird die Zahl der Jahre 1940–1945 mit 31.300 komplett der Puch 125 zugeordnet, es handelt sich jedoch um die Gesamtzahl aller Modelle. Tatsächlich wurden 31.875 Stück produziert. Die gesamte Kriegsproduktion (1939–1945) betrug 47.493 Motorräder.

Für diese wichtigen Informationen und die nachfolgenden Tabellen, die mein Kollege, der gerichtlich beeidete und zertifizierte Sachverständige Ing. Karl Eder ausgearbeitet hat, möchte ich mich auch an dieser Stelle noch einmal sehr herzlich bedanken.

	136001	
	136016	
	16	
		Museum Ehn
		Puchklub-Forum

	120001	
	120005	
	5	

	33	
	31875	
	31300	**orig. Typenschild mit Baujahr**

PUCH-MOTORRÄDER 1929–1938

		Nummernbereiche lt. Unterlagen ÖMVV-Register					
	JAHR	1929	1930	1931	1932	1933	1934
250	Fahrg.Nr. von	40001	43856	49324	51506	52804	
	bis	43856	49323	51503	51926	54000	
							GESAMT
	Stück	**3856**	**5468**	**2180**	**421**	**1197**	13122
	Stück lt. Ehn						
	nachgew. Nr.			**49550**			
250 L/SL/E	Fahrg.Nr. von					55001	56601
	bis					56600	57450
	Stück					**1600**	**850**
	Stück lt. Ehn					–	–
	nachgew. Nr.					**55431**	
250 R/T 3	Fahrg.Nr. von						57451
	bis						57700
	Stück						**250**
	Stück lt. Ehn						
	nachgew. Nr.						
250 S 4	Fahrg.Nr. von						80001
	bis						81050
	Stück						**1050**
	Stück lt. Ehn						
	nachgew. Nr.						
500 (alle)	Fahrg.Nr. von			70001	70601	71601	72101
	bis			70600	71600	72100	72700
	Stück			**600**	**1000**	**500**	**600**
	Stück lt. Ehn						
	nachgew. Nr.						
800	Fahrg.Nr. von						
	bis						
	Stück						
	Stück lt. Ehn						
	nachgew. Nr.						
200	Fahrg.Nr. von						
	bis						
	Stück						
	Stück lt. Ehn						
	nachgew. Nr.						
PRODUKTION		**3856**	**5468**	**2780**	**1421**	**3297**	**15872**

ANMERKUNGEN:

Hier geht es um die bis dato häufig veröffentlichten Zahlen, die jedoch nur die Produktion bis einschließlich 1938 betrafen. Besonders bei der S 4, 350 GS und 200 liegen diese Zahlen ja weit von den tatsächlichen Produktionszahlen entfernt, bzw. auch vom Nummernbereich.

Rechts oben im Kasten:
Hier sind zwei interessante Fakten anzumerken:
1. Die Diskrepanz beim Nummernbereich 54.000 bis 55.000, was unter Umständen die ADP-Modelle sein könnten.
2. Man kann die Modelle 250 E / L und SL von der Nummer nicht eindeutig zuordnen, denn sie hatten einen gemeinsamen Nummernbereich.

	1935	1936	1937	1938

VERGLEICH
13200

	GESAMT	VERGLEICH
250	13122	13200
S/SL/E	2450	2092
R/T3	5500	5150
	21072	20442
Differenz	630	
ADP??	680	

„VERGLEICH":
„100 Jahre Steyr-Daimler-Puch AG"

GESAMT	VERGLEICH
2450	2092

beide Jahre 380
Stück SL

Museum Ehn

	57701	59201	60501	61726
	59200	60500	61725	62950
	1500	1300	1225	1225
		60345, 60417		61761

Museum Ehn

GESAMT	VERGLEICH
5500	5150

	81051	81951	83851	86101
	81950	83850	86100	87600
	900	1900	2250	1500

GESAMT	VERGLEICH
7600	7600

	72701	73201	74251
	73200	74250	74850
	500	1050	600

GESAMT	VERGLEICH
4050	4250

		75001	75201	75431
		75200	75430	75550
		200	230	120

GESAMT	VERGLEICH
550	550

			90001	93801
			93800	99518
			3800	5718

orig. Typenschild mit Baujahr

	18550	6542	8105	13663

PUCH-MOTORRÄDER 1929–1947

Modell	JAHR	1929	1930	1931	1932	1933	1934	1935	1936
250	Fahrg.Nr. von	40001	43856	49324	51506	52804			
	bis	43856	49323	51503	51926	54000			
	Stück	**3856**	**5468**	**2180**	**421**	**1197**			
250 L / SL/E	Fahrg.Nr. von					55001	56601		
	bis					56600	57450		
	Stück					**1600**	**850**		
							ROHRGABEL bis 59700		
250 R/T 3	Fahrg.Nr. von						57451	57701	59201
	bis						57700	59200	60500
	Stück						**250**	**1500**	**1300**
							ROHRGABEL		
S 4	Fahrg.Nr. von						80001	81051	81951
	bis						81050	81950	83850
	Stück						**1050**	**900**	**1900**
500 (alle)	Fahrg.Nr. von			70001	70601	71601	72101	72701	73201
	bis			70600	71600	72100	72700	73200	74250
	Stück			**600**	**1000**	**500**	**600**	**500**	**1050**
800	Fahrg.Nr. von								75001
	bis								75200
	Stück								**200**
200	Fahrg.Nr. von								
	bis								
	Stück								
Styri-ette									
	Stück								
125	Fahrg.Nr. von								
	bis								
	Stück								
350 GS	Fahrg.Nr. von								
	bis								
	Stück								
PRODUKTION		3856	5468	2780	1421	3297	2750	2900	4450

	1937	1938	1939	1940	1941	1942	1943	1944	1945	1946	1947
	60501	61726									
	61725	62950									
	1225	**1225**									
	83851	86101	87601/120001	122101	126101	130001	133001		136001		
	86100	87600	90000/122100	126100	130000	133000	136000		136016		
	2250	**1500**	**4500**	**4000**	**3900**	**3000**	**3000**		**16**		
	74251										
	74850										
	600										
	75201	75431									
	75430	75550									
	230	**120**									
	90001	93801	99519	105201							
	93800	99518	105200	107200							
	3800	**5718**	**5682**	**2000**							
		200001	202241								
		202240	204000								
		2240	**1760**								
				210001	212801	220001			222001	222013	223501
				212800	220000	222000			222012	223500	231000
				2800	**7200**	**2000**			**12**	**1488**	**7500**
		110001	112385	116061	116251	116501	118421	118701	120001		
		112384	116060	116250	116500	118420	118700	120000	120005		
		2384	**3676**	**190**	**250**	**1920**	**280**	**1300**	**5**		
	8105	**13187**	**15618**	**8990**	**11350**	**6920**	**3280**	**1300**	**33**		

ANMERKUNGEN:

Diese Tabelle sollte eine Hilfe bei der Zuordnung der Baujahre sein. Gemeinsam mit den anderen Tabellen kann man hier ziemlich genau arbeiten.
Bei der Kriegsproduktion gibt es einzelne abweichende Bescheinigungen von MAGNA-STEYR, jedoch liegen diese immer im üblichen „Graubereich“ – speziell bei der militärischen Produktion wurden oft Bestelljahr und Auslieferungsjahr nicht so exakt getrennt.

Was es noch anzumerken gibt:
Späte S4-Motoren (1941–1945 lt. Fahrgestellnummer) mit Nummern zwischen 55000 und 58000 (also eigentlich 1933er-Dreigang-Motoren): Nicht erklärbar, eventuell hat sich Puch hier im Krieg mit einem Trick vor der Umstellung auf Gusseisen gedrückt? (*… haben noch Lagerbestände … oder so …*).

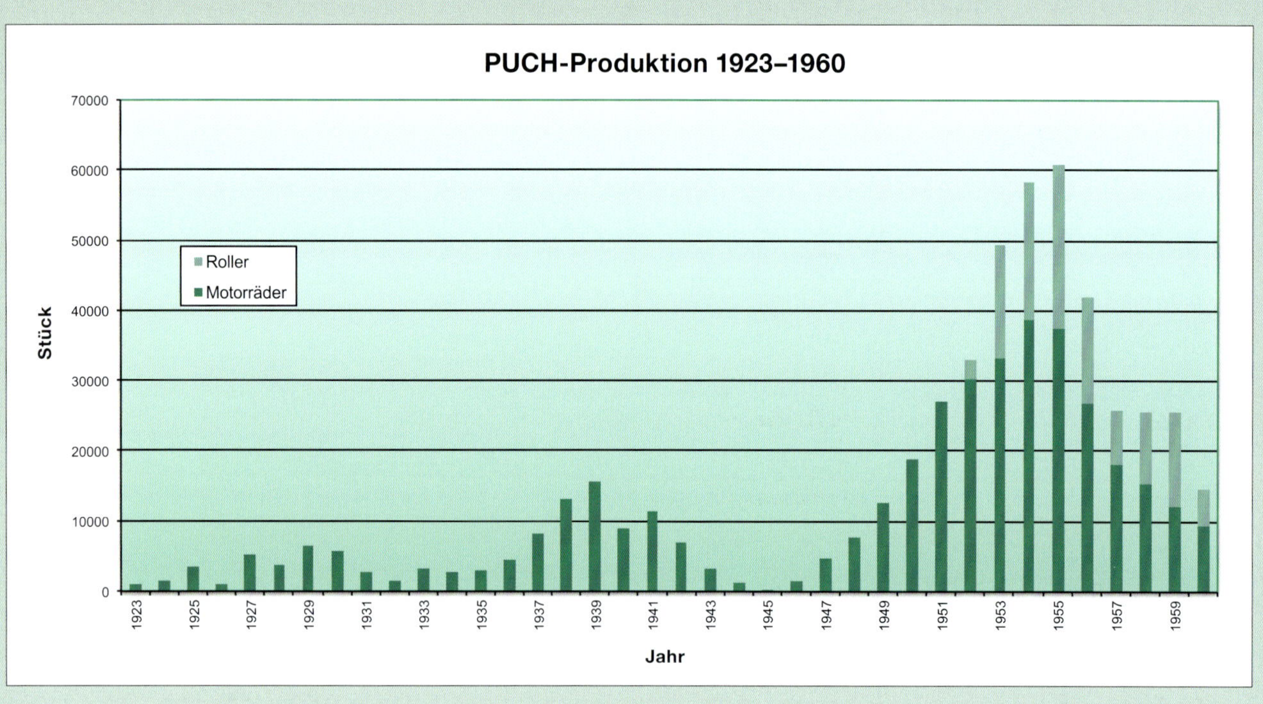

Motorräder	1000	1550	3500	900	5200	3811	6354	5668	2780	1421	3297	2750	2900	4450	8105	13187	15618	8991	11350
JAHR	**1923**	**1924**	**1925**	**1926**	**1927**	**1928**	**1929**	**1930**	**1931**	**1932**	**1933**	**1934**	**1935**	**1936**	**1937**	**1938**	**1939**	**1940**	**1941**

											2853	16074	19533	23200	15224	7854	10008	13626	4984
Motorräder	6921	3280	1300	33	1489	4602	7592	12759	18887	27150	30278	33211	38731	37600	26753	18016	15490	12058	9558
JAHR	**1942**	**1943**	**1944**	**1945**	**1946**	**1947**	**1948**	**1949**	**1950**	**1951**	**1952**	**1953**	**1954**	**1955**	**1956**	**1957**	**1958**	**1959**	**1960**

STÜCK	3280	1300	33	1489	4602	7592	12759	18887	27150	30278	33211	38731	37600	26753	18016	15490	12058	9558
JAHR	**1943**	**1944**	**1945**	**1946**	**1947**	**1948**	**1949**	**1950**	**1951**	**1952**	**1953**	**1954**	**1955**	**1956**	**1957**	**1958**	**1959**	**1960**
										2853	16074	19533	23200	15224	7854	10008	13626	4984

PRODUKTION 1923–1938 **66873** **ROLLER**

<u>ANMERKUNGEN:</u>

Die Theorie, dass die Fahrzeugindustrie *„mit dem Krieg gut verdient hat"*, ist bei Betrachtung der Stückzahlen nicht ganz von der Hand zu weisen. Und es wird aber auch andererseits die oft aufgestellte Behauptung, *„mit Kriegsbeginn wurden keine Fahrzeuge mehr erzeugt"*, widerlegt.

Dazu die persönliche Meinung von Ing. Karl Eder: *„Man sollte es einfach sachlich darstellen, so war es."* Dem kann ich mich als Autor dieses Buches nur vollinhaltlich anschließen.

Earls-Court-Motor-Cycle-Show 1960.

Tabellen

Fahrzeugnummernschlüssel

Die nachfolgenden Tabellen hat der Autor am 6. Mai 1987 von der damaligen Steyr-Daimler-Puch-Fahrzeugtechnik GesmbH Graz mit folgendem Hinweis im Begleitschreiben übermittelt erhalten:
„Als Anlage übersenden wir Ihnen einen Fahrzeugnummernschlüssel mit Gültigkeit von 1946 bis 31. Dezember 1975".
Diese Tabellen sind im Nachfolgenden als Faksimile abgedruckt.

F A H R Z E U G N U M M E R N S C H L Ü S S E L

MOTORRAD I

1 Stelle		2. Stelle 0	1	2	3	4
0	FZS FZV LMS LMV					
1	FZS FZV LMS LMV	250 TF 1,000.001 - 1,089.899 1,090.000 - 1,099.899	250 TFS 1,100.001 - 1,189.899 1,190.000 - 1,199.899	125 RL 1,200.001 - 1,289.899 1,290.000 - 1,299.899	125 SV 1,300.001 - 1,389.899 1,390.000 - 1,399.899	125 SVS 1,400.001 - 1,489.899 1,490.000 - 1,499.899
2	FZS FZV LMS LMV	125 RLA 2,000.001 - 2,089.899 2,090.000 - 2,099.899	250 SGA 2,100.001 - 2,189.899 2,190.000 - 2,199.899	250 SGSA 2,200.001 - 2,289.899 2,290.000 - 2,299.899	175 MCH 2,300.001 - 2,399.899 2,390.000 - 2,399.899	250 MCH 2,400.001 - 2,489.899 2,490.000 - 2,499.899
3	FZS FZV LMS LMV	125 SR 3,000.001 - 3,089.899 3,090.000 - 3,099.899	125 SRA 3,100.001 - 3,189.899 3,190.000 - 3,199.899	150 SR 3,200.001 - 3,289.899 3,290.000 - 3,299.899	150 SRA 3,300.001 - 3,389.899 3,390.000 - 3,399.899	175 HM 3,400.001 - 3,489.899 3,490.000 - 3,499.899
4	FZS FZV LMS LMV					

F A H R Z F U G N U M M E R N S C H L Ü S S E L

MOTORRAD II

1. Stelle		2. Stelle 5	6	7	8	9
0	FZS FZV LMS LMV					
1	FZS FZV LMS LMV	175 SV 1,500.001 - 1,589.899 1,590.000 - 1,599.899	175 SVS 1,600.001 - 1,689.899 1,690.000 - 1,699.899	250 SGS 1,700.001 - 1,789.899 1,790.000 - 1,799.899	125 A 1,800.001 - 1,889.899 1,890.000 - 1,899.899	250 SG 1,900.001 - 1,989.899 1,990.000 - 1,999.89[illegible]
2	FZS FZV LMS LMV	MC 125 2,500.101 - 2,589.999 2,590.101 - 2,599.999	MC 175 2,600.101 - 2,689.999 2,690.101 - 2,699.999	MC 125-4Gg. 2,700.101 - 2,789.999 2,790.101 - 2,799.999	MC 175-4Gg. 2,800.101 - 2,889.999 2,890.101 - 2,899.999	M 50 Jet 2,900.101 - 2,9[illegible]9.999 2,990.101 - 2,999.999
3	FZS FZV LMS LMV	150 A 3,500.001 - 3,589.899 3,590.000 - 3,599.899	M 125 3,600.101 - 3,689.999 3,690.101 - 3,699.999	MC 125-5 3,700.101 - 3,789.999 3,790.101 - 3,799.999	MC 175-5 3,800.101 - 3,889.999 3,890.101 - 3,899.999	
4	FZS FZV LMS LMV					

F A H R Z E U G N U M M E R N S C H L Ü S S E L

MOTORRAD III

1. Stelle		2. Stelle 0	1	2	3	4
5	FZS FZV LMS LMV					
6	FZS FZV LMS LMV					
7	FZS FZV LMS LMV		LARO 7,100.001 - 7,189.899 7,190.000 - 7,199.899			
8	FZS FZV LMS LMV					
9	FZS FZV LMS LMV					

FAHRZEUGNUMMERNSCHLÜSSEL

MOPED I

1. Stelle		2. Stelle 0	1	2	3	4
0	FZS FZV LMS LMV					
1	FZS FZV LMS LMV					
2	FZS FZV LMS LMV					
3	FZS FZV LMS LMV					
4	FZS FZV LMS LMV	X 30N 4,000.101 - 4,089.999 4,000.001 - 4,000.100 4,090.101 - 4,099.99[illegible] 4,090.001 - 4,090.100	X 30N-Kick 4,100.101 - 4,189.999 4,100.001 - 4,100.100 4,190.101 - 4,199.999 4,190.001 - 4,19[illegible].100	Maxi 1AK 4,200.101 - 4,289.999 4,200.001 - 4,200.100 4,290.101 - 4,299.999 4,290.001 - 4,290.100		

FAHRZEUGNUMMERNSCHLÜSSEL

MOPED III

1. Stelle		2. Stelle 0	1	2	3	4
5	FZS FZV LMS LMV	VZ-2 5,000.101 - 5,089.999 5,090.000 - 5,099.899	Maxi-2 5,100.101 - 5,189.999 5,190.101 - 5,199.999	Maxi-1AH 5,200.101 - 5,299.999	Maxi-2H 5,300.101 - 5,399.999	M50Cross 5,400.101 - 5,450.000 5,450.101 - 5,499.999
6	FZS FZV LMS LMV	MS 6,000.001 - 6,089.899 6,090.000 - 6,099.899	VZ 6,100.001 - 6,189.899 6,190.000 - 6,199.899	MCRK 6,200.001 - 6,289.899 6,290.000 - 6,299.899	VS 6,300.001 - 6,389.899 6,390.000 - 6,399.899	MS 6,400.001 - 6,489.899 6,490.001 - 6,499.899
7	FZS FZV LMS LMV	X 30 7,000.001 - 7,089.899 7,090.000 - 7,099.899	DS 7,100.001 - 7,159.999 7,160.000 - 7,189.899	VS 7,201.001 - 7,249.999 7,250.000 - 7,299.999	VS 7,300.001 - 7,379.999 7,380.000 - 7,389.899	MSVK 7,400.001 - 7,489.899 7,490.000 - 7,499.899
8	FZS FZV LMS LMV	X 30 IR X 30: 8,010.001 - 8,089.899 R : 8,000.001 - 8,009.999 R : 8,090.000-8,099.899	RK / Maxi 1AH 8,100.001 - 8,104.999 8,105.000 - 8,1[illegible]9,899 8,190.000 - 8,199.899	RR 8,200.001 - 8,289.899 8,290.000 - 8,299.899	RM 8,300.001 - 8,389.899 8,390.000 - 8,399.899	VZM 8,400.001 - 8,489.899 8,490.000 - 8,499.899
9	FZS FZV LMS LMV	DSV 9,000.001 - 9,059.999 9,060.001 - 9,069.9[illegible] 9,070.000 - 9,079.999	VSD 9,100.101 - 9,179.999 9,180.000 - 9,189.999	VZV 9,200.101 - 9,280.000 9,290.101 - 9,299.999 9,280.001 - 9,289.999	RV 9,300.101 - 9,389.999 9,390.101 - 9,399.999	M 50/SG 9,400.101 - 9,489.999 9,490.101 - 9,499.999

F A H R Z E U G N U M M E R N S C H L Ü S S E L

MOPED IV

1. Stelle		2. Stelle: 5	6	7	8	9
5	FZS FZV LMS LMV	MS 5,500.001 - 5,589.999	Maxi 5,600.001 - 5,669.999 5,670.000 - 5,699.999	Maxi 5,700.001 - 5,780.000 5,780.001 - 5,799.999	Maxi - 2 K 5,800.101 - 5,889.999 5,890.101 - 5,899.999	Maxi - 2HK 5,900.101 - 5,989.999
6	FZS FZV LMS LMV	VSK 6,500.001 - 6,570.000 6,570.001 - 6,599.899	MS 25 6,600.001 - 6,689.899 6,690.000 - 6,699.899	VSD 6,700.001 - 6,769.999 6,770.001 - 6,779.999	VS 50 DK 6,800.001 - 6,889.899 6,890.000 - 6,899.899	St 60 6,900.001 - 6,999.899
7	FZS FZV LMS LMV	D S 7,500.001 - 7,579.999 7,580.000 - 7,589.899	DSK 7,600.001 - 7,689.899 7,690.000 - 7,699.899	VSR 7,700.001 - 7,789.899 7,790.000 - 7,799.899	MSD 7,800.001 - 7,889.899 7,890.000 - 7,899.899	DSR 7,900.001 - 7,989.899 7,990.000 - 7,999.899
8	FZS FZV LMS LMV	MSA 8,500.001 - 8,570.000 8,570.001 - 8,570.899	V S 8,600.001 - 8,639.999 8,640.000 - 8,699.899	DS 8,700.001 - 8,759.999 8,760.000 - 8,799.899	RA 8,800.001 - 8,889.899 8,890.000 - 8,899.899	VSV 8,900.001 - 8,969.899 8,990.000 - 8,999.899 8,970.000 - 8,989.999
9	FZS FZV LMS LMV	VZ 9,500.001 - 9,589.999	Maxi 9,600.101 - 9,689.999 9,600.001 - 9,600.100 9,690.101 - 9,699.999 9,690.000 - 9,690.100	MVV 3 9,700.101 - 9,789.999 9,790.101 - 9,799.999	MSE/M50S/Rac 9,800.101 - 9,870.000 9,870.001 - 9,879.999 9,880.000 - 9,889.999	Maxi 9,900.101 - 9,969.999 9,970.000 - 9,989.999

LM.	1923-24	14001-16500	2500St.
175	1925-26	22001-25500	3500
220	1926-29	26001-32000,34001-35811 38301-39189	8700
250T	1929-33	40001-54000	9929
250Sp	1930-32	--- ------	1761
250SL	1933	55001-56295	1295
250E	1933-34	56296-56600,56701-57450	1055
250LADP	1934-37	56601-56700	100
250H	1935-37	57451-61450	4000
250T3	1938	61451-62950	1500
250S4	1934-42	80001-90000,120001-135250 136001-140000	25200
200	1937-40	90001-107200	17200
350GS	1938-42	110001-118420	8420
500Z	1931	70001-70600	600
500N	1932-33	70601-71600	1000
500N2	1933	71601-72100	500
500V	1934-35	72101-72700,72951-73200	850
500L	1935-36	72701-72950,73201-73329	~~400~~ 379
500VL	1936-38	73329-74850	~~900~~ 1521
125T	1940-49	210001-214000(Fu.)-245000	35000
125S	1948-49	250001-251000	1000
125TT	1950-	245001-247026	2026
----	1951-53	260001-274192	14192
125TS	1950	251001-251824	824
250TF	1949-53	300001-307000,307051-307165	
250TFS	1950	307001-307050	50
125TL	1951-53	500001-502430	2430
125SL	1951-53	460001-463430	43430
150TL	1951-53	400001-422610	22610
125SV	1953-	425001-425098,1300099-	
125SVS	1953-	465001-465012,1400013-	
175SV	1954-	700001-703800,1503798-	
175SVS	1954-	770001-770048,1600049-	
250SG	1954-	1900001-	
250SGS	1953-	520001-520020,1700021-	
250SGA	1956-	2100001-	
250SGSA	1956-	2200001-	
125RL	1952-	600001-615866,1215858-	
125RLA	1955-	2000001-	

Puch-Typnummern

Im motorisierten Zweiradbereich hatten bei Puch jeder Fahrzeugtyp, jede Neuentwicklung und zumeist sogar sämtliche Unterentwicklungen eine eigene Typnummer. Diese Typnummern werden hier erstmals einer breiten Öffentlichkeit zugänglich gemacht und können im Zusammenhang mit den textlichen Erwähnungen bei den einzelnen Fahrzeugtypen zu einem geschlossenen Bild über die jeweilige Fahrzeugentwicklung beitragen.

ÜBERSICHT ÜBER PUCH-TYPNUMMERN

MOPED:	050		MS 50 L und VS 50 L
	51		MS 50 K
	52		VS 50 K
	53		VS 50 S/VS 60 S
	54		VS 50 SK/VS 60 SK
	55		VS 60 L
	56		VS 60 K
ROLLER:	100		R und RL 125 (Telegabel)
	101		RLA 125 (Telegabel)
	102		SRA 150 (geschobene Schwinggabel)
	102	.....	200.1 Roller mit Sitzbank
	102	.....	300.1 Neue Rollerteile
	103		SR 150 (geschobene Schwinggabel)
	104		SRA 125
	105		SR 125
	110		Leichtmotorrad mit 4-Taktmotor 100 ccm
	110	.....	100.1 Leichtmotorrad mit 4-Taktmotor (1965-67) 125 ccm
	121		RL 125
	122		Condorroller
	123		RL 125
	124		1-Zyl.-2-Takt-Drehschiebermotor 125 ccm (Dr. Lippitsch) (Entw. 1966)
	125		125 T (3-Gang 19")
	126		125 TT (3-Gang 19")
	127		125 S und 125 TS (3-Gang 19")
	128		125 TI (4-Gang 19")
	129		125 SL (4-Gang 19")
MOTORRÄDER:	130		125 SV (4-Gang 19")
	131		125 SVS (2 Vergaser, 4-Gang 19")
	131	.....	100.1 5-Gang-Getriebe (6-Tagefahrt 1960 "125")
	150		150 TL (19")
	151		150 SL (19")
	170		175 Standard (Allstate)
	171		175 De Luxe (Allstate)
	172		175 Standard 1960

MOTORRÄDER:	175		175 SV (16")
	176		175 SVS (2 Vergaser)
	176	.....	100.1 5-Gang-Getriebe (6-Tagefahrt 1960 "175")
	177		175 SV
	220		2-Zyl. 4-Takt - OHC Motor 250 ccm, 26 + 28 PS (Verdoppelung des Typs 110)
	225		2-Zyl. 4-Takt 250 ccm (BMW)
	235		2-Zyl. 4-Takt 250/350 ccm (1969/70, hydraul. Kupplung, integrierter E-Starter, Ölkühler vorne, 4-Ventilkopf geplant)
	240		2-Zyl. 4-Takt - OHV Motor 250 ccm
	241		Straßenmotorrad PUCH-Fahrzeug, ROTAX-Motor 125-250/E 1976
	250		250 TF (19")
	251		250 TF
	252		250 SGS (Einzelteile)
	253		250 SGS Sears
	253	.....	200.1 250 SGS Inland, Export Europa 1967
	253	.....	300.1 250 SGS Polizei 1970 Inland
	254		250 SG
	255		250 TFS (2 Vergaser 19")
	256		250 TFS Seitenwagen (2 Vergaser)
	257		250 SGA (Anlasser)
	258		250 SGSA (Anlasser)
	259		M250, 1-Zyl., 2-Takt, 1 Kolben, 5-Gang
	259		200 MC 250, 1-Zyl., 2-Takt, 1 Kolben (1966-67) 6-Gang
	260		250 SG/SGS Seitenwagen
	261		250 SG/SGS Seitenwagen
	262.500 262		200 MC 380, 1-Zyl., 2-Takt, 380 ccm, 6-Gang 2 Zylinder (2xM 125) 5-u. 6-Gang
	270		250 SG Allstate (Doppelkolben 16")
	271		250 SG Allstate (Doppelkolben 16")
	272		250 4-Takt, 2 Zylinder (16") 1962-64 ("2-höckriges Kamel")
DREIRADFAHRZEUGE:	300		LARO 125 (Lastenroller)
	301		LARO

MOPED:

302 MS 50 Allstate (Standard)

302 ..... 200.1 Promotional Modell 1961

303 MS 50 Allstate (De Luxe)

304 50cm³ OHC Zahnriemen 305 50cm³ DOHC

310 E-Mofa

319 Fahrradhilfsmotor (1986)

320 X 30 Schweiz (Standard)

320.3 ... 000.1 X-30 Österreich

320 ..... 100.1 X-30 Schweiz (Luxus)

320 ..... 200.1 X-30 Sears

320 ..... 300.1 X-30 Schweiz (Automatik)

320 ..... 400.1 X-30 England

320 ..... 500.1 X-30 Schweden

320 ..... 600.1 X-30 Allegro

320 ..... 700.1 X-30 S

320 ..... 800.1 X-30 A Schweiz (Post)

320 ..... 900.1 X-30-S 1973

321.000.1 X-30 N 2-Gang-Handschaltung starr

100.1 X-30 N 2-Gang-Handschaltung gefedert und Kickstarter

200.1 X-30 N 1-Gang-Automatik gefedert

300.1 Neue Lenkerklemmung

400.1 X-50 mit 2- und 3-Gang-Motor Handschaltung

500.1 X-20 und Brasilien-Projekt

600.1 2-Gang-Automatik

700.1 X-30 Sears starr

800.1 Step Over 1- und 2-Gang

900.1 X-30 Sears gefedert

322 Step Over X-60te

323 Mini Cross

325 Fahrtwindgekühlter (MAXI)-Zylinder 50 ccm (M50S) 4-Gang-Getriebe aus 329... (1969)

326 Mopedmotor 2-, 3- und 4-Gang

328.000.1 M50 Graugußzyl. VS-Motor, 4-Gang im Gebl. Fahrgestell M 125

400.1 PUCH-Zylinder

500.1 M50 SE fahrtwindgekühlter Zyl., Racing (KTM)

700.1 M50S mit Motor 325

900.1 Leistungs-Kit

329.000.1 VS 50 V, 4-Gang (1966)

100.1 Verstärkte Kupplung E 74

200.1 MV 50 V3, VS 50 V3 (ohne 4-Gang-Motor)

300.1 200.1 Promotional Modell 1961

500.1 VZ 50 V3 (ohne 4-Gang) (1966) Motor

600.1 DS 50 V, 4-Gang (1966) Motor

700.1 R 50 V, 4-Gang (1966) Motor

800.1 DS 50 V3, DS 50 V3 (ohne 4.Gang)

MOPED:

330.000.1 R 50

300.1 R 50 K 3-Gang-Handschaltung

400.1 R 50 3-Gang-Handschaltung u. Tretkurbeln für Inland

500.1 R 50 Automatik

600.1 R 60 R, R 50 R (Roller)

700.1 R 50 V

331.000.1 R 50 M 4-Gang-Fußschaltung VZ 50 MN (Motor)

332 KR 50 (Kleinroller) Entwicklung (1965) VS Motor

333 M 70 2-Takt, 70 ccm, 4-Gang, mit Gebläse (Entwicklung 1966)

334 MS 50 neu (Entwicklung 1966)

335 M 50 S 6-Gang, Alu-Zylinder (Ziehkeil), fahrtwindgekühlt (Entwicklung 1967)

336 Drehschieber 50 ccm, 6-Gang (Entwicklung 1968) (TUNTURI)

337.000.1 Fahrtwindgekühlter Alu-Zylinder; 50 ccm 6-Gang, Klauengetriebe, 50 ccm Jet

100.1 Fahrtwindgekühlter Alu-Zylinder, 50 ccm

300.1 M 50 Sport 6-Gang

500.1 MC Super (DK,O.E. Andersen)

700.1 6-Gang 70 ccm Jet

800.1 Super Jet, Cobra GT

338.000.1 50 ccm, wassergekühlt Cobra GTL

700.1 70 ccm, wassergekühlt Cobra GTL

339 2,3,4-Gang MAXI-Nachfolge Baukasten (1986)

341 MAXI-Nachfolge EA (1986)

342 Variomatik-Triebsatzschwinge 50 + 80 ccm (1982)

345 MAXI 80

346 Mofa (MAXI Neu)

347 MAXI 1-Gang-Automatik mit Zahnriemen

348 MAXI 2A mit Zahnriemen (Variomatik)

349.000.0 MAXI 1-Gang starr

100.0 MAXI 1-Gang starr

200.0 MAXI 2-Gang Handschaltung

300.0 MAXI 1-Gang mit Kuppl.Deckel,1-Gang Kickstarter

400.0 Startautomatik 1-Gang

500.0 MAXI gefedert

600.0 MAXI 2-Gang Handschaltung, Kickstarter

700.0 Kaufhaus-MAXI (Gußräder MAXI)

800.0 MAXI USA

900.0 MAXI mit Stauraum

MOPED:

350 Anfallende Teile für MS 50 V, VS 50 L

.100.1 Schweden-Modell 1961

200.1 Moped bis 60 km/h

300.1 Alu-Zylinder-Ausführung

400.1 MS 50 VK

500.1 Neue MS-Teile u. Mofa MS 25

600.1 MS 50-Automatik mit Tretkurbeln

700.1 MS 50 K-Automatik mit Kickstarter

800.1 MS 50-Automatik mit Seilzugstarter

900.1 MV 50-Holland (MH 50 FN)

351 MV 1975 (Entwicklung 1974)

352.000.1 Neue Teile für VS 50 K

100.1 Schweden-Ausführung 1961

200.1 MS 50 VK FREY/Zürich

300.1 Schweden-Ausführung weiß, Sept. 1961

400.1 Fußschaltung 2-Gang und neue Teile

500.1 MV Schweden

900.1 Leistungskit

353 Neue Teile für VS 50 S; VS 60 S

354 Neue Teile für VS 50 SK; VS 60 SK

355 Neue Teile für VS 60 L

356 Neue Teile für VS 60 K

357.000.1 VZ 50 K Handschaltung

100.1 VZ 50 K Fußschaltung

200.1 VZ 50 K Schweden

300.1 VZ 50 Pedale

400.1 VZ 50 - Holland, 23x2,50" Reifen

500.1 VZ 50 X Inland mit Fußschaltung u. Tretkurbeln

600.1 VZ 60 Sears mit Fußschaltung, VS-Zylinder

358.000.1 VZ 50 R Handschaltung

100.1 VZ 50 R Fußschaltung

200.1 VZ 50 RP Tretkurbeln

400.1 VZ 60 R Handschaltung

500.1 VZ 60 R Fußschaltung

359.000.1 Einheitsrahmen VZ 50 Neu

100.1 Leistungskit

200.1 Monza-Rahmen mit Tretwerk

300.1 N 50-4C

500.1 N 50-6

360.000.1 VS 50 D / VS 60 D

300.1 Fußschaltung

400.1 Für Schweden mit Tretkurbeln

500.1 MV 60 Sears mit Fußschaltung

700.1 MS 50 D - England

MOPED:

361.000.1 VS 50 DK /VS 60 DK

500.1 VS 50 R

600.1 VS 60 R

700.1 MV 50 DKF - Schweden

362.000.1 VS 50 DS / VS 60 DS

100.1 VS 50 DS Dänemark

363.000.0 VS 50 DSK / VS 60 DSK

200.0 VS 50 R Sport

364.000.1 DS 50; DS 60; DS 50 K; DS 60 K

200.1 DS 50 V (4-Gang)

300.1 DS 50 K1; DS 50 K2; DS 50 K Handschaltung; DS 50 KX Fußschaltung

400.1 DS 50 KXN mit neuer Frontansicht u. Fußschaltung

500.1 DS 50 R; DS 50 R/40 Deutschland

600.1 DS 60 R

700.1 DS 50 RXN; DS 60 RXN mit neuer Frontansicht, alte und neue Fußschaltung

800.1 DS 60 C - Sears

900.1 DS 50 K Schweden - Fußschaltung

365.000.1 VS 50 DZ

300.1 VS 50 DZK 1F Deutschland

700.1 VS 50 DZS; VS 50; DZSK1

900.1 VS 50 R Deutschland

MOTORRAD:

366.000.1 M 125, 1 Zyl., 2-Takt, 125 ccm, 4-Gang (Entwicklung 1966)

200.1 M 125 Inland und Export

300.1 M 125 Deutschland

800.1 M 125 Scrambler Trial

MOPED:

367.000.1 VZ 50 MN, 4-Gang (Motor 331...)

200.1 VZ 50 MN Sears

300.1 VZ 50 V (Motor 329...)

368.000.1 MC 50

200.1 MC 60 Scrambler

300.1 MC 50 Schweden

400.1 MC 50 Pionier

600.1 MC 60 Belgien

700.1 MC 50 II

800.1 M 50 Cross

MOPED:	369.000.1	Jagdroller
	100.1	Motocross-Sport, 6-Gang, 50 ccm (Ziehkeil)
	390 bis 399	Bereich f. AVELLO-Konstruktionen
MOTORRÄDER:	400	125 (50,75,80,150) Baukasten
	401	125 Supersport (Doppelkolben 16" 2 Vergaser)
		175 MC (Doppelkolben 19" 2 Vergaser)
	403.000.1	250 MC (Doppelkolben 19" 2 Vergaser)
	200.1	250 MCH (ÖBH) (Doppelkolben 19")
	404	175 Supersport (Doppelkolben 16" 2 Vergaser)
	405	175 MCH (Heeresmaschine) (Doppelkolben 19")
	406	250 Supersport (Doppelkolben 16" 2 Vergaser)
	407.000.1	250 AMC (Motocross-Allstate) (Doppelkolben 19")
	200.1	Modell 1959 (Doppelkolben 19")
	300.1	Modell 1965 (m. Ceriani-Gabel) (Doppelkolben 19")
	408	250 Rennsport (2 Zylinder, 5-Gang)
	409	(2 Zylinder, 6-Gang)
	410	M 125 Sport 6-oder 7-Gang (1967)
	411.000.1	MC 125, 2-Takt, 6-Gang, Entw. 1969 (Ziehkeil)
	100.1	MC 125 Lapadakis
	412.000.1	MC 175, 2-Takt, 6-Gang, Entw. 1969 (Ziehkeil)
		MC 175 Lapadakis
	413.000.1	MC 125-5 (Klauenschaltung)
	500.1	MC 175-5 (Klauenschaltung)
	414.000.1	MC 125-4, 2-Takt, 4-Gang (Graugußbüchse)
	415.000.1	MC 175-4, 2-Takt, 4-Gang (Graugußbüchse)
	416	Trial Bike 125
	417	PUCH-Fahrgestell mit ROTAX-Motor 125-250
	500.000.1	125 A (Allstate) mit Rollermotor 16"
	200.1	150 A
	300.1	150 A (Australien)
	400.1	150 A Fußschaltung

STABILMOTOREN:	642	60 ccm Stabil (früher 682)
	644	Unimotor 2-Takt, 125 ccm, Entw. 1968, für Rasenmäher, Außenbordmotor, Stabilmotor
	650	Rasenmäher, Motor u. Fahrgestelle
	651	Außenbordmotoren Typ A 7,5 und A 12
	655	Motorschlitten mit 1 Raupe
	660	600 ccm Stabil, 4-Takt (früher 690)
	661	500 ccm Stabil, 4-Takt (früher 691)
	662	250 ccm Stabil, 4-Takt
	665	Ölofen "Normatherm HA 75"
	682	600 ccm Stabil, 4-Takt

Earls-Court-Motor-Cycle-Show 1956.

Index

Wolfgang J. Verwüster

PUCH

Mopeds, Roller und Kleinkrafträder

ISBN 978-3-7059-0254-1, 3. Aufl.
22,5 x 29 cm, 264 Seiten, über 550 farbige Abb., Hardcover, geb., € 48,–

Friedrich F. Ehn

KTM – Weltmeistermarke aus Österreich

ISBN 978-3-7059-0034-9, 2. Aufl.
22,5 x 26,5 cm, 328 Seiten, über 500 teils farbige Abb., Hardcover mit Schutzumschlag, geb., € 49,90

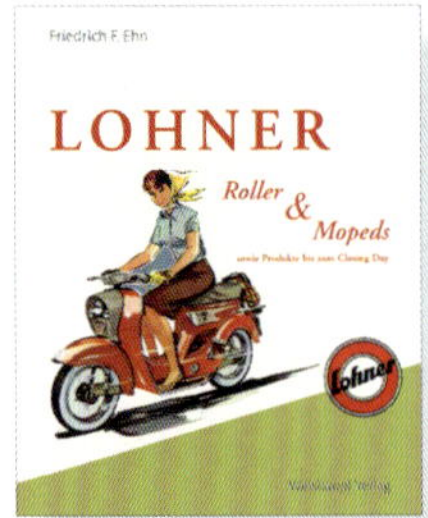

Friedrich F. Ehn

Lohner – Roller und Mopeds

ISBN 978-3-7059-0070-7
22,5 x 26,5 cm, 272 Seiten, 500 großteils farb. Abb., Hardcover mit Schutzumschlag, geb., € 49,90

Friedrich F. Ehn

Die Puch-Automobile

ISBN 978-3-7059-0256-5, 3. Aufl.
22,5 x 26,5 cm, 296 Seiten, 575 teils farbige Abb., Hardcover mit Schutzumschlag, geb., € 49,90

Egon Rudolf

PUCH

Eine Entwicklungsgeschichte

ISBN 978-3-7059-0259-6, 2. Aufl.
17,5 x 24,5 cm, 208 Seiten, 300 teils farbige Abb., Hardcover mit Schutzumschlag, geb., **Mit beiliegender DVD** (ca. 17,37 min Spielzeit), € 29,80

Karl-Heinz Rauscher / Franz Knogler

Das Steyr-Baby und seine Verwandten

PKW aus Steyr / Neuauflage

ISBN 978-3-7059-0382-1
2., völlig überarbeitete und erweiterte Auflage, 20,5 x 28,5 cm, 304 Seiten, 495 teils farbige Abb., Hardcover mit Schutzumschlag, geb., € 49,90

Klinger / Winter

101 Jahre österr. Motorrad-hersteller 1899–2000

ISBN 978-3-7059-0093-6
22,5 x 26,5 cm, 248 Seiten, ca. 300 teils farb. Abb., Hardcover mit Schutzumschlag, geb., € 49,90

Walter Ulreich

Das Steyr-Waffenrad

ISBN 978-3-900310-83-7
22,5 x 26,5 cm, 264 Seiten, 180 z. T. farbige Abb., mit drei faksimilierten Waffenrad-Katalogen, Hardcover mit Schutzumschlag, geb., With an English Summary, € 61,80

Walter Ulreich / Wolfgang Wehap

Die Geschichte der PUCH-Fahrräder

ISBN 978-3-7059-0381-4
22,5 x 26,5 cm, ca. 320 Seiten mit zahlreichen Farbabb., Hardcover mit Schutzumschlag, geb., € 48,–

Erich Mayer

PUCH

Werk II – im Wandel der Zeit
Eine steirische Industriegeschichte

ISBN 978-3-7059-0505-4
20,5 cm x 28,5 cm, 288 Seiten, 330 großteils farbige Abb., Hardcover, geb., € 39,90

Bücher aus dem Weishaupt Verlag

A-8342 Gnas 27
TEL +43-3151-8487
FAX +43-3151-84874
E-Mail: verlag@weishaupt.at
Internet: www.weishaupt.at